复合地基渠系工程施工新技术

主　编　吴贻起
副主编　孙双福　姚振伟
参　编　魏国宏　靳记平　于文林　王　丽
　　　　邹根中　杜恩松　刘三中　邢宝亮

黄河水利出版社
·郑州·

内容提要

本书共分8章，即施工组织计划、渠系工程施工测量、渠系工程地基处理技术、复合地基防护工程施工技术、围堰工程施工导流和基坑排水、渠系工程建筑物施工技术、金属结构及机电设备安装技术、渠系工程的安全监测与通信工程及监控管道。

全书层次清晰，内容新颖、翔实，知识性、技术性强，并且具有较好的可操作性，可供从事堤防工程建设的专业技术人员、监理人员、管理人员和其他相关技术人员阅读参考。

图书在版编目(CIP)数据

复合地基渠系工程施工新技术/吴贻起主编.—郑州:黄河水利出版社,2014.9

ISBN 978-7-5509-0841-3

Ⅰ.①复… Ⅱ.①吴… Ⅲ.①人工地基-渠系建筑物-工程施工-新技术应用 Ⅳ.①TV6-39

中国版本图书馆CIP数据核字(2014)第165559号

出 版 社:黄河水利出版社

地址:河南省郑州市顺河路黄委会综合楼14层　　邮政编码:450003

发行单位:黄河水利出版社

发行部电话:0371-66026940、66020550、66028024、66022620(传真)

E-mail:hhslcbs@126.com

承印单位:河南地质彩色印刷厂

开本:787 mm×1 092 mm　1/16

印张:30.25

字数:750千字　　印数:1—1 000

版次:2014年9月第1版　　印次:2014年9月第1次印刷

定价:88.00元

前　言

南水北调中线一期工程总干渠工程的开工建设，促进了我国水利水电事业的持续蓬勃发展，推动了渠系堤防工程建设的社会化、事业化、标准化、科学化的管理模式的推广，培养和造就了一批高素质的渠系堤防工程建设的优秀人才。编者依据多年来在南水北调中线一期工程总干渠工程项目建设中积累的丰富实践经验，紧密结合有关国家标准和行业标准，并结合渠系堤防工程的不同特性和不同的工程地质条件，总结编写了《复合地基渠系工程施工新技术》一书。

本书介绍了在复杂地基条件下，如何修筑渠系堤防工程的施工技术知识。全书层次清晰，内容新颖、翔实，知识性、技术性强，并且具有较好的可操作性，可供从事堤防工程建设的专业技术人员、监理人员、管理人员和其他相关技术人员阅读参考。

本书由吴贻起担任主编，孙双福、姚振伟担任副主编，其他参编人员有魏国宏、靳记平、于文林、王丽、邹根中、杜恩松、刘三中、邢宝亮等。全书由龙振球专家审定，在此特表示感谢！

由于编者的水平和时间有限，书中难免有不足之处，敬请读者批评指正。

编　者

2014 年 5 月

目　录

第一章　施工组织设计

施工组织设计是研究工程的施工条件,确定施工方案、指导和组织施工的技术经济文件。施工组织设计的基本任务是利用实际的基本条件,对工程施工在单位工程项目的时间顺序上进行合理布置和安排,对施工现场在平面和空间上进行妥善的布局,以保证工程建设项目用较少的资金和时间保质保量如期或提前完成任务。

编制施工组织设计的目的是保证工程按设计要求的质量标准,计划规定的进度和时间,合理地设计预算,安全、优质、高效地完成所规定的施工任务。因此,施工组织设计应贯穿于整个工程施工,从准备阶段到竣工验收阶段的全过程,应遵循科学管理、管理出效益的原则,并结合工程各单元的具体情况、工期要求、地质条件、当地自然条件等各种因素,制订出合理的施工方法和切合实际的施工进度计划。

第一节　编制施工组织设计前的准备工作

在编制施工组织设计之前,首先应对设计文件及项目管理的内容进行核对、熟悉和了解,并对现场情况做好踏勘、调查研究等准备工作及收集了解设计和经济技术两方面的资料。

一、了解熟悉和核对设计文件内容要求

施工单位在施工前应全面熟悉设计文件内容,会同设计单位、监理单位进行现场踏勘、校对,并做好以下工作:

(1)重点复查渠系工程项目施工和对环境保护影响较大的地形地貌工程及地质、水文地质条件是否符合实际,保护措施是否适当,方案是否合理。

(2)掌握工程的重点和难点,了解堤防各项工程方案的选定及设计意图。

(3)了解堤防、渠系各项目工程的位置、形式、类型性质和周围环境。

(4)了解堤防、渠系各项目工程施工时的内外排水系统设施布置和地形地貌、水文、气象等各项条件是否相适应。

二、现场调查研究

施工单位在施工前应深入现场进行以下调查:

(1)施工场地布置与施工项目相邻工程、弃渣利用堆弃、农田水利、征地等的关系。

(2)施工交通运输条件。

(3)建筑物、道路工程、水利工程及通信、电力线等设施的拆迁情况和数量。

(4)可利用的电源、动力、通信、机械设备、车辆维修、消防、劳动力、生活基地和生活资料供应及医疗卫生条件。

(5)工程地质、地层、水文气象等情况及物料的来源与数量、质量鉴定及供应的方案。

(6)当地居民点的社会状况和风俗习惯、自然环境和生活环境情况及所需要采取的措施。

三、编制施工组织设计所需的资料

施工组织的编制,除收集有关的工程规划设计方面的资料外,还必须收集与工程有关的社会经济条件等资料。

(一)设计方面的资料

(1)堤防、渠系各项施工项目建设工程的初步设计、施工图和工程概预算资料。

(2)设计、业主及有关部门对建设工程的要求(如工期、环保等)。

(3)地形资料,包括各项目工程地质和水文地质资料。

(4)地质地震、气象资料。

(5)有关堤防、渠系各施工项目的施工技术和规范要求及设计与施工经验总结等。

(二)技术经济方面的资料

施工地区经济调查包括该地区工业、农业、矿产、交通运输情况,当地建设规划及其与施工道路、临时房屋结合的可能性,施工期有关防洪、灌溉、通信、供水、渔业及交通等各部门对施工的要求等,包括对外交通连接情况,当地厂材(水泥、钢材等)的产地、产量、质量及价格等资料,劳动力供应、供电、水源等条件。

第二节　施工组织设计的内容、编制原则、依据和程序

施工组织设计是组织施工的基本文件,应在确保工程质量、安全、经济的条件下确定合理的施工方法 ,对施工工艺、机械配备、劳动力、质量控制、监控测量、工序安排、材料供应、工程投资、场地布置等做出合理的计划,并采取有效措施,确保堤防、渠系工程施工项目有条不紊地顺利进行,以收到满意效果。

施工组织设计的任务是从施工导流、对外交通运输、工程建筑材料、施工场地布置、主体工程施工方案等主要方面进行比较论证,提出施工工期、工程计划、劳动工日、机械设置、主要材料需用量等的结算指标,并研究渠系、堤防各建筑物的各种方案,提出对施工方案的推荐意见。

一、施工组织设计的内容

施工组织设计的内容主要包括施工条件分析、施工导流、施工方法、施工进度计划、物资供应计划、施工总体布置、施工组织管理、质量安全保证体系等8个方面。

(1)施工条件分析:根据工程项目所在地区的地理位置、地形地貌、水文气象、地质及水文地质的条件,以及当地的建筑材料、劳动力、电力供应和交通运输情况等,提出工程施工的有效工作日数,分析拟建工程的结构特征,指出本工程施工的基本特点、技术经济等主要的措施与内容。结合施工单位的技术力量,施工设备和技术水平、施工经验,提出对建设工程项目所需改进意见和实施方案。根据合理布置、统筹安排的原则,绘制工地总体布置图。

(2)施工导流:按照施工导流的设计标准分别对各项目工程确定施工时段,选定导流流量,制订导流方案,拟定各建筑物在施工期间度汛、灌溉、通航以及蓄水、发电等措施,并制订截流和基坑排水方案,进行导流建筑物的设计和制订具体实施方案。

(3)施工方法:根据工程规模和现场的施工条件,以及各项目的具体情况,选定主体工程的施工程序、施工方案,提出雨季、冬季和夏季的施工方案及实施方法。

(4)施工进度计划:依据业主设计的工期要求和施工工期、施工条件、导流方法及各

项目的施工方案，确定各个单位工程的施工顺序和时间，编制施工总的进度计划。

(5)物资供应计划：根据施工程序和施工进度的安排，确定资金、材料、施工机械设备以及各种生活用品等需要及供应计划。

(6)施工总体布置：根据工程的特点和现场的实际情况、施工条件，拟定施工期间场内外交通的形式及道路、临时用房和各类仓库、施工辅助企业、大型临时设施等的规模和总体布置。

(7)施工组织管理：提出按项目法施工的施工管理机构和人员配套的意见。

(8)质量安全保证体系：结合工程实际，从技术、组织管理等方面全面分析，提出实现各项目的质量监督标准、职责，提出实现质量安全目标的各项措施。

二、施工组织设计的编制原则

施工组织设计的编制，必须遵照发展国民经济的各项方针和水利工程建设的政策法规，进行充分调查研究，参照有关工程经验，吸取国内外工程的先进技术，结合本工程建设的特点，制定各项目的技术措施，使施工组织设计真正符合实际，对工程的施工起着正确的指导作用，达到投资省、工效高、效益高、质量好、安全的目的。因此，编制施工组织设计应遵守以下基本原则：

(1)遵循水利工程建设的程序。施工组织设计要符合工程建设程序的要求，施工进度的总体安排应在保证工程质量和安全的前提下，使之符合快速施工的要求，要切合实际，保证截流、度汛、蓄水、通水、通航、发电等时段的施工措施的落实。

(2)所制订的施工技术措施和施工方案、组织形式等应符合按项目法施工模式的管理要求，能保证工程质量和施工安全。

(3)严格遵守规定的施工工期，确保工程按期或提前完成，全面考虑、合理安排，使计划既能起到动员和组织广大干群及提高劳动生产率的积极作用，又能适应不断发展的新情况。在执行计划的过程中留有余地，进行适当的施工调整。

(4)分清工程的主次关系，统筹兼顾，集中力量保证关键工程项目完成日期。次要项目则配合关键工程项目进行，为关键工程项目的施工创造有利条件。

(5)重视工程的合理安排，组织平行作业和流水作业，尽量做到均衡和连续施工。

(6)不断提高施工机械化水平，充分利用现有的机械设备，并选用效率高、效果好的施工机械，减轻劳动强度。

(7)积极采用新技术、新工艺及行之有效的技术新成果，以提高水利工程建设的科技含量。

(8)必须考虑设计图纸、机电设备、资金及材料供应的可能性和现实性，使施工进度计划建立在可靠的物质保障的基础上。

(9)确保资金和资源的有效使用，提高投资效益，因地制宜，就地取材，节省材料，降低工程成本，合理规划施工用地，少占耕地。

(10)合理使用和安排工程投资，避免资金的积压和浪费。

(11)保证施工安全，确保导流和拦洪度汛的可靠性，避免各项施工项目的相互干扰，并注意满足工农业生产及有关行业部门的用水要求。

(12)做好特殊季节(雨季、冬季、夏季)的施工准备，制订特殊季节的施工方案和保证措施。

三、编制施工组织设计的依据

编制施工组织设计的依据主要有以下三项：

(1)渠系工程施工项目的设计文件及变更设计文件等相关资料。

(2)建设单位的有关指标、技术要求,如合同技术条款。

(3)工程建设单位指导性的施工组织设计方案及要求。

四、编制施工组织设计的程序

编制施工组织设计时,应采用科学的方法,既要遵守一定的程序,又要按照施工的客观规律,协调处理好各种因素的关系。渠系、堤防工程项目的施工组织设计编制的程序如下:

(1)渠堤工程项目施工调查和技术交底。

(2)全面分析渠堤工程项目施工设计资料。

(3)编制工程施工进度图。

(4)按照施工定额计算劳动日(工日)、材料、机具等的需要量,并制订供应计划。

(5)按照设计要求编制技术措施、施工计划及计算技术经济指标。

(6)制订临时工程及供水、供电、供热计划。

(7)施工工地运输组织。

(8)编制说明书。

图 1-1 为渠系工程项目施工组织设计编制图。

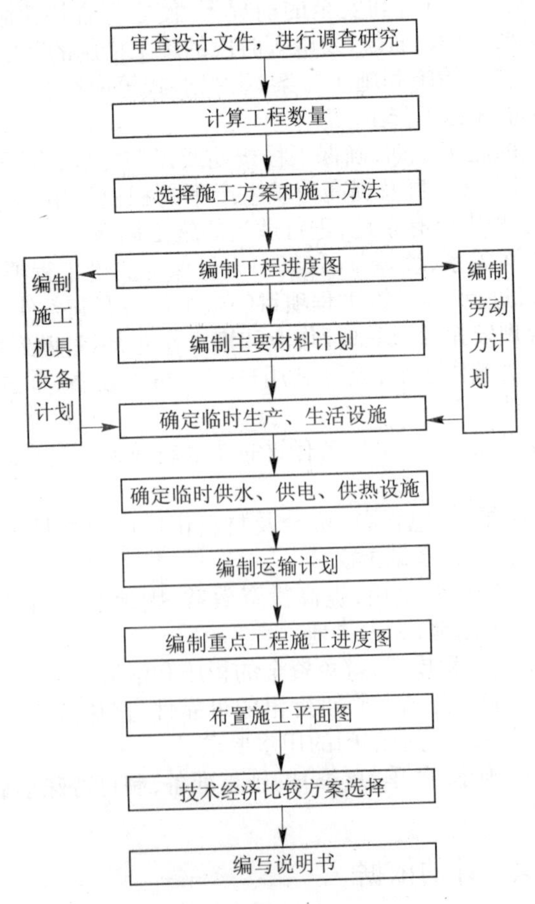

图 1-1　渠系工程项目施工组织设计编制图

第三节 渠系工程项目施工方案、施工方法的选择和场地布置

渠系工程项目的施工方案一般包括渠系开挖、回填、加固建筑物修建、导流、排水衬砌、机电设备制安、环境保护、渠系道路等方案及水电作业方案，运输及场地布置方案，施工进度，劳动力及机械设备安排、材料物资的供应计划等。施工方案、方法是施工组织设计的重要环节，也是全局的关键，因此在选择施工方案、方法时，应全面了解设计文件，然后综合分析和合理确定。

选择施工方案的依据是工程所在的地域和地理位置、工程地质和水文地质资料、渠系开挖断面的大小、渠系工程的长度、各类建筑物的类型、工期要求、施工技术力量、机械设备、原材料供应、动力、电力、供水、排水、环境保护、工程投资、施工安全措施、地表沉降等因素，应综合研究和分析，并根据不同的施工类型和现场的实际情况进行选择。

选择施工方案的基本要求是优质、高速、安全、经济、均衡施工和文明施工。

一、施工方案的选择

渠系工程项目施工方案的选择：应根据所承建的渠段的长度、项目的大小、工期的长短、地形、地貌、地质、水文气象、弃渣场地、机械设备等条件以及施工技术力量和施工工期等综合考虑分析确定。一般具体选择时应对多个施工方案进行比较，选择较好的方案，以便取得较好的效果。

因渠系工程项目的技术要求较高，以及渠系项目施工的场地大部分比较狭窄，而且施工场地在渠道上，故施工前应绘制施工场地总体布置图，合理地选择施工方案。对于工程地质和水文地质条件变化较大的地质地段，应特别注意选用既有较高适应性和安全性又对进度和质量没有影响的施工方案。总之，要结合设计的技术要求和规范规程，并结合现场情况，选择合理的施工方案。

二、施工场地的布置

渠系工程施工场地布置时项目较多，要综合考虑。因渠系内场地一般比较狭窄，而施工机械设备和砂卵石、石渣及材料很多，施工前应根据地形特点，结合劳动力的安排、施工机械设备的布设、施工方法、弃渣场地位置等因素统筹安排，全面规划、合理布置，避免相互干扰等，注意安全施工，以使施工工地秩序井然，高效生产，充分发挥人力、物力和财力的最大效益。

三、施工场地布置的项目和要求

（一）施工场地布置的项目

施工场地布置的项目主要有：工地生活基地的布置、料场堆放地和料库的布置、施工生产地和设备房屋的布置、弃渣场地与卸渣和运输道路的布置等。

(二)施工场地布置的要求

1. 施工场地布置的一般要求和技术要求

1)一般要求

(1)合理布置大堆材料(砂石料、钢筋、水泥及一般器材)、施工备品及回收材料的堆放位置。

(2)生活服务设施应集中布置,如宿舍、食堂等应与弃料废物场所分开,办公场所应妥善安排。

(3)机械设备、附属车间、加工场地等应相对集中,仓库应靠近交通方便地域,并要设立专用便道,还要做到合理布局,形成网络。

(4)运输的弃渣线、编组线和联络线应形成有效的循环系统,方便运输和减少运距。

(5)危险品仓库必须按照有关治安管理规定办理,一定要符合安全规定的要求。

(6)应有大型机械设备停放、安装、维修的场地。

2)技术要求

渠系工程施工的场地布置首先要确定施工中心,并应事先规划、分期安排,注意减少与现有道路的交叉和干扰。具体布置根据项目不同而异。

2. 渠系工程施工总体布置的技术要求

渠系工程施工总体布置,就是根据渠系工程施工的特点和施工条件,研究解决施工期间所需的交通道路、房屋、仓库辅助企业及其他施工设施的平面和高程布置问题,是施工组织设施的重要组成部分,也是进行施工现场布置的依据。其目的是合理地组织和使用施工场地,使各项临时设施能最有效地为施工服务,为保证工程施工质量、组织文明施工、加快施工进度、提高经济效益创造条件。

根据工程的规模和复杂程度,必要时还要设计单项工程的施工布置图。对于工期较长的项目,一般还要根据各阶段施工的不同特点,分期编制施工布置图。施工总体布置的设计图一般标在1:2 000至1:5 000的地形图上,单项工程的施工布置图一般标在1:200至1:1 000的地形图上。

分项工程的施工布置按一般要求进行。

四、施工总体布置的内容和设计原则

施工总体布置的内容包括:

(1)一切地面上和地下原有的建筑物。

(2)一切地面上和地下拟建的建筑物。

(3)一切为拟建建筑物施工服务的临时建筑物和设施。其中,包括导流建筑物、交通运输系统、临时房建及仓库、料场及加工系统、混凝土生产系统、风水电供应系统、金属结构、机电设备、安装基地、安全防火设施及其他临时设施。

施工总体布置的设计原则是:在满足施工条件下,尽可能地减少施工用地,特别应注意不占用或少占用耕地;临时设施应与工程施工顺序和施工方法相适应,最大限度地减少工地内部的运输,充分利用地形、地貌条件,缩短运输距离,并根据运输量采用不同标准的路面构造;利用已有建筑物或提前修建永久建筑物为施工服务,必须遵守生产技术的相关规范规程，既要保证工程质量，又要符合安全、消防、环境保护和劳动保护的要求；各项临时建筑和设施的布置要有利于施工和生活，且便于管理。

五、施工总体布置设计的步骤

施工总体布置设计的步骤如下：

(1)收集分析基本资料：在进行施工总体布置设计前，必须深入调查研究并收集有关资料，如渠系区域的地形图、地质资料、水文气象资料、施工现场附近有无可利用的住房、当地的建材情况和电力、水供应情况、进度安排等资料。

(2)编制总体布置规划：这是施工总体布置中的关键一步，着重解决总体布置的一些重大原则问题。如采用一岸布置还是两岸布置，是集中布置还是分散布置，现场布置几条交通干线及其与外部交通的衔接等。

规划施工场地时，须对水文资料进行认真研究，主要场地和交通干线的防洪标准一般不应低于20年一遇。对导流工程要研究导流期间的水位变化，在峡谷冲沟内布置场地时应考虑山洪突袭的可能。

(3)编制临时建筑物的项目单：根据工程的施工条件，结合类似工程的施工经验，编制临时建筑物的项目单，并大致确定占地面积、建筑物面积和平立面布置图。在编制项目单时，应了解施工期各阶段的需要，力求详尽，避免遗漏。

(4)选定合理的布置方案：在各项临时建筑物和施工设施布置完后，应对整个施工总体布置进行协调和修正工作。重点检查施工主要工程以及各项临时建筑物之间彼此有无干扰，是否协调一致，能否满足多项布置的原则，如有问题应及时进行调整、修改。

施工总体布置，一般提出若干个可能的布置方案供选择。在选取方案时，常从各种物料的运输工作量或运输费用、临时建筑物的工程量或造价、占用耕地的面积以及生产管理与生活的便利程度等方面进行比较分析，选定最合理的方案。

(5)具体布置各项临时建筑物：在对现场布置作出总体规划的基础上，根据对外交通方式依次合理安排各项临时建筑物的位置。对外交通采用现场附近公路时，则可与场内运输结合起来布置，然后确定施工辅助企业和仓库的位置，现场的水、电供应可结合当地的供电系统和就近供水系统相互并网。

例：南水北调中线一期工程总干渠黄河北—美河北辉县段第四施工标段的施工总体方案。

一、施工总体方案

(一)施工总体方案制订的原则

(1)根据工程规模和特点、工期，结合施工现场情况，综合考虑水文、气象和工程地质、水文地质条件以及渠道施工与河道交叉建筑物施工的相互影响等因素，统筹安排、科学组织、均衡施工。

(2)最大限度地按照招标文件中有关安全、质量、环保和文明施工的要求，选派有丰富经验的施工管理技术人员，配备技术先进的机械设备，合理、高效地全面组织施工。

(3)本着“先建筑物后渠道”和“先地基处理后填筑”的原则安排施工生产。

(4)开挖段和回填段平衡作业。

（二）施工总体方案的内容

在本施工标段内建筑物多、工程量大、施工任务重、工期紧，特别是河谷段，必须在非汛期施工，所以按照上述原则统筹安排，制订总体方案如下：

（1）以渠道施工为主线，合理穿插河渠交叉建筑物工程和公路工程的施工。

（2）由于倒虹吸管段开挖建基面高程低，受地下水位和汛期河水等的影响，将其安排在非汛期施工，考虑到施工的均衡，将两个倒虹吸分别安排在两个非汛期施工。

（3）两座公路桥和生产桥优先安排施工。

（4）整个标段分为两个地质段，组织分段施工时，兼顾渠道和建筑物的地基处理，统一安排、统一处理，片段连续进行。渠道工程根据土方平衡计算，分为三大段：85 + 400 ~ 87 + 223、87 + 223 ~ 90 + 000、90 + 000 ~ 91 + 730。第一段靠近 87 + 223 的部分区段有大量的超挖和黏性土换填，所以考虑土方的平衡配置，计划从 87 + 223 向85 + 400，即从下游向上游开挖施工，其他两侧从上游向下游开挖施工。每一段内根据现场情况再分段组织流水作业。

二、施工总体布置

（一）施工总体布置的依据

南水北调中线一期工程总干渠黄河北—姜河北辉县段第四施工标段的招标文件。

（二）施工总体布置的内容

确定各主要工程的施工方案、施工总进度计划等。

（三）施工总体布置的原则

（1）临时设施的布置，遵循利于生产、利于环保、易于管理、保证安全、经济合理的原则。

（2）施工布置要便于运输，避免或减少与外界的相互干扰。

（3）施工布置有利于充分发挥施工机械装备和加工厂的生产能力，满足施工强度要求。

（4）根据工程所处的地形特点，各类生产、生活设施采用集中与分散相结合的布置原则。

（5）施工及临时工程所涉及的范围均匀布置在招标文件中所示的临时占地线以内。

六、场内外交通运输

场内外交通运输是保证工程正常施工的重要手段。场外交通运输是指利用外部运输系统把物资、器材从外地运到工地，场内交通运输是指工地内部的运输系统，在工地范围内将材料、半成品或预制构件等物资、器材运到建筑安装地点。

场外交通运输的方式基本上取决于施工地区原有的交通运输条件和建筑器材运输量、运输强度和重型器材的重量等因素。对外运输的方式最常见的有铁路、公路和水路运输。公路运输是一般工程采用的主要运输方式。

场内运输方式的选择取决于对外运输方式、运输量、运输距离及地形条件。汽车运输灵活机动、适应性强，因而应用最广泛。

场内运输道路的布置除应符合施工总体布置的基本原则外，还应考虑满足一定的技术要求，如路面宽度、最小转弯半径，并尽量使临时道路与永久道路相结合。

例：南水北调中线一期工程总干渠黄河北—美河北辉县段第四施工标段的施工交通布置。

（1）施工进场道路。施工段内有省道 S306、县道 X036 等道路与渠线交叉，场内道路可直接相接，褚邱公路桥处有辉县市乡道 1018 与施工段渠线交叉，现状道路为 7 m 宽的水泥路面，可以作为主要进场公路。

（2）场内临时施工道路。场内临时施工道路根据工程特点和施工期高峰交通运输量、行车密度、运输强度、运输设备、运输距离及生产、生活区布置等进行统筹设计，各项设计技术指标如表 1-1 所示。

表 1-1　主要施工道路设计技术指标

序号	道路名称	长度（km）	宽度（m）	路面型式	说明
1	左岸部分及右岸沿渠施工主干道路	9.0	7	泥结碎石	路基宽 8 m
2	左岸沿渠施工辅道	5.0	6	土路	路基宽 6 m
3	至临时料场弃渣道路	1.0	7	土路	
4	沿渠上堤马道	3.5	7	土路	斜道
5	施工道路至两个施工营地道路	1.0	5	泥结碎石	路基宽 6 m
6	倒虹吸绕行道路	2.0	5	土路	
7	桥梁绕行道路	3.0	5	土路	

七、临时设施

由于渠系工程施工路线长，必须修建临时仓库，进行一定的物料储备，以保证及时供应。仓库面积大小应根据仓库的储存量确定，且其储存量应满足施工的要求。

（一）仓库

（1）仓库中的储存量可按下式计算：

$$p = \frac{Qnk}{T} \tag{1-1}$$

式中　p——某种物料的储存量，t 或 m^3；

Q——计算时段内该种物料的需要量，t 或 m^3；

n——物料储存天数指标；

k——物料使用的不均衡系数，一般取 1.2～1.5；

T——计算时段内的天数。

（2）根据物料的储存量，可由下式确定所需的仓库面积：

$$F = \frac{p}{qa} \tag{1-2}$$

式中　F——仓库面积，m^2；

p——某种物料的储存量,t 或 m^3;

q——仓库单位有效面积的存放量,t 或 m^3;

a——仓库有效面积利用系数。

(二)临时房屋

在一般的水利工程施工中,常设的工地临时房屋包括办公室、会议室、居住用房、行政办公室等。各类临时房屋的需要量取决于工程规模、工期的长短及工程所在地区的条件,可参照工程所在地区的具体条件,计算出各类临时房屋的建筑面积。

(三)水供应

工地供水主要指生产、生活和消防用水。供水系统由取水工程、净水工程和输配水工程等三部分组成。供水设计的主要任务是确定需水量和需水地点,根据水质和水量要求,选择水源、设计供水系统。

(1)生产用水:主要指土石方工程、混凝土工程等的施工用水,以及施工机械、动力设备和施工辅助企业用水等。生产用水的需水量可按下式计算:

$$Q_1 = 1.2 \times \frac{\sum kq}{8 \times 3\ 600} \tag{1-3}$$

式中 Q_1——生产用水的需水量,L/s;

k——用水不均匀系数;

q——生产用水项目每班(8 h)平均用水量,L;

1.2——考虑水量损失和未计入的各种小额用水系数。

(2)生活用水:包括生活区和现场生活用水,计算公式如下:

$$Q_2 = \frac{k_2 k_4 n_3 q_3}{24 \times 3\ 600} + \frac{k'_2 k'_4 n'_3 q'_3}{8 \times 3\ 600} \tag{1-4}$$

式中 Q_2——生活用水量,L/s;

n_3——施工高峰时工地最多人数;

q_3——每人每天生活用水量定额;

k_2——每天生活用水不均匀系数;

k_4——未计时的生活用水不均匀系数;

n'_3——在同一班次内现场和施工生产企业工作人数;

q'_3——每人每班现场生活用水量定额;

k'_2——现场生活用水不均匀系数;

k'_4——未计时的现场生活用水不均匀系数。

各种用水不均匀系数如表 1-2、表 1-3 所示。生活用水量定额如表 1-4 所示。

表 1-2 用水不均匀系数(一)

用水对象	用水不均匀系数	用水对象	用水不均匀系数
土建工程施工用水	1.5	建筑运输机械用水	2.0
施工辅助企业生产用水	1.25	动力设备用水	1.0~1.05

表 1-3　用水不均匀系数(二)

用水对象	用水不均匀系数
居住区生活用水	2.0～2.5
现场生活用水	1.3～1.5

表 1-4　生活用水量定额

用水项目	用水定额(L/(人·天))	用水项目	用水定额(L/(人·d))
生活用水	100～120	洗衣	30～35
饮用及盥洗	25～30	现场生活用水	10～20
食堂	15～20	现场淋浴	25～30
浴室	50～60		

(3)消防用水(Q_3):按工地范围及居住人数计算,用水定额如表 1-5 所示。

表 1-5　消防用水量定额

用水项目	按火灾同时发生次数计	耗水量(L/s)	用水项目	按火灾同时发生次数计	耗水量(L/s)
居住区消防用水			施工现场消防用水		
5 000 人以内	1	10	现场面积在 25 km^2 内	3	10～15
10 000 人以内	2	10～15	以 25 km^2 递增	2	5
25 000 人以内	2	15～20			

施工供水量应满足不同时期日高峰生产用水和生活用水的需要,并按消防用水量进行校核:$Q = Q_1 + Q_2$,但不得小于 Q_3。

供水系统可分为集中供水和分区供水两种方式,一般包括水泵站、净水建筑物、蓄水池或水塔、输水管网等,生活用水和生产用水共用水源时,管网应分别设置。

例:南水北调中线一期工程总干渠黄河北—姜河北辉县段第四施工标段的施工供水布置。

一、供水系统的规划

(1)用水项目:供水系统主要为混凝土拌和站,各施工生产辅助工厂,混凝土养护、施工道路修筑与养护,以及办公、居住等生活用水。

(2)最大用水量:施工高峰期,混凝土拌和站用水量约为 30 m^3/h,其他各施工辅助工厂用水量约为 10 m^3/h,混凝土养护平均用水量约为 20 m^3/h,施工道路修筑与养护最大用水量约为 5 m^3/h,办公区及居住区生活用水量约为 15 m^3/h。

考虑到用水高峰不同,可能出现在同一时段内,取用水不均匀系数为 0.90,则要求供水系统的供水能力约为20 m^3/h。

(3)供水系统的布置:王村河渠道倒虹吸等施工营地场区附近民井深度一般为20~30 m,井水位埋深10 m左右,含水层岩性为卵石,单井出水量(井径50 cm)为20~25 t/h。

采取各施工营地附近的地下水各项检测指标符合小型集中式供水生活饮用水水质的要求,地下水水化学类型均为CO_3—Ca·Mg型,对混凝土均无腐蚀性,各营区附近地下水均可作为施工和生活饮用水水源。现场生产、生活用水采取在现场打井取水的方式解决。拟在营地的混凝土拌和系统附近打一口深井,管径40~50 cm,深度不小于当地民井,用来保证混凝土拌和站和邻近的加工厂的用水,水质保证满足混凝土拌和用水标准的规定。在各营地生活区打一口井,井水经过处理后,供施工期间的生活用水。生活用水水质应达到生活饮用水卫生标准。施工现场混凝土养护等用水主要采取沿线打井取水,对于部分区段和河渠建筑物部分施工需要作降水处理的,利用降水井抽水养护该部位沿线混凝土。

二、总体规划

供水系统的供水量经计算,供水能力按70 m^3/h计,并根据施工阶段分别确定。根据工程条件和用水需求分析,拟采用打井取地下水的方式来满足生产和生活用水的要求。初步设计在营地的混凝土拌和系统附近打井,另外在混凝土拌和系统设置一个100 m^3的蓄水池和10 m^3的水池,预制厂附近设一个30 m^3的蓄水池和5 m^3的高压水箱,生活区分别各设一个25 m^3的无塔供水器。

渠道混凝土衬砌的养护用水拟采用就近打井取水,沿渠坡顶铺设主管道,再接支管喷射的办法解决。计划沿总干渠方向,每隔500 m左右打一口井,附近有降水井的,采用降水井的出水进行养护。

根据需要,沿渠配置一定数量的移动水箱,用洒水车运水补给水源,用于就近的混凝土养护。

因全年施工,在供水管路铺设时,供水管路采用管沟埋设,以实现防冻和跨线保护。

(四)电的供应

供电系统应保证生产、生活高峰负荷的需要,电源的选择一般优先考虑电网供电,施工单位自发电作备用电源和用电高峰时使用。计算施工期工地所需临时发电站或变电站的设备容量时,可采用下式:

$$P = 1.1\left(\frac{K_m \sum K_c P_y}{\cos\varphi_0} + \sum K_c P_2\right) \tag{1-5}$$

式中 P——工地所需的电站设备容量,kVA;

P_y——动力用电的铭牌功率,kW;

1.1——考虑输电线路中功率损失的系数;

P_2——照明用电量,kW;

K_c——容量利用系数(需电系数),见表1-6;

K_m——动力用电的同时负荷系数,可采用0.75~0.85;

$\cos\varphi_0$——功率因数的平均计算值,可采用0.5~0.6。

表 1-6　需电系数

负荷特征	K_c	负荷特征	K_c
电动挖掘机 1～3 台	0.5	水泵、鼓风机、空压机	0.6
电动挖掘机 3 台以上	0.4	电焊变压器	0.3
塔式和门式起重机 1～2 台	0.3	单个电焊机	0.35
塔式和门式起重机 2 台以上	0.2	混凝土工厂电力设备	0.6
连续式运输机械	0.5	水工厂电力设备	0.5
移动式机械	0.1		

工地供电系统由电网供电时，应在工地附近设总变电所，将高压电变为中压电(3 300 V 或 6 600 V)输送到用电地点附近，而后通过变电站变为低压(380 V、220 V)由变电站送至各营地。生产用电与生活用电的配电所应尽可能分开，若混合用电，应在 380 V、220 V 的侧出线回路上分开。

例：南水北调中线一期工程总干渠黄河北—姜河北辉县段第四施工标段的施工供电布置。

现场供电系统包括自接线位置的变压器出线端至生活区和生产区的输电线路及其全部配电装置。

本施工段生活和生产用电以电网供电为主，自发电为辅，拟就近自变电站引接 10 kV 线路至施工营地，高压线路沿渠左侧设置。

各营地选择合适容量的变压器，从高压线路 T 接，经过变压器室变压后进入配电室低压配电柜，再引到各用电点。

高低压架空线路沿临时施工道路架设，终端、转角杆设拉线，过道处导线离地面的距离要不小于 6 m。施工现场用电设备采用配电箱及电缆供电。

另配备 4 台柴油发电机组作为备用电源，以保证生产和生活用电的需要。

一、用电项目

现场施工主要用电项目有混凝土拌和系统、混凝土浇筑、钢筋制安、金属结构加工安装以及其他辅助工厂生产用电和办公生活用电。

二、施工用电负荷

采用需电系数法计算供电系统高峰负荷：

$$P = K_1K_2K_3(\sum K_cP_o + \sum K_cP_N) \tag{1-6}$$

式中　P——施工供电系统高峰负荷时的功率，kW；

K_1——施工中发生的余度系数，取 1.15；

K_2——各用电设备用电同时系数，取 0.7；

K_3——配电变压器和配电线路损耗补偿系数，一般取 1.06；

K_c——需电系数；

P_o——室内照明负荷，kW；

P_N——室外照明负荷，kW。

三、施工供电系统高峰负荷时的视在功率

$$S = P/\cos\varphi \tag{1-7}$$

式中 S——施工供电系统高峰负荷时的视在功率，kVA；

$\cos\varphi$——施工供电系统的平均功率因数，灭功未补偿时取值0.75，灭功补偿时取值0.85。

经计算，为完成本工程，配备的施工用电以及施工照明和生活办公等设备总功率约为2 500 kW，考虑到并不是所有用电设备全部同时工作，故取用设备平均功率因数为0.75，可得到施工用电高峰负荷为1 875 kW。

四、供电系统规划

(1)施工电源。本工程施工及生活用电应以电网供电为主，电源选用上八里变电站，采用架空线路直接从变电站引10 kV线路至工地变电室(站)，施工主营地配备1台1 250 kVA变压器，在分营地设置1台650 kVA的变压器，另外在89 +500和91 +000附近各设1台300 kVA的变压器。另配备4台200 kW的柴油发电机作为各处的备用电源。

(2)供配电线路的安排。①沿渠线10 kV的高压线路。由上八里变电站→主营地(5 500 m)→分营地(1 100 m)→最下游变电站(5 400 m)，线路共长11 000 m。②低压线路。从各个施工营地到施工用电点，从三个变压器配电室到各用电点，线路长度共约15 000 m，施工现场用电设备采用配电箱及电缆供电，长度约2 000 m。③供电可靠性与安全性。为保证工程施工的用电可靠性，对重要的施工设备，如混凝土拌和站采用双回路供电，同时配备移动式柴油发电机组作为备用电源。

为保证施工用电的安全性，供电系统严格按照现行的有关规范、规程进行设计、施工和管理，并做好防雷、防火和接地。做好消防工作，确保用电安全。为保证施工安全，地表以下工作面的局部照明和潮湿作业区的照明，采用低压照明系统。根据工程的特点，施工现场照明采用活动灯架，灯具采用1 000 W投光灯，间距40 m，按施工工艺要求布置。道路照明利用路边线杆，每杆设250 W自镇流灯一盏，机械停放墙设400 W投光灯四盏。施工工厂采用1 000 W投光灯照明，间距30 m，数量根据现场面积及照度要求而定。

(3)避雷、接地。变压器进线端分别装设阀式避雷器各1组，共用接地系统接地电阻小于4 Ω，低压供电线路采用T_N-S接零保护系统。

(4)用电安全。每一配电箱盘的每一供电线路均装设漏电保护装置，露天安装的配电箱盘装设有效的防雨设施，变配电所和发电室配备干粉灭火器。

五、消防措施

在办公室、生活区设置足够数量的消防水池及室外消防栓。建立一支消防队伍，以应对突发事件。此外，在施工现场油料库、材料库、器材库、加工车间等位置，以及施工机械、运输车辆上均配备适当数量的干粉灭火器。

第四节　施工进度计划

施工进度计划是施工组织设计的重要组成部分，并与其他部分（如施工导流、截流、施工总体布置、施工度汛及后期蓄水、通水等）的设施联系密切，因此必须通盘全面考虑。在编制施工进度计划时，应选择先进有效并切实可行的施工方法，要与施工场地的布置相协调，并考虑技术供应的可能性和现实性。拟定的各类施工强度要与选定的施工方法和机械设备的生产能力相适应，使施工进度计划建立在可靠的基础上。因此，施工进度计划的编制既要以施工组织设计中各项目的组成部分为基础，又要考虑各项目组成部分的施工方法及作业方式。

编制施工进度的目的，首先是保证工程进度，使工程能按规定的期限完成或提前完成。进度计划安排得当，就可以将各项单位工程的施工工作组织成一个有机的统一体，保证整个工程的施工能够均衡、连续、有规律地顺利进行，确保工程质量和生产安全，使资金、材料、机械设备和劳动力的使用更为合理，以保证项目建设目标的如期实现。

施工进度计划是以图表的形式规定了工程施工的顺序和速度，它反映了工程建设从施工准备工作开始，直到工程竣工验收为止的全部施工过程，反映了土建工程与机电设备及金属结构安装等工程间的分工和配合的关系。

一、编制施工计划的原则

在水利工程建设的过程中，不同的阶段对施工进度计划的编制有不同的要求，但编制的原则基本相同，其所应遵循的主要原则如下：

（1）分清工程的主次关系，统筹兼顾、集中力量，保证关键工程和重点工程项目按期完成，次要工程项目配合关键工程和重要工程项目进行，并为关键工程和重点工程项目的施工创造有利的条件。

（2）重视准备工程的合理安排，组织平行作业和流水作业，尽量做到均衡和连续施工。

（3）严格遵守规定的工期，确保工程按期或提前完成，全面考虑，合理安排，使计划既能起到动员和组织群众，提高劳动生产率的积极作用，又能适应不断发展的新情况，在执行计划的过程中留有余地，以便进行适当的调整。

（4）必须考虑施工图纸设计的意图、机械设备、资金及材料等供应时间的可能性和现实性，使施工进度计划建立在可靠的物质保障的基础上。

（5）保证施工安全，保证导流和拦洪度汛的可靠性，避免各项施工项目的干扰，并注意满足工农业生产及有关行业部门的用水要求。

（6）避免汛期和冬夏雨季的不利影响，使各项单位工程项目尽可能地在较短的时间和有利的条件下施工。

（7）注重施工中的计划强度指标，应与选定的施工方案和施工方法及机械设备能力相适应。

（8）合理地使用资金和安排工程投资，避免资金的浪费。

二、施工进度计划的类型

施工进度计划的类型一般有三类:施工总进度计划、单项工程进度计划和施工作业计划。

(1)施工总进度计划,是针对整个水利工程建设项目编制的,要求根据所确定的工期,定出整个工程中各个单项工程的施工顺序,合理安排施工工期,协调各单项工程的施工进度,提出各施工阶段的目标任务,计算均衡的施工强度、劳动、机械数量、材料等主要指标初步设计阶段,主要论证施工进度在技术上的可行性和经济上的合理性。

(2)单项工程进度计划,是对系统工程中的主要工程项目,如渠系、堤防、倒虹吸、涵闸等组成部分编制的进度计划。单项工程进度计划是根据所批准的初步设计中施工总进度计划,安排并定出各单项工程的准备工作及施工顺序和起止日期,要求进一步从施工方面、施工技术方法供应等条件上,论证施工进度的合理性和可靠性,组织平行作业和流水作业,研究加快施工进度和降低工程成本的具体方法。根据单项工程进度计划,对施工总进度计划进行调整或修正,并编制各种物资及劳动力、机械等的技术供应计划。

(3)施工作业计划有月旬的作业计划、循环作业计划以及季节性作业计划,以适应渠系工程建设的施工工期及季节多变性和施工队伍短期突击等施工的特点。

三、施工总进度计划的编制

(一)进度的概念和进度指标

1.进度的概念

进度通常是指工程项目实施结果的进展情况。在工程项目的实施过程中需要消耗时间(工期)、劳动力、机械、材料、成本等才能完成项目的任务。项目的实施结果应该以项目任务的完成情况,如工期、工程的数量来表达。但由于工程项目对象系统(技术系统)的复杂性,常常很难选定一个适当的、统一的指标来全面反映工程的进度。有时时间和费用与计划都吻合,但工程的实际进度(工作量)未达到目标,则后期就必须投入更多的时间和费用。

在现代的工程项目管理中,人们已赋予进度以综合的含义,它将工程项目任务、工期、成本等有机地结合起来,形成一个综合的指标,能全面反映项目的实际情况。进度控制已不只是传统的工期控制,而是将工期与工程实物、成本、劳动、消耗、资源等统一起来。

2.进度指标

进度控制的基本对象是工程活动,它包括项目结构图上各个层次的单元,上至整个项目,下至各个工作(包括最低层次网络上的工程活动)。项目进度状况通常是通过各工程活动完成程度(百分比)逐层统计汇总计算得到的,进度指标的确定对进度的表达计算控制有很大的影响,对所有工程活动都有适用的计量单位。

(1)持续时间。持续时间是工程进度的重要指标,人们将常用的工期与计划工期相比较以描述工程完成程度。例如,计划工期为 2 年,现已进行了 1 年,则工期已达到 50%。一个工程活动计划持续时间为 30 d,现已经进行了 15 d,则已完成了 50%。但通常还不能说工程进度已达到 50%,因为工期与人们通常概念上的进度是不一致的,工程的效率和进度不是一条直线。如通常工程项目开始时工作效率很低、进度慢，到工程中期投入最大、进度最快，而后期投入又较少，所以工期达到 50%，并不能表示进度达到了 50%，何况在已进行的工期中还存在各种停工、窝工、干扰作用，实际效率可能远低于计划的效率。

（2）按工程活动的结果、状态、数量描述。主要是针对专门的领域，其生产对象简单、工程活动简单，例如设计工作按资料（图纸、规范等）数量，混凝土工程按体积（基础、边墙等），设备安装按吨位，道路、渠道、堤防按长度，预制构件按数量，土石方按体积，运输量按运载量等，特别是当项目的任务仅为完成这些分部工程时，以它们作指标可反映实际。

（3）已完成工程的价值量。已完成工程的价值量是用已经完成的工作量与相应的合同价格计算的。它将不同种类的分项工程统一起来，能够较好地反映工程的进度状况，是常用的进度指标。

（4）资源消耗指标。最常用的资源消耗指标有劳动工时、机械台班、成本的消耗。它们有统一性和较好的可比性，即各个工程活动直到整个项目部都可用它们作为指标，这样可以统一分析进度，但在实际工程中要注意如下问题：

①投入资源数量和进度有时候会有背离，产生误导。例如，某活动计划需 100 工时，但现已用了 60 工时，则进度已达 60%，这仅是偶然的，计划劳动效率和实际效率不会完全相等。

②由于实际工作量和计划的工作量经常有差别，例如计划 100 工时，由于工程变更，工作难度增加，工作条件变化，应该需要 130 工时，现完成 65 工时，实质上仅完成 50%，而不是 65%。所以，只有当计划正确（或反映了新情况）并按预定的效率施工时，才得到正确的结果。

③用成本反映工程进度是经常的，但这里有如下因素要剔除：不正常原因造成的成本损失，如返工、窝工、工程停工；由于价格原因（如材料涨价、工资提高）造成的成本增加；考虑实际工程量、工程（工作）范围的变化造成的影响。

（二）施工总进度计划的编制步骤

编制施工总进度计划主要有以下步骤：

（1）编列工程项目。根据工程设计图纸，将拟建工程的各单项工程中的各分部分项工程、各项施工前的准备工作、辅助设施及结束工作等一一列出，对一些次要项目，可做必要的归并，然后按这些施工项目的先后顺序和相互联系的程度，进行适当的排队，依次排入进度计划表中。

进度计划表中工程项目的填写顺序一般为：先列准备工作，然后填入导流工程、渠系的基础处理、堤防填筑开挖及各项渠系建筑物等单项工程和房屋、机电金属结构、安全环保及结尾工作等。各单项工程的分部分项工程一般按它们的施工程序列出。

列工程项目时，注意不得漏项。列项时，可参照水利部颁发的《水利基本建设工程项目划分》的规定。

（2）计算工程量。依据所列的工程项目，计算建筑物、构筑物、辅助设施以及施工准备工作和结尾工作的工程量。工程量计算一般应根据设计图纸和水利部颁发的《水利水电工程设计工程量计算规定》计算。考虑到各设计阶段提供的设计图纸深度不同，又规定了按图纸计算的工程量应乘以相应的阶段系数，如表1-7所示。

表1-7　工程量计算阶段系数表

种类	设计阶段	钢筋混凝土	混凝土工程量			土石方开挖工程量			土石方填筑工程量			钢筋	钢材	灌浆
			300 m^3以上	100 ~ 300 m^3	100 m^3以下	500 m^3以上	200 ~ 500 m^3	200 m^3以下	500 m^3以上	200 ~ 500 m^3	200 m^3以下			
永久水工建筑物	可行性研究	1.05	1.03	1.05	1.10	1.03	1.05	1.10	1.03	1.05	1.10	1.05	1.05	1.15
	初步设计	1.03	1.01	1.03	1.05	1.01	1.03	1.05	1.01	1.03	1.05	1.03	1.03	1.10
施工临时建筑物	可行性研究	1.10	1.05	1.10	1.15	1.05	1.10	1.15	1.05	1.10	1.15	1.10	1.10	
	初步设计	1.05	1.03	1.05	1.10	1.03	1.05	1.10	1.03	1.05	1.10	1.05	1.05	
金属结构	可行性研究												1.15	
	初步设计												1.10	

工程量的计算通常采用列表的方式进行。按照工程性质考虑工程分期、施工顺序等因素，分别计算各分部分项工程的工程量。有时需计算不同高程的工作量（如渠系不同桩号的工程量，可作出高程或桩号的工程量曲线），以便分期、分段组织施工。

（3）初拟工程进度。初拟工程进度是编制施工总进度计划的主要步骤。初拟进度时，必须抓住关键、分清主次、合理安排、互相配合。要特别注意首先安排好与汛期洪水有关、受季节性限制较强的或施工技术比较复杂的控制性工程的施工进度。

如一般的渠系工程，其建筑物或基础均位于河床，因此施工总进度计划的安排应以导流程序为主线，先把导流、截流、基坑开挖、基础处理等关键的控制性进度安排好，其中应包括相应的准备工作、工程结尾工作和辅助工程的进度，这就构成了整个工程进度计划的轮廓，在此基础上将不直接受水文条件控制的其他工程项目予以调整，即可拟订该工程的施工总的进度计划初稿。

在初拟进度计划时，对于围堰、抗洪度汛、渠系工程等这些项目必须进行充分论证，以便在技术、组织措施等方面都得到可靠的保证。

（4）论证施工强度，拟定各项工程进度时，必须根据工程施工条件和所选用的施工方法，对各项工程，尤其是起控制作用的关键工程的施工强度进行充分的论证，使编制的施工总进度计划有比较可靠的依据。

由于受水文、气象等条件的影响，在整个施工期间要保持均衡施工难度较大，因此在论证工作中，既要分析研究各项工程在施工期间所要达到的平均施工强度，又要估计到施工期间可能出现的短时间内的不均衡性。

论证施工强度一般采用工程类比的方法,即参照类似工程所达到的施工水平,对比本工程的施工条件、论证进度计划中所拟定的施工强度是否合理可靠。如果没有类似工程可以对比,则应通过施工设计,从施工方法、施工机械的生产能力、施工现场的布置以及施工措施等方面,利用劳动定额和机械设备使用定额进行论证。

(5)编制劳动力、材料和机械设备的需用量计划。

根据拟订的施工总进度计划和相关的定额指标,计算劳动力、材料和机械设备等的需要量,并提出相应的需要量计划,不仅要注意到它的可能性,而且还要注意到在整个施工时间内的均衡性,这也是衡量施工总进度计划是否完善的一个重要标志。

(6)调整和修改。根据施工强度的论证和劳动力、材料、机械设备等的平衡,对初拟的施工总进度计划是否符合实际,各项工序之间是否相互协调,施工强度是否大体均衡(特别是主体工程)作出评价,如有不够完善的地方需进行必要的调整和修改,形成较为合理并有实际指导意义的施工总进度计划。

在实际工作中,编制总的进度计划并不是完全按上述步骤一步一步地进行的,而是要将各项问题相互联系起来反复斟酌才能完成,以后还要结合单项工程的进度计划的编制来进行修正。在施工过程中,还要根据施工条件的变化进行调整与修正,以便指导施工。

(三)编制施工进度计划的网络计划技术

横道图是土木及水利电力工程施工中应用最广、历时最长的进度计划的表现形式,它虽有许多的优点,但仍有不少明显的不足之处。例如用横道图所表达的进度计划,其编制方法简单、表现形式直观,但难以完整确切地反映各个工作项目之间的相互依存和相互制约关系,且不易用数学模型来处理。而网络计划技术可以确切地表明各个工作项目之间的逻辑关系,找出工程中的关键项目和关键线路,并可随工程的进展情况对计划进行优化,因此网络计划技术目前在国内外的各类工程上得到了广泛的应用。

网络计划的形式主要有双代号和单代号两种。单代号是在双代号基础上的简化。它们之间的根本区别是图形中的节点(○)与箭杆(→)的使用方法不同。在双代号网络中箭杆代表某项工程的工作(工序),箭杆的上部或左侧标注该项工作或工程项目的名称,箭杆的下部或右侧标注该项工作或工程项目的施工所需的历时,节点代表事件,即该项工作或工程项目的开始和结束的瞬间。在单代号的网络中,节点则代表某项工作或工程项目,箭杆代表该项工作或工程项目间的逻辑关系。我国在工程应用上,目前多采用双代号网络计划技术来编制施工进度计划,以下仅介绍双代号网络进度计划中的关键线路法。

1.关键线路法网络进度计划的编制程序

关键线路法的特点是每项工作或工程项目所需的历时(施工时的持续时间)是按工时定额确定下来的,各项工作或工程项目之间的衔接和联系是明确而完整的,即各项工作或工程项目之间的前导与后续的逻辑关系是肯定的,而在实际的施工过程中,往往有许多工程项目的施工持续时间因受各种原因的影响而成为非肯定型的问题。因此,在编制网络计划进度时,就需要将工程项目的施工持续时间这一非肯定型的问题转化成肯定型的问题后,才可以参照关键线路法计算网络计划中的各时间参数。

应用关键线路法编制网络进度计划的主要步骤如下:

(1)确定进度计划中的各个项目(或工序活动)。

(2)明确它们的施工顺序和逻辑关系。

(3)确定每个工作项目所需的持续时间。

(4)按网络的要求和规定,绘制整个工程的网络进度计划。

(5)计算各工作项目的最早开始时间、最早结束时间、最迟开始时间、最迟结束时间、总时差、自由时差等时间参数,并确定关键线路。

(6)检查网络进度是否符合工期的规定要求,是否与工程合同、银行贷款等约束条件相适应,否则重新调整,直到满意为止。

2. 关键线路法网络图的绘制

1)组成网络图的主要因素

(1)工作。工作(工序)通常用一个箭杆(→)来表示,箭号代表一项工作或工程项目具有时间和资源的消耗。对有些既不消耗时间又不消耗资源,只用它说明一项工作和另外几项工作之间的约束关系的虚拟工作,可用虚箭杆(⇢)表示,箭号代表一项工作或工程项目。

(2)事件。在箭杆的箭头和箭尾画上圆圈(节点)用以标志前导(紧前)工作的结束和后续(紧后)工作的开始,称之为事件。事件和工作不同,它是工作结束或开始的瞬间,且不消耗时间和资源。

事件的圆圈分别用数字编号,前后两个编号可用来表示一项工作,对整个计划的开始事件可称为开始事件,而最终完成的事件可称为结束事件。

(3)线路。网络图中,从开始事件到结束事件之间相继完成的各项工作组成线路。其中,工期最长的线路就是关键线路,位于关键线路上的工作称为关键工作,这些工作的进度直接影响到总工期。关键线路和非关键线路随着主客观因素的变化也可能互相转化。如非关键线路上的某些工作由于采取了有效的技术措施而缩短了工期,也可能成为关键线路。

处于非关键线路上的工作都具有一定的时差,也就是可以有一定的机动时间或富余时间。这意味着在组织施工时,可以抽出一定的人力、物力去支援关键工作,以缩短总工期。

2)绘图的基本原则

(1)网络图必须正确表达各项工作的先后顺序及彼此之间的联系和互相制约与依存的关系,不能违背基本工艺或技术操作的逻辑关系。

(2)平行作业可设虚拟工作(零箭杆)表示其间的相互关系,即平行搭接的关系,如图1-2 所示。

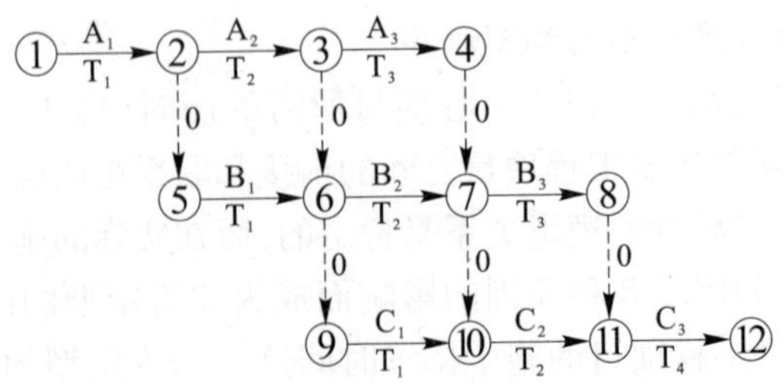

图 1-2　多项工作的相互平行搭接关系图

(3)网络图中除结束事件外,不得出现没有后续工作的尽头事件。

(4)网络图中除开始事件外,不得出现没有前导工作的尾部事件。

(5)网络图中不允许出现闭合回路。

(6)对事件的编号一般应使箭杆终点的编号大于起点的编号,并且每两个编号只能代表一项工作,不允许用多根箭杆同时连在两个相同编号的事件上。

3)网络计划的时间参数计算

当网络计划中的工作数目不太多时,可直接在图上进行计算,比较简单,现用图 1-3 所示的网络图介绍其算法。

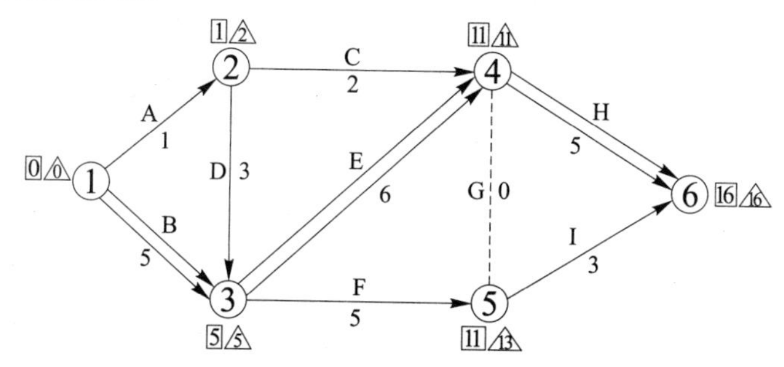

图 1-3　网络进度计划示意图

(1)计算各事件的最早可能开始时间,先从整个网络的开始事件(起点)开始,并令其最早可能开始时间为零,然后由此从左到右,按事件编号递增的顺序逐个在图上计算。如果这个节点同时有几个箭杆指向它,说明有多条线路可以达到这个节点,则需在这些线路中选其时间之和最大值为该事件的最早可能开始时间,即某项工作的最早开始时间为其诸前导工作最早结束时间的最大者,如图 1-3 中的节点④有以下三条线路可达到该点,即:

①→②→④ = 1 + 2 = 3(个月)

　1　2

①→②→③→④ = 1 + 3 + 6 = 10(个月)

　1　3　6

①→③→④ = 5 + 6 = 11(个月)

　5　6

三条线路中最大值为 11 个月,则节点①的最早可能开始时间为 11 个月,记作 11 。

(2)计算各个事件的最迟必须开始时间,从整个网络图的结束事件(终点)开始,并令其最迟必须开始时间等于最早可能开始时间,由此从右向左,按事件节点编号递减的逆向顺序逐个在图上计算。如果这个事件节点同时发出几个箭杆,则说明这个节点具有多条线路逆向到达,则应选择其到达时间最小值为该事件的最迟必须开始时间,如图 1-3 中节点③的最迟必须开始时间,有两条线路可逆向到达,即④←③、⑤←③,且前面已分别算出节点④和⑤的最迟必须开始时间为 11 个月和 13 个月。从图 1-3 中查出 $D_{3-4}=6$ 个月,$D_{3-5}=5$ 个月。所以,这两条线路的逆向到达时间为:

④←③ = 11 - 6 = 5(个月)

⑤←③ = 13 - 5 = 8(个月)

则节点③的最迟必须开始时间为两条线路中的最小值5个月,记作△5。

以上计算可概括为:某项工作的最迟必须开始时间为其后续工作的最迟必须开始时间减去该项工作的持续时间的最小者。

(3)时差计算。工作的总时差是在不影响工期的前提下,一项工作所拥有的机动时间的极限值,即:

总时差 = 终点事件的最迟必须开始时间 - 起点事件的最早可能开始时间 - 该项工作的施工持续时间

工作的自由时差是在不影响其紧后工作最早开始的前提下,工作所具有的机动时间,即:

自由时差 = 终点事件的最早可能开始时间 - 起点事件的最早可能开始时间 - 该项工作的施工持续时间

在图1-3中③→⑤工作的总时差和自由时差为:

总时差 = 13 - 5 - 5 = 3(个月)

自由时差 = 11 - 5 - 5 = 1(个月)

(4)关键工作与关键路线。在图上判别关键工作一般比较简捷方便,凡图上各事件最早开始时间和最迟结束时间相等的工作就是关键工作,将这些工作用双箭杆连接就形成了关键线路。关键线路上的工作项目其总时差和局部时差为零,在非关键线路上的工作项目的时差必不等于零,这就说明这些工作项目有一定的富余时间,因此可以将非关键项目的持续时间在时差允许的范围内适当延长,降低施工强度,而抽出一部分人力和物力去支援关键线路上的薄弱环节,以缩短工期。

(四)网络中各项工作持续时间的确定

对于工程施工中各项工作的持续时间,一般由劳动定额确定。但实际情况则非常复杂,每项工作的持续时间往往难以准确估计,因为在执行的过程中要受到各种因素的影响,有些是难以预料的,所以持续时间总有或多或少的变动。显然,在编制进度计划时,把持续时间作为非肯定型问题来处理较合适。

非肯定型即说明时间难以肯定,只能作出某些估计,通常可按三种不同时间来估计。

(1)最乐观的时间,即施工顺序、条件理想时所需的工期(a)。

(2)最保守的时间,即认为施工既不顺利,条件也不理想时所需的工期(b)。

(3)最可能的时间,即认为实现的机会相对来说比较大的工期(c)。

根据以上三个不同的工期,按下式计算出一个期望平均值,即:

$$t_e = \frac{a + 4c + b}{6} \tag{1-8}$$

当求出 t_e 后,就可以把非肯定型问题转化为肯定型问题来处理,由此算出的总工期 t_e 则称为具有某种保证率的工期。

例:南水北调中线一期工程总干渠黄河北—美河北辉县段第四施工标段的施工进度编制。

一、进度计划编制的依据

(1)南水北调中线一期工程总干渠黄河北—美河北辉县段第四施工标段合同投标文

件、图纸。

(2)与本工程相关的施工规范规程及技术标准、相关的国家法律法规等。

(3)公司施工经验、施工设备及技术力量等。

二、编制施工进度计划的原则

(1)保证满足招标文件各项控制性工期要求,并力求有所提前。

(2)重点优化关键线路的工期计划安排,为关键工作项目的实施尽量创造良好的施工条件,确保关键线路计划目标的实现。

(3)在满足控制性目标工期要求的前提下,尽可能均衡施工生产,优化施工资源配置。

①渠道施工时,合理划分施工段,保证开挖、填筑土方平衡调配,尽量减少二次倒运,并保证渠道衬砌均衡连续施工。

②渠道衬砌均衡连续施工,在每年的12月9日至次年的2月19日,衬砌及相应部位的防冻剂工程停止施工。

③合理安排沿渠公路桥和倒虹吸建筑物的施工时间、顺序,减少建筑物与渠道施工的干扰。

④桥梁工程尽量提前施工,保证渠道两岸的道路通行。

⑤倒虹吸、暗渠等建筑物安排非汛期施工,保证安全度汛。

(4)充分考虑工程的水文气象、工程地质和水文地质条件和各种不可预测的因素,在工期安排上留有适当余地,确保工期目标的顺利实现。

三、施工总进度计划的安排

施工总进度计划采用Project2002项目管理软件编制,并编制工程关键路线简图。在工程中渠道开挖与黏土换填(包括超挖回填)、衬砌及金属结构与机电设备安装是影响工期的关键工作,施工中重点控制其关键节点的施工进度。工程关键路线简图如图1-4所示。

四、施工分期规划

本标段工程从2009年5月1日按要求进场开工,到2011年12月31日竣工,划分为3个阶段。

(1)施工准备阶段:2009年5月1日至2009年6月30日。

①施工生活、生产设施的建设。

②施工主干道的修复,水电、通信系统的建设。

③混凝土生产设备的安装调试。

④主要的施工人员、技术力量、施工设备进场。

(2)主体施工阶段:2009年7月1日至2011年11月30日。

①85+400~91+730段渠道开挖、黏土换填、筑堤衬砌及沿线截(导)流沟、渠坡防护、安全防护等附属设施工程施工。

②褚邱公路桥、大刘庄东南公路桥、东小庄南生产桥和大刘庄南生产桥的施工。

③王村河渠道倒虹吸和小凹沟渠倒虹吸的施工。

④沿渠维护、运行沥青道路施工。

⑤通信工程及安全监测管理设施安装。

图1-4　工程关键路线简图

⑥金属结构及机电设备的安装等。

(3)竣工验收阶段:2011年12月1日至2011年12月31日。

①完成所有收尾工程,对所做的工程妥善保护,做好修补工作。

②拆除临时设施,清理施工场地,按业主要求恢复临时施工用地。

③整理竣工资料,向业主提交竣工验收申请,并协助业主、监理进行工程的竣工验收工作。

第五节　施工进度组织管理与控制

施工管理水平对于缩短工期建设、降低工程造价、提高施工质量、保证施工安全至关重要。施工进度管理工作涉及施工、技术、经济活动等,其管理活动从制订计划开始,通过计划的制订进行协调与优化,确定管理目标,然后在实施过程中按计划目标进行指挥、协调与控制,根据实施过程中反馈的信息调整原来的控制目标,通过施工项目的计划、组织协调与控制来实现施工管理的目标。

一、实际工期和进度表达

(1)进度控制的对象是各个层次的项目单元,而最低层次的工作是主要对象,有时进度控制还要细到具体的网络计划中的工程活动。有效的进度控制必须能够迅速且正确地在项目参加者(工程小组、分包商、供应商等)的工作岗位上反映如下的进度信息。

(2)项目正式开始后,必须监控项目的进度,以确保每项活动按计划进行,掌握各工作段（或工程活动）的实际工期信息，如实际开始时间、工期受到的影响及原因，这些必须明确反映在工作段的信息报告上。

（3）工作段（或工程活动）所达到的实际状态，即完成程度及所消耗的资源。在项目控制末期（一般为月底），对各工作段的实施状况、完成程度、资源的消耗量进行统计。这时如果一个工程活动已经开始但尚未完成，为了便于比较，精确地进行进度控制和成本核算，必须定义它的完成程度，通常有如下几种定义模式。

①0－100%，即开始后完成前一直为0，直到完成才为100%，这是一种比较悲观的反映。

②50%－100%，即从开始直到完成前都认为已完成50%，完成后才为100%。

③实物工作量或成本消耗、劳动消耗所占的比例，即按已完成的工作量与总计划的工作量的比例计算。

④按已消耗的工期与计划工期（持续时间）的比例计算，这在横道图计划与实际工期对比和网络调整中得到应用。

⑤按工序（工作步骤）分析定义，即要分析该工作段的工作内容和步骤，并定义各个步骤的进度份额。例如某基础混凝土工程的施工进度如表1-8所示。

表1-8　某基础混凝土工程的施工进度

步骤	时间	工时投入（个）	份额（%）	累计进度（%）
放样	0.5	24	3	3
支模	4	216	27	30
钢筋	6	240	30	60
隐蔽工程验收	0.5	0	0	60
混凝土续捣	4	280	35	95
养护拆模	5	40	5	100
合计	20	800	100	100

各步骤占总进度的份额由进度描述指标的比例来计算，例如，可按工时投入比例，也可以按成本比例。例如上述某基础混凝土工程中，隐蔽工程验收刚完，则该分项工程完成60%，而如果混凝土浇筑完成一半，则达77%。

当工作段内容复杂，无法用统一的、均衡的指标衡量时，可以采用按工序（工作步骤）定义的方法。该方法的好处是可以排除工时投入浪费、初期的低效率等造成的影响，可以较好地反映工程进度。例如上述某基础混凝土工程中，支模已完成，绑扎钢筋工作量仅完成了70%，则如果绑扎钢筋全部完成进度为60%，现绑扎钢筋仍有30%未完成，则该分项工程的进度为60%－30%（1－70%）＝60%－9%＝51%。

这比前面的各种方法都要精确。

工程活动完成的程度的定义，不仅对进度描述和控制有重要的作用，有时它还是业主与承包商之间的工程价款结算的重要参数。

(4)预算工作段到结束尚需要的时间或结束的日期,这常常需要考虑剩余工作量、已有的拖延、后期工作效率的提高等因素。

二、施工项目的进度计划的控制方法

施工项目的进度计划的控制方法一般有横道图控制法、S形曲线控制法和香蕉形曲线比较法三种。

(一)横道图控制法

横道图控制法是人们常用的方法,也是最熟悉的方法,是用横道图编制实施性的进度计划,指导项目的实施,它是简明、形象、直观的编制方法,简单、实用、方便。横道图控制法是在项目实施过程中,收集检查实际进度的信息,经整理后直接用横道线表示并直接与原计划的横道线进行比较。

利用横道线控制图检查时,图形清楚明了,可在图中用粗细不同的线条表示实际进度与计划进度,在横道图中完成任务量可用实物工程量、劳动消耗量和工作量等不同的方式表示。

(二)S形曲线控制法

S形曲线是一个以横坐标表示时间、纵坐标表示完成工作量的曲线图。工作时的具体内容可以是实物工程量、工时消耗和费用,也可以是相对百分比。对于大多数工程项目来说,在整个项目实施时间(以天、周、旬、月、季等为单位)的资源消耗(人、财、物的消耗),通常是中间多而两头少,由于这一特性,资源消耗以后便形成一条中间陡而两头平缓的形如S的曲线。

像横道图一样,S形曲线也是直观反映工程项目的实际进展情况,项目进度控制工程师事先绘制进度计划的S形曲线,在项目的施工过程中,每隔一定时间按项目的实际情况,绘制完工进度的S形曲线,并与原计划的S形曲线进行比较,如图1-5所示。

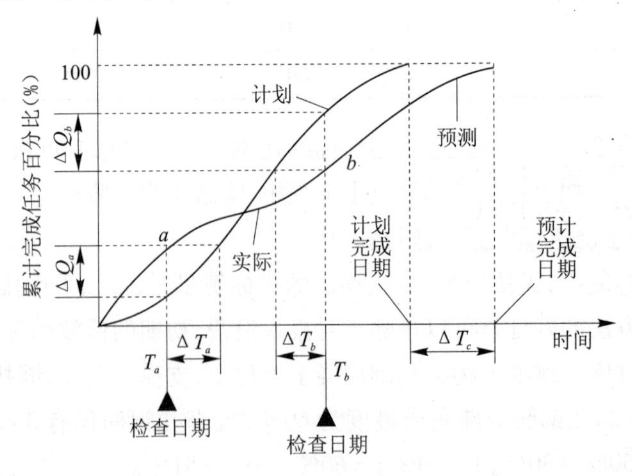

图1-5　S形曲线比较图

(1)项目实际进展的速度。如果项目实际进展的累计完成量在原计划的S形曲线左侧,表示此时的实际进度比计划进度超前(如图1-5中a点);反之,如果项目实际进度的累计完成量在原计划的S形曲线右侧,表示实际进度比计划进度拖后(如图1-5中b点)。

(2)进度超前或拖延时间。如图1-5中ΔT_a表示T_a时刻进度超前时间,ΔT_b表示T_b时刻进度拖延时间。

(3)工程完成情况。在图1-5中ΔQ_a表示T_a时刻超额完成的工程量,ΔQ_b表示T_b时刻拖延的工程量。

(4)项目后续进度的预测。在图1-5中ΔT_c表示项目后续进度若仍按原计划速度实施总工期拖延的预测值。

(三)香蕉形曲线比较法

香蕉形曲线是由两条以同一开始时间、同一结束时间的S形曲线组合而成的。其中一条S形线是按最早开始时间安排进度所绘制的S形曲线,称ES曲线,而另一条S形曲线是按最迟开始时间安排进度所绘制的S形曲线,简称LS曲线。除项目的开始点和结束点外,ES曲线在LS曲线上方,同一时刻两条曲线所对应完成的工作量是不同的。在项目实现的过程中,理想的状况是任一时刻的实际进度曲线为在两条曲线所包区域内的曲线R,如图1-6所示。

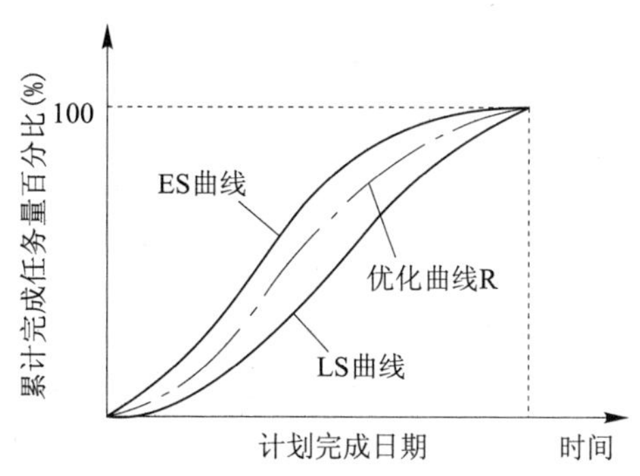

图1-6　香蕉形曲线图

三、进度计划实施中的调整方法

进度计划实施中的调整方法一般有两种,即分析偏差对后续工作及工期的影响和进度计划实施中的调整方法。

(一)分析偏差对后续工作及工期的影响

当进度计划出现偏差时,需要分析偏差对后续工作产生的影响,分析的方法主要是利用网络计划中工作的总时差和自由时差来判断。工作的总时差(TF)不影响项目工程,但影响后续工作的最早开始时间,是工作拥有的最大机动时间。而工作的自由时差是指在不影响后续工作的最早开始时间的条件下,工作拥有的最大机动时间。利用时差分析、进度计划出现的偏差,可以了解进度偏差对进度计划的局部影响(后续工作)和对进度计划的总体影响(工期),具体分析步骤如下:

(1)判断进度计划偏差是否在关键线路上。如果未出现工作的进度偏差,则$TF \neq 0$,说明工作在非关键线路上,偏差的大小对后续工作和工期是否产生影响以及影响程度还需要进一步的分析判断。如果出现工作的进度偏差,则$TF = 0$,说明该工作在关键线路上。无论其偏差有多大,都对其后续工作和工期产生影响,则必须采取相应的调整措施。

(2)判断进度偏差是否大于总时差。如果工作的进度偏差大于工作的总时差,说明偏差必将影响后续工作和总工期。如果偏差小于或等于工作的总时差,说明偏差不会影响项目的总工期,但它是否对后续工作产生影响,还需进一步与自然时差进行比较判断来确定。

(3)判断进度偏差是否大于自由时差。如果工作的进度偏差不大于工作的自由时差,说明偏差不会对后续工作产生影响,原进度计划可不作调整。

采用上述分析方法,进度控制人员可以根据工作的偏差对后续工作的不同影响采取相应的进度调控措施,以指导项目进度计划的实施,具体的判断分析过程可用图 1-7 来表示。

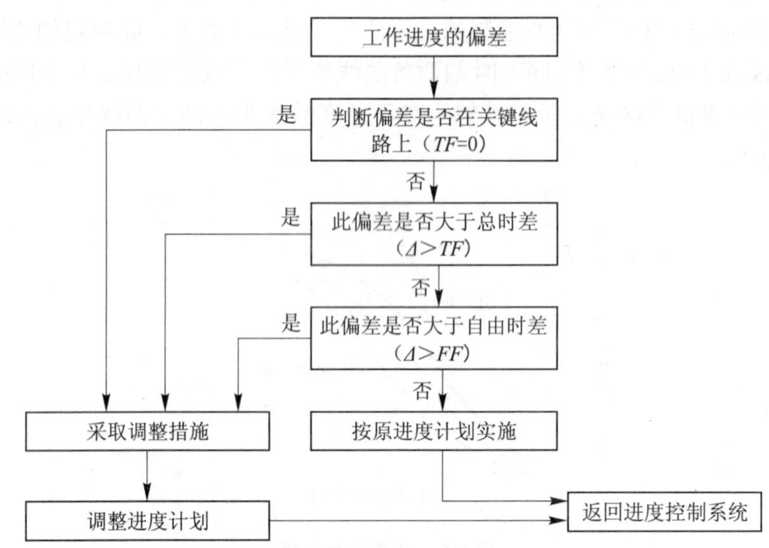

图 1-7　进度偏差对后续工作和工期影响的分析过程

(二)进度计划实施中的调整方法

当进度控制人员发现问题时应对进度进行调整。为了实现进度计划的控制和调整的目标,究竟采取何种调整的方法,要在分析的基础上确定。从实现进度计划的目标来看,可行的调整方案可能有多种,存在一个方案优选的问题,一般来说,进度调整的方法主要有以下两种。

1. 改变工作之间的逻辑关系

改变工作之间的逻辑关系主要是通过改变关键线路上工作之间的先后顺序、逻辑关系来实现缩短工期的目标。例如,若原进度计划比较保守,各项工作依次实现和实施,即某项工作结束后,另一项工作才开始。通过改变工作之间的逻辑关系,变顺序关系为平行搭接关系,便可达到缩短工期的目的。这样进行调整,由于增加了工作之间的平行搭接时间,进度控制工作就显得更加重要,在实施中必须做好协调工作。

2. 改变工作延续时间

改变工作延续时间主要是对关键线路上的工作进行调整,工作之间的逻辑关系并不发生变化，例如某一项目的进度拖延后，可采用压缩关键线路上工作的持续时间、增加相应的资源来达到加快进度的目的。这种调整通常在网络计划图上直接进行，其调整的方法与限制条件和对后续工作的影响程度有关，一般可考虑以下三种情况。

(1)在网络图中某项工作进度拖延，但拖延的时间在该工作的总时差范围以内、自由时差以外。若用Δ表示此项工作拖延时间，即$FF<\Delta<TF$。

根据前面分析，这种情况不会对工期产生影响，只会对后续工作产生影响。因此，在进行调整前，要确定后续工作允许拖延的时间限制，并作为进度调整的限制条件。确定这个限制条件有时很复杂，特别是当后续工作由多个平行的分包单位负责实施时更是如此。

(2)在网络图中某项工作进度的拖延时间大于项目工作的总时差，即$\Delta>TF$。

这时该项工作可能在关键线路上，也可能在非关键线路上，但拖延的时间超过了总时差($\Delta>TF$)。调整的方法是：以工期的限制时间作为规定工期，对未实施的网络计划进行工期—费用优化。通过压缩网络图中某些工作的持续时间，使总工期满足规定工期的要求，具体的步骤如下：

①简化网络图，去掉已经执行的部分，以进度检查时间作为开始节点的起点时间，将实际数据代入简化网络图中。

②以简化的网络图和实际数据为基础，计算工作最早开始时间。

③以总工期允许拖延的极限时间作为计算工期，计算各项工作最迟开始时间，形成调整后的计划。

(3)在网络计划中工作进度超前。在计划阶段所确定的工期目标，往往是综合考虑各方面的因素优选的合理工期。正因为如此，网络计划中工作进度的任何变化，无论是拖延还是超前，都可能造成其他项目目标的失控(如造成费用增加等)。

例如，在一个施工总进度计划中，由于某一项工作的超前，致使资源的使用发生变化。这不仅影响原进度计划的连续执行，也造成各项工作的超前，致使资源的使用发生变化。这不仅影响原进度计划的连续执行，也影响各项资源的合理安排，特别是施工项目采用多个分段单位进行平衡施工时，使进度安排发生了变化，导致协调工作的复杂化，在这种情况下，对进度超前的项目也需要加以控制。

四、进度拖延的原因分析及解决措施

对施工进度拖延的原因，项目管理者应按预定的项目计划定期评审实施进度情况，分析并确定拖延的根本原因。进度拖延是工程项目施工过程中经常发生的现象，各层次的项目单元、各个阶段都可能出现延误。分析进度拖延的原因可以采用以下几种方法：

一是通过工程工作段的实际工期记录与计划对比确定被拖延的工程活动及拖延量。

二是采用关键线路分析的方法确定各拖延对总工期的影响。由于各工程活动(工程段)在网络中所处的位置(关键线路或非关键线路)不同，其对整个工期拖延的影响不同。

三是采用因果关系分析图(表)影响因素分析表，工程量、劳动效率、对比分析等方法，详细分析各工程活动(工作段)对整个工期拖延的各影响因素及各因素影响量的大小。进度拖延的原因是多方面的，包括工期及计划的失误、边界条件的变化、管理过程中的失调和其他原因。

(1)工期及计划的失误。人们常常在计划时将工作持续时间安排得过于乐观,例如:

①计划时忘记(遗漏)部分必需的功能或工作量。

②计划值(如计划工作量持续时间)不足,相关的实际工作量增加。

③资源或能力不足,例如在计划时没有考虑到资源的限制或缺陷,没有考虑如何完成工作。

④出现了计划中未考虑到的风险和状况,未能使工程实施达到预定的效果。

⑤在现代工程中,上级(业主、投资者、企业主管)常常在一开始就提出很紧迫的工期要求,使承包商或其他设计单位、供应商的工期太紧,而且许多业务为了缩短工期,常常压缩承包商的前期准备的时间。

(2)边界条件的变化。边界条件的变化主要有以下原因:

①工作量的变化可能是由于设计的变更或修改、设计的不当、业主要求修改项目的目标及系统范围的扩展造成的。

②外界(如政府上层系统)对项目新的要求或限制设计标准的提高可能造成项目资源的缺乏,使得工程无法及时完成。

③环境条件的变化,如不利的施工条件不仅造成对工程施工过程中的干扰,有时直接要求调整原来已确定的计划。

④发生不可抗力事件,如地震、台风、动乱、战争等。

(3)管理过程中的失调。有时由于在管理过程中考虑不足,可以产生以下失控:

①计划部门与实施者之间,总承包商与分承包商之间,业主与承包商之间均缺乏沟通。

②工程实施者缺乏工期的意识,例如管理者(业主)拖延了图纸的供应和批准,任务下达时缺少必要的工期说明和责任落实,拖延了工程活动。

③项目参加单位对各个活动之间的逻辑关系(活动链)没有清楚地了解,下达任务时也没有做详细的解释,同时对活动的必要前提条件准备不足,各单位之间缺乏协调和信息沟通,许多工作脱节、资源供应出现问题。

④由于其他方面未完成项目计划规定的任务造成拖延,例如设计单位拖延、运输不及时、上级机关拖延批准手续、质量检查拖延、业主不果断处理问题等。

⑤承包商没有集中力量施工、材料供应拖延、资金缺乏、工期控制不紧,这可能是由于承包商同期工程太多、力量不足而造成的。

⑥业主没有资金供应不及时,拖欠工程款或业主的材料、设备供应不及时。

(4)其他原因。由于采取其他调整措施造成工期的拖延,如设计的变更、质量问题的返工及实施方案的修改。

五、解决进度计划拖延的措施

解决进度计划拖延的措施有基本策略、采取赶工措施两种方法。

(一)基本策略

对已产生的进度拖延可以有如下的基本策略:

(1)采取积极的赶工措施,以弥补或部分地弥补已经产生的拖延。主要通过调整后期计划、采取赶工措施、修改网络图等方法解决进度拖延问题。

(2)不采取特别的措施,在目前进度状态的基础上,仍按照原计划安排后期工作。但在通常情况下,拖延的影响会越来越大。有时刚开始仅有一两周的拖延,到最后会导致一年拖延的结果。这是一种消极的办法,最终结果必然损害工期目标和经济效益。

(二)采取赶工措施

与在计划段压缩工期一样,解决进度拖延有许多方法,但每种方法都有它的适用条件、限制,必然会带来一些负面的影响。在人们以往的讨论及实际工作中,都将重点集中在时间的问题上,这是不对的。许多措施常常没有效果,或引起其他更严重的问题,最典型的是增加成本开支,引起现场混乱和质量问题,因此应该将它作为一个新的计划过程来处理。

在实际工程中经常采取如下赶工措施:

(1)增加资源投入。例如增加劳动力、材料、周转材料和设备的投入量。这是最常用的办法。但是它会带来如下问题:①造成费用增加,如增加人员的调遣费用、周转材料一次性费用、设备的进出场费用。②由于增加资源,造成资源使用效率的降低。③加剧资源供应的困难,如有些资源没有增加的可能性,可能加剧项目之间或对资源激烈的竞争。

(2)重新分配资源。例如将服务部门的人员投入到生产中去,投入风险准备资源,采用加班或多班制工作。

(3)减少工作范围,包括减少工作量或删去一些工作段(分项工程)。但这可能产生如下影响:①损害工程的完整性、经济性、安全性运行效率或提高项目运行费用。②必须经过上层管理者,如投资者、业主的批准。

(4)改善工具、器具以提高劳动效率。

(5)提高劳动生产率。主要通过辅助措施和合理的工作过程,这里要注意以下几个问题:①加强培训,通常培训应尽可能地提前。②注意工人级别与工人技能的协调。③工作中的激励机制,例如奖金、小组精神发扬、个人负责制、目标。④改善工作环境及项目的公用设施(需花费用)。⑤项目小组时间上和空间上合理的组合和搭接。⑥避免项目组织中的矛盾,多沟通。

(6)将部分任务转移。如分包委托给另外的单位,将原计划由自己生产的结构件改为外购件。当然这不仅有风险、产生新的费用,而且需要增加控制和协调工作。

(7)改变网络计划中工程活动的逻辑关系,如将前后顺序工作改为平行工作或采用流水作业的施工方法。但是这可能产生以下问题:①工程活动逻辑的矛盾性。②资源的限制、平行施工要增加资源的投入强度,尽管投入总量不变。③工作面限制及由此产生的现场混乱和低效率的问题。

(8)将一些工作段合并,特别是在关键线路上按先后顺序实施的工作段合并。与实施者一起研究,通过局部地调整实施过程和人力、物力的分配达到缩短工期的目的。

例:A_1、A_2两项工作如果由两个单位分包按次序施工(见图1-8),则持续时间较长;如果将它们合并为A,由一个单位来完成,则持续时间就大大地缩短,这是由于以下因素:

(1)两个单位分别负责,则它们都经过前期准备低效率→正常施工→后期低效率过程,则总的平均效率很低。

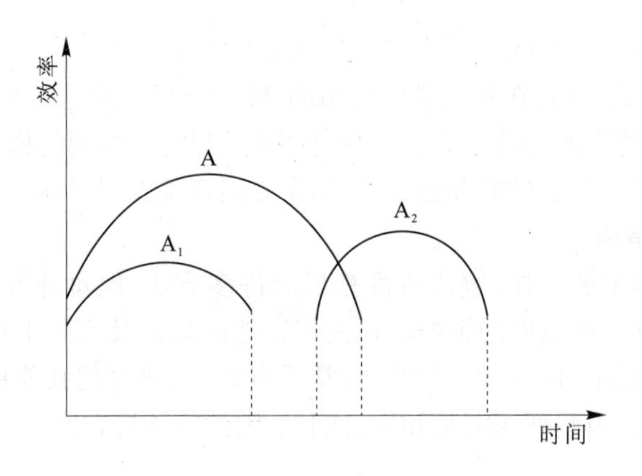

图 1-8　工作时间—效率图

(2)由两个单位分别负责时,中间有一个对 A_1 工作的检查、打扫和场地交接及对 A_2 工作准备的过程,会使工期延长,这是由分包合同或工作任务单所决定的。

(3)如果合并由一个单位完成,则平均效率会较高,而且多项工作能够穿插进行。

(4)实践证明:采用设计—施工总承包或项目管理总承包,比分段、分专业平行承包工期会大大缩短。

(5)修改实施方案,例如将现浇混凝土改为场外预制、现场安装,这样可以提高施工速度。又如在一国际工程中,原施工方案为现浇混凝土,工期较长,进一步调查发现由于技术工人缺乏、劳动力的素质较差,无法保证原工期,后来采用预制装配的施工方案,大大缩短了工期,当然这一方面必须有可用的资源,另一方面又考虑到成本的超支。

六、应注意的问题

在选择可以采取的措施时,要考虑以下几点:

(1)赶工应符合项目的总目标与总的战略步骤。

(2)所采用的措施应是有效的、可以实现的、符合实际的。

(3)花费比较省。

(4)对项目的实施及承包商、供应商的影响较小。

在计划后续工作时,这些措施应与项目其他过程协调,但在实际工作中,人们常常采用了许多事先认为有效的措施,但实际效果却有限,常常达不到预期的效果,其主要原因有以下几种:①这些计划是不正常状态下的计划,常常与正常计划是不同的。②缺少协调,没将新的计划可能引起的问题通知相关各方,如其他分包商、供应商、运输单位、设计单位等。③人们对以前造成拖延的问题的影响认识不足。例如由于外界干扰到目前为止已造成拖延,而实际上,这些影响是有惯性的,还会继续扩大,所以即便现在采取措施,在一段时间内,拖延仍会继续扩大。

例:南水北调中线一期工程总干渠黄河北—美河北辉县段第四施工标段的施工进度保证措施。

主要有以下几个方面措施:主要进度保证措施,进度保证体系,从计划安排上保证进度,从资源上保证进度,从技术上保证进度等。

(1)主要进度保证措施。为了能够确保关键工作、关键线路和工期目标的落实，拟采取的主要进度保证措施有：

①设置强有力的施工现场管理机构，保证人、物、材及时到位，合理调度，确保各工作面施工顺利进行。

②配置满足工程进度、施工强度要求的机械设备，保证生产能力为施工最大强度的1.2～1.5倍，对于影响因素较多及对阶段性工期目标实现起决定作用的工程项目，设置配备量取大值。

③采取有效措施保证人员、施工机械设备按时进场，按照施工规划的要求，积极做好各项施工准备工作，确保主体工程按时开工。

④精心组织、明确分工、统筹安排、加强协调，尽量组织渠段间、桥梁等建筑物间和建筑物内部的流水作业，减少交叉作业和各种施工干扰。

⑤动态调配施工人员和设备，保证施工人员、施工设备和施工物资的投入，满足各项目施工进度和施工强度的要求。

⑥落实生产责任制。施工机械定产、定量，施工任务落实到施工专业队、施工班组，最后分解到个人，做到责任明确、定额生产、奖罚分明。

⑦制定切实可行的奖罚措施，将进度、质量和安全文明生产与集体、个人经济利益挂钩，奖罚分明。

⑧抓紧抓好施工的黄金季节，充分调动每一个员工的工作积极性和能动性，发挥机械设备最佳效益，及时做好各作业面的施工准备如清基、排水工作。施工前，先在场地四周开挖截、排水沟，必要时设置水泵进行抽排，之后及时整平碾压，以利于后续施工，减少因施工场地的原因而造成对施工进度的影响。

⑨抓好主要材料供应，成立机电材料供应部，设专人负责，并采取切实可靠的保证措施，确保原材料供应满足施工进度要求。

(2)进度控制体系。根据招标文件的要求，结合本工程的特点和施工的实际施工机械设备、施工人员情况及施工能力，制订施工总进度计划和进度保证措施，建立进度控制体系，以确保工期目标的落实。

(3)从计划安排上保证进度。具体如下：

①在工程开工前，必须严格按照工程施工承包合同的总工期要求提出工程施工进度计划，对其科学性和合理性，以及能否满足合同工期的要求并有所提前等问题，进行认真审查。

②在工程总进度计划的控制下，坚持逐月(周)编制出具体的施工计划和工期安排。

③制订周密详细的施工进度计划，抓住关键工序，对影响到总工期的工序和作业给予人力和物力的充分保证，确保总进度计划的顺利完成。

④对生产要素认真进行优化组合、动态管理，灵活机动地对人员、设备、物资进行调度安排，及时组织施工所需的人员、物资进场，保证后勤供应，满足施工需要，保证连续施工作用。

⑤缩短进场和筹备时间，边筹备、边施工，全线施工、双头并进。

⑥在进度计划的执行过程中，如发现未能按期完成计划的情况，必须及时检查，分析

原因,立即采取有效措施,调整下周的工作计划,使上周延误的工期在下周赶回来。在整个工程的实施过程中,坚持“以日保周,以周保日”的进度保证方针,实行“雨天的损失晴天补,白天的损失晚上补,本月的损失下月补”的补赶措施,确保总工期目标的实现。

(4)从资源上保证进度。具体如下:

①对工程所需的机械、设备、技术人员、劳动力、材料、资金等给予优先保证。同时,成立一个施工经验丰富、组织管理能力强、结构形式合理的项目领导班子,配备一批优秀的技术骨干、生产骨干和生产效率高、性能优良、功能配套的施工机械,组成一个高素质、高效率的施工队伍。

②“工欲善其事,必先利其器”,施工机械做到统筹安排、统一调配、合理使用。尽可能组织机械组流水作业,利用施工机械高效生产。做好施工机械的维修、保养工作,施工现场设置修理场,保证施工机械的正常运转。对重要的、常用的机械和机具应留有富余备用设备,以防万一。

③制订严格的材料供应计划,根据现场的施工进度情况保证各工程施工材料的及时供应,杜绝停工待料的情况出现,以免耽误工期。

(5)从技术上保证进度。具体如下:

①由项目部总工程师全面负责该项目的施工技术管理,项目经理部设置工程技术组,负责制订施工方案,编制施工工艺,及时解决施工中出现的问题,以方案指导施工,防止出现返工现象而影响工期。

②实行图纸会审制度,在工程开工前由项目总工程师组织有关技术人员对设计图纸进行会审,及时向业主和监理工程师提出施工图纸中和技术规范及其他技术文件中的错误和不足之处,使工程顺利进行。

③采用新技术、新工艺,尽量压缩工序时间,安排好工序衔接,统一调度指挥,平衡远期和近期所发生的各类矛盾,使工程按部就班地有节奏地进行。

④实行技术交底制度,施工技术人员应在施工之前及时向班组做好详细的技术交底,勤到现场对各个施工过程做好跟踪和技术监控,发现问题及时解决,在现场防止工序检验不合格而进行施工,延误工期。

⑤在施工全过程中使用计算机进行网络计划管理,确保关键线路上的工序按计划进行;若有滞后,立即采用果断措施予以弥补。计算机的硬件和软件应满足管理的需要,符合业主统一管理的规定。同时,在工程施工期间所有数据的传送应及时准确。

(6)其他保证措施。具体如下:

①关心员工生活,合理安排作息时间,根据不同的气候条件、施工强度相应调剂员工的饮食。加强饮食卫生管理,减少疾病,保证各个员工以健康的体魄、充沛的体力、良好的精神状况投入到施工中。设立现场医务室,定期做好饮食卫生的消费工作,防止恶性传染病的发生而影响正常的施工。

②做好雨季、夜间施工的措施和周密的准备工作及防洪抗灾保证工作,确保施工的顺利进行。

③搞好与业主、监理工程师及当地群众的关系,创造一个天时、地利、人和的施工环境。施工进度控制流程图如图1-9所示。

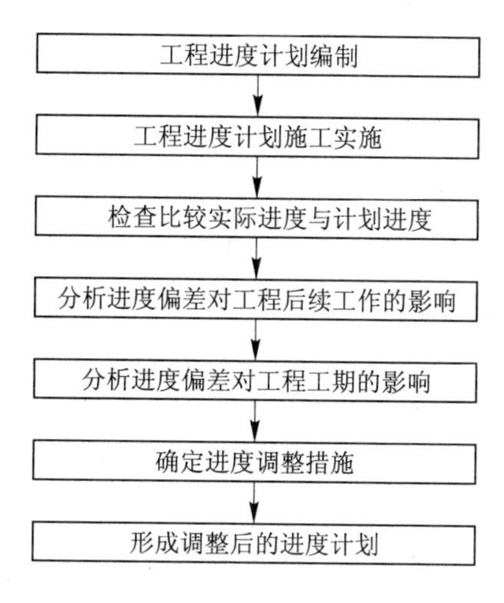

图 1-9　施工进度控制流程图

第六节　项目法施工管理

项目法施工是由项目经理对项目建设的工期、质量、成本全面负责，使工程项目的三个主要因素一体化，由项目经理对项目的实施进行系统化的管理，优化工程总体功能，达到缩短工期、保证质量、降低成本、提高工程投资效益和企业综合经济效益的一种科学管理的模式。其具体要求是施工项目管理与项目法施工，施工项目经理负责制及项目法施工的运行三部分。

一、施工项目管理与项目法施工

施工项目管理的对象可以是项目获得者自行管理施工，也可以是受委托者（如承包给某个施工队伍）管理施工，如为后者，则项目管理的目标与项目目标是不一样的。项目法施工的研究对象则是专门从事施工的企业。

施工项目管理按不同的专业性质和不同的管理目标，可制定一系列的管理责任制。如建设部印发的《工程项目施工质量管理责任制》内容包括：工程报建制度、投标前的评审制度、过程三检制度、工程项目质量总承包负责制度、技术交底制度、材料进场检验制度、工程质量等级评定核定制度、竣工服务承诺制度、培训上岗制度等。项目法施工则侧重于企业管理模式，即只涉及施工项目管理的一般规律。以下是项目法施工的基本知识。

（一）项目法施工的特性

（1）项目经理负责制，需组建一个精干高效的项目管理班子及其组织的保证体系。

（2）以经济责任制为中心，将投资控制目标层层分解，建立以工程项目为对象的责任体系。

（3）合理地组织生产要素的投入，建立生产要素在项目上的动态组织系统，实现优化的劳动组织、合理的机械配套，为项目投资控制打好物质基础。

（4）工期、质量、成本三位一体，在项目实施过程中，紧紧围绕这三个目标，形成以目标管理为核心的管理体系。

(5)优化施工方案,采用先进实用的施工技术与方法,有保证实现合同工期的先进科学的进度控制计划。

(6)科学组织施工,实行目标管理,运用全面质量管理、网络计划技术、价值工程、计算机技术等先进的管理方法,建立完整的质量保证体系。

(二)项目法施工项目的形成

项目法施工项目是指施工企业承揽或已经承揽的施工项目。在建设项目实施的全过程中,施工企业承揽的只是其中施工阶段的工作。一个施工企业通常可以同时承揽若干个施工项目。这些施工项目可以来自一个或数个建设项目(业主),也可以直接来自业主或间接由总承包单位分包。

在实行招标承包制后,施工企业通过建筑市场投标竞争获得施工项目,因此项目法施工项目又是指企业通过投标竞争而获得的施工项目。

招标承包制决定施工企业应该承包该施工项目的工作范围、内容、施工期限以及工程造价等。所以,就一个施工项目而言,项目法施工项目就是工程承包合同所规定的项目。

(三)项目法施工全过程

项目法施工全过程是指施工企业中的每一个施工项目的施工全过程,在项目管理中一般称项目寿命周期。项目寿命周期包括两层含义:一是指项目全过程经历时间的长短;二是指项目从发生到终结期间必须经过的阶段。

1. 立项阶段

立项阶段的决策者和责任者为企业经营决策层以及拟承担该项目的经理部主要成员。本阶段起点是已形成投标或争取该项目的意向,终点为合同的签约。本阶段的工作要点为:①获得有关资料,并决定是否投标。②决定投标后,进一步调查收集更多的资料。③研究分析有关资料,进行风险分析。④确定投标策略,确定报价。⑤投标若中标则谈判签约。

2. 规划阶段

规划阶段的决策者和责任者为项目经理部、企业经营决策层及中间管理层。本阶段起点从中标签约开始,终点为下达开工令。本阶段的工作要点为:①成立项目经理部,配齐经理部成员。②编制项目工作概要,确定项目管理目标。③安排施工程序,编制进度和费用计划。④分包安排。

3. 实施阶段

实施阶段的决策者和责任者为项目经理部。本阶段的起点是开工,终点是完成合同规定的施工任务。本阶段的工作要点为:①进度、费用和质量的控制及计划的调整、施工安全的保证。②确保生产诸要素的及时合理供应。③施工现场管理。④协调内外关系,处理合同变更、索赔及各种例外性事务。⑤做好交工准备。

4. 终结阶段

终结阶段的责任者仍为项目经理部。本阶段的起点多与实施阶段交叉,终点为对外债务的清偿,对内为项目的评价、总结。其工作要点有:①工程收尾工作。②试运转。③工程验收,编制竣工文件,办理工程交付手续。④办理竣工决算。⑤技术经济分析、施工技术和项目管理总结。

(四)项目法施工的系统

系统是相互制约因素有机结合构成的整体。项目法施工把管理的所有项目看成一个系统,而不是一个孤立的项目。每一个项目法施工都是总系统中的一个分系统。

项目法施工系统是施工企业为适应项目法施工需要而设计的层次系统、结构系统。

1. 企业的层次系统

(1)经营决策层,是企业的利润中心,决定企业全局性及战略性问题。

(2)项目综合管理层,将企业获得的所有项目进行综合管理,为所有项目的指挥、监督、协调中心。

(3)作业管理层,即项目目标实现者,这一层的管理直接决定项目合同目标的实现和项目实施中资源的节约、成本的降低。

2. 企业的结构系统

(1)围绕项目中心的职能结构。主要包括三个分系统:一是经营系统,其职能是项目的寻求和获得,须处理项目外部关系事务以及生产要素的获得中需由企业解决的问题。二是技术系统,其作用是技术、质量和安全的服务、指导与监督以及企业内部标准定额的制定与管理。三是财务系统,其任务是为企业筹措资金,计划和控制资金的运用。

(2)围绕企业战略发展的综合性的职能机构。

二、施工项目经理负责制

施工项目经理负责制是实行项目法施工的关键。实施项目法施工的企业中,施工项目经理是代表施工企业管理施工项目全过程的负责人,负责项目目标的全面实现。对企业来说,施工项目经理是企业项目承包责任者、企业动态管理的体现者、项目生产要素合理投入和优化组织的组织者、参与项目施工职工的最高指挥者。

施工项目经理负责制是项目法施工带有核心性质的一项内容,也是施工企业体制改革的重要组成部分。因此,要把施工项目经理负责制这种管理组织形式作为一种实际推行的制度来认识,它必须具备一定的条件才能实现。

(一)施工项目经理的选择

1. 项目经理应具备的素质

(1)施工项目经理必须具有较全面的综合素质,能够独当一面,具有独立决策和工作的能力,如某方面较弱,则须在项目经理班子中配备能力较强的人。

(2)施工项目经理工作任务繁重、紧张,具有挑战性和创新开拓性质,所以项目经理应该具有较好的体质、充沛的精力和开拓进取的精神。

(3)项目经理要对项目的全部工作负责,处理众多的企业内外关系,所以必须具有较强的组织管理能力、协调人际关系的能力。这方面的能力比技术能力更重要。

(4)由于项目经理遇到的许多问题具有"非程序性"、"例外性",难以套用书本上现成的理论知识,因此项目经理应具有相当丰富的实际工作经验。

2. 选择项目经理的方式

(1)采取由施工企业经理委托、指派的方式,这种方式要求企业经理必须是负责任的主体,且知人善任。

(2)采取竞争招聘的方式,招聘的范围可以局限在企业内部,也可以扩大到社会,这样可防止任人唯亲,形成约束机制。

(3)采取由施工企业与建设单位或施工企业内部协商选择的方式,其优点是可以集中诸方面的意见,防止任人唯亲,以充分挖掘各方面人才,有利于加强项目经理的责任心和增强进取心。

(二)项目经理的责、权、利关系

1.施工项目经理的责任

施工项目经理要保证施工项目按规定的标准完成,具体的主要责任有:①组织精干的领导班子。②做好项目组成员的工作。③设计项目的组织形式和机械,适当配备项目组的成员。④处理项目的内部及外部关系。⑤制订项目计划,并负责工程进度、成本、质量安全的控制和协调工作。⑥落实项目的人力、物力和财力条件,组织项目施工。⑦负责履行合同、处理工程变更,确保项目目标的实现。⑧组织有关的协调会议,进行信息交流。

2.项目经理的权力

项目经理的权力是实现施工项目经理承包责任的保证,其权力应贯穿到施工项目的所有方面,要贯穿施工项目的全过程。

从施工项目全过程看,其权力应从施工项目投标前的准备工作开始直至项目完工为止,一般来说,项目决策前的权力较小,实施阶段的权力较大。

从项目所有方面来看,施工项目经理的权力应涉及施工过程中所有的要素,其中包括人力、财力、物力、技术及组织管理等,其主要权力有:

(1)处理与项目有关的外部关系,受委托签署有关合同。

(2)组织项目经理班子,设计组织形式。

(3)在合同范围内组织施工项目的生产经营活动。

(4)建立项目内部实行的各种责任制,以及分配、奖惩制度。

(5)合理调配现场物资、资金、人员,安排部署施工任务与施工进度。

(6)拒绝接受违反项目承包合同的要求,协商处理工作(工程)变更事项。

3.项目经理的利益

利益是市场经济条件下责、权、利体系的有机组成部分,是施工项目经理行使权力和承担责任的动力。利益分为两大类:一种是物质利益,在我国目前的条件下,其获得的形式是工资津贴和奖金等;另一种为精神利益,包括晋级、表彰以及给予某种荣誉等。

(三)施工项目的经济承包

施工企业推行项目法施工必须抓住经济承包这一核心,责、权、利的统一体现了施工项目经理同施工企业的关系是一种经济关系,应通过施工项目经理对施工企业的经济承包来确定这种经济关系。

1.施工项目经济承包合同价款

合同价款主要取决于施工企业与建设单位工程承包合同的价款形式以及施工企业的内部具体条件。

计价的标准可采用预算定额按施工图预算承包,也可采用施工定额预算承包。由于按施工图预算包干，扣除其中全部或部分利润，计算较为方便，故一般采用此种形式。

2. 施工项目经济承包形式

承包形式主要取决于工程承包合同的内容和施工项目经理介入或设立的时间，一般有以下形式：

（1）取得施工任务后，再选择施工项目经理，然后根据工程承包合同的内容，把工程任务的全部或部分承包给施工项目经理。这种方式使施工企业在投标时可以全面考虑问题，置个别项目利益于施工企业整体利益中考虑，而且施工项目经济承包内容明确易行，但不利于施工项目经理在投标期间充分发挥作用。

（2）在准备招揽工程任务时，就选择施工项目经理，并确定其在一定的承包条件下交纳固定总额或固定比例的利润。这种方式有利于充分发挥施工项目经理的工作能力去争取项目的施工任务，但是，在这种形式中，施工项目经理一般难以全面地考虑施工企业的长远利益和整体利益。

三、项目法施工的运行

项目法施工的运行是指施工企业在一定环境条件下，具体运用项目法施工模式管理项目施工活动的过程。

（一）项目法施工运行的要素

（1）运行的主体：项目法施工运行的主体，从整体上说是施工企业。由于施工企业是由不同层次、不同职能的人员组成的，故其主体又可细分为施工企业经理层成员、项目经理部成员及施工作业班组成员。项目法施工运行是在其运行主体的操纵下实现的。

（2）运行的目标：项目法施工作为施工企业的一种自主活动，要有明确的目标，这一目标包括通过运行达到项目法施工模式设计的要求，即运行的目标就是实现设计的目标，以及通过运行对设计的模式进行检验、修正和完善。

（3）运行的规则：任何一项有目标的活动都必须遵循一定的运行规律，项目法施工的运行规则主要包括以下几点：

①按照项目法施工模式的设计标准与要求运行。

②按照价格的规律和工程建设规律的要求运行。

③按照施工项目的工程特点运行。

④遵循国家的政策法规。

（4）运行的信息系统：项目法施工有效运行的前提是有一个完善的运行信息系统。该系统包括国家宏观控制信息、企业内部信息。运行的主体要根据掌握的信息作出决策，调节项目的运行，而运行的状态要通过信息传递给运行主体。

（5）运行的客体：项目法施工运行的客体是施工项目。以施工项目为核心运行是项目法施工运行不同于以往施工管理模式运行的重要特征。上述四个运行要素最后都要在施工项目上体现出来，从而实现各自的价值和效用。

（二）项目法施工的运行机制

项目法施工的运行机制是项目法施工过程中运行的各要素的有机结合，各要素相互制约、相互作用，形成一种内在的力量，推动项目法施工按其内在规律运行，从而实现目标。

1. 项目法施工运行机制产生的内在基础

运行机制涉及运行的各要素和外部的环境，项目法施工运行机制根源于项目法施工运行的三个层级主体对各自物质利益的追求。在项目法施工中，施工企业要实行分项目的独立核算、自负盈亏，项目内部要实行作业承包和按劳分配制，这样就使项目法施工运行中出现了相对独立的三个层级主体的利益，施工企业的收入、项目的收入、施工作业人员的收入，这种在共同利益基础上的相对独立的利益是项目法施工运行动力机制产生的内在基础。

项目法施工运行的三个层级主体利益的一致性，促使其互相协作，共同完成项目施工任务。项目法施工运行的三个层级主体利益的相对独立性，又促使其在完成项目施工任务的过程中相互制约。完成项目施工任务是三个层级主体利益实现的前提。只有以施工项目为核心运行，才有可能实现较高的效率、最大的效益，才能实现各层级主体的收入高于相应的社会平均收入。

正是这种以施工项目为核心，在共同利益基础上的主体间相互协作和相互制约的关系，推动着项目法施工的运行，构成了项目法施工运行的内在动力机制。

2. 项目法施工运行机制的特征

项目法施工运行机制与传统的施工管理模式运行机制不同，主要表现在以下几个方面：

（1）运行的自立性。项目法施工运行是其内外部各要素相互作用的结果，是一种自主的运动过程，目的明确，具有巨大的潜力。

（2）运行的整体性。项目法施工运行的目标是国家、投资者、施工企业目标的统一，是项目成本、工期、质量和产值目标的统一，是施工企业内部三个层级主体目标的统一。项目法施工运行是各生产要素和施工企业各项目组织管理活动全面配置（套）的运动。

（3）运行的动态性。从宏观上看，推行项目法施工是为了使建筑生产要素或施工技术力量与施工项目的需要不断保持着动态的适应。具体到一个项目上看，每一个项目都是在特定的地点和时间施工的，内外条件会不断发生变化，为保证项目的顺利实施、生产要素的配置与组合也必须随着变化，所以对项目的管理必须是动态且有序的。

（三）项目法施工有效运行的条件

项目法施工为施工企业的一种管理模式，除本身的设计和运行需要符合一定的标准和要求外，其有效运行还需要一定的条件。

（1）适宜的运行环境。项目法施工运行的环境包括企业的外部环境和内部环境。外部环境是指社会环境，主要是国家宏观经济管理和政策环境、建筑市场竞争环境及建设单位状况等。

施工企业的内部条件包括企业的经营战略、组织结构、技术装备、内部市场环境以及内外人际关系。

适宜的运行环境是指符合项目法施工运行的基本要求即项目施工在其中运行不会遇到过大阻力的环境。

（2）施工企业人员要具有一定的素质。项目法施工在环境条件一定的情况下，其运行效果取决于施工企业人员的素质，虽然技术水平和管理水平对推行项目法施工具有非常重要的作用，但技术和管理的最终载体不是其他，归根到底还是人的素质问题。

施工企业人员一般可分为经营决策管理人员、一般技术和管理人员、作业人员三部分。

施工企业经营决策管理人员的主要职责是对企业总体进行管理，而不是具体事务的管理者，需要具有战略管理的素质、创新的思路意识和全局观念。尤其是企业经理需要具有广博的知识、丰富的经验和创造性、全局性的思想。

施工企业一般技术和管理人员主要承担某一方面或某种具体工作的技术或管理任务，不一定需要有很广博的知识面和战略管理水平，最需要的是某一方面或从事某种具体工作的素质，如项目经理必须对项目施工企业的施工全过程的业务很熟悉，而不一定熟悉企业宏观的战略制定。

施工企业的作业人员主要负责某一方面具体工作的操作，管理能力不要求很强，最需要的是具体操作的熟练程度和操作能力。

无论是哪一层次的人员，都必须强调其思想素质，项目法施工的推行离不开人的思想观念的转变。

例：南水北调中线一期工程总干渠黄河北—美河北辉县段第四施工标段的项目法施工管理。

重点从组织管理上保进度，在施工现场设立项目经理部，实行项目经理负责制，全面负责本工程的实施。

本标段工程长度6.330 km，跨渠交叉建筑物6座(其中倒虹吸2座、公路桥2座、生产桥2座)，施工战线长，建筑物较多。

为便于施工管理和组织施工，科学组织，统筹安排，集中优秀施工人员并调配效率高、性能优良、功能配套的设备投入到工程中。

计划主要项目，如桥梁倒虹吸、渠道衬砌，施工时组织施工队进行。

项目经理部成立以项目经理为核心的施工现场管理组织，加强施工现场间协调，动态调配施工人员和设备，保证施工顺利、快速进行。

建立以项目经理为核心的责、权、利体系，定岗定员，定人授权，各负其责。

各施工专业队坚持每天召开一次生产布置会，做到当天的问题不留到下一天，并让每个生产者清楚下一天的工作，及时安排布置。

调度室每周定期召开一次由各施工队负责人参加的生产调度会，及时协调各施工作业队间的关系，合理调配机械设备、物资和人力，及时解决施工生产中出现的问题，并积极协调好工程施工外部关系。

每月由项目经理或主管生产的项目副经理组织一次总调度会，总结上个月的施工进度情况，安排下个月的生产计划。及时解决工程施工内部矛盾、协调各专业队之间和各部门之间的关系，对施工机械设备、生产物资和劳动力及资金进行合理的分配，保证工程施工进度的落实和完成。

建立严格的工程项目日志制度，逐日详细记录工程进度、质量、设计修改、工地洽谈商讨等问题，以及施工过程中必须记录的有关施工进度的问题。

各级领导坚持“一干、二观、三计划”，提前为下道工序的施工做好人力、物力和机械设备的准备，确保工程一环扣一环的建造。对于影响工程总进度的关键项目、关键工序，主要领导者和管理人员必须跟班作业，必要时组织有效力量加班加点突破难点，以确保工程总进度计划的实现。

建立严格的、奖罚严明的经济责任制，每季、每月进行一次总结，对提前完成任务的相关责任人进行奖励，未能按时完成任务的按拖延的天数进行处罚，谁拖延、谁受罚，多次完成任务不力者调离岗位。同时，广泛开展劳动竞赛、流动红旗评比等活动，激发广大职工的工作热情和创造性，提高劳动效率，确保工期的实现。

第二章 渠系工程施工测量

渠系工程施工测量是为渠系工程建设提供基本保障的重要工作，渠系工程施工测量包括规划设计阶段的渠系工程施工测量和施工阶段的水利工程建设施工测量。渠系工程施工测量必须保证测绘成果的质量，应严格执行强制性条文中的各项技术要求。渠系工程施工测量是直接体现设计意图，实现工程质量的基本途径和质量基础，精度控制等则是其基本的要求。

第一节 施工测量人员应遵守的准则和工作要求

在渠系工程施工测量中，为了使工程质量有据可查，保证质量，分清责任，避免安全事故和保证人民生命财产的安全，规定测量的施工人员应遵守下列准则：

(1)在各项施工测量工作开始之前，应熟悉设计图纸，了解有关规范、标准及合同文件的测量技术要求，选择合理的作业方法，制订测量的实施方案。

(2)对所有观测数据应使用规定的手簿随测随记，文字与数字应力求清晰、整齐、美观，不得任意撕页，记录中间也不得无故留下空白页。对取用的数据均应由两人独立进行检查，确认无误后方可取用。采用电子记录的作业应遵守相关的规定。

(3)对施工测量成果资料应进行检查、校核、整理、编号、分类、归档，妥善保管。

(4)现场作业必须遵守有关安全操作规程，注意人身和仪器的安全，禁止违章作业。

(5)用于施工测量的仪器和器具应定期递交具有计量检测资格的机构进行全面检定，并在检定的有效期内使用。对于要求在测前或测后也应进行校核的仪器和器具，可参照相应的规定进行自检。

另外，渠系工程施工测量对施工单位也有一定的工作要求。开工前施工单位应向监理部反映其测量能力，主要内容有以下几方面：

(1)测量机构的设置情况。

(2)质量保证体系、“三检制”的落实。

(3)人员配备，主要技术人员资历表(见表2-1)。

表2-1 主要技术人员资历表

姓名	年龄	学历	职称	技术水平(业绩)

(4)仪器设备表(见表2-2)。

表2-2 仪器设备表

仪器名称	单位	数量	制造厂家	型号	精度	用途

凡施工使用的仪器、标尺必须按规定检验，合格证报监理工程师审验，否则测量放样及各项成果均无效。

第二节　渠系工程施工测量工作的内容、精度指标与控制的基本要求

一、渠系工程施工测量工作的主要内容

（1）根据渠系工程施工总布置图和有关测绘资料布设施工控制网。

（2）针对施工各阶段的不同施工要求，进行各类工程建筑物的放样及检查工作。

（3）工程项目的基本测量资料成果由建设单位提交监理部，再由监理部审查签发给施工单位，并在现场对各测量点进行控制点的交桩。

（4）针对施工各阶段的不同要求，进行建筑物轮廓点的放样及其检查工作。

（5）按照设计图纸、文件要求，负责检查施工期间的各项测量工作。

（6）进行收方测量及工程量的计算。

（7）各项工程的单位、分部、单元工程及隐蔽工程完工时，根据设计要求，对建筑物工程的几何形体进行竣工测量。

二、精度指标与控制的基本要求

（一）渠系工程施工测量的主要精度指标的规定

施工测量主要精度指标见表2-3。

表2-3　施工测量主要精度指标

序号	项目		精度指标			说明
			内容	平面位置中误差（mm）	高程中误差（mm）	
1	混凝土建筑物		轮廓点放样	±（20～30）	±（20～30）	相对于邻近基本控制点
2	土石料建筑物		轮廓点放样	±（30～50）	±30	相对于邻近基本控制点
3	机电设备与金属结构安装		安装点放样	±（1～10）	±（0.2～10）	相对于建筑物安装轴线和相对水平度
4	土石方开挖		轮廓点放样	±（50～200）	±（50～100）	相对于邻近基本控制点
5	局部地形测量		地物点高程	±0.75（图上）	1/3基本等高距	相对于邻近高程控制点
6	施工期间外部变形观测		水平位移 垂直位移	±（3～5）	±（3～5）	相对于工作基点
7	隧洞贯通	相向开挖长度小于4 km	贯通面	横向±50 纵向±100	±25	相对于隧道轴线高程
		相向开挖长度4～8 km	贯通面	横向±75 纵向±150	±38	相对于洞口高程

表2-3中各条款规定了渠系工程施工测量的最终精度指标，为确保最终精度指标，就要求必须使用合格的测量仪器，采用符合规定的方法，按照相应的限差要求测量出平面控制和高程控制成果，它对保证渠系工程施工质量作用重大。

（二）混凝土建筑物轮廓点的放样测量要求

混凝土建筑物轮廓点的放样测量对于邻近基本控制点的平面位置中误差和高程中误差均规定为±(20～30) mm，各种墙体和洞身衬砌轮廓点放样测量平面位置的中误差和高程中误差分别规定为±25 mm及±20 mm，护坡等轮廓点放样测量平面位置中误差和高程中误差均为±30 mm。

（三）渠系工程施工测量控制的基本要求

(1)施工单位对建设单位所移交的测量控制点进行复核，无误后以书面形式报告监理部审查，然后签发给施工单位方可进行工作。若有异议，监理部报请建设单位责成原施测单位进行核实。核实后数据由建设单位交监理部审查，然后重新以书面形式提供给施工单位。

(2)施工单位应加强控制点的保护措施，并将保护措施报监理部，在施工中控制点需要移动时，必须先向监理部申报，书面写出移动的原则和按同精度的补测方案及精度计算，经批准后方可移动补测。

(3)在施测中，发现某控制点数据有变化，超过规定时，由监理部研究后提出处理意见，报请建设单位批准后，以书面形式通知施工单位。

(4)施工单位发现移交的基本控制点破坏时，应立即向监理部报告，写出破坏的原因和按同精度的补测方案及精度计算，经监理部批准后才可执行，监理部将移动测点补测结果报建设单位。

(5)测量监理工程师要确保建筑物的位置、形体准确，方量真实，依据无误，并严守保密规定。

（四）对土石料建筑物轮廓点放样测量的要求

土石料建筑物(如浆砌石、干砌石、护坡等)轮廓点的放样测量相对于相邻基本控制点的平面位置中误差规定为±(30～50)mm，高程中误差为±30 mm。碾压成堤上、下游边线及各种观测设备等的主要建筑物放样的平面位置中误差为±30 mm，是根据原始断面图上不大于0.15 mm的距离计算出来的精度指标，内部设施及填料分界线放样精度要求为±50 mm。

（五）土石方开挖轮廓点的放样测量要求

土石方开挖轮廓点的放样测量相对于相邻基本控制点的平面位置中误差为±(50～200)mm，高程中误差为±(50～100)mm；覆盖层平面位置中误差为±250 mm，高程中误差为±125 mm；岩石平面位置中误差为±100 mm，高程中误差为±50 mm。钢筋保护层有效密集的预裂爆破孔的平面位置中误差为±(50～100)mm。

（六）机电设备与金属结构安装点的放样测量要求

机电设备与金属结构安装点的放样测量，相对于建筑物安装轴线的平面位置，测量中误差规定为±(1～10)mm，相对水平度的高程测量中误差为±(0.2～10)mm。

（七）局部地形测量要求

渠系工程施工现场的地形图测量精度：地物点平面位置中误差为图上的 ±0.75 mm，高程中误差为1/3 基本等高程。

（八）施工期外部变形观测的要求

施工期间外部变形观测，其水平位移测点相对于工程的工作基点的平面位置中误差为 ±（3 ~5）mm，垂直位移测点相对于工作基点的测量误差为 ±（3 ~5）mm。

（九）对渠系工程的渠身测量要求

对渠系工程的渠身测量有以下几点要求：

（1）渠系堤防工程基线相对于邻近基本控制点，平面位置的允许误差要求按行业标准《堤防工程施工规范》（SL 260—98）来检验，即高程允许误差为 ±（30 ~50）mm。

（2）堤防基线的永久标石、标架的埋设须牢固。施工中必须严加保护，施工单位应及时检查维护，定时检查、校正，监理工程师随时抽检。

（3）堤身放样时，应根据设计要求预留堤基、堤身的沉降量，且堤身断面放样时，建筑物的立模（立架）填筑轮廓宜根据不同堤型相隔一定距离设立样架，其测点相对设计的限值误差，平面为 ±50 mm，高程为 ±30 mm，堤轴线为 ±30 mm，高程负值不得连续出现，并不得超出总测点的 30%。

（4）轮廓点样架的间距需要视堤型、堤线、地形等不同条件区别对待，土堤间距宜控制在 100 ~500 m，堤线弯曲、地形复杂时，宜选择短距；堤线顺直、地形平坦时，宜选择长距；砌石堤、混凝土堤身的特殊堤段可选 500 m 左右。

（5）堤身沉降量应根据设计要求确定，如设计未规定，应根据经验取值。施工单位可根据预留的沉降度及堤身堤顶加宽度来计算，最后经监理工程师批准。

第三节　渠系工程施工测量的质量控制

渠系工程施工测量应做好质量控制工作。

一、一般规定

（1）施工单位应建立专业组织或指定专人负责施工测量工作，准确地提供各施工阶段所需的测量资料，并报监理部复核批准。

（2）施工测量前，建设单位应向施工单位提交施工图和附近的平面图、高程控制点及其系统等资料。

（3）施工平面控制网的坐标系统应与设计的坐标系统相一致，也可根据施工需要建立与设计阶段的坐标系有换算关系的独立坐标系统。

施工高程控制系统必须与设计的高程系统相一致，施工时应经复核，复核结果报监理部。

（4）施工测量主要精度指标应按《水利水电工程施工测量规范》（SL 52—93）执行或按表 2-4控制精度。

表 2-4　施工测量主要精度指标

<table>
<tr><td rowspan="2">项次</td><td colspan="2">项目</td><td rowspan="2">内容</td><td colspan="2">精度指标(mm)</td><td rowspan="2">说明</td></tr>
<tr><td>分部工程</td><td>部位</td><td>平面位置中误差</td><td>高程中误差</td></tr>
<tr><td rowspan="3">1</td><td rowspan="3">混凝土</td><td>底部</td><td>轮廓点放样</td><td>±20</td><td>±20</td><td rowspan="3">平面相对于轴线控制点</td></tr>
<tr><td>岸墙</td><td>轮廓点放样</td><td>±25</td><td>±20</td></tr>
<tr><td>护坡</td><td>轮廓点放样</td><td>±30</td><td>±30</td></tr>
<tr><td rowspan="2">2</td><td rowspan="2">浆砌石</td><td>岸墙</td><td>轮廓点放样</td><td>±30</td><td>±30</td><td rowspan="2">高程相对于工地水准基点</td></tr>
<tr><td>护底护坡</td><td>全上</td><td>±40</td><td>±30</td></tr>
<tr><td>3</td><td colspan="2">土石方开挖</td><td>轮廓点放样</td><td>±40</td><td>±30</td><td>包括土方保护层开挖</td></tr>
<tr><td>4</td><td colspan="2">干砌石护底护坡</td><td>轮廓点放样</td><td>±50</td><td>±50</td><td></td></tr>
<tr><td>5</td><td colspan="2">机电与金属结构安装</td><td>安装点</td><td>±(1~3)</td><td>±(1~3)</td><td>相对于建筑物安装轴线和相对水平线</td></tr>
<tr><td>6</td><td colspan="2">外部变形观测</td><td>位移观测</td><td></td><td>±(1~3)</td><td>相对于观测基点</td></tr>
</table>

(5)各主要测量标志应统一编号,并绘于施工总平面图上,注明各有关标志相互间的距离、高程及角度等,以免发生差错。施工期内对测量标志必须妥善保护,并定期检测。

(6)高程控制测量等级要求按水准测量四等来控制,大型建筑物可按二等来控制。

(7)放样后,对已有数据资料和图纸中的几何尺寸,必须报监理部检核,严禁凭口头通知或无签字的草图放样。

(8)平面控制网的布置以轴线网为宜,如采用三角网,轴线宜作为三角网的一边。

(9)工地永久水准基点宜设地面明标和地下暗标各一座,大型建筑物处应分别设明标、暗标各两座。基点的位置应在不受施工的影响、地基坚实、便于保存的地点,埋设深度应在冰冻层以下 0.5 m,并浇灌混凝土基础。

二、各种测量的质量控制

(一)基本平面控制要求

基本平面控制中的二等基本平面控制按国家相应规范进行,三、四等基本平面控制与国家相应规范一致,基本平面控制点的点位中误差与相邻点位中误差不得超过 ±5 cm。

(二)图根平面控制要求

由基本平面控制发展图根平面控制时,测量控制点的点位中误差在不考虑展点误差的情况下,一般由起始误差和测量误差组成,即:

$$m_{中}^2 = m_{起}^2 + m_{测}^2 \tag{2-1}$$

在控制中误差的变化不大于 1/10 的情况下即得到:

$$\frac{m_{起}^2}{\alpha m_{测}^2} \leqslant \frac{1}{10} \tag{2-2}$$

式中　$m_{起}$——起始误差;

　　　$m_{测}$——测量误差;

$m_{中}$——测量中误差；

α——测角。

当 $m_{起} \leqslant 0.45$ m 时，凑整取 $m_{起}=0.5$ m。

最后一个图根点对于邻近基本平面控制点的中误差不得超过 $\pm 0.05/0.5$ mm = ± 0.1 mm。

（三）测点的平面控制要求

由图根的平面控制发展测点平面控制的精度梯度与由基本平面控制发展图根平面控制的精度梯度相同，即测点对于邻近图根点的点位中误差不得超过 $\pm 0.1/0.5$ mm = ± 0.2 mm。

（四）高程控制测量的要求

高程控制可分为基本高程控制、图根高程控制和测点高程控制三级。

(1)基本高程控制：基本高程控制的一、二、三、四等水准与国家一、二等水准测量规范和国家三、四等水准测量规范的规定一致。

自四等高程控制发展五等高程控制采用三等水准发展，四等水准的精度梯度，基本高程最弱点高程中误差不超过 $\pm h/20$，当基本等高距为 0.5 m 时，不得超过 $\pm h/16$。

(2)图根高程控制：图根水准可按同等精度及路线长度在五等的基础上发展两次，路线长度仍沿用规范的规定值。当采用 0.5 m 的基本等高距测图时，$m_h = \pm 45$ mm，则图根二级路线最弱点高程中误差为 $\pm h/11$ 或 $\pm h/10$。

(3)测点高程控制：测点高程仍以 $1/\sqrt{2}$ 的精度梯度加密，当采用 0.5 m 基本等高距时，测点的高程中误差为：$\pm h/12 \times \sqrt{2} \times \sqrt{2} = \pm h/6$。

（五）立模、砌（填）筑高程点放样的规定

(1)在混凝土面立模使用的高程点，混凝土抹面层，金属结构预埋件及混凝土预埋预制构件安装施测时，应采用闭合条件的几何水准法施测。

(2)对闸门预埋件安装高程和闸身上部结构高程的测量，应在闸底板上建立初始的观测点，采用相对高程差进行测量。具体控制精度见表 2-5。

表 2-5　闸门、金属结构预埋件的安装放样点测量控制精度

项次	项目	测量中误差或相对误差(mm)			说明
		纵向	横向	竖向	
1	平面闸门埋件测点 (1)主轨、反轨、底槛 (2)门楣	 ±2 ±1		 ±2	(1)纵向中误差系指对该孔门槽中心线而言； (2)横向中误差系指对该孔中心线而言； (3)竖向中误差系指对安装高程控制而言
2	孤形闸门埋件测点 (1)底槛、侧止水座板、滚轮导板 (2)门楣 (3)铰座钢梁中心 (4)铰座的基础螺旋中心	 ±1	 ±2 ±1 ±1 ±1	 ±2 ±1 ±1	

第四节　施工测量技术要求

本节以南水北调中线一期工程总干渠黄河北—美河北辉县段第四施工标段(合同编号 HNJ2009/HX/SG－004)为例进行介绍,设计桩号为 IV85＋400～IV91＋730,标段长度为6.33 km,标段内共有各种建筑物6座,其中河渠交叉建筑物1座,倒虹吸1座,公路桥2座,生产桥2座。由于该段渠线长,建筑物多,所以项目部对测量的技术要求很严格,并要求做到以下几点。

一、施工测量前的准备

测量前,首先检验测量仪器是否按要求进行定期检验和率定,只有通过检验的测量仪器才能投入使用。施工测量将严格按照《水利水电工程施工测量规范》(SL 52—93)和有关施工规范的技术要求进行,并按合同的规定时间与范围,及时向监理工程师报送有关的测量成果,并做到以下几点:

(1)施工测量前,首先应对工程所使用的各种测量器具(如全站仪、经纬仪、精密水准仪、塔尺、钢尺等)进行检定校准,检定校准合格后方准投入使用。在使用过程中,测量人员除经常自校并检查其标志的有效性外,还应根据规定的检定周期,定期对所用的测量设备进行检定,使仪器的各项指标符合规范要求,以保证测量成果的准确性和真实性。

(2)所有测量人员熟悉施工图纸等技术文件,根据施工图纸,进行施工现场实地考察,全面掌握施工区内的地形地貌,分析其对施工测量的影响程度,拟订对应的测量方案。

(3)根据监理工程师所提供的测量基准点、基准线和水准点及其相关的基本资料和数据,进行校核,核准后设置施工测量平面和高程控制网,报经业主及监理工程师复核、审定。

二、主要的质量控制指标

(一)平面控制测量的技术要求

(1)平面控制网是施工测量的基准,必须从网点的稳定、可靠、精度及经济等各方面综合考虑决定。

(2)建立平面控制网,可采用三角控制测量、各种形式的边角组合测量、导线测量及全球定位系统(GPS)测量等方法。平面控制测量方法的选择可因地制宜,根据工程的规模及放样点的精度要求确定,达到技术先进、经济合理、符合实际,以便于工作。

(3)平面布置网可布设成测角网、边角组合网、GPS 网,其等级可划分为二、三、四等,导线网分为三、四等。各类型、各等级的平面控制网均可选为首级网,其适用范围见表2-6。

表2-6　各工程类型首级平面控制网适用范围

工程类型	控制网等级	
	混凝土建筑物	土石料建筑物
大型水利工程	二、三等	三、四等
中型水利工程	三、四等	四等

注:有特殊要求的水利工程混凝土建筑物的控制网也可选用一等,但应进行专门的技术设计。

(4)平面控制网布置的梯级可根据地形条件及放样需要决定，以 1 ~ 2 级为宜，但末级平面控制网相对于前级网点的点位中误差不得超过 ±10 mm。

(5)首级平面控制网的起始点应选在渠道轴线或主要建筑物附近，以保证在统一的控制系统中各区的相对严密性。

(6)首级平面控制网一般为独立网，在条件确保时，可与邻近的固定三角点进行联测，其精度不低于固定四等网的要求。

(7)平面控制网选点埋设及标志要求如下：

①平面控制网点应选择在通视良好、交通方便、地基稳定且能长期保存的地方，视线离障碍物(距上下和旁侧)不宜小于 105 m，并避免视线通过吸热散热较快和受强电磁场干扰的地方(如烟囱、高压线等)。

②对于能够长期保存、离施工区较远的首级平面控制网点，应考虑图形结构且便于加密。直接用于施工放样的控制点，则应考虑方便放样，靠近施工区并在主要建筑物的放样区组成有利图形。控制网点分布应做到渠轴线下游的点数多于渠轴线上游的点数。

③首级平面控制网点和主要建筑物的主轴线点应埋设具有强制性归心装置的混凝土观测墩。加密网点中不便埋设具有强制性归心装置的混凝土观测墩时，可埋设钢架标、地面标。

④各等级控制网点周围应有醒目的保护装置，以防止车辆或机械碰撞，有条件时可建造观测棚。

⑤观测墩上的照准标志可采用各式垂直照杆、平面视觇牌或其他形式的精确照准设备，以防止车辆或机械碰撞，照准标志的形式、尺寸、图案和颜色应与边长和观测条件相适应。

⑥强制性归心装置的顶面应埋设水平，不平度应小于 4″。照准标志中心线与测墩标志中心的偏差不得大于 10 mm。

(8)根据监理工程师所提供的测量平面控制点和水准点等基本数据，经复核验算无误后，即可据此测设平面控制网。

(9)根据基点，结合实际地形，依据工程平面布置图，在场区内(施工干扰区外)布设施工平面控制网点，选点应通视良好，便于观测和扩展。控制桩一般采用钢筋头十字刻线的混凝土柱埋设，并统一编号。

(10)控制桩埋设后，使用全站仪，按三等导线测量技术规范对所有导线控制桩进行测量，并校核各控制点之间的相对位置关系。校核无误后，绘制平面控制网、成果图，并将平面控制网成果上报监理工程师，批准后方可用于施工测量。

(二)光电测距的要求

1. 全站仪或测距仪标称精度

全站仪或测距仪标称精度的表达式为：

$$m_o = \pm (a + bD) \tag{2-3}$$

式中 a——固定误差；

b——比例误差系数；

D——测距。

2. 测距作业的技术要求

测距作业的技术要求见表2-7。

表2-7 测距作业的技术要求

等级	测距仪标称精度(mm/km)	测距限差			气象数据			
		一测回读数较差(mm)	测回间较差(mm)	往返较差(mm)	温度最小读数(℃)	气压最小读数(Pa)	测定时间间隔	数据取用
二	±2	2	3	$2\sqrt{2}(a+bD)$	0.2	50	每边观测始末	每边两端平均值
三	±3	3	5		0.2	50	每边观测始末	每边两端平均值
四	±5	5	7		1.0	100	每边测定一次	测站端观测值

注:1. 光电测距仪一测回的定义为照准1次,测距离4次。

2. 往返较差必须将斜距换算到同一高程面上后,方可进行比较。

3. 测距作业注意事项

(1)测距前应先检查电压是否符合要求,在气温较低的条件下作业时,应有一定预热时间。

(2)测距时应使用相配套的反光镜,未经验证不得与其他型号的相应设备互换使用。

(3)测距应在成像清晰、稳定的情况下进行,雨雾及大风天气不应作业。

(4)反射棱镜背面应避免有散射光的干扰,镜面不得有水珠或灰尘污渍。

(5)晴天作业时,测站应用测伞遮阳,不宜逆光观测。严禁将仪器照准部的物镜对准太阳,架设仪器后,测站、镜站不得离人,迁站时仪器应装箱。

(6)当观测数据出现分群现象时,应分析原因,待仪器或环境稳定后重新进行观测。

(7)通风干湿温度计应悬挂在测站附近离地面和人体1.5 m以外的阴凉处,读数前必须通风至少15 min,气压表要置平,指针不应阻滞。

(8)测距人员人工记录时,每测回开始要读记完整的数字,以后可读记小数点后的数字,厘米以下数字不得划改,米和厘米部分的读记错误在同一距离的往返测量中只能划改一次。

4. 测距边的归计

(1)经过气象加常数乘常数改正后的斜距,才能化为水平距。

(2)测距边的气象改正按仪器说明书给出的公式计算。

(3)测距边的加常数乘常数改正应根据仪器检验的计算结果计算。

(4)光电测距边长和高程的各项改正值计算按规定要求。

(5)测距边的精度要求如下:

一次测量观测值中误差按下式计算:

$$m_o = \pm\sqrt{\frac{[Pdd]}{2n}} \tag{2-4}$$

对向观测平均值中误差按下式计算:

$$m_D = \pm\frac{1}{2}\sqrt{\frac{[Pdd]}{2n}} \tag{2-5}$$

任一边的实际测距中误差按下式计算:

$$m_{sj} = m_D\sqrt{\frac{1}{P}} \tag{2-6}$$

式中 m_o——一次测量观测值中误差；

d——各边桩往返测水平距离的较差；

m_D——对向观测平均值中误差；

m_{sj}——任一边的实际测距中误差；

n——测距的边数；

P——第六边距离测量的先检验权。

（三）全球定位系统（GPS）测量的技术要求

施工平面控制网原则上均可利用 GPS 定位技术，采用静态式进行测量，尤其是长距离的引水工程的控制测量，更具有优越性。GPS 网按相邻点的平均距离和精度可划分为二、三、四等，在布网时，可以逐级布设、越级布设或布设同级全面网。

（1）各等级 GPS 网相邻点间弦长精度可按下式计算：

$$\sigma = \pm \sqrt{a^2 + (bD)^2} \tag{2-7}$$

式中 σ——标准差；

b——比例误差系数；

a——固定误差；

D——相邻点间距离。

（2）各等级 GPS 网的主要技术指标见表 2-8，相邻点最小距离为平均距离的 1/3 ~ 1/2，最大距离可为平均距离的 2 ~ 3 倍。

表 2-8 各等级 GPS 网的主要技术指标

等级	平均边长（km）	仪器标称精度		平均边长相对中误差
		a（mm）	b（mm/km）	
二	500 ~ 2 000	≤5	≤1	1∶250 000
三	300 ~ 1 500	≤5	≤2	1∶150 000
四	200 ~ 1 000	≤10	≤2	1∶100 000

（3）GPS 网的点与点之间不要求通视，但需考虑常规测量法加密及施工放样时的应用，设点应有一个以上的通视方向。

（4）GPS 网宜布设为全面网，当需要增加骨架网加强控制精度时，可布设常规网与 GPS 网的混合网。

（5）GPS 网应由一个或若干个独立观测环构成，也可采用附合路线构成。各等级 GPS 网中每个闭合环或附合线路中的边数见表 2-9。非同步观测的 GPS 基线间量边应按所设计的网图选定，也可按软件功能自动挑选独立基线构成环路。

表 2-9 闭合环或附合线路边数的规定

等级	闭合环或附合路线的边数
二	≤6
三	≤8
四	≤10

(6)布置 GPS 网时应与施工平面布置控制网中的已有控制点(尤其是标点)进行联测,联测点数不少于 3 个,且最好能均匀地分布于测点中,以便取得可靠的坐标转换参数。

(7)为了求得 GPS 网点的高程,网中应有分布均匀、密度适当的若干个高程联测点。联测点的密度应采用不低于四等水准测量或与其精度相当的方法进行,联测点的高程点数量按高程拟合曲面的要求确定。若工程所在部位已有二等或三等、四等水准网点,则可用 GPS 方法选择水准网点中若干个点进行 GPS 观测,以求得施工区的高程。

(8)GPS 网点的选点、埋石除应遵守以上规定外,还应注意以下两点:

①点位应选在便于安置 GPS 接收设备、视野开阔的地方,被测卫星的地坪高度角应大于 45°。

②点位应远离大功率无线电发射地(如电视台、微波站等),其距离不得小于 200 m,并应远离高压线,其距离不得小于 50 m。

(9)GPS 接收机的选择,可根据 GPS 网的等级精度要求确定。对于二、三等 GPS 网的观测应采用双频接收机,其标称精度不低于 ±(5 mm + 2 mm/km),同步观测的接收机不少于 8 台。对于四等网的观测,可采用标称精度不低于 ±(10 mm + 2 mm/km)的单频接收机,同步观测的接收机不少于 2 台。

(10)GPS 观测应遵守下列规定:

①各等级 GPS 静态测量作业的基本技术要求见表 2-10。

表 2-10　各等级 GPS 静态测量作业的基本技术要求

等级	卫星高度角(°)	有效卫星(个)	观测时段(个)	时段长度(min)	数据采集间隔(s)	几何强度因子
二	≥15	≥5	≥2	≥120	15	<5
三	≥15	≥5	≥2	≥90	15	<6
四	≥15	≥4	≥2	≥60	15	<8

②施测前应依照测区的平均经纬度和作业日期编制 GPS 卫星可见性预报表,并根据该预报表进行同步观测、环形图形设计及观测时段设计,编制出作业计划进度表。

③GPS 测量不观测气象元素,只记录天气情况。

④GPS 定向线的标志线应指向正北,对于定向标志不明显的天线,应按统一规定的记号,安置并指向正北。天线安置时需严格对每时段观测前后各量取天线高一次,两次较差不大于 3 mm。

(11)GPS 外业记录应遵守以下规定:

①记录项目应包括以下内容:测点地点、观测日期、天气情况、时段;观测时间,包括开始与结束时间;接收机类型及其号码、天线号码、天线高度值等。

②原始观测值和记事项目应在现场记录,文字宜清楚、整齐、美观。

③各时段观测结束后,应及时将每天外业观测记录结果录入计算机硬盘或软盘。

④接收机内存储的数据文件在传输到机外存储介质上时,不得进行任何编辑、修改。

(四)高程控制测量的技术要求

1. 一般规定

(1)高程控制网是施工测量的高程基准,其等级划分为二、三、四等,各等级高程控制网均可选用首级网，选择时应根据工程规模和高程放样精度高低来确定，其适用范围见表2-11。

表 2-11　首级高程控制网等级选择

工程规模	首级高程控制网等级	
	混凝土建筑物	土石建筑物
大型水利工程	二等	三等
中型水利工程	三等	四等

注：对于有特殊要求的水利工程可布设一等水准路线网作为首级高程控制网。

（2）高程控制测量的精度应满足以下要求，最末级高程控制点相对于首级高程控制点的高程中误差，对于混凝土建筑物应不超过 ±10 mm，对于土石建筑物应不超过 ±20 mm。在施工区以外布设较长距离的水准路线时，应按规范规定的相应等级精度指标进行设计。

（3）首级网和加密网应布设成闭合线、附合线路或节点网，不允许布设水准支线。首级网宜与国家水准点联测，其联测精度不宜低于四等水准测量的要求。

（4）高程控制点的点位选择和标石埋设应遵守下列规定：

①宜均匀布置在渠轴线上下游的左右岸，不受洪水和施工的影响，便于长期保存和使用方便的地点。高程控制点的密度要求在每一单项工程部位至少有 2 个高程点。

②可以浇筑混凝土标石或埋设预制标石，可在裸露的岩石上或混凝土墙体上钻孔埋设金属标志，也可设置在平面控制点标志上。

③对于首级高程点的控制，必须等标石稳定后才能进行水准测量，各等级高程控制点宜统一编号，高程控制点标志及标石埋设按规定要求。

④高程控制网建成以后，应加强维护与管理。随工程进展及时加密网点，以满足施工的需要。应每年复测一次，当发现网点有被撞击的迹象或其周围有裂缝时，应及时复测。

2. 水准测量的技术要求

水准测量的技术要求见表 2-12。

表 2-12　各等级水准测量的技术要求

等级	偶然中误差 m_Δ（mm/km）	全中误差 m_w（mm/km）	仪器标称精度（mm/km）	水准标尺类型	观测方法	往返观测次数（次）	观测顺序		往返测较差和线路闭合差（mm）	
							往测	返测		
二	±1	±2	±0.5 ±1	铟瓦尺	光学测微法	1	奇数站：前后后前 偶数站：前后后前	奇数站：前后后前 偶数站：后前前后	平地 $\pm\sqrt{L}$	山地 $\pm0.6\sqrt{n}$
三	±3	±6	±1 ±3	铟瓦尺或黑红面尺	光学测微法或中丝读数法	1	后前前后		$\pm12\sqrt{L}$	$\pm\sqrt{n}$
四	±5	±10	±3	黑红面尺	中丝读数法	1	后后前前		$\pm\sqrt{L}$	$\pm\sqrt{n}$

注：n 为水准路线单程测站数，每千米多于 16 站时按山地计算闭合差限差；L 为闭合或附合线路长度，km；仪器标称精度为每千米水准测量高程差中数的偶然中误差。

仪器及水准尺的技术要求如表2-13所示。

表2-13　仪器及水准尺的技术要求

仪器标称精度(mm/km)	视准轴与水准管轴夹角(°)	自动安平水准仪安平精度(″)	水准尺类型	每米间距平均长与名义长之差(mm)
±0.5　±1	≤15	≤0.2	铟瓦尺	≤0.1
±3	≤20	≤0.5	黑红面尺	≤0.5

各等级水准测量测站的技术要求见表2-14。

表2-14　各等级水准测量测站的技术要求

等级	仪器标称精度(mm/km)	视线长度(m)	前后视距较差(m)	前后视距紧视较差(m)	视线离地最低高度(m)	基辅分划或黑红面读数较差(mm)	基辅分划或黑红面所测高差较差(mm)	上下丝读数的平均值与中丝读数的较差(mm)
二	±0.5 ±1	≤5	≤1	≤3	≥0.3	≤0.4	≤0.6	1 cm刻划尺≤3.0 5 mm刻划尺≤1.5
三	±1	≤100	≤2	≤5	三丝能读数	光学测微法≤1.0 中丝读数法≤2.0	光学测微法≤1.5 中丝读数法≤3.0	
	±3	≤75						
四	±3	≤100	≤3	≤10	三丝能读数	≤3	≤5	

跨河水准测量测站的技术要求见表2-15。

表2-15　跨河水准测量测站的技术要求

等级	仪器标称精度(mm/km)	视线长度(m)	仪器高变换次数(次)	两次高较差(mm)
二	±0.5　±1	≤100	1	≤1.5
三	±1　±3	≤200	1	≤6
四	±3	≤200	1	≤7

3.水准测量的注意事项

(1)水准观测应在标尺成像清晰、稳定时进行,并用测伞遮阴,避免仪器被暴晒,铟瓦尺安置时用尺撑固定。

(2)将尺垫安置稳妥,防止碰动,通知测站迁站时,后尺尺垫才能移动,严禁将尺垫安置在沟边或坑中。

(3)一测站观测时,不再次调焦,旋转仪器的倾斜和测微螺旋时,其最后均为旋进方向。

(4)测段的往测与返测,测站数均应为偶数,否则应加入标尺零点差改正。由往测转向返测时,两标尺必须互换位置,并应重新调整仪器。

(5)因测站观测限差超限,在迁站前发现可立即重测,若迁站后发现,则应从水准点或间隙点开始重新观测。

(6)往返高程较差超限时应重测,二等水准重测应选用两次导向合格的结果,三、四等水准重测后也可选用两次导向合格的结果。重测结果与原往返测量结果分别比较,其较差均不限超时,应取三次结果的平均数。

(7)使用自动安平水准仪时,读数前应按一下自动摆的按钮。

(五)光电测距三角高程导线测量的技术要求

(1)在高程控制测量中可以用光电测距三角高程导线测量代替三、四等水准测量,在跨越江河、湖泊及障碍物传递高程时可代替二等水准测量。

(2)光电测距三角高程导线测量的技术要求见表2-16。

表2-16　光电测距三角高程导线测量的技术要求

<table>
<tr><th rowspan="3">等级</th><th colspan="2">仪器标称精度</th><th colspan="2">最大视线长度</th><th rowspan="3">斜距测回数</th><th colspan="4">天顶距</th><th rowspan="3">仪器高、棱镜高测量精度(mm)</th><th rowspan="3">对向观测高差较差(mm)</th><th rowspan="3">隔点设站两次观测高差较差(mm)</th><th rowspan="3">附合或环线闭合差(mm)</th></tr>
<tr><th rowspan="2">测距精度(mm/km)</th><th rowspan="2">测角精度(″)</th><th rowspan="2">对向观测(m)</th><th rowspan="2">隔点设站(m)</th><th colspan="2">指标差(″)</th><th rowspan="2">指标差较差(″)</th><th rowspan="2">测回差(″)</th></tr>
<tr><th>中丝法</th><th>三丝法</th></tr>
<tr><td rowspan="2">三</td><td>±2</td><td>±1</td><td rowspan="2">700</td><td rowspan="2">300</td><td>3</td><td>3</td><td>2</td><td rowspan="2">8</td><td rowspan="2">5</td><td rowspan="2">±2</td><td rowspan="2">$\pm35\sqrt{S}$</td><td rowspan="2">$\pm8\sqrt{S}$</td><td rowspan="2">$\pm12\sqrt{L}$</td></tr>
<tr><td>±5</td><td>±2</td><td>4</td><td>4</td><td>3</td></tr>
<tr><td rowspan="2">四</td><td>±2</td><td>±1</td><td rowspan="2">1 000</td><td rowspan="2">500</td><td>2</td><td>2</td><td>1</td><td rowspan="2">9</td><td rowspan="2">9</td><td rowspan="2">±2</td><td rowspan="2">$\pm45\sqrt{S}$</td><td rowspan="2">$\pm14\sqrt{S}$</td><td rowspan="2">$\pm20\sqrt{L}$</td></tr>
<tr><td>±5</td><td>±2</td><td>3</td><td>3</td><td>2</td></tr>
</table>

注: S为斜距,km;L为线路总长,km。斜距观测一测回为照准1次,测距离4次。

(3)天顶距观测的限差比较方法与重测应符合规定:

①测回差的比较:同一方向由各测回各丝所测得的天顶距结果互相比较。

②指标差互差的比较、仅在一侧回内各方向按同一根水平丝所计算的结果进行互相比较。

③重测规定:若一水平丝所测某方向的天顶距或指标差互差超限,则此方向须用中丝比较重测一测回,或用中丝法重测两测回。

④斜距采用测距仪或全站仪进行观测。测站上一目标测一测回的规定步骤如下:

首先,晾置仪器、棱镜、空盒气压计、通风干湿温度计至少15 mm,通风干湿温度计应挂在阴凉处,并尽量与仪器同高,空盒气压计要置平,指针不应滞阻。

其次,精密整平仪器和棱镜,量取并记录仪器高和棱镜高。

再次,照准前视(或后视)棱镜测斜距4次,并读取气象数据,记录斜距、温度和气压值。

⑤采用全站仪进行光电测距三角高程导线测量时,可以直接测量斜距、平距、高程和高差。其测量技术要求见表2-16中规定的斜距和天顶距测量的技术要求,斜距和高差测量要求按表2-17执行。

表2-17　全站仪测量斜距和高差的测回数要求

<table>
<tr><th rowspan="2">等级</th><th colspan="2">仪器标称精度</th><th colspan="2">斜距和高差的测回数</th></tr>
<tr><th>测距精度(mm/km)</th><th>测角精度(″)</th><th>盘左</th><th>盘右</th></tr>
<tr><td>三</td><td>±2
±5</td><td>±1
±2</td><td>3
4</td><td>3
4</td></tr>
<tr><td>四</td><td>±2
±5</td><td>±1
±2</td><td>2
3</td><td>2
3</td></tr>
</table>

注: 一测回为照准1次,测距离和高程4次。

测站上一目标斜距和高程高差用盘左盘右各测一次,测回的操作步骤如下:

首先,将仪器按要求架稳后,打开仪器菜单,输入测站号、测点号、仪器高、棱镜高、温度气压等。

其次,用盘左位置精确照准测点、棱镜中心或觇牌(觇牌标志中心应与棱镜中心同心),按 4 次测距键和记录键。

再次,用盘右位置观测,方法同前面所述。

⑥光电测距三角高程导线测量应遵守下列规定:

一是高程路线应起讫于高一级的高程点,并组成附合路线或闭合环。

二是隔点设站,观测时,前后视线长度宜尽量相等,最大距离高差不宜大于 40 m,并应变换一次仪器高度,观测两次。

三是当视线长度大于 500 m,照准目标有困难时,宜使用不小于 40 cm × 40 cm 的特别觇牌。

四是用全站仪观测斜距和高差时,若温度变化超过 1 ℃,宜在重新输入温度后再进行一次测回观测。

五是当三角高程导线的长度短于估算的最短水准路线长度的 1/2 时,可将附合路线闭合限差放宽到原限值的 $\sqrt{2}$ 倍。

(六)跨河光电测距三角高程测量的技术要求

(1)当光电测距三角高程导线测量路线跨越河、湖泊,其视线长度超过表 2-16 的规定时,应按表 2-18 的规定执行。

表 2-18 跨河光电测距三角高程测量的技术要求

<table>
<tr><th rowspan="3">等级</th><th colspan="2">仪器标称精度</th><th rowspan="3">最大视线长度(m)</th><th colspan="5">天顶距</th><th colspan="4">斜距</th><th rowspan="3">仪器高、棱镜高测量精度(mm)</th><th rowspan="3">往返观测数</th><th rowspan="3">往返测高差较差(mm)</th></tr>
<tr><th rowspan="2">测距精度(mm/km)</th><th rowspan="2">测角精度(″)</th><th colspan="2">测回数</th><th rowspan="2">两次读数差(″)</th><th rowspan="2">指标差较差(″)</th><th rowspan="2">测回差(″)</th><th rowspan="2">测回数</th><th rowspan="2">一测回读数间较差(mm)</th><th rowspan="2">测回中数间较差(mm)</th><th rowspan="2">往返较差(mm)</th></tr>
<tr><th>中丝法</th><th>三丝法</th></tr>
<tr><td>二</td><td>±2</td><td>±1</td><td>600</td><td>6</td><td>3</td><td>2</td><td>8</td><td>4</td><td>4</td><td>5</td><td>7</td><td rowspan="3">$2\sqrt{2}(a+bS)$</td><td>±1</td><td>2</td><td>$\pm 25\sqrt{S}$</td></tr>
<tr><td>三</td><td>±4</td><td>±2</td><td>1 000</td><td>5</td><td>3</td><td>3</td><td>8</td><td>5</td><td>4</td><td>10</td><td>15</td><td>±2</td><td>1</td><td>$\pm 35\sqrt{S}$</td></tr>
<tr><td>四</td><td>±5</td><td>±2</td><td>12 000</td><td>4</td><td>2</td><td>3</td><td>9</td><td>9</td><td>4</td><td>10</td><td>15</td><td>±2</td><td>1</td><td>$\pm 45\sqrt{S}$</td></tr>
</table>

注:a 为固定误差,mm;b 为比例误差,mm/km;S 为斜距,km。

(2)地点和图形的选择要求如下:

①宜选择在水准路线附近的河面最宽处,同岸的两点间距离为 10 ~ 20 m,且两点大约等高,与对岸点的高差宜尽量小。

②视线距水面的高度不得低于 3 m,不能满足要求时,应建造满足高度要求的牢固观测台。

③跨河光电测距三角高程测量的图形见图 2-1,其中二等测量时选用如图 2-1(a)所示的大地四边形布设场地,三、四等测量时选用如图 2-1(b)所示的平行四边形或如图 2-1(c)所示的多边形布设场地。

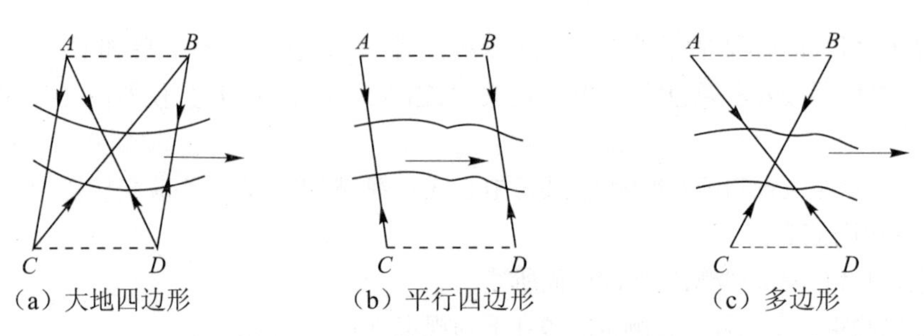

图 2-1　跨河光电测距三角高程测量布置图

(3)二等跨河光电测距三角高程测量步骤如下:

①按图 2-1(a)布设过河场地,A、B 点埋设固定的混凝土水准标石,C、D 点埋设简易水准标石(也可打入截面为 5 cm×5 cm,高为 50 cm 的木桩,中间钉铁钉)。

②制作面板尺寸不小于 40 cm×40 cm 的特别觇牌,精确安装在反射棱镜上。

③按二等水准要求测量同岸两点(A、B 点或 C、D 点)之间的高差,并变换一次仪器高度再观测一次。

④在 A 点观测对岸 C、D 点上的觇牌的天顶距 Z_{AC}、Z_{AD},中丝法测完 6 测回后,测距离 S_{AC}、S_{AD}。测完 4 测回距离后,搬至 B 点设站,用同样的方法在 B 点测量天顶距 Z_{BC}、Z_{BD} 和距离 S_{BC}、S_{BD}。B 站测完后仪器和觇牌相互调换,分别在 C 点和 D 点测量 Z_{CA}、Z_{CB}、S_{CA}、S_{CB} 和 Z_{DA}、Z_{DB}、S_{DA}、S_{DB},这样完成第一组往返测。

⑤选择有利时段用同样的方法完成第二组往返测。

(4)三、四等跨河测量测距三角高程按图 2-1(b)或图 2-1(c)所示的图形布设过河场地,水准标石埋设、特制觇牌制作、同岸两点高差测量(只用三等测量即可)、天顶距和距离测量的方法同上所述。

(5)跨河光电测距三角高程测量应注意以下事项:

①宜选择成像清晰和风力小的阴天进行观测。

②天顶距观测时,垂直微动螺旋照准目标,最后应为旋进方向。距离测量时,测站和镜站在每测回间应重新观测气象元素。

③往返观测应尽量在较短时间内完成。三、四等跨河光电测距三角高程测量,在条件许可时,用两台仪器同时对向观测,即仪器架在 A 点观测 C 点,对岸仪器架在 D 点观测 B 点,待天顶距和距离测完后,A 点的仪器搬到 B 点观测 D 点,D 点的仪器搬到 C 点观测 A 点。二等跨河光电测距三角高程测量用两台仪器同时观测时,两台仪器均在同一岸同时观测对岸,观测完后仪器和觇牌相互调换进行返测,再选一时段完成第二组往返测。

(七)图根控制测量的技术要求

(1)图根点测量宜在施工区各等级控制网点下进行。

(2)图根点的精度以相对于邻近控制点的中误差来衡量,其中点位中误差不应超过图上 ±0.1 mm,高程中误差不应超过测图基本等高距的 ±1/10。

(3)图根点的密度应根据地形、采用的仪器和测量方法确定,其基本要求见表 2-19。

表 2-19　每幅图图根点数量要求

测图比例尺	每幅图图根点数量	
	采用测距仪、全站仪测量	采用平板仪、经纬仪测量
1:200	3	6
1:500	4	8
1:1 000	5	10
1:2 000	5	15

(4)图根点平面位置可在施工区各等级平面控制点上采用各种交会法、各种类型的导线及光电测距坐标法等方法测量,也可用 GPS 方法测量。

(5)图根点的高程可采用光电测距三角高程测量或 GPS 测量。

(八)施工测量的技术要求

1.测量放样的准备工作

(1)一般规定:测量放样的准备工作包括收集资料、制订放样方案、准备放样数据、选择放样方法、测设放样测站和检验仪器测具等,并应对施工测量人员进行技术交底,明确测量技术要求和质量标准,并有书面技术交底记录。

(2)收集资料与制订放样方案的要求如下:

①测量放样前应具有施工区已有的平面和高程控制成果资料。

②根据现场控制网点是否稳定完好的情况对已有的控制网点资料进行分析,以确定全部或部分检测控制网点。

③当已有的控制网点不能满足精度要求时应重新进行布设,已有的控制网点密度不能满足放样需要时应进行加密。

④测量放样必须按正式施工设计图纸文件修改通知进行。

⑤根据有关标准和测量的技术要求制订测量放样方案,并应包括控制网点检测与加密、放样依据、放样方法、放样点的精度估算、放样作业程序、人员及设备等内容。

(3)放样数据的准备工作如下:

①应将施工区域内的平面控制点、高程控制点、重要轴线点、加密点等测量资料绘成简单图表,将设计图纸中各单项工程部位的工程坐标轴线、形体尺寸等几何数据编成数据手册,供放样人员查阅、使用。

②测量放样前,应根据设计图纸中有关数据及使用的控制点成果计算放样数据,必要时还要绘制放样草图。所有数据必须经过两人独立计算校核,采用计算机程序计算放样数据时,必须核对输入数据和数学模型的正确性。

③应准备格式规范的放样手簿,用于记录现场放样所取得的测量数据,放样记录手簿应设有如下栏目供放样时填写:

一是工程部位、放样日期、仪器型号、仪器出厂编号等。

二是放样员姓名、观测员姓名、记录员姓名及检查员姓名。

三是放样所用的控制点名称、坐标值和高程值及所依据的设计图纸、编号。

四是放样过程中的实测资料等。

④选择放样方法和测量放样点的要求如下:

一是应根据放样点的精度要求和现场允许的作业条件，选择技术先进和有可靠校核条件的放样方法。

二是应利用邻近的控制点进行测量放样，在对放样点做精度估算时，应考虑放样测站点的测设误差。

测设放样点的要求如下：

采用全站仪坐标法测设放样测站时：放样测站点应能与至少两个已知点通视，以保证放样时有校对方向。测距边边长应小于已知后视边长，测距边应做相应的改正。

采用边角后方交会（自由设站）法测设放样测站点时：组成两（多）组交会图形分别进行坐标计算，测站点位之差应小于 $\sqrt{2}\ M_P$（M_P为轮廓放样点相对于邻近基本控制点的限差）。观测边长应小于已知边长，测距边应做相应的改正。

采用测角前方交会法测设放样测站点时：组成两（多）组交会图形分别进行坐标计算，测站点位之差应小于 $\sqrt{2}\ M_P$。交会角为 50°～120°，交会边边长不超过 400 m。

采用轴线交会法测设放样测站点时：放样测站点偏离轴线不应超过 $\sqrt{2}\ M_P$。除轴线点外，观测的控制点宜对称分布在轴线两侧。组成两（多）组交会图形分别进行坐标计算，测站点位之差小于 $\sqrt{2}\ M_P$。

采用测角后交会法测设放样测站点时：选择控制点组成后方会交图形时，宜使用测站点位于已知点组成的三角形内。交会方向不小于 4 个，交会方向尽可能位于各点位。组成两（多）组交会图形，分别进行坐标计算，测站点位之差应小于 $\sqrt{2}\ M_P$。

（4）高程放样可采用水准测量或光电测距三角高程测量进行，其要求如下：

①对于高程放样中误差要求不超过 ±（5～10）mm 的部位，宜采用水准测量法。

②采用光电测距三角高程测量测设高程放样控制点时，应使用往返观测成果。

③采用经纬仪代替水准仪进行土建工程高程放样时，放样点高程控制点的距离不得大于 50 m，采用正、倒置平读数，并取正、倒读数的平均值进行计算。

④布设高程线路或高程放样时均应采用附合、闭合或变换仪器高度等方法进行校正。

2. 开挖、填筑及混凝土工程的测量

1）一般规定

开挖填筑及混凝土工程测量内容包括：施工区原始地形图或断面图的测绘放样，测点的测设、开挖、填筑及混凝土工程轮廓点的放样，竣工地形图及断面图测绘工程量计算，已立模板预制构件的检查、验收等。

放样测站是开挖、填筑及混凝土工程轮廓点放样的工作基点，可采用各种交会方法、导线测量方法或 GPS 定位方法进行测设。

（1）放样测站点位限差的要求见表 2-20。

表 2-20　放样测站点位限差　　（单位：mm）

项目	点位限差	
	平面	高程
混凝土浇筑工程	±15	±15
土石方开挖、填筑工程	±35	±15

(2)各种曲线、曲面轮廓点的放样，应根据设计要求及模板制作情况合理确定放样点的位置和密度，曲线的起点、终点及折线的折点均应放出，曲面预制板宜增设模板拼缝的位置点。轮廓放样点的间距要求见表2-21。

表2-21　轮廓放样点的间距要求　　（单位：m）

建筑物类型	相邻点间最大距离	
	直线段	曲线段
混凝土建筑物	5～8	3～6
土石料建筑物	10～15	5～10

(3)建筑物轮廓点的放样可根据其精度要求采用各种交会方法、极坐标法、直角坐标法、正倒镜投点法或GPS实时动态定位(PTK)法等方法进行。

(4)每次测量放样作业结束后，应及时对放样点进行检查，确认无误后填写测量放样单或测量检查成果表。

2)开挖工程测量的技术要求

(1)开挖工程轮廓放样点的点位限差见表2-22。

表2-22　开挖工程轮廓放样点的点位限差　　（单位：mm）

轮廓放样点位	点位限差	
	平面	高程
主体工程部位基础轮廓点	±50	±50
主体工程部位的坡顶点、非主体工程部位基础轮廓点	±100	±100
砂石覆盖面开挖轮廓点	±150	±150

(2)开挖工程放样应测放出设计开挖轮廓点，并用明显标志加以标记。

(3)开挖工程高程放样可采用光电测距三角高程测量进行。

(4)在开挖过程中，应经常在预裂面或其他适当部位以醒目的标志标明桩号、高程和开挖轮廓点。

(5)开挖部位接近竣工时应及时测放基础轮廓点和散点高程，并将欠挖部位及其尺寸标明，必要时在实地画出开挖轮廓线，以备验收。

(6)分部工程开挖竣工时，应及时测绘竣工地形图或断面图。

(7)对有地质缺陷的部位还应详细测绘地质缺陷地形图。

3)填筑与混凝土工程测量要求

(1)混凝土预制构件拼装及高层建筑物中间平台的同一层平面测量限差为±3 mm。

(2)混凝土建筑物轮廓放样点的点位以距设计线0.2 m、0.5 m或1.0 m为宜。土石方填筑轮廓放样点的点位以设计位置为宜。

(3)填筑及混凝土建筑物轮廓放样点的点位限差见表2-23。

(4)高层建筑物混凝土浇筑及预制构件拼装的竖向测量放样点的点位限差见表2-24。

表 2-23　填筑及混凝土建筑物轮廓放样点的点位限差　　（单位:mm）

建筑物类型	建筑物名称	点位限差	
		平面	高程
混凝土建筑物	主要水工建筑物(倒虹吸、水闸、桥涵等)的主体结构中各种导墙 及渠内重要结构等,其他如围堰、护坡、挡墙等	±20 ±30	±20 ±30
土石料建筑物	渠堤上下游边线填料分界线等基础钻孔	±50	±50

表 2-24　竖向测量放样点的点位限差　　（单位:mm）

项目	相邻两层中心线偏离限差	相对基础中心线限差
各种混凝土建筑物的构架立柱	±3	20
闸墩、桥墩、倒虹吸、侧墙等	±3	±25

(5)混凝土建筑物的高程放样宜区别结构部位,满足各自不同的精度要求。

①对于连续垂直上升的建筑物,除了有结构变化的部位,都应满足各自不同的精度要求,高程放样的精度可低于平面位置的放样精度。

②对于溢流面、斜坡面及形体特殊的部位,其高程放样的精度宜与平面位置放样的精度一致。

③对于混凝土抹面层,有金属结构及机电设备埋件的部位,其高程的放样精度宜高于平面位置的放样精度。

(6)特殊部位的模板架设定位后,应利用已放样的轮廓点进行检查,其平面位置检查精度为 ±3 mm,高程检查精度为 ±2 mm。

4)放样点的检查注意事项

(1)所有放样资料由两人独立进行计算和编制,若使用计算机程序计算放样资料,必须核对程序和输入数据的正确性。

(2)在选择放样方法时,应考虑校核条件。若采用没有校核条件的方法(如极坐标法、两点前方交会法、三方向后方交会法等),必须在放样后采用导站的方法进行检查。

(3)对轮廓放样点进行校核的方法,可根据不同情况而定,但应简单易行,以发现错误为目的。校核结果应记入放样手簿,外业检核以自检为主,放样与校核尽量同时进行,必要时可另派小组进行检查,对于放样时已利用多余条件自检合格的,可不再进行校核。

(4)对于建筑物基础块(第一层)的轮廓放样点,必须采用同精度的相互独立的方法全部进行校核,校核点与放样点的精度必须相同,用相对独立的方法进行全部检查,校核点与放样点的较差不应大于 $\sqrt{2}M_P$。

(5)对于同一部位轮廓放样点的检查,可采用简易方法校核,如大量相邻点之间的长度校核、点与已浇筑建筑物边线的相对尺寸的检查、同一直线上的诸点是否在同一直线上的检查等。

(6)对于形体复杂或结构复杂的建筑物,校核和放样宜采用同一组测站点。

(7)模板检查验收中若发现检查结果超限或存在明显系统误差,应及时对可疑部分进行复测确定。

5）断面测量和工程量的计算要求

（1）工程开工前，必须实测工程部位的原始地形图或断面图，施工过程中应及时测绘不同材料的分界线，并定期测绘收方地形断面图。工程竣工后，必须实测竣工地形图或竣工断面图，各阶段的地形图和断面图均为工程量计算和工程结算的依据。

（2）断面间距可根据用途、工程部位和地形复杂程度在 5～20 m 内选择有特殊要求的部位，按设计要求执行。

（3）地形图和断面图的比例尺，可根据用途、工程部位的范围、大小在 1∶200～1∶1 000之间选择。主要建筑物的竣工地形图或断面图，其比例尺应选用 1∶200。地质缺陷地形图应视面积大小确定比例尺，收方图的比例尺以 1∶500 或 1∶200 为宜，大范围的收方图的比例尺可选用 1∶1 000。

（4）断面测量时，测点的精度要求如表 2-25 所示。

表 2-25　断面测量点的精度要求　（单位：mm）

断面类型	测点相对于测站点的限差	
	平面	高差
原始收方断面	±10	±10
土石方工程竣工断面	±5	±5
混凝土工程竣工断面	±2	±2

（5）断面测点间距应以能正确反映断面形状，满足计算精度要求为原则。测点间图上的距离应不大于 3 cm，地形变化处应加密测点，断面宽度应超出工程部位边线 5～10 m。

（6）在实测的地形图上截取断面数据，测绘断面图时，断面图的比例尺应不大于地形图的比例尺。

（7）在施工过程中，应定期测算已完成的工程量，工程量的计算应以测量收方的工程量计算成果为依据。

6）渠堤测量的技术要求

新建、改建的渠道均应按设计规划（定线）两个阶段进行测量，规划或设计阶段应沿渠堤的中心线按不同间距施测纵横断面图，必要时须测绘 1∶5 000 或 1∶10 000 比例尺的带状地形图，设计阶段需测绘 1∶2 000 比例尺地形图。

渠堤纵、横断面点和横断面的间距，应根据不同的阶段而定，在任务书中规定未作要求时可在表 2-26 中选择，但某些特殊部位还应加测横断面。

表 2-26　纵、横断面测量间距　（单位：m）

阶段	横断面间距		纵断面间距	
	平地	丘陵地、山地	平地	丘陵地、山地
规划	200～1 000	100～500	基本点间距同左，特殊部位应加点	
设计	100～200	50～100		

渠堤测量中心导线点、中心线桩及横断面点的测量精度应符合表2-27的规定。

表2-27　中心导线点、中心线桩及横断面点的测量精度　（单位：m）

点的类别	对邻近图根点的点位中误差		对邻近基本点高程控制点的高程中误差
	平地、丘陵地	山地、高山地	平地、丘陵地、山地、高山地
中心导线点或中心线桩	±2.0		±0.1
横断面点	对中心线桩平面位置中误差		±0.3
	±1.5	±2.0	

渠堤测量的平面控制可利用已有控制点、图根点建立施工导线，导线点宜与堤的起始桩、转折桩相结合。点位宜埋设稳定的标志，施工导线宜按四等导线的精度进行测量。

渠堤的高程测量控制不低于四等水准的精度，其高程控制可与平面控制共用标点。渠堤中线桩的平面位置测量放样限差为±200 mm，高程测量限差为±50 mm，所有中心桩应测量桩顶和地面高程。中心桩间距应视地形变化而定，直线段为30～50 m，曲线段为10～30 m。横断面应垂直于渠堤中心线，每一断面的测量范围宜超出挖填区外边线3～5 m，断面点之间的密度应能反映渠堤的实际地形和满足工程量计算的需要。在有水工建筑物倒虹吸、水闸、桥涵等的渠堤地段布设平面和高程控制时，应埋设至少3个施工控制点。

堤防工程基线相对于邻近基本控制点，平面位置允许误差要求按国家行业标准《堤防工程施工规范》（SL 260—98）来检验，即高程允许误差为±（30～50）mm。

堤防基线的永久标石、标架埋设必须牢固，施工中必须严加保护，施工单位应及时检查维护，定时核查、校正，监理工程师可随时抽检。

堤防堤身放样时，应根据设计要求预留堤基、堤身的沉降量，且堤身断面放样、立模填筑轮廓宜根据不同堤型相隔一定距离设立样架，其测点相对设计的限差值误差，平面为±50 mm，高程为±30 mm，堤轴线点为±30 mm，高程负值不得连续出现，并不得超出总测点的30%。

轮廓点样架的间隔距离视堤型、堤线、地形等不同条件区别对待，土堤间距宜控制在100～500 m，堤轴线弯曲、地形复杂时宜选择短距，堤线顺直、地形平坦时宜选择长距，砌石堤、混凝土堤宜选择500 m左右。

沉降量应根据设计要求确定，如设计未规定，应根据经验取值，施工单位可根据已知预留沉降率及堤顶加宽率来计算，其结果要经监理工程师批准。

第三章　渠系工程地基处理技术

渠系工程由于战线长,一般要跨越河沟及山丘,地形、地貌复杂,地质地层变化很大,而且工程类别又多,故对工程技术要求很高,尤其对渠系地基的处理甚为重要。当天然地基不能满足渠系工程对地基稳定及变形和渗透方面的要求时,需要对天然地基进行处理,以满足建(构)筑物及渠系地基的要求。地基处理时可以根据地质地层的资料,采取符合实际的方法,根据地基的设计要求和地基处理的原理、目的、性质和时效等进行处理。

随着工程建设的飞速发展,地基处理的手段也日趋多样化,部分土体被增强或置换形成增强体。由增强体和周围地基共同承担荷载的地基称为复合地基,复合地基起初是指采用碎石桩加固后形成的人工地基。随着深层搅拌桩加固技术在工程中的应用,发展形成了水泥土搅拌桩复合地基的概念。碎石桩是散体材料桩,水泥搅拌桩是黏结材料桩,在荷载作用下,由碎石桩和水泥土搅拌桩形成的两类人工地基的性状有较大的区别。水泥土搅拌桩复合地基的应用促进了复合地基理论的发展,由散体材料桩复合地基扩展到柔性桩复合地基,随着低强度桩复合地基和长短桩复合地基等新技术的应用,复合地基的概念得到了进一步的发展,形成刚性桩复合地基的概念。如果将由碎石桩等散体材料桩形成的人工地基称为狭义地基,则可将包括散体材料桩、各种刚度的黏结材料桩形成的人工地基及各种形式的长短桩复合地基称为广义复合地基。复合地基由于其充分利用桩间土和桩共同作用的特有优势及相对低廉的工程造价,得到了越来越多的应用。

现行有关设计规范中关于地基处理的方法有置换法、振冲法、砂石桩法、灌注桩法等。

第一节　地基处理方法的分类

渠系工程地基处理方法的分类有根据地基处理的原理分类、根据竖向增强体的桩体材料分类、根据人工地基的广义分类和其他分类等。

一、根据地基处理的原理分类

(一)置换

置换是用物理力学性质较好的岩土材料置换天然地基中部分或全部软弱土及不良土,形成双层地基或复合地基,以达到提高地基承载力、减少沉降的目的。它主要包括换土垫层法、褥垫法、振冲置换法、沉管碎石桩法、强夯置换法、砂桩置换法、石灰桩法以及EPS超轻质料填土法等。

(二)排水固结

排水固结的原理是:软土地基在荷载作用下土中孔隙水慢慢排出、孔隙比减小,地基发生固结变形,同时随着超静水压力逐渐消散,土的有效应力增大,地基土的强度逐步增长,以达到提高地基承载力、减少沉降的目的。它主要包括加载预压法、超载预压法、砂井法(包括普通砂井、袋装砂井)和塑料排水带法等。

(三)振密挤密

振密挤密是采用振动的方法或挤密的方法使未饱和土密实,使地基土体孔隙比减小、强度提高,达到提高地基承载力和减少沉降的目的。它主要包括表层原位压实法、强夯法、振冲密实法、挤密砂桩法、爆破挤密法、土桩和灰土桩法。

(四)冷热处理法

冷热处理法是通过人工冷却,使地基温度降低到孔隙水的冰点以下,使之冻结,从而具有理想的截水性能和较高的承载力,或焙烧、加热地基主体,改变土体物理力学性质,以达到地基处理的目的。它主要包括冻结法和烧结法等。

(五)灌入固化物

灌入固化物是向土体中灌入或拌入水泥、石灰等其他化学浆材,在地基中形成增强体,以达到地基处理的目的。它主要包括深层搅拌法、高压喷射注入法、渗入灌浆法、劈裂灌浆法、挤密灌浆法和电动化学灌浆法等。

(六)托换

托换是指为提高既有建筑物地基的承载力或纠正基础由于严重不均匀沉降而导致的建筑物倾斜、开裂而采取的地基和基础处理、加固或改造、补强技术的总称。它主要包括地基加宽法、墩式托换法、地基加固法及综合加固法等。

(七)加筋法

加筋法是在地基中设置强度高的土工聚合物、拉筋、受力杆件等模量大的筋材,以达到提高地基的承载力、减少沉降的目的。强度高、模量大的筋材可以是钢筋混凝土,也可以是土工格栅、土工织物等。它主要包括加筋法、土钉墙法、锚固法、树根桩法、低强度混凝土桩复合地基法和钢筋混凝土桩复合地基法等。

二、根据竖向增强体的桩体材料分类

(一)散体材料复合地基

散体由散体材料组成,其主要形式有碎石桩、砂桩等。复合地基的承载力主要取决于散体材料的内摩擦角和周围地基土体能够提供的桩侧摩阻力。

(二)刚性桩复合地基

桩体通常以水泥为主要胶结材料,桩身强度较高。为保证桩土共同作用,通常在桩顶设置一定厚度的褥垫层。刚性桩复合地基较散体材料桩复合地基和柔性桩复合地基有更高的承载力与压缩模量,而且复合地基承载力有较大的调整幅度。水泥粉煤灰碎石桩(CFG 桩)是刚性复合桩地基的主要形式之一。

(三)柔性桩复合地基

桩体由具有一定黏结强度的材料组成,主要形式有石灰桩、灰土桩、水泥土桩等。复合地基的承载力由桩体和桩间土共同提供。

三、根据人工地基的广义分类

地基处理采用物理、化学的方法，有时还采用生物的方法，对地基中的软弱土或不良土进行置换改良（或部分改良）、加筋形成人工地基。经过地基处理形成的人工地基大致可以分为三类：桩地基、均质地基和复合地基。

（一）桩地基

通过在地基中设置桩，荷载由桩体承担，特别是端承桩、通桩将荷载直接传递给地基中承载力大、模量高的土层。

（二）均质地基

通过土质改良或置换，全面改善地基土的物理力学性质，提高地基土的抗剪强度，增大土体压缩模量或减小土的渗透性。该类人工地基属于多层地基。

（三）复合地基

通过在地基中设置增强体与原地基土体形成复合地基，以提高地基承载力，减少地基沉降。

四、其他分类

根据地基处理加固区的部位分为浅层地基处理方法、深层地基处理方法及斜坡面土层的处理方法。

根据地基处理的用途分为临时性地基处理方法和永久性地基处理方法。

地基处理方法的严格分类是困难的，不少地基处理方法具有几种不同的作用。例如振冲法既有置换作用，又有挤密作用。又如土桩既有挤密作用，又有置换作用。另外，一些地基处理方法的加固机制及计算方法目前不是十分明确，尚需进行探讨。地基处理方法的确定首先应根据结构类型、荷载大小及使用要求，结合地形地貌、地层结构、土质条件、地下水特征、环境情况和对邻近建筑物的影响等因素进行综合分析，初步选出几种地基处理方法；然后分别从加固原理、适用范围、预期处理效果、耗用材料、施工机械、工期要求和对环境的影响等方面进行技术经济分析和对比，选择最佳的地基处理方法。

第二节　置换法

置换法又称换填垫层法，当建筑物基础下的持力层比较软弱，不能满足上部结构荷载对地基的要求时，常采用换填土垫层来处理软弱地基，即将基础下一定范围内的土层挖去，然后回填以强度较大的砂、砂石或灰土，并分层夯实，达到设计要求的密实程度，作为地基的持力层。换填垫层法适用于浅层地基处理，处理深度可达 2 ~ 3 m，在饱和软土上换填砂垫层时，砂垫层具有提高地基承载力、减小沉降量、防止冻胀和加速软土排水固结的作用。

工程实践表明，在合适的条件下，采用换填垫层法能有效地解决各类工程的地基处理问题。其优点是可就地取材，施工方便，不需要特殊的机械设备，既能缩短工期，又能降低造价和成本。因此,该法得到较为普遍的应用。

一、置换地基的作用

置换地基的作用有以下 7 个方面:

(1)置换作用。将基层以下的软弱土全部或部分挖出,换填为较密实的材料,可提高地基的承载力,增强地基的稳定性。

(2)应力扩散作用。基础底下一定厚度的垫层的应力扩散作用,可减小垫层下天然土层所承受的压力和附加压力,从而减小基础的沉降量,并使下层满足承载力的要求。

(3)加速固结作用。用透水性的材料做垫层,软土中的水分可部分通过它排除,在建筑物施工过程中,可加速软土的固结和提高软土的抗剪强度。

(4)均匀地基反力。对于石芽出露的山区地基,将石芽间软弱土层挖出,换填压缩性的土料,并在石芽以上设置垫层。对于建筑物范围内局部存在的松填土、暗沟、暗墙、古井、古墓或拆除旧基础后的坑穴等情况,可进行局部换填,以保证基础底面范围内土层的压缩性和使反力趋于均匀。

(5)防止冻胀。由于垫层材料是不冻胀的材料,采用换土垫层将基础底面以下的冻胀土层全部或部分置换后,可防止土的冻胀作用。

(6)减少基础的沉降量。地基持力层的压缩量所占的比例较大,由于垫层材料的压缩性较低,因此设置垫层后总沉降量会大大减小。此外,由于垫层的应力扩散作用,传递到垫层下方下卧层上的压力减小,也会使下卧层的压缩量减小。

因此,置换的目的就是提高承载力,增加地基强度,减少基础沉降。垫层采用透水材料,可加速地基的排水固结。

(7)提高地基持力层的承载力。用于置换软弱土层的材料,其抗剪强度指标常常较高,因此垫层(持力层)的承载力要求比置换前软弱土层的承载力高很多。

二、置换地基的适用范围

换填垫层法适用于淤泥、淤泥土、湿陷性土、素填土、杂填土的地基及暗沟、暗墙等浅层软弱地基及不均匀地基的处理。

换填垫层法适用于处理各类浅层软弱地基。若建筑物范围内软弱土层较薄,则可全部置换处理。对于较深的软弱土层,当仅用垫层局部置换上层软土时,下面软弱土层在荷载下的长期变形可能依然很大。例如,对较深厚的淤泥或淤泥质土类软弱地基,采用垫层仅置换上层软土后,通常可提高持力层的承载力,但不能解决由于深层土质软弱而造成地基变形量大对上部建筑物产生的有害影响。对于体形复杂、整体刚度差或对差异变形敏感的建筑物,均不应采用浅层局部置换的处理方法。

对于建筑物范围内不存在松填土、暗沟、古井、古墓或拆除旧基础后的坑穴等情况,均可采用换置垫层法进行地基处理。在这种局部的换置处理中,保持建筑地基整体变形均匀是换填应遵循的基本原则。

开挖基坑后,利用分层回填夯压,也可以处理较深的软土层。但换填基坑开挖过深时，常因地下水位高，需要采取降水措施。若坑壁放坡占地面积大或边坡需要支护，则易引起邻近地面、管网、道路与建筑的沉降、变形破坏。此外，施工土方量大、弃土多等，常使处理工程费用增高、工期延长、对环境的影响增大等，因此置换垫层法的处理深度通常控制在 3 m 以内较为经济合理。

大面积填土产生的大范围地面负荷影响深度较深，地基压缩变形量大，变形的延续时间长，与换填垫层法浅层处理地基的特点不同，因此大面积填土地基的设计施工应符合国家标准《建筑地基基础设计规范》(GB 50007—2011)的有关规定。在消除黄土湿陷性时，应符合国家标准《湿陷性黄土地区建筑规范》(GB 50025—2004)的有关规定。

换填时，应根据建筑物体形及结构特点、荷载性质和地质条件，并结合施工机械设备与当地材料来源等综合分析，进行换填垫层的设计，选择换填材料和夯压的施工方法。

采用换填垫层法全部置换厚度不大的软弱土层，可取得良好的效果。对于轻型建筑物、地坪、机场、道路，采用换填垫层法处理上层部分软弱土时，由于传递到下卧层顶面的附加应力很小，也可以取得较好的效果。但对于结构刚度差、体形复杂、荷重较大的建筑物，由于附加荷载对下卧层的影响较大，若仅换填软弱土层的上部，地基仍会产生较大的变形及不均匀沉降，仍可能对建筑物造成破坏。在我国东南沿海软土地区，许多工程实例的经验或教训表明，采用换填垫层法时，必须考虑建筑物体形、荷载分布、结构刚度等因素对建筑物的影响。对于深层软弱土层，不应采用局部换填垫层法处理地基。对于不同特点的工程，还应分别考虑换填材料的强度、稳定性、压力扩散的能力、密度、渗透性和耐久性、对环境的影响以及材料价格、来源与消耗等。当换填量大时，尤其应首先考虑当地材料的性能及使用条件。此外，还应考虑所能获得的施工机械设备类型、使用条件等综合因素，从而合理地进行换填垫层设计及选择施工方法。例如，对于承受振动荷载的地基不应选择砂垫层进行换填垫层处理。

三、换填垫层的设计

换填垫层的设计主要从以下几方面考虑：垫层的厚度、垫层的宽度、垫层的承载力、垫层地基的变形、垫层的材料、垫层的压实标准等。垫层的设计应满足建筑物地基的承载力和变形要求。首先，清除基础下直接承受建筑物荷载的软弱土层，代之以能满足承载力要求的垫层；其次，通过支盘的压力扩散作用，使下卧层顶面受到的压力满足小于或等于下卧层承载能力的条件；最后，基础持力层被低压缩性的垫层代换，能大大减小基础的沉降量。因此，合理确定垫层厚度是垫层设计的主要内容。通常根据土层的情况确定需要换填的深度，对于浅层软土厚度不大的工程，应置换掉全部的软土。对需换填的软弱土层，首先应根据垫层的承载力确定基础的宽度和基底压力，再根据垫层下卧层的承载力设计垫层的厚度。垫层的设计内容应包括选择垫层的厚度和宽度及垫层的密实度等。

（一）垫层的厚度

在工程实践中，一般取厚度 $z=1\sim2$ m(基础厚度的 50% ~100%)。当厚度太小时，垫层的作用不大；若厚度太大(如在 3 m 以上)，则施工不便(特别在地下水位较高时)，故垫层厚度不宜大于 3 m。

垫层的厚度应根据需换软弱土的深度或下卧土层的承载力确定，并符合下式要求：

$$P_z + P_{cz} \leqslant f_{az}$$

式中 P_z——相应于荷载标准组合时垫层底面处的附加压力；

P_{cz}——垫层底面处土的自重；

f_{az}——垫层底面处经深度修正后的地基承载力特征值。

下卧层顶面的附加压力值，可根据双层地基理论进行计算，但这种方法仅限于条形基础均布荷载的计算条件，也可以将双层地基视作均质地基，按均质连续、各向同性、半无限直线变形体的理论计算。第一种方法计算比较复杂，第二种方法的假定又与实际双层地基的状态有一定误差。最常用的是扩散角法，计算的垫层厚度虽比按弱性理论计算的结果略偏安全，但由于计算方法比较简便，易于理解且便于接受，故在工程设计中得到广泛的认可和使用。

(二)垫层的宽度

垫层宽度的确定应从两方面来考虑：一方面要满足应力扩散角的要求；另一方面要有足够的宽度，防止砂垫层的两向挤出。如果垫层两侧的土壤质量较好，具有抗水平向附加应力的能力，侧向变形小，则垫层的宽度主要由压力扩散角确定。

确定垫层宽度时，除应满足应力扩散的要求外，还应考虑垫层有足够的宽度及侧面土的强度条件，防止垫层材料向侧边挤出而增大垫层的竖向变形量。最常用的方法是按扩散角法计算垫层宽度或根据当地经验取值。当 $z/d > 0.5$ 时，垫层厚度增大，按扩散角确定的垫层的底宽较宽，而按垫层底面应力计算值分布的应力等值线在垫层底面处的实际分布较窄。当两者差别较大时，也可根据应力等值线的形状，将垫层剖面做成倒梯形，以节省换填的工程量。当基础荷载较大或对沉降要求较高或垫层侧面土的承载力较小时，垫层的宽度可适当增大。在筏板基础、箱型基础或宽大独立基础下采用换填垫层时，对于垫层厚度小于0.25倍基础宽度的情况，计算垫层的宽度时仍应考虑压力扩散角的要求。

(三)垫层的承载力要求

经换填处理后的地基，由于理论计算的方法尚不够完善，或由于较难选取有代表性的计算参数等而难以通过计算准确确定地基承载力，所以换填垫层处理的地基承载力宜通过试验，尤其是通过现场原位试验确定。对于按国家标准《建筑地基基础设计规范》(GB 50007—2011)划分的安全等级为三级的建筑物及一般不太重要的小型轻型建筑物或对沉降要求不高的工程，当无试验资料或无经验时，在施工达到要求的压实标准后，可以参考表3-1的承载力特征值。

表3-1 垫层的承载力特征值

换填材料	承载力特征值(kPa)
碎石、卵石	200～300
砂类石(其中碎石、卵石占总质量的30%～50%)	200～250
土夹石(其中碎石、卵石占总质量的30%～50%)	150～200
中砂、粗砂、砾砂、圆砾、角砾	150～200

续表 3-1

换填材料	承载力特征值(kPa)
粉质黏土	130 ~ 180
石屑	120 ~ 150
灰土	200 ~ 250
粉煤灰	120 ~ 150
矿渣	200 ~ 300

注:压实系数小的垫层承载力特征值取低值,反之取高值。原状矿渣垫层取低值,分级矿渣或混合矿渣垫层取高值。

(四)换填垫层地基的变形

我国软黏土分布地区的大量建筑物沉降观测及工程经验表明,采用换填垫层进行局部处理后,往往由于软弱下卧层的变形,建筑物的地基仍将产生过大的沉降量及差异沉降量。因此,应按国家标准《建筑地基基础设计规范》(GB 50007—2011)中的变形计算方法进行建筑物的沉降计算,以保证地基处理效果及建筑物的安全使用。

粗粒换填材料的垫层在施工期间自身的压缩变形已经基本完成,且量值很小,因而对于碎石、卵石、砂石、砂和矿渣垫层,在地基变形计算中,可以忽略垫层自身部分的变形值。但对细粒材料尤其是厚度较大的换填垫层,则应计入垫层变形。有关垫层的模量应根据试验或当地经验确定。当无试验资料时,可参照表 3-2 采用。

表 3-2　垫层模量　(单位:MPa)

垫层材料	压缩模量	变形模量
粉煤灰	8 ~ 20	
砂	20 ~ 30	
碎石、卵石	30 ~ 50	
矿渣		35 ~ 70

注:压实矿渣的压缩模量与变形模量之比可按 1.5 ~ 3 取用。

下卧层顶面承受换填材料本身的压力超过原天然土层压力较多的工程,地基下卧层将产生较大的变形。如工程条件许可,宜尽早换填,以使由此引起的大部分地基变形在上部结构施工前完成。

(五)垫层材料的要求

垫层材料一般有砂石、粉质黏土、灰土、粉煤灰、矿渣、其他工业废渣、土工合成材料等,各种材料的技术要求分述如下:

(1)砂石。砂石宜选用碎石、卵石、角砾、圆砾、砂砾、粗砂、中砂或石屑(粒径小于 2 mm 的部分不应超过总质量的 45%),应级配良好,不含植物残体、垃圾等杂物。

当使用粉细砂或石粉(粒径小于 0.075 mm 的部分不应超过总质量的 9%)时,应掺入不少于总质量 30% 的碎石或卵石,使其颗粒不均匀系数不小于 5,拌和均匀后方可用于铺填垫层。砂石的最大粒径不宜大于 50 mm。

石屑采用采石场筛选碎石后的细粒废弃物,其性质接近于砂,在各地使用作为换填材料,均取得了很好的成效。但应控制好含泥量及含粉量,才能保证垫层的质量。

对于湿陷性黄土地基,不得选用砂石等渗水材料。

(2)粉质黏土。粉质黏土土料中有机质含量不得超过5%，亦不得含有冻土或膨胀土。当含有碎石时，其粒径不宜大于50 mm。用于湿陷性黄土地基或膨胀土地基的粉质黏土垫层时，土料中不得含有砖渣和砖块、瓦和石块。

黏土及粉土均难以夯压密实，故在换填时，均应避免作为换填材料，在不得不选用上述土料回填时，应掺入不少于30%的砂石并拌和均匀后使用。当采用粉质黏土大面积换填并使用大型机械夯压时，土料中的碎石粒径可稍大于50 mm，但不宜大于100 mm，否则将影响垫层的夯压效果。

(3)灰土。灰土的体积配合比宜为2∶8或3∶7，土料宜采用粉质黏土，不得使用块状黏土和砂质粉土，不得含有松软杂质，并应过筛，其颗粒粒径不得大于15 mm。石灰宜用新鲜的消石灰，其颗粒粒径不大于5 mm。

灰土强度随土料中黏粒含量的增加而加大，塑性指数小于4的粉土中黏粒含量太少，不能达到提高灰土强度的目的，因而不能用于拌和灰土。灰土所用的消石灰应符合Ⅲ级以上标准，储存期不超过3个月，所含活性CaO和MgO越多，则胶结力越强。通常灰土的最佳含灰率为CaO和MgO约占总量的8%。石灰应消解3～4 d并筛除生石灰块后使用。

(4)粉煤灰。粉煤灰可用于道路、堆场和小型建筑物及构筑物的换填垫层。粉煤灰垫层上宜覆土0.3～0.5 m。粉煤灰垫层中采用掺加剂时，应通过试验确定其性能及适用条件。作为建筑物垫层的粉煤灰应符合有关放射性安全标准的要求。粉煤灰垫层中的金属构件、管网宜采取适当的防腐措施。大量填筑粉煤灰时，应考虑对地下水和土壤的环境影响。

粉煤灰可分为湿排灰和调湿灰。按其燃烧后形成玻璃体的粒径分析，应属粉土的范畴。由于含有CaO等成分，具有一定的活性，当与水作用时，因具有胶凝作用，粉煤灰垫层逐渐获得一定的强度与刚度，能有效改善垫层地基的承载能力，减小变形的能力。不同于抗地震液化能力较低的粉土或粉砂，由于粉煤灰具有一定的胶凝作用，在压实系数大于0.9时，即可以抵抗Ⅶ度地震液化。用于发电的燃煤常伴有微量放射性，作为建筑物垫层的粉煤灰，应以国家标准《掺工业废渣建筑材料产品放射性物质控制标准》(GB 9196—1988)及《电离辐射防护与辐射源安全基本标准》(GB 18871—2002)的有关规定作为安全使用的标准。粉煤灰含碱性物质，回填后碱性成分在地下水中溶出，使地下水具弱碱性，因此应考虑其对地下水的影响，并应对粉煤灰垫层中的金属构件、管网采取一定的防护措施。粉煤灰垫层上宜覆盖0.3～0.5 m厚的黏性土，以防干灰飞扬，同时减少碱性对植物土生长的不利影响，以利于环境绿化。

(5)矿渣。垫层使用的矿渣是指高炉重矿渣，可分为分级矿渣、混合矿渣及原状矿渣。矿渣垫层主要用于堆场、道路和地坪，也可用于小型建筑物、构筑物的地基。选用矿渣的松散重度不小于11 kN/m^3，有机质及含泥量不超过5%。设计施工前必须对所选用的矿渣进行试验，在确认性能稳定并符合安全规定后方可使用。作为建筑物垫层的矿渣应符合放射性安全标准的要求。易受酸、碱影响的基础或地下管网不得采用矿渣垫层，大量填筑矿渣时，应考虑对地下水和土壤的环境影响。

矿渣的稳定性是适用于做换填垫层材料的最主要性能指标。相关试验结果证明，当矿渣中CaO的含量小于45%及FeS与MnS的含量约为1%时，矿渣不会产生硅酸盐分解和铁锰分解,排渣时不浇石灰水,矿渣也就不会发生生石灰分解的情况,则该类矿渣性能稳定,可用于换填。对中、小型垫层可选用8～40 mm与40～60 mm的分级矿渣或0～60 mm的混合矿渣。较大面积换填时,矿渣最大粒径不宜大于2～3 mm或分层铺填厚度的2/3。与粉煤灰相同,对用于换填垫层的矿渣,同样要考虑放射性对地下水环境及金属管网、构件的影响。

(6)其他工业废渣。在有可靠试验结果或成功工程经验时,质地坚硬、性能稳定、无腐蚀性危害的工业废渣等均可用于填换垫层,被选用工业废渣的粒径、级配和施工工艺等应通过试验确定。

(7)土工合成材料。由分层敷设的土工合成材料与地基土构成加筋垫层。所用的土工合成材料的品种与性能及填料的土类,应根据工程特性和地基土条件,按照国家标准《土工合成材料应用技术规范》(GB 50290—98)的要求,通过设计并进行现场试验后确定。

土工合成材料是近年来随着化学合成工业的发展而迅速发展起来的一种新型土工材料,主要是将涤纶、尼龙、腈纶、丙纶等高分子化合物,根据工程需要加工成有弹性、柔性、高抗拉强度、低伸长率、适水、隔水、反滤性、抗腐蚀性、抗老化性和耐久性的各种类型的产品。如各种土工格栅、土工格室、土工垫、土工膜、土工织物、塑料排水以及其他土工复合材料等。由于这些材料有优异的性能及广泛的适用性,受到工程界的重视,被迅速推广应用于河(海)岸护坡、堤坝、公路、铁路、港口、堆场、建筑、矿山、电力等领域的岩土工程中,取得了良好的工程效果和经济效益。

由于换填垫层的土工合成材料在垫层中主要起加筋作用,以提高地基土的抗拉强度和抗剪强度,防止垫层被拉断裂和剪切破坏,保持垫层的完整性,提高垫层的抗弯刚度,因此利用土工合成材料加筋的垫层有效地改变了天然地基的性状,增大了压力扩散角,降低了下卧天然地基表面的压力,约束了地基侧向变形,调整了地基不均匀变形,增大了地基的稳定性,并提高了地基的承载力。由于土工合成材料的上述特点,将它用于软弱黏性土、泥炭、沼泽、地区修建道路及堆场等取得了较好的成效,同时在部分建筑物、构筑物的加筋垫层中应用,也取得了一定的效果。

室内试验及工程实测的结果证明,采用土工合成材料加筋垫层的作用机制为:

(1)扩散应力。加筋垫层刚度大,增大了压力扩散角,有利于上部荷载扩散,降低垫层底面压力。

(2)调整不均匀沉降。由于加筋垫层的作用,加大了压缩层范围内地基的整体刚度,可均化传递到下卧层上的压力,有利于调整基础的不均匀沉降。

(3)增大地基的稳定性。加筋垫层的约束,从整体上限制了地基土的剪切、侧向挤出及隆起。

采用土工合成材料加筋垫层时,应根据工程荷载的特点、对变形稳定性的要求和地基工程土的性质、地下水的性质及土工合成材料的工作环境等选择土工合成材料的类型及填料的品种,主要包括以下几个方面:

(1)确定所需土工合成材料的类型、物理性质和主要力学性质,如允许抗拉强度及相应的伸长率、耐久性及抗腐蚀性等。

(2)确定土工合成材料在垫层中的布置型式、间距及端部的固定方式。

(3)选择适用的填料与施工方法。

此外,要通过验证,保证土工合成材料在垫层中不被拉断和拔出失效,同时要检验垫层地基的强度和变形,以确保满足设计要求,最后通过荷载试验确定垫层地基的承载能力。

土工合成材料的耐久性与老化问题在工程界备受关注。由于土工合成材料引入我国为时尚短,仅在江苏使用了十几年,未见在工程中老化而影响耐久性。英国已有近 100 年的使用历史,使用效果很好。导致土工合成材料老化的三个主要因素为紫外线照射、60 ~ 80 ℃的高温与氧化。在岩土工程中,由于土工合成材料埋在地下土层中,上述三个影响因素皆极微弱,故土工合成材料均能满足常规建筑工程中的耐久性需要。

作为加筋的土工合成材料,应采用抗拉强度较高,受力时伸长率不超过 4% ~5% ,耐久性好,抗腐蚀的土工格栅、土工格室、土工垫或土工织物等土工合成材料。垫层填料宜用碎石、角砾、砾砂、粗砂、中砂或粉质黏土等材料,当工程要求垫层具有排水功能时,垫层材料应具有良好的透水性。

在加筋土垫层中,主要由土工合成材料承受大的拉应力,所以要求选用高强度、低徐变性的材料,在承受工作应力时的伸长率不宜超过 4% ~5% ,以保证垫层及下卧层土体的稳定性。在软弱土层中,一旦由于土工合成材料超过极限强度产生破坏,随之荷载转移而由软弱土层承受全部外荷载,势将大大超过软弱土的极限强度,从而导致地基的整体破坏。结果地基可能不稳,使上部建筑物迅速产生大量的沉降并对建筑结构造成严重的破坏。因此,用于加筋垫层中的土工合成材料必须留有足够的安全系数,绝不能使其受力后的强度等参数处于临界状态,从而导致严重的后果。同时,应充分考虑因垫层结构的破坏对建筑物安全的影响。

在软土地基上使用加筋垫层时,应保证建筑物稳定并满足允许变形的要求。

(六)垫层的压实标准

各种垫层的压实标准可按表 3-3 选用。

表 3-3　各种垫层的压实标准

施工方法	换填材料类别	压实系数
碾压振密或夯实	碎石、卵石 砂夹石(其中碎石、卵石占 30% ~50%) 土夹石(其中碎石、卵石占 30% ~50%) 中砂、粗砂、角砾、圆砾、石屑 粉质黏土	0.94 ~0.97
	灰土	0.95
	粉煤灰	0.90 ~0.95

注:1. 压实系数为土的控制干密度 ρ_d 与最大干密度 ρ_{max} 的比值,土的最大干密度值宜采用击实试验确定,碎石或卵石的最大干密度可取 2.0 ~2.2 t/m^3 。

2. 当采用轻型击实试验时,压实系数宜取高值;当采用重型击实试验时,压实系数宜取低值。

3. 矿渣垫层的压实指标为最后两遍压实值的差小于 2 mm。

对于工程量较大的换填垫层，应按所选用的施工机械、换填材料及场地的土质条件进行现场试验，以确定压实效果。

四、置换施工的技术要求

换土垫层适用于淤泥、淤泥质土、湿陷性黄土、素填土、杂填土地基及暗沟等浅层处理。施工时，将基底下一定深度的软土层挖除，分层回填砂碎石、灰土等强度较大的材料，并加以夯实振密。回填材料有多种，但其作用和计算原理相同。换土垫层是一种较为简单的浅层地基处理方法，并已得到广泛的应用，在处理地基时，宜优先考虑此法。

换土可用于简单的基坑、基槽，也可用于满堂式置换，砂和砂石垫层作用明确、设计方便，但其承载力在相当程度上取决于施工质量，因此必须精心施工。施工时，必须注意以下事项和要求。

（一）施工方法的技术要求

应根据不同的换填材料选择施工机械，以利于加快施工速度。如粉质黏土、灰土宜采用平碾、振动碾或羊足碾，中小型工程也可采用蛙式夯、柴油夯，砂石等宜采用振动碾，粉煤灰宜采用平碾、振动碾、平板式振动器、蛙式夯，矿渣宜采用平板式振动器或平碾，也可采用振动碾。垫层应分层铺填，分层压实，每层压实遍数等宜通过试验确定。除接触下卧软土层的垫层底部应根据施工机械设备及下卧层土质条件确定厚度外，一般情况下，垫层的分层铺填厚度可取 200 ~ 300 mm。为保证分层压实质量，应控制机械的碾压速度和遍数。

换填垫层的施工参数应根据垫层的材料、施工机械设备及设计要求等通过现场碾压试验确定，以获得最佳碾压效果。在不具备试验条件的场合下，也可参照工程的经验数值，按表 3-4 选用。对于存在软弱下卧层的垫层，应针对不同施工机械设备的重量、碾压强度、振动力等因素，确定垫层底层的铺填厚度，使其既能满足该层的压实条件，又能防止破坏及扰动下卧软弱土层的结构。

表 3-4　垫层的每层铺填厚度及压实遍数

施工设备	垫层的每层铺填厚度（m）	每层压实遍数
平碾（8 ~ 12 t）	0.2 ~ 0.3	6 ~ 8（矿渣 10 ~ 12）
羊足碾（5 ~ 16 t）	0.2 ~ 0.35	8 ~ 10
蛙式夯（200 kg）	0.2 ~ 0.25	3 ~ 4
振动碾（8 ~ 15 t）	0.6 ~ 1.3	6 ~ 8
插入式振动器	0.2 ~ 0.5	
平板式振动器	0.15 ~ 0.25	

（二）基坑开挖及排水的要求

基坑开挖时应避免坑底土层受扰动。严禁扰动垫层下的软弱土层，防止被践踏、受冻或受水浸泡。在碎石或卵石垫层底部宜设置 150 ~ 300 mm 厚的砂垫层或铺一层土工织物，以防止软弱土层表面的局部破坏，同时必须防止基坑边坡坍落土混入垫层。

垫层下卧层为软弱土层时，因其具有一定的结构强度，一旦被扰动则强度大大降低，变形大量增加，将影响到垫层及建筑物的安全使用。通常的做法是，开挖基坑时，预留厚约 200 mm 的保护层，待做好铺填垫层的准备工作后，保护层挖一段随即用换填材料铺填一段，直到完成全部垫层，以保护下卧土层的结构不被破坏。按浙江、江苏、天津等地的习惯做法，在软弱下卧层顶面设置厚 150 ~ 300 mm 的砂垫层，防止粗粒换填材料挤入下卧层，破坏其结构。

换填垫层施工时应注意基坑排水，一般不得在浸水条件下施工，必要时应采取降低地下水位的措施。

（三）垫层挖填施工的质量控制

1. 含水量的控制

粉质黏土和灰土垫层土料的施工含水量宜控制在最优含水量，粉煤灰垫层的施工含水量宜控制在 W_{op} ±4% 的范围内。最优含水量可通过击实试验确定，也可按当地经验取用。

为获得最佳夯（碾）压的效果，宜采用垫层材料的最优含水量，对于粉质黏土和灰土，现场可控制在最优含水量 W_{op} ±2% 范围内，当使用振动碾碾压时，可适当放宽，即控制在最优含水量 W_{op} ±4% 范围内。最优含水量可按现行国家标准《土工试验方法标准》（GB/T 50123—1990）中轻型击实试验的要求求得。在缺乏试验资料时，也可近似取液限值的 60% 或按照经验采用塑限 W_{op} ±2% 作为施工含水量的控制值。粉煤灰垫层不应采用浸水饱和施工法，其施工含水量应控制在最优含水量 W_{op} ±4% 范围内。岩土料湿度过大或过小，应分别予以晾晒、翻松或掺加吸水材料、洒水湿润，以调整土料的含水量。对于砂石料则可根据施工方法不同按经验控制适宜的施工含水量，即当用平板式振动器时可取 15% ~20%，当用平碾或蛙式夯时可取 3% ~12%，当用插入式振动器时宜为饱和。对碎石及砌石，应充分浇水湿透后夯压。

2. 不均匀沉降的处理要求

当垫层底部在古井、古墓、洞穴、旧基础等软硬不均的部位时，应根据建筑物对不均匀沉降的要求予以处理，并经验收合格后方可铺填垫层。

对垫层底部的下卧层中存在的软硬不均点，要根据其对垫层的稳定及建筑物安全的影响确定处理方法。对不均匀沉降要求不高的一般建筑物，当下卧层中不均匀点范围小，埋藏很深，处于地基压缩层范围以外，且四周土层稳定时，对该不均匀点可不作处理；否则应予挖除，并根据与周围土质及密实度均匀一致的原则分层回填、分层密实，以防止下卧层的不均匀变形对垫层上部建筑物产生危害。

3. 垫层的搭接要求

垫层底面宜设在同一标高上，如深度不同，基坑底面应挖成阶梯或斜坡搭接，并按先深后浅的顺序进行垫层施工，搭接处应夯压密实。

粉质黏土及灰土垫层分别施工时，不得在桩基、墙角及承重墙下设接缝，上下两层的缝距不得小于 500 mm，接缝处应碾压密实。灰土应拌和均匀，并应当日铺填碾实。灰土碾压密实后 3 d 内不得受水浸泡。粉煤灰垫层铺填后宜当天压实，每层验收后应及时铺填上层或封层，防止干燥后粉尘飞扬污染。同时，应禁止车辆碾压和通行。

为保证灰土施工控制的含水量不致变化，拌和均匀后的灰土应在当日使用。土碾压密实后，在短时间内水稳定性及硬化均较差，易受水浸而膨胀疏松，而影响灰土的压实质量。粉煤灰分层碾压验收后，应及时铺填土层或封层，防止干燥或扰动使碾压层松胀、密实度下降及粉尘飞扬污染。

在同一建筑物下，应保持垫层的厚度相同，对于不同的垫层，应防止垫层厚度突变，在垫层较深处施工时，注意控制该部位的压实系数，以防止或减少由于地基处理厚度不同所引起的差异变形。

4. 土工合成材料的敷设要求

敷设土工合成材料时，下铺地基土层顶面要平整，防止土工合成材料被刺穿顶破。敷设时，应把土工合成材料张拉平直、绷紧，严禁有褶皱，端头应固定或回折锚固，切忌雨淋或裸露，连接宜用搭接法、缝接法和胶结法，并应保证主要受力方向的连接强度不低于所用材料的抗拉强度。

敷设土工合成材料应注意均匀平整，且保持一定的松紧度，以使其在工作状态下受力均匀，并避免石块、树根等刺穿或顶破，引起局部的应力集中。用于加筋垫层中的土工合成材料，因工作时要受到很大的拉应力，故其端头一定要埋设固定好，通常在端部位置挖沟，将合成材料的端头埋入沟内，覆盖土加以固定，以防止端头受力后被拔出。敷设土工合成材料时，应避免长时间的暴晒或暴露，一般施工宜连续进行，暴露时间不宜超过48 h，并注意掩盖，以免材料老化而降低强度及耐久性。

例：南水北调中线一期工程总干渠黄河北—美河北辉县段第四标段扰动地基的处理。

工程概况：黄河北—美河北辉县段在石门河以西约4 km的渠道永久占地范围内，由于大面积的人工采砂，原始的地形地貌和地基破坏严重，并形成众多深浅不一的开采坑及松散的卵石弃料堆，对总干渠工程设施及施工造成很大的影响。

根据河南省水利勘测有限公司于2009年12月28日至2010年1月对辉县渠段进行的施工图工程地质复勘成果，该扰动地基段位于总干渠设计桩号Ⅳ88+000～Ⅳ92+000，长约4 km，该段总干渠中心线两侧200 m范围内大部分为人工采砂后筛余漂石、卵砾石或堆积坑或堆积地面，杂乱无章，厚度不均，开挖深度不一。上部扰动的卵石底面也起伏不平，其中渠道左岸桩号Ⅳ88+000～Ⅳ88+500段开挖渠道断面附近已受采砂扰动，而渠道中心线北50～100 m以外为未扰动的地基。渠道左岸桩号Ⅳ88+500～Ⅳ89+100段地层结构未受采砂扰动，地面以下为原地层，其他段上部均为扰动地层，扰动厚度2.6～11.0 m，平均厚度7.1 m，扰动层底面高程94.3～99.3 m，平均高程95.0 m。渠道左岸因大量采砂上部原地层结构严重破坏，均为扰动地层，扰动厚度2.2～16 m，平均厚度6.7 m，扰动层底面高程88.0～99.1 m，平均高程95 m，详见图3-1。

根据各段砂卵石地层扰动情况和总干渠工程布置情况，同时结合河滩段砂卵石地基的抗浮处理措施，对该扰动地基段处理方案如下。

(1)为保证总干渠平顺和防护堤、截流沟的布置，扰动地基段需先进行土地平整，平整范围不小于总干渠永久占地范围，各段左右岸占地范围内需整平到指定高程。

(2)清除左右岸渠堤坡脚外一定范围内的扰动砂卵石层，并在迎水面换填约4 m厚

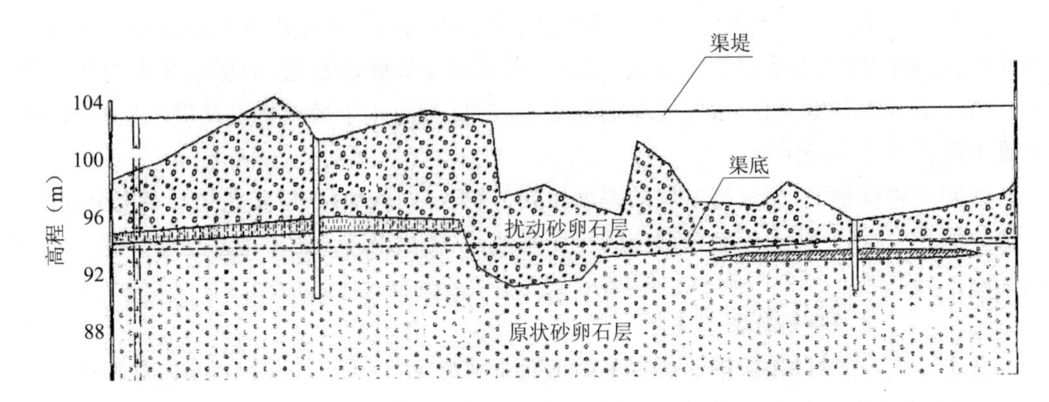

图 3-1　辉县段砂卵石扰动地基段纵断面图

的黏性土，以满足渠堤抗浮稳定要求，其余部位采用砂卵石掺土回填并压实。

(3)施工前开展现场碾压试验，根据试验情况确定土的掺量及相关施工参数。为满足渠堤抗浮稳定要求，河滩段处理换填范围内换填黏性土的垂直厚度约为 4 m，故砂卵石掺土回填部位不考虑防渗要求。由于黏性土料源紧张，试验过程中为了查明砂卵石掺土混合料能否代替黏性土作为回填料，对各种掺量的混合料进行了现场渗透试验和颗粒级配试验。颗粒级配曲线见图 3-2。

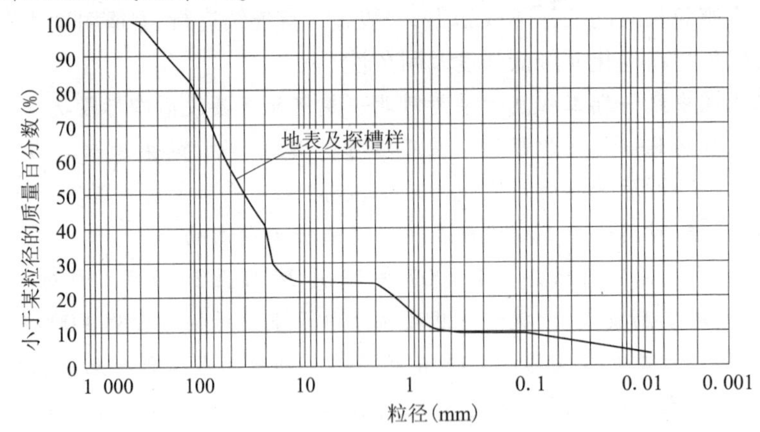

图 3-2　原状地基砂卵石颗粒级配曲线

由图 3-2 可以看出，第二层碾压试验，孔隙率随碾压遍数增加呈波浪形变化，但整体呈下降趋势，变化范围为 16.1% ~17.3%。第三层碾压试验，第 3 ~6 遍时孔隙率随碾压遍数增加几乎不变，但整体呈下降趋势，变化范围为 15.9% ~16.6%，其原因为颗粒级配不均，粗颗粒多，振动碾压 3 遍以后，粒间结构趋于稳定，孔隙率变化较小。

第一层与第四层碾压试验孔隙率随碾压遍数的增加呈先减小后增大再趋于稳定的现象。原因为：振动碾压开始后其细颗粒向碾压层底部移动，而取样都在同一高程，所以碾压至第 5 遍时细颗粒振动下移至此处，该处孔隙率最小，而随着碾压遍数的增加，细颗粒继续下移，孔隙率又增大，碾压至第 7 ~8 遍时孔隙率变化不大。

对于细颗粒含量为 25% 的混合料，其特征与细颗粒含量为 20% 的混合料基本相同。

第二层碾压试验，孔隙率随碾压遍数的增长先减小，而后趋于稳定，变化范围在16.6%～18%，原因为颗粒级配不均，粗颗粒多，第4遍碾压完成后孔隙率随碾压遍数的增加变化不大。

现场试验成果评价如下：

（1）由各试验分区的孔隙率与碾压遍数关系曲线分析得出，细颗粒含量为20%和25%的混合料，碾压遍数与孔隙率的关系曲线规律性差。

碾压后出现大面积粗颗粒聚集、架空现象，密实性差，细颗粒含量为30%和35%的混合料碾压遍数与孔隙率的关系曲线呈规律性变化，有一定变幅，压实后密实性较好。细颗粒含量为40%和50%的混合料碾压遍数与孔隙率的关系曲线呈现良好的规律性，即孔隙率随碾压遍数的增加而减小，并逐渐趋于不变，数据离散性小，碾压后密实性好。

（2）由孔隙率与细颗粒含量的关系曲线分析得出，细颗粒含量由20%增大到30%时，孔隙率明显减小；细颗粒含量由30%增大到35%时，孔隙率变化规律不一，但变化幅度不大；细颗粒含量由35%增大到50%时，孔隙率在一定范围内波动较小。

（3）由各试验区碾压遍数与压缩量关系曲线分析得出，碾压遍数由1遍增加至4遍时，压缩量最大；碾压遍数由4遍增加至5遍时有一定的压缩量；碾压遍数由5遍增加至8遍时压缩量均在2 mm以内。

（4）由各试验区碾压遍数与干密度关系曲线分析得出，在碾压遍数由3遍增加到5遍时干密度增加最快，碾压5遍以后曲线变化小，渐趋于水平，细颗粒含量为30%、35%、40%及50%的混合料的干密度均高于原状地基砂卵石的混合料的天然干密度。

（5）将各试验区的颗粒级配累计曲线与原状地基砂卵石混合料的颗粒级配累计曲线相比，两者颗粒级配相近。

根据现场试验的情况，综合分析，在保证工程质量、不影响工程进度的前提下，提出如下结论：

（1）填筑料采用细颗粒含量不小于30%的卵石、土、砂混合料，其中细颗粒指粒径<5 mm的土砂混合料，粗颗粒的最大粒径<150 mm，填筑材料采用与试验料源细颗粒含量（不小于30%）及颗粒组成相近的开挖料。

（2）填筑体应分层回填、分层碾压，填筑施工时，采用以压实度为主、孔隙率为辅的现场质量控制方法，孔隙率复核试样为压实度试样的20%，不同料源可根据其颗粒组成选择设计控制参数（见表3-5）。

表3-5　回填料压实控制指标

填料细颗粒含量（%）	设计干密度（g/cm^3）	孔隙率（%）	压实度（%）
30	≥2.27	≤15.8	≥98
35	≥2.29	≤15	≥98
40	≥2.28	≤15	≥98
45	≥2.26	≤14.7	≥98

注：表中设计干密度为击实最大干密度。

(3)填筑料的含水量应控制在最优含水量附近,若需要应进行洒水或晾晒处理。

(4)铺料时粗细料含量应均匀,铺料过程中应避免出现粗颗粒集中架空现象,同时亦应避免细颗粒集中现象。

(5)根据现场试验结果,现场的施工可采用 20 t 重型振动平碾机械,铺料厚度 50 cm 时,碾压遍数 5 ~6 遍,行进速度 2 ~ 3 km/h。施工单位可根据现场情况开展进一步碾压试验,对铺土厚度、碾压遍数及行进速度等施工控制参数进一步优化。

(6)施工过程中若遇降水或降雪等情况,应及时对碾压场地采取防护措施,施工单位应配备相应的排水设施,以应对施工过程中暴雨等引起的场地积水问题。

五、施工注意事项

(1)砂垫层的材料必须具有良好的振实加密性能,颗粒级配的不均匀系数不能小于 5,且宜采用砾砂、粗砂和中砂,当只用细砂时,宜同时均匀掺入一定数量的碎石或卵石(粒径不宜大于 50 mm)。对人工级配的砂石垫层,应先将砂石按比例拌和均匀后,再进行铺填加密。砂和砂石垫层材料的含泥量不得超过 5%,作为提供排水作用的砂垫层,其含泥量不应超过 3%。

(2)在地下水位以下施工时,应采取降低地下水位的措施,使基坑保持无水状态。碎石垫层底面标高不一致时,最好先用砂垫平,然后分层铺填碎石。当因垫层下土质差异而使垫层高低不一致时,应将基坑(槽)底挖成阶梯,施工时,按先深后浅的顺序进行,并应注意搭接处的质量。

(3)砂垫层施工的关键是将碎石材料振实加密到设计要求的密实度(如达到中密)。如果要求进一步提高砂垫层的质量,则宜加大机械功率。目前,砂垫层的施工方法有振实法、水撼法、夯实法、碾压法等多种,可根据砂石材料地质条件、施工设备等条件选用。施工应分层填筑,在下层的密实度经检验合格后,方可进行上层的施工。垫层施工时的含水量对压实效果影响很大,含水量很低的砂土碾压效果往往不好,浸没于水中的砂效果也差,而以润湿到饱和状态时效果最好。

(4)土工合成材料的应用:在工程施工中,土工合成材料的验收、储存和施工应用等各环节都必须遵守相关的规定。

土工合成材料是以高分子聚合物为原材料制成的,用于岩土工程的各种产品的总称。通常采用的高分子聚合物原材料有聚丙烯(PP)、聚乙烯(PE)、高密度聚乙烯(HDEP)、聚酯(PET)、聚氯乙烯(PVC)以及聚苯乙烯(EPS)等。它们是以煤、石油、天然气以及石灰石等原材料通过一定生产程序获得的。有的是将它们先加工成纤维,有的是先制成板、块,然后制成最终产品。其种类很多,按照国家标准《土工合成材料应用规范》(GB 50290—98)的分类方法,可以将土工合成材料归纳为以下四类:

土工织物:俗称土工布,是由纤维制成的透水的片状物,又可分为有纺织物和无纺织物两种。

土工膜:应用最广的是由聚乙烯制成的不透水产品。

土工复合材料:由两种或两种以上土工合成材料复合而成的产品,如由纺织物与无纺织物复合而成的织物或土工织物与土工膜黏合成的复合土工膜(一布一膜、二布一膜)等。

土工特种材料:为满足工程特种要求专门制造的产品,例如加筋主体用的土工格栅、加速软土地基固结的塑料推水带、护坡用的三维网垫等。

针对不同的工程项目,应根据其具体要求的功能选用相应的产品。产品的工程特性包括以下几个方面:

物理性状:材料的单位面积质量、厚度、等效孔径等。

力学性状:拉伸强度、断裂伸长率、胀破强度、撕裂强度、摩擦系数、拉拔摩擦系数等。

水力学性状:垂直渗透系数、水平渗透系数、梯度比等。

耐久性性状:抗老化性、抗化学剂侵蚀性等。

以上各种性状均应按法定标准进行测试,供选定合格产品之用。选用的产品必须符合设计的要求,否则将有损于工程安全。上述四个方面的前三项应由供货厂家按合同要求保证指标合格,而第四项的耐久性为更关键的考虑因素。

在耐久性方面,影响因素很多,主要是紫外线辐射、湿度变化、化学与生物侵蚀、干湿变化、冻融变化等。除特定的工程需要特殊研究外,抗老化是一项人们普遍关注的重要特性,在施工过程中应特别注意。

六、质量检验的方法、数量和验收

置换垫层工程检验的方法,根据所用材料的不同而不同,对粉质黏土、灰土、粉煤灰和砂石垫层的施工质量检验可采用环刀法,利用贯入仪静力触探、轻型动力触探或标准贯入试验检验;对砂石、矿渣垫层可用重型动力触探检验,并均应通过现场试验,以设计压实度所对应的贯入度为标准,检验垫层的施工质量。压实系数也可采用环刀法、灌砂法、灌水法或其他方法检验。

(一)检测方法

垫层的施工质量检验可利用贯入仪轻型动力触探或标准贯入试验检查,必须首先通过现场试验达到设计要求的压实系数,在垫层试验区内利用贯入法试验测得标准贯入深度或击数,然后以此作为控制施工压实系数的标准,进行施工质量检验。检验砂垫层时,使用的环刀容积不应小于200 cm^3,以减小其偶然误差。粗粒土垫层的施工质量检验,可设置纯砂检验点,按环刀法检验或采用灌水法、灌砂法检验。

(1)贯入法。采用贯入仪、钢筋或钢叉的贯入度大小来检查砂垫层的质量时,应预先进行干密度和贯入度的对比试验,如检测的贯入度小于试验所确定的贯入度,则为合格。进行钢筋贯入测定时,将直径为20 mm、长度在1.25 m以上的平头钢筋,在砂层面以上700 mm处自由落下,其贯入度应根据该砂的控制干密度试验确定。进行钢叉贯入测定时,用水撼法施工所用的钢叉,在离砂层面0.5 m的高处自由落下,并将试验所确定的贯入度作为控制标准。

(2)灌砂法。在碾压密实的砂垫层中用容积不小于200 cm^3的环刀取样,测定其干密度,以不小于该砂料在中密状态时的干密度(单位体积干土的质量)为合格。中砂在中密状态时干密度一般可按 1.55 ~ 1.6 t/m^3 考虑。对砂石垫层的质量检查，取样时的容积应足够大，且其干密度应提高。如在砂石垫层中设置纯砂检验点，则在同样的施工条件下，可按上述砂垫层方法检测。

(二)检验数量

采用灌砂法检测垫层的施工质量时，取样点应位于每层厚度的 2/3 处，检测点的数量，对于大基坑每 50 ~ 100 m^2 不应少于 1 个检验点。采用贯入仪或动力触探检验垫层的施工质量时，每分层检验点的间距应小于 4 m。

垫层施工质量检测点的数量，因各地土质条件和经验的不同而不同，对于大基坑多采用每 50 ~ 100 m^2 不少于 1 个检验点或每 100 m^2 不少于 2 个检测点。

垫层的施工质量检验必须分层进行，应在每层的压实系数符合设计要求后铺填土层。

(三)竣工验收要求

竣工验收采用荷载试验检验垫层承载力时，每个单体工程不宜少于 3 个检验点，对于大工程，则应按单体工程的数量或工程的面积确定检测点数。

竣工验收宜采用荷载试验检测垫层质量，为保证荷载试验的有效影响，深度不应小于换填垫层处理的厚度，荷载试验压板的边长或直径不应小于垫层厚度的 1/3。

第三节 振冲法

振冲法又称振动水冲法，是用起重机吊起振动器，启动潜水电动机，使振动器产生高频率振动，同时启动水泵，通过喷射高压水流，在边振边冲的情况下，将振动器沉到土中的预定深度，经清孔后，从地面向孔内逐段填入碎石，使其在振动作用下被挤密，密实度达到要求后即可提升振动器。如此反复直至地面，在地基中形成一个大直径的密实桩体，与原地基构成复合地基，提高地基的承载力，减少沉降。该法是一种快速、经济、有效的加固方法。

通过振冲器产生水平方向振动力，振挤填料及周围土体，达到提高地基承载力、减小沉降量、增加地基稳定性、提高抗地震液化能力的目的。

如德国曾在 20 世纪 30 年代首先用此法振密砂土地基。近年来，振冲法已用于黏性土中。

一、振冲法的适用范围

振冲法大致分为振冲挤密碎石桩和振冲置换碎石桩两类：

(1)振冲挤密碎石桩。振冲挤密碎石桩适用于处理砂类土，从粉细砂至含砾粗砂，粒径小于 0.005 mm 的黏粒不超过 10%，可以得到显著的挤密效果。

(2)振冲置换碎石桩。振冲置换碎石桩适用于处理不排水的、抗剪强度不小于 20 kPa 的黏性土、黄土和人工填土等地基。

二、振冲法的使用方法和原理

振冲法对不同性质的土层分别具有置换、挤密和振动密实的作用，对黏性土主要起到置换的作用,对中细砂和粉土除置换作用外,还有振实挤密的作用。在以上各种土中施工都要在振冲范围内加填碎石(或卵石等)回填料,制成密实的振冲桩,而桩间土则受到不同程度的挤密和振实。桩和桩间土构成复合地基,使地基承载力提高,变形减小,并可消除土层的液化。

在中、粗砂层中振冲,由于周围砂能自行进入孔内,也可以采用不加填料而直接在原地振冲加密的方法。这种方法适用于较纯净的中、粗砂层,施工简单,加密效果好。

三、振冲法的设计、布置范围和布桩形式

振冲法处理设计目前还处在半理论半经验的时期,这是因为一些计算方法都还不够成熟,某些设计参数也只能凭工程经验选定,因此对大型的、重要的或场地地层复杂的工程,在正式施工前应通过现场试验确定其适用性。

散体材料复合桩的复合地基应在轮廓线以外布置保护桩。

碎石桩复合地基的桩体布置范围应根据建筑物的重要性和场地条件确定,常依基础的形式而定,筏板基柱、交叉条基、条形基柱应在轮廓线内满堂布置,在轮廓线外设 2 ~ 3 排保护桩,其他基础应在轮廓线外设 1 ~ 2 排保护桩。

对大面积满堂布置,宜采用等边三角形梅花布置,对独立基柱、条形基柱等宜采用正方形、矩形布置(见图 3-3)。

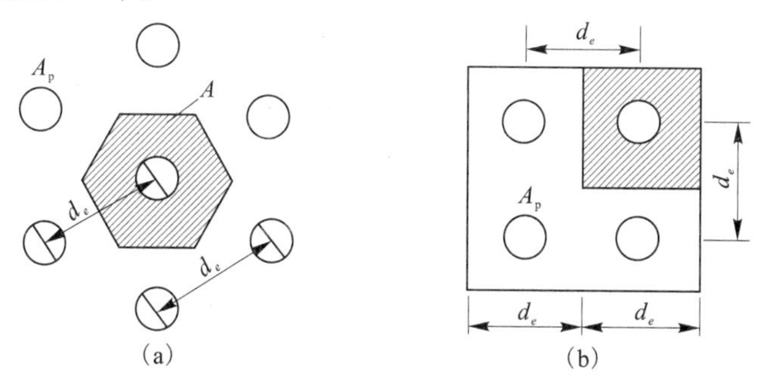

图 3-3　布桩形式

四、桩长、柱径和桩距的要求

(一)桩长的确定原则

(1)当相对硬层埋深不大时,应按相对硬层埋深确定。

(2)当相对硬层埋深较大时,按建筑物地基变形的允许值确定。

(3)在可液化的地基中,应按要求的抗震处理深度来确定。

(4)桩基长度不宜小于 4 m,应考虑桩体破坏特性,防止刺入破坏。

(二)桩径、桩距的要求

桩径与振冲器功率、碎(卵)石粒径、土的抗剪强度和施工质量有关,振冲桩直径通常为 0.8 ~ 1.2 m,可按每根桩所用填料量计算。

桩距与土的抗剪强度指标及上部结构荷载有关,并结合所采用的振冲器功率大小综合

考虑。30 kW 振冲器布桩间距可采用1.3 ~2.0 m,55 kW 振冲器布桩间距可采用1.4 ~2.5 m,75 kW 振冲器布桩间距可采用1.5 ~30 m。荷载小或对于砂土,宜采用较大的间距。

不加填料振冲加密孔间距视砂土的颗粒组成、密实度要求、振冲器功率等因素而定,砂的粒径越细,密实度要求越高,则间距越小。使用30 kW 振冲器,间距一般为1.8 ~2.5 m;使用75 kW 振冲器,间距可加大到2.5 ~3.5 m。振冲加密孔布孔宜用等边三角形或正方形,对大面积挤密处理,用前者比后者可得到更好的挤密效果。

(三)桩体材料和碎石垫层的要求

桩体的材料可用含泥量不大于5%的碎石、卵石、矿渣或其他性能稳定的硬质材料,不宜使用风化的碎石料,常用的填料粒径为:30 kW 振冲器,2.0 ~80 mm;55 kW 振冲器,30 ~100 mm;75 kW 振冲器,40 ~150 mm。填料的作用,一是填实振冲器上拔后在土中留下的孔洞,二是利用其作为传力介质,在振冲器的水平振动下通过连续加填料将桩间土进一步振挤加密。

在桩顶和基础之间宜敷设一层300 ~500 mm 厚的碎石垫层,碎石垫层起到水平排水的作用,有利于施工后土层加快固结。在碎石桩顶部采用碎石垫层可以起到明显的应力扩散作用,降低碎石桩和桩周围土的附加应力,减少碎石桩的侧向变形,从而提高复合地基承载力,减少地基变形量。在大面积振冲处理的地基中,如局部基础下有较薄的软土,应考虑加大垫层厚度。

(四)复合地基承载力特征值

(1)重大工程和有条件的中小型工程,原则上由现场复合地基载荷试验确定。

(2)初步设计,时也可用单桩和处理后桩间土的承载力标准值按下式估算:

$$f_{spk} = mf_{pk} + (1 - m)f_{sk}$$

$$m = d/d_e$$

式中 f_{spk}——振冲桩复合地基承载力特征值,kPa;

f_{pk}——桩体承载力标准值,kPa,宜通过单桩载荷试验确定;

f_{sk}——处理后桩间土承载力标准值,kPa,宜按当地经验取值,当无经验时,可取天然地基承载力特征值;

d——桩身平均直径,m;

m——桩土面积置换率;

d_e——1 根桩分担的处理地基面积的等效圆直径,等边三角形布桩时 $d_e = 1.05$ m,正方形布桩时 $d_e = 1.13$ m,矩形布桩时 $d_e = 1.13\sqrt{s_1 s_2}$,其中 s_1、s_2分别为桩的纵向间距、横向间距。

(3)对小型工程的黏性土地基,若无现场载荷试验资料,初步设计时复合地基承载力特征值也可按下式估算:

$$f_{spk} = [1 + m(n - 1)]f_{sk}$$

式中 n——桩土应力比,在实测资料时可取2 ~4,原土强度低取大值,原土强度高取小值,实测的桩土应力比参见表3-6,由该表可见,n 值多数为2 ~5,建议桩土应力比取2 ~4。

表3-6　实测桩土应力比

序号	工程名称	主要土层	n	
			范围	均值
1	江苏连云港临洪东排涝站	淤泥		2.5
2	长芦盐场第二化工厂	黏土、淤泥质黏土	1.6~3.8	2.8
3	浙江台州电厂	淤泥质粉质黏土	3.0~3.5	
4	山西太原环保研究所	粉质黏土、黏质粉土		2.0
5	江苏南通天生港电厂	粉砂夹薄层粉质黏土		2.4
6	上海江桥车站附近路堤	粉质黏土、淤泥质粉质黏土	1.4~2.4	
7	宁夏大武口电厂	粉质黏土、中粗砂	2.5~3.1	
8	美国 Hanpton(164)路堤	极软粉土含砂黏土	2.6~3.0	
9	美国 New Qrieang 试验堤	有机软黏土夹粉砂	4.0~5.0	
10	美国 New Qrieang 码头石方	有机软黏土夹粉砂	5.0~6.0	
11	法国 He Lacroik 路堤	软黏土	2.0~4.0	2.8
12	美国乔治工学院模型试验	软黏土	1.5~5.0	

(五)地基变形计算

振冲处理地基的变形计算,应符合现行国家标准《建筑地基基础设计规范》(GB 50007—2011)的有关规定。

(六)不加填料的振冲要求

(1)不加填料振冲要求在初步设计阶段进行现场工艺试验,确定不加填料振冲加密的可能孔距、振密电流值、振冲水压力、振后砂层的物理力学指标等。

(2)30 kW 振冲器振密深度不宜超过 7 m,75 kW 振冲器振密深度不宜超过 15 m,不加填料振冲加密孔距可为 2~3 m,宜用等边三角形布孔。

(3)不加填料振冲加密地基承载力特征值应通过现场载荷试验确定。初步设计时,也可根据加密后原位测试指标按现行国家标准《建筑地基基础设计规范》(GB 50007—2011)的有关规定确定。

(4)不加填料振冲加密地基变形计算应符合现行国家标准《建筑地基基础设计规范》(GB 50007—2011)的有关规定,加密深度内土层的压缩模量应通过原位测试确定。

五、振冲法施工的技术要求

振冲法施工的技术要求主要包括施工设备、施工步骤、质量控制及施工注意事项等。

(一)施工设备

振冲施工可根据设计荷载的大小、原土强度的高低、设计桩长等条件选用不同功率的振冲器。施工前,应在现场进行试验,以确定水压、振密电流和留振时间等各种施工参数。振冲器的上部为潜水电动机,下部为振动体,电动机转动时通过弹性联轴节带动振动体的中空轴旋转,轴上装入偏心块,以产生水平向振动力,在中空轴内装有射水管,射水管的水压可达 0.4~0.6 MPa。依靠振动和管底射水将振冲器沉到所需的深度,然后边提振冲器,边填砾砂,边振动,直到挤密填料及周围土体。振冲法施工时除振冲器外,尚需行走式起吊装置、泵送输水系统控制操纵台等设备。

振冲法施工所选用的振冲器要考虑到设计荷载的大小、工期、工地电源及地基土天然强度的高低等因素。30 kW 振冲器每台机组约需电源容量 75 kW,其制成的碎石桩径约 0.8 m 时,桩长不宜超过 8 m,因其振动力小,桩长超过 8 m 时,加密效果明显降低。75 kW 振冲器每台机组需要电源容量 100 kW,桩径可达 0.9 ~ 1.5 m,振冲深度可达 20 m。

在邻近有建筑物场地施工时,为降低振动对建筑物的影响,宜用功率较小的振冲器。为保证施工、升降振冲器的机械可用,采用起重机、自行井架式施工平车或其他合适的设备。施工设备应配有电流、电压和留振时间自动信号仪表。升降振冲器的机具常用 8 ~ 25 t 汽车吊,可振冲 5 ~ 20 m 长的桩。

(二)施工步骤

(1)清理和平整施工场地,布置桩位。

(2)施工机具就位,使振冲器对准桩位。

(3)启动供水泵和振冲器,水压可用 200 ~ 400 kPa,水量可用 200 ~ 400 L/min,将振冲器徐徐沉入土中,造孔速度宜为 0.5 ~ 2.0 m/min,直至达到设计深度,记录振冲器适合深度的水压、电流和留振时间。

(4)造孔后,提升振冲器冲水直至孔口,再放至孔底,重复两三次,扩大孔径并使孔内泥浆变稀,开始填料制桩。

(5)大功率振冲器投料可不提出孔口,小功率振冲器下料困难时,可将振冲器提出孔口,每次填料厚度不宜大于 50 cm,将振冲器沉入填料中进行振密制桩,在电流达到规定的密实电流值和规定的留振时间后将振冲器提升 30 ~ 50 cm。

(6)重复以上步骤,自上而下逐段制作桩体,直至孔口,记录各段深度的填料量、最终电流值和留振时间,均应符合设计规定。

(7)关闭振冲器和水泵。

(三)振冲法施工质量控制

要保证振冲桩的质量,必须符合密实电流、填料量和留振时间三个方面的规定。

(1)为保证施工质量,电压、加密电流、留振时间要符合要求。如电源电压低于 350 V,则应停止施工。使用 30 kW 振冲器,密实电流一般为 45 ~ 55 A;使用 55 kW 振冲器,密实电流一般为 75 ~ 85 A;使用 75 kW 振冲器,密实电流为 80 ~ 95 A。

(2)控制加料振密过程中的密实电流,在成桩时,注意不能把振冲器刚接触填料的一瞬间的电流值视为密实电流。瞬时电流值有时可高达 100 A 以上,但只要振冲器停住不降,电流值立即变小。可见,瞬时电流值并不能真正反映填料的密实程度。只有使振冲器在固定深度上振动一定时间(留振时间)而电流稳定在某一数值,这一稳定电流才能代表填料的密实程度。要求稳定电流值超过规定的密实电流值,该段桩体才算制作完毕。

(3)填料量的控制。施工中加填料不宜过猛,原则上要勤加料,但每批不宜加得太多。值得注意的是,在制作最深处桩体时,为达到规定的密实电流,所需的填料远比制作其他部分桩体多。有时这段桩体的填料量可占整根桩总填料量的 1/4 ~ 1/3。其原因:一是开始阶段加料有相当一部分在由孔口向孔底下落的过程中被黏附在某些深度的孔壁上，只有少量能落到孔底；二是如果控制不当，压力水有可能成超深，从而使孔底填料量剧增；三是孔底遇到了事先不知的局部软弱土层，也能使填料数量超过正常用量。

（四）施工注意事项

（1）施工现场应事先开设泥水排放系统，或组织好运浆车辆，将泥浆运到预先安排好的存放地点。

振冲施工时有泥水从孔内返出。砂石类土返泥水量较少，黏性土返泥水量大，这些泥水不能漫流在基坑内，也不能直接排入地下排污管和河道中，以免引起对环境的有害影响，为此在场地上必须先开挖排泥水沟和做好沉淀池。施工时，泥浆泵将返出的泥水集中抽入池内，在城市中施工，当泥水量不大时可用水车运走。

（2）在桩体施工完毕后，应将顶部预留的松散桩体挖除，如无预留，应将松散桩头压实，随后敷设并压实垫层。

为了保证桩顶部的密实，振冲前开挖基坑时，应在桩顶高程以上预留一定厚度的土层，一般 30 kW 振冲器应留土层 0.7 ~ 1.0 m，75 kW 振冲器应留土层 1.0 ~ 1.5 m。当基槽不深时，可振冲后开挖。

（3）如不加填料振冲加密，宜采用大功率振冲器。为了避免造孔中塌砂将振冲器包住，下沉速度宜快，造孔速度宜为 8 ~ 10 m/min，到达深度后将射水量减至最小，留振至密实电流达到规定时，上提 0.5 m，逐段振密至孔口，一般每米振密时间约 1 min。

在有些砂层中施工，常常连续快速施工，连续提升振冲器，电流始终保持加密电流值。如陈新砂港水中吹填的中砂，振前标贯击数 $N = 3 \sim 7$ 击，设计要求振冲后 $N \geq 15$ 击，采用正三角形布孔，桩距 2.54 m，加密电流 100 A，经振冲后达到 $N > 20$ 击，14 m 厚的砂层完成一孔约需 20 min。

（4）振密孔的施工顺序宜沿直线逐步进行。施工顺序为“由里向外”“由近到远”“由轻到重”“间隔跳打”。

六、振冲法施工的质量检验

（1）检查振冲施工各项施工记录，如有遗漏或不符合规定要求的桩或振冲点，应补做或采取有效的补救措施。

（2）振冲施工结束后，除砂土地基外，应间隔一定时间后方可进行质量检验，对粉质黏土地基，间隔时间可取 21 ~ 28 d，对粉土地基可取 14 ~ 21 d。

（3）振冲桩的施工质量检验可采用单桩载荷试验，检验数量为桩数的 0.5%，且不得少于 3 根。对碎石桩体检验，可用重型动力触探进行随机检验。这种方法设备简单，操作方法方便，可以连续检测桩体密实情况，但目前尚未建立贯入击数与碎石桩力学性能指标之间的对应关系。有待在工程中广泛应用，积累实测资料，使该法日趋完善。

对桩间土的检验可在处理深度内用标准贯入、静力触探等方法。

（4）振冲处理后的地基竣工验收时，承载力检验应采用复合地基载荷试验。

（5）复合地基载荷试验检测数量不应少于总桩数的 0.5%，且每个单体工程不应少于

3个检查点。

(6)对不加填料振冲加密桩处理的砂土地基,竣工验收承载力检验应采用标准贯入动力触探、载荷试验或其他合适的试验方法,检验点应选择在有代表性或地基地质较差的地段,并位于振冲点围成的单元形心处及振冲点中心处。检测数量可为振冲点数量的1%,且总数不应少于5个。

第四节 砂石桩法

砂石桩法是指采用振动、冲击或水冲等方式在软弱地基中成孔,然后将砂或碎石挤压进已完成的孔中,形成大直径的砂石,构成密实桩体。砂石桩包括碎石桩和砂石桩。砂石桩与土共同组成基础下的复合土层作为持力层,从而提高地基承载力和减小变形。

一、砂石桩法的作用机制和适用范围

砂石桩法的作用机制如下:

(1)挤密振密作用。砂石桩主要靠桩的挤密和施工中的振动作用使周围土的密度增大,从而使地基间承载能力提高,压缩性降低。当被加固土为液化地基时,由于土的空隙比减小,密度增大,可有效消除土的液化。

(2)置换作用。当砂石桩法用于处理软土地基时,由于软黏土含水量高、透水性差,砂石桩很难发挥挤密效用,其主要作用是部分置换并与软黏土构成复合地基,增大地基抗剪强度,提高软土地基的承载力和地基桩滑动破坏能力。

(3)加速团结作用。砂石桩可加速软土的排水固结,从而增大地基的强度,提高软土地基的承载力。

砂石桩适用于松散的砂土、粉土、黏性土、素填土及杂填土的地基,主要是依靠桩的挤密和施工中的振动作用,使桩周围土的密度增大,从而使地基的承载力提高,压缩性降低。国内外的实际工程经验证明,砂石桩处理砂土及填土地基效果显著,并已得到广泛的应用。

砂石桩法用于处理软土地基,国内外也有较多的工程实例。但应注意, 由于软黏土含水量高、透水性差,砂石桩很难发挥挤密效用。其主要作用是置换作用。在软黏土地基中应用砂石桩法有成功的经验,也有失败的教训,因而不少人对用砂石桩法处理软黏土持有异议,认为黏土透水性差,特别是灵敏度高的土在成桩过程中,土中产生的孔隙水压力不能迅速消散,同时天然结构受到扰动,将导致其抗剪强度降低,如置换率不高是很难获得可靠的处理效果的。此外,用砂石桩法处理饱和黏土地基,如不经过预压处理,地基仍将可能发生较大的沉降,对沉降要求严格的建筑物难以满足允许的沉降要求,因此对饱和软土变形控制要求不严的工程可采用砂石桩置换处理。

二、砂石桩法的设计

砂石桩法设计的主要内容有桩径、桩的布置、桩距、桩长和处理范围、材料、填料的用量、复合地基的承载力、稳定及变形验算等。对于砂土地基,砂土的最大最小孔隙比以及

原地层的天然密度等是设计的基本依据。

采用砂石桩处理地基应补充设计施工所需的有关技术资料。对于黏性土地基,应有地基土的不排水抗剪强度指标;对于砂土和粉土地基,应有地基土的天然孔隙比、相对密实度或标准贯入击数、砂石料特性、施工桩具等资料。

(一)布桩的形式

砂石桩的孔位设计宜采用等边三角形或正方形布置。对于砂土地基,因为靠砂石桩的挤密来提高周围土的密度,所以采用等边三角形更有利,它使地基挤密较均匀。对于软黏土地基,因为主要靠置换作用,因而选用任何一种形式均可。

(二)桩径的设计要求

砂石桩的直径可采用300~800 mm,可根据地基土质的情况和成桩、设备等因素确定。对于饱和黏性土地基,宜选用较大的直径。

砂石桩直径的大小取决于施工设备、桩宽和地基土的条件。小直径桩管挤密较均匀,但施工效率低,大直径桩管需要较大的机械能力,工效高,但采用过大的桩径,一根桩要承担的挤密面积大,通过一个孔要填入的砂料多,不易使桩周围的土挤密均匀。对于软黏土,宜选用大直径桩管,以减小对原地基土的扰动强度,同时置换率较大,可提高处理效果。沉管法施工时,设计成桩直径与套管直径比不宜大于1.5,主要考虑振动挤压时如扩径较大,会对地基土产生较大扰动,不利于保证成桩的质量。另外,成桩时间长、效率低也会给施工带来困难。

(三)桩距的设计要求

桩距的设计一般有两种形式。

(1)砂石桩桩距的一般要求。砂石桩的间距应通过试验确定。对于粉土和砂土地基,不宜大于砂石桩直径的4.5倍;对于黏性土地基,不宜大于砂石桩直径的3倍。

砂石桩处理松砂地基的效果受地层、土质、施工机械、施工方法、填砂石的性质和数量、砂石桩排列和间距等多种因素的综合影响。国内外虽已有不少实践,并曾进行了一些试验研究,积累了一些资料和经验,但是有关设计参数如桩距、灌砂量及施工质量的控制等必须通过施工的现场试验才能确定。

桩距不能过小,也不宜过大,根据经验,桩距一般可控制在3~4.5倍桩径,合理的桩径取决于具体的机械能力和地基地层土质条件。当合理的桩距和桩的排列布置确定后,所承担的处理范围即可确定。土层密度的增加靠其孔隙的减小,把原土层的密度提高到要求的密度,孔隙要减小的数量可通过设计得出。这样只要灌入的砂石料能把需要减小的孔隙都填充起来,那么土层的密度也就能够达到预期的数值。据此如果假定地基挤密是均匀的,同时挤密前后土的固体颗粒体积不变,则可推导出桩距计算公式。对于粉土和砂土地基公式推导是假设地面标高施工后和施工前没有变化。实际上,很多工程都采用振动沉管法施工,施工时对地基有振密和挤密的双重作用,而且地面下沉,施工后地面平均下沉量可达100~300 mm。因此,当采用振动沉管法施工砂石桩时,桩距可适当增大,修正系数建议选取1.1~1.2。

地基挤密应达到要求的密实度,依建筑物的地基承载力、防止变形或液化的需要而定。原地基土的密度可以通过钻探取样试验,也可通过标准贯入、静力触探等原位测试结果与有关指标的相关关系确定。各有关的相关关系可通过试验求得,也可参考当地或其他可靠的资料。

桩间距与要求的复合地基承载力及桩和原地基土的承载力有关。当按要求的承载力算出的置换率过高、桩距过小不易施工时,则应考虑增大桩径和桩距。在满足上述要求的条件下,一般桩距应适当大些,但不能过大,过大时扰动原地基土,影响处理的效果。

(2)初步设计时,砂石桩的间距也可根据被埋土挤密后要求达到的孔隙比来确定。假设在松散砂土中砂石桩起到完全理想的效果,设处理前土的孔隙比为 e_0,挤密后的孔隙比为 e_1,单位体积被处理土的孔隙变量为 $(e_0-e_1)/(1+e_0)$。

(四)桩长的要求

砂石桩的桩长可根据工程地质条件通过设计确定,通常应根据地基的稳定和变形验算确定。为保证稳定,桩长应达到滑动弧面之下,当软土层厚度不大时,桩长宜超过整个松软土层。标准贯入和静力触探沿深度的变化曲线也是确定桩长的重要资料。

(1)当松软土层厚度不大时,砂石桩桩长宜穿过松软土层。

(2)当松软土层较大即土层较深时,对按稳定性控制的工程砂石桩桩长应不小于最危险滑动面以下 2 m 的深度,对按变形控制的工程砂石桩,桩长应满足处理后地基变形量不超过建筑物的地基变形允许值,并满足软弱下卧层承载力的要求。

(3)对可液化的地基,砂石桩桩长应按国家标准《建筑抗震设计规范》(GB 50011—2010)的有关规定采用。对可液化的砂层,为保证处理效果,一般桩长应穿透液化层。

(4)砂石桩桩长不宜小于 4 m,砂石桩单桩荷载试验表明,砂石桩桩体在受荷载的过程中,在桩顶 4 倍桩径范围内将产生侧向膨胀,因此设计深度应大于主要受荷深度,即不宜小于 4 m。

一般建筑物的沉降存在差异,若差异沉降过大,则会使建筑物受到损坏。为了减小其差异沉降,可分区采用不同桩长进行加固,以调整差异沉降。

(五)地基变形的计算

砂石桩处理地基的变形计算方法同振冲桩,对于砂石桩处理的砂土地基基础应按现行国家标准《建筑地基基础设计规范》(GB 50007—2011)的有关规定计算。当砂石桩用于处理堆载地基时,应按现行国家标准《建筑地基基础设计规范》(GB 50007—2011)的有关规定进行抗灌稳定验算。

三、砂石桩的施工技术要求

砂石桩的施工可采用锤击振动沉管或冲击成孔等成桩法。采用垂直上下振动的机械施工的方法称为振动沉管成桩法。采用锤击式机械施工成桩的方法称为锤击沉管成桩法。锤击沉管成桩法的处理深度可达 10 m,当用于消除粉细砂及粉土液化时,宜用振动沉管成桩法。

砂石桩的机械化施工设施包括桩架桩管及桩尖、提升装置、挤密装置、上料设备及检测装置等。为了使砂石有效地排出或使桩管容易打入,高能量的振动砂石桩机械配有高压空气或水的喷射装置，同时配有自动记录桩管贯入深度、提升量、压入量、管内砂石位置及变化，以及电机电流变化等的检测装置。

在施工中，应选用能顺利出料和有效挤压孔内砂石料的桩尖结构。对砂土和粉土地基宜选用尖锥形，对黏性土地基宜选用平底形，一次性桩尖可采用混凝土锥形桩尖。

四、砂石桩施工时的成桩步骤

砂土地基宜从外围或两侧向中间进行。黏性土地基宜从中间向外围进行或隔排施工，在既有建筑物邻近施工时，应背离建筑物方向进行。砂石桩在施工前应进行成桩工艺和成桩挤密试验。当成桩质量不能满足设计要求时，应在调整设计与施工有关的参数后，再重新进行试验或改变设计。

不同的施工机具及施工工艺用于处理不同的地基会有不同的处理效果，常遇到设计与实际情况不符或者处理质量不能达到设计要求的情况，因此施工前在现场进行的成桩试验具有重要的意义。

通过现场成桩试验来检验设计要求和确定施工工艺及施工质量控制要求，包括填砂石量、提升高度、挤压时间等。为了满足试验及检测要求，试验桩的数量不应少于 7 ~ 9 个。正三角形布置至少要 7 个（中间 1 个，周围 6 个），正方形布置至少要 9 个（3 排 3 列，每排每列各 3 个）。

砂石桩的施工步骤因其使用机具不同而有差异，所采用的方法也有所不同。

（一）振动法施工成桩步骤

振动法施工应考虑沉管和挤密情况、控制填砂量、提升高度和速度、挤压次数和时间、电机的工作电流等。

振动法施工成桩的步骤如下：

（1）移动桩位及异向架，把桩管及桩尖对准桩位。

（2）启动振动锤，把桩管下到预定的深度。

（3）向桩管内投入规定数量的砂石料。根据施工经验，为了提高施工效率，装砂石也可在桩管下到便于装料的位置时进行。

（4）把桩管提升到一定的高度（下砂石顺利提升高度不超过 1 ~ 2 m），提升时桩尖自动打开，桩管内的砂石料流入孔内。

（5）降落桩管，利用振动及桩尖的挤压作用达到砂石密实。

（6）重复（4）、（5）两步骤，桩管上下运动，砂石料不断补充，砂石桩不断增高。

（7）桩管提至地面，砂石桩完成。

在整个施工过程中，电机工作电流的变化反映挤密程度及效率，电流达到一定不变值后，继续挤压将不会产生挤密效率。施工中不可能及时进行效果检测，因此按成桩过程的各项参数来对施工进行控制是重要的工作环节，必须予以重视。

（二）锤击法的施工步骤

锤击法施工可采用单管法或双管法，但单管法难以发挥挤密的作用，故一般采用双管法。锤击法挤密应根据锤击的能量，控制分段的填砂石量和成桩的长度。

双管法施工应根据具体条件选定施工设备,也可临时组配。其施工成桩步骤如下:

(1)将内外管安放在预定的桩上,将靠着桩塞的砂石投入外管底部。

(2)以振动锤冲击砂石塞,靠摩擦力将外管打入预定深度。

(3)固定外管,将砂石塞压土中。

(4)提内管并向外管内投入石料。

(5)边提外管边用内管将管内砂石冲击挤压土层。

(6)重复(4)、(5)两步骤。

(7)待外管拔出地面,砂石桩完成。

此法的优点是砂石的压入量可随意调节,施工灵活,特别适合小规模工程。

五、砂石桩的处理范围

砂石桩处理的范围应大于基地底的范围,处理宽度宜在基础外缘扩大 1 ~ 3 排桩,对可液化的地基在基础外缘扩大宽度不应小于可液化土层厚度的 1/2,并不应小于 5 m。

砂石桩处理地基要超出基础一定的宽度,这是因为基础的压力向基础外扩散。另外,考虑到外围的 2 ~ 3 排桩挤密效果较差,可加宽 1 ~ 3 排桩,原地基越松则应加宽越多。重要的建筑物及要求荷载较大的情况应加宽多些。

砂石桩法用于处理液化地基,原则上必须确保建筑物的安全使用。基础外应处理的宽度目前尚无统一的标准。美国的经验是应处理的宽度等于处理深度,但根据日本和我国有关单位的模型试验得到的结果,应处理的宽度为处理深度的 2/3。另外,由于基础压力的影响,地基的有效压力增加,抗液化能力增大,故这一宽度可适当降低。同时,根据日本用挤密桩处理的地基经过地震考验的结果,需处理的宽度比处理深度的 2/3 小。据此定出处理宽度不宜小于处理深度的 1/2,同时不宜小于 5 m。

六、施工时应注意的事项

(1)砂石桩施工完毕,当设计和施工填砂石量不足时,地面会沉降,当投料过多时,地面会隆起,同时表层 0.5 ~ 1.0 m 常呈松软状态,如遇到地面隆起过高也说明填砂石量不适当。实际观测资料证明,砂石在达到密实状态后进一步承受挤压又会变松,从而降低处理效果,遇到这种情况应注意适当减少填砂石量。

(2)施工时桩位水平偏差不应大于套管外径的 30%,套管垂直偏差不应大于 1%。

(3)砂石桩施工后,应将基底标高下的松散层挖除或夯压密实,随后敷设并压实砂石垫层。

砂石桩顶部施工时,由于上覆压力较小,因而对桩体的约束力较小,桩顶如为一个松散层,加载前应加以处理才能减少沉降量,有效地发挥复合地基的作用。

七、施工时的质量控制与质量检验

(一)质量控制

砂石桩在施工时主要控制填料量、桩体材料、垫层及复合地基的承载力特征值四个方面。

(1)填料量:砂石桩桩孔内的填料量应通过现场试验确定。估算时可按设计桩孔体积乘以充盈系数β确定,β值可取1.2~1.4。如施工中地面有下沉或隆起现象,则填料量应根据现场的具体情况予以增减。

考虑到挤密砂石桩沿深度不会完全均匀,同时实践证明砂石桩施工挤密程度较高时地面要隆起,另外施工中还会有所损失等,因而实际设计填砂石量要比计算的填砂石量增加一些。根据地层及施工条件的不同,增加量为计算量的20%~40%。

(2)桩体材料:桩体材料可用碎石、卵石、角砾、圆砾、砾砂、粗砂、中砂或石屑等硬质材料。含泥量不得大于5%,最大粒径不宜大于50 mm。

关于砂石桩用料,对砂基要求不严格,只要比原土层砂质好,同时易于施工即可,一般应就地取材,按照各有关资料的要求,最好用级配较好的中砂、粗砂。当然也可以用砾砂及碎石。对于饱和黏土,因为要构成复合地基,特别是当地基土较软弱时,为了有利于成桩,宜选用级配好、强度高的砂砾混合料或碎石。填料中最大颗粒尺寸的限制取决于桩管直径和桩尖的构造,以能顺利出料为宜。考虑到有利于排水,同时保证具有较高的强度,规定砂石桩用料中粒径小于0.005 mm的颗粒含量(含泥量)不能超过5%。

(3)垫层:砂石桩顶部宜敷设一层厚度为300~500 mm的砂石垫层。

(4)复合地基的承载力特征值:砂石桩复合地基的承载力特征值应通过现场复合地基载荷试验确定。

(二)质量检验

(1)应在施工期间及施工结束后,检查砂石桩的施工记录。对于沉管法,尚应检查套管径、挤压振动的次数与时间、套管升降幅度和速度、每次填砂石量等的施工记录。

砂石桩施工的沉管时间、各深度段的填砂石量、提升及挤压时间等是施工控制的重要措施,这些资料本身就可以作为评估施工质量的重要依据,再结合抽检便可以较好地作出质量评价。

(2)施工后应间隔一定时间方可进行质量检验。对于饱和黏性土地基,应待孔隙水压力消散后进行,间隔时间不宜少于28 d;对于黏土、砂土和杂填土地基,间隔时间不宜少于7 d。

由于在制桩过程中原状土的结构受到不同程度的扰动,强度会有所降低,对于饱和土地基,在桩周围一定范围内土的孔隙水压力上升。一段时间后,孔隙水压力会消散,强度会逐渐恢复,恢复期的长短根据土的性质而定。

(3)砂石桩的施工质量检验可采用单桩载荷试验检测,对桩体可采用动力触探试验检测,对桩间土可采用标准贯入静力触探、动力触探或其他原位测试等方法进行检测,桩间土质量的检测位置应在等边三角形或正方形的中心。检测数量不应少于桩孔总数的2%。

(4)砂石桩地基竣工验收时,承载力检验应采用复合地基的载荷试验。

(5)复合地基的载荷试验数量应不少于总桩数的5%,且每个单体建筑物不应少于3点。

第五节 高压喷射注浆法

高压喷射注浆法始创于日本,它是在化学注浆的基础上采用高压水流切割技术发展起来的,利用高压喷射浆液与土体混合固化处理地基的一种方法。高压喷射注浆是利用钻孔,把带有喷嘴的注浆管插至土层的预定位置后,以高压设备使浆液成为20 MPa以上的高压射流,从喷嘴中喷出来冲击破坏土体。部分细小的土料随着浆液流出水面,其余土粒在喷射流的冲击力、离心力和重力等作用下,与浆液搅拌混合,并按一定的浆土比例有规律地重新排列。浆液凝固后,便在土中形成一个固结体,其与桩间土一起构成复合地基,从而提高地基的承载力,减少地基的变形,达成加固地基的目的。

高压喷射注浆法的特点是适用范围较广。高压喷射注浆法适用于处理淤泥、淤泥质土、流塑土、软塑土或软黏性土、粉土、黄土、砂土、素填土和碎石土等地基。当土中含有较多的大粒径块石,大量植物根茎或有过多的有机质,以及地下水流速过大和已壅水的工程时,应根据现场试验结果,确定其适用程度。

实践表明,本法对淤泥、淤泥质土、流塑土、软塑土或软黏性土、粉土、砂土、黄土、素填土和碎石土等地基都有良好的处理效果。但对于硬黏性土、含有较多的块石或大量植物根茎的地基,因喷射流可能受到阻挡或削弱,冲击破碎力急剧下降,切削范围小或影响处理效果。而对于含有过多有机质的土层,则其处理效果取决于固结体的化学稳定性。上述几种土的组成复杂、差异悬殊,高压喷射注浆处理的效果差别较大,不能一概而论,故应根据现场试验结果确定其适用程度,对于湿陷性黄土地基,因当前试验资料和施工实例较少,亦应预先进行现场试验。

高压喷射注浆法有强化地基和防渗漏的作用,可卓有成效地用于既有建筑物和新建工程的地基处理,地下工程及堤坝的截水基坑加固,基坑侧壁防止漏水或减小基坑位移等。此外,可采用定喷法形成壁状加固体,以改善边坡的稳定性。

高压喷射注浆处理深度较大,我国建筑地基高压喷射注浆处理深度目前已达到30 m以上。

高压喷射注浆处理由于固结体的质量明显提高,它既可用于工程新建之前,又可用于竣工后的托换工程,可以不损坏建筑物的上部结构,而且能使已有建筑物在施工时使用功能正常。

一、高压喷射注浆的特点和作用机制

高压喷射注浆法主要有可控制固结体的形状以及可垂直、倾斜和水平喷射两个特点:

(1)可控制固结体的形状。在施工中可调整旋喷的速度和提升速度,增减喷射嘴孔径来改变流量,使固结体形成工程设计所需要的形状。

(2)可垂直、倾斜和水平喷射。通常是在地面上进行垂直喷射注浆,但在隧道、矿山、井巷工程、地下铁路等的建设中,亦可采用倾斜和水平喷射注浆。

高压喷射注浆法的作用机制是通过对天然地基土的加固硬化和形成复合地基以加固

地基土，提高地基土的强度，减少沉降量。

由于高压喷射注浆使用大压力，因而喷射的能量大、速度快。当它连续、集中地作用在土体上时，压实力和冲蚀等多种因素便在很小的区域内产生效应。对从粒径很小的细粒土到含有颗粒直径较大的卵石土，均有巨大的冲击和搅动作用，使注入的浆渣和土样凝固为新的固结体。

通过专用的施工机械，在土体中形成一定的桩体，与桩间土形成复合地基来承担基础传来的荷载，可提高地基承载力和改善地基变形特性。该法形成的桩体的强度一般高于水泥土搅拌桩，但仍属于低黏结强度的半刚性桩。

二、高压喷射注浆的分类

高压喷射注浆的分类与在地基中形成的加固体形状及喷射移动的方式有关。如图3-4所示，喷嘴以一定转速旋转、提升，则形成圆柱形加固体，此方式称为旋喷；如喷嘴只提升不转，则形成片状加固体，此方式称为定喷；如喷嘴以一定角度旋转喷射，则形成扇形加固体，此方式称为摆喷。

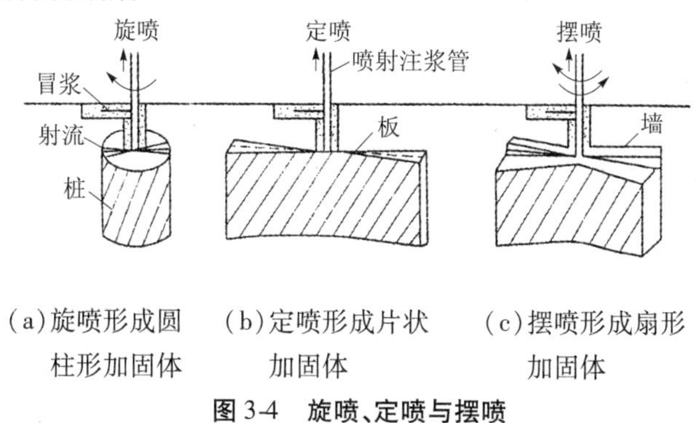

(a)旋喷形成圆柱形加固体　(b)定喷形成片状加固体　(c)摆喷形成扇形加固体

图3-4　旋喷、定喷与摆喷

根据工程需要和机具条件，高压喷射注浆法可划分为以下四种：

(1)单管法。单管法是利用钻机将安装在注浆管(单管)底部侧面的特殊喷嘴置入土层预定深度后，用高压泥浆泵等装置以20 MPa左右的压力，把浆液从喷嘴射击出去冲击破坏土体，使浆液与从土体上崩落下来的土搅拌混合，经过一定时间凝固，便在土中形成一定形状的固结体。

(2)双重管法。双重管法使用双通道的二重注浆管。当二重注浆管钻进土层的预定深度后，通过在管底部侧面的一个同轴双重喷嘴，同时喷出高压浆液和空气两种介质的喷射流冲击破坏土体。即高压泥浆泵等高压发生装置将20 MPa左右的压力浆液从内喷嘴中高速喷出，并用0.7 MPa左右的压力把压缩空气从外喷嘴中喷出。在高压浆液及外圈环绕气流的共同作用下，破坏土体的能量显著增大，最后在土中形成较大的固结体。

(3)三重管法。三重管法使用分别输送水、气、浆三种介质的三重流浆管，在以高压泵等高压发生装置产生20~30 MPa的高压水喷射流的周围，环绕一般为0.5~0.7 MPa的圆筒状气流，高压水喷射流和气流同轴喷射冲切土体，形成较大的空隙，再由泥浆泵进入压力为0.5~3 MPa的浆液填充，喷嘴作旋转和提升运动，最后便在土中凝固为较大的固结体。

高压喷射注浆法加固体的直径大小与土的类别、密度及喷射的方法有关，当采用旋喷形成圆柱状的桩体时，单管法形成桩体的直径一般为0.3～0.8 m，三重管法形成桩体的直径一般为1.0～2.0 m，双重管法形成桩体的直径介于两者之间。

(4)多重管法。这种方法首先需要在地面上钻一个导孔，然后置入重管，用逐渐向下运动的旋转高压力(约40 MPa)水喷流切削破坏四周的土体，高压水冲击下来的土和石成为泥浆后，立即用真空泵从多重管中抽出。如此反复地冲和抽，便在地层中形成一个较大的空间，用装在喷嘴附近的超声波传感器及时测出空间的直径和形状，最后根据工程要求选用浆液、砂浆、砾石等材料进行填充。因此，在地层中形成一个大直径的桩柱状的固结体，在砂性土中最大直径可达4 m。

三、高压喷射注浆法的设计

在制订高压喷射注浆法的方案时，应掌握现场的工程地质、水文地质和建筑结构设计资料等。对既有建筑尚应收集竣工和现状的观测资料及邻近建筑和地下埋设物资料等。

(一)承载力的计算

高压旋喷桩复合地基的承载力标准值应通过现场复合地基载荷试验确定，也可进行估算或结合当地情况及与土质相似工程的经验确定。旋喷桩复合地基的承载力通过现场载荷试验方法确定，误差较小。由于公式计算在确定折减系数β和单桩承载力方面均可能有较大的变化幅度，因此只能用作估算。当承载力较低时β值取低值，是出于减小变形的考虑。

竖向承载的旋喷桩复合地基承载力特征值应通过现场单桩或多桩复合地基载荷试验确定。初步设计时也可按下列公式估算。

(1)复合地基承载力特征值计算：

$$f_{spk} = mR_a/A_p + B(1 - m)f_{sk}$$

$$m = d^2/d_e^2$$

式中 R_a——桩竖向承载力特征值，kN；

B——桩间土承载力折减系数，可根据试验或类似土质条件工程经验确定，当无试验资料或经验时，可取0～0.5，承载力较低时取低值；

其他符号意义同前。

(2)单桩竖向承载力特征值计算：

$$R_a = u_p \sum_{i=1}^{n} q_{si}L_i + q_pA_p$$

式中 u_p——桩的周长，m；

n——桩长范围内所划分的土层数；

q_{si}——桩周第i层土桩的侧阻力特征值，kPa；

L_i——桩周第i层土的厚度，m；

q_p——桩端地基土未经修正的承载力特征值，kPa；

其他符号意义同前。

为使由桩身材料强度确定的单桩承载力大于或等于由桩周土和桩端土的抗力所提供的单桩承载力,应同时满足下式要求:

$$R_a = nf_{cu}A_p$$

式中 f_{cu}——与旋喷桩桩身水泥土配合比相同的室内加固土试块(边长为 20.7 mm 的立方体)在标准养护条件下 28 d 龄期的立方体抗压强度的平均值,kPa;

n——桩身强度折减系数,可取 0.33。

在设计时,可根据需要达到的承载力按照 $m = d^2/d_e^2$ 求得面积置换率 m。当旋喷桩处理范围以下存在软弱下卧层时,应按现行国家标准《建筑地基基础设计规范》(GB 50007—2011)的有关规定进行下卧层承载力验算。

(二)构造的要求

(1)竖向承载时独立基础下的旋喷桩数不应少于 4 根。

(2)竖向承载旋喷桩复合地基宜在基础与桩顶之间设置垫层。垫层厚度可取 200 ~ 300 mm,其材料可选用中砂、粗砂级配砂石等,最大粒径不宜超过 30 mm。

(3)高压喷射注浆法用于深基坑等工程形成连续体时,相邻桩搭接不宜小于 300 mm,并应符合设计要求。当旋喷桩需要相邻桩相互搭接形成整体时,应考虑到施工中垂直度误差等。尤其在截水工程中尚需要采取可靠的方案或措施保证相邻桩的搭接,防止截水失败。

(三)桩径与沉降的要求

(1)桩径。旋喷桩的直径应通过现场试验确定。当无现场试验资料时,亦可参照相似土质条件的工程经验。

旋喷桩直径的确定是一个复杂的问题,尤其是深部的直径无法用准确的方法确定。因此,可用半经验的方法加以判断确定。

根据国内外的施工经验其设计直径可参考表 3-7 选用。定喷及摆喷的有效长度为旋喷桩直径的 1.0 ~ 1.5 倍。

表 3-7　旋喷桩的设计直径参考选用表　(单位:m)

土质	标准贯入击数	单管法	双重管法	三重管法
黏性土	$0<N<5$	0.5 ~ 0.8	0.8 ~ 1.2	1.2 ~ 1.8
	$6<N<10$	0.4 ~ 0.7	0.7 ~ 1.1	1.0 ~ 1.6
砂土	$0<N<10$	0.6 ~ 1.0	1.0 ~ 1.4	1.5 ~ 2.0
	$11<N<20$	0.5 ~ 0.9	0.9 ~ 1.3	1.2 ~ 1.8
	$21<N<30$	0.4 ~ 0.8	0.8 ~ 1.2	0.9 ~ 1.5

注:N 为标准贯入击数。

(2)沉降。竖向承载旋喷桩复合地基的变形包括桩长范围内复合土层的平均压缩变形和桩端以下未处理土层的压缩变形,其中复合土层的压缩模量可根据地区经验确定。桩端以下未处理土层的压缩变形值可按国家标准《建筑地基基础设计规范》(GB 50007—2011)的有关规定确定。

四、高压喷射注浆法的施工技术要求

高压喷射注浆法方案确定后，应进行现场试验，依据试验结果或工程经验确定施工参数及工艺。施工前，应对照设计图纸核实设计孔位处有无妨碍施工和影响安全的障碍物。如遇有水管、电缆线、煤气管、人防工程、旧建筑物基柱和其他地下埋设物等障碍物影响施工，则应与有关单位协商清除，搬移障碍物或更改设计孔位。以旋喷桩为例，高压喷射注浆法的施工工序如下：

(1)钻桩就位与钻孔。钻桩与高压注浆泵的距离不宜过远，钻孔的位置与设计位置的偏差不得大于50 mm。实际孔位、孔深和每个钻孔内的地下障碍物、洞穴、涌水、漏水及与工程地质报告不相符等情况均应详细记录。钻孔的目的是将注浆管置入预定的深度。如能用振动锤或直接把注浆管置入土层预定的深度，则钻孔和置入注浆管的两道工序可合并为一道工序。

(2)置入注浆管。开始横向喷射，当喷射注浆管贯入土中，喷嘴达到设计标高时，即可喷射注浆。高压喷射注浆单管法及双重管法的高压水泥浆液流和三重管法高压水流射流的压力宜大于20 MPa，三重管法使用的低压水泥浆液流压力宜大于1 MPa，气压力宜取0.7 MPa，低压水泥浆的灌注压力通常为1.0～2.0 MPa，提升速度可取0.05～0.25 m/min，旋转速度可取10～20 r/min。

(3)旋转提升。在喷射注浆参数达到预定值后，随即分别按旋转喷射（定喷或摆喷）的工艺要求提升注浆管，由下而上喷射注浆。注浆管分段提升的搭接长度不得小于100 mm。

(4)拔管及冲洗。在完成一根旋喷桩施工后，应迅速拔出喷射注浆管进行冲洗，为防止浆液凝固收缩影响桩顶高程，必要时，可在原孔位采取置浆回灌或第二次注浆等措施。

五、施工时的注意事项

(1)高压泵通过高压橡胶软管输高压浆液至钻桩上的注浆管，进行喷射注浆。若钻机和高压水泵的距离过远，势必增加高压橡胶软管的长度，使高压喷射流的沿程损失增大，造成实际的喷射压力降低的后果。因此，钻机与高压水泵的距离不宜大于50 m。在大面积的场地施工时，为了减少沿程损失，应移动高压泵，以保持与钻机的距离。

(2)实际施工孔位与设计孔位的偏差过大时会影响加固效果，故规定孔位偏差值应小于50 mm，并且必须保持钻孔的垂直度。土层的结构和土质种类与加固质量关系更为密切，只有通过钻孔过程详细记录地质情况，并了解地下情况，施工时才能因地制宜地及时调整施工工艺和变更喷射的参数，达到处理效果良好的目的。

(3)各种形式的高压喷射注浆，均自下而上进行，当注浆管不能一次提升完成而需分数次卸管时，卸管后喷射的搭接长度不得小于100 mm，以保证固结体的整体性。

(4)在不改变喷射参数的条件下，对同一标高的土层作重复喷灌时，能加大有效加固长度和提高固结体的强度，这是一种局部获得较大旋转直径或定喷、摆喷范围的简易有效方法。复喷的方法根据工程要求确定。在实际工作中，旋喷桩通常在底部和顶部进行复喷,以增大承载力和确保处理质量。对需要扩大加固范围或提高强度的工程,可采取复喷措施,即先喷一遍清水,再喷一遍或两遍水泥浆。

(5)在高压喷射注浆过程中出现压力骤然下降、上升或大量冒浆等异常情况时,应查明产生的原因并及时采取措施。

当流量不变而压力突然下降时,应检查各部位的泄漏情况,必要时拔出注浆管,检查密封性能。

出现断续冒浆时,若系土质松软,则视为正常现象,可适当进行复喷,若系附近有孔洞通道,则不应提升注浆管继续注浆,直到冒浆或拔出注浆管,待浆液凝固后重新注浆。若压力稍有下降,可能是注浆管被击穿或有孔洞,使喷射能力降低,此时应拔出注浆管进行检查。

当压力陡增超过最高限值,流量为零,停机后压力仍不变时,则可能是喷嘴堵塞,此时应拔管,疏通喷嘴。

(6)当高压喷射注浆完毕或在高压喷射注浆过程中因故中断(小于或等于浆液初凝)而不能继续喷射浆液时,均应立即拔出注浆管清理备用,以防浆液凝固后拔不出管。

(7)为防止因浆液凝固收缩产生加固地基与建筑基础不密贴或脱空现象,可采取超高喷射(旋喷处理地基的顶面超过建筑基础底面,其超过量大于收缩量的高度)回灌冒浆或第二次注浆等措施。

(8)当处理既有建筑地基时,应采取速凝浆或大间隔孔旋喷和骨浆回灌等措施,以防旋喷过程中地基产生附加变形和地基间出现脱空现象,影响被加固建筑及邻近建筑物。

(9)在城市施工中,泥浆的管理直接影响文明施工,必须在开工前做好规定,做到有计划地堆放废浆或及时将废浆排出现场,保持现场文明。施工现场应保持清洁。

(10)应对建筑物进行沉降观测。在专门的记录表格中,做好自检,如实记录施工的各种参数和详细描述喷射注浆的各种现象,以便判断加固效果,并为质量检验提供资料。

六、施工质量的控制和检测

(1)高压旋喷注浆的施工质量控制对材料的要求:主要材料为水泥,对于无特殊要求的工程宜采用32.5级以上的普通硅酸盐水泥。根据需要可加入适量的早强、速凝、悬浮或防冻等外加剂及掺合料。所用的外加剂和掺合料的数量应由试验确定。

水泥浆液的水灰比应按工程要求确定,水泥浆液的水灰比越小,高压喷射注浆处理地基的强度越高,但在生产中因注浆设备的原因,水灰比太小时,喷射有困难,故通常取0.8~1.5,生产实践中常用1.6。

由于生产、运输和保存等方面的原因,有些水泥厂的水泥成分不够稳定,质量波动较大,可能导致高压喷射水泥浆液的凝固时间过长,固结强度较低,因此应事先对各批水泥进行检验鉴定,合格后才能使用。拌制水泥所用的水,必须符合混凝土拌和标准。水泥在使用前需做质量鉴定。搅拌水泥浆所用的水应符合《混凝土用水标准》(JGJ 63—2006)中的规定。

高压喷射注浆施工质量的检测,可根据工程设计的要求和当地的经验,采用开挖检查钻孔取芯、标准贯入、静力触探、载荷试验或围井注水试验等方法进行，并结合工程测试和观测资料及实际效果综合评价加固效果。

(2)应在严格控制施工参数的基础上，根据具体情况选定质量检验的方法。开挖检查法虽简单易行，但难以对整个固结体的质量作全面检查，通常在浅层进行。

钻孔取芯法是检查单孔固结体质量常用的方法，选用时需以不破坏固结体和有代表性为前提，可以在28 d后取芯或在未凝以前软取芯(软弱黏性土地基)。

标准贯入法和静力触探法在有经验的情况下也可应用。

荷载试验是建筑物地基处理后检验地基承载力的良好方法。

围井注水试验通常在工程有防渗要求时采用。建筑物的沉降观测及基坑开挖过程测试和观察是全面检查建筑地基处理质量的不可缺少的重要方法。

(3)检验点应布置在下列有代表性的部位：施工中出现异常情况的部位；地基情况复杂，可能对高压喷射注浆质量产生影响的部位。

(4)检验点的数量为施工注浆孔数的1%，并不应少于3个检验点。不合格者应进行补喷。质量检验应在高压喷射注浆结束28 d后进行。

(5)竖向承载的旋喷桩复合地基竣工验收时，承载力检验应采用复合地基荷载试验和单桩荷载试验。荷载试验必须在桩身强度满足试验条件下，并宜在成桩28 d后进行，检验数量为施工桩总数的0.5%～1%，且每项单体工程不得少于3个检验点。

高压喷射注浆处理地基的强度离散性大，在软弱黏土中强度增长速度较慢。检验时间应在喷射注浆后28 d，以防止固结体强度不高时因检验而受到破坏，影响检验的可靠性。

第六节　袖阀管灌浆法

袖阀管灌浆法是处理建筑物地基的一种施工方法，其施工工艺流程如下：钻孔—清孔—下填料—下花管—起套管—待凝—(分段)开环—分段灌浆—检测。

一、施工步骤和技术要求

(一)钻孔

采用回转式地质钻机成孔，针状合金钻头钻进，泥浆作为冲洗液，开孔孔径为130 mm，采用一次成孔法，钻至设计高程后停止钻进。

排间钻孔分二序施工，排距和间距均为2.5 m，先钻一序孔，后钻二序孔。

在钻孔过程中，开始前应调整好钻机的垂直度，确保钻孔的垂直度偏差小于1%。为防止孔斜，钻机安装应平正稳固，钻机立轴和孔口管的方向应与设计孔向一致，钻进时应适当地控制钻进压力，遇地层变化等异常情况时应进行详细的地质记录。

(二)清孔

当钻孔结束后，应马上对钻孔进行清孔，即用稀泥浆置换孔内的稠泥浆，待泥浆比重小于1.1时，清孔即可结束。清孔后立即向孔内注入填料，下设花管，否则以后应当重新清孔。

(三)下填料

填料是由水泥和黏土按一定的比例制成的浆液(水泥∶黏土∶水为1.65∶1.53∶1.9)。将导管下至孔底10 cm处,用灌浆泵通过导管将填料送到孔底,使填料自下而上全部置换孔内泥浆,从孔口溢出至孔口返出的填料与注入的填料密度之差不得大于0.02 g/cm^3。灌注套壳料必须连续进行,不得中间停顿。灌注套壳料的时间力求最短,最长不宜超过20 min。

(四)下花管

填料注入完毕后立即下入袖阀管,袖阀管位置应居中并固定,管底高程应满足设计的要求,管口超出地面10~20 cm,加以保护。

当钻孔较深,向钻孔内下管时,由于填料对花管浮力很大,应边下管边向花管内注入粉细砂增重,使其平衡自由下降,不得强力下压或扭转,以免损坏花管。花管下设时间不宜太长,应控制在6~8 h。

(五)起套管

采用套管扩壁钻孔时起出套管。袖阀管为专用管材,外径48 mm,内径42 mm,底端封闭,每环钻孔6个,环距为33 cm,可组合任意长度。花管下设完毕后,须待凝3~5 d方能灌浆。待凝结后,通过向花管内注入压力,压开花管橡胶皮箍,压裂填料形成通道,为浆液注入砂砾石层创造条件。在压水过程中压力突降表示已经开环,开环后应持续灌浆5 ~10 min。

(六)灌浆

灌浆材料:水泥采用42.5级普通硅酸盐水泥,加入粉煤灰掺合料,水泥与粉煤灰之比为1∶2,干料与水之比为1∶2,灌浆用水采用洁净地下水,符合饮用水标准。

制浆材料的称量误差应不小于5%,每部灌浆机配一部专用的灰浆拌和机。水泥浆搅拌时间不少于3 min,浆液使用前必须过筛,浆液制备至用完时间不宜大于4 h,超过4 h的余浆应作为废浆处理。

二、灌浆的工序和次序

(1)灌浆的工序:套壳料凝结到一定程度后,即准备灌浆工作,首先用清水将袖阀管冲洗干净,然后向袖阀管内下入双塞式灌浆塞,灌浆塞出浆口与袖阀管环孔位置相一致。用灌浆泵对袖阀管内灌浆段逐渐加压,直到清水通过花管的孔眼将套壳料压开使套壳料产生裂缝,即开环。开环后即向砂、卵石层中灌注规定配合比的水泥浆。

(2)灌浆的次序:先灌边排孔,后灌中间孔。每排孔采用逐渐加密方式灌注。灌浆遵循“少灌多次、重复灌浆”的原则,采取分段式由下到上进行注浆,每段注浆长度称为注浆步距。花管长度为注浆步距长度。注浆步距一般选取0.6~1 m,这样可以有效地减少地层不均一性对注浆效果的影响。对于砂层注浆步距宜选用低值。对于砂、卵石或破碎石岩层,注浆步距宜选用高值。在注浆过程中,每段注浆完成后,待凝12 h向上移动一个步距的芯管长度。宜采用提升设备移动或人工采用2个管钳对称夹住芯管,两侧同时均匀用力，将芯管移动好。每完成3～4 m注浆长度要拆掉一节注浆芯管。注浆结束后在注浆管上盖上闷盖，以便于复注施工。

若灌浆中断超过30 min，应立即设法冲洗，如冲洗无效，则应在重新灌浆前进行扫孔。灌浆过程中要密切观察混凝土盖的变化，注意灌浆压力对混凝土盖有没有影响，若发现混凝土盖开裂、上浮和从混凝土盖向外冒浆的情况，应及时采取有效措施（如适当减小灌浆压力）进行处理，并做好详细记录。

开环率要求大于95%，中排孔不得有连续不开环的孔段，边排孔不得有连续3个不开环的孔段。

三、灌浆压力和布孔间距

灌浆容许压力为0.3 MPa。孔距应根据设计图纸要求确定，灌浆孔呈梅花形，孔距和排距按2.5 m×2.5 m施工。

四、灌浆结束的标准和封孔

边排孔灌浆：灌浆段在规定的最大压力下注入率不大于2 L/min后，并继续灌注30 min，或每段（约0.33 m长）灌入干灰即可结束灌浆。

中排孔灌浆：在规定压力下，注入率不大于1 L/min后，再延续10 min结束。

五、袖阀管灌浆的质量控制

（1）严格按国家和水利部颁发的技术规程和标准施工。

（2）施工前对所有的仪表、记录仪进行校验，对灌浆机械进行报验。

（3）严格按照施工方案组织施工，并对主要的分项工程编制出具体的施工作业计划以指导施工人员操作，落实分阶段各级技术交底制度，对工期、工程量、劳动力组合、操作方法、质量标准、关键要害部位的质量保证措施、安全事项及措施进行详细的咨询，措施落实到人。

（4）切实做好工程施工前的准备工作，施工员、技术员、技术骨干必须熟悉图纸、施工规范、规程的技术标准，领会设计意图，确保施工质量。

（5）加强施工中的质量控制和检查工作，配合测量员搞好测量定位、放线，确保轴线、几何尺寸、形状、位置的准确。

（6）认真做好各工种与工序、工序与工序之间的自检、互检、交检工作，并做好记录，实行工序交接传递制度，达不到合格标准的工序不得进入下道工序。

（7）严格控制进场材料并抽样试验。

例：南水北调中线一期工程总干渠黄河北—美河北辉县段第四标段袖阀管灌浆试验方案。

（1）设计参数及设计标准。

根据本标段招标文件中的技术条款和设计施工图纸要求，袖阀管灌浆容许压力初定为0.3 MPa；灌浆材料采用粉煤灰、水泥，水泥为强度等级不低于42.5级的普通硅酸盐水泥，水泥与粉煤灰之比为1:2，干料与水之比为1:2，可根据需要加入速凝剂。灌浆孔布置呈梅花形，孔距和排距除特别标明外暂按2.5 m计，边缘处孔位可以适当调整。依据设计要求灌浆后基础的渗透系数不大于3×10^{-5} cm/s。

(2)袖阀管灌浆试验方案一。

主要依据设计图纸及说明要求，初定灌浆材料为粉煤灰、水泥，水泥与粉煤灰之比初定为1:2，干料与水之比初定为1:2，孔距和排距各为2.5 m，采用梅花形布置，孔口中心距基础边缘距离不小于50 cm，灌浆容许压力初定为0.3 MPa。

①施工机械布置：将钻机布置在灌浆施工场地内，其他施工机械布置在灌浆施工场地以外不影响钻机移位的地方。

②工艺流程：钻孔—清孔—下填料—下花管—起套管(封填套壳料)—待凝—(分段)开环—(分段)灌浆—检测。

③钻孔：采用回转式地质钻机成孔，针状合金钻头钻进，泥浆作为冲洗液，开孔孔径130 mm。采用一次成孔法，钻至设计高程后停止钻进。

排间钻孔分为二序施工，排距和间距均为2.5 m。先钻一序孔，后钻二序孔。

钻孔过程中开钻前应调整好钻机的垂直度，确保钻孔的垂直度偏差小于1%，为防止孔斜钻机安装应平正稳固，钻机轴和孔口管的方向应与设计孔方向一致，钻进时应适当地控制钻进压力。遇地层变化等异常情况时，应进行详细记录。

④清孔、下填料、下花管、起套管、待凝、开环等工序的要求。

清孔：钻孔结束后，对钻孔进行清孔，即用稀泥浆置换孔内的稠泥浆，待回浆比重符合要求时，清孔即可结束。清孔后立即向孔内注入填料，下设花管，否则以后应当重新清孔。

下填料：填料由水泥、黏土按配合比混合制成(水泥:黏土:水为1:(1.5~1.53):1.9)。将导管下至孔底10 cm处，用灌浆泵通过导管将填料送到孔底，使填料自下而上全部置换孔内泥浆，从孔口溢出至孔口返出的填料与注入的填料密度之差不得大于0.02 g/cm^3。灌注套壳料必须连续进行，不得中间停顿。灌注套壳料的时间力求最短，最长不宜超过20 min。

下花管：填料注入完毕后立即下入袖阀管，袖阀管位置应居中并固定，管底高程应满足设计要求，管口超出地面10~20 cm，加以保护。

当钻孔较深，向钻孔内下管时，由于填料对花管浮力很大，应边下管边往花管内注入粉细砂增重，使其平衡自由下降，不得强力下压或扭转，以免损坏花管。花管下设时间不宜太长，应控制在6~8 h以内。

起套管：当采用套管护壁钻孔时起出套管。

袖阀管为专用管材，外径48 mm，内径42 mm，底端封闭，每环钻孔6个，环距33 cm，环孔用橡皮箍箍住，袖阀管单长33 cm，可组合任意长度。

待凝：花管下设完毕后，待凝3~5 d才能灌浆。

开环：待凝结束后，通过向花管内注入压力水，压开花管橡胶皮箍，压裂填料形成通路，为浆液注入砂砾石层创造条件。压水过程中压力突降表示已经开环，开环后应持续灌注5~10 min。

⑤灌浆：水泥采用42.5级普通硅酸盐水泥，加入粉煤灰掺合料，水泥与粉煤灰之比为1:2，干料与水之比为1:2，灌浆用水采用洁净地下水。制浆材料的称量误差应小于5%，每部灌浆机均配备一部灰浆搅拌机。

水泥浆搅拌时间不少于3 min。浆液使用前必须过筛，浆液制备至用完时间不宜大于4 h，超过4 h的余浆应作为废浆处理。

寒冷季节施工应做好机械和灌浆管路的防寒保暖工作，控制浆液温度在5～40 ℃。

⑥灌浆方式。

灌浆工序：套壳料待凝到规定强度后，即准备灌浆工作。首先用清水将袖阀管冲洗干净，然后向袖阀管内下入双塞式灌浆塞，灌浆塞出浆口与袖阀管环孔位置应一致。用灌浆泵对袖阀管内灌浆段逐渐加压，直到清水通过花管的孔眼将套壳料压开，使套壳料产生裂缝，即开环。开环后，即向砂卵石层中灌注规定配合比的水泥浆。

灌浆次序：先灌一序孔，后灌二序孔。每排孔采用逐渐加密方式灌注。

注浆遵循"少灌多次、重复灌浆"的原则，采取分段式由下到上进行注浆，每段注浆长度称为注浆步距。花管长度为注浆步距长度。注浆步距一般选取0.6～1 m，这样可以有效地减少地层不均一性对注浆效果的影响。对于砂层，注浆步距宜选用低值；对于砂卵石或破碎岩层，注浆步距宜选用高值。注浆过程中，每段注浆完成后待凝12 h，向上移动一个步距的芯管长度。宜采用提升设备移动，或人工采用2个管钳对称夹住芯管，两侧同时均匀用力，将芯管移动。每完成3～4 m注浆长度，要拆掉一节注浆芯管。注浆结束后，在注浆管上盖上闷盖，以便于复注施工。

若灌浆中断超过30 min，应立即设法冲洗，如冲洗无效，则应在重新灌浆前进行扫孔。

灌浆过程中要密切观察混凝土盖的变化，注意灌浆压力对混凝土盖有没有影响，若发现混凝土盖开裂、上浮和从混凝土盖向外冒浆的情况，应及时采取有效措施（如适当减小灌浆压力）进行处理，并做好详细记录。

开环率要求大于95%，中排孔不得有连续不开环的孔段，边排孔不得有连续3个不开环的孔段。

⑦灌浆压力：灌浆容许压力初定为0.3 MPa。

⑧灌浆结束标准和封孔：边排孔灌浆，灌浆段在规定的最大压力下注入率不大于2 L/min后，并继续灌注30 min，或每段（约0.33 m长）灌入干灰1 t，即可结束灌浆。

中排孔灌浆，在规定压力下，注入率不大于1 L/min后，再延续10 min结束。

⑨质量检测：灌浆结束7 d后对灌浆质量进行检查，检查的方法是采用钻孔注水法。灌浆后在灌浆体薄弱部位钻检查孔，检测渗透系数，抽检孔数不少于总孔数的5%，基础渗透系数不大于3×10^{-5} cm/s。

检查孔应当使用清水循环钻进，压水压力为灌浆压力的80%，采用静水头注水法确定基础渗透系数。

（3）袖阀管灌浆试验方案二。

袖阀管灌浆试验方案二的灌浆液压力同方案一，拟减小灌浆孔间距、排距进行灌浆。

①灌浆孔的调整：灌浆孔排间钻孔分为二序施工，间距、排距均为2～3 m。

②灌浆材料：采用42.5级普通硅酸盐水泥，加入粉煤灰掺合料，水泥与粉煤灰之比为1∶2，干料与水之比为1∶2。

③灌浆压力：灌浆的容许压力初定为0.3 MPa。

④浆液结束标准：边排孔灌浆段在规定最大压力下，注入率不大于2 L/min后，并继续灌注30 min或每段(约0.33 m长)灌入干灰1 t，即可结束灌浆。

中排孔灌浆在规定压力下，注入率不大于1 L/min后，延续10 min结束。

(4)袖阀管灌浆试验方案三。

袖阀管灌浆试验方案三的灌浆浆液压力不变，拟增大灌浆孔间距、排距进行灌浆。

①灌浆孔调整：灌浆孔排间钻孔分为二序施工，间距、排距均为2.7 m。

②灌浆材料：灌浆工程采用42.5级普通硅酸盐水泥，加入粉煤灰掺合料，水泥与粉煤灰之比为1∶2，干料与水之比为1∶2。

③灌浆压力：灌浆容许压力初定为0.3 MPa。

④浆液结束标准：边排孔灌浆，灌浆段在规定最大压力下，注入率不大于2 L/min后，并继续灌注30 min；或每段(约0.33 m长)灌入干灰1 t，即可结束灌浆。

中排孔灌浆在规定压力下，注入率不大于1 L/min后，再延续10 min结束。

六、灌浆质量控制措施

(1)严格按国家和水利部颁发的技术规程和标准施工。

(2)试验前，组织有关人员认真熟悉施工图纸，在内部进行图纸会审，记录整理成文，并编制分部工程作业指导书以指导施工。

(3)试验前，对所有的仪表、记录文件名进行校验，对灌浆人员、机械进行报验。

(4)建立健全质量岗位责任制，按照“谁管理、谁负责”的原则，层层落实到基层。

(5)严格按照施工程序组织施工，并对主要的分项工程编制出具体的施工作业计划以指导施工人员操作，落实分阶段各级技术交底制度，对工期、工程量、劳动力组合、操作方法、质量标准、关键要害部位的质量保证措施、安全事项及措施进行详细的咨询，措施落实到人。

(6)切实做好工程施工前的准备工作，施工员、技术员、技术骨干必须熟悉图纸、施工规范、规程的技术标准，领会设计意图，确保施工质量优良。

(7)加强施工中的质量控制和检查工作，测量员搞好测量定位、放线，确保几何尺寸、形状、位置准确。

(8)认真做好各工种与工序、工序与工序之间的自检、互检、交检工作，并做好记录，实行工序交接传递制度，对达不到合格标准的工序，不得进入下道工序。

(9)严格控制进场材料并抽样试验。

(10)保证技术资料的同步性，各工种管理人员对各工种施工资料进行管理和收集，确保工程资料的完整和准确。

(11)施工过程中实行严格的监督管理制度，发现有违反技术规范、规程和质量问题时，立即制止、纠正。

(12)认真贯彻落实监理工程师的监督、验收工作,各工序间均由监理工程师验收、认可。

第七节 水泥土搅拌桩法

水泥土搅拌桩法是利用水泥等材料作为固化剂,通过特制的搅拌机械就地将软土和固化剂浆液或粉末强制搅拌。首先发生水泥分解,水化学反应造成水化物,然后水化物胶结并与颗粒发生粒子交换,通过粒化作用和硬凝反应,使软土硬结成具有整体性、水稳性和一定强度的水泥加固土,从而提高地基土强度和增大变形模量,达到加固软土地基的效果。

水泥土搅拌桩法处理软弱黏性土地基是一种行之有效的办法,可最大限度地利用地基的原状土,处理面的复合地基承载力明显提高,适应性强,与类似地基处理方法相比可节约投资。

一、水泥土搅拌桩法的适用范围

水泥土搅拌桩法分为水泥浆搅拌法(简称湿法)和粉体喷搅法(简称干法),适用于处理正常固结的淤泥与淤泥质土、粉土、饱和黄土、素填土、黏性土以及无流动地下水的饱和松散的砂土等地基。水泥浆搅拌法(湿法)最早在美国研制成功运用,称为 MIP 法。国内于 1977 年由冶金部建筑研究总院和交通部水运规划设计院进行了室内试验和机械研制工作,于 1978 年底制造出国内第一台 STB - 1 型双搅拌轴中芯管输浆的搅拌机械,并由江阴市江阴振冲器厂成批生产(目前 STB - 2 型的加固深度可达 18 m)运用。1980 年初,在上海宝钢三座卷管设备基础的软土地基加固工程中首次获得成功运用。1980 年初,天津市机械施工公司与交通部一航局科研所利用日本进口螺旋钻孔机械进行改装,制成单搅拌轴和叶片输浆型搅拌机。1981 年,在天津造纸厂蒸煮锅改造扩建工程中获得成功运用。

粉体喷搅法(干法)最早由瑞典人 Kjeld Paus 于 1967 年提出,其提出使用石灰搅拌加固 15 m 深度范围内软土地基的设想,并于 1971 年由瑞典 Ljnden - Alimat 公司在现场制成第一根用石灰粉和软土搅拌成的桩。1974 年获得粉质喷技术专利,生产出的专用机械的桩径为 500 mm,加固深度为 15 m。我国由铁道部第四勘测设计院于 1983 年用 DPP100 型汽车钻改装成国内第一台粉体喷射搅拌机,并使用石灰作为固化剂应用于铁路涵洞加固中。1986 年开始使用水泥作为固化剂,应用于房屋建筑的软土地基加固。1987 年,铁道部第四勘测设计院和上海探矿机械厂制成 GPP - 5 型步履式粉喷机,其成桩直径为 500 mm,加固深度为 12.5 m。目前国内喷粉机的成桩直径一般为 500 ~ 700 mm,深度一般可达 15 m。

当地基土的天然含水率小于 30%、大于 70% 或地下水的 pH 值小于 4 时,不宜采用粉体喷搅法。

水泥土搅拌桩法适用于处理泥炭土、有机土、塑性指数大于 25 的黏性土,地下水具有腐蚀性时及无工程经验的地区应用前必须通过现场试验确定其适用性。

二、水泥土搅拌桩法的优越性及其作用机制

水泥土搅拌桩法加固软土地基技术具有以下独特的优点：

(1)最大限度地利用了原土，做到就地取材。

(2)搅拌时无振动、无噪声和无污染，可在密集的建筑物群中进行施工，对周围原有建筑物及地下沟管影响很小。

(3)根据上部结构的需要，可灵活地采用柱状、壁状、格栅状和块状等加固形式。

(4)与钢筋混凝土桩基相比，可节约钢材并降低造价。

水泥土搅拌以其独特的优越性，目前已在工业与民用建筑领域中得到广泛的运用。水泥土搅拌桩法的作用机制是基于水泥加固的物理化学反应过程。在水泥加固土中，由于水泥的掺量很小，仅占被加固土质量的5%～20%，水泥的水解和水化反应完全是在具有一定活性的介质——土的围绕下进行的，凝固慢且作用复杂。它与混凝土的硬化机制不同。混凝土的硬化主要是水泥在粗填充料(比表面积不大，活性很弱的介质)中进行水解和水化作用，所以凝固速度快。而在水泥加固土中，由于水泥的掺量很小，土质条件对加固土质量的影响主要有两个方面：一是土体的物理力学性质对水泥土搅拌均匀性的影响；二是土体的物理化学性质对水泥土强度增加的影响。

目前初步认为水泥加固软土主要产生下列反应：

(1)水泥的水解和水化反应：水泥遇水后颗粒表面的矿物很快与水发生水解和水化反应，生成氢氧化钙、含水硅酸钙、含水铝酸钙与含水铁酸钙等化合物。其中，前两种化合物迅速溶于水中，使水泥颗粒新表面重新暴露出来，再与水作用，这样周围水溶液就逐渐达到饱和。当溶液达到饱和后，水分子虽继续渗入颗粒内部，但新生成物已不能再溶解，只能以细分散状态的胶体析出，悬浮于溶液中，形成凝胶体。

(2)离子交换和团粒化作用：土体中含量最多的是二氧化硅，其遇水后形成硅酸胶体微粒，其表面带有 Na 和 K 离子，它们能和水泥水化生成的氢氧化钙中的 Ca 离子进行当量离子交换，这种离子交换的结果使大量的土颗粒形成较大的土团粒。

水泥水化后生成的凝胶粒子的比表面积是原水泥的比表面积的约 1 000 倍，因而产生很大的表面能，具有强烈的吸附活性，能使较大的土团粒进一步结合起来，形成水泥蜂窝结构，并封闭各土团之间的空间，形成坚硬的联体。

(3)硬凝反应：随着水泥水化反应的深入，溶液中析出大量的 Ca 离子，其数量超过上述离子交换的需要量后，则在碱性的环境中组成土矿物的二氧化硅及三氧化铝的一部分或大部分与 Ca 离子进行化学反应。随着反应的深入，生成不溶于水的稳定结晶矿物，这种重新结合的化合物在水和空气中逐渐硬化，增大了土的强度，且由于水分子不易侵入，因而具有足够的稳定性。

三、水泥土搅拌桩法的设计

地基处理的设计和施工均应贯彻执行国家技术经济政策，坚持安全适用、技术先进、

经济合理、确保工程质量和保护环境等原则，故水泥土搅拌桩法的设计思路和设计步骤如下。

（一）设计思路

对于一般建筑物，都是在满足强度要求的条件下以沉降进行控制，应采用以下沉降控制思路：

（1）根据地基结构进行地基变形计算，由建筑物对变形的要求确定加固深度，即选择设计桩的长度。

（2）根据土质条件、固化剂掺量、室内配合比试验资料和现场工程经验选择桩身强度和水泥掺入量及有关施工参数。

（3）根据桩身强度的大小及桩的断面尺寸，由地基处理规定中的估算公式计算单桩的承载力。

（4）根据单桩的承载力和上部结构要求达到的复合地基承载力，由地基处理规范中的公式计算桩土面积置换率。

（5）根据桩土面积置换率和基础形式进行布桩，桩可只在基础平面范围内布置。

（二）设计步骤

水泥土搅拌桩法的水泥桩的强度和刚度是介于柔性桩（砂桩、碎石桩等）和刚性桩（钢管桩、混凝土桩）之间的一种半刚性桩，它所形成的桩体在无侧限的情况下可保持直立，在轴间力作用下又有一定的压缩性，但其承载性能又与刚性桩相似，因此在设计时可仅在上部结构基础的范围内布桩，不必像柔性桩一样在基础外设置护桩。

在明确了水泥土搅拌桩法的设计思路后，其相应的设计试验简介如下。

1. 收集资料

在确定地基处理方案之前，应收集处理区域内详尽的岩石工程地质资料，尤其是填土层厚度和组成软土层的分布范围、分层情况、水文地质情况、地下水位及 pH 值、土的含水量及塑性指数和有机质含量等。

对拟采用水泥土搅拌桩法的工程，除常规的工程地质勘察要求外，还应注意查明以下情况：

（1）填土层的组成，特别是大块物质（石块和树根等）的尺寸和含量。含大块石的填土层对水泥土搅拌桩法施工速度有很大的影响，所以必须清除大块石等，才能施工。

（2）土的含水量：当水泥土配合比相同时，其强度随土样天然含水量的降低而增大。试验表明，当土的含水量在 50% ~ 85% 变化时，含水量每降低 10%，水泥土强度可提高 30%。

（3）有机质含量：有机质含量较高会阻碍水泥水化反应，影响水泥土的强度增长，故对有机质含量较高的明、暗渠填土及吹填土等应予以慎重考虑。许多设计单位往往采用加大桩长的设计方案，但效果不很理想。应从提高置换率和增加水泥掺量的角度来保证水泥土达到一定的桩身强度。工程实践证明，提高置换率（长、短桩相结合），往往能得到理想的加固效果，对生活垃圾的填土不宜采用水泥土搅拌桩法加固。

采用干法加固砂土进行颗粒级配分析时，应特别注意土的黏粒含量及对加固料有害的土中的离子种类及数量,如 SO_4^{2-}、Cl^- 等。

设计前应进行拟处理土的室内配合比试验,针对现场拟处理的最软弱层土的性质,选择合理的固化剂、外掺剂及其掺量,为设计提供各种龄期、各种强度的参数。

对于竖向承载的水泥土强度宜取 90 d 龄期试块的立方体抗压强度的平均值,对于承受水平荷重的水泥土强度宜取 28 d 龄期试块的立方体抗压强度的平均值。

水泥土的强度随龄期的增长而增大,在龄期超过 28 d 后,其强度仍有明显增长。为了降低造价,对承重的搅拌桩试块国内外都取 90 d 的龄期为标准龄期,对起支挡作用承受水平作用荷载的搅拌桩,为了缩短养护期,水泥土搅拌桩的水泥强度标准取 28 d 龄期为标准龄期。从抗压强度试验可知,在其他条件相同时,不同龄期的混凝土抗压强度间的关系大致呈线性关系。在龄期超过 3 个月后,水泥土强度增长缓慢。180 d 的水泥土强度为 90 d 的 1.25 倍,而 180 d 后水泥土的强度增长仍未终止。当拟加固的软弱地基为多层土时,应选择最弱的一层土进行室内配合比试验。

2. 选择水泥土搅拌桩的布置形式

水泥土搅拌桩的布置形式对加固效果影响很大,一般根据工程地质的特点和上部结构要求采用柱状、壁状、格栅状及长短桩相结合等不同的加固形式。

(1)柱状。柱状布置是每隔一定的距离,打设一根水泥桩,形成柱状加固形式,它可以充分发挥桩身强度与桩周侧阻力。

(2)壁状。壁状布置是将相邻桩体的部分重叠搭接成为壁状加固形式,适用于深基坑开挖时的边坡加固及建筑物长高比大、刚度小、对不均匀沉降比较敏感的多层房屋条形基础下的地基加固。

(3)格栅状。格栅状布置是沿纵横两个方向的相邻桩体搭接而形成的加固形式,适用于上部结构单位面积荷载大和对不均匀沉降要求严格的建(构)筑物的地基加固。

(4)长短桩相结合。当地质条件复杂,同一建筑物坐落在两类不同性质的地基土上时,可用 3 m 左右的短桩将相邻长桩连成壁状或格栅状,以调整和减小不均匀沉降量。

水泥土搅拌桩加固设计中往往以群桩形式出现,群桩中各桩与单桩的工作状态迥然不同。试验结果表明,双桩承载力小于两根单桩承载力之和;双桩沉降量大于单桩沉降量。可见,当桩距较小时,由于应力重叠产生群桩效应,因此当水泥土搅拌桩的置换率较大($m>20\%$),且非单行排列,而桩端下又存在较软弱的土层时,尚应将桩与桩间土视为一个假想的实体基础,用以验算软弱下卧层的地基承载力。

3. 选择固化剂

根据室内试验,一般认为用水泥做加固料,对含有高岭石、多水高岭石、蒙脱石等黏土矿物的软土加固效果较好;而对含有伊利石、氯化物和水铝石英等矿物的黏性土及有机质含量高、pH 值较低的黏性土加固效果较差。

在黏粒含量不足的情况下,可以添加粉煤灰。而当黏土的塑性指数大于 25 时,容易在搅拌头叶片上形成泥团,无法完成水泥土的拌和。当地基土的天然含水量小于 30% 时,由于不能保证水泥充分水化,故不宜采用干法。

采用水泥作为固化剂材料,在其他条件相同时,同一土层中水泥掺入比不同,水泥土强度将不同。对于块状加固的大体积处理，对水泥土的强度要求不高，因此为了节约水泥、降低成本，可选用7% ~12%的水泥掺入比。水泥掺入比大于10%时，水泥土强度可达0.3 ~2 MPa。水泥土的抗压强度随其相应的水泥掺入比的增加而增大，但因场地土质与施工条件的差异，掺入比的提高与水泥土强度增加的百分比是不完全一致的。

根据室内模型试验和水泥土桩的加固机制分析，其桩身轴向应力自上而下逐渐减小，其最大轴力位于桩顶3倍桩径范围内。因此，在水泥土单桩设计时，为节省固化剂材料和提高施工效率，可采用变掺量的施工工艺，以获得良好的技术经济效果。

水泥强度等级直接影响水泥土的强度，水泥强度等级提高10级，水泥土强度增大20% ~30%。如要求达到相同的强度，水泥强度等级提高10级可降低水泥掺入比2% ~3%。

固化剂宜选用强度等级为32.5级及以上的普通硅酸盐水泥，水泥掺量为被加固湿土质量的12% ~20%，施工前应进行拟处理土的室内配合比试验。

固化剂与土的搅拌均匀程度对加固体的强度有较大的影响，实践证明，采用复搅工艺对提高桩体强度有较好的效果。

外掺剂对水泥土强度有着不同的影响。木质素磺酸钙对水泥土强度主要起减小强度的作用，氯化钙、碳酸钙、水玻璃和石膏等材料对水泥土强度有增强作用。其效果对不同土质和不同水泥掺入比又有所不同，当掺入与水泥等量的粉煤灰后，水泥土强度可提高10%左右。因此，在加固软土时掺入粉煤灰，不仅可消耗工业废料，符合环境保护要求，还可使水泥土强度有所提高。

4. *确定水泥土搅拌桩的置换率和长度*

水泥土搅拌桩的设计主要是确定搅拌桩的置换率和长度。竖向承载搅拌桩的长度应根据上部结构对承载力和变形的要求确定，并穿透软弱土层到达承载力相对较高的土。为提高抗滑稳定性而设置的搅拌桩，其桩长应超过滑弧以下2 m。

湿法的加固深度不宜大于20 m，干法不宜大于15 m，水泥土搅拌桩的桩径不应小于500 mm。

对于软土地区，地基处理的任务主要是解决地基的变形问题，即地基是在满足强度的基础上对变形进行控制的，因此水泥土搅拌桩的桩长应通过变形计算来确定。对于变形来说，增加桩长对减小沉降是有利的。实践证明，若水泥土搅拌桩能穿透软弱土层到达强度相对较高的持力层，则沉降量是很小的。

对于水泥土桩，其桩身强度是有一定限制的，也就是说，水泥土桩从承载力角度来说，存在一个有效的桩长，单桩的承载力在一定程度上并不随桩长的增加而增大。但当软弱土层较厚时，从减少地基的变形量方面考虑，桩应设计较长，原则上桩长应穿越软弱土层到达下卧强度较高的土层。在深厚软土层中尽量避免采用“悬浮”桩型。

从承载力角度来讲，提高置换率比增加桩长的效果好。水泥土桩是介于刚性桩与柔性桩间的具有一定压缩性的半刚性桩，桩身强度越高，其特性越接近刚性桩，反之则越接近柔性桩。桩越长，则对桩身强度要求越高，但过高的桩身强度对复合地基承载力的提高及桩间土承载力的发挥是不利的。为了充分发挥桩间土的承载力和复合地基的潜力，应使土对桩的支承力与桩身强度所确定的单桩承载力接近。通常使后者略大于前者较为安全和经济。

初步设计时,根据复合地基承载力特征值和单桩竖向承载力特征值的估算公式可初步确定桩径、桩距和桩长。

(1)复合地基承载力特征值:

$$f_{spk} = mR_a/A_p + B(1 - m)f_{sk}$$

$$m = d^2/d_e^2$$

式中,各符号意义同前。

当桩端土未经修正的承载力特征值大于桩周围土的承载力特征值的平均值时,折减系数 B 可取 0.1 ~0.4,差值大时取低值。当桩端土未经修正的承载力特征值小于或等于桩周围土的承载力特征值的平均值时,折减系数 B 可取 0.5 ~0.9,差值大时或设置褥垫层时取高值。

桩间土承载力折减系数 B 是反映桩土共同作用的一个参数,如 $B=1$,则表示桩与土共同承受荷载,由此得出与柔性桩复合地基相同的计算公式;如 $B=0$,则表示桩间土不承受荷载,由此得出与一般刚性桩相似的计算公式。

对比水泥土和天然土的应力—应变关系曲线及复合地基和天然地基的 P—S 曲线可见,在发生与水泥土极限应力值相对应的应变值时,或发生与复合地基承载力设计值相对应的沉降值时,天然地基所提供的应力或承载力小于其极限应力或承载力值,考虑水泥土桩复合地基的变形协调,引入折减系数 B。它的取值与桩间土和桩端土的性质、搅拌桩的桩身强度和承载力养护龄期等因素有关,桩间土较好,桩端土较弱,桩身强度较低,养护龄期较短,则 B 取高值,反之,则 B 取低值。

确定 B 值还应根据建筑物对沉降的要求,当建筑物对沉降要求控制较高时,即使桩端土是软土,B 值也应取小值,这样较为安全;当建筑物对沉降要求控制较低时,即使桩端土为硬土,B 值也可取大值,这样较为经济。

(2)单桩竖向承载力特征值:

$$R_a = u_p \sum_{i=1}^{n} q_{si} + aq_pA_p$$

式中 a——桩端天然地基土的承载力折减系数,取 0.4 ~0.6,承载力高时取低值;

其他符号意义同前。

为使由桩身材料强度确定的单桩承载力大于或等于由桩周围土和桩端土的抗力所提供的单桩承载力,应同时满足下列要求:

$$R_n = nf_{cu}A_p$$

式中 f_{cu}——与搅拌桩桩身水泥土配合比相同的室内加固土试块(边长为 70.7 mm 的立方体,也可采用边长为 50 mm 的立方体)在标准养护条件下 90 d 龄期的立方体抗压强度平均值,kPa;

n——桩身强度折减系数,干法可取 0.20 ~0.30,湿法可取 0.25 ~0.33。

当搅拌桩处理范围以下存在软弱下卧层时,可按现行国家标准《建筑地基基础设计规范》(GB 50007—2011)的有关规定进行下卧层强度验算。

5. 褥垫层的设置要求

在复合地基的设计中,基础与桩和桩间土之间设置一定厚度的由散体粒状材料组成的褥垫层,是复合地基的核心技术。基础下是否设置褥垫层,对复合地基受力影响很大。若不设褥垫层,复合地基承载特性与桩基础相似,桩间土承载力难以发挥,不能成为复合地基。基础下设置褥垫层后,桩间土承载力的发挥就不单纯依赖于桩的沉降,即使桩端落在坚硬的土层上,也能保证荷载通过褥垫层作用到桩间土上,使桩土共同承担荷载。

水泥土搅拌桩复合地基应在基础和桩之间设置褥垫层,以保证基础始终通过褥垫层把一部分荷载传到桩间土上,调整桩和土荷载的分担作用。特别是当桩身强度较大时,在基础下设置褥垫层可以减小桩土应力比,充分发挥桩间土的作用,减少基础底面的应力集中。

褥垫层的厚度取200~300 mm,其材料可选用中砂、粗砂及级配砂石等,最大粒径不宜大于20 mm。

6. 地基的变形验算

水泥土搅拌桩复合地基的变形,包括复合地基土层的压缩变形和桩端以下未处理土层的压缩变形。

竖向承载搅拌桩复合土层的压缩变形可按下式计算:

$$S_1 = \frac{(P_z + P_{zl})L}{2E_{sp}}$$

$$E_{sp} = mE_p = (1 - m)E_s$$

式中 S_1——复合土层的压缩变形量,mm;

P_z——搅拌桩复合土层顶面的附加压力值,kPa;

P_{zl}——搅拌桩复合土层底面的附加压力值,kPa;

E_p——搅拌桩的压缩模量,kPa;

E_{sp}——搅拌桩复合土层的压缩模量,kPa;

E_s——桩间的压缩模量,kPa;

其他符号意义同前。

根据大量水泥土单桩复合地基载荷试验资料,在工作荷载下水泥土桩复合地基的复合模量一般为15~25 MPa,其变化受面积置换率、桩间土质和桩身质量因素的影响。根据理论分析和实测结果,复合地基的复合模量总是大于桩的模量与桩间土的模量的面积加权之和。大量的水泥土桩设计计算及实测结果表明,群桩体的压缩变形量仅为10~50 mm。

桩端以下未处理土层的压缩变形值可按现行国家标准《建筑地基基础设计规范》(GB 50007—2011)的规定进行计算。

7. 水泥土常用参数的经验值

对有关水泥土室内试验所获得的众多物理力学指标进行分析,可见水泥土的物理力学性质与固化剂的品种、强度、性状,水泥土的养护龄期,掺加剂的品种、掺量均有关。因此，为了判断某种土类用水泥加固的效果，必须首先进行室内试验。在先期阶段或者在地基处理方案比较阶段，以下经验可供参考：

（1）任何土类均可采用水泥作为固化剂（主剂）进行加固，只是加固的效果不同。砂性土的加固效果要好于黏性土，而含有砂粒的粉土固化后其强度又大于粉质黏土和淤泥质粉质黏土，并且随着水泥掺量的增加、养护龄期的增长，水泥土的强度也会提高。

（2）与天然土相比，在常用水泥掺量的范围内，水泥土的重度增加不大，含水量降低不多，但抗渗性能大大改善。

（3）对于天然软土，当掺入普通硅酸盐水泥的强度为 32.5 MPa，掺量为 10% ~15% 时，90 d 标准龄期水泥土无侧限抗压强度可达到 0.80 ~2.0 MPa。更长龄期强度试验表明，水泥土的强度还有一定的增长，尚未发现强度降低的现象。

（4）水泥土的变形模量为抗压强度的 120 ~150 倍，压缩变形模量变化在 60 ~100 MPa，水泥土破坏时的轴向应变很小，一般为 0.8% ~1.5%，且呈脆性破坏。

（5）从现场实体水泥土桩身取样的试块强度为室内水泥土试块强度的 1/5 ~1/3。

四、水泥土搅拌桩法的施工技术要求

水泥土搅拌桩法的施工技术要求根据所采用的方法不同而略有差异。

（一）施工准备

（1）水泥土搅拌桩法施工现场应予以平整，必须清除地面上和地下的障碍物。国产水泥土搅拌机的搅拌头大都采用双层（或多层）十字杆形或叶片螺旋形。这类搅拌头切削和搅拌、加固软土十分合适，但对粒径大于 100 mm 的石块、树根和生活垃圾等大块物的切割力较差。即使将搅拌头作加强处理后已能穿过块石层，施工效率也较低，机械磨损严重。因此，施工时应将大块物挖除后再填素土，增加的工程量不大，但施工效率却可大大提高。

（2）施工前应根据设计制作工艺性试验桩，数量不得少于 2 根，以提供满足设计固化剂掺入量要求的各种操作参数，验证搅拌均匀程度及成桩直径，了解下钻及提升的阻力情况，并采取相应的措施。

（3）施工机械的选用。目前国内使用的深层搅拌桩机较多，样式大同小异，用于湿法的喷浆施工机械分别有单轴（SJB－3）、双轴（SJB－1）和三轴（SJB－4）的深层搅拌桩机，加固深度可达 20 m。单轴的深层搅拌桩机单桩截面面积为 0.22 m^2，双轴的深层搅拌桩机单桩截面面积为 0.71 m^2，三轴的深层搅拌桩机单桩截面面积为 1.20 m^2（可用于设计中间插筋的重力式挡土墙施工），SJB 系列的设备常用钻头设计为多片桨叶搅拌形式。深层搅拌桩施工时除使用深层搅拌桩机外，还需要配置灰浆拌制机、集料机、灰浆泵等配套设备。

用干法施工的机械分别有 CPP－（5）、CPP－（7）、EP－1（5）、FP－1（5）、FP－25 等机型。加固极限深度是 18 m，单桩截面面积为 0.22 m^2，喷灰钻头呈螺旋形状，送灰器容量为1.2 t，配置 1.6 m^3/s 空压机，最远送灰距离为 50 m。干法施工的机械也可用于湿法施工，施工时更换干法施工的配套设备，钻头须改成双十字叶片式钻头，另配置灰浆拌制机、灰浆泵等配套设备。

搅拌头翼片的数量、宽度与搅拌轴的垂直夹角，搅拌头的回转数，提升速度应相互匹配，以确保加固深度范围内土体的任何一点均能经过20次以上的搅拌。深层搅拌机施工时，搅拌次数越多，则拌和越均匀，水泥土强度也越高，但施工效率降低。试验证明，加固范围内土体任何一点的水泥土每遍经过20次的拌和，其强度即可达到较高值。

（二）水泥土搅拌桩法的施工步骤

水泥土搅拌桩法的步骤由于湿法和干法的施工设备不同而略有差异，其主要步骤如下：

（1）搅拌机械就位、调干。

（2）预搅下沉至设计加固深度。

（3）边喷浆（粉）边搅拌提升，直到预定的停浆（灰）面。

（4）重复搅拌下沉至加固深度。

（5）根据设计要求喷浆（粉）或仅搅拌提升至预定停浆（灰）面。

（6）关闭搅拌机械。

（三）湿法的施工要求

（1）施工前确定灰浆泵的输浆量、灰浆经输浆管到达搅拌机喷浆口的时间和距离及起吊设备提升速度等参数，并根据设计要求通过工艺性成桩试验确定施工工艺。

每一个水泥土搅拌桩的施工现场由于土质有差异，水泥的品种和强度等级不同，搅拌加固质量有较大的差别，所以在正式搅拌桩施工前，均应按施工组织设计确定的搅拌施工工艺制作试验桩，最后确定水泥浆的水灰比、泵送时间、搅拌机提升速度和复搅深度等参数。

（2）所使用的水泥都应过筛，机制备好的浆液不得离析，泵送必须连续，拌制水泥浆液的罐数、水泥和掺加剂用量及泵送浆液的时间等应有专人记录，喷浆量及搅拌深度必须采用国家计量部门认证的监测仪器进行自动记录。

由于搅拌机械通常采用定量泵输送水泥浆，转速大多是恒定的，因此灌入地基中的水泥量完全取决于搅拌机的提升速度和复搅次数，施工过程中不能随便变更并应保证水泥浆能定量不间断供应。采用自动记录是为了最大程度地降低人为干扰施工质量，目前市售的记录仪必须有国家计量部门的认证。严禁采用由施工单位自制的记录仪。

由于固化剂从灰浆泵到达搅拌机械的出浆口需通过较长的输浆管，必须考虑水泥浆到达桩端的泵送时间。一般可通过试打桩确定其输送时间。

（3）搅拌机喷浆提升的速度和次数必须符合施工工艺的要求，并应有专人记录。

搅拌机施工检查是检查搅拌机施工质量和判明事故原因的基本依据。因此，对每一延米的施工情况均应如实及时记录，不得事后回忆补记。

施工中要随时检查自动计量装置的制桩记录，对每根桩的水泥用量、成桩过程（下沉喷浆提升和复搅等时间）进行详细检查，质检员应根据制桩记录，对照标准施工工艺，对每根桩进行质量评定。

（4）当水泥浆液到达出浆口后，为了确保搅拌桩底与土体充分搅拌均匀，达到较高的强度，应喷浆搅拌 30 s。在水泥浆与桩端土充分搅拌后，再开始提升搅拌头。

(5)搅拌机预搅下沉时不宜冲水，当遇到硬土层下沉太慢时，方可适量冲水，但要考虑冲水时对桩身强度的影响。

深层搅拌机预搅下沉，当遇到坚硬的表土层而使下沉速度过慢时，可适当加水下沉。试验表明，当土层的含水量增加时，水泥土的强度会降低，但考虑到搅拌设计中一般是按下部最软的土层来确定水泥掺量的，因此只要表层的硬土经加水搅拌后的强度不低于下部软土加固后的强度，也是能满足设计要求的。

(6)施工时如因故停浆，应将搅拌头下沉到停浆点以下 0.5 m 处，待恢复供浆时再喷浆，搅拌提升。中途停止输浆 3 h 以上时将使水泥浆整个输浆管路中水泥凝固，因此必须排清全部水泥浆，清洗管路。

(7)壁装加固时，相邻桩的施工间隔时间不宜超过 24 h，当间隔时间太长，与桩相邻无法搭接时，应采取局部补桩或注浆等补强措施。

(四)干法施工的要求

(1)喷粉施工前应仔细检查搅拌机械、供粉泵、送气(粉)管路、接头和阀门的密封性、可靠性。送气(粉)管路的长度不宜大于 60 m。

每个场地开工前的成桩工艺试验必不可少，由于制桩喷灰量与土性、孔深、气流量等多种因素有关，故应根据设计要求逐步调整，以确定施工有关参数(如土层的可钻性、提升速度、叶轮泵转速等)，以便正式施工时能顺利进行。施工经验表明，送气(粉)管路长度超过 60 m 后，送粉阻力明显增大，送粉量也不易达到恒定。

(2)喷粉施工机械必须配置经国家计量部门确认的粉体计量装置及搅拌深度自动记录仪。由于干法喷粉搅拌是用任意压缩的压缩空气输送水泥粉体的，送粉量不易严格控制，所以要认真操作粉体自动计量装置，严格控制固化剂的喷入量，以满足设计要求。

(3)搅拌头每旋转一周，其提升高度不得超过 16 m。合格的粉喷桩机一般已考虑提升高度与搅拌头转速的匹配，钻头均约每搅拌一圈提升 15 mm，从而保证成桩搅拌的均匀性。但每次搅拌时，桩体将出现极薄软弱结构面，这对承受水平剪力是不利的。一般可通过复搅的方法来提高桩体的均匀性，消除软弱结构面，提高桩体抗剪强度。

(4)搅拌头的直径应定期复核检查，其磨耗量不得大于 10 mm，定时检查成桩直径及搅拌的均匀程度。当粉喷桩桩长大于 10 m 时，其底部喷粉阻力较大，应适当减慢钻机提升速度，以确保固化剂的设计喷入量。

(5)当搅拌头到达设计桩底以上 1.5 m 时，应立即开启喷粉机提前进行喷粉作业。当搅拌头提升至地下 0.5 m 时，喷粉机应停止喷粉。固化剂从料罐到喷灰口有一定的时间延迟，严禁在没有喷粉的情况下进行钻机提升作业。

(6)在成桩的过程中，因故停止喷粉时，应将搅拌头下沉到停灰面以下 1 m 处，待恢复喷粉时，再喷粉搅拌提升。

(7)需在地基上天然含水量小于 30% 的土层中喷粉成桩时，应采用地面注水搅拌工艺，如不及时在地面浇水，将使地下水位以上区段的水泥土水化不完全，造成桩身强度降低。

（五）施工注意事项

（1）施工时应保持搅拌机底盘的水平和导向架的竖直，搅拌桩的垂直偏差不得超过1%，桩位的偏差不得大于50 mm，成桩直径和桩长不得小于设计值。

（2）要根据加固强度均匀预搅，软土应完全预搅切碎，以利于水泥浆均匀搅拌，并做到以下几点：

①压浆阶段不允许发生断浆现象，喷浆输浆管不能堵塞。

②严格按设计确定的数据，控制喷浆、搅拌和提升速度。

③控制重复搅拌时的下沉速度和提升速度，以保证加固范围每一深度内得到充分搅拌。

④竖向承载搅拌桩施工时停浆（灰）面应高于桩顶设计标高300～500 mm。

根据实际施工经验，搅拌法在施工到顶部0.3～0.5 m时，因上覆土压力较小，搅拌质量较差，因此场地平整标高应比设计确定的标高高出0.3～0.5 m，桩制作时仍施工到地面。待开挖基坑时，再将上部0.3～0.5 m的桩身质量较差的桩段挖掉。现场实践表明，当搅拌桩作为承重桩进行基坑开挖时，桩身水泥土已有一定的强度，若用机械开挖基坑，往往容易碰撞而损坏桩面，因此基底标高以上0.3 m宜采用人工开挖，以保护桩头质量。

（六）主要的安全技术措施

（1）深层搅拌机冷却循环水在整个施工过程中应经常检查进水温度和回水温度，回水温度不应过高。

（2）深层搅拌机入土切割和提升搅拌时，若负载太大及电机工作电流超过额定值，应减慢提升速度或补偿清水。一旦发生卡钻或停钻现象，应立即切断电源，将搅拌机强制提起之后，才能重新开启电机。

（3）深层搅拌机电网电源电压低于380 kV时，应暂时停止施工，以保护电机。

（4）灰浆泵及输浆管的注意事项如下：

①泵送水泥浆前管路应保持清洁和湿润，以利于输浆。

②水泥浆内不得有硬结块，以免吸入泵内损坏缸体。每日完工后需彻底清洗一次。在喷浆搅拌施工过程中，如果发生故障停机超过半小时宜拆开管路，排除灰浆，妥为清洗。

③灰浆泵应定期清洗、定期拆开清扫，注意保持齿轮减速器内润滑油的清洁。

④深层搅拌机械及起重机设备在地面土质松散（软）环境下施工时，场地要铺填石块、碎石并平整压实，根据土层情况铺垫枕木钢板或特制路轨箱等。

（七）质量检验

制桩质量的优劣直接关系到地基处理的效果，关键是控制灌浆量、水泥浆与软土搅拌的均匀程度，并检验以下项目：

（1）水泥土搅拌桩的质量控制应贯穿施工的全过程并应坚持全程的施工监控，检查的重点是水泥的用量、桩长、搅拌头的转度和提升速度、复摆次数和复核深度、停浆处理方法等。

（2）水泥土搅拌桩的质量检测要求如下：

水泥土搅拌桩成桩后7 d，采用浅部开挖桩头（深度宜超过停浆（灰）面下0.5 m），目测检查搅拌的均匀性，量测成桩直径。检查数量为总桩数的5%。各施工机组应对成桩质量随时检查，及时发现问题并随时处理。

成桩后3 d内，可用轻型动力触探检查每米桩身的均匀性。检验数量为施工总桩数的1%且不少于3根。由于每次落锤能量较小，连续触探一般不大于4 m，但是如果采用从桩顶开始至桩底每米桩身先钻孔700 mm，然后触探300 mm并记录锤击数的操作方法，测触探深度可加大。触探杆宜用铝合金制造，可不考虑杆长的修正。

(3)复合地基竣工验收时，承载力的检测应做复合地基载荷试验和单桩载荷试验。载荷试验必须在桩身强度满足试验荷载条件并宜在成桩28 d后进行。检验数量为总桩数的0.5%～1%，且每项单体工程不应少于3个检验点。

经触探和载荷试验检验后，对桩身质量有怀疑时，应在成桩28 d后，用双管单动取样器钻取芯样做抗压强度检验。检验数量为施工桩数的0.5%且不少于3根。

(4)对相邻桩搭接要求严格的工程，应在成桩15 d选取数根桩进行开挖，检查搭接情况。

对壁状水泥桩，在必要时开挖桩顶3～4 m深度，检查其外观搭接状态。另外，也可沿壁状加固体轴线斜向钻孔，使钻杆通过2～4根桩身即可检查深部相邻桩的搭接状态。

(5)基槽开挖后应检验桩位、桩数与桩顶的质量，如不符合设计要求，应采取有效的补强措施。

水泥土搅拌桩施工时，由于各种因素的影响有可能不符合设计要求。只有基槽开挖后测放了建筑物轴线或基柱轮廓线，才能对偏位桩的数量、部位和程度进行分析及确定补救措施，因此水泥土搅拌桩法的施工检验验收工作宜在基槽开挖后进行。

对于水泥土搅拌桩的检测，目前应该在使用自动计量装置进行施工全过程监控的前提下，采用单桩载荷试验和复合地基载荷试验进行检验。

第八节　水泥粉煤灰碎石桩法

水泥粉煤灰碎石桩简称CFG桩，其骨干材料采用碎石、粗骨料石屑等中等粒径的骨料，以改善桩的级配，增加桩体强度。粉煤灰是细骨料，具有低强度等级水泥的作用，可使桩体后期强度明显增加。这种地基的处理方法吸取了振冲碎石桩和水泥土搅拌桩的优点：其一，施工工艺简单，与振冲碎石桩相比，无场地污染，振动影响也小；其二，所用材料仅需少量水泥，便于就地取材，节约材料；其三，可充分利用工业废料，利于环保；其四，施工可不受地下水位的影响。

CFG桩掺入料粉煤灰是燃煤发电厂排出的一种工业废料，它是磨至一定细度的粉煤灰在煤粉炉中燃烧(1 100～1 500 ℃)后，由收尘器收集的细灰，简称干灰。用湿法排灰所得的粉煤灰称为湿灰，由于其部分活性先行水化，所以其活性较干灰的低。粉煤灰的活性是影响混合料强度的主要指标：活性越高，混合料需水量越少，强度越高；活性越低，混合料需水量越多，强度越低。不同的发电厂收集的粉煤灰，由于原煤的种类、燃烧条件、煤粉细度、收灰方式的不同，其活性有很大的差异，所以对混合料的强度有很大的影响。粉煤灰的粒度组成是影响粉煤灰质量的主要指标，一般粉煤灰越细，球形颗粒越多，水化及接触界面增加，容易发挥粉煤灰的活性。

CFG 桩的骨料为碎石，掺入石屑以填充碎石的空隙，使级配良好，接触表面积增大，从而提高桩体的抗剪强度。

一、CFG 桩的作用机制与适用范围

（一）作用机制

（1）桩体的作用。由于桩体的材料强度高于软土地层，在荷载作用下，CFG 桩的压缩性明显比桩间土小，因此基础传给复合地基的附加应力随着地层变形逐渐集中到桩体上，出现应力集中现象。大部分荷载由桩体承受，桩间土应力明显减小，复合地基承载力较天然地基有所提高，随着桩体刚度增加，桩体作用发挥更加明显。

（2）垫层的作用。CFG 桩复合地基的褥垫层是由厚度为 100～300 mm 的粒状材料组成的散体垫层，CFG 桩和桩间土一起通过褥垫层形成 CFG 桩复合地基。褥垫层为桩向上刺入提供了条件，并通过垫层材料的流动补给，使桩间土与基柱始终保持接触，在柱土共同作用下，地基土的强度得到一定的发挥，相应地减少了对桩的承载力要求。

（3）加速排水固结。CFG 桩在饱和粉土和砂土中施工时，由于成桩和振动作用，会使土体产生超孔隙水压力。刚施工完的 CFG 桩为一个良好的排水通道，孔隙水沿桩体向上排出，直到 CFG 桩体硬结。有资料表明，这一系列排水作用对减少孔压引起的地面隆起（黏性土层）和沉陷（砂性土层），增加桩间土的密实度和提高复合地基承载力极为有利。

（4）振动挤密。CFG 桩采用振动沉管法施工时振动和挤密作用使桩间土得到挤密，特别是砂土层这一作用更加明显。砂土在高频振动下产生液化并重新排列致密，而且桩体粗骨料（碎石）填入后挤入土中，使砂土的相对密度增加，孔隙率降低，干密度和内摩擦角增大，改善了土的物理力学性能，抗液化能力也有所提高。

CFG 桩复合地基既可用于挤密效果好的土体，又可用于挤密效果差的土体。当 CFG 桩用于挤密效果好的土体时，承载力的提高既有挤密作用，又有置换作用。当 CFG 桩用于挤密效果差的土体时，承载力的提高只与置换作用有关。与其他复合地基的桩型相比，CFG 桩材料较轻，置换作用特别明显，就基础形成而言，CFG 桩复合地基既适用于条形基础、独立基础，又适用于筏板基础、箱形基础。

（二）适用范围

CFG 桩复合地基处理技术适用于处理黏性土、粉土和已自重固结的素填土等地基，它是由水泥、粉煤灰、碎石、石屑或砂加水拌和形成的高黏结强度的桩、桩间土和褥垫层一起构成的复合地基。

CFG 桩复合地基具有承载力提高幅度大、地基变形小的特点并具有较大的适用范围。就基础的形式而言，其既适用于条形基础、独立基础，也适用于箱形基础、筏板基础，既有工业厂房，也有民用建筑。就土性而言，其适用于处理黏性土、粉土、砂土和正常固结的素填土等地基，对于淤泥土质应通过现场试验确定其适用性。

CFG 桩不仅适用于承载力较低的土，对承载力较高（如承载力为 200 kPa），但变形不

能满足要求的地基,也可采用,以减小地基变形。

目前,根据已积累的工程实例,用 CFG 桩处理承载力较低的地基多用于多层住宅和工业厂房。如南京浦镇车辆厂厂南生活区 24 幢 6 层住宅楼,原地基土承载力特征值达 240 kPa,基础形式为条形基础,建筑物最终沉陷在 4 cm 左右。

对于一般的黏性土、粉土或砂土,桩端持有好的持力层,经水泥粉煤灰碎石桩处理后可作为高层或超高层的建筑地基。如北京华亭嘉园 35 层住宅楼,天然地基承载力特征值为 200 kPa,采用 CFG 桩处理后建筑物沉陷为 3 ~ 4 cm。对于可液化的地基,也可采用 CFG 桩多桩复合型地基,一般先做 CFG 桩,然后在 CFG 桩中间打沉管水泥粉煤灰碎石桩,既可消除地基液化,又可获取很高的复合地基承载力。

二、工程的应用现状

CFG 桩复合地基是我国建设部“七五”科研计划于 1988 年立项进行试验研究的,并应用于工程实践,1992 年通过建设部组织的专家鉴定,一致认为该成果达到国际领先水平。同时,为了进一步推广这项新技术,国家投资对施工设备和施工工艺进行了专门研究。该技术被列入“九五”国家重点攻关项目,于 1999 年通过国家验收,1997 年被列为国家级工法,并制定了中国建筑科学研究院企业标准,现已被列入国家行业标准。CFG 桩复合地基处理技术水平领先,推行意义很大。

目前,该技术正在全国多个省(市)广泛推广,据不完全统计,已在 2 000 多项工程中应用。与桩基相比,由于 CFG 桩体材料可以充分利用工业废料粉煤灰、不配筋及充分发挥桩间的承载力,工程造价为一般桩基的 1/3 ~ 1/2,效益非常显著。

2005 年 6 月,石立辉将 CFG 桩复合地基应用于西南水闸重建工程,通过现场原位试验证明,CFG 桩复合地基的承载力得到了大幅度的提高,地基变形得以有效降低和控制,而且稳定快,施工简单易行,工程质量易保证,工程造价约为一般桩基的 1/2,经济效益和社会效益非常显著。

2005 年,廖文彬探讨了 CFG 桩复合地基在严重液化地基处理中的应用,认为在液化土层下存在良好持力层的地基,对液化层采用 CFG 桩复合地基处理,既可以消除液化,又能有效提高地基承载力,满足高层建筑地基承载力的设计要求。与传统的桩基础相比,施工速度快,经济性好,可以节省工程投资至少一半以上。

2006 年 5 月,王大明等将 CFG 桩复合地基应用于高速公路桥头深层软基的处理,介绍了 CFG 桩的施工方案,分析了 CFG 桩的成桩质量,同时进行了 CFG 桩复合地基承载力试验。结果表明,CFG 桩桩身连续强度高,复合地基承载力满足设计要求,施工质量良好,保证了 CFG 桩复合地基的加固效果。

2006 年 6 月,刘鹏通过 CFG 长桩加夯实水泥土短桩的多桩复合地基在湿陷性黄土地区的应用性实例,介绍了 CFG 桩复合地基应用于湿陷性黄土地基的设计方法和施工工艺等。工程采用 CFG 长桩加夯实水泥土桩的多桩型复合地基处理方案,夯实水泥土短桩与 CFG 长桩间隔布置,达到既消除上部土层湿陷性又提高地基承载力的目的。

2006 年 8 月,徐毅等结合 CFG 桩复合地基加固高速公路软基工程,进行了现场应用的试验研究。结果表明，CFG 桩复合地基处理高速公路软基的设计参数是否合理，应视其实际发挥的承载能力及承载时变形的性状而定。通过对 CFG 桩复合地基、土应力和表面沉降的现场观测，研究了路堤荷载下 CFG 桩复合地基桩顶、桩间土的应力和沉降变化规律，根据实测数据分析了褥垫层厚度、桩间距及桩体强度等设计参数的合理性。结果表明，在路堤荷载下，CFG 桩、土最终可达到变形协调，桩土应力比与桩土沉降差有着密切的关系，疏桩形式时桩间土承担着大部分荷载。

CFG 桩复合地基在多层、高层建筑，高速公路高填方地基处理工程中均得到了成功的应用。经过 CFG 桩的竖向加固，不仅提高了地基承载力，而且有效提高了地基压缩模量。在复杂工程地质条件下，CFG 桩不仅可处理黄土的湿陷性，而且解决了饱和砂性土的液化问题，但其在水利工程中的应用实例相对较少。

由于 CFG 桩复合地基处理技术具有施工速度快、工期短、质量容易控制、工程造价经济的特点，目前已经成为华北地区建筑、公路等行业普遍应用的地基处理技术之一，但在水利工程中应用尚属少见。

三、设计

进行 CFG 桩复合地基设计前，首先要取得施工场区岩土工程勘察报告和建筑结构设计资料，明确建(构)筑物对地基的要求以及场地的工程地质条件、水文地质条件、环境条件等。在此基础上，可按图 3-5 所示的设计流程进行设计，主要内容有布置形式、褥垫层的设置、基本设计参数的确定、复合地基承载力的要求及地基的变形验算等。

(一)布置形式

CFG 桩可只在基础的范围内布置，桩径宜取 350 ~ 600 mm，桩距应根据设计要求的复合地基承载力、土性、施工工艺等确定，宜取 3 ~ 5 倍桩径。CFG 桩应选择承载力相对较高的土层作为桩端持力层，以具有较强的置换作用，其他条件相同时，桩越长则桩的荷载分担比(桩承担的荷载占总荷载的百分比)越高。设计时须将桩端落在相对好的土层上，这样可以很好地发挥桩的端阻力，也可避免场地岩性变化大可能造成建筑物沉降的不均匀性。

布桩需要考虑的因素很多，一般可按等间距布桩。对墙下的条形基础，在轴心荷载的作用下，可采用单排、双排或多排布桩，且桩位应沿轴线对称。在偏心荷载的作用下，可采用沿轴线非对称布桩。对于独立基础、箱形基础、筏板基础，基础边缘到桩的中心距一般为一个桩径，或基础边缘到桩边缘的最小距离不宜小于 150 mm；对于条形基础，基础边缘到桩边缘的最小距离不宜小于 75 mm；对于柱(墙)下筏板基础，布桩时除考虑整体荷载传到基底的压应力不大于复合地基的承载力外，还必须考虑每根柱(每道墙)传到基础的荷载扩散到基底的范围，在扩散范围内的压应力也必须等于或小于复合地基的承载力。扩散范围取决于底板厚度，在扩散范围内底板必须满足抗冲切要求。对于可液化地基或有必要时，可在基础外某一范围内设置护桩。布桩时要考虑桩受力的合理性，尽量利用桩间土应力产生的附加应力对桩侧阻力的增大作用。

设计的桩距首先要满足承载力和变形量的要求。从施工角度考虑，尽量选用较大的桩距，以防止新打桩对已打桩的不良影响。就土的挤密性而言，可将土划分为以下几种类型：

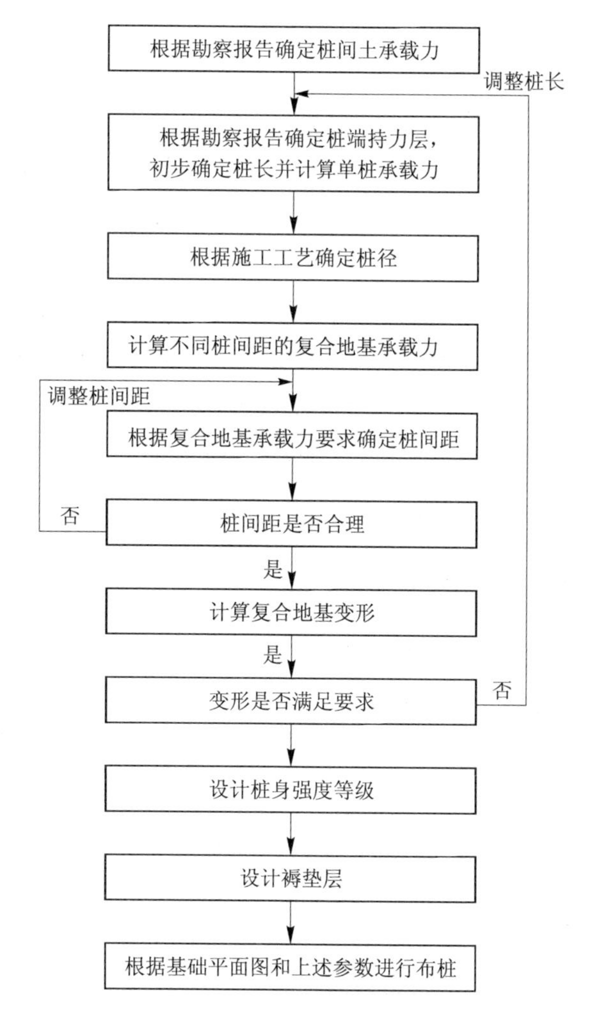

图 3-5　CFG 桩复合地基设计流程图

(1)挤密效果好的土,如松散粉细砂、粉土、人工填土等。

(2)可挤密土,如不太密实的粉质黏土。

(3)不可挤密土,如饱和软黏土或密实度很高的黏性土、砂土等。

(二)褥垫层的设置

桩顶和基础之间应设置褥垫层,褥垫层厚度宜取 150 ~ 300 mm,材料宜用中砂、粗砂、级配砂石或碎石等,最大粒径不宜大于 30 mm。由于卵石咬合力差,施工时扰动大,褥垫层厚度不容易保证均匀,故不宜采用卵石。

褥垫层在复合地基中具有以下作用:

(1)保证桩、土共同承担荷载,它是 CFG 桩形成复合地基的重要条件。

(2)通过改变褥垫层厚度,调整桩垂直荷载的分担。通常褥垫层越薄,桩承担的荷载占总荷载的百分比越大,反之则相反。

(3)减少基础底面的应力集中。

(4)调整桩、土水平荷载的分担,褥垫层越厚,土分担的水平荷载占总荷载的百分比越大，桩分担的水平荷载占总荷载的百分比越小。

（三）基本设计参数的确定

主要参数有桩长、桩径、桩间距和桩体强度。

（1）桩长。CFG桩复合地基要求桩端的持力层选择工程特征值好和工程性质较好的土层，桩长取决于建筑物对地基承载力和变形的要求、土质条件和设备能力等因素。

（2）桩径。CFG桩径一般根据当地常用的施工设备来选取，一般设计桩径为350～600 mm。

（3）桩间距。桩间距的大小取决于设计要求的地基承载力和变形、土质条件及施工设备等因素。一般设计要求的地基承载力较大时，桩间距取小值，但必须考虑施工时相邻桩之间的影响。CFG桩原则上只布置在基础范围以内，在已知天然地基承载力特征值、单桩竖向承载力特征值和复合地基承载力特征值的条件下，可按下式求得置换率m。

$$m = \frac{f_{spk} - Bf_k}{\frac{R_a}{A_p} - Bf_k}$$

当采用正方形布桩时，桩间距为：

$$S = \sqrt{\frac{A_p}{m}}$$

在桩长、桩径和桩间距初步确定后，也就是在满足了复合地基承载力要求后，需验算这三个参数能否满足复合地基变形的要求。如果估算的沉降值不能满足变形要求，则需再次调整桩长或桩间距，直到满足变形要求。

（4）桩体强度。桩体强度应根据桩体试块是否满足设计要求确定，桩体试块的抗压强度应满足下式要求：

$$f_{cu} \geq 3R_a/A_p$$

式中　f_{cu}——桩体混合料试块（边长为150 mm的立方体）标准养护28 d的抗压强度的平均值；

其他符号意义同前。

（四）复合地基承载力的要求

复合地基承载力不是天然地基承载力和单桩竖向承载力的简单叠加，需要对以下一些因素予以考虑：

（1）施工时对桩间土是否产生扰动和挤密，桩间土承载力有无降低或提高。

（2）桩对桩间土有约束作用，使土的变形减小。

（3）复合地基中桩的Q—S曲线呈现加工硬化特征，比自由单桩的承载力要高。

（4）桩和桩间土承载力的发挥都与变形有关，变形小时桩和桩间土承载力的发挥都不充分。

（5）复合地基桩间土的发挥与褥垫层的厚度有关。

CFG桩复合地基承载力特征值应通过现场复合地基载荷试验确定。

（五）地基的变形验算

1.计算方法

在《水闸设计规范》（SL 265—2001）中关于土质地基沉降变形计算，给出的是采用

$e—p$ 压缩曲线的计算方法：

$$S_{\infty} = m\sum_{i=1}^{n}\frac{e_{li} - e_{zi}}{1 + e_{li}}h_i$$

式中 S_{∞}——土质地基最终沉降量，mm；

m——地基沉降量修正值系数；

h_i——基础底面以下第 i 层土的厚度，m；

n——土质地基压缩层计算深度范围内的土层数；

e_{li}、e_{zi}——基础底面以下第 i 层土在平均自重应力作用、平均附加应力作用下由压缩曲线查得的孔隙比。

具体计算时，须查由土工试验提供的压缩曲线。严格来说，上述计算方法只有在地基土层无侧向膨胀的条件下才是合理的，而这只在承受无限连续均布荷载作用下才有可能。实际上，地基土层受到某种分布形式的荷载作用后，总要产生或多或少的侧向变形，因此采用这种方法计算的地基土层的最终沉降量一般小于实际的沉降量，需考虑修正系数。对于复合地基的变形计算，《水闸设计规范》(SL 265—2001)中没有明确规定。

复合地基变形可分为三个部分：加固区的变形量、下卧层的变形量和褥垫层的压缩变形量。

在工程中，应用较多且计算结果与实际符合较好的变形计算方法是复合模量法。计算时复合土层分层与天然地基相同，复合土层模量等于该天然地基模量的 ζ 倍（见图 3-6），加固区下卧层土体内的应力分布采用各向同性均质的直线变形体理论。

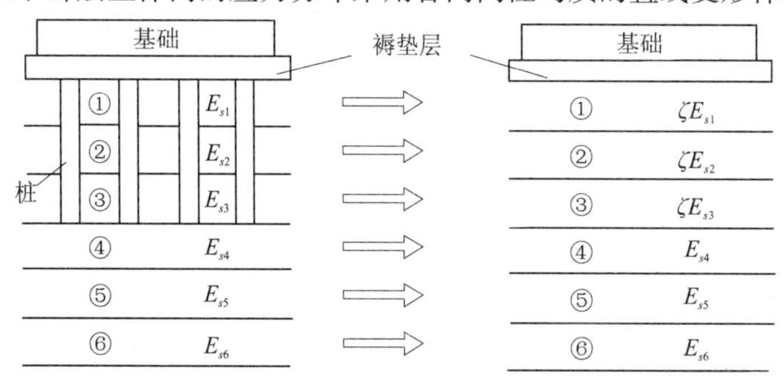

图 3-6 各土层复合模量示意图

复合地基最终变形量可按下式计算：

$$S_c = \psi\left[\sum_{i=1}^{n_1}\frac{P_0}{\zeta E_{si}}(z_i\bar{a}_i - z_{i-1}\bar{a}_{i-1}) + \sum_{i=n_1+1}^{n_2}\frac{P_0}{E_{si}}(z_i\bar{a}_i - z_{i-1}\bar{a}_{i-1})\right]$$

式中 n_1——加固区范围内土层分层数；

n_2——沉降计算深度范围内土层总的分层数；

P_0——对应于荷载效应准永久组合时基础底面处的附加应力，kPa；

E_{si}——基础底面下第 i 层土的压缩模量，MPa；

z_i、z_{i-1}——基础底面至第 i 层、第 $i-1$ 层土底面的距离，m；

$\bar{a}_i$、$\bar{a}_{i-1}$——基础底面计算点至第 i 层、第 $i-1$ 层土底面范围内平均附加应力系数；

ζ——加固区土的模量提高系数，$\zeta=\dfrac{f_{sp}}{f_k}$；

ψ——沉降计算修正系数，根据地区沉降观测资料及经验确定，也可采用表 3-8 的数值。

表 3-8 沉降计算修正系数 ψ

$\overline{E}_s$(MPa)	2.5	4.0	7.0	15.0	20.0
ψ	1.1	1.0	0.7	0.4	0.2

表 3-8 中 $\overline{E}_s$ 为变形计算深度范围内压缩模量的当量值，应按下式计算：

$$E_s=\frac{\sum A_i}{\sum \dfrac{A_i}{E_{si}}}$$

式中 A_i——第 i 层土附加应力沿土层厚度积分值；

E_{si}——基础底面下第 i 层土的压缩模量，MPa，桩长范围内的复合土层按复合土层的压缩模量取值。

复合地基变形计算深度必须大于复合土层的厚度，并应符合下式的要求：

$$\Delta S_i \leqslant 0.025\sum_{i=1}^{n_2}\Delta S_i'$$

式中 ΔS_i——计算深度范围内第 i 层土的计算变形值；

$\Delta S_i'$——计算深度向上取厚度为 Δz（见图 3-7）的土层计算变形值，Δz 按表 3-9 确定，当确定的计算深度下部仍有较软弱土层时，应继续计算。

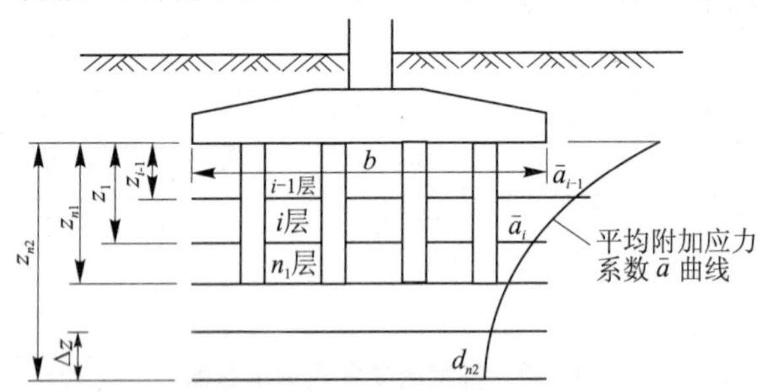

图 3-7 复合地基沉降计算分层示意图

表 3-9 Δz 值

b(m)	≤2	2～4	4～8	>8
Δz(m)	0.3	0.6	0.8	1.0

在复合地基最终变形量公式中，复合土层模量等于该天然地基模量的 ζ 倍，许多土的压缩模量之比并不与承载力特征值之比相对应，尽管公式中采用了沉降计算的经验系数 ψ，但并不能完全反映以上因素。此外，采用复合地基最终变形量公式并未考虑桩端土的强度，也未考虑软土在加固区的上部或下部所导致的不同结果。考虑到土性的差别以及软土在加固区的位置不同，对上述公式作如下修正：

$$S_c = \psi\left[\sum_{i=1}^{n_1}\frac{P_0}{K_i\zeta E_{si}}(z_i\bar{a}_i - z_{i-1}\bar{a}_{i-1}) + \sum_{i=n_1+1}^{n_2}\frac{P_0}{E_{si}}(z_i\bar{a}_i - z_{i-1}\bar{a}_{i-1})\right]$$

式中　K_i——第 i 层土复合模量修正系数，$K_i=0.8\sim1.2$，与第 i 层土的土性及第 i 层软土在加固区沿深度方向所处的位置有关，当第 i 层土为软土、桩端土，强度不太高，且第 i 层软土处于加固区上部时，取低值，反之取高值。

2. 计算深度

土质地基压缩层计算深度可按计算层面处土的附加应力与自重应力的比值为0.10～0.20（软土地基取小值，坚实地基取大值）的条件确定，这是多年来经过水闸工程的实践提出来的。对于软土地基，考虑到地基土的压缩沉降量大，地基压缩层计算深度若按计算层面处土的附加应力与自重应力的比值为0.20的条件确定是不够的，因为其下土层仍然可能有较大的压缩沉降量，往往是不可忽略的。

按照现行国家标准《建筑地基基础设计规范》（GB 50007—2011）的规定，地基压缩层计算深度是以计算深度范围内各土层计算沉降值的大小为控制标准的，即规定地基压缩层计算深度，应符合在计算深度的范围内第 i 层的计算沉降量值不大于该计算深度范围内的各土层累计计算沉降值的2.5%的要求。考虑到各种建筑物有所不同，其基础（底板）多为筏板式，面积较大，附加应力传递较深广，对于地基压缩层计算深度的确定，应以控制地基应力分布比例较为适宜。因为有些水工建筑物的地基多数为多层和非均质的土质地基，特别是对于软土层与相对硬土层相间分布的地基，按计算沉降值的大小控制是不易掌握的。同时，在计算中也不如按地基应力的分布比例控制简便。而且后者已经过多年的实际应用，证明是能够满足工程要求的。因此，对于地基压缩层计算深度的确定，可按照《水闸设计规范》（SL 265—2001）中采用地基应力的分布比例作为基础的控制标准。

3. 最大沉降量与沉降差的计算要求

大量实测资料说明，在不危及水工建筑物结构安全和影响正常使用的条件下，一般认为最大沉降量达10～15 cm是允许的，但沉降量过大，往往会引起较大的沉降差，对水工建筑物结构安全和正常使用是不利的。因此，必须做好变形缝（包括沉降缝和伸缩缝）的止水设施。至于允许最大沉降差的数值，与各种水工建筑物结构形式、施工条件等有很大的关系。一般认为最大沉降差3～5 cm是允许的。按照《水闸设计规范》（SL 265—2001）中的规定，天然土质地基上的水工结构地基最大沉降量不宜超过15 cm，最大沉降差不宜超过5 cm。

对于软土地基上的水工建筑物，当计算地基最大沉降量或相邻部位的最大沉降差超过规范规定的允许值，不能满足设计要求时，可采取减小地基最大沉降量或相邻部位最大沉降差的工程措施，包括对上部结构、基础地基及工程施工方面所采取的措施。

由于上部结构、基础与地基三者是相互联系、共同作用的，为了更有效地减小水工结构的最大沉降量和沉降差，设计时应将上部结构、基础与地基三者作为整体考虑，采取综合性措施，同时对工程施工也应提出要求。

4. 地基土的回弹变形值的计算

由于引水建筑物工程建设一般要进行深基坑开挖和降水，所以在地基变形计算时还需要考虑地基土的回弹变形量和水位变化的因素。地基土的回弹变形量可参照国家标准

《建筑地基基础设计规范》(GB 50007—2011)中的公式计算。

$$S_c = \psi_c \left[\sum_{i=1}^{n_1} \frac{P_c}{E_{ci}} (z_i \bar{a}_i - z_{i-1} \bar{a}_{i-1}) \right]$$

式中 S_c——地基的回弹变形量;

P_c——基础底面以上土的自重压力,kPa,地下水位以下扣除浮力;

E_{ci}——土的回弹模量,MPa;

ψ_c——沉降计算经验系数,取1.0;

其他符号意义同前。

四、施工时的技术要求

CFG桩的施工应根据设计要求和现场地基土的性质、地下水的埋深、场地周边环境等多种因素选择施工工艺。

目前有三种常用的施工工艺,即长螺旋钻孔灌注成桩,长螺旋钻孔、管内泵压混合料成桩,振动沉管灌注成桩。

长螺旋钻孔灌柱成桩工艺适用于地下水位以上的黏性土、粉土、素填土、中等密实以上的砂土,属于非挤土成桩工艺。该工艺具有穿透能力强、无振动、噪声低、无泥浆污染等特点,但要求桩长范围内无地下水,以保证成孔时不塌孔。

长螺旋钻孔、管内泵压混合料成桩工艺是国内近几年使用比较广泛的一种新工艺,属于非挤土成桩工艺。该工艺具有穿透能力强、噪声低、无振动、无泥浆污染、施工效率高及质量容易控制等特点。

若地基土是松散的饱和粉细砂、粉土,以消除液化和提高地基承载力为目的,此时应选择振动沉管灌注成桩工艺。振动沉管灌注成桩工艺属挤土成桩工艺,对桩间土具有挤密效应,但其难以穿透厚的硬土层、砂层和卵石层等。另外,在饱和黏性土中成桩,会造成地表隆起,挤断已打桩,且振动和噪声污染严重。

下面主要说明长螺旋钻孔、管内泵压混合料成桩工艺。

(一)施工准备

1. 主要设备机具

长螺旋钻孔、管内泵压混合料成桩工艺主要设备机具有长螺旋钻机(见图3-8)、混凝土输送泵、搅拌机、坍落度测筒、试块模具等。

(a)

(b)

(c)

图3-8 长螺旋钻机

2. 原材料

(1)水泥:采用32.5级普通硅酸盐水泥,并有出厂合格证及试验报告。

(2)砂:采用中砂,含泥量不大于3%。

(3)碎石:粒径5~20 mm,含泥量不大于2%。

(4)粉煤灰。

进场材料应按照规定位置堆放并做好防护措施,防止受冻、受潮。

3. 试验配合比

CFG桩施工前应按设计要求,先由实验室出具混合料配合比,施工时严格按照配合比进行。

4. 试验桩

为确定CFG桩施工工艺、检验机械性能及质量,在施工前应先做不少于2根试验桩,并沿竖向钻取芯样,检查桩身混凝土密实度、强度和桩身垂直度。

(二)工艺流程

CFG桩的施工可按照以下流程操作:钻机就位—成孔—混合料搅拌—钻杆内灌注混合料—提拔钻杆—灌注孔底混合料—边泵送混合料边提升钻杆—成桩—钻机移位。具体要求如下。

(1)钻机就位:钻机就位后,应使钻杆垂直对准桩位中心,确保CFG桩垂直度容许偏差不大于1%。现场控制采用钻架上挂垂球的方法测量该孔的垂直度,也可采用钻机自带垂直度调整器控制钻杆垂直度。每根桩施工前现场施工技术人员应进行桩位中心及垂直度的检查,满足要求后方可开钻。

(2)成孔:钻机开始时,关闭钻头阀门,向下移动钻杆至钻头触地时,启动马达钻进,先慢后快,同时检查钻孔的偏差,并及时纠正。在成孔的过程中发现钻杆摇晃或难钻时应放慢进尺,防止桩孔偏斜、位移和钻具损坏。根据钻机塔身上的进尺标注,成孔到达设计标高时停止钻进。

(3)混合料搅拌:混合料搅拌必须进行集中拌和,按照配合比进行配料。每盘料搅拌时间按照普通混凝土的搅拌时间进行控制,一般控制在90~120 s,具体搅拌时间根据试验确定,由电脑控制和记录。混合料出厂时坍落度可控制在180~200 mm。

(4)灌柱及拔杆:钻孔到设计标高后,停止钻进,提拔钻杆20~30 cm后开始泵送混合料灌注。每根桩的投料量应不小于设计的灌注量,钻杆芯管充满混合料后,开始拔管,并保证连续拔管。施工桩顶高程宜高出设计高程30~50 cm,灌注成桩完成后,桩顶盖土封顶进行养护。

成桩施工应准确掌握提拔钻杆的时间。钻孔进入土层预定标高后,开始泵送混合料,管内空气从排气阀排出,待钻杆内管及输送软硬管内混合料连续时提钻。若提钻时间较晚,在泵送压力下钻头处的水泥浆液被挤出,容易造成管路堵塞。应杜绝在泵送混合料前提拔钻杆,以免造成桩处存在虚土或桩端混合料离析,端阻力减小。提拔钻杆中应连续泵料,特别是在饱和砂土、饱和粉土层中不得停泵待料,避免造成混合料离析、桩身缩径和断桩。目前施工中多采用2台0.3 m^3的强制式搅拌机,可满足施工要求。

在灌浆注混合料时,对混合料的灌入量控制采用记录泵压次数的办法。对于同一种型号的输送泵，每次输送量基本上是一个固定值，根据泵压次数来计算混合料的投料量。

(5)钻机移位：灌注时采用静止提拔钻杆（不能边行走边提拔钻杆），提管速度控制在一定范围，灌注达到控制标高后进行下一根桩的施工。

满堂布桩时，不宜从四周向内推进施工，宜从中心向外推进施工，或从一边向另一边推进施工。注意打桩顺序，尽量避免新打桩的振动，否则会对已结硬的桩体产生影响。

施工中，成孔、搅拌、压灌、提钻各道工序应密切配合，提钻速度与混合料泵送量相匹配，控制混合料的输入量大于提钻产生的空隙体积，使混合料面经常保持在钻头以上，以免在桩体中形成孔洞。

为做到水下成桩，要求钻杆钻到设计标高后不提钻，先向空心钻杆内灌注混合料，再提钻进行钻底混合料的灌注，边灌注边提钻，保持连续灌注、均匀提升。严禁先提钻后灌注混凝土而产生往水中灌注混凝土现象。

(三)CFG 桩的施工质量要求

CFG 桩的施工必须做到以下几个方面：

(1)根据桩位平面布置图及控制点和轴线施放桩位，确定放线的桩位，经监理验收确定后方可施工。

(2)钻机就位应准确，钻机桩架及钻杆应与地面保持垂直，垂直度误差≤1%。

(3)在混合料灌注过程中，应保持混合料面始终高于钻头面，钻头面低于混合料面15～25 cm。

(4)误差控制标准为，桩位误差不应大于 0.4 倍桩径，桩径偏差 ±20 mm，桩长偏差 ±0.1 m。

(5)混合料搅拌要均匀，搅拌时间不得少于 2 min。

桩体配比中采用的粉煤灰可选用从电厂收集的粗灰。当采用长螺旋钻孔、管内泵压混合料成桩工艺时，为增加混合料的和易性和可泵性，宜选用细度不大于 45%(0.045 mm)方孔筛筛余百分比的Ⅲ级及以上等级的粉煤灰。

长螺旋钻孔、管内泵压混合料成桩施工时，每立方米混合料粉煤灰掺量宜为 70～90 kg，坍落度应控制在 160～200 mm，这主要是为了保证施工中混合料的顺利输送。坍落度太大，易产生泌水离析，在泵压作用下骨料与砂浆分离，导致堵管；坍落度太小，混合料流动性差，也容易造成堵管。振动沉管灌注成桩时，若混合料坍落度过大，桩顶浮浆过多，桩体强度会降低。

(6)在成桩的过程中每台机械一天应做 1 组(3 块)混凝土试块，标准养护，测定其立方体的抗压强度。

(7)CFG 桩施工桩顶标高宜高出设计桩顶标高不少于 0.5 m 作为保护桩长，保护桩长的设置是基于以下几个因素：

①成桩时桩顶不可能正好与设计标高完全一致，一般要高出桩顶设计标高一定长度。

②桩顶一般由于混合料自重压力较小或浮浆的影响，靠近桩顶一段桩体强度较差。

③已打桩尚未结硬时施打新桩，可能导致已打桩受振动挤压，混合料上涌使桩径缩小。增大混合料表面的高度即增加了自重压力，可提高抵抗周围土挤压的能力。

施工完毕 3 d 可清除余土，运到现场指定堆放区并凿除桩头。首先用水准仪将设计桩头标高定位在桩身上，然后由工人用两根钢钎在截断位置从相对方向同时剔凿，将多余的桩头截掉。

清土和截桩时不得造成桩顶标高以下桩身断裂和扰动桩间土。

④在冬季施工时，混合料入孔温度不得低于 5 ℃，对桩头和桩间土应采取保温措施。

根据材料加热难易程度，一般优先加热拌和水，其次是砂和石。混合料温度不宜过高，以免造成混合料假凝，无法正常泵送施工。泵头管线也应采取保温措施。施工完清除保护土层和桩头，然后应立即对桩间土和桩头采用草帘等保温材料进行覆盖，防止桩间土冻胀而造成桩体拉断。

（四）CFG 桩的施工质量保证措施

施工质量保证措施主要包括以下几个方面：

（1）严把材料进场关，保证使用符合规范要求的水泥、砂、石、外加剂等材料，做好材料的各项试验和现场养护。

（2）桩体的强度必须符合设计要求，现场施工时每工作日制作 1 组试块，并做好试块制作记录和现场记录。

（3）现场堆放的材料必须有专人保管，并有一定的保护措施，防止受冻受潮，影响桩体质量。

（4）在成桩浇筑过程中，要确保桩体混凝土的密实性和桩截面尺寸，钻头提升应保持匀速，提升速度不得大于浇筑速度，防止发生缩径断桩。

（5）在浇筑过程中随时监控混合料的质量，保证其和易性及坍落度。

（6）收集整理各种施工原始记录、质量检查记录、现场签证记录等资料，并做好施工日志。

（7）预防断桩：①混合料坍落度应严格按规范要求控制；②灌注混合料前应检查搅拌机，保证搅拌机能正常运转。

五、质量检测项目和方法

检测项目：主要有施工记录、混合料的坍落度、桩数、桩位偏差、褥垫层厚度、夯填度和桩体试块的抗压强度等。

检测方法：复合地基载荷试验。

复合地基载荷试验是确定复合地基承载力，评定加固效果的重要依据。进行复合地基载荷试验时，必须保证桩体强度满足试验要求。进行单桩载荷试验时，为防止试验中桩头被压碎，宜对桩头进行加固。在确定试验日期时，还应考虑施工过程中对桩间土的扰动，桩间土承载力和桩的侧阻、端阻的恢复都需要一定时间，一般在冬季检测时桩和桩间土强度增长较慢。

CFG 桩强度满足试验荷载条件时，可由专业检测单位进行复合地基载荷试验，试验合格后方可进行褥垫层的敷设。

CFG 桩地基检验应在桩身强度满足试验荷载条件时，并宜在施工结束 28 d 后进行。试验数量宜为总桩数的 0.5% ~1%，且每个单体工程的试验数量不应少于 3 个检验点，并应抽取不少于总桩数 10% 的桩进行低应变动力试验，检验桩身的完整性。

第九节　灌注桩法

灌注桩起源于100多年前,因为工业的发展以及人口的增长,高层建筑不断增加,但是许多城市的地基条件比较差,不能直接承受由高层建筑物传来的压力,地表以下存在着厚度很大的软土或中等强度的黏土层,建造高层建筑如仍采用普通的摩擦桩,必将产生很大的沉降。于是,工程师们借鉴掘井的技术,发明了在人工挖孔中浇筑钢筋混凝土而成桩的方法。在随后的50年,于20世纪40年代初,钻孔灌注桩首先在美国研制成功。时至今日,随着科学技术的发展,钻孔灌注桩在高层、超高层建筑物和重型构筑物中被广泛应用。当然,在我国钻孔灌注桩设计及施工水平也得到了长足的发展。

一、灌注桩的分类

灌注桩是指在工程现场通过机械钻孔、钢管挤土或人力挖掘等手段在地基土中形成桩孔,并在其内放置钢筋笼,灌注混凝土而成的桩。依照成孔的方法不同,灌注桩又可分为沉管灌注桩、钻孔灌注桩和挖孔灌注桩等几类。

钻孔灌注桩通常为一种非挤土桩,也有部分为挤土桩,并可进行以下划分。

(一)按桩径划分

(1)小桩:小桩由于桩径小,施工机械、施工方法均较为简单,多用于基础加固和复合地基基础中。

(2)中桩:中桩的成桩方法和施工工艺繁多,其在工业与民用建筑物中被大量使用,是目前使用最多的一类桩。

(3)大桩:大桩桩径大,单桩的承载力高,其在近20年来发展较快,多用于重型建筑物、构筑物、港口码头、公路桥涵等工程。

(二)按成桩工艺分类

按成桩工艺划分,灌注桩分为干作业法钻孔灌注桩、灌浆护壁法钻孔灌注桩、套管护壁法钻孔灌注桩。

二、钻孔灌注桩的特点

钻孔灌注桩有以下的特点:

(1)施工时基本无噪声、无振动、无地面隆起或无侧移,因此对环境和周边建筑物危害小。

(2)扩底钻孔灌注桩能更好地发挥桩端的承载力。

(3)可设计成一桩一柱一桩,无须桩顶承台,简化了基础结构形式。

(4)钻孔灌注桩通常布桩间距大,群桩效应小。

(5)可以穿越各种土层,更可以嵌入基岩,这是其他桩型很难做到的。

(6)施工设备简单轻便,能在较低的净空条件下设桩。

(7)钻孔灌注桩在施工中影响成桩质量的因素较多,桩侧阻力和桩端阻力的发挥会随着工艺而变化,且在较大程度上受施工操作的影响。

三、灌注桩的设计

(一)一般规定

(1)桩基础应按下列两类极限状态设计,即:承载能力极限状态,桩基达到最大承载力,整体失稳或发生不宜继续承载的变形;正常使用极限状态,桩基达到建筑物正常使用所规定的变形限值或达到耐久性要求的某项限值。

(2)根据建筑物的规模、功能、特征,对差异变形的适应性,场地地基和建筑物体型的复杂性以及桩基问题可能造成建筑物破坏或影响正常使用的程度,应将桩基设计分为甲级、乙级、丙级三个设计等级。

(3)桩基设计时,所采用的荷载效应组合与相应的抗力应符合下列规定:

①确定桩数和布桩时应采用传至承台底面的荷载效应标准组合,相应的抗力应采用桩基或复合桩基承载力的特征值。

②计算荷载作用下的桩基沉降和水平位移时,应采用荷载效应标准永久组合;计算水平地震作用、风载作用下的桩基水平位移时,应采用水平地震作用、风载效应标准组合。

③验算坡地、岸边建筑桩基的整体稳定性时,应采用荷载效应标准组合。在抗震设计区,应采用地震作用效应和荷载效应标准组合。

④在计算桩基结构承载力,确定尺寸和配筋时,应采用传至承台顶面的荷载效应基本组合。当进行承台和桩身裂缝控制验算时,应分别采用荷载效应标准组合和荷载效应准永久组合。

⑤桩基结构设计安全等级、结构设计使用年限和结构重要性系数应按现行有关建筑结构规范的规定,除临时性建筑外,重要性系数不应小于1.0。

(二)桩的布置

桩的布置一般对称于桩基中心线,呈行列式或梅花式。排列基桩时,宜使桩群承载力合力点与长期荷载重心重合,使各桩受力均匀,且考虑打桩顺序。

桩的最小中心距离按照《建筑桩基技术规范》(JGJ 94—2008)中的规定,非挤土灌注桩不小于$3.0d$(d为桩的截面长或直径)。桩端持力层一般应选择较硬土层,桩端断面进入持力层的深度对于黏性土、粉土不宜小于$2d$,对于砂土不宜小于$1.5d$,对于碎石类土不宜小于$1d$。

(三)桩基的计算

1. 桩顶作用效应计算

单向偏心竖向力作用下的计算公式如下:

$$N_{ik}=\frac{F_k+G_k}{n}\pm\frac{m_{xk}Y_i}{\sum Y_j^2}$$

式中 F_k——荷载效应标准组合下作用于承台顶面的竖向力;

G_k——桩基承台和承台上土自重标准值;

N_{ik}——荷载效应标准组合偏心竖向力作用下第i基桩的竖向力;

m_{xk}——荷载效应标准组合下作用于承台底面绕过桩群形心的x主轴的力矩;

Y_i、Y_j——第 i、j 基桩至 x 轴的距离；

n——桩基中的桩数。

2. 单桩竖向承载力特征值计算

参照《建筑桩基技术规范》(JGJ 94—2008)，根据土的物理指标与承载力参数之间的经验关系确定单桩竖向承载力标准值，见下式：

$$Q_{uk} = u\sum_{i=1}^{n} q_{sik} l_i + q_{pk} A_p$$

式中 Q_{uk}——单桩竖向承载力标准值，kPa；

u——桩身周长，m；

q_{sik}——桩周第 i 层土桩的侧阻力标准值，kPa；

l_i——桩穿越第 i 层土的厚度，m；

q_{pk}——极限端阻力标准值，kPa；

A_p——桩端面积，m^2。

$$R_a = \frac{1}{K} Q_{nk}$$

式中 R_a——单桩竖向承载力特征值；

K——安全系数，取 $K = 2$。

3. 桩基竖向承载力验算

在荷载效应标准组合下，桩基竖向承载力计算应符合下列要求：

(1) 在轴心竖向力作用下，计算公式为：

$$N_k \leqslant R$$

(2) 在偏心竖向力作用下，除满足上式外，尚应满足下式要求：

$$N_{k\max} \leqslant 1.2R$$

式中 N_k——荷载效应标准组合轴心竖向力作用下基桩平均竖向力；

$N_{k\max}$——荷载效应标准组合偏心竖向力作用下桩顶最大竖向力；

R——基桩竖向承载力特征值。

(四) 配筋计算

钢筋混凝土桩截面尺寸应根据受力要求按强度和抗裂计算结果确定，并满足打桩设备的能力。

混凝土强度等级不宜小于 C25，预应力桩不宜小于 C40。

目前，《混凝土结构设计规范》(GB 50010—2010) 采用以概率论为基础的极限状态设计法，以可靠指标度量结构构件的可靠度，采用分项系数的设计表达式进行设计。

整个结构或结构的一部分超过某一特定状态就不能满足设计规定的某一功能要求，此特定状态称为该功能的极限状态。极限状态分为以下两类。

1. 承载能力极限状态

即结构或结构构件达到最大承载力，出现疲劳破坏，或不宜继续承载的变形。

根据建筑结构破坏后果的严重程度，划分为三个安全等级，如表 3-10 所示。设计时应根据具体情况选用相应的安全等级。

表 3-10 建筑物结构安全等级

安全等级	破坏后果	建筑物类型
一级	很严重	重要的建筑物
二级	严重	一般的建筑物
三级	不严重	次要的建筑物

2. 正常使用极限状态

即结构或结构构件达到正常使用或耐久性能的某项规定限值。

对于正常使用极限状态，结构构件应分别按荷载效应标准组合、准永久组合或考虑长期作用的影响，采用下列极限状态设计表达式：

$$s \leqslant c$$

式中 s——正常使用极限状态的荷载效应组合值；

c——结构构件达到正常使用要求所规定的变形、裂缝宽度和应力等的限值。

结构构件正截面的裂缝控制等级分为三级，裂缝控制等级的划分应符合下列规定：

一级：严格要求不出现裂缝的构件，按荷载效应标准组合计算时，构件受拉边缘混凝土不应产生拉应力。

二级：一般要求不出现裂缝的构件，按荷载效应标准组合计算时，构件受拉边缘混凝土拉应力不应大于混凝土轴心抗拉强度标准值；按荷载效应准永久组合计算时，构件受拉边缘混凝土不宜产生拉应力。

三级：允许出现裂缝的构件，按荷载标准组合并考虑长期作用影响计算时，构件的最大裂缝宽度不应超过规定的限值。

（五）灌注桩构造

1. 配筋率

当桩身直径为 300 ~2 000 mm 时，正截面配筋率可取 0.65% ~0.2%（小直径桩取高值）。对于受荷载特别大的桩、抗拔桩和嵌岩端承桩，应根据计算确定配筋率，并不应小于上述规定值。

2. 配筋长度

（1）端承型桩和位于坡地岸边的基桩应沿桩身等截面或变截面通长配筋。

（2）桩径大于 600 mm 的摩擦型桩配筋长度不应小于 2/3 桩长；当受水平荷载时，配筋长度尚不宜小于 $4.0/\alpha$（α 为桩的水平变形系数）。

（3）对于受水平荷载的桩，主筋不应少于 8ø12；对于抗压桩和抗拔桩，主筋不应少于 6ø10；纵向主筋应沿桩身周边均匀布置，其净距不应小于 60 mm。

（4）箍筋应采用螺旋式，直径不应小于 6 mm，间距宜为 200 ~ 300 mm；对于受水平荷载较大的桩基、承受水平地震作用的桩基，桩顶以下 $5d$ 范围内的箍筋应加密，间距不应大于 100 mm；当桩身位于液化土层范围内时，箍筋应加密；当考虑箍筋受力作用时，箍筋配置应符合《混凝土结构设计规范》（GB 50010—2010）的有关规定。当钢筋笼长度超过 4 m 时，应每隔 2 m 设一道直径不小于 12 mm 的焊接加劲箍筋。

3. 保护层厚度

桩身混凝土及混凝土保护层厚度应符合下列要求：

(1)桩身混凝土强度等级不得小于 C25。

(2)灌注桩主筋的混凝土保护层厚度不应小于 35 mm,水下灌注桩的主筋混凝土保护层厚度不得小于 50 mm。

四、施工

(一)施工方法

钻孔灌注桩的施工,因其所选护壁形成方式的不同,通常分为泥浆护壁施工法和全套管施工法。

1. 泥浆护壁施工法

冲击钻孔、冲抓钻孔和回转钻削成孔等均可采用泥浆护壁施工法。该施工法的程序为:平整场地—泥浆制备—埋设护筒—敷设工作平台—安装钻机并定位—钻进成孔—清孔并检查成孔质量—下放钢筋笼—灌注水下混凝土—拔出护筒—检查质量。

1)施工准备

施工准备包括选择钻机、钻具,场地布置等。

钻机是钻孔灌注桩施工的主要设备,可根据地质情况和各种钻机的应用条件来选择。

2)钻机的安装与定位

安装钻机的基础如果不稳定,施工中易产生钻机倾斜、桩倾斜和桩偏心等不良现象,因此要求安装钻机的地基稳固。对地层较软和有坡度的地基,可用推土机推平,再垫上钢板或枕木加固。

为防止桩位不准,施工中最关键的是要定好中心位置和正确地安装钻机。对有钻塔的钻机,先利用钻机的动力与附近的地笼配合,将钻杆移动大致定位,再用千斤顶将机架顶起准确定位,使起重滑轮、钻头或固定钻杆的卡孔与护筒中心在一垂线上,以保证钻机的垂直度。钻机位置的偏差不应大于 2 cm。对准桩位后,用枕木垫平钻机横梁,并在塔顶对称于钻机轴线拉上缆风绳。

3)埋设护筒

钻孔成败的关键是防止孔壁坍塌。当钻孔较深时,地下水位以下的孔壁土在静水压力下会向孔内坍塌,甚至发生流砂现象。护筒除起到防止坍孔作用外,还有隔离地表水、保护孔口地面、固定桩孔位置和钻头导向的作用等。

制作护筒的材料有木、钢、钢筋混凝土三种。护筒要求坚固耐用、不漏水,其内径应比钻孔直径大(旋转式钻机约大 20 cm,潜水式、冲击式或冲抓式钻机约大 40 cm),每节长度为 2 ~ 3 m,一般用钢护筒。

4)泥浆制备

钻孔的泥浆由水、黏土(膨胀土)和添加剂组成,具有浮悬钻渣、冷却钻头、润滑钻具、增大静水压力、在孔壁形成泥皮、隔断孔内外渗流、防止坍孔的作用。调制的钻孔泥浆及经过循环净化的泥浆应根据钻孔的方法和地层情况来确定泥浆的稠度,泥浆稠度应视地层的变化或操作要求机动掌握,泥浆太稀,排渣能力小,护壁效果差;泥浆太稠,会削弱钻头冲击功能，降低钻进速度。

5）钻孔

钻孔是一道关键工序，在施工中必须严格按照操作要求进行才能保证成孔的质量。首先要注意开工的质量，必须对好中线及垂直度，并压好护筒。在施工中要注意不断添加泥浆和抽浆渣（冲击式用），还要随时检查成孔是否偏斜。采用冲击式或冲抓式钻机施工时，附近土层因受到震动而影响邻孔的稳固，所以钻好的孔应及时清孔、下放钢筋笼和灌注水下混凝土。钻孔的顺序也应事先规划好，既要保证下一个钻孔的施工不影响上一个桩孔，又要使钻机的移动距离不太远和不相互干扰。

6）清孔

钻孔的深度、直径、位置和孔形直接关系到成桩质量和桩身曲直。为此，除在钻孔过程中密切观测监督外，在钻孔达到设计要求的深度后，还应对孔深、孔位、孔形、孔径等进行检查。当终孔检查完全符合设计要求时，应立即进行孔底清理，避免隔时过长以致泥浆沉淀，引起钻孔坍孔。对于摩擦桩，当孔壁容易坍塌时，要求在灌注水下混凝土前沉渣厚度不大于 30 mm；当孔壁不易坍塌时，不大于 20 mm。对于柱桩，要求在喷水或射风前沉渣厚度不大于 5 cm。清孔的方法视使用钻机不同而灵活应用。通常可采用正循环旋转钻机、反循环旋转钻机、真空吸泥机及抽渣筒等清孔。其中，用吸泥机清孔，所需的设备不多，操作方便，清孔也较彻底，但在不稳定土层中应慎重使用。

7）灌注水下混凝土

在清孔完成之后，就可将预制的钢筋笼垂直吊放到孔内，定位后加以固定，然后用导管灌注混凝土。灌注时，混凝土不要中断，否则容易出现断桩现象。

2. 全套管施工法

全套管施工法的施工顺序一般为：平整场地—敷设工作平台—安装钻机—压套管—钻进成孔—安放钢筋笼—放导管—浇筑混凝土—拉拔套管—检查成桩质量。

全套管施工法的主要施工步骤除不包括泥浆制备及清孔外，其他的与泥浆护壁施工法类似。其套管的垂直度取决于挖掘开始阶段 5 ~ 6 m 深时的垂直度，因此应使用水准仪及钻锤校核其垂直度。

（二）灌注桩的施工质量控制

1. 成孔质量控制

成孔是混凝土灌注桩施工中的一个重要部分，其质量控制得不好，既可能造成塌孔、缩径、桩孔偏斜及桩端达不到设计持力层要求等，又直接影响桩身的质量和造成桩承载力下降。因此，在成孔施工质量控制方面应着重做好以下几项工作：

（1）采取隔孔施工程序。打入桩和钻孔混凝土灌注桩不同。打入桩是将周围土体挤开，桩身具有很高的强度，土体对桩产生被动土压力。钻孔混凝土灌注桩则是先成孔，然后在孔内成桩，周围土移向桩身，土体对桩产生动压力。尤其是成桩的初始阶段，桩身混凝土的强度很低，且混凝土灌注桩的成孔是依靠泥浆来平衡的，故采取较适应的桩距对防止塌孔和缩径是一项稳妥的技术措施。

（2）确保桩身成孔的垂直度。确保桩身成孔的垂直度是灌注桩顺利施工的一个重要条件，否则钢筋笼和导管将无法沉放。为了保证成孔垂直度满足设计要求，应采取扩大桩机支承面积、经常校核钻架及钻杆的垂直度等措施，并于成孔后下放钢筋笼前做井径、井斜超声波测试。

(3)确保桩位、桩顶标高和成孔深度。在护筒定位后及时复核护筒的位置，严格控制护筒中心与桩位中心线的偏差不大于50 mm，并认真检查回填土是否密实，以防钻孔过程中发生漏浆的现象。在施工过程中自然地坪的标高会发生一些变化，为准确地控制钻孔深度，在桩架就位后及时复核底梁的水平度和桩具的总长度并做好记录，以使在成孔后根据钻杆在钻机上的留出长度来控制成孔达到的深度。

为有效地防止塌孔、缩径及桩孔偏斜等现象，除在复核钻具长度时注意检查钻杆是否弯曲外，还应根据不同土层情况，对比地质资料，随时调整钻进速度，并描绘出钻进成孔时间曲线。在钻进粉砂层时进尺速度明显下降，在软黏土中钻进为0.2 m/min左右，在细粉砂层中钻进为0.015 m/min左右，两者进尺速度相差很大。钻头直径的大小将直接影响孔径的大小，在施工过程中要经常复核钻头直径，如发现其磨损超过10 mm，要及时调换钻头。

(4)钢筋笼的制作和吊放。钢筋笼的制作首先要检查钢材的质保资料，检查合格后再按设计和施工规范的要求验收钢筋的直径、长度、规格、数量和制作质量。在验收中还要特别注意钢筋笼吊环长度能否满足使钢筋笼准确地吊放在设计标高上的要求，这是由于钢筋笼吊放后是暂时固定在钻架底梁上的，吊环长度是根据底梁标高的变化而改变的，所以应根据底梁标高逐根复核吊环长度，以确保钢筋的埋入标高满足设计要求。在钢筋笼吊放过程中，应逐节验收钢筋笼的连接焊缝质量，对质量不符合规范要求的焊缝、焊口则要进行补焊。

(5)灌注水下混凝土前的泥浆制备和第二次清孔。清孔的主要目的是清除孔底沉渣，而孔底沉渣则是影响灌注桩承载能力的主要因素之一。清孔是利用泥浆在流动时所具有的动能冲击桩孔底部的沉渣，使沉渣中的岩粒、砂粒等处于悬浮状态，再利用泥浆胶体的黏结力使悬浮的泥渣随着泥浆的循环流动被带出桩孔，最终将桩孔内的沉渣清除干净。这就是泥浆的排渣和清孔作用。从泥浆在混凝土钻孔桩施工中的护壁和清孔作用可以看出，泥浆的制备和清孔是确保钻孔桩工程质量的关键环节。因此，对于施工规范中泥浆的控制指标，如黏度测定17~20 min，含砂率不大于6%，胶体率不小于90%等，在钻孔灌注桩施工过程中必须严格控制，不能就地取材，而需要选用高塑性黏土或膨润土，拌制泥浆必须根据施工机械、工艺及穿越土层进行配合比设计。

灌注桩成孔至设计标高，应充分利用钻杆在原位进行第一次清孔，直到孔口返浆比重持续小于1.10~1.20，测得孔底沉渣厚度小于50 mm时，立即抓紧吊放钢筋笼和沉放混凝土导管。沉放导管时检查导管的连接是否牢固和密实，以防止漏气、漏浆而影响灌注。由于孔内原土泥浆在吊放钢筋笼和沉放导管这段时间内使处于悬浮状态的沉渣再次沉到桩孔底部，最终不能被混凝土冲击浮起而成为永久性沉渣，从而影响桩基工程的质量。因此，必须在混凝土灌注前利用导管进行第二次清孔，当孔口返浆比重及沉渣厚度均符合规范要求时，应立即进行水下混凝土的灌注工作。

2.成桩的质量控制

成桩的质量控制应注意以下几部分：

（1）为确保成桩质量，要严格检查验收进场原材料的品质、水泥出厂合格证、化验报告、砂石化验报告，如发现实样与质保书不符，应立即取样进行复检，不合格的材料（如水泥、砂石、水）严禁用于混凝土灌注桩。

（2）钻孔灌注水下混凝土的施工主要采用导管灌注，混凝土的离析现象可能存在，但良好的配合比可减轻离析的程度，因此现场的配合比要随水泥品种、砂石料规格及含水量的变化进行调整。为使每根桩的配合比都能正确无误，在混凝土搅拌前都要复核配合比，并校验计量的准确性，严格计量和测试管理，并及时填写原始记录和制作试样。

（3）为了防止断桩、夹泥、堵管等现象，在混凝土灌注时应加强对混凝土搅拌时间和坍落度的控制。混凝土搅拌时间不足会直接影响混凝土的强度。混凝土坍落度一般采用18～20 cm。应随时了解混凝土面的标高和导管埋入深度，导管在混凝土面的埋深一般宜保持在2～4 m，不宜大于5 m和小于1 m，严禁把导管底端提出混凝土面。当灌注至距桩顶标高8～10 m时，应及时将坍落度调小至12～16 cm，以提高桩身上部混凝土的抗压强度。在施工中，要控制好灌注工艺和操作，抽动导管使混凝土面上升的力度要适中，保证有程序地拔管和连续灌注。升降的幅度不能过大，如大幅度抽拔导管，则容易造成混凝土冲刷孔壁，导致孔壁下坠或坍落。

（4）钻孔灌注桩的整个施工过程属隐蔽工程项目，质量检查比较困难，如桩的各种动测方法基本上是在一定的假设计算模型的基础上进行参数测定和检验的，并要依靠专业人员的经验来分析和判读实测结果。同一个桩基工程，各检测单位用同一种方法进行检测，由于技术人员实践经验的差异，其结论偏差很大的情况也时有发生。

五、质量检验的要求

质量检验分一般规定、施工前检验、施工中检验及施工后检验几部分。

（一）一般规定

（1）桩基工程应进行桩位、桩长、桩径、桩身等质量和单桩承载力的检验。

（2）桩基工程的检验按时间顺序可分为三个阶段，施工前检验、施工中检验和施工后检验。

（3）砂、石、水泥、钢材等桩体原材料的质量检验项目和方法应符合国家行业标准的规定。

（二）施工前检验

（1）施工前应严格对桩位进行检验。

（2）灌注桩施工前应进行下列检验：

①混凝土拌制：应对原材料的质量与计量、混凝土的配合比、强度等级进行检查。

②钢筋笼制作：应对钢筋规格、焊条规格和品种、焊口规格、焊缝长度、焊缝外观和质量、主筋和箍筋的制作偏差等进行检查，钢筋笼制作允许偏差应符合规范要求。

（三）施工中检验

（1）灌注桩施工中应进行下列检验：

①灌注混凝土前应按照有关施工质量要求，对已成孔的中心位置、孔深孔径、垂直度、孔底沉渣厚度进行检验。

②应对钢筋笼安放的实际位置等进行检查，并填写相应的质量检测、检查记录。

③干作业条件下成孔后应对大直径桩、桩端持力层进行检验。

(2)对于挤土灌注桩施工，应对桩顶和地面土体的竖向与水平位移进行系统观测，若发现异常，应采取复打、复压、引孔、设置排水设施及调整沉桩速率等措施。

(四)施工后检验

(1)根据不同桩型按规定检查成桩桩位偏差。

(2)工程桩应进行承载力和桩身质量检验。

(3)有下列情况之一的桩基工程，应采用静载荷试验对工程桩单桩竖向承载力进行检测，检测数量应根据桩基设计等级，以及本工程施工前取得试验数据的可靠性因素，按现行行业标准《建筑基桩检测技术规范》(JGJ 106—2003)确定。

①工程施工前已进行单桩静载荷试验，但施工过程中变更了工艺参数或施工质量出现异常。

②工程施工前未按《建筑基桩检测技术规范》(JGJ 106—2003)规定进行单桩静载荷试验。

③地质条件复杂，桩的施工质量可靠性低。

④采用新桩型或新工艺。

(4)设计等级为甲、乙级的建筑，桩基静荷试验检测的辅助检测可采用高应变动测法对工程桩单桩竖向承载力进行检测。

(5)桩身质量检测可采用钻芯法、声波透射法，检测数量可根据现行行业标准《建筑基桩检测技术规范》(JGJ 106—2003)确定。

(6)对专用桩拔桩和水平承载力有特殊要求的桩基工程，应进行单桩拔群载荷试验和水平静载荷试验。

(五)桩基及承台工程验收资料

(1)当桩顶设计标高与施工场地标高相近时，基桩的验收应待基桩施工完毕后进行。当桩顶设计标高低于施工现场标高时，应待开挖到设计标高后进行验收。

(2)基础桩验收应包括下列资料：

①岩土工程勘察报告、桩基施工图、图纸会审纪要、设计变更及材料代用通知单等。

②经审定的施工组织计划、施工方案及执行中的变更单。

③桩位测量放线图，包括工程桩位线复核签证单。

④原材料的质量合格和质量鉴定书。

⑤半成品如预制桩、钢桩等产品的合格证。

⑥施工记录及隐蔽工程验收文件。

⑦成桩质量检测报告。

⑧单桩承载力检测报告。

⑨基坑挖至设计标高的桩基竣工平面图及桩顶标高图。

⑩其他必须提供的文件和记录等资料。

(3)承台工程验收时应包括下列资料：

①承台钢筋、混凝土的施工与检查记录。

②桩头与承台的钢筋边桩离承台边缘的距离、承台钢筋保护层记录。

③桩头与承台的防水构造及施工质量。

④承台厚度、长度和宽度的量测记录及外观情况描述等。

例:南水北调中线一期工程总干渠黄河北—姜河北辉县段第四施工段的灌注桩工程的施工工法。

其钻孔灌注桩施工流程图如图3-9所示。

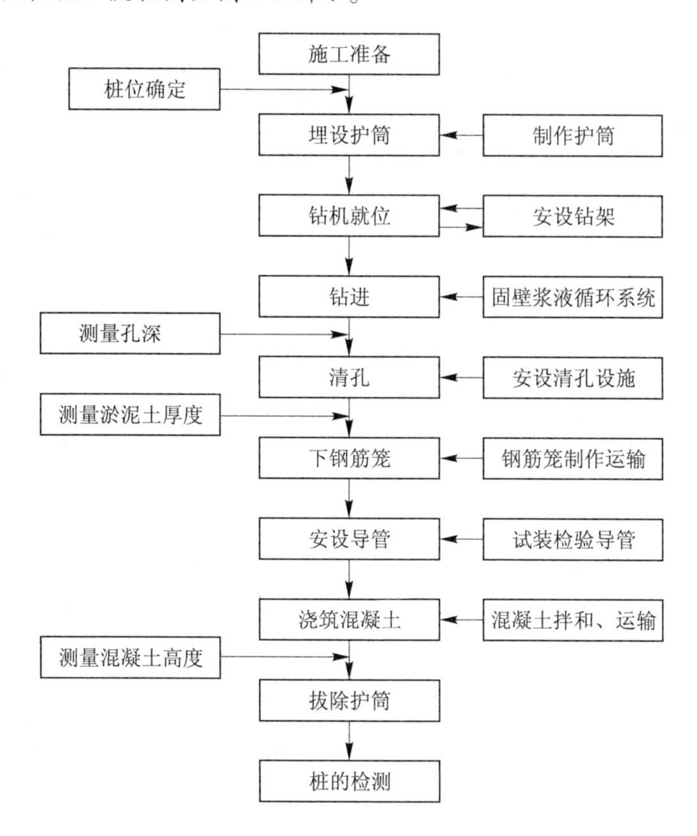

图3-9　钻孔灌注桩施工流程图

(1)施工准备。

灌柱桩施工前,先要做好准备工作,包括确定灌注方案,进行场地准备、施工机械准备和材料准备,如平整场地,挖泥浆池、沉淀池和排浆沟,接通水、电,构筑钻机施工平台,准备充足的黏土,制备护壁泥浆等。

(2)施工设备。

根据公路桥施工区地层岩性,选用CZ102－6A冲击式钻机1台。

(3)施工材料。

混凝土强度等级为C25,配合比以实验室核定的配合比为准。

(4)桩位确定。

按照设计图纸进行桩位定位,在开钻造孔前应对桩位进行复检,并经监理工程师校核认可后方可开钻施工。

(5)埋设护筒。

桩位定位后，清除表土，埋设护筒。护筒采用比设计桩径大20~40 cm的钢护筒，壁厚7 mm，长2 m。

护筒定位时，先以桩位中心点为圆心，根据护筒半径在挖好的基槽内地面上定出护筒位置，埋设十字控制桩，然后将护筒埋入地下，使护筒高出地面30 cm，并在顶部焊加强筋和吊耳，同时在施工槽一侧形成一条排水沟，作为泥浆排放和收集的通道。护筒要高出地下水位2.0 m以上。在护筒埋入过程中应检查护筒是否垂直，若发现偏斜，应及时纠正。护筒中心竖直线应与桩中心线重合，护筒中心与桩位中心偏差不大于5 cm，竖直线倾斜不大于1%。

护筒外侧用黏土回填、夯填密实，以防止护筒四周出现漏水现象，回填厚度为40~45 cm。护筒埋设深度根据桩位的水文地质情况确定，一般埋置深度宜为2~4 m，其高度宜高出地面0.3 m或水面1.0~2.0 m。当钻孔内有承压水时，应高于稳定后的承压水位2.0 m以上。

冲击式钻机就位，根据测量放样埋设的桩位定位木桩和搭设的平台进行就位。

(6)钻孔。

钻孔开始后，分两班连续作业，一次成孔。钻孔作业的人员组织：每台钻机每班配操作人员3人，开钻机1人，记录员1人。

钻机就位前，应对钻孔前的各项准备工作进行检查，包括主要机具设备的检查和维修。

钻机安装就位后，底座和顶端应平稳，不得产生移位或沉陷。垂球中心与护筒中心位置偏差不得大于2 cm。

钻机安装就位后，开钻前要仔细检查钻机各部位情况，在具备开钻条件下，经现场监理工程师许可后方可进行开钻。刚开始时要用小冲程。垂球要对准中心。钻孔要一次性完成，不得中途停顿，如有停顿要保证孔内水位、泥浆比重和黏度符合要求，以防塌孔。钻进速度要视土质进行适当的调整。在钻进过程中应定时检查垂直度。整个钻进过程要有完整的钻孔施工记录。在土层变化处取土样，判明土层，以便与地质剖面图相核对，当与地质剖面图严重不符时，及时向监理人员汇报。

操作人员必须认真贯彻执行岗位责任制，随时填写钻孔施工记录，交接班时应详细交代本班冲击钻进情况及下一班需注意的事项。

冲击钻孔过程中要保持孔内有1.5~2.0 m的水头高度，并要防止扳手、管钳等金属工具或其他异物掉入孔内，损坏锤头。钻进作业必须保持连续性，升降锤头时要平稳，不得碰撞护筒或孔壁。

钻进泥浆采用优质黏土在泥浆池内制备，泥浆池容积为10 m^3。造浆用黏土和护壁浆液应符合规定要求。泥浆比重、黏度及含砂量的测定方法如下：

①泥浆比重测定方法：先在泥浆杯中装满清水，盖好杯盖，使多余清水从盖上小孔溢出，擦干泥浆杯周围的水珠，把游码移到刻度1，如水平泡位于中间，则仪器是准确的；如水平泡不在中间，则可在调重管内取出或加入重物来调整。倒出清水，擦干泥浆杯，将待测泥浆注入杯中，盖好杯盖，让多余泥浆溢出，擦净泥浆杯周围的泥浆，移动游码使横梁呈

水平状（水平泡位于中间）。游码左侧所示刻度即为泥浆比重。

②泥浆黏度测定方法：使漏斗垂直，用手握紧并用食指堵住管口。然后用量筒两端分别装 200 mL 和 500 mL 泥浆倒入漏斗。将量筒 500 mL 一端朝上放在漏斗下面，放开食指，同时启动秒表计时，记录流满 500 mL 泥浆所需的时间，即为所测泥浆的黏度。仪器使用前，应用清水进行校正。该仪器测量清水的黏度为（15 ±0.5）s。

③泥浆含砂量测定方法：在玻璃量筒内加入泥浆（20 mL 或 40 mL），再加入适量水（不超过 160 mL），用手指盖住筒口，摇匀，倒入过滤筒内，边倒边用水冲洗，直到泥浆冲洗干净，网上仅有砂子为止。将漏斗放在玻璃量筒上，过滤筒倒置在漏斗上，用水把砂子冲入玻璃量筒内，等砂子沉淀到底部细管后，读出含砂量体积，计算出砂子体积百分比含量。在钻进过程中，要随时测量桩位中心、孔斜、孔径和孔深及地质情况，认真做好钻孔记录，并注意检测孔中水位、护壁泥浆比重，防止塌孔。

（7）清孔。

清孔是钻孔灌注桩施工的一道重要工序，清孔质量的好坏直接影响水下混凝土灌注、桩质量与承载力的大小。钻进到设计深度后，立即进行清孔作业。

清孔可采用换浆法。在清孔过程中必须始终保持孔内原有水头高度，以防塌孔。

为了保证清孔质量，采用二次清孔法，即在保证泥浆性能的同时，必须做到终孔后清孔一次和灌注桩前清孔一次。

清孔时，应随时注意保持孔内泥浆的浆面高程，以保证孔壁的稳定。清孔后孔底沉淀物厚度应等于或小于 300 mm。

（8）钢筋笼制作及安装。

清孔后，立即将钢筋笼整体或分节吊入孔内焊接、固定，钢筋笼底面高程允许偏差为 50 mm。

钢筋笼在钻孔前，在钢筋加工厂内按设计要求制作成型，钢筋笼较长时，为避免钢筋笼在运输过程中变形，应分节制作，并在孔口进行焊接接长。

钢筋笼制作焊接采用单面焊，焊缝长度须满足施工技术规范要求，并将接头错开 100 cm 以上。主筋接头主要采用双面焊。为使钢筋骨架有足够的刚度，以保证在运输和吊放过程中不产生变形，每隔 2.0 m 用钢筋设置一道加强箍。

钢筋笼采用 25 t 汽车吊起吊安放，第一节吊入孔后要用钢管或型钢临时搁置在护筒口，再起吊另一节，对正主筋位置焊接后再逐段吊入孔内，直至达到设计标高，最后将最上面一段的挂环挂在孔口并临时与护筒口焊牢。

在钢筋骨架吊放过程中，要注意防止碰撞孔壁；如有吊入困难，应查明原因，不得强行插入。钢筋骨架安放后的顶面和底面标高应符合规范要求，其误差不得超过 ±5 cm。

（9）灌注混凝土。

灌注混凝土为水下混凝土，混凝土强度等级为 C25，配合比中应掺加缓凝剂和减水剂，以增强混凝土的和易性和流动性，确保灌注混凝土的灌注质量。混凝土的拌和、输送、灌注和养护等，均按设计和规范的要求进行。

为确保桩顶质量，桩顶加灌 0.5 ~1.0 m 高度。同时，指定专人负责填写水下混凝土灌注记录。全部混凝土灌注完成后，拔除钢护筒，清理场地。

混凝土的灌注采用导管法。导管为钢管，导管接头为卡口式，直径 300 mm，壁厚 7 mm，分节长度 2.6 m，最下端一节长约 4 m。导管在使用前须进行水密、承压和接头抗拉试验。

先安放 4 m 长导管，然后安放短节，依次接管下放，直至导管下口距孔底 20 ~ 40 cm 时，停止接管，然后安装混凝土漏斗，准备灌注混凝土。

导管在吊入孔内后，应保证其位置居中、轴线顺直，以防止卡挂钢筋骨架和碰撞孔壁。应指挥吊车缓缓提升导管 1 ~ 2 m，检测导管是否有碰壁的可能。灌注混凝土前应将灌注使用的机具如储料斗、漏斗等准备好，并检查导管定位架是否固定牢靠。

灌注混凝土之前，还要进行二次清孔，使桩孔内沉淀层厚度符合规定，认真做好灌注前的各项检查记录，并经监理工程师批准后方可进行灌注。

开始灌注后，要连续进行，不能中断，并尽可能缩短拆除导管的时间间隔。在灌注过程中，应经常用测锤测孔内混凝土面位置，及时调整导管埋深。导管的埋深以控制在 2 ~ 6 m 为宜。当混凝土面接近钢筋骨架底部时，为防止钢筋骨架上浮，采取以下措施：

①使导管保持稍大的埋深，放慢灌注速度，以减小混凝土的冲击力。

②当孔内混凝土面进入钢筋骨架 1 ~ 2 m 后，适当提升导管，减小导管埋置深度，增大钢筋骨架下部的埋置深度。

要保持导管缓慢提升，并保持位置居中、轴线垂直，当混凝土灌至护筒顶端时，要排出含有淤泥和杂质的混凝土，待溢出新鲜混凝土时停止灌注，拔出导管，将拆下的导管立即冲洗干净，堆放整齐。

混凝土在混凝土拌和站中集中拌制，用 10 m^3 混凝土搅拌运输车直接运至灌注现场，直接分次卸至吊罐斗中，由 25 t 汽车吊将混凝土通过漏斗进入导管灌注。

(10) 混凝土灌注过程中注意事项如下：

①灌注水下混凝土前，应检测孔底泥浆沉淀厚度，如大于设计规范清孔要求，要再次清孔。

②混凝土拌和物运至灌注地点时，应检查其均匀性和坍落度，如不符合要求，应进行第二次拌和，二次拌和仍达不到要求的，作为弃料处理。

③搅拌机的拌和能力要能满足灌注桩孔在规定时间内灌注完毕的要求。时间不得长于首批混凝土初凝时间。若估计灌注时间长于首批混凝土初凝时间，则应掺入缓凝剂。

④吊放钢筋笼后，应立即开始灌注混凝土，并应连续进行，不得中断。

⑤在整个灌注时间内，导管出料口应伸入先前灌注的混凝土内至少 2 m，以防止泥浆及水冲入管内，但埋深不得大于 6 m，以免造成混凝土堵塞导管。应经常量测孔内混凝土面的高程，及时调整导管出料口与混凝土表面的相应位置。灌注完成后，在混凝土初凝前，将受污染的混凝土从桩顶清除。

⑥灌注混凝土时，溢出的泥浆应引流至适当地点处理，以防止污染环境或堵塞河道和交通。

⑦混凝土应连续灌注，直至灌注的混凝土顶面高出图纸规定或监理工程师确定的高程才可停止灌注。

⑧灌注的桩顶标高应比设计高出一定高度，一般为 0.5 ~ 1.0 m，以保证混凝土强度，

多余部分应在接桩前凿除，桩头应无松散层，采用人工凿除。

⑨在灌注过程中，如发生故障应及时查明原因，并提出补救措施，报请监理工程师经研究后进行处理。

⑩拔出导管。灌注完毕后，应及时拔出导管及钢护筒，并用水冲洗干净、放好，以备下次使用。

⑪桩的检测。待灌注混凝土强度达到设计强度后，按设计要求，进行检测。

第十节　预应力混凝土管桩法

预制混凝土管桩包括预应力混凝土管桩(PC 管桩)、预应力高强混凝土管桩(PHC 管桩)及先张法薄壁预应力混凝土管桩(PTC 管桩)。1984 年广东省构件公司、广东省基础公司和广东省建筑科学研究所合作，成功研制了新型 PC 管桩，将法兰接口桩接头连接改为焊接连接。1987 年交通部第三航务工程局从日本全套引进预应力高强混凝土管桩生产线，主要规格为 $D=600\sim1\ 000$ mm(D 为外径)。1987 ~ 1994 年，国家建材局苏州混凝土水泥制品研究院等通过对引进管桩生产线的消化吸收，自主开发了国产化的 PHC 管桩生产线。20 世纪 80 年代后期，宁波浙东水泥制品有限公司与有关研究院(所)合作，针对我国沿海地区淤泥软土层较多的特点，通过对 PC 管桩的改造开发了 PTC 管桩，主要规格为 $D=300\sim600$ mm。经过多年来的快速发展，据不完全统计，目前国内共有管桩生产企业 300 家，管桩的规格为 $D=300\sim1\ 200$ mm。

预应力混凝土管桩已被广泛应用到高层建筑、民用住宅、公用工程、大跨度桥梁、高速公路、港口码头等工程中。管桩的制作质量要求已有国家标准《先张法预应力混凝土管桩》(GB 13476—2009)。管桩按混凝土强度等级分为预应力混凝土管桩和预应力高强混凝土管桩，前者的混凝土强度等级一般为 C60 或 C70，后者的混凝土强度等级为 C80，一般要经过高压蒸养才能生产出来，从成型到使用的最短时间需三四天。管桩按抗裂变矩和极限变矩的大小又可分为 A 型、AB 型、B 型，有效预压应力值为 3.5 ~ 6.0 MPa，打桩时桩身混凝土不会出现横向裂缝。对于一般的建筑工程，采用 A 型或 AB 型桩。目前，常用的管桩规格如表 3-11 所示。

表 3-11　常用的管桩规格

外径(mm)	壁厚(mm)	混凝土强度等级	节长(m)	承载力标准值(kN)
300	70	C60 ~ C80	5 ~ 11	600 ~ 900
400	90	C60 ~ C80	5 ~ 12	900 ~ 1 700
500	100	C60 ~ C80	5 ~ 12	1 800 ~ 2 350
550	100	C60 ~ C80	5 ~ 12	1 800 ~ 2 800
600	105	C80	6 ~ 13	2 500 ~ 3 200

管桩的桩类形式主要有三种：十字型、圆锥型和开口型，前两种属于封口型，穿越砂层

时，开口型和圆锥型比十字型好。开口型桩尖一般用在入土深度为40 m以上且桩径大于等于550 mm的管桩工程中，成桩后桩身下部有1/3～1/2桩长的内腔被土体塞住，从土体闭塞效果来看，单桩的承载力不会降低，但挤土作用可以减小。十字型桩尖加工容易，造价低，破岩能力强。桩尖规格不符合设计要求，会造成工程质量事故。

管桩桩端持力层可选择强风化岩层、坚硬的黏土层或密实的砂层。某些地区基岩埋藏较深，管桩桩尖一般坐落在中密至密实的砂层土，桩长为30～40 m，这是以桩侧摩阻力为主的端承摩擦桩。如果基岩埋藏较浅，为10～30 m，且基岩风化严重，强风化岩层厚达几米、十几米，这样的工程地质条件最适合预应力混凝土管桩的应用。预应力混凝土管桩一般可以打入强风化岩层1～3 m，即可打入标准贯入击数$N=56\sim60$的地层，管桩不可能打入中风化岩层和微风化岩层。

预应力混凝土管桩的应用同其他任何桩型一样都有局限性。有些工程地质条件就不宜用预应力混凝土管桩，主要有下列四种：孤石和障碍物多的地层不宜应用，有坚硬夹层时不宜应用或慎用，石灰岩地区不宜应用，从松软突变到特别坚硬的地层不宜应用。其中，孤石和障碍物多的地层，有坚硬夹层且又不能做持力层的地区不宜应用管桩，道理显而易见，此处不再重述。下面重点探讨其他两类不宜应用预应力混凝土管桩的工程地质条件。

一、不宜应用预应力混凝土管桩的工程地质条件

（一）石灰岩地区

石灰岩不能做管桩的持力层，除非石灰岩上面存在可做管桩持力层的其他岩土层。大多数情况下石灰岩上面的覆盖土层属于软土层，而石灰岩是水溶性岩石（包括其他溶岩），几乎没有强风化岩层基岩表面。在石灰岩地区，溶洞、溶沟、溶槽、石笋、漏斗等喀斯特现象相当普遍，在这种地质条件下应用管桩，常常会发生下列工程质量事故：

（1）管桩一旦穿过覆盖层就立即接触到岩面，如果桩尖不发生滑移，那么贯入度就立即变得很小，桩身反弹特别厉害，管桩很快出现破坏现象，如桩尖变形或桩头打碎或桩身断裂，破损率往往高达30%～50%。

（2）桩尖接触岩面后，很容易沿倾斜的岩面滑移。有时桩身突然倾斜，断桩后可很快被发现，有时却慢慢地倾斜，到一定的时间桩身折断，但不易发现。如果覆盖层浅而软，桩身跑位相当明显，即使桩身不折断，成桩的倾斜率也大大超过规范要求。

（3）施工时桩长很难掌握，配桩相当困难，桩长参差不齐、相差悬殊是石灰岩地区的普遍现象。

（4）桩尖落在基岩上，周围土体嵌固力很小，桩身稳定性差。有些桩的桩尖只有一部分在岩面上面，而另一部分却悬空着，桩的承载力难以得到保证。

在岩溶地区打桩，时常可见到一种打桩的假象：在一根桩桩尖附近的桩身混凝土被打碎后，破碎处以上的桩身混凝土随着上部锤击打桩而连续不断地破坏，从表面上看锤击一下，桩向下贯入一点，实质上这些锤击能量都用于破坏底部桩身混凝土并将其碎块挤压到四周的土层中，打桩入土深度仅仅是个假象而已。1994年广州市西郊某工程设计采用ø400 mm管桩，用D50柴油锤施打，取$R_a=1\ 200$ kN，其中有一根桩足足打入73 m，打桩

时每锤击一次,管桩向下贯入一点,未发现异常,但此地钻孔资料表明,0 ~ 19 m 为软土,19.9 m 以下为微风化白云质灰岩,管桩不可能打入微风化岩。为了分析原因,设计者组织钻探队在离桩边约 40 cm 处进行补钻,发现当钻到地面以下 11 ~ 12 m 处是混凝土碎块,在这个工地上类似这样的"超长桩"占整桩数的 15% 以上,给基础工程质量的检测补救工作带来许多困难与麻烦。

(二)从松软突变到特别坚硬的地层

大多数石灰岩地层属于"上软下硬、软硬突变"的地层,但这里指的不是石灰岩,而是其他岩石,如花岗岩、砂岩、泥岩等。一般来说,这些岩石有强、中、微风化岩层之分,管桩以这些基岩的强风化层做桩端持力层是相当理想的。不过有些地区基岩中缺少强风化岩层,且基岩上面的覆土层比较松软,在这样的地质条件下打管桩,有点类似于石灰岩地区,桩尖一接触硬岩层,贯入度就立即变小甚至为零。石灰岩地层溶洞、溶沟多,岩面地伏不平,而这类非溶岩面一般比较平坦,成桩的倾斜率没有石灰岩地区那么大,但打桩的破损率并不低。在这样的工程地质条件下打管桩,不管管桩质量多好、施工技术多高,桩的破损率仍然很高。这是因为中间缺少一层"缓冲层"。这样的工程地质条件在广州、深圳等地都存在,打管桩的破损率高达 10% ~20% 。因此,有些工程半途改桩型,有些采取补强措施。实际上,基岩上部完全无强风化岩的情况比较少见,但有些强风化岩很薄,只有几十厘米,这样的地质条件应用管桩也是弊多利少,有些工程整个场区的强风化岩层较厚,只有少数承台下强风化岩层很薄。这少数承台中的桩,贯入度放宽,单桩承载力设计值降低,适当增加一些桩也是可以解决问题的。

以上探讨的是打入式管桩不宜使用的工程地质条件,如果采用静压法,情况就不同了,所以静压法是大有发展前景的。

二、预应力混凝土管桩的优缺点

(一)优点

(1)单桩承载力高。预应力混凝土管桩桩身混凝土强度高,可打入密实的砂层和强风化岩层,由于挤压作用,桩端承载力可比原状土质提高 70% ~80% ,桩侧摩阻力提高 20% ~40% ,因此预应力混凝土管桩承载力设计值要比同样直径的灌注桩和人工挖孔桩高。

(2)应用范围广。预应力混凝土管桩是由侧阻力端阻力共同承受上部载荷的,可选择强风化岩层、全风化岩层、坚硬的黏土层或密实的砂层(或卵石层)等多种土质作为持力层,且对持力层起伏变化大的地质条件适应性强,因此适应地域广,建筑类型多。

管桩规格多,一般的厂家可生产 Ø300 ~600 mm 的管桩,个别厂家可生产 Ø800 mm 及 Ø1000 mm 的管桩。单桩承载力达到 600 ~4 500 kN。在同一建筑物基础中,可根据桩荷载的大小采用不同直径的管桩,充分发挥每根桩的承载能力,使桩长趋于一致,保持桩基沉降均匀。

因管桩桩节长短不一,通常设 4 ~16 m 一节,搭配灵活,接长方便,在施工现场可随时根据地质条件的变化调整接桩长度,节省用桩量。

目前,预应力混凝土管桩已被广泛应用到高层建筑、大跨度桥梁、高速公路、港口、码头等工程中。

(3)沉桩质量可靠。预应力混凝土管桩采用工厂化、专业化、标准化生产,桩身质量可靠;运输吊装方便,接桩快捷;机械化施工程度高,操作简单,易控制;承载力、抗弯性能、抗拔性能均能得到保证。

管桩节长一般在13 m以内,桩身具有预压应力,起吊时用特制的吊钩勾住管桩的两端就可方便地吊起来。接桩采用电焊法,两个电焊工一起工作,ø500 mm的管桩一个接头仅需约20 min即可完成。

(4)成桩长度不受施工机械的限制。管桩成桩搭配灵活,成桩长度可长可短,不像沉管灌注桩受施工机械的限制,也不像人工挖孔桩成桩长度受地质条件的限制。

(5)施工速度快,工效高,工期短。管桩施工速度快,一台打桩机每台班至少可打7~8根桩,可完成20 000 kN以上承载力的桩基工程。管桩工期短主要表现在以下3个方面:

①施工前的准备时间短,尤其是PHC管桩,从生产到使用的最短时间只需三四天。

②施工速度快,对于一座2万~3万 m^2 建筑面积的高层建筑,1个月左右便可完成混桩。

③检测时间短,2~3 h便可测试、检查完毕。

(6)桩身穿透力强。因为管桩桩身强度高,加上有一定的预应力,桩身可承受重型柴油机锤成百上千次的锤击而不破裂,而且可穿透5~6 m的密集砂隔层。从目前的应用情况看,如果设计合理,施工收锤标准定得恰当,施打管桩的破损率一般不会超过1%。

(7)造价低。从材料的用量上比较,预应力混凝土管桩与钢筋混凝土预制方桩相当,比灌注桩经济高效。

(8)施工文明,现场整洁。预应力混凝土管桩的施工机械化程度高,现场整洁,环境好,不会发生钻孔灌注桩工地泥浆满地流的脏污情况,容易做到文明施工,安全生产,减少安全事故,也是提高间接经济效益的有效措施。

(二)缺点

(1)用柴油机锤施打管桩时,振动剧烈,噪声大,挤土量大,会造成一定的环境污染。采用静压法施工虽可解决振动剧烈和噪声大的问题,但挤土作用仍然存在。

(2)打桩时送桩深度受到限制,在深基坑开挖后截去余桩较多,但用静压法施工送桩深度可加大,余桩较少。

(3)在石灰岩持力层“上软下硬、软硬突变”等地质条件下,不宜采用锤击法施工。

三、预应力混凝土管桩的作用机制

静压法具有无噪声、无振动、无冲击力等优点,同时挤压桩型一般选用预应力混凝土管桩,该桩做基础具有工艺简明、质量可靠、造价低、检测方便的特性,两者的结合大大推动了静压管桩的应用。

沉桩施工时,桩尖“刺入”土体中,原状土的初始应力状态受到破坏,造成桩尖下土体的压缩变形,土体对桩尖产生相应阻力。随着桩贯入压力的增大,当桩尖土体所受应力超过其抗剪强度时，土体发生急剧变形而达到极限破坏。土体产生塑性流动（黏性土）或挤密侧移（砂土），在地表处，黏性土体会向上隆起，砂性土则会下沉。在地面深处由于上覆土层的压力，土体主要向桩周水平方向挤开，使贴近桩周处土体结构完全破坏。较大的辐射向压力的作用也使邻近桩周处土体受到较大扰动影响，此时桩身必然会受到土体的强大法向抗力所引起的桩周摩阻力和抗尖阻力的抵抗，当桩顶的静压力大于沉桩时的这些抵抗阻力时，桩将继续"刺入"下沉，反之则停止下沉。

压桩时，地基土体受到强烈扰动，桩周土体的实际抗剪强度与地基土体的静态抗剪强度有很大的差异。当桩周土体较硬时，剪力面发生在桩与土的接触面上，当桩周土体较软时，剪切面一般发生在邻近桩表面处的土体内。黏性土中随着桩的沉入，桩周土体的抗剪强度逐渐下降，直至降低到重塑强度。砂性土中除松砂外，抗剪强度变化不大，各土层作用于桩上的桩侧摩阻力不是一个常数值，而是一个随着桩的继续下沉而显著减小的变化值。桩下部摩阻力对沉桩阻力起显著作用，其值可占沉桩阻力的 50% ~80%，它与桩周处土体强度成正比，与桩的入土深度成反比。

一般将桩摩阻力从上到下分成三个区：上部柱穴区、中部滑移区、下部挤压区。施工中因接桩或其他因素影响而暂时停压桩，间歇时间的长短虽对继续下沉的桩尖阻力无明显影响，但对桩侧摩阻力的增加影响较大，桩侧摩阻力的增大值与间歇时间长短成正比，并与地基土层特性有关。因此，在静压法沉桩中，应合理设计接桩的结构和位置，避免将桩尖停留在硬土层中进行接桩施工。

在黏性土中，桩尖处土体在超静孔隙水压力的作用下，土体的抗压强度明显下降。砂性土中，受松弛效应影响，土体抗压强度减小。在成桩地基中，硬土中桩端阻力还将受到分界处黏土层的影响。覆盖软土时，在临界深度以内桩端阻力将随压入硬土内深度的增加而增大。下卧软土时，在临界深度以内桩端阻力将随压入硬土内深度的增加而减小。

四、预应力混凝土管桩的设计

（一）单桩竖向承载力特征值的计算

（1）参照《建筑桩基技术规范》（JGJ 94—2008），根据土的物理指标与承载力参数之间的经验关系确定单桩竖向承载力标准值。

（2）参照广东省《预应力管桩基础技术规范》，计算公式如下：

$$R_a = r_s u_s q_{si} L_i + r_p q_p A_p$$

式中 R_a——单桩竖向承载力标准值，kN；

r_s——桩周土摩擦力调整参数；

u_s——桩身周长，m；

q_{si}——桩周土摩擦力标准值，kN/m^2；

L_i——各土层划分的各段桩长，m；

r_p——桩端土承载力调整系数；

q_p——桩端土承载力标准值，kN/m^2；

A_p——桩身横截面面积，m^2。

（3）桩尖进入强风化岩层的管桩单桩竖向承载力标准值的经验公式如下：

$$R_a = 100NA_p + u_p \sum_{i=1}^{n} q_{si}L_i$$

式中 R_a——单桩竖向承载力标准值,kPa;

N——桩端处强风化岩的标准贯入值;

A_p——桩尖(封口)投影面积, m^2;

q_{si}——桩周土的摩擦力标准值,强风化岩的 q_{si} 取 150 kPa;

u_p——管桩桩身外周长,m;

L_i——各土层划分的各段桩长度,m。

公式适用范围:管桩的桩尖必须进入 $N \geqslant 50$ 的强风化岩层,当 $N > 60$ 时取 $N = 60$。

当计算出来的 R_a 大于桩身额定承载力 R_b 时,取 R_a 为额定承载力 R_b。

对于入土深度 40 m 以上的超长管桩采用现行规范提供的设计参数是可以求得较高的承载力的,但对于一些 10 ~ 20 m 的中短桩,尤其以下地质条件:强风化岩层顶面埋深约 20 m,地面以下 16 ~ 17 m 都是淤泥软土,只有下部 3 ~ 4 m 才是硬塑土层,这种桩尖进入强风化岩层 1 ~ 3 m 的管桩,按现行规范提供的设计参数计算,承载力远远偏小,有时计算值要比实际应用值小一半左右。单桩承载力设计值定得很低,会造成很大的浪费。事实上,管桩有其独特之处。管桩穿越土层的能力比预制方桩强得多,管桩桩尖进入风化岩层后经过剧烈的挤压,桩尖附近的强风化岩层已不是原来的状态,其承载力几乎达到中风化岩体的原状水平。对多次试验压桩结果进行反算以及管桩应力实测数据表明,管桩桩尖进入强风化岩层后 $q_p = 5\ 000 \sim 6\ 000$ kPa,$q_{si} = 130 \sim 180$ kPa,而现行规范没有列出强风化岩体的设计参数,一般参照坚硬的土层取 $q_p = 2\ 500 \sim 3\ 000$ kPa,$q_{si} = 40 \sim 50$ kPa,这样的设计结果偏小。

(4)管桩桩身额定承载力,即桩身最大允许轴向承压力。目前我国管桩生产厂家多套用日本和英国采用的公式,即:

$$R_b = 1/4(f_{ce} - \sigma_{pc})A$$

式中 R_b——管桩桩身额定承载力;

f_{ce}——管桩桩身混凝土设计强度,如 C80 取 $f_{ce} = 80$ kPa;

σ_{pc}——桩身有效预应力;

A——桩身有效横截面面积。

还有的采用美国 UBC 和 ACI 的计算公式,桩身结构强度按下式验算:

$$\sigma \leqslant (0.20 \sim 0.25)R - 0.27\sigma_{pc}$$

式中 σ——桩身垂直压应力;

R——边长为 20 cm 的混凝土立方体试块的极限抗压强度;

σ_{pc}——桩身截面上混凝土的有效预加应力。

(5)桩间距对管桩承载力的影响。规定桩的最小中心距是为了减少桩周应力重叠,也是为了减小打桩对邻桩的影响。规范规定桩排数超过 3 排(含 3 排)且桩数超过 9 根(含 9 根)的摩擦型桩基,桩的最小中心距为 3.0d(d 为桩径)。目前,大面积的管桩群在高层建筑的塔楼基础中被广泛应用,有些大承台含有管桩 200 余根。如果此时桩最小间距仍为 3.0d,打桩引起的土体上壅现象很明显,有时甚至可以将施工场地地面抬高 1 m

左右，这样不仅影响桩的承载力，还会将薄弱的管桩接头拉脱。因此，大面积的管桩基础，最小桩间距宜为4.0d，有条件时采用4.5d，这样挤土影响可大大减小，对保证管桩的设计承载力很有益处。当然，过大的桩间距又会增加桩承台的造价。

(6)对静载试桩荷载最大值的理解。现行规范采用 R_a 和 R 两种不同承载力表达方式，R_a是单桩竖向承载力标准值，R 是单桩竖向承载力设计值。对桩数为3根或3根以下的桩承台，取 $R=1.1R_a$，对4根或4根以上的桩承台取 $R=1.2R_a$。

不少设计人员往往要求将2倍单桩承载力设计值作为静载荷试验荷载值来评价桩的质量，这是一种误解。按规范要求，应以$2R_a$作为最大荷载值来检验桩的承载力，因为$2R_a$等于单桩竖向极限承载力。如果用2倍单桩承载力设计值，也即用$2.4R_a$或$2.2R_a$(大于极限承载力)为最大荷载来试压，对一些承载力富余量较多的管桩，是可以过关的；对一些承载力没什么富余量的管桩，按$2R_a$来试压，是可以合格的，而按$2.4R_a$来试压是不合格的，结论完全不一样。

(二)配筋计算

管桩截面为圆环形，其计算简图见图3-10。

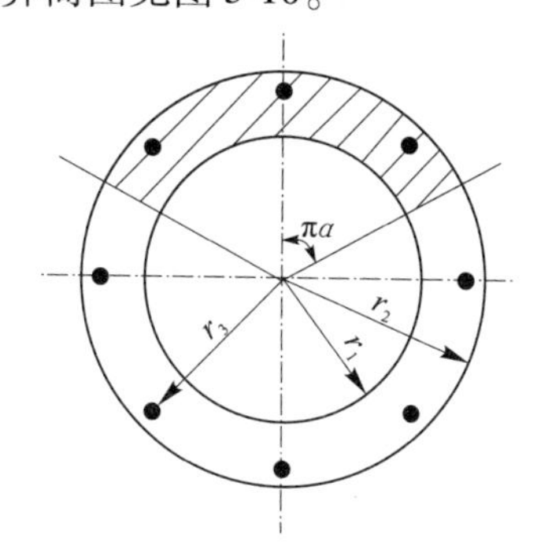

图3-10　圆环形截面计算简图

管桩截面配筋计算采用下式：

$$0 \leqslant \alpha\alpha_1 f_c A + (\alpha - \alpha_1) f_y A_s$$

$$m \leqslant \frac{2}{3}\alpha_1 f_c A(r_1 + r_2)\frac{\sin\pi\alpha}{\pi} + f_y A_s r_s \frac{\sin\pi\alpha + \sin\pi\alpha_1}{\pi}$$

$$\alpha_1 = 1 - 1.5\alpha$$

式中　A——环形截面面积；

A_s——全部纵向普通钢筋的截面面积；

r_1、r_2——环形截面的内、外半径；

r_s——纵向普通钢筋重心所在圆周的半径；

α——受压区混凝土截面面积与全截面面积的比值；

α_1——纵向受拉钢筋截面面积与全部纵向钢筋截面面积的比值；

其他符号意义同前。

五、施工

管桩的施工方法(沉桩方式)有多种。过去主要采用打入法，也采用过自由锤，目前多采用柴油锤。柴油锤的极限贯入度一般为20 mm/10击，过小的贯入度作业会损坏柴油锤，减少其使用寿命。

管桩采用柴油锤施打，振动大，噪声大。近年来，开发了一种静压沉桩工艺，即采用液压式静力压桩机将管桩压到设计的持力层。目前静力压桩机的最大压桩力增大到500 kN，可以将ø500 mm和ø550 mm的预应力管桩压下去，单桩承载力可达2 000～2 500 kN。

(一)对原材料的要求

原材料主要有水泥、细骨料、粗骨料、水、外加剂、掺合料、钢材等。

(1)水泥：采用强度等级不低于42.5级的硅酸盐水泥、普通硅酸盐水泥、矿渣硅酸盐水泥、火山灰质硅酸盐水泥、粉煤灰硅酸盐水泥，各种水泥质量分别符合现行国家标准《通用硅酸盐水泥》(GB 175—2007)、《矿渣硅酸盐水泥、火山灰质硅酸盐水泥及粉煤灰硅酸盐水泥》(GB 1344—1999)的规定。

水泥进场时应有质量保证书或产品合格证。

水泥应按厂家、品种、强度等级、批号分别储存并加以标明，水泥储存期不得超过3个月，过期或对质量有怀疑时应进行水泥质量检验，不合格的产品不得使用。

(2)细骨料：宜采用天然硬质中砂，细度模数宜为2.5～3.2，其质量应符合《建设用砂》(GB/T 14684—2011)的规定，当混凝土强度等级为C80时，含泥量应小于1%，当混凝土强度等级为C60时含泥量应小于2%。

不得使用未经淡化的海砂。若使用淡化的海砂，混凝土中的氯离子含量不得超过0.006%。

(3)粗骨料：应采用碎石，其最大粒径不大于25 mm，且不超过钢筋净距的3/4，其质量应符合《建设用卵石、碎石》(GB/T 14685—2011)的规定。

碎石必须经过筛洗后才能使用，当混凝土等级为C80时含泥量应小于0.5%，当混凝土强度等级为C60时含泥量应小于1%。

碎石的岩体抗压强度宜大于所配混凝土强度的1.5倍。

(4)水：混凝土拌和用水不得含有影响水泥正常凝结和硬化的有害杂质及油质，其质量应符合混凝土拌和用水的规定，不得使用海水。

(5)外加剂：其质量应符合《混凝土外加剂》(GB 8076—2008)的规定，不得采用含有氯盐或有害物的外加剂，选用外加剂应经过试验验证后确定。

(6)掺合料：掺合料不得对管桩产生有害影响，使用前必须对其有关性能和质量进行试验验证。

(7)钢材：预应力钢筋采用预应力混凝土用钢棒，其质量应符合《预应力混凝土用钢棒》(GB/T 5223.3—2005)的规定。

螺旋筋采用冷拔低碳钢丝、低碳钢热轧圆盘条，其质量应分别符合《冷拔低碳钢丝应用技术规程》(JGJ 19—92)、《低碳钢热轧圆盘条》(GB/T 701—2008)的规定。

端部锚固钢筋宜采用低碳钢热轧圆盘条或钢筋混凝土用热轧带肋钢筋，其质量应分别符合《低碳钢热轧圆盘条》(GB/T 701—2008)、《钢筋混凝土用钢 第2部分：热轧带肋钢筋》(GB 1499.2—2007)的规定，管桩端部锚固钢筋设置应按照结构设计确定。

端夹板、钢管箍的材质性能应符合《碳素结构钢》(GB/T 700—2006)中 Q235 的规定。制作管桩用的钢模板应有足够的刚度,模板的接缝不应漏浆,模板与混凝土接触面应平整光滑。

钢材进场必须提供钢材质保书,进场后必须按规定进行抽检,严禁使用未经检验或检验不合格的钢材。钢材必须按品种、型号规格、产地分别堆放并有明显的标志。

(8)焊接材料:手工焊接的焊条应符合标准的规定,焊条型号应与主体构件的金属强度相适应。

焊缝的质量应符合现行国家标准《钢结构设计规范》(GB 50017—2003)和《钢结构工程施工质量验收规范》(GB 50205—2001)的规定。

(二)管桩的制作要求

1. 混凝土的制备

预应力混凝土管桩用混凝土强度等级不得低于 C60,预应力高强度混凝土管桩用混凝土强度等级不得低于 C80。

离心混凝土配合比的设计参见《普通混凝土配合比设计规范》(JGJ 55—2011),经试配确定。混凝土坍落度一般控制在 3 ~ 7 cm。

2. 混凝土搅拌

混凝土搅拌必须采用强制式搅拌机,混凝土搅拌最短时间应符合《混凝土结构工程施工质量验收规范》(GB 50204—2002)的规定。混合料的搅拌应充分均匀,掺加掺合料时搅拌时间应适当延长,混凝土搅拌制度应经试验确定。

严格按照配料单及测定的砂石含水量调配料。混凝土搅拌完毕,因设备原因或停电不能出料,若时间超过 30 min,则该盘混凝土不得使用。对掺加磨细掺合料的新搅拌混凝土,其控制时间可经试验后调整。

搅拌机的出料容量必须与管桩最大规格相匹配,每根管桩用混凝土的搅拌次数不宜超过 2 次。

混凝土的质量控制应符合《混凝土质量控制标准》(GB 50164—2011)的规定。

3. 钢筋骨架的制作

(1)预应力主筋的加工要求:主筋应清除油污,不应有局部的弯曲,端面应平整,不同厂家、不同型号规格的钢筋不得混合使用。同根管桩中钢筋下料长度的相对差值不得大于 L/5 000(L 为桩长,以 mm 计)。钢筋墩头强度不得低于该材料标准强度的 90%,预应力主筋沿管桩断面圆周分布均匀配置,最小配筋率不低于 0.4%,并不得少于 6 根,主筋净距不应小于 30 mm。

(2)骨架的制作:螺旋筋的直径应根据管桩规定确定,外径 450 mm 及以下螺旋筋的直径不应小于 4 mm,外径 500 ~ 600 mm 螺旋筋直径不应小于 6 mm。钢筋骨架螺旋距最大不超过 110 mm,距桩两端在 1 000 ~ 1 500 mm 长度范围内,螺旋距为 40 ~ 60 mm。

钢筋骨架采用焊机成型,预应力主筋和螺旋筋焊接点的强度损失不得大于该材料标准强度的 5%。

钢筋骨架成型后,各部分尺寸应符合如下要求:预应力主筋间距偏差不得超过 ±5 mm,螺旋筋的螺距偏差,两端处不得超过 ±5 mm,中间部分不得超过 10 mm,主筋中心半径与设计标准偏差不得超过 ±2 mm。

钢筋骨架吊起时要求平整,避免变形。

钢筋骨架堆放时,严禁从高处抛下,并不得将骨架在地面上拖拉,以免骨架变形或损坏。同时应按不同规格分别整齐堆放。

钢筋骨架成型后,应按照现行国家标准《先张法预应力混凝土管桩》(GB 13476—2009)的规定进行外观质量检查。

(3)桩接头制作要求:桩接头应严格按照设计图制作,钢套箍与端头板焊接的焊缝在内侧,所有焊缝应牢固饱满,不得带有夹渣等焊接缺陷。

若需设置锚固筋,则锚固筋应按设计图纸要求选用并均匀垂直分布,端头焊缝周边饱满牢固。

端头板的宽度不得小于管桩规定的壁厚。端头板制作要符合以下规定:主筋孔和螺纹孔的相对位置必须准确,钢板厚度、材质与坡口必须符合设计要求。

(4)成型工艺的要求:

①装合模:装模前上下半模须清理干净,脱模剂应涂刷均匀,张拉板、锚固板应逐个清理干净,并在接触部位涂上机油。

张拉螺栓长度应与张拉板、锚固板的厚度相匹配,防止螺栓过长或过短,禁止使用螺纹损坏的螺栓。

张拉螺栓应对称均匀上紧,防止桩端倾斜和保证安全。

钢筋骨架入模须找正钢套,入模时两端应放置平顺,不得发生凹陷或翘起现象,做到钢套箍与钢模紧贴,以防漏浆。

合模时,应保证上、下钢模合缝口干净、无杂物,并采取必要的防止漏浆的措施,土模要对准轻放,不要碰撞钢套箍。

②布料:布料时,桩模温度不宜超过 45 ℃。布料要求均匀,宜先铺两端部位,后铺中间部位,保证两端有足够的混凝土。布料宜采用布料机。

③张拉预应力钢筋的要求:管桩的张拉力应在计算后确定,并宜采用应力和伸长值控制,确保预应力的控制。预应力钢筋的张拉采用先张拉模外预应力工艺,总张拉力应符合设计规定。在应力控制的同时检测预应力钢筋的伸长值,当发现两者数值有异常时,应检查分析原因,及时处理。

张拉的机具设备及仪表应由专人妥善保管使用,并应定期维护和校验。

当生产过程中发生下列情况之一时,应重新检验张拉设备:张拉时预应力钢筋连续断裂等异常情况,千斤顶漏油,压力表指针不能退回零点,千斤顶更换压力表等。

④离心成型:离心成型分为 4 个阶段,即低速、低中速、中速、高速。低速为新拌混凝土混合料通过钢模的翻转,使其恢复良好的流动性。低中速为布料阶段,使新拌混凝土料均匀分布于模壁。中速是过渡阶段,继续均匀布料及克服离心力,减少内外分层,提高管桩的密实性和抗渗性。高速离心为重要的密实阶段。具体的离心制度(转速与时间)应根据管桩的品种、规格等经过试验确定,以获得最佳的密实效果。

由混凝土搅拌开始至离心完毕应在 50 min 内完成。

离心成型应确保钢模和离心桩平稳，正常运转，不得有跳动等异常现象。离心成型后，应将余浆倒尽。

经离心成型的管桩应采用常压蒸汽养护或高压蒸汽养护，蒸汽养护制度应根据所用的原材料及设备条件经过试验确定。

（5）常压蒸汽养护要求：管桩蒸汽养护的介质应采用饱和水蒸气。蒸汽养护分为静停、升温、恒温、降温4个阶段。静停一般控制在1～2 h，升温速度一般控制在20～25 ℃/h，恒温温度一般控制在（70±5）℃，使混凝土达到规定的脱模强度，降温需缓慢进行。

蒸汽养护制度应根据管桩品种、规格、原料、季节等经过试验确定。

池（坑）内上下温度要基本一致。养护坑较深时宜采用蒸汽定向循环养护工艺。

（6）放张脱模：预应力钢筋放张应对称、相互交错进行。放张预应力钢筋时，管桩混凝土的强度不得低于设计混凝土强度等级的70%。

预应力混凝土管桩脱模强度不得低于35 MPa，预应力高强混凝土管桩脱模强度不得低于40 MPa。脱模场地要求松软平整，保证脱模时桩不受损伤。

管桩脱模后，应按产品标准规定在桩身外表标明永久标志和临时标志。

布料前和脱模后，应及时清模并涂刷模板隔离剂。模板隔离剂应采用效果可靠、对钢筋污染小、易清洗的非油质类材料。涂抹模板隔离剂应均匀一致，严防漏刷或雨淋。

（7）压蒸养护的要求：压蒸养护的介质应采用饱和水蒸气。

预应力高强混凝土管桩经蒸汽养护，脱模后即可进行压蒸养护。

压蒸养护制度根据管桩的规格、原材料、季节等经试验确定。

当压蒸养护恒压时，蒸汽压力控制在0.9～1.0 MPa，相应温度在180 ℃左右。

当釜内压力降至与釜外大气一致时，排除余气后才能打开釜门。当釜外温度较低或釜外风速较大时，禁止将桩立即运至釜外降温，以避免因温差过大、降温速度过快而引起的温差裂缝。

（8）自然养护：预应力混凝土管桩脱模后在成品堆放处需断续进行保温养护，以保证混凝土表面湿润，防止产生收缩裂缝，确保预应力混凝土管桩出厂时强度等级不低于C60。

（三）管桩的检验和验收

管桩的检验和验收应符合现行国家标准《先张法预应力混凝土管桩》（GB 13476—2009）的规定，管桩验收时应提交产品合格证。

预制桩制作允许偏差见表3-12。

表3-12　预制桩制作允许偏差

项次	项目	允许偏差（mm）
1	直径	±5
2	管壁厚度	-5
3	桩尖中心线	+10

预应力混凝土管桩外观质量要求如下：

(1)粘皮和麻面：局部粘皮和麻面累计面积不大于桩身总计表面积的0.5%，其深度不得大于10 mm。

(2)桩身合缝漏浆：合缝漏浆深度小于主筋保护层厚度，每处漏浆长度不大于300 mm，累计长度不大于管桩长度的10%或对称漏浆的搭接长度不大于100 mm。

(3)局部磕损：磕损深度不大于10 mm，每处面积不大于50 mm^2，不允许内外表面露筋。

(4)表面裂缝：不允许出现环向或纵向裂缝，但龟裂水纹及浮浆层裂纹不在此限。

(5)端面干整度：管桩端面混凝土及主筋墩头不得高出端板平面断头，不允许脱头，但当预应力主筋用钢丝且其断丝数量不大于钢丝总数的3%时，允许使用桩套箍(钢裙板)。

(6)凹陷：凹陷深度不得大于10 mm，每处面积不大于25 cm^2，不允许内表面混凝土坍落。

(7)桩接头及桩套箍(钢裙板)与混凝土结合处漏浆：漏浆深度小于主筋保护层厚度，漏浆长度不大于周长的1/4。

(四)管桩的吊装、运输和堆放

管桩达到设计强度的70%方可起吊，达到100%才能运输。管桩起吊时应采取相应措施，保持平稳，保护桩身的质量。水平运输时，应做到桩身平稳放置，无大的振动。

(1)根据施工桩长、运输条件和工程地质情况对桩进行分节设计，桩节长度一般为10～12 m，其余桩节按施工桩长配桩。

(2)管桩在装车、卸车时，现场辅助吊机采用两点水平起吊，钢丝绳夹角必须大于45°。

(3)管桩桩身混凝土达到放张强度，脱模后即可水平吊运，满足龄期要求后才能沉桩。

(4)装卸时轻起轻放，严禁抛掷碰撞、滚落，吊运过程保持平稳。

(5)在运输过程中，支点必须满足两点法的位置(支点距离桩端0.207L，L为桩长)要求，并垫以楔形木，防止滚动，保证层与层间垫木及桩端的距离相等。运输车辆底层设置垫枕，并保持在同一平面上。

(6)管桩在施工现场的堆放应按下列要求进行：

①管桩应按不同长度规格和施工流水作业顺序分别堆放，以利于施工作业。

②堆放场地应平整、坚实。

③若施工现场条件许可，宜在场面上堆放单层管桩，此时下面可不用垫木支承。

④管桩叠堆两层或两层以上(最高只能叠堆四层)时，底层必须设置垫木，垫木不得下陷入土，支承点应设在离桩端部桩长处的20%，严禁有3个或3个以上支承点。底层最外边的管桩应在垫木处用木楔塞紧，垫木应选用耐压的长方木或枕木，不得使用有棱角的金属构件。

(7)打桩施工时，采用专门吊桩工具，若立桩采用一点绑扎起吊，绑扎点距离桩端

0.239 L(L 为桩长)。

(五)打桩施工准备工作

(1)认真处理高空、地上和地下障碍物,对现场周围(50 m 以内)的建筑物作全面检查。

(2)对建筑物基线以外 4 ~6 m 以内的整个区域及打桩机行驶路线范围内的场地进行平整、夯实,在桩架移动路线上,地面坡度不应大于 1%。

(3)修好运输道路,做到平坦坚实,打桩区域及道路近旁应排水畅通。

(4)施工场地达到"三通一平",打桩范围内按设计敷设 0.6 ~1.0 m、粒径不大于 30 mm 的碎石土作垫层。

(5)在打桩现场或附近设置水准点,数量为 2 个,用以抄平场地和检查桩的入土深度。根据建筑物的轴线控制桩定出桩基每个桩位,做出标志,并应在打桩前对桩的轴线和桩位进行复检。

(6)打桩机进场后,应按施工顺序敷设轨垫,安装桩机和设备,接通电源、水源,并进行试桩,然后移机至起点桩就位,桩架应垂直平稳。

(7)通过试桩校验静压桩或打入桩设备的技术性能、工艺参数及其技术措施的适宜性,试验桩数不少于 2 根。

(8)在桩身上画出以米为单位的长度标记,用于静压或打入桩时观察桩的入土深度。

(六)定位放样

管桩基础施工轴线的定位点和水准基点应设置在不受施工影响的地方,一般要求距离桩的边缘不少于 30 m。

(1)根据设计图纸编制桩位编号及测量定位图。

(2)沉桩前先放出定位轴线和控制点,在桩位中心处用钢筋头打入土中,然后以钢筋头为中心、桩身半径为半径,用白灰在地上画圆,使桩头能依据圆准确定位。

(3)桩机移位后应进行第二次核样,保证工程桩位的偏差值小于 10 mm。

(4)将管桩吊起送入桩机内,然后对准桩位将桩插入土中 1.0 ~1.5 m,校正桩身垂直后,开始沉桩。如果桩在刚入土过程中碰到地下障碍物,桩位偏差超出允许偏差范围时,必须及时将桩拔出,重新进行插桩施工。如果桩入土较深而碰到地下障碍物,应及时通知有关单位协商处理发生的情况,以便施工顺利进行。

(5)管桩的垂直度控制。管桩直立就位后,采用两台经纬仪在离桩架 15 m 以外正交方向进行观摩校正,也可在正交方向上设置两根垂线吊砣进行观摩校正。要求打入前垂直度控制在 0.3% 以内,成桩后垂直度控制在 0.5% 以内。每台打桩机配备一把水准尺,可随时量测桩体的垂直度和桩端面的水平度。

(七)沉桩的基本要求

沉桩时,用两台经纬仪交叉检查桩身的垂直度,待桩入土一定深度且桩身稳定后按正常沉桩速度进行。

1. 静压法

静压法沉桩是通过静力压桩机的压桩机构以压桩机自重和机架上的配重提供反力而

将桩打入土中的沉桩工艺。压桩程序一般情况下都采取分段压入、逐段接长的方式,其施工工序如下:测量定位—桩尖就位—对中调直—压桩—再压桩—送桩(或截桩)。

压桩时通过夹持油缸将桩夹紧,然后使用压桩油缸将压力施加到桩上。压力由压力表反映。在压桩过程中要认真记录入土深度和压力表读数,以利于判断桩的质量和水平承载力。当压力表读数突然上升或下降时,要停机对照地质资料进行分析,看是否遇到障碍物或产生断桩的情况。

2. 锤击法

1)施工工序

锤击法沉桩的施工工序如下:测量放线定桩位—桩机就位—运桩至机前—安装桩尖—桩管起吊—对位并插桩—调整桩及桩架的垂直度—开锤施打—复核垂直度—继续施打—第二节桩起吊接桩—施打第二节桩,测量贯入度,直至达到设计要求的收锤标准时收锤—桩机移动。

管桩在打入前,在桩身上画出以米为单位的长度标记,并按从下至上的顺序标明桩的长度,以便观察桩的入土深度及每米锤级数。

2)施工原则

施工时应按下列原则进行锤击沉桩:

(1)重锤低击原则:第一节桩初打时应用小落距施打,等桩尖入土,桩的垂直度及平面位置都符合要求,地质情况无异常后再用较大落距进行施工。

(2)桩的施打须一气呵成,连续进行,采取措施缩短焊接时间,原则上当日开打的桩必须当日打完。

(3)选择合适的桩帽、桩垫、锤垫,避免打坏桩头。

(4)施工时如遇贯入度剧变、桩身突然偏斜、跑位及与邻桩深度相差过大、地面明显隆起、邻桩位移过大等异常情况,应立即停止施工,及时会同有关部门研究处理,达成一致意见后再复工。

3)收锤标准

根据设计要求,结合试桩报告、地质资料,当沉桩满足设计贯入度和桩入土深度达到要求时,即可收锤。

若沉桩贯入度和桩入土深度达不到设计要求,收锤标准宜采用双控,即当桩长小于设计要求而贯入度已经达到设计规定数值时,应连续锤击 3 阵,每阵贯入度均小于规定数值时,可以收锤。当沉锤深度超过设计要求时,也应打至贯入度等于或稍小于规定的值时收锤。

打桩的最后贯入度应在桩头完好无损、柴油锤跳动正常、锤击没有偏心、桩帽衬垫和送桩器等正常条件下测量。

收锤标准与场地的工程地质条件,单桩承载力设计值,桩的种类、规格、长短及柴油锤的冲击能量等多种因素有关。收锤标准应包括最后贯入度桩入土深度总锤击数、每米锤击数及最后 1 m 锤击数、桩端持力层及桩尖进入持力层深度等综合指标。

收锤的标准即停止施打的控制条件与管桩的承载力之间的关系相当密切,尤其是最后的贯入度常被作为收锤时的重要条件，但将最后贯入度作为收锤标准的唯一指标的观点值得商榷，因为贯入度本身就是一个变化的不确定的量。

(1)不同柴油锤贯入度不同：重锤与轻锤打同一根桩，贯入度要求不同。

(2)不同桩长贯入度要求不同：同一个锤打长桩和打短桩贯入度要求不同，根据动量原理冲击能相同，质量大(长桩)的位移小，即贯入度小，反之贯入度大。所以，承载力相同的管桩，短桩的贯入度要大一些，长桩的贯入度应该小一些。

(3)收锤时间不同，贯入度不同：在黏土层中打管桩，刚打好就立即测贯入度，贯入度可能比较大，由于黏土的重塑固结作用，过几小时或几天测试，贯入度就小得多。在一些风化残积土很厚的地区打桩，初始测出的贯入度比较大，只要停一两个小时再复打贯入度锐减，有的甚至变为零。而在砂层中打桩，刚收锤时贯入度很小，由于粒径的松弛影响过一段时间再复打贯入度可能会变大。

(4)有无送桩器测出的贯入度不同：因为送桩器与桩头的连接不是刚性的，锤击能量在这里传递不顺畅，所以同一大小的冲击能力直接作用在桩尖上，测出的贯入度大一些，装上送桩器施打测出的贯入度小一些。为达到设计承载力，使用送桩器时的收锤贯入度应比不用送桩器时的收锤贯入度要求严些。

(5)不同设计对承载力贯入度要求不同：一般来说，同一场区、同一规格承载力设计值较低的桩收锤贯入度要求大一些，反之贯入度可小一些。

对于管桩的桩尖坐落在强风化基岩的情况，一般来说，桩尖进入 $N = 50 \sim 66$ 的强度风化岩层中单桩的承载力标准值可达到或接近管桩桩身的额定承载力，贯入度大多数为15 ~ 50 mm/10击，说明桩锤选小了，换大一级柴油锤即可解决问题，用重锤低击的施打方法，可使打桩的破损减小到最低程度，承载力也可达到设计要求。

(6)不同设计承载力贯入度的“灵敏度”不同：以桩侧摩阻力为主的端承摩擦桩对贯入度的“灵敏度”较低，摩阻力占的比例越大，“灵敏度”越低；而以桩端阻力为主的端承摩擦桩，由于要有足够的端承力作保证，收锤时的贯入度要求比较严格，也可以说这类桩对贯入度的“灵敏度”高。

(八)接桩的技术要求

(1)当管桩需要接长时，其入土部分桩段的桩头离地面 50 cm 左右可停锤，开始接桩。

(2)下节桩的桩头处设导向箍，以方便上节桩就位。接桩时上下节桩段应顺直，错位偏差不得大于 2 mm。

(3)上下节桩之间的空隙应用铁片全部填实，结合面的间隙不得大于 2 mm。

(4)焊接前，焊接坡口表面应用铁刷子清刷干净，露出金属光泽。

(5)焊接前先在坡口周围上对称焊 6 点，待上下桩节固定后施焊，施焊由两到三个焊工同时进行。

(6)每个接头焊缝不得少于 2 层，内层焊渣必须清理干净以后方能施焊外一层，每层焊缝接头应错开，焊缝应饱满、连续，不出现夹渣或气孔等缺陷。

(7)施焊完毕后自然冷却 8 min 方可继续进行，严禁用水冷却或焊好即打。

(九)配桩与送桩时的注意事项

1. 配桩

在施工前,先详细研究地质资料,然后根据设计图纸和地质资料预估桩长(桩顶设计至桩端的距离),对每条桩进行配桩。同时,在每个承台的桩施工前,对第一条桩适当地配长一些(一般多配 1.5 ~2.0 m),以便掌握该地区的地质情况,其他的桩可以根据该桩的入土深度或加或减,合理地使用材料,以节约管桩。

2. 送桩

(1)由于送桩时桩帽与桩顶之间有一定的空隙,因此打桩时此部分不是一个很好的整体,往往使桩容易偏斜和损坏。另外,打桩锤击力经送桩器后,能量有所消耗,影响对桩的打击能力,因此送桩不宜太深,且应控制在设计允许的范围内。

(2)送桩前应测出桩的垂直度,合格者方可送桩。

(3)送桩作业时,送桩器与管桩桩头之间应放置 1 ~2 层麻袋或硬纸板做衬垫。送桩器上下两端面应平整,且与送桩器中心轴线相垂直,送桩器下端面应开孔,使管桩内腔与外界连通。

(4)打桩至送桩的间隔时间不宜太长,应即打即送。

(十)打桩记录

在整个打桩的过程中,要对每一节桩和每一根桩的施工情况作出如实的记录,对每节桩的编号、桩的偏差和打桩的锤数做好记录。要求记录每一根桩的各节桩编号和施打日期,对桩长和桩的贯入度也应记录清楚。在施工过程中应设专人负责记录。

打桩施工记录按规范要求做好,钢筋混凝土预制桩施工记录表每一焊接、桩长贯入度记录均应请现场业主代表或监理代表签字认可。

六、质量检验

质量检验从施工前检验、施工中检验、施工后检验三方面着手。

(一)施工前检验

(1)施工前应严格对桩位进行检验。

(2)混凝土预制桩施工前应进行下列检验:

①成品桩应按选定的标准图或设计图制作,现场应对其外观质量及桩身混凝土强度进行检验;

②应对接桩用焊条压桩用压力表等材料和设备进行检验。

(二)施工中检验

(1)混凝土预制桩施工过程中应进行下列项目的检验:

①打入(静压)深度、停锤标准静压终止压力值及桩身(架)垂直度。

②接桩质量、接桩间歇时间及桩顶完整状况。

③每米进尺锤击数、最后 1.0 m 锤击数、总锤击数、最后三阵贯入度及桩尖标高等。

(2)对于挤土预制桩,在施工过程中均应对桩顶和地面土体的竖向及水平位移进行系统观测,若发现异常,应采取复打、复压、引孔、设置排水设置及调整沉桩速率等措施。

(三)施工后检验

工程桩应进行承载力和桩身质量的检验。

第十一节　石灰桩法

一、概念

石灰桩是指采用机械或人工在地基中成孔,然后贯入生石灰或按一定比例加入粉煤灰、矿渣、火山灰等掺合料及少量的外加剂进行振密或夯实而形成的密实桩体。为提高桩身强度还可掺加石膏、水泥等外加剂。

我国研究和应用石灰桩可分为三个阶段。

第一阶段是1953年以前,施工方法是人工用短木桩在土里冲出孔洞,向土孔中投入生石灰块,稍加捣实就形成了石灰桩。

第二阶段是1953~1961年,以天津大学范思锟教授为首,组建了研究小组并将石灰桩的研究正式列入国家基本建设委员会的研究计划。先后进行了室内外的载荷试验、石灰桩和土的物理力学试验,实测了生石灰的吸水量、水化热和胀发力等基本参数。这项工作历时5年,为20世纪50年代石灰桩的研究和应用以及后来进一步研究和发展奠定了基础。

第三阶段始于1975年,是由北京铁路局勘测设计所等单位在天津塘沽对吹填软土路基进行石灰桩处理的试验研究。在120 m×20 m区段内采用了换填土、长砂井、砂垫层、石灰桩、短密砂井等几种方法进行了对比试验,结果表明,石灰桩的加固效果最佳。

此后,石灰桩的研究工作很快在全国各地展开。

当前石灰桩的研究工作还在进一步深入,研究的重点是各种施工工艺的完善和实测,总结设计所需要的各种计算参数,使设计施工更加科学化、规范化。

二、石灰桩的作用机制

石灰桩的主要作用机制是通过生石灰的吸收膨胀挤密桩周围土,继而经过离子交换和胶凝反应使桩间土的强度提高。同时,桩身生石灰与活性掺合料经过水化、胶凝反应,使桩身具有0.3~1.0 MPa的抗压强度。其主要作用如下。

(1)挤密作用:石灰桩在施工时由振动钢管下沉成孔使桩间土产生挤压和排土作用,其挤密效果与土质上覆压力及地下水状况等有密切关联。一般地基土的渗透性越强,打桩挤密效果越好。

石灰桩在成孔后贯入生石灰便吸水膨胀,使桩间土受到强大的挤压力,这对地下水位以下软黏土的挤密起主导作用。测试结果表明,根据生石灰的质量高低,在自然状态下熟化后其体积可增加1.5~3.5倍,即体积的膨胀系数为1.5~3.5。

(2)高温效应:生石灰水化放出大量的热量,桩内温度最高可达200~300 ℃,桩间土的温度最高可达40~50 ℃。升温可以促进生石灰与粉煤灰等桩体掺合料的凝结反应。

高温引起了土中水分的大量蒸发,对减少土的含水量、促进桩周土的脱水起有利作用。

(3)置换作用:石灰桩作为竖向增强体与天然地基土体形成复合地基,使得压缩模量大大提高,稳定安全系数也得到提高。

(4)排水固结作用:由于桩体采用了渗透性较好的掺合料,因此石灰桩桩体不同于深层搅拌水泥土桩桩体,石灰桩桩体的渗透系数为 $4.07\times10^{-3}\sim6.13\times10^{-5}$ cm/s,相当于粉细砂桩体,排水作用良好。石灰桩的桩距比水泥土搅拌桩的桩距小,水平向的排水路径短,有利于桩间土的排水固结。

(5)加固层的减载作用:石灰桩的密度显著小于土的密度,即使桩体饱和后,其密度也小于土的天然密度。当采用排土成桩时,加固层的自重减小,作用在下卧层的自动应力显著减小,即减小了下卧层顶面的附加应力。

采用不排土成桩时,对于杂填土和砂类土等,由于成孔挤密了桩间土,加固层的重量变化不大;对于饱和黏性土,成孔时土体隆起或侧向挤出,加固层的减载作用仍可考虑。

(6)化学加固作用主要有两项:

①桩体材料的胶凝作用:生石灰与活性掺合料的反应很复杂,主要生成强度高的硅酸钙及铝酸钙等,它们不溶于水,在含水量很高的土中可以硬化。

②石灰与桩周土的化学反应:石灰与桩周土的化学反应包括离子作用(熟石灰的吸水作用)、离子交换(水胶联结作用)、固结反应(石灰的碳酸性)。

石灰桩的适用范围:石灰桩法适用于处理饱和黏性土、淤泥、淤泥质土、素填土和杂填土等的地基,用于地基地下水位以上的土层时,宜增加掺合料的含水量并减少生石灰用量或采取土层浸水等措施。

石灰桩属于压缩的低黏结强度桩,能与桩间土共同作用,形成复合地基。

由于生石灰的吸水膨胀作用,它特别适用于新填土和淤泥的加固,生石灰吸水后还可使淤泥产生自重固结,形成强度以后的密集的石灰桩与经加固的桩间土结合为一体,使桩间土固结状态消失。

石灰桩与灰土桩不同,可用于地下水位以下的土层。用于地下水位以上的土层时,若土中含水量过低,则生石灰水化反应不充分,桩身强度降低,甚至不能硬化,此时采用减少生石灰用量和增加掺合料含水量的办法,经实践证明是有效的。

石灰桩不适用于地下水位以下的砂类土。

三、石灰桩的设计

石灰桩的设计应从以下七个方面来考虑:桩的布置、桩的长度、固化剂、垫层、封口、复合地基承载力特征值、地基变形等。

(1)桩的布置:石灰桩成孔直径应根据设计要求及所选用的成孔方法确定,常用300~400 mm,可按等边三角形或矩形布桩,桩中心距可取2~3倍成孔直径。石灰桩可以布置在基础底面下,当基底土的承载力特征值小于70 kPa时,宜在基础以外布置1~2排围护桩。

试验表明,石灰桩宜采用细而密的布桩方式,这样可以充分发挥生石灰的膨胀挤密效应,但桩径过小会影响施工速度。目前人工成孔的桩直径以 300 mm 为宜,机械成孔直径以 350 mm 左右为宜。

以往在基础以外也布置数排石灰桩,如此则造价剧增。试验表明,在一般的软土中围护桩对提高复合地基承载力的增益不大。在承载力很低的淤泥质土中基础周围增加 1 ~ 2 排围护桩有利于对淤泥加固,可以提高地基的整体稳定性,同时围护桩可将土中大孔隙挤密,能起到止水的作用,可提高内排桩的施工质量。

(2)桩的长度:用洛阳铲成孔(人工成孔)时,桩的长度不宜超过 6 m,如果用机动洛阳铲可以适当加长。机械成孔管外投料时,如桩长过长,则不能保证成桩的直径,特别在易缩孔的软土中,桩长只能控制在 6 m 以内,不缩孔时桩长可控制在 8 m 以内。

石灰桩桩端宜选在承载力较高的土层中,在深厚的软弱的地基中采用悬浮桩时,应减少上部结构重心与基础形心的偏心,必要时宜加强上部结构及基础的刚度。

由于石灰桩复合地基桩土变形协调,石灰桩身又为可压缩性的柔性桩,复合土层承载性能类似于人工垫层。大量工程实践证明,复合土层深降仅为桩长的 0.5% ~0.8%,沉降主要来自于桩底下卧层,因此宜将桩端置于承载力较高的土层中,石灰桩具有减载和预压作用,因此在深厚的软土层中刚度较好的建筑物有可能使用悬浮桩,在无地区经验时,应进行大压板载荷试验,确定加固深度。

地基处理的深度应根据岩土工程勘察资料及上部结构设计的要求确定,应按现行国家标准《建筑地基基础设计规范》(GB 50007—2011)验算下卧层承载力及地基的变形。

(3)固化剂:石灰桩的主要固化剂为生石灰掺合料,宜选用粉煤灰、火山灰、炉渣等工业废料。生石灰与掺合料的配合比宜根据地质情况确定,生石灰与掺合料的体积比可选用 1:1或 1:2。对于淤泥、淤泥质土等软土可适当增加生石灰的用量,桩面顶附近生石灰用量不宜过大,当掺石膏和水泥时,掺加量为生石灰用量的 3% ~10%。

块状生石灰经测试其孔隙率为 35% ~39%,掺合料的掺入数量理论上至少应能充满生石灰块的孔隙,以降低造价,减少生石灰膨胀作用的内耗。

生石灰与粉煤灰、沪渣、火山灰等活性材料可以发生水化反应,生成不溶于水的水化物,同时使用工业废料也符合国家环保政策。

在淤泥中增加生石灰用量有利于淤泥的固结,桩顶附近减少生石灰用量可减少生石灰膨胀引起的地面隆起,同时桩体强度较高。

当生石灰用量超过总体积的 30% 时,桩身强度下降,但对软土的加固效果较好,经过工程实践及试验总结,生石灰与掺合料的体积比以 1:1或 1:2较合理,土质软弱时采用 1:1,一般采用 1:2。

桩身材料加入少量的石膏或水泥可以提高桩身的强度,在地下水渗透较严重的情况下或为提高桩顶强度时可适量加入。

(4)垫层:石灰桩属于压缩性桩,一般情况下桩顶可不设垫层。石灰桩桩身根据不同的掺合料有不同的渗透系数,其值为 $10^{-3} \sim 10^{-5}$ cm/s。当地基需要排水通道时,可在桩顶以上设 200 ~300 mm 厚的砂石垫层。

(5)封口:石灰桩宜留 500 mm 以上的孔口高度,并用含水量适当的黏性土封口,封口材料必须夯实，封口标高应略高于原地面，石灰桩桩顶施工标高高出设计桩顶标高 100 mm 以上。

由于石灰桩的膨胀作用，桩顶覆盖压力不够时，容易引起桩顶隆起，产生再沉降，因此其孔口高度不宜小于 500 mm，以保持一定的覆盖压力。其封口标高应略高于原地面，以防止地面水早期渗入桩顶，导致桩身强度降低。

(6)复合地基承载力特征值：石灰桩、复合地基的承载力特征值不宜超过 160 kPa，当土质较好并采取保证桩身强度的措施时，经过试验后可以适当提高。

石灰桩桩身强度与土的强度有密切的关系。土的强度高时，对桩的约束力大，生石灰膨胀时可增加桩身密度，提高桩身强度；反之，当土的强度较低时，桩身强度也相应降低。石灰桩在软土中的桩身强度多为 0.3～1.6 MPa，强度较低，其复合地基承载力不超过 160 kPa，多为 120～160 kPa。如土的强度较高，可减少生石灰用量，外加石膏或水泥等外加剂，提高桩身强度，使复合地基承载力提高。同时应注意，在强度高的土中，如生石灰用量过大，则会破坏土的结构，综合加固效果不好。

石灰桩复合地基承载力特征值应通过单桩或多桩复合地基载荷试验确定。初步设计时可按 $f_{spk}=mf_{pk}+(1-m)f_{sk}$ 估算，式中，f_{pk} 为石灰桩桩身抗压强度比例界限值，由单桩竖向载荷试验测定，初步设计时可取 350～500 kPa，土质软弱时取低值；f_{sk} 为桩间土承载力的特征值，取天然地基承载力特征值的 1.05～1.20 倍，土质软弱或置换率大时取高值；m 为面积置换率，桩面积按 1.1～1.2 倍成孔直径计算，土质软弱时宜取高值。

试验研究证明，当石灰桩复合地基荷载达到其承载力特征值时，具有以下特征：

①沿桩长范围内各点桩和土的相对位移很小(2 mm 以内)，桩土变形协调。

②土的接触压力接近桩间土承载力特征值。

③桩顶接触压力达到桩体比例极限，桩顶出现塑性变形。

④桩土应力比趋于稳定，其值为 2.5～5。

⑤桩土的接触压力可采用平均压力进行计算。

基于以上特征，按常规的面积比方法计算复合地基承载力是适宜的。在置换率计算中，桩径除考虑膨胀作用外，尚应考虑桩边 2 cm 左右厚的硬壳层，故计算桩径取成孔直径的1.1～1.2倍。

桩间土的承载力与置换率、生石灰掺量以及成孔方式等因素有关。试验检测表明，生石灰对桩周边厚 0.3d(d 为桩径)左右的环状土体显示了明显的加固效果，强度提高系数达 1.4～1.6，圆环以外的土体加固效果不明显。

(7)地基变形：处理后的地基变形应按现行国家标准《建筑地基基础设计规范》(GB 50007—2011)的有关规定进行计算。变形的经验系数可按地区沉降观测资料及经验确定。

石灰桩的掺合料为轻质的粉煤灰或炉渣，生石灰块的重度约 10 kN/m^3，在石灰桩桩身饱和后重度为 13 kN/m^3，以轻质的石灰桩置换复合土层的自重减轻，特别是石灰桩复合地基的置换率大，减载效应明显。复合土层自重减轻，即减小了桩底下卧层软土的附加应力，附加应力的减小值及上部载荷减小的对应值是一个可观的数值。这种减载效应对减小软土变形增益很大。同时，考虑生石灰的膨胀对桩底土的预压作用，石灰桩底下卧层的变形较常规计算减小。经过湖北、广东地区40余个工程沉降实测结果的对比（人工洛阳铲成孔，桩长6 m以内，条形基础简化为筏板基础计算），变形较常规计算有明显减小。由于各地情况不同，统计资料有限，应以当地经验为主。

石灰桩桩身强度与桩间土强度有对应关系，桩身压缩模量也随桩间土模量的不同而变化，鉴于这种对应关系，复合地基桩土应力比的变化范围缩小，经大量测试，桩土应力比的范围为2～5，大多为3～4。

石灰桩桩身压缩模量可用环刀取样，做室内压缩试验求得。

四、石灰桩的施工技术

石灰桩在施工前应做好场地排水，防止场地积水，对重要工程或缺少经验的地基区域，施工前应进行桩身材料配合比、成桩工艺及复合地基承载力试验，桩身材料配合比试验应在现场地基中进行。石灰桩可就地取材，各地的生石灰掺合料及土质均有差异，在无经验的地区应进行材料配合比试验。由于生石灰的膨胀作用，其强度与侧限有关，因此配合比试验宜在现场地基中进行。

（1）石灰桩的施工方法：可采用洛阳铲或机械成孔。机械成孔为沉管成孔和螺旋钻成孔。成桩时可采用人工夯实、机械夯实、沉管反插、螺旋反压等工艺。填料时必须分段压（夯）实，人工夯实时每段填料厚度不应大于400 mm，管外投料或人工成孔填料时应采取措施减小地下水渗入孔内的速度，成孔后填料前应排除孔底积水。

管外投料或人工成孔时，孔内往往存水，此时应采用小型软轴水泵或潜水泵排干孔内的水，方能向孔内投料。

在向孔内投料的过程中，如孔内渗水严重，则影响夯实（压实）桩料的质量，此时应采取降水或增打围护桩隔水的措施。

（2）石灰桩所用材料的要求：进入场地的生石灰应有防水、防雨、防风、防火的措施。石灰材料应选用新鲜生石灰块，有效氧化钙含量不宜低于70%，粒径不宜大于70 mm，含粉量（消石灰）不宜超过5%。生石灰块的膨胀率大于生石灰粉，同时生石灰粉易污染环境，为了使生石灰与掺合料反应充分，应将块状生石灰碾碎，其粒径以30～40 mm为佳，最大不宜超过70 mm。

（3）掺合料应保持适当的含水量，使用粉煤灰或炉渣时含水量宜控制在30%左右，无经验时宜进行成桩工艺试验，确定密实度的施工控制指标，掺合料含水量过小则不易夯实，过大则在地下水位以下易引起冲孔。

（4）石灰桩身密实度是质量控制的重要指标，由于周围土的约束力不同，配合比也不同，桩身密实度的定量控制指标难以确定，桩身密实度的控制宜根据施工工艺的不同，凭经验控制，无经验的地区应进行成桩工艺试验。

（5）石灰桩的施工质量控制。石灰桩的施工质量控制主要有以下7项：

①根据加固的设计要求、土质条件、现场条件和机具供应情况可选用振动成桩法（分管内填料成桩和管外填料成桩）、锤击成桩法、螺旋钻成桩法或洛阳铲成桩法等。

振动成桩法和锤击成桩法:采用振动管内填料成桩法时,为防止生石灰膨胀堵住桩管,应加压缩空气装置及空中加料装置,管外填料成桩应控制每次填料的数量及沉管的深度。

采用锤击成桩法时,应根据锤击的能量控制分段的填料量或成桩的长度。桩顶上部空孔部分应用3:7灰土或素土填孔封顶。

螺旋钻成桩法:正转时将部分土带出地面,部分土挤入桩孔壁而成孔。根据成孔时电流大小和土质情况,检验场地情况与原勘察报告和设计要求是否相符。钻杆达到设计要求深度后,提钻检查成孔质量,清除钻杆上的泥土。把整根桩所需填料按比例分层堆在钻杆周围,再将钻杆沉入孔底,钻杆反转叶片将填料边搅拌边压入孔底,钻杆被压密的填料逐渐顶起,钻尖升至高出地面1~1.5 m或顶尖标高后停止填料,用3:7灰土或素土封顶。

洛阳铲成桩法:洛阳铲成桩法适用于施工场地狭窄的地基加固工程。成桩直径可为200~300 mm,每层回填料的厚度不宜大于300 mm,用杆状重锤分层夯实。

②在施工过程中,应有专人监测成孔及回填料的质量,并作好施工记录。如发现地基土质与勘察资料不符,应查明情况采取有效措施后方可继续施工。

③当地基土含水量很高时,桩宜由外向内或沿地下水流方向施打,并宜采用隔跳打施工。

④施工顺序宜由外围或两侧向中间进行,在软土中宜相隔成桩。

⑤桩位偏差不宜大于$0.5d$(d为桩径)。

⑥应建立完整的施工质量和施工安全管理制度,根据不同的施工工艺制定相应的技术保证措施,及时做好施工记录监督成桩质量,进行施工阶段的质量检测等。

⑦石灰桩施工时应采取防止冲孔伤人的有效措施,确保施工人员的安全。

石灰桩在施工中的冲孔现象应引起重视,其主要原因是孔内进水或存水使生石灰与水迅速反应,其温度高达200~300 ℃,空气遇热膨胀,不易夯实,桩身孔隙大,孔隙内空气在高温下迅速膨胀,使上部夯实的桩料冲击孔口。可采取减少掺合料含水量,排干孔内积水或降水,加强夯实等措施,以确保安全。

五、石灰桩的质量检测

(1)石灰桩的施工质量检测:宜在施工7~10 d后进行,竣工验收检测宜在施工28 d后进行。石灰桩加固软土的机制分为物理加固和化学加固两个作用。物理作用(吸水、膨胀)的完成时间较短,一般情况下7 d以内即可完成,此时桩身的直径和密度已定型,在夯实力和生石灰膨胀力作用下,7~10 d桩身已具有一定的强度。而石灰桩的化学作用则缓慢,桩身强度的增长可延续3年甚至5年。考虑到施工的需要,目前将一个月龄期的强度视为桩身设计强度,7~10 d龄期的强度约为设计强度的60%。

龄期为7~10 d时,石灰桩身内部维持较高的温度(30~50 ℃),采用静力触探检测时应考虑温度对探头精度的影响。

(2)施工检测可采用静力触探、动力触探或标准贯入试验,检测部位为桩中心及桩间土每两点为一组,检测组数不少于总桩数的1%。

(3)石灰桩地基在竣工验收时,承载力检测应采用复合地基载荷试验。

大量的检测结果证明,石灰桩复合地基在整个的受力阶段都是受变形控制的。其 p—s 曲线呈缓变形,石灰桩复合地基在整个地基中的桩土具有良好的协同工作特征,土的变形控制着复合地基的变形,所以石灰桩复合地基的允许变形宜与天然地基的标准相似。

在取得载荷试验与静力触探检测对比经验的条件下,也可采用静力触探估算复合地基的承载力。关于桩体强度的确定,可取 $0.1\ p_s$ 为桩体比例极限,这是经过桩体取样在试验桩上做抗压试验求得比例极限与原位静力触探 p_s 值对比的结果,但仅适用于掺合料为粉煤灰、炉渣的情况。

地下水位以下的桩底存在动水压力,夯实也不如桩的中上部,因此其桩身强度较低。桩的顶部由于覆盖压力有限,桩体强度也有所降低。因此,石灰桩体强度沿桩长而变化,中部最高,顶部及底部较差。

试验表明,当底部桩身具有一定强度时,由于化学反应的结果,其后期强度可以提高,但提高有限。

(4)载荷试验数量宜为每 200 m^2(地基处理面积)左右布置 1 个点,且第一单体工程不应少于 3 个点。

第十二节　灰土挤密桩及土挤密桩法

灰土挤密桩及土挤密桩是利用沉管、冲击或爆位等方法在地基中挤土成孔,然后向孔内夯填灰土或素土成桩,成桩时通过成孔过程中的横向挤压作用,桩孔内的土被挤向周围,使桩间土得以挤密,然后将准备好的灰土或素土(黏性土)分层填入桩孔内,并分层捣实至设计标高。用灰土分层夯实的桩体称为灰土挤密桩,用素土分层夯实的桩体称为土挤密桩,二者分别与挤密的桩间土组成复合地基,共同承受基础的上部荷载。

其作用机制如下:灰土挤密桩或土挤密桩加固地基是一种人工复合地基,属于深层加密处理的地基的一种方法。主要作用是提高地基承载力,降低地基的压缩性,对湿陷性黄土则有部分或全部消除湿陷性的作用。灰土挤密桩或土挤密桩在成孔时,桩周部位的土被侧向挤出,从而使桩周土得以加密。

灰土挤密桩及土挤密桩是利用打桩机或振动器将钢套管打入地基土层并随之拔出,在土中形成桩孔,然后在桩孔中分层填入石灰土夯实而成。与夯实、碾压等竖向加密方法不同,灰土挤密桩是对土体进行横向加密,施工中当套管打入地层时,管周地基土受到了较大的水平方向的挤压作用,使管周一定范围内的土体工程物理性质得到改善。成桩后石灰土与桩间土发生离子交换、凝硬反应等一系列物理化学反应,放出热量,体积膨胀,其密实度增加,压缩性降低,湿陷性全部或部分消除。

灰土挤密桩及土挤密桩的适用范围如下:

灰土挤密桩及土挤密桩法适用于处理地下水位以上的湿陷性黄土、素填土和杂填土等地基,可处理地基的深度为 5 ~ 15 m。当以消除地基土的湿陷性为主要目的时,宜选用土挤密桩法。当以提高地基土的承载力或增强其水稳性为主要目的时,宜选用灰土挤密桩法。当地基土的含水量大于24%、饱和度大于65%时,不宜选用灰土挤密桩法或土挤密桩法。

大量的试验研究资料和工程实践表明,灰土挤密桩和土挤密桩用于处理地下水位以上的湿陷性黄土、素填土、杂填土等地基,不论是消除土的湿陷性还是提高承载力都是有效的。但当土的含水量大于24%及其饱和度超过65%时,在成孔及拔管过程中,桩孔及其四周容易缩短和隆起,挤密效果差,故上述方法不适用处理地下水位以下及毛细管饱和带的土层。

基础底下5 m以内的湿陷性黄土、素填土、杂填土通常采用灰土(或土)垫层或强度夯实等方法处理,大于15 m的土层,由于成孔设备的限制,一般采用其他的处理方法。

饱和度小于60%的湿陷性黄土,其承载力较高,湿陷性较强,处理地基常以消除湿陷性为主;而素填土、杂填土的湿陷性一般较小,但其压缩性高,承载力低,故处理地基常以降低压缩性,提高承载力为主。

灰土挤密桩和土挤密桩在清除土的湿陷性、减小渗透性方面其效果基本相同或差别不明显,但土挤密桩地基的承载力和水稳性不及灰土挤密桩。选用上述方法时,应根据工程的要求和处理地基的目的来确定。

一、灰土挤密桩及土挤密桩的设计

灰土挤密桩及土挤密桩的设计主要考虑处理地基的面积、处理地基的深度和其桩径、桩孔的数量,桩孔的填料要求、垫层及复合地基承载力特征值、地基的变形等几方面。

(一)处理地基的面积

灰土挤密桩地基的处理效果与处理的宽度有关,当处理宽度不足时,基础仍可能产生明显下沉,灰土挤密桩和土挤密桩处理地基的面积应大于基础或建筑物底层平面的面积,并应符合下列规定。

(1)当采用局部处理时,超出基础地面的宽度,对非自重的湿陷性黄土、素填土和杂填土等地基,每边不应小于基底宽度的25%,并不应小于0.50 m;对自重湿陷性黄土地基,每边不应小于基底宽度的75%,并不应小于1.0 m。

局部处理地基的宽度超出地基底面边缘一定范围,主要在于改善应力扩散,增强地基的稳定性,防止基底下被处理的土层在基础荷载作用下受水浸湿时产生侧向挤出,并使处理与未处理接触面的土体保持稳定。

局部处理地基超出基础边缘的范围较小,通常只考虑消除拟处理土层的湿陷性,而未考虑防渗隔水作用。但只要处理宽度不小于规定的范围,不论是非自重湿陷性黄土还是自重湿陷性黄土,采用灰土挤密桩或土挤密桩处理后,对防止侧向挤出、减小湿陷变形的效果都很明显。整片处理的范围大,既可消除拟处理土层的湿陷性,又可以防止水从侧向渗入未处理的下部土层引起湿陷,故整片处理兼有防渗隔水作用。

(2)当采用整片处理时,超出建筑物外墙基础底面外缘的宽度,每边不宜小于处理土层厚度的1/2,并不应小于2 m。

（二）处理地基的深度

灰土挤密桩和土挤密桩处理地基的深度应根据建筑物场地的土质情况、工作要求和成孔及夯实设备等综合因素确定。对湿陷性黄土地基应符合现行国家标准《湿陷性黄土地区建筑规范》（GB 50025—2004）的有关规定。

当以消除地基土的湿陷性为主要目的时，在非自重湿陷性黄土场地，宜将附加应力与土饱和自重应力之和大于湿陷起始压力的全部土层进行处理或处理至地基压缩层；在自重湿陷性黄土场地，宜处理至非湿陷性黄土层顶面。

当以降低土的压缩性、提高地基承载力为主要目的时，宜对基底下压缩层范围内压缩系数大于0.40 MPa或压缩模量不小于6 MPa的土层进行处理。

挤密桩深度主要取决于湿陷性黄土层的厚度、性质及成孔机械的性能，最小不得小于3 m，因为深度过小使用不经济。对于非自重湿陷性黄土地基，其处理厚度应为主要持力层的厚度，即基础下土的湿陷起始压力小于附加压力和上覆土层的饱和自重压力之和的全部黄土层，或附加压力等于自重压力25%的深度处。

（三）桩径的设计要求

桩孔布置的原则是尽量减少未得到挤密的土的面积，因此桩孔应尽量按等边三角形排列，这样可使桩间得到均匀挤密，但有时为了适应基础几何形状的需要而减少桩数，也可是正方形。

桩孔的直径主要取决于施工机械的能力和地基土层原始的密实度。桩径过小，桩数增加，增加了打桩和回填工作量；桩径过大，桩间土挤密效果均匀性差，不能完全消除黄土地基的湿陷性，同时要求成孔机械的能量也太大，振动过程对周围建筑物的影响大。总之，选择桩径应对以上因素进行综合考虑。

根据我国黄土地区的现状成孔设备，沉管（锤击、振动）成桩的桩孔直径多为0.37～0.40 m，布置桩孔应考虑消除桩间的湿陷性，桩间土的挤密以平均挤密系数$\bar{n}$表示。桩间土的平均挤密系数$\bar{n}$应按下式计算：

$$\bar{n} = \frac{\bar{P}d_1}{Pd_{\max}}$$

式中　$\bar{P}d_1$——在成桩挤密度深度内桩间土的平均干密度，t/m^3，平均试样数不应少于6组。

湿陷性黄土为天然结构，处理湿陷性黄土与处理扰动土有所不同，故检验桩间土的质量用平均挤密系数$\bar{n}$控制而不是用压实系数控制，平均挤密系数是在桩孔挤密深度内通过取土样测定桩间土的平均干密度与其最大干密度的比值而获得的。平均干密度的取样自桩顶向下0.5 m起，每1 m不应少于2点（1组），即桩孔外100 mm外1点，桩孔之间的中心距1/2处1点。当桩长大于6 m时，全部深度内取样点不应少于12点（6组），当桩长小于6 m时，全部深度内取样点不应少于10点（5组）。

灰土挤密桩地基的效果与桩距的大小关系密切。桩距大了，桩间土的挤密效果不好，湿陷性消除不了，承载能力也提高不多；桩距太小，桩数增加太多，显得不经济，同时成孔时地面隆起，桩管打不下去，给施工造成困难。因此，必须合理地选择桩距，选择桩距应以桩间挤密土能达到设计的密度为准。

(四)桩孔的数量

桩孔的数量可按下式估算:

$$n = \frac{A}{A_c}$$

$$A_c = \frac{nd_c^2}{4}$$

式中 n——桩孔的数量;

A——拟处理地基的面积, m^2;

A_c—— 一根土桩或灰土桩所承担的处理地基面积, m^2;

d_c—— 一根桩分担的处理地基面积的等效圆直径, m,桩孔按等边三角形布置时, $d = 1.05$ m,桩孔按正方形布置时, $d_c = 1.13$ m。

(五)桩孔的填料要求

桩孔内的填料应根据工程的要求或处理地基的目的确定,桩体的夯实质量宜用平均压实系数控制。

当桩孔内用灰土或素土分层回填、分层夯实时,桩体内的平均压实系数值均不应小于0.96,消石灰与土体积配合比宜为2∶8或3∶7。

当为消除黄土、素填土和杂填土的湿陷性而处理地基,桩孔内用素土(黏性土)、粉质黏土做填料时,可满足工程需求。当同时要求提高其承载力或水稳性时,桩孔内用灰土做填料较为合适。

为防止填入桩孔内的灰土吸水后产生膨胀,不得使用生石灰与土拌和,而应用消解后的石灰与黄土或其他黏性土拌和。石灰富含钙离子,与土混合后能产生离子交换作用,在较短时间内便成为凝结性材料,因此拌和后的灰土放置时间不可太长,并宜于当日使用完毕。

(六)垫层

桩顶标高以上应设置300 ~ 500 mm 厚的2∶8的灰土垫层,其压实系数不应小于0.95。灰土挤密桩或土的挤密桩回填夯实结束后,在桩顶标高以上设置300 ~ 500 mm 厚的灰土垫层,一方面使桩顶和桩间土找平,另一方面有利于改善应力扩散,调整桩土的应力比,并对减小桩身应力集中也有很好的作用。

(七)复合地基承载力特征值

灰土挤密桩和土挤密桩的复合地基承载力特征值,应通过现场单桩或多桩复合地基载荷试验确定。初步设计当天试验资料时,可按当地经验确定,对灰土挤密桩复合地基的承载力特征值不宜大于处理前的2倍,并不宜大于250 kPa,对土挤密桩复合地基的承载力特征值不宜大于处理前的1.4倍,并不宜大于180 kPa。

为确定灰土挤密桩和土挤密桩的桩数及其桩长(或处理深度),设计时往往需要了解采用灰土挤密桩和土挤密桩处理地基的承载力,而原位测试(包括载荷试验、静力触探、动力触探)结果比较可靠,用载荷试验可测定单桩和桩间土的承载力,也可测定单桩复合地基或多桩复合地基的承载力。当不用载荷试验时,桩间土的承载力可采用静力触探测定。桩体特别是灰土填孔的桩体,采用静力触探测定其承载力不一定可行,但可采用动力触探测定。

（八）地基的变形

灰土挤密桩和土挤密桩复合地基的变形计算应符合现行国家标准《建筑地基基础设计规范》（GB 50007—2011）的有关规定，其中复合土层的压缩模量可采用载荷试验的变形模量代替。

灰土挤密桩或土挤密桩复合地基的变形包括桩和桩间土及其下卧未处理土层的变形，前者通过挤密后桩间土的物理力学性质明显改善，即土的干密度增长，压缩性降低，承载力提高，湿陷性消除，故桩和桩间土（复合土层）的变形可不计算，但应计算下卧未处理土层的变形。

二、灰土挤密桩及土挤密桩的施工技术要求

对重要工程或在缺乏经验的地区，施工前应按设计要求在现场进行试验，若土的性质基本相同，试验可在一处进行，若土质差别明显，应在不同地段分别进行试验。试验内容包括成孔、成孔内的夯实质量、桩间土的挤密情况、单桩和桩间土以及单桩或多桩、复合地基的承载力等。

灰土挤密桩及土挤密桩是一种比较成熟的地基处理方法，自 20 世纪 60 年代以来，在陕西、甘肃等湿陷性黄土地区的工业与民用建筑的地基中已被广泛地使用，积累了一定的经验。对一般工程，施工前在现场不进行成孔挤密等试验，不致产生不良后果，并有利于加快地基处理的施工进度，但在缺乏建筑经验的地区和对不均匀沉降有严格限制的重要工程，施工前应按设计要求在现场进行试验，以检验地基处理方案和设计参数的合理性，对确保地基处理质量、查明其效果都很有必要。

（一）施工准备

1. 对材料的要求

（1）土料可采用素土及塑性指数大于 4 的黏土，有机质含量小于 5%，不得使用种植土，土料应过筛，土块粒径不应大于 15 mm。

（2）石灰：选用新鲜的块灰，使用前 7 d 消解并过筛，不得夹有未熟化的生石灰块粒及其他杂质，其颗粒粒径不应大于 5 mm，石灰质量不应低于Ⅲ级标准，活性 CaO + MgO 的含量不少于 50%。

（3）对选定的石灰和土进行原材料及土工试验，确定最大干密度、最优含水量等技术参数，灰土桩的石灰剂量为 12%（重量比）。配制时确保充分拌和及颜色均匀一致，灰土的夯实最佳含水量宜控制在 21% ~26%，边拌和边加水，确保灰土的含水量为最优含水量。

2. 主要设备机具

（1）成孔设备：成孔设备有 0.6 t 或 1.2 t 柴油打桩机或自制锤击式打桩机，亦可采用冲击钻或洛阳铲。

（2）夯实设备：夯实设备有卷扬机或夯实机或偏心轮夹杆式夯实机及梨形锤。

（3）主要工具：主要有铁锹、量斗、胶管、喷壶、铁筛、手推胶轮车等。

3. 作业准备

（1）施工场地地面上所有障碍物和地下管线、电缆、旧基础等均全部拆除，场地表面平整。沉管振动对邻近结构物有影响时，需采取有效保护措施。

(2)施工场地进行平整,对桩机运行的松软场地进行预压处理,场地做好临时排水沟,保证排水畅通。

(3)轴线控制桩及水准点桩已经设置并编号,桩孔位置已经放线并钉标桩定位或撒石灰。

(4)已进行成孔夯填工艺和挤密效果试验,确定有关施工工艺参数(分层填料厚度、夯击次数和夯实后的干密度、打桩次序)并对试桩进行了测试,承载力及挤密效果等符合设计要求。

4. 作业人员的条件

(1)主要作业人员有打桩工、焊工。

(2)施工机具应由专人负责使用,维护大中型机械特殊机具需持证上岗,操作者须经培训后方可操作,主要作业人员已经过安全培训,并接受了施工技术交底。

(二)施工工艺流程

灰土挤密桩及土挤密桩的工艺流程如下:基坑开挖—桩成孔—清底夯—桩孔夯填—夯实。

(1)桩成孔:在成孔或拔桩过程中,对桩孔(或桩顶)上部土层有一定的松动作用,因此施工前应根据选用的成孔设备和施工方法在场上预留一定厚度的松动土层,待成孔和桩孔回填夯实结束,将其挖除或按设计规定进行处理。应预留松动土层的厚度,沉管成孔宜为0.5~0.7 m,冲击成孔宜为1.2~1.5 m。

桩的成孔方法可根据现场机具条件选用沉管法、爆扩法、冲击法等。

①沉管法是用振动或锤击沉桩机将与桩孔同直径的铜管打入土中拔管成孔。

桩管顶设桩帽,下端做成锥形约呈60°桩尖可上下活动。本方法简单易行,孔壁光滑平整,挤密实度效果好,但处理深度受桩架的限制,一般不超过8 m。

沉管机就位后,使沉管尖对准桩位,调平扩桩机架,使桩管保持垂直,用线锤吊线检查桩管的垂直度。在成孔过程中,如土质较硬且均匀,可一次性成孔达到设计深度,如中间夹有软弱层,需反复几次才能达到设计要求。

②爆扩法是用钢钎打入土中形成20~40 mm孔或洛阳铲打成60~80 mm孔,然后在孔中装入条形药卷和2~3个雷管爆扩成孔(15~18)d(d为桩孔或药卷直径)的孔。本方法成孔简单,但孔径不易控制。

③冲击法是使用简易冲孔机将0.6~3.2 t重锤形锤头提升0.5~20 m后,落下反复冲击成孔,直径可达50~60 cm,深度可达15 mm以上,适用于处理湿陷性深度较大的土层。

④对含水量较大的地基,桩管拔出后,会出现缩孔现象,造成桩孔深度或孔径不够。对深度不够的孔,可采用超深成孔的方法确保孔深;对孔径不够的孔,可采用洛阳铲扩孔,扩孔后及时夯填石灰土。

沉管成孔或冲击成孔等方法都有一定的局限性,在城乡建设和居民较集中的地区往往限制使用,如锤击沉管成孔常允许在新建场地使用。选用上述方法时,应综合考虑设计要求、成孔设计或成孔方法、现场土质和对周围环境的影响等因素,选用沉管或冲击爆扩等方法成孔。

(2)灰土拌和的要求:

①夯填前测量成孔深度、孔径、垂直度是否符合要求并做好记录。

②先对孔底夯击3~4锤,再按照填夯试验确定的工艺参数连续施工,分层夯实至设

计标高。

③桩孔应分层回填夯实,每次回填厚度为250~400 mm或采用电动卷扬机提升式夯实机。夯实时,一般锤高度不小于2 m,每层夯实不少于10锤。施打时,逐层以量斗向孔内下料,逐层夯实。当采用偏心轮杆式连续夯实机时,将灰土用铁锹随夯击不断下料,每下二锹夯二击,均匀地向桩孔下料、夯实。桩顶应高出设计标高不小于0.5 m,挖土时将高出部分铲除。

④灰土挤密桩施工完成后应挖除桩顶松动层,然后开始施工灰土垫层。

⑤成桩和孔内回填夯实的施工顺序:习惯做法是从外向里隔1~2孔进行,但施工到中间部位桩孔往往打不下去或桩孔周围地面明显隆起,为此有的修改设计,增大桩孔之间的中心距离,这样很麻烦。可以对整片进行处理,宜从里(或中间)向外间隔1~2孔进行。对大型工程可采取分段施工,对局部处理宜从外向里间隔1~2孔进行,局部处理的范围小,且多为独立基础及条形基础,从外向里对桩间土的挤密有好处,也不致出现类似整片处理或桩孔打不下去的情况。成孔后应夯实孔底次数不少于8击,并立即夯填灰土。

⑥成孔时,地基土宜接近最优(或塑限)含水量,当土的含水量低于12%时,宜对拟处理范围内的土层进行增湿。应于地基处理前4~6 d将水通过一定数量和一定深度的渗水孔均匀地浸入拟处理范围内的土层中。

拟处理的地基的含水量对成孔的施工与桩间的挤密有很大影响。工程实践表明,当天然土的含水量小于12%时,土呈坚硬状态,成孔挤密困难且设备容易损坏;当天然土的含水量等于或大于24%、饱和度大于65%时,桩孔可能缩颈,桩孔周围的土容易隆起,挤密效果差;当天然土的含水量接受最优(或塑限)含水量时,成孔速度快,桩间土的挤密效果好。因此,在成孔过程中,应掌握好拟处理地基土的含水量,不要太大或太小。如只允许在最优含水量状态下进行施工,小于最优含水量的土便需要加水增湿,大于最优含水量的土则要采取晾干等措施,这样施工很麻烦,而且不易掌握准确和加水均匀。因此,当拟处理地基土的含水量低于12%时,宜按计算的加水量进行增湿。对含水量介于12%~24%的土,只要成孔施工顺利,桩孔不出现缩颈,桩间土的挤密效果符合设计要求,不一定要采取增湿或晾干的措施。

⑦当孔底出现饱和软土层时,可加大成孔的间距,以防由于振动而造成已打好的桩孔内挤塞。当孔底有地下水流入时,可采用井点降水后再回填料或向桩孔填入一定数量的干砖渣和石灰,经夯实后再分层填入填料。

(三)试验桩的要求

(1)灰土桩在大面积施工前要进行试桩施工,以确定施工的技术参数。施工过程中要求监理人员旁站,灰土拌和、成孔、孔间距及回填灰土都要严格按照要求进行施工。

(2)夯击设备及技术参数:偏心轮夹杆式夯实机,夯锤重100~150 kg,落锤0.6~1.0 m,夯击40~50次/min,同时严格控制填料速度,10~20 cm为一层,夯实到发出清脆回声为止,进行下一层填料。

(四)施工时的注意事项

(1)沉管桩成孔应注意以下事项:

①钻机要求准确平稳,在施工过程中机架不应发生位移或倾斜。

②管桩上应设置醒目牢固的尺寸标志,在沉管过程中,注意桩管的垂直度和贯入速度,发现反常现象及时分析原因并进行处理。

③桩管沉入设计深度后应及时拔出，不宜在土中放置较长时间，以免摩阻力增大后拔管困难。

④拔管或成孔后，由专人检查桩孔的质量，观测孔径、深度等是否符合要求，如发现缩颈、回淤等情况，可用洛阳铲扩桩至设计值，当情况严重甚至无法成孔时，在局部地段可采用桩管内灌入砂砾的方法成孔。

(2)夯击就位要保持稳定，沉管垂直，夯锤对准桩的中心，确保夯锤能自由落入孔底。

(3)防止出现桩孔缩颈或塌孔、挤密效果差等现象。

①地基土的含水量在达到或接近最优含水量时，挤密效果最好。当含水量过大时，必须采用套管沉桩成孔，成孔后如发现桩孔缩颈比较严重，可在孔内填入干散砂土、生石灰块或砖渣，稍停一段时间后再将桩管深入土中，重新成孔。如含水量过小，并预先浸湿加固范围的土层，使之达到或接近最优含水量。

②必须遵守成孔挤密的顺序，采用隔排跳打的方式成孔，应打一孔填一孔，并防止受水浸湿且必须当天回填夯实。为避免夯打造成缩颈堵塞，可隔几个桩位跳打夯实。

(4)防止桩身回填夯击不实、疏松、断裂，应做到：

①成孔深度应符合设计规定，桩孔填料前，应先夯击孔底 3 ~ 4 锤。根据试验测定密度，要求随填随夯，对持力层 15 ~ 16 倍桩径的深度范围的夯实质量应严格控制，若锤击数不够，可适当增加击数。

②每个桩孔回填用料应与计算用量基本相符。

③夯锤重不宜小于 100 kg，采用的锤型应有利于将边缘土夯实（如梨形锤和枣核形锤等），不宜采用平头夯锤。

(5)桩孔的直径与成孔设备或成孔方法有关，成孔设备或成孔方法如已选定，桩孔直径基本上固定不变。桩孔深度按设计规定，为防止施工出现偏差或不按设计图施工，在施工过程中应加强监督，采取随机抽样的方法进行检查，但抽查数量不可太多，每台班检查 1 ~ 2 孔即可，以免影响施工进度。

(6)在施工过程中，应有专人监理成孔及回填夯实的质量，并应做好施工记录，如发现地基土质与勘察资料不符，应立即停止施工，待查明情况或采取有效措施处理后，方可继续施工。施工记录是验收的原始依据：必须强调施工记录的真实性和准确性，且不能任意修改。为此，应选择有一定业务素质的相关人员担任施工记录工作，这样才能持续做好施工记录。

(7)雨季或冬季施工应采用防雨或防冻措施，防止灰土和土料受雨水淋湿或冻结。土料和灰土受雨水淋湿或冻结，容易出现“橡皮土”，不易夯实。当雨季或冬季选择灰土挤密桩或土挤密桩处理地基时，成桩应采取防雨或防冻措施，保护灰土或土料不受雨淋湿或冻结，以确保施工质量。

三、质量的检验要求

成桩后，应及时抽检灰土挤密桩或土挤密桩处理地基的质量。对一般工程，应主要检查施工记录，检测全部处理深度内桩体和桩间土的干密度，并将其分别换算为平均压实系数和平均挤密系数。对重要工程，除检测上述内容外，还应测定全部处理深度内桩间土的压缩性和湿陷性。

为确保灰土挤密桩或土挤密桩处理地基的质量，在施工过程中应采取抽样检验，检验数据和结论应准确、真实，具有说服力，对检验结果应进行综合分析或综合评价。

抽样检验的数量：对一般工程不应少于桩总数的 1%，对重要工程不应少于桩总数的 1.5%。

由于挖探井取土样对桩体和桩间土均有一定程度的扰动及破坏，因此取样应具有代表性，并保证检验数据的可靠性。取样结束后，其探井应分层回填夯实，压实系数不应小于 0.93。

灰土挤密桩和土挤密桩地基竣工验收时，承载力检验应采用复合地基载荷试验。检验数量不应少于桩总数的 0.5%，且每项单体工程不应少于 3 点。

检验项目有主控项目和一般项目两种。

(1) 主控项目：必须符合设计要求或施工规范的规定。

(2) 一般项目：

①施工前对灰土及土的质量及桩孔放样位置等做检查。

②施工中应对桩径、垂直度等做检查。

③施工结束后，应检查成桩的质量及复合地基的承载力。

④灰土挤密桩施工质量检验标准应符合表 3-13 的规定。

表 3-13　灰土挤密桩施工质量检验标准

项目	序号	检查项目名称	允许偏差或允许值		检查方法
			单位	数值	
主控项目	1	桩长	mm	±50	测桩管长或测深
	2	地基承载力	kPa	设计要求	按规范方法
	3	桩体及桩间土的干密度	t/m^3	设计要求	现场取样
	4	桩径	mm	20	钢尺量
一般项目	1	土料有机质含量	%	<5	实验室焙烧法
	2	石灰粒径	mm	<5	筛分法
	3	桩位	mm	≤0.4L	钢尺量
	4	垂直度	%	<1.5	经纬仪测量
	5	桩径	mm	20	钢尺量

注：桩径允许偏差是指个别断面。

特殊工艺关键控制措施应符合表 3-14 的规定。

表 3-14　特殊工艺关键控制措施

序号	关键控制点	控制措施
1	施工顺序	分段施工
2	灰土拌制	上料石灰过筛、计量、拌制均匀
3	桩孔夯填	石灰桩应打一孔填一孔，若土质较差，夯填速度较慢，宜采用间隔打桩法
4	管理	进行技术交底，钻孔防止漏钻、漏填，灰土均匀、干湿适度，厚度和落锤高度适宜

第四章　复合地基防护工程施工技术

复合地基防护工程建筑物与堤防施工的一般技术要求如下：

(1)堤防地面起伏不平时，应按水平分层由低处开始逐层填筑，不得顺坡填筑，堤防横断面上的地面坡度陡于1:5时，应将地面坡度削至缓于1:5。

(2)堤防分段作业面的最小长度不应小于100 m，人工施工时段长可适当减小。

(3)作业面应分层统一铺土、统一碾压，并配备人员或平土机具参与整平作业，严禁出现界沟。

(4)在复合地基上筑堤时，如堤身组织设有压载平台，两者应按设计断面同步分层、填筑，严禁先筑堤身后压载。

(5)相邻施工段的作业面宜均衡上升，若段与段之间不可避免地出现了高差，应以斜坡面相接。

(6)已铺土料表面在压实前被晒干时，应洒水湿润。

(7)用光面碾压黏性土填筑层，在铺料前，应对压光面层作刨毛处理。填筑层检验合格后，因故未能继续施工，搁置较久或经雨淋、干湿交替，使表面产生疏松层时，复工前应进行复压处理。

(8)若发现“弹簧土”有层间光面层、松土层或剪切破坏等质量问题，应及时进行处理，并经检验合格后，方准铺填新土。

(9)在复合地基上筑堤应严格控制质量，必要时应在地基、坡面设置沉降和位移观测点，根据观测资料分析结果，指导安全施工，确保工程质量。

(10)对占压堤身断面的土堤临时坡道作补缺口处理，应将已板结的老土刨松或挖除，与新铺土料按统一填筑要求分层压实。

(11)堤身全断面填筑完毕后，应作整坡压实及削坡处理，并对堤防两侧护堤地面的坑洼进行铺平、填好。

第一节　砂卵石扰动渠段填筑施工技术

一、设计要求及指标

(一)基础处理

在渠堤填筑之前，应将扰动的砂卵石地层全部清除，并对堤基进行施工碾压，对于挖土结合部位及局部填筑基础地面陡坡，填筑前需先进行削坡处理，纵向(顺总干渠方向)削坡坡度不应陡于1:3，横向(垂直总干渠方向)削坡坡度不应陡于1:2。

(二)填筑材料及填筑标准

(1)填筑材料为砂卵石掺土砂混合料，其中细颗粒指粒径<5 mm的土砂混合料，粗

颗粒最大粒径<150 mm;填料采用与试验源细颗粒含量(不小于30%)及颗粒组成相近的开挖料,不应含有冰、树根、表土杂质以及任何其他由监理工程师确定为不合适的材料。

(2)填筑料的含水量应在最优含水量附近,若需要,应进行洒水或晾晒处理。

(3)填筑体分层回填、分层碾压。

(4)填筑施工时,采用以压实度为主、孔隙率为辅的现场质量控制方法,孔隙率复核试样为压实度试样的20%,不同料源可根据其颗粒组成选择设计控制参数,如表4-1所示。

表4-1　施工质量控制指标

填筑料颗粒含量(%)	设计干密度(g/cm^3)	孔隙率(%)	压实度(%)
30	≥2.27	≤15.8	≥98
35	≥2.29	≤15.0	
40	≥2.28	≤15.0	
50	≥2.26	≤14.7	

注:表中设计干密度为击实最大干密度乘以压实度。

(5)铺料至堤边时,应在设计边线外侧各起填一定余量,人工为10 cm,机械为30 cm。

(6)分段填筑时,各段应设立标志,以防漏压、欠压和重压,上下层的分段接缝位置应错开。相邻施工段的作业面宽均衡上升,若段与段之间不可避免地出现高差,应以余坡面相接,坡度不陡于1:3,高差大时,宜用缓坡。在土坡的余坡结合面上填筑时,应随填筑面上升进行削坡,并削至质量合格层。削坡合格后,应控制好结合面填筑料的含水量,边刨毛、边铺料、边压实,压实时压实机械应按照平行渠道轴线方向进行,相邻碾压轨迹及相邻材料连接处碾压至少应有0.5 m的搭接,不允许出现漏压。垂直渠轴线的堤身接缝碾压时,应跨缝搭接碾压,其搭接宽度不小于3.0 m。

二、主要的施工方法

(一)施工工序流程

施工工序流程为施工准备—填筑料筛分、拌和加工—填筑料挖装及运输—摊铺—碾压—质量检测及验收。

(二)施工准备

开工前组织有关施工技术人员认真熟悉施工图纸、设计指标及要求,并对施工作业人员进行技术交底,做好水、电路及施工降排水等工作。

(三)清基

施工前,应将基石的排水工作做好,把水排净,将填筑基面上的淤泥、杂草、杂物等清除干净,并对建筑物基面进行复压处理,待基础隐蔽工程验收合格后,方可进行砂卵石掺土填筑。

(四)测量放线

根据所设立的三角网点和水准网点,按照设计图纸的尺寸进行施工放样,每20 m长为一横断面,用木桩标定每层填筑料平面位置及填筑高程。为保证边脚处碾压质量,填筑宽度应超出设计宽度,且超出宽度不小于30 cm,填筑厚度每层50 cm进行控制,每层填筑前采用石灰线标出填筑边线。

(五)料源储量及分配

料源储量及分配应本着节约耕地、挖填结合、减少投资、保证工程质量和土方平衡的原则。为避免征用大量临时耕地,结合勘测、设计布置及技术要求和现场的实际施工情况,扰动基础砂卵石,掺土填料采用弃渣场的渠道土石方开挖的混合料或临时堆料场堆放的土石料和附近弃石料场的人工弃料。

(六)填筑料的筛分、拌和加工

填筑前需对开采部位的混合料进行颗分检测,计算砂卵石混合料的细颗粒含量及含水量的情况,对于细颗粒含量大于30%的混合料,直接用1.2 m^3 反铲机对混合料进行立式开挖,通过自由落体并经过1 500 mm×150 mm方孔筛进行筛分,在剔除超径卵石时,又使混合料翻拌一遍,使之粗细颗粒均匀分布,避免粗骨料堆累。

对于细颗粒含量小于30%的混合料,根据计算需要掺入细颗粒比率(按该部位细颗粒含量与设计要求含量的差值,计算开挖厚度范围所需细颗粒的掺合量,换算分层掺土厚度),先分层摊铺(小于30%的混合料、积弃料、堆土区土料),再采用1~2 m^3 挖掘机立式采挖混合装车,对于粒径大于或等于150 m×150 m的砂卵石通过钢筋方孔筛筛除,加工后的填筑料含水量控制在4%~5%。为了更准确地掺合混合料,有条件时,应事前进行掺合料的试验,其试验步骤如下:现场砂卵石料取样—筛分—得出现场料中的细颗粒含量—按要求的细颗粒总含量计算需要掺入的细颗粒量(必要时)—现场掺合(必要时)—碾压—按规定的碾压遍数分别取样—得到压实度、相对密度孔隙率、干容重等,细颗粒含量满足要求时不需要掺合。若现场料需要掺合时,需进行掺合试验,其方法有采用皮带机送料拌和法和分层堆置掺合法两种。

(1)皮带机送料拌和法:在确定拌和比例后,由皮带机分别输送料源进行掺合。

(2)分层堆置掺合法:采用粗细料按比例分层堆置,通过挖、装、卸过程进行掺合,配制过程需对含水量按规定予以调整。掺合后的混合料应相对均匀,现场摊铺后不能出现粗料集中、架空现象。人工掺合料配制的场地应设置排水系统,配制的料堆应采取防雨措施。其具体的掺合步骤如下:

①从指定弃料场获取试验所用开挖的弃料,并通过试验得该开挖弃料的粗细颗粒的百分比含量。

②根据所要配制的试验用料、粗细颗粒的质量百分比计算所需的掺土量。

③选定人工拌和场地,分层堆置。

④通过挖、装、卸过程进行掺合。

若一次掺合效果不理想,可挖至一旁堆放,进行二次挖、装,运至工作面。

(七)填筑料的挖装及运输

待混合料筛分一定量之后,采用1.2 m^3 反铲机开挖装车,15 t自卸车运至各填筑面(运距0.5~4 km)。运输填筑料的车辆经常保持车厢、轮胎的清洁,防止将残留在车厢和轮胎上的不合格泥土带入填筑区。土料运输与混合料的开采、装料和铺料等工序连续进行,以免周转过多而导致含水量的变化。

（八）摊铺

严格按照碾压试验所取得的各项参数（厚度 50 cm）进行摊铺，为保证设计断面内边角碾压密实，铺料边线预留 30 ~ 50 cm 余量。

根据施工现场情况，采用进占法或后退法卸料，用推土机按规定厚度整平，不得从高坡向下卸料，使骨料分离。起伏不平时，按水平分层由低处开始逐层填筑，不得顺坡填筑，已铺料表面在压实前被晒干时，应洒水湿润，控制填筑料的含水量，以利充分压实，若发现局部粗细颗粒聚集等质量问题时，应及时进行处理，并经检验合格后，方准铺填新料。渠堤身全断面填筑完毕后，应作整坡压实及削坡处理，并将堤防两侧护堤地面的坑洼进行铺填平整。渠道断面上的地面坡度陡于 1:3 时，将原基石按分层厚度进行处理。分段填筑，各段应设立标志，以防漏压、欠压和过压。上下层的分段接缝位置应错开，相邻施工段的作业面均衡上升，若段与段之间不可避免地出现高差时，应以斜坡面直接连接，纵向坡度不陡于 1:3。

铺料表面保持湿润、平整，无粗颗粒集中，厚度误差在 5 cm 的规定范围中，边线基本整齐。

（九）碾压

作业面分层统一铺料、统一碾压。配备人员或推土机参与整平作业，严禁出现界沟。碾压前检测填筑区填料的含水量，填筑料的含水量控制在 4% ~ 5.5%。对于含水量超过最优含水量的 3% 时，采用犁或 1 m^3 的反铲挖掘机翻松晾晒；含水量低于最佳含水量 2% 时，加强洒水，以保证填料的含水量达到最佳含水量的 −2% ~ +3%。

碾压机械采用 20 t 重型振动平碾机械，采用进退错距法进行碾压。碾迹搭压宽度应不大于 10 cm，行走方向以及铺料方向应平行于渠堤轴线，分段碾压。在土坡的斜坡结合面上填筑时，应随填筑面上升进行削坡，并削至质量合格层，削坡合格后，应控制好结合面填筑料的含水量，边刨毛、边铺料、边压实。相邻作业面的搭接碾压宽度平行渠道堤轴线方向不应小于 0.5 m，垂直渠道堤轴线方向不应小于 3 m。碾压行进速度控制在 2 ~ 3 km/h 为宜，碾压遍数不少于 5 ~ 8 遍。

机械碾压不到的部位，应辅以夯具夯实，夯实时应采用连环套打法，夯迹双向套压，夯压夯 1/3，行压行 1/3。分段分片夯实时，夯迹搭压宽度不小于 1/3 的夯径。已铺填料表面在压实土料的含水量一定要符合要求。压实后不应出现骨料堆放，漏压虚铺层干松土、弹簧土，剪刀破坏和光面等不良现场，施工过程中应保证观测设备埋设安装和测量工作的正常进行，并保护好观测设备和测量标志完好。

（十）质量检测及验收

回填料的施工严格按碾压试验确定的参数进行，填料保证合格，分层厚度为 50 cm，用 20 t 重型平碾碾压，每层压完后，按填筑量 200 ~ 400 m^3 取样 1 个，每层不少于 3 个。严格执行“三检制”，认真做好各工种与工序、工序与工序之间的自检、互检、终检工作，并做好记录，实行工序交接、传递制度，保证各道工序合格通过。严格把好材料成品及半成品的质量关，所进场材料成品、半成品必须有产品合格证，并按规定对材料进行抽检试验，必须按国家施工验收规范规定进行。无合格证和复检不合格的原材料及半成品，不得用于工程上，只有合格的材料方能使用。加强施工中的质量控制和检查工作，配合测量员搞好测量定位、放线，确保结构轴线、几何尺寸、形状、标高、位置正确。落实质量的可追溯性，每一个填筑作业面树立现场质量责任牌，明确责任人，认真做好各种放样图表、单或样架，并经技术责任人审核签字后，下达班组进行配料实施。严格按照施工程序组织施工，并对主要的分项工程编制出具体的施工作业计划，以指导施工人员操作，落实分阶段技术交底制度，对工期、工程量、劳动力组合、施工方法、质量标准、关键（隐蔽）部位的质量保证措施，作业安全事项及措施进行详细的交底，措施落实到人。切实做好工程施工中的各项工作，施工员、技术骨干必须熟悉图纸、施工规范规程和技术标准，领会设计意向，确保质量优良。加强技术资料的同步性，各工种管理人员对各种施工资料的管理和收集，确保工程资料的完整和准确。在施工过程中，质检人员要经常深入现场，做到“三勤”，即腿勤、眼勤、嘴勤，发现问题及时解决。做到分项工程有复核、隐蔽验收不遗漏。

第二节　渠道混凝土衬砌施工技术

渠系高填方渠堤在置换的复合堤基上填筑，为确保堤防的安全，其成型后渠道为梯形断面，内坡一级边坡为1∶3，一级马道（堤顶）宽5 m，外坡1∶1.5，渠道纵比降1/28 000。全渠段采用混凝土衬砌，厚度为10 cm，混凝土衬砌强度等级为C20，抗冻标号F150，抗渗标号W6。全渠段采用复合土工膜防渗，在渠坡防渗复合土工膜下均铺设保温板防冻层，其具体的施工技术要求如下。

一、一般要求

（一）施工工艺流程

主要的施工工艺流程为测量放线—轨道铺设设备安装、调试—削坡—齿槽开挖—排水槽土方开挖—排水系统安装—砂砾料垫层铺设—保温板铺设—复合土工膜铺设及焊接—混凝土浇筑振捣—混凝土抹面压光—混凝土养护—切缝—嵌缝。渠道混凝土机械化施工工艺流程图见图4-1。

（二）渠坡基础开挖

测量人员放出坡脚线和坡肩线，施工人员指挥挖掘机进行渠坡粗削，剩余10 cm左右的保护层进行人工精修。为保证削出的坡面平整，将挖掘机的斗齿改造成平板状。粗削坡自上而下进行，将削坡土刮至渠底。

人工精削在挖掘机粗削完成后进行。先在坡脚线和坡肩线上每10 cm各设一控制标高桩，用细钢丝挂线，先削除一条基准线，并在基准线上的1/4、1/2、3/4处设一个垂直坡面的高程控制桩，安排人工自上而下平行削坡作业，依此基准线人工精细削坡至设计坡面。削坡自上而下进行，将削坡土清理至渠底，外运至弃渣场。

渠道削坡不允许欠挖，平整度允许偏差为20 mm/2 m。

渠肩、底角修整，相邻控制桩挂线，现场施工人员用水准仪准确控制渠肩、底角高程，操作工人在现场施工员的指导下，对渠肩、底角平台进行清理。

渠肩线、底角线指标允许偏差为0～20 mm（直线段），高程为0～150 mm（曲线段），允许误差为0～10 mm。

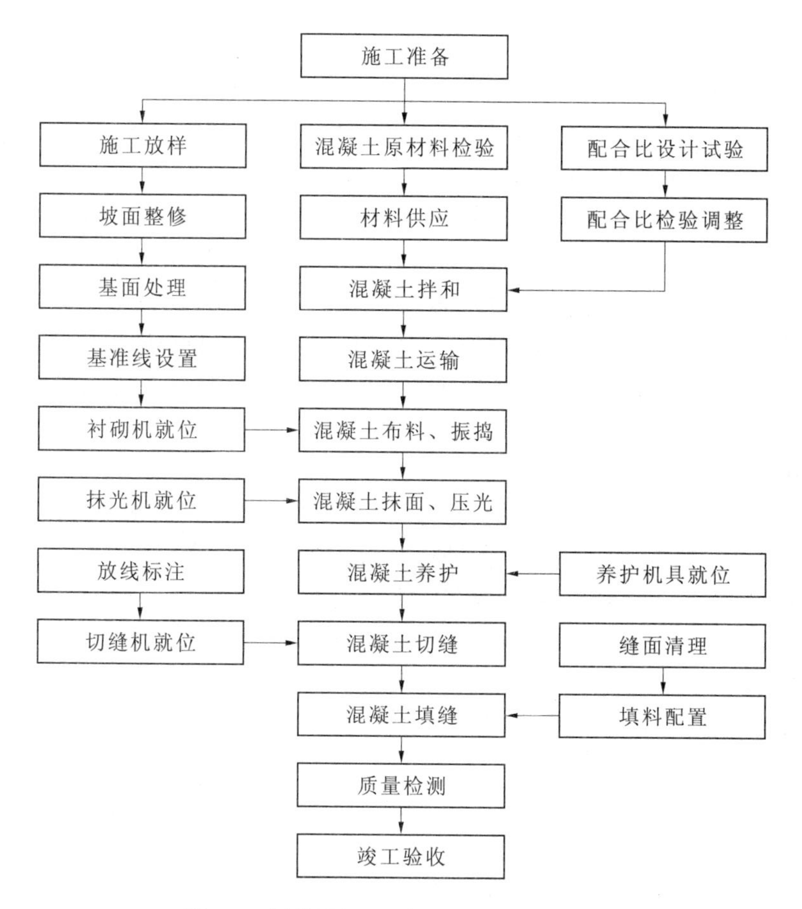

图 4-1　渠道混凝土机械化施工工艺流程图

削坡工序完成后,如不能及时铺筑砂砾料垫层,应及时用塑料布对基础面进行覆盖,防止雨水冲刷坡面。

(三)排水系统的施工要求

排水暗管沟同齿槽一起采用人工用铁铣进行开挖,局部胶结石段采用风镐进行开挖,管沟与坡角齿槽之间的 11.7 m 隔墙在开挖过程中,无法保留,根据设计要求,该部分采用 M10 砂浆砌砖进行修复,顶面处最后一块砖砌成 1:2 斜坡,与设计坡度相同,砌砖顶面与粗砂垫层设计高程相同。在铺设粗砂时可以挡住粗砂,防止粗砂下滑。

排水管的安装,沟槽验收合格后,在底部摊铺粗砂垫层(设计 5 cm 厚度)并自制夯实工具夯实,铺设完成后进行排水管的安装,安装采用人工,每根排水管长度为 50 m,安装过程中要保证排水管接头严密。排水管接头处下游排水管将钢圈剥离后套接上游处排水管,搭接长度 50 cm,外围用剥离的钢圈绑扎,确保管身顺直,上层分两次进行粗砂铺设,人工手持自制夯实工具进行夯实,夯实后经四方联合检查、测验,验收合格后,才可进行下一道工序施工。

渠道底板与排水管及渠道边坡排水管采取三通连接方式,三通套在边坡纵向排水管上,底板排水直接套到三通直角外接管上,然后用铁丝将两者固定,外露透水管采用土工布进行包裹。在铺设齿墙底部的透水管时,应缓坡铺设,不得形成直坎,以保证透水管不折裂。

强渗软式透水管的铺设完成后，应及时回填管两侧的砂砾料，并且回填砂砾料和夯实过程中不得破坏透水管，透水管铺设前，计算出适当的预留长度，并将预留口用土工布绑扎牢固，防止杂物和泥水进入透水管。

逆止式排水器定位要精确，表面与坡面平行，安装时拍门轴应保持水平，逆止阀中轴线应垂直于坡面且不能高于衬砌坡面，逆止式排水器设置两道止水环，一道嵌入混凝土内，一道与复合土工膜相接，逆止式排水器与复合土工膜采用黏结垫黏结，黏结垫与土工膜及止水阀黏结牢靠，安装时土工膜粘在托盘下面，上层土工膜布粘在托盘上面。安装完成后，用透明胶布将顶石封死，防止混凝土浇筑时堵塞，安装逆止式排水器的开门朝向渠底，拍门轴在高坡一侧。

（四）砂砾料垫层的施工要求

根据设计要求，在施工过程中，如发生换填渠坡受雨水冲刷成水冲沟，渠坡冻土清除等原因造成的渠床超挖，应对超挖渠段进行砂砾料垫层分层压实、找平施工。

粗砂用自卸汽车运输到现场，堆放在一级马道处，采用人工取砂砾料，从下至上在坡面上均匀摊铺布料。砂砾料摊铺过程中，用刮板粗剥坡，然后人工进行精修坡，人工修坡时，分别在坡脚、坡肩及坡面布设控制桩，顺渠道方向每 5 m 布置一排，桩与桩之间用线绳连结，把渠坡分成若干小块，线绳之间挂滑动线绳，人工移动，控制削坡厚度，并严格控制斜坡面的平整度。

坡面修整完成后，按照碾压试验成果所确定的施工参数，组织振压施工，采用 2.2 kW 平板振动夯对坡面进行压实，压实时夯迹搭压宽度应不小于 1/3 板宽。压实过程中人工对出现的坑洼及时补平，压实后的坡面由监理工程师验收合格后进行下一道工序施工。

（五）保温板铺设的施工要求

保温板采用合格厂家生产的原生材料制成的聚氯乙烯保温板，并经监理部门抽检、自检均合格后，方可用于现场施工用。其具体做法如下：

（1）为了避免铺设保温板时砂砾料及粗砂的扰动和下滑，制作渠道行走梯。

（2）设置控制线，利用高程控制桩，按保温板铺设高程挂设保温板，铺设高程线控制，作为渠坡复测和保温板挂设高程的控制标准。

（3）保温板应沿渠道轴线方向错缝铺设，错缝宽度一般为 40 ~ 60 cm，渠坡保温板应自下而上顺序铺设。

（4）保温板铺设的过程中，按照从下至上的顺序进行铺设，遇到保温板尺寸不合适或折断、损坏造成边缘不整齐等现象，用密齿锯或壁纸刀结合钢板尺裁边缘，使保温板符合使用要求。

（5）保温板在铺设后，固定保温板选用 U 型钢钉连接，防止后期施工过程中保温板发生位移。

（6）铺设的保温板必须保证紧贴基面灭架室，不下滑，接缝紧密平顺，两板接缝处的高差不得大于 2 mm。

（7）坡顶部拼接小块保温板，容易受风吹或其他外力作用后移位变形，应在薄弱处采取透明胶带粘贴，确保顶部小块牢固稳定。

（六）复合土工膜铺设及焊接的施工要求

1. 复合土工膜的铺设要求

复合土工膜铺设时应注意以下事项：

（1）复合土工膜的铺设，将整卷土工膜运至渠顶，预留足够长度后，将土工膜从渠顶部缓慢反滚到渠底。铺设时注意张弛适度，要求土工膜与垫层面务必吻合平整，避免土工膜的损伤。铺设时注意对铺设不平、有褶皱的地方要进行调整。两幅土工膜搭接处应重叠 12 ~ 14 cm，以方便搭接。

（2）在铺设土工膜时，适当放松，并避免人为硬折和损伤。

（3）保证铺设面平整，不允许出现凸出、凹陷的部位，发现膜面有孔眼等缺陷或损伤，应及时用新鲜母材修补，补疤每边超过破损部位 15 ~ 20 cm。

（4）铺设过程中，作业人员不得穿硬底鞋及带钉的鞋，不准用带尖头的钢筋作撬动工具。

（5）在铺设过程中，为了防止大风吹损，所有的土工膜用砂袋压住，直至混凝土保护层施工完为止，当天铺设的土工膜在当天全部拼接完成。

（6）铺设时如发现土工膜有损伤等缺陷，要做好标记，以便识别和修补。

（7）在施工过程中遭受损坏的土工膜，要及时按规定的要求进行修补，在修补之前将保护层破坏部位和不符合要求的料物清理干净，补充填入合格料物，并予以整平。对损坏的土工膜，按规定要求进行拼接处理。

（8）衬砌范围以外和预留的复合土工膜要卷成捆，用苫布包裹严密，防止损坏和老化。

2. 复合土工膜的焊接要求

采用两布一膜的复合土工膜，复合土工膜的连接分两个程序进行，即上、下层土工膜布的缝接与中层 PE 膜的焊接。土工膜布的缝接用手提缝纫机、尼龙线进行双道缝接，搭接宽度为 12 ~ 14 cm；PE 膜采用焊接工艺连接，拼接包括土工布的缝合、土工膜的焊接。

1）复合土工布的缝合

（1）缝合方法：缝合使用手提缝包机，线用尼龙线，两人配合，边折叠边缝合，折叠缝合宽度约为 5 cm。

（2）缝合时的注意事项：复合土工膜在缝合时不空缝、不跳线，若发生，则应检查修复设备，重新缝合，如发现焊接不密合、开焊、有烫坏的小眼现象，则采用塑料热风焊枪进行修补。

（3）缝合检查：复合土工膜缝合结束后，应仔细检查所缝土工布，看有无空缝、漏缝、跳线，若有不合格，重新缝合。

2）复合土工膜的焊接

Ⅰ. 焊接方法和步骤

（1）主要的焊接工具采用自动调温（调速）电热楔式双道塑料热合机、挤压焊接机，用塑料热风焊枪作为局部修补用的辅助工具，并采用双焊缝搭接焊。

（2）用干净砂布擦拭焊缝搭接处，做到无水、无尘、无垢，土工膜应平行对正，适量搭接。

(3)根据当时、当地的气候条件，调节焊接设备至最佳工作状态。

(4)在调节好的工作状态下，做小样焊接试验，试焊接1 m长的复合土工膜样品。

(5)采用现场撕拉检验试验，焊接不被撕拉破坏、母材不被撕断撕裂为合格。

(6)现场撕拉试验合格后，用已调节好工作状态的热合机逐幅进行正式焊接。

Ⅱ.焊接的注意事项

(1)土工膜搭接平行对正，搭接适量，缝合要求松紧适度、自然平顺，确保膜布同时受力。

(2)焊机操作人员严格按照复合土工膜施工工艺试验所确定的施工参数进行焊接，并随时观察焊接质量，根据环境温度的变化来调整焊接温度和行走速度，但是调整后的焊接温度和行走速度要在试验确定的参数变化范围之内，一般温度达到250～300 ℃，速度为1～2 m/min。

(3)焊缝处复合土工膜为一个整体，不得出现虚焊、漏焊或超量焊。

(4)出现虚焊、漏焊时，必须切开焊缝，使用塑料热风焊枪切开损伤部位，用大于损伤直径1倍的母材补焊。

(5)焊缝双缝宽度采用2×10 mm。

(6)覆盖时，不得损坏土工膜，万一损坏，应立即报告，并及时修复。

(7)在焊接中，必须及时将已发现破损的土工膜裁掉，并用塑料热风焊枪焊牢。

(8)连接的两层复合土工膜必须搭接平展、舒缓。

(9)焊接前用电吹风吹去膜面上的砂子、泥土等脏物，再用干净毛巾擦净，保证膜面干净，保证焊接质量。

Ⅲ.焊接的检测

土工膜焊接完成后，立即对焊接进行检查验收，主要采用目测法进行检查，以充气法进行抽检控制。

(1)目测法：土工膜在焊接完后，随即进行外观检查，观察有无漏接，接缝是否有烫伤、无褶皱，是否拼接均匀，两条焊缝是否清晰透明、顺直，无夹渣、气泡、熔点或焊缝跑边等现象，如有漏焊、熔点等现象，立即采用热风焊枪进行补焊。

(2)充气法：用自制的充气试验装置，以0.15～0.2 MPa压力向双焊缝间充气2～5 min，压力无明显下降为质量合格，对所发生的漏焊、熔点等现象，立即用热风焊枪进行补焊。

采用充气法检查焊缝质量，对于虚焊、漏焊的接缝，应及时进行补焊，并经"三检"合格，直到验收后才可进行下一道工序施工。

3)上层土工布的缝合

土工膜焊接检测合格后，对上层土工布进行缝合，上层土工布缝合时采用手提工业封包机，用高强度纤维涤纶丝线，缝合时针距控制在6 mm左右，连接面要求松紧适度、自然平顺，确保土工膜与土工布联合受力，上层缝合好后的土工布接头侧的方向与下层土工布的相反，减少接头处复合土工膜的叠合厚度。

(七)模板的安装要求

在完成土工膜铺设后，开始侧模安装，首先测量放样出面板模线的位置及面板顶面及底面线，严格按设计线控制其平整度，不得出现陡坎接头。侧模及端头模板采用10#槽钢，并在其底部加焊Φ10的钢筋，模板背面每隔2 m焊接一根Φ10的钢筋，每根长为50 cm左右。安装模板时，在背面的钢筋上加压砂袋，对模板进行固定，齿槽处的模板在浇筑仓位外侧用砂袋垒成挡墙，内设胶合板斜撑固定，连续浇筑中间分缝采用拔模法，即在分缝处设置泡沫板及钢板，在浇筑过程中采用人工两边同时分层浇筑，随浇筑高度提升拔出钢板，混凝土衬砌施工过程中测量人员须随时对模板进行检核，保证混凝土分缝顺直。

（八）混凝土的运输要求

渠道衬砌混凝土在拌和站集中拌制，用10 m^3混凝土罐车运至一级马道浇筑补砌机进斗口，拌和站随时听从现场负责人的安排，实施拌和，现场协调一致。每次装运混凝土前，必须将罐车内清洗干净，保持罐内湿润，无存水。混凝土运输罐车在装、运、卸的过程中杜绝加水，每次施工完后，停车时必须仔细清洗罐内的残留物。

（九）人工衬砌的技术要求

渠道与交叉建筑物结合部位采用人工衬砌，用滑模进行施工，滑模的宽度为0.3 m，长度为4.5 m，模板采用定型钢模板，用矩形钢管作横向背楞。

混凝土由溜槽入仓，每个仓号设溜槽1道，溜槽采用1.2 mm的铁皮卷制而成，倒梯形串联，下端接至滑模前端0.5～1.0 m处。溜槽应安放顺直，不应有过大的起伏，以防止混凝土在运输过程中溢出槽外，溢出槽外的混凝土应及时清除干净，随着混凝土面的上升，拆除多余的溜槽。

混凝土入仓后，采用人工平仓，Φ30软轴振捣器振捣，振捣器在滑模前缘顺坡插入，不得靠在滑模上，振捣距离为30 cm，插入深度应达到新浇筑混凝土底部以下5～10 cm，并且快插慢拔，防止漏振。振捣时间以混凝土不再下沉，不出现气泡，开始翻浆为准，并且应防止过振，每浇筑一层(25～30 cm)滑模，用人工提升一次。

（十）切缝的技术要求

(1)在衬砌混凝土浇筑时，应留取抗压试件，并放在现场与混凝土同条件养护，当衬砌混凝土抗压强度为1～5 MPa时，方可进行切缝施工。

(2)切缝前应按设计分缝位置，用墨斗在衬砌混凝土表面弹击切缝线。

(3)切缝的施工顺序为先切割通缝，再切割半缝，然后再切割横缝。渠坡通缝切割深度为9 cm，半缝切割深度为6 cm。

(4)切割时通过手柄连杆机构，转动手轮升降，进行切割深度的调节。

(5)切缝用的转道刚度要有保证，切缝尝试满足设计要求即可。

二、其他要求

（一）机械衬砌的注意事项

(1)开始浇筑前，首先在现场及时检测罐车出口混凝土的坍落度，布料机入口处为4～6 cm，这样既能保证正常布料，又能保证混凝土的稳定。在坡面上，不出现滑涌现象。

施工现场要安排专人指挥布料，布料时，先向料斗及皮带上面洒水，使其湿润，混凝土罐车将混凝土拌和物卸在布料机上，由此皮带机将料物运送至分仓料斗，均匀摊铺于工作面，由平板振捣器振捣密实。

(2)混凝土的摊铺压实,振捣提浆:齿槽部位,由衬砌机将混凝土分层摊铺于齿槽中,布料时开启450 t振捣棒振捣该齿槽部位,至表面泛浆、混凝土拌和物不再明显下降为止。因补砌机振捣提浆与摊铺压实同时进行,振捣与行走速度应相适应,才能保证坡面混凝土均匀密实。根据试验以混凝土表面浆液丰富、无漏面,且能够收面为准,行走速度以2 m/min为宜。

浇筑过程中坡面上若出现露石现象及骨料集中现象,由人工及时清除后补充新混凝土加以振捣密实。

渠肩平台处,该部位经衬砌机铺料以后,要安排专人将该部位多余混凝土除走,沿渠基准线整平后,用平板振捣器振实。

齿槽处和渠肩平台处应安排专人施工,保证混凝土密实,上下内侧棱线顺直。

(3)混凝土的浇筑方向应沿渠道下游至上游进行,所有施工缝均设置在通缝处,当上仓混凝土开始施工时,可先在混凝土侧面上用双面胶将泡沫板粘牢,通缝板高度与混凝土板相同(10 cm),在上部(2 cm)外用美工刀划开,但不切透,等后期进行密封胶填缝施工时再撕开换出。

(4)两个仓面的接合处,在混凝土摊铺后应及时用2 m直尺检测,铲除超厚的混凝土,并用振捣棒适当振压、提浆,同时人工配合清除边缝处的混凝土石渣等,可避免错台现象的发生。

(5)混凝土的抹面施工要求:混凝土摊铺机后面的摊铺宽度为4~6 m时,便可用抹面机进行抹面、收平,进一步提浆。首次抹面时,混凝土表面还比较稀软,从下而上进行,抹面机的适宜高度以刚好接触到混凝土表面为好,在向下放抹面盘时,应先转动磨盘,后向下降落,不可将磨盘下降到位后开动转盘,避免电机通电不转动,烧毁电机。

抹光机每次移动间距为圆盘直径的2/3,在连续作业时能保证不发生潜心抹,表面均匀一致为宜。

当混凝土开始补凝时,再用抹面机连续抹面一次,以表面平整、均匀为宜,边角处人工抹面找平及收光,坡顶及坡底抹面机不能到位的全部由人工进行抹面和收光。两侧有边模的位置,采用人工及时进行修理。

(6)机械收光:用抹面磨盘对混凝土表面进行磨平以后,用手指轻压混凝土表面,当表面发硬,但稍有印痕时,便可及时进行压光处理,消除表面气泡,使混凝土表面平整、光滑,无抹痕。

过早不易压光,会有划痕;过迟会因局部的不平,抹不到的位置表面发白,不美观。收光的时间应集中在混凝土补砌后的3~5 h内进行,保证混凝土的表面平整、光洁。

(二)面板的养护事项

(1)混凝土浇筑终凝后,用土工布或棉毡及时覆盖,防止表面水分散失而形成表面裂纹,指定专人及时用喷雾机进行喷雾洒水养护,混凝土保证湿润,养护不少于28 d。

(2)割缝完成后,进行二次覆盖养护。

(3)可在渠底开挖引水沟,防止坡脚齿槽长时间被水浸泡。

(三)嵌缝、伸缩缝的嵌缝施工

嵌缝、伸缩缝的嵌缝施工的程序如下:

(1)将基面清理干净,晾晾干燥,使缝壁保持干净、干燥。

(2)用微型磨光机打磨缝的表面,即扫缝。

(3)用吹风机清理缝内及缝外的杂质。

(4)将设计尺寸的闭孔泡沫板人工用专用工具装入缝内,保证泡沫板与缝底部接触密实。

(5)在缝的两侧贴防污胶带纸。

(6)密封胶由 A、B 两组分组成,应按厂家说明书进行配制。

(7)注胶前先在沟内干净的基面上均匀刷涂界面剂,待界面剂完全固化后注胶。

(8)将配制好的聚硫密封胶装入封胶专用管中,用施胶枪将胶直接挤入缝内压平,发现起泡,及时修补。

(9)注胶应饱满,并用刮刀压紧、刮平。

(四)特殊天气的施工措施

特殊天气的施工主要是有风天、高温季节、低温季节及雨季的施工措施。

1. 有风天的施工措施

根据天气情况,按照混凝土配合比试验报告所确定的坍落度范围适当调整混凝土拌和物的坍落度,以满足有风天施工要求。正在衬砌的作业面及时收面并立即养护,对已经衬砌完成并出面的浇筑段及时采取覆盖塑料面等养护措施。

2. 高温季节的施工措施

1)渠床的整理

土方开挖后,及时进行修坡和验收,而后进行下一道工序的施工,防止开挖成型后的建基面在烈日下暴晒。

2)永久排水设施

永久排水设施沟槽开挖后,应及时进行软式透水管的铺设和逆止阀的安装及验收,并及时用中粗砂回填沟槽,防止软式透水管在烈日下长时间暴晒。

3)砂垫层

砂垫层的施工,应加强洒水工作,含水量是满足垫层密实度的重要控制指标,同时尽快安排下一道工序的施工。

4)保温板及土工膜的施工

在砂垫层施工完工后及时进行保温板和土工膜的铺设,保温板和土工膜铺设应快速进行,防止在烈日下长时间暴晒。根据衬砌施工安排,合理规划保温板和土工膜的施工长度,如不能及时进行衬砌施工,不得进行保温板和土工膜施工。

5)混凝土的衬砌措施

(1)降低混凝土原材料的初始温度。

①控制水泥进罐前的温度,夏季刚运至拌和站的水泥罐车先放阴凉地进行冷却。

②加强骨料储备、转运工作,骨料的储量满足连续 3 d 以上的生产量,使用 50 型装载机将骨料堆高,尽可能安排在夜间和低温时间进料和转料,取料时掏取下层骨料,同时在骨料仓上部设置阴棚,避免阳光暴晒。

③用钢管做支架,在水池和骨料上部搭设遮阳棚,采用经冷水设备处理过的冷水进行

拌和,处理后拌和水温控制在6~8 ℃。

(2)降低浇筑混凝土温度的措施主要有以下几项:

①在混凝土运输车辆的拌和筒上覆盖遮阳设备,罐车接料前对罐车进行冲洗(但罐内不得有水),对沿渠的施工道路进行经常整修,确保混凝土入罐后能快速运到浇筑仓面,防止混凝土温度回升过快。

②混凝土运至仓面后尽快进行浇筑及平仓振捣、抹面等工作。

(3)合理安排浇筑时间和浇筑方案:混凝土浇筑质量选择在温度较低的时候进行(尽量安排在早晚或夜间进行混凝土浇筑),一般情况下,浇筑时间为下午5时至第二天上午10时,此时段内完成终凝抹面。

渠道衬砌施工前对摊铺机械进行检查,确保机械运行正常。混凝土入仓后及时进行平仓振捣,加快覆盖速度,缩短混凝土的暴露时间。加强入仓前混凝土坍落度的检测,混凝土坍落度一般控制在70 mm。

(4)加强温度的监测:控制混凝土的出机口温度及运输、浇筑过程中的温度回升,在出机口、入仓口对混凝土温度进行测控,控制混凝土浇筑温度不大于28 ℃,使混凝土最高温度保持在规范的允许范围之内。

(5)加强混凝土的养护,避免表面裂缝。混凝土成型后应及时进行养护,使用毛毡进行覆盖,计划每个衬砌段分别投入一台洒水车进行养护,在养护时使用水管向毛毡均匀洒水,保证混凝土处于充分的湿润状态,混凝土养护时间不少于28 d,衬砌完成后及时进行切缝,以防止混凝土产生裂缝。

3. 低温季节的施工措施

当日平均气温连续5天稳定在5 ℃以下或现场最低气温在6 ℃以下时,应采用添加防冻剂、控制水温等措施,以保证混凝土拌和物的入仓温度不低于5 ℃,当日平均气温低于0 ℃时,应停止施工。

低温季节施工可采用骨料堆高、覆盖保温、热水拌和、掺加防冻剂等措施。拌和水温一般不超过60 ℃,当超过60 ℃时,改变拌和加料顺序,将骨料与水流拌和,然后加入水泥拌和,以免水泥假凝,在混凝土拌和时先用热水冲洗搅拌筒,并将积水或冰水排除,使搅拌筒处于正常温度状态,混凝土拌和时间比常温季节适当延长20%~35%,对混凝土运输车车罐采取保温措施,尽量缩短混凝土的运输时间,对混凝土成型后的表面及时覆盖保温或采取蓄热保温措施保护。

4. 雨季的施工措施

施工过程中,应掌握和了解最近时期的天气预报,循环施工分段尽量减小(刷土坡施工段50 m,砂砾垫层50 m,混凝土衬砌50 m),以尽量缩短应急时间。

三、质量检验

渠道施工过程中,严格按照《渠道混凝土衬砌机械化施工单元工程质量检验评定标准》(NSBD 8—2010)中规定的检测项目、质量标准、检测方法及检测频率对各工序进行质量检验。

四、质量控制措施

(1)边坡开挖的开口线及渠坡脚线测量定位，每 10 m 钉桩挂线标志控制。

(2)用测量仪器严格控制削坡，纵向齿墙、排水沟槽每 30 m 实测一点槽底及垫层高程，横向每道沟槽实测雨点，保证沟槽与井的位置正确，沟槽走向顺直，槽底及垫层底部平整，坡比符合设计要求。

(3)压实后采用灌砂法取样做相对密度试验、砂砾料垫层压实相对密度试验，每个单元检测不少于 3 个，垫层厚度每个单元测 3 个断面，每个断面不少于 3 点，每班垫层压实后至少检测一次，每次测点不少于 3 个，检测处人工分层回填捣实。

(4)砂垫层表面平整度用 2 m 的靠尺或测量仪器控制，应不大于 10 mm/2 m，垫层平整度每个单元检测不少于 5 个断面，每个断面不少于 3 点，发现洼坑及时人工补料，发现凸点及时人工清除。

(5)保温板铺设，每个单元测 3 个断面，平整度不大于 10 mm/2 m，接缝紧密平顺，两板接缝处的高差不大于 2 mm。

(6)复合土工膜焊缝严格按照要求逐条进行充气检验，将待测段两端封死，插入气针，充气至 0.15 ~ 0.2 MPa，2 ~ 5 min，内压力无明显下降即为合格，否则应及时检查补焊。

(7)保温板、复合土工膜上不允许人员行走，不允许抛掷带利刃的物品，并在施工现场禁止吸烟。

(8)保温板铺设人员应穿软底鞋，严禁穿硬底鞋或带钉鞋作业。

(9)复合土工膜铺设进度应和混凝土衬砌相适应。

(10)复合土工膜采用专用焊接设备焊接，焊接人员应经生产厂家的专业技术人员培训，合格后方可上岗作业。

(11)混凝土拌和与配料，混凝土质量控制是由实验室、质检科、工程科及现场施工人员对混凝土的施工全过程进行全面的质量控制，以保证混凝土的施工质量，并重点检查以下几个工序：

①混凝土的配合比，严格按照批准的配合比进行施工，施工时发现与现场不一致时，先暂停施工，分析原因，严禁私自改动配合比。

②混凝土拌和与配料，应检测以下各项：混凝土各种原材料必须满足规范要求，检测项目和抽样次数应符合规范要求。混凝土各种资料在开仓前报监理单位审批。拌和物的各种称量设备应定期进行校核检测，测试误差应在规范允许范围以内。拌和站的人员应对混凝土配料和拌和物全面负责，配料前，按配料单的要求先核实各种原材料的品种、规格、数量、材质等，再由实验室值班人员逐项复核检查，确认后方可开始配料。在生产过程中，不允许操作人员擅自改动。

(12)混凝土浇筑的注意事项有以下几项：

①对不合格的混凝土严禁入仓，已入仓的不合格的混凝土必须予以清除，并弃置在指定的地点，浇筑混凝土时严禁在仓内加水。

②当混凝土和易性较差时,采取加强振捣等措施,仓内的泌水必须及时排除,应避免外来水进入仓内。

③混凝土浇筑应保持连续性,浇筑混凝土间隙不应超过规定的规范要求,因故超过允许间隙时间,应按施工缝处理。

(13)施工现场混凝土的质量控制措施有以下几项:

①建立健全质量保证体系,保证质量体系的正常运行,坚持"三检制"。

②浇筑混凝土保持连续性,如出现发白、干硬、初凝等现象,立即按规定停仓处理,对和易性较差的混凝土,应加强振捣等措施,保证质量。

③必须配有施工备用设备,尤其是混凝土浇筑施工中的振捣器、混凝土搅拌车等。

(14)温控措施:在施工期间,必须对混凝土采取严格的温度控制措施,防止裂缝的产生,保证结构的整体性。

①优化混凝土的配合比,减少混凝土水化热升温,在满足设计各项指标的前提下,掺用高效优质的复合外加剂,降低单位水泥用量,选用低热水泥,以减少混凝土的水化热。

②混凝土入仓温度控制在5~25 ℃,超出此范围时采取温控措施。在日平均气温大于25 ℃和日平均气温高于35 ℃时,混凝土浇筑时间安排在早上和夜间施工,并采用喷水雾措施降低仓面的气温。

五、成品保护措施

(1)对施工现场的永久排水系统,聚氯乙烯保温板的铺设、土工膜铺设、衬砌的混凝土浇筑等均为主要单元工程,其施工质量尤为重要,各道工序工程的层厚都比较薄,施工要求严格,因工期紧,相互交叉作业多,成品保护工作就成为工程质量控制的最后一个重要任务。

(2)砂砾料垫层施工验收合格后,在上面铺设保温层时,不得穿高跟鞋,不得随意在上面钉木橛。

(3)保温板铺设完,进行下一道工序施工时,应严禁烟火,不得用尖利物体划破保温板。

(4)复合土工膜铺设完,验收合格后,应及时施工衬砌混凝土或覆盖,以防止水冲或长时间暴晒,施工衬砌混凝土时,不得用铁锹及其他尖利物体摊铺、平整混凝土,以防刮破土工膜。进行衬砌混凝土切缝时,要严格控制切缝深度,严禁切破下层土工膜。

(5)衬砌混凝土施工完毕后,首先要进行精细养护,采取滴灌土工膜覆盖或铺盖保水养护膜,养护28 d,混凝土终凝前严禁对其表面洒水,严防混凝土初凝期间遭雨水冲刷,衬砌坡脚以上20~50 cm范围内的诱导缝要与面板切缝同步进行,防止因诱导缝切缝不及时而发生结构贯穿性裂缝,一级马道处的横向排水口一定要封闭好,防止水流通过该排水口进入衬砌面板下部,引起冻胀破坏。

六、混凝土机械施工护坡机械设备的配置

渠道衬砌机械设备配置如表4-2所示。

表 4-2　渠道衬砌机械设备配置

序号	设备名称	规格型号	单位	数量
1	混凝土拌和站	HZS－35	台	2
2	渠道坡面混凝土衬砌机	20 m	套	5
3	抹面机	20 m	套	5
4	混凝土搅拌运输车	10 m^3	辆	4
5	挖掘机	PC220	辆	3
6	自卸车	15 t	辆	10
7	装载机	ZL50	辆	2
8	切割机		套	10
9	污水泵	WQ70－40－13	台	6
10	喷雾水枪		把	5
11	振动棒	2.2 kW	台	8
12	平板振动器	2.2 kW	台	5

第三节　渠道土石方开挖施工技术

一、渠道土方开挖

渠道土方开挖的深度沿渠道轴线方向采用分段分层阶梯式，按设计要求开挖，其基本原则是本着合理降低工程成本、优化资源配置的原则，就地取材，对本区域的土方工程进行平衡调配，在所有工程量复核完毕后，编制专项土方平衡方案，其调配原则如下：

（1）就近调配，减少运距。

（2）挖与填、弃、借平衡，减少二次倒运。

（3）尽量减少临时堆放场、弃渣场的征用。

（4）全面考虑，综合平衡，合理调配，节约资源。

（5）做好借土场、弃渣场的水土保持、复耕和绿化工作。

土方开挖的施工技术措施：渠道土方开挖采用分段分层阶梯式开挖，自上而下，先大面积开挖，后局部处理或沟槽开挖，先采用 2 m^3 挖掘机装土，15 t 自卸汽车外运配合，TY166 推土机料场平整，挖掘机粗修边坡，待衬砌时再精削坡至设计要求。

二、渠道石方开挖

（一）渠道石方开挖的施工技术措施

渠道石方开挖根据岩石风化程度和硬度，采用 1 m^3 挖掘机直接挖装，15 t 自卸车运输或爆破开挖，爆破采用深孔梯段爆破，保护层采用浅孔爆破，钻孔采用莫格素兰全液压凿岩机及 IQ－100 型潜孔钻，Y－30 型手持式风钻钻孔，17 m^3 空压机供风。

(二)工程工艺流程

渠道石方开挖的工程工艺流程为施工准备—清基—开挖—运输—下一道工序。

1. 施工准备

施工前，根据业主提供的图纸和工程控制坐标，采用测量仪器对工程实际地形进行复测，并根据施工图纸和监理批准的开挖线进行控制测量，标出平面位置、开挖边线等。按规定和施工需要每隔一定距离埋设工程控制桩，并将放样成果报监理批准后，方可进行场地清理，清理过程中将场地内的所有植被表土清挖到设计要求。

开挖区复查的主要项目有：

(1)开挖区的分布及运输条件。

(2)开挖区的水文地质和工程地质情况。

(3)根据开挖区的施工场地、地下水位、土质情况、施工方法及施工机械可能开挖的厚度等复查开挖区的开挖范围。

(4)对探坑进行取样，做室内及现场试验，确定最优含水量，核实土方的物理力学性质及压实特性。

(5)开挖区复查以后，写出开挖复查报告，绘制开挖区的地形图、试坑与钻孔平面、地质剖面，含水率、地下水位的季节变化情况，试验分析成果，代表性土方样品，开挖面积和数量的计算书，部分土方的加工处理，并说明开挖和运输条件等，报监理批复。

2. 表土清理

表土清理包括植被清理和表层腐殖土的清理，清理范围包括渠道开挖和渠堤填筑边线外侧至少 3 m，清理厚度最少 30 cm，清理弃土运至弃渣场或监理指定的地点，用于工程完工后环境恢复。

推土机沿总干渠轴线方向进行推土作业，集成堆后，用 ZL50 装载机装 15 t 自卸车运至弃渣场或指定位置。

3. 土方开挖

(1)土方开挖均采用自上而下分层开挖，开挖层厚度为 3 m 左右，先大面积开挖，后局部处理或沟槽开挖。

(2)开挖的方式：渠道开挖采用 2 m^3 反铲挖掘机开挖，15 t 自卸车运输，根据土石方开挖与回填平衡的总体规划，分别运至临时堆料场、回填区域或弃土场。

细部开挖根据具体断面尺寸决定采用机械开挖或人工开挖。

(3)砂卵石开挖：随土方开挖进行。采用 2 m^3 反铲挖掘机开挖，15 t 自卸车运输起挖回填部分或多余部分直接运输至弃料场。

(4)土层与砂砾石分层开挖。根据现场地质情况，土方和砂砾石须分别开挖，以免混杂，保证填筑料的质量。开挖时，先将上部土方开挖至指定的地点，开挖后通知现场监理及地质代表对揭露面进行地质描述，并界定土石分界线，测量收方后进行下层开挖施工。地质描述将作为各类开挖方量的计算依据。

(5)临时边坡稳定措施：对主体工程的临时开挖边坡，按施工图纸所示或监理的指示进行开挖,保证足够的坡度,随时检查可能出现的裂纹和局部坍塌并及时采取有效措施进行处理。

(6)基础与边坡的开挖:施工过程中随时做成一定的坡势,以利排水,开挖过程中考虑避免边坡稳定范围内形成积水的措施。易风化、崩解的土层,开挖后不能及时回填的,保留保护层。

(7)机械开挖的边坡修整:为保证边坡开挖质量,边坡要严格清基和削坡,使用机械开挖土方且无换填段的边坡应预留 30 cm 的保护层,以防施工机械对开挖范围以外的土体扰动,修坡余量再用人工修整,削坡至设计要求。应按设计渠道断面开挖,确保按设计坡度要求施工,避免超、欠挖。

(8)边坡的防护与加固措施:为减少修整后的开挖边坡遭受雨水冲刷,在坡面顶部开挖线外修挡水堰和截水沟,集中排水。边坡的防护和加固工作应在雨季前完成,冬季施工的开挖边坡修整及其护面和加固工作在解冻后进行。

(9)边坡安全的应急措施:土方明挖的施工过程中,如出现裂缝和滑动迹象时,则立即暂停施工和采取应急措施,并通知监理人员。必要时,设置观测点,及时观测边坡变化情况和研究分析,并确定对策。

(10)土方开挖时的质量控制:在土方开挖过程中,经常测量和校核施工区域的平面位置,水平标高和边坡坡度要确保符合设计要求。加强土方开挖时的标高和边坡测量是控制开挖质量,做到不超挖、欠挖,确保基础土的质量。若发现超挖部分,应以与该处同强度等级的混凝土或该处所设计的填料回填。土方开挖的允许偏差应符合水利水电工程验收规范的有关规定。

(11)质量检查和验收:

①土方开挖前,会同监理进行以下各项质量的检查和验收:原地形测量剖面的复核检查;按施工图纸所示,进行开挖剖面测量放样成果的检查;按施工图纸所示,进行开挖区周围排水沟排水和防洪保护设施的质量检查与验收。

②土方开挖过程中的质量检查:

一是开挖应自上而下分层、分段、分阶梯依次开挖,严禁自下而上或采用倒悬的开挖方式,施工中随时做成一定的坡势,以利排水。开挖过程中,应避免边坡稳定范围内形成积水。

二是不允许在开挖范围的上侧弃土,必须在边坡上部堆置弃土时,应确保开挖边坡的稳定。

三是使用机械开挖土方时,实际施工的边坡坡度应适当留有余坡量,再用人工修整,应满足施工图纸要求的坡度和平整度。

四是在土方明挖的过程中,定期测量、校正开挖平面的尺寸和标高,以及按施工图纸要求检查开挖边坡的坡度和平整度,并将测量资料提交监理。

③土方开挖完成后,会同监理进行下列各项的质量检查和验收工作:

主体工程开挖基础面的检查清理的验收：按照施工图纸的要求检查基础开挖面的平面尺寸、标高和场地平整度，并取样检查基础的物理力学性指标。

永久边坡的检查和验收：对边坡永久性排水沟坡度和平整度的复测检查。

完工验收：土方工程开挖完成后，向监理申请完工验收，并按规定提交完工验收资料。

④开挖料的使用和弃渣处理：

堆土场地的清理：用作堆存可利用的渣料场地，应进行场地清理和必要的平整处理，渣料堆筑应分层进行，并应保证能顺利取用。

渣场堆放：渣料和弃料应分别堆放。可利用土料、砂砾石料平均堆高 4 m，渣弃入乱石坑，弃渣深度 8 ~ 15 m。在料场应保持渣料堆体的边坡稳定，并有良好的自由排水措施。对于利用料，应采取可靠的保证质量措施，以保护该部分渣料，避免污染和侵蚀。

(三)石方开挖的技术要求

1. 渠道石方开挖顺序

石方开挖结合土方开挖分段、分台阶进行，创造多个工作面同时作业的条件。其施工工艺流程为施工准备—表层清理—机械钻孔—装药爆破—石渣清理—下一层施工。

2. 石方开挖方法

从上至下分段、分层依次进行，严禁自下而上或用倒悬的开挖方法，同一施工段内开挖宜同时平行下降，不能平行下挖时，两者高差不宜大于一个梯段。

渠道主体石方开挖：

(1)分段分区：采用分段，纵向分台阶立面开挖，沿渠道纵向每 100 m 左右作为一个施工段。由于渠道开挖深度较大，相邻施工段采用分台阶开挖，为下层石方开挖创造多作业面同时施工条件。

渠道开挖宽度较大，首先沿渠道中心线开挖渠口宽度，为两侧开挖创造临空面，然后进行两侧渠道开挖，两侧开挖一次开挖至渠道边缘。

(2)开挖方法：根据岩石的风化程度和硬度，采用爆破开挖的方法，挖深在 4 m 以下的石方段，采用手风钻钻孔爆破；挖深在 4 m 以上的深挖方渠段，采用深孔梯段爆破，梯段高度结合渠坡马道设置情况，高度 6 ~ 9 m。石方开挖初拟预留 1.0 m 的保护层，保护层采用线孔小炮分层爆破。

渠道主体石方爆破的器材准备：石方爆破炸药采用 2# 岩石销铵炸药，起爆方式为非电导爆索和导爆管组合起来，所用起爆材料有火雷管、导火索、导爆索、导爆管等。

(3)施工供风：根据开挖强度计划，配置 17 m^3/min 移动式抽动空压机 2 台，3 ~ 6 m^3/min空压机 2 台，英格索兰 HCR – 12Eds 全液压凿岩机自带风机。

(4)爆破参数的确定：根据《爆破安全规程》(GB 6722—2003)和现场实际情况结合岩石类别，拟定爆破参数。开工前，应根据实际测量地形和爆破试验，编制爆破施工组织设计，确定爆破施工参数，报监理批准后执行。

3. 爆破施工工艺

(1)爆破作业区划定后，进行测量定孔，定孔的测量仪器采用全站仪，测量定孔应依照设计边线和尺寸要求，按照所选定的爆破参数(孔距、排距、孔径和孔深)进行布孔放样，并用明显的标识表示，测量布孔后，测量人员应在现场向造孔机械操作工人和现场施工人员进行技术交底，同时测量技术人员应跟踪检测造孔质量。

（2）钻孔：测量布孔后，钻机进场进行钻孔，造孔作业应严格按照爆破参数所规定的孔距、排距、孔径和孔深进行。若发生夹钻和孔斜，角度超过设计要求，操作人员应及时通知现场施工技术人员，通过爆破设计调整后再进行钻孔，操作人员不能私自调整爆破布孔参数，钻孔后孔口周围的碎石、杂物应清除干净，对于孔口的岩石破碎不稳固段，应及时进行维护，防止石块坍落。钻孔结束后，应封盖孔口或设立标志，以防施工时破坏和人员伤害。

（3）钻孔检查：装药前，爆破技术人员会同测量技术人员及监理共同检查孔位的深度，倾角是否符合爆破设计参数的要求，孔内有无堵塞，孔壁是否有掉块及孔内是否有积水。当发现孔位和深度不符合要求时，应及时处理，进行补孔或透孔。

（4）装药：装药前由专门负责人到炸药库领取炸药和起爆材料，并填写材料领用登记表，然后用专用运输车运输至爆破作业区，人工卸车，分别把炸药和起爆材料运到爆破作业孔区。

（5）装药的方法：爆破装药采用人工方法时，必须严格控制每孔的装药量，并在装药的过程中检查装药高程。在装药过程中，当发现堵塞时，应立即停止装药，并及时处理。在未装入雷管前或起爆药包等敏感的爆破器材以前，可用木制长杆处理，严禁用钻具或金属杆处理装药堵塞的钻孔，对于已装入爆药包带有导爆索的，应注意保护导爆管和导爆索，避免拉紧导线，防止石块和其他物体对导爆管和导爆索的损伤。

装药时，整个装药过程应有专人负责，进行控制和管理，装药后，应对所有炸药和起爆材料进行核对。对于剩余炸药或起爆材料，应及时送回炸药库，并登记器材返回表。

（6）装药结构：分间隔装药结构和不耦合装药结构及混合装药结构等，应按拟定的爆破设计进行控制。

（7）堵塞：应严格按照爆破设计的长度进行，堵塞材料采用钻孔的岩屑和黏土，禁止使用含有较大粒径的碎石渣，在有水炮孔堵塞时，防止堵塞物悬空。

（8）爆破网络的敷设：装药完成后，撤离与网络敷设无关的其他人员，由爆破技术人员进行爆破网络敷设，爆破采用非导电雷管和导爆索组合起爆网络，网络敷设应按爆破设计进行，并严格遵守《爆破安全规程》（GB 6722—2003）中有关起爆方法的规定，起爆器材使用前应事先进行检验，网络敷设后应进行仔细检查，具备安全起爆条件时方可起爆。

（9）起爆：在起爆网络敷设完毕，经检查确认无误后，在确认人员、设备全部撤到安全地点，已具备安全起爆条件时，起爆作业人员在收到起爆信号后，进入起爆岗位，听从爆破指挥长的起爆命令进行起爆。为确保起爆人员的安全，在施工现场设置避炮室。

（10）瞎炮的处理应注意以下几点：

①爆破网络未受破坏且最小抵抗线无变化者，可重新连线起爆，最小抵抗线有变化者，应验算安全距离，并加大警戒范围后再连线起爆。

②在距瞎炮口不小于10倍炮孔直径处打平行孔装药起爆，爆破参数由爆破负责人确定。

③所用炸药为非抗水硝铵类炸药，且孔壁完好者，可以取出部分堵塞物，向孔内灌水，使之失效，然后进一步处理。

4. 爆破警戒与信号

1）爆破警戒

爆破作业开始前，必须确定危险区的边界，并设置明显标志，危险区的边界设置岗哨，所有通路经常处于监视之下，每个岗位值班人员配置对讲机相连通，并与爆破指挥长联系，以便及时通知情况。

2）信号

爆破前必须同时发出声响和视觉信号，使危险区内的人员都能清楚地听到和看到，应使全体工人和附近的村民事先知道警戒范围、警戒标志和声响信号的意义、发出信号的方法和时间。工程将在来往路口、交通道口及各施工区作业处布置警示牌宣传爆破时间、次数和地点及警戒范围和各种信号的意义，起爆前将通过高音喇叭和警报器进行信号预报。

第一次信号——预告信号。所有与爆破无关人员应立即撤到危险区外或指定的安全地点。

第二次信号——起爆信号。确认人员、设备全部撤离危险区，具备安全起爆条件时，方准发出爆破信号，根据这个信号，准许爆破人员起爆。

第三次信号——解除警戒信号。未发出解除警戒信号前，岗哨应坚守岗位，除爆破工作领导人批准的检查人员外，不准任何人进入危险区，经检查确认安全后，方准发出解除警戒信号。

5. 爆破安全控制技术

采用非电起爆网络起爆，消除外来电流对爆破的危害。

爆破振动控制：

（1）梯段深孔爆破采用多段微差起爆，控制最大一段装药量，分段越多，爆破振动越小，同时爆破作业设计要考虑爆破振动试验段衬砌的影响，并作安全计算分析。

（2）合理选择微差起爆的间隔时间和起爆方案，保证爆破后的岩石能得到充分的松动，消除限制爆破的条件。

合理选取爆破参数和单位炸药的消耗量，单位炸药的消耗量过高会产生强烈的振动和空气冲击波，单位炸药的消耗量过低则会造成岩石的破坏和松动不良。大部分能量消耗在振动上，因此应通过现场试验来确定合理的爆破参数和单位炸药的消耗量。

6. 防止飞石

在防止飞石方面应注意以下几点：

（1）通过爆破试验，确定合理的爆破参数，保证炮孔的堵塞长度和质量。

（2）深孔爆破按照《爆破安全规程》（GB 6722—2003）规定的安全距离控制在 200 mm 外。

（3）沿山坡修建的构筑物或设施应加强防护，防止爆破飞石沿山坡或山沟滚滑而造成伤害。

（4）爆破作业应严格按照《爆破安全规程》（GB 6722—2003）的规定进行。

第四节　渠底混凝土衬砌施工技术

在河滩段凡采用黏土换填法处理的复合地基渠道，其渠底均采用混凝土衬砌，厚度为8 cm，混凝土强度等级为C20，抗冻标号为F150，抗渗标号为W6，全渠段采用复合土工膜防渗，在渠底及渠坡防渗复合土工膜下均铺设保温板防冻层，其主要的施工工艺流程如下。

一、渠底基面处理

（1）粗平：将渠底的杂物清理干净，用挖掘机将削坡时的残余土和渠坡衬砌施工时挖的临时排水沟粗整平，粗整平前，先测量放出高程和渠道中心线，测量人员采用仪器控制指挥挖掘机粗整平，用压路机碾压一遍。

（2）精平：在渠底横向每10 m各设一对控制标高桩，挂上细丝，并在纵向的1/4、1/2、3/4处设置高程控制桩，人工对局部不平处进行整理，用压路机碾压至设计要求压实度，边缘处及集水井、波纹管周围用小型机具夯实至设计要求压实度。人工将高出部分清除，将多余土以及其他杂物运出施工现场。

（3）渠底基面整理完成后，当下一道工序不能及时施工时，用塑料布对已精平渠底进行覆盖。

二、沟槽土方开挖

（1）齿槽采用人工开挖、人工修整，开挖深度无欠挖，超挖深度不大于20 mm，沟槽位置（离中心线距离）允许偏差：0～50 mm，沟槽开挖宽度允许偏差：0～100 mm。

（2）开挖顺序：渠底整理—沟槽开挖。

（3）挖排水沟槽：采用人工开挖沟槽，经验收合格后，铺设砂砾料垫层。

三、排水系统安装

（1）沟槽验收合格后，在渠底中心线位置布设一排纵向强渗软式透水管，每隔16 m布设一道纵向强渗软式透水管，与齿槽预留透水管相接，纵横向透水管交会于渠底中心线位置。

（2）在强渗软式透水管铺设前，先在底部摊铺5 cm砂砾料垫层，并用人工夯实，强渗软式透水管铺设要平直，在纵横透水管连接处采用PVC三通、四通管连接，连接处采用透水管上的材料或土工布绑扎牢固，再铺设齿槽底部的透水管，缓坡铺设，未形成直坎，保证了透水管不折裂。

（3）强渗式透水管铺设完成后，及时回填管两侧的砂砾料，并且在回填砂砾料和夯实过程中，避免破坏透水管，透水管铺设前计算出适当的预留长度，并将预留口用土工布绑扎牢固，防止杂物和泥水进入透水管。

（4）逆止阀的安装：渠道底板采用球形逆止阀，逆止阀通过PVC三通与软式透水管连接紧密，其垂直性好，与复合土工膜紧密相连，避免产生新的渗漏通道，安装时球形逆止阀轴线垂直于水平面。

逆止阀与复合土工膜连接时,预先进行测量定位,破开复合土工膜,将逆止阀与三通内部用 PVC 管插接,外部用一长 20 cm 的软式透水管捆绑连接,土工膜上涂抹 KS 热熔黏接胶,固定密封盘,黏结垫垂直压在土工膜上,黏结垫与土工膜和逆止阀黏结牢固,密封盘上面覆盖原来撕开的土工布,胶带黏接,阀盖外表面与混凝土表面齐平,阀盖顶用胶带密封,防止浇筑过程中混凝土浆液和伸缩缝施工期灰浆进入排水器内。

逆止阀需满足以下要求:

①逆止阀的开启水头为 2 ~3 cm,10 cm 水头内达到设计流量,且厂家提供 5 cm、10 cm 及 20 cm 的水头下的排水流量。

②在水压力 0 ~200 kPa 的作用下,保证逆向不渗漏。

③逆止阀分为固定和可拆卸两部分设计,固定部分部件使用年限不少于 50 年,可拆卸部分部件使用年限不少于 10 年。

④止回性是逆止阀不发生渠道漏水的重要性能,各部件之间做好密封,防止渠水外渗。

⑤逆止阀设置两道止水环,一道嵌入混凝土内,一道与土工膜相接,避免产生新的渗漏通道,止水环设置牢靠,便于施工。与土工膜采用黏结垫黏结,黏结垫与土工膜及逆止阀黏结牢靠。

⑥逆止阀制造材料必须满足环保要求,对水质无污染。

⑦逆止阀与集水管之间采用 PVC - U 三通连接。

⑧逆止阀周围砂砾料必须回填密实。

⑨混凝土浇筑后阀盖未与混凝土黏结在一起,以便于更换。

四、砂砾料垫层的铺设

所有铺砂砾料的施工均在基面削坡现场监理验收合格后进行。

设计要求砂砾料铺设压实后,相对密度不小于 0.75,根据试验结果的成果,其最佳含水量为 4.6% ~5.5%,最佳松铺厚度为 23 cm,最佳振动遍数 5 遍的情况下,压实后的厚度可达 20 cm,压实砂砾料相对密度能够达到 0.75,并注意以下几点:

(1)砂砾石料由拉料车卸到铺料场地之外的位置,再由装载机将砂砾料分散到渠底铺设位置,然后由人工把砂砾料铺设摊平。

(2)在渠底基面上安放一个 5 cm 的钢管,在砂砾料垫层的施工中,以正方形钢管控制砂砾料平面位置和高程。在施工过程中,用水准仪进行校核,砂砾料基本铺设以后,用 2 m 长的方钢直尺把砂砾料刮平。

(3)把直径 2 m 长的塑料管的管头压扁成宽 1 mm 的喷水口,在振压前对铺设砂砾料面进行喷水,喷水设备采用自制的扁嘴喷头,基本达到喷出的水为雾状,保障砂砾料的含水量,保证达到砂砾料的压实效果。

(4)砂砾料层的压振:在软式透水管底部和周边采用人工夯实,其夯具底面为 15 cm、宽为 26 cm 的钢板,钢板厚度为 2 cm,当铺设的砂砾料顶面达到渠底要铺的顶面时,再采用 0.8 t 的小型振动压路机统一振压 5 遍。

(5)振压结束后,现场试验员按规定频率取样检查验收。

五、保温板的铺设要求

(1)设置控制线,利用高程控制桩,按保温板的铺设高程,挂设保温板的高程线,作为渠底基面复测和保温板铺设高程的控制标准。

(2)保温板沿渠道轴线方向错缝铺设,错缝宽度一般为40~60 cm。

(3)保温板在铺设过程中,遇到尺寸不合适或折断损坏造成边缘不整齐等现象,用密齿锯或壁纸刀结合钢板尺裁剪边缘,使保温板符合要求。

(4)保温板铺设用U形钉固定,在进行保温板固定时,除在四角固定外,在中间部位加U形钉。采用U形钉固定时,U形钉顶部略低于保温板顶面,以防划伤土工布。

(5)铺设的保温板必须保证紧贴基面,无架空、鼓起。接缝紧密平顺,两板接缝处的高差不大于2 mm。

六、土工膜的铺设要求

(一)复合土工膜的铺设

将整卷土工膜运至渠底,预留足够长度后,将土工膜沿渠道方向铺设。铺设时张弛适度,土工膜与垫层互相吻合平整,避免土工膜间损伤。对铺设不平、有褶皱的地方进行调整,两幅土工膜搭接处重叠10~12 cm,方便搭接。

复合土工膜铺设时注意以下事项:

(1)铺设前检查外观质量,检查土工膜的外观有无机械损伤和生产创伤、孔眼等缺陷,搬动时轻搬轻放,严禁放在有尖锐的东西上面,避免损伤土工膜。

(2)铺设土工膜时,适当放松,避免人为硬折和损伤。

(3)铺设表面平整,无凸出凹陷的部位,发现膜面有孔眼等缺陷或损伤,及时用新鲜母材修补,补疤每边超过破损部位15~20 cm。

(4)铺设过程中,作业人员穿平底鞋进行施工作业,禁止使用带尖头的钢筋作撬动工具,在土工膜上撬动。

(5)在铺设过程中,为了防止大风吹损,在铺设期间所用的土工膜用砂袋压住,直到混凝土保护层完工。当天铺设的土工膜在当天全部拼接完成,施工缝位置的土工膜卷起80~100 cm,用塑料布包裹,防止浇筑混凝土时污染。

(6)铺设时如发现土工膜有损伤等缺陷,做好标记,以便识别和修补。

(7)施工过程中遭受损坏的土工膜,及时按规定要求进行修补,在修补土工膜前将保护层破坏部位上不符合要求的材料清理干净,补充填入合格材料,并予以整平,对损坏的土工膜,按规定进行拼接处理。

(二)复合土工膜的焊接和黏结

复合土工膜的焊接和黏结分两个程序进行,即上、下层土工布的缝接,中间PE膜的焊接。土工膜的缝接用手提缝纫机、尼龙线进行双道缝接,搭接宽度10~12 cm,PE膜采用焊接和黏结工艺连接,拼接包括土工膜布的缝接、土工膜的焊接和黏结。

1. 复合土工布的缝合

1) 缝合方法

使用手提式工业缝包机,缝线用 3×3 的尼龙线,两人配合,边折叠边缝合,折叠缝合宽度约 5 cm。施工时,先缝合下层土工布,中层 PE 膜的焊接、黏结完成并验收后缝合上层土工布。

2) 缝合注意事项

复合土工膜在缝合时不空缝跳线,如若发生,检查、修复设备,重新缝合。

3) 缝合检查

复合土工膜缝合结束后,仔细观察所缝土工布,查看是否有空缝、漏缝、跳线现象,若有,则不合格,需重新缝合。

2. 复合土工膜的焊接和黏结

复合土工膜的焊接和黏结质量的好坏是复合土工膜防渗性能成败的关键,所以务必做好土工膜的焊接和黏结,确保焊接和黏结质量。

焊接方法和步骤如下:

(1) 土工膜焊接方法采用双焊缝搭焊。

(2) 主要焊接工具采用自动调温(调速)电热楔式双道塑料热合机挤压焊接机,用塑料热风焊枪作为局部修补用的辅助工具。

(3) 用干净纱布擦拭焊缝搭接处,做到无水、无垢、无尘,土工膜平行对正。

(4) 根据当地、当时的气象条件,调节焊接设备至最佳工作状态,用已调节好工作状态的热合机逐幅进行正式焊接。

(5) 对于无法焊接的部位,进行黏结,黏结前制作 1 m 长的小样,现场用手撕拉断裂不在接缝处为合格。

(6) 现场撕拉试验合格,进行正式黏结,保证黏结均匀,无漏接点,并在焊接时注意以下事项:

①土工膜搭接平行对正,搭接适量,缝合要求松紧适度,自然平顺,确保膜布同时受力。

②焊机操作人员应严格按照复合土工膜施工工艺试验所确定的施工参数进行焊接,并随时观察焊接质量,根据环境温度的变化调整焊接温度和行走速度,一般温度为 250 ~ 300 ℃,速度为 1 ~ 2 m/min。

③焊缝处复合土工膜结为一个整体,不得出现虚焊、漏焊或超量焊。

④出现虚焊、漏焊时,必须切开焊缝,使用塑料热风焊枪对切开损伤部位用大于损伤直径 1 倍以上的母材补焊。

⑤焊缝双缝宽度采用 2×10 mm。

⑥覆盖时,不得损坏土工膜,万一损坏,应立即报告,并及时修复。

⑦在焊接中,及时将已发现的破损的土工膜裁掉,并用塑料热风焊枪焊牢。

⑧连接的两层复合土工膜搭接平展舒缓。

⑨焊接前用电吹风吹去膜面上的砂子、泥土等脏物,再用干净毛巾擦净,保证膜面干净,保证焊接质量。

（三）复合土工膜焊接检测

土工膜焊接完成后，立即对焊接进行检查验收，主要采用目测法进行检查，以充气法进行抽检控制，黏结部位现场手撕检测。

1. 目测法

主要观察有无漏接，接缝是否无烫伤损伤，无褶皱，是否拼接均匀，两条焊缝是否清晰、透明、顺直，无夹渣、气炮、熔点或焊缝跑边等现象，如有漏焊、熔点等现象，立即采用热风焊枪进行补焊。

2. 充气法

用自制充气试验装置以0.15～0.2 MPa压力向双焊缝间充气，2～5 min压力无明显下降为质量合格，当发现漏焊、熔点等现象时，立即用热风焊枪进行补焊。

3. 手撕检测

土工膜黏结的质量标准为黏结均匀，无漏接点，黏结膜的拉伸强度要求不低于母材的80%，且断裂不得在接缝处，现场检测方法为：现场抽样，手撕检查，频率为每1 000 m^2 不少于一个，黏结不合格剪掉，重新黏结，直至合格，方可进行下一道工序施工。

（四）上层土工布缝合要求

上层土工布缝合采用手提缝包机，用高强纤维涤纶丝线，缝合时针距控制在6 mm左右，连接面要求松紧适度、自然平顺，确保土工布联合受力，上层缝合好后的土工布接头侧倒方向与下层土工布的相反，减少接头处复合土工膜的叠合厚度。

七、混凝土的浇筑

（一）施工准备

混凝土面板作为最后的成品呈现出来，其外观质量的好坏直接影响到工程的形象，因此混凝土浇筑应从每一个小环节控制。

衬砌混凝土浇筑前，对衬砌施工的配套设备进行空载试运行，在各种配套设备和所用工具齐全后，方可进行衬砌混凝土浇筑施工。

衬砌混凝土浇筑前，在齿墙及与上次浇筑接口混凝土外侧预设聚乙烯闭孔泡沫板，浇筑前还采取措施对混凝土仓面进行保护，严禁外水流入仓内，对已浇筑好的混凝土表面造成破坏。

（二）混凝土的拌和

拌和站平均生产能力30 m^3/h，配备发电机，能够保证衬砌作业的连续施工。试验过程中，砂、石料、水泥、粉煤灰、减水剂、拌和用水全部经过检验，各种材料的计量器具经过计量部门标定，计量精度能满足要求，经过试验段的试生产，按规定的配合比进行正常拌和工作，能满足渠道混凝土施工的需要。

混凝土拌和物要均匀一致，和易性好，没有离析现象，混凝土拌和物的坍落度实测值在规定范围内且稳定。拌和过程中应严格控制出机口坍落度。出机口坍落度为6～8 cm，运到现场入仓的坍落度为5～7 cm。

（三）混凝土的运输

混凝土在拌和站集中拌制，用10 m^3 罐车运输，拌和站随时听从现场负责人安排实施。每次装运混凝土将罐内清洗干净,保持罐内湿润,无存水。混凝土罐车在装、运、卸的过程中,不能随便加水,每次施工完后,停车时仔细清空罐内的残留物。

(四)混凝土施工的注意事项

(1)开始浇筑前,首先在现场及时检测罐车出口的坍落度,布料机入口处为5~7 cm。施工现场安排专人布料,先向料斗及皮带上面洒水,使其湿润,混凝土罐车将拌和料卸在布料机上,由皮带机将料物运送至分仓料斗,均匀摊铺于工作面,振捣密实。

(2)混凝土摊铺均匀、振捣密实,若出现露石现象,由工人及时填补原浆并振捣密实,注浆混凝土衬砌时,动态跟踪、量测混凝土厚度,做好记录,形成质检原始资料。

(3)混凝土的浇筑从渠道下游至上游进行,施工缝均设置在伸缩缝处,上仓混凝土开始施工时,先在混凝土侧面上用双面胶将泡沫板粘牢,通缝板高度与混凝土板相同(8 cm),在上部2 cm处用美工刀划开,但不切透,进行密封胶填缝施工时,再撕开拉出。

(4)混凝土抹面施工:根据施工环境,用抹面机进行抹面不会导致混凝土下陷时为宜,进行抹面机提浆,抹面机每次移动间距为1/2圆盘直径,连续作业时不发生漏抹,表面均匀一致。在混凝土初凝前,再用抹面机连续抹面一次,达到表面平整、均匀一致。

边角处人工抹面找平及收光,边角处抹面机不能到达的位置全部由人工进行抹面收光,两侧有边模的位置,采用人工及时进行修理。

(5)人工收光:用抹面机盘对混凝土表面进行磨平以后,用手指轻压混凝土表面,当表面发硬,但稍有印痕时,及时进行压光处理,消除表面气泡,使混凝土表面平整,光滑无抹痕。

过早不易压光,会有划痕,过迟会因局部的不平,抹不到位置,表面发白,不美观。

收光时间集中在混凝土衬砌石的3~5 h内进行,保证混凝土表面平整光洁,在不同施工时期,根据具体环境调整。

八、混凝土的养护

混凝土浇筑成型后,先用塑料薄膜及时覆盖,防止表面水分散失而形成表面裂缝,等切缝后用专用养护膜覆盖,混凝土保持湿润,养护不少于28 d。

保温养护,当出现低温天气时,要覆盖草帘等保温措施养护。当遇到高温季节施工时,在混凝土浇筑抹面完成后,及时覆盖塑料薄膜,待终凝后,再覆盖土工布,并经常洒水养护。

九、切缝的要求

(1)在衬砌混凝土浇筑时,留取抗压试件,并放在现场与浇筑混凝土同条件养护,当初砌混凝土抗压强度为2.9~3.9 MPa时,进行切缝施工。

(2)切缝前按设计分缝的位置,用墨斗在衬砌混凝土表面弹出切缝线。

(3)切缝的施工顺序:先切割横缝,其中先切割通缝,再切割半缝,然后再切割纵缝,通缝切割深度为7.2~8 cm,半缝切割深度为6 cm,允许偏差为0~5 mm,切缝宽度为2 cm,允许偏差为0~3 mm。

(4)切缝时间:切缝施工在混凝土收仓后20~36 h进行,或在混凝土抗压强度为

2.9～3.9 MPa 时进行，切缝时以锯片不破坏缝两侧混凝土、缝壁光滑为时间控制标准，宜早不宜迟，避免大面积混凝土结构产生裂缝。

(5)切缝的施工，采用定制的合金锯片切缝，切缝前在切缝位置用墨斗打线，明显标注伸缩缝的位置，以便控制，按设计伸缩缝宽度安装混凝土切割片，在切割片上用红色油漆做好切割深度标识。切缝时，锯片磨损较大，施工过程中采用钢板尺检查切缝的宽度和深度，根据检测深度，及时调整深度标志，必要时更换切割片。

(6)切缝完成后及时覆盖保温养护。

伸缩缝压入聚乙烯闭孔泡沫板，充填密封胶的注意事项：

(1)切割缝的缝面用钢丝刷，用手提式砂轮机修整，用空气压缩机将缝内的灰尘与余渣吹净，填充前缝面应干燥，检查缝宽、缝深是否满足设计要求。

(2)聚乙烯闭孔泡沫板按照设计要求深度，将其压入伸缩缝内，保证泡沫板与缝底部接触密实。

(3)密封胶由 A、B 两部分组成，应按厂家说明书进行配置和操作。

(4)通缝伸缩缝填充密封胶宽 2 cm，深 2 cm。

十、混凝土初期的质量控制

(1)用测量仪器严格控制开挖和清基，纵向、横向排水沟槽每 30 m 实测一点槽底及垫层高程，保证沟槽位置正确，沟槽走向顺直，槽底及垫层底部平整。

(2)砂砾料层表面平整度用 2 m 靠尺或测量仪器控制，应不大于 10 mm/2 m，垫层平整度每个单元检测不少于 5 个断面，每个断面不少于 3 点，发现洼坑及时进行人工修补，发现凸点及时进行人工清除。

(3)压实后采用灌砂法取样，作相对密度检验，砂砾料垫层压实相对密度每个单元检测不少于 3 点，垫层厚度每个单元检测 3 个断面，每个断面不少于 3 点，每班垫层压实至少检测一次，每次测点不少于 3 个。

(4)保温板铺设每个单元检测 3 个断面，平整度不大于 10 mm/2 m，接缝紧密平顺，两板接缝处的高差不大于 2 mm。

(5)复合土工膜焊缝严格按照要求，逐条进行充气检验，将待测段两端封死，插入气针，充气至 0.15～0.20 MPa，控制 2～5 min 内压力无明显下降为合格，否则应及时检查补焊。

(6)保温板、复合土工膜上不允许有人员行走，不允许抛掷带利刃的物品，并在施工现场禁止吸烟。

(7)保温板铺设人员应穿软底鞋，严禁穿硬底鞋或带钉鞋作业。

(8)在衬砌混凝土施工前，应对试验配比进行试拌，以验证混凝土的和易性、含气量、坍落度等指标，以便满足设计要求和施工需要。

(9)混凝土拌和与配料：

①拌制混凝土各种原材料必须满足规范要求，检测项目和抽样次数符合规范要求。

②混凝土配合比报告经监理审核后方可执行。

③定期对拌和站的各种称量设备进行检测，其误差应在规范允许范围内。

④拌和站采用微机控制，配置自动记录装置。各种原材料称好的重量以及混凝土的有关数据都需要精确的记录，按要求做好备案工作。

⑤拌和混凝土的时间，经过试验选择合理的时间，以满足混凝土的和易性要求。

⑥拌和站操作人员做到持证上岗，对混凝土配料和拌和全面负责。配料前，按配料单的要求先核实各种原材料的品种、规格、数量，再由实验中心值班人员逐项复核、检查，确认后方可开始配料，在生产过程中，不允许操作人员擅自改动。

(10)混凝土的浇筑：

①不合格的混凝土严禁入仓，已入仓的不合格的混凝土必须予以清除，并弃置在指定地点。浇筑混凝土时，严禁在仓内加水，混凝土浇筑入仓的坍落度控制在 5 ~ 7 cm，相邻拌和车内混凝土坍落度误差应在 ±1 cm 内。

②当混凝土和易性较差时，采取加强振捣等措施，仓内的泌水必须及时排除，应避免外来水进入仓内。

③混凝土浇筑应保持连续性，浇筑混凝土间隙时间不应超过规范规定，因故超过允许间歇时间，应按施工缝处理。

(11)施工现场混凝土质量控制：

①建立健全质量保证体系，保证质量体系的正常运行，坚持“三检制”。

②浇筑应保持连续性，如发现发白、干硬、初凝现象，立即按规定停仓处理，对和易性较差的混凝土，应加强振捣等措施，保证质量。

③必须配有施工备用设备，尤其是混凝土浇筑施工中的振捣棒、混凝土搅拌车等。

(12)温控措施：在施工期间，必须对混凝土采取温控措施，防止裂缝产生，保持结构整体性。

①混凝土入仓温度控制在 5 ~ 28 ℃，超出此范围采取温控措施，在日平均温度大于 25 ℃和日最高气温大于 35 ℃时，混凝土浇筑安排在早上和夜间施工，并采用喷雾水等措施降温。

②提高混凝土的运输速度，合理运用入仓手段，减少周转次数，减少混凝土的暴露时间。

第五节　双组分聚硫密封胶填充施工技术

南水北调中线一期工程总干渠渠系混凝土衬砌及各建筑物的伸缩缝的处理，采用双组分聚硫密封胶填充，其材料先进、技术科学，是一项防渗止水的新工艺。

全渠段采用混凝土衬砌，渠坡厚度 10 cm，渠底厚度 8 cm，混凝土衬砌的强度等级为 C20，抗冻标号为 F150，抗渗标号为 W6。全渠段采用复合土工膜防渗，在渠底及渠坡防渗复合土工膜下均铺设保温板防冻层。

渠道伸缩缝按缝深分为通缝、半缝及诱导缝，纵、横间通缝、半缝每 4 cm 一点交替布置(渠底纵向均匀通缝)，半缝渠底、渠坡均为 6 cm，宽度 2 cm，通缝深度预留缝为贯穿混凝土板厚度，割缝通常为混凝土板的 0.9 倍，宽度均为 2 cm，诱导缝深度 4 cm，宽度 1 cm。建筑物如倒虹吸闸室，伸缩缝至水面部分缝宽度为 2 cm，深度 3 cm。伸缩缝均采用聚硫密封胶作为填缝材料，其具体要求与施工工艺如下。

一、材料的要求

双组分聚硫密封胶是以液态聚硫橡胶作为主剂，加入补强剂、增韧剂、增黏剂、触变剂和其他添加剂配制加工成基膏，以金属氧化物等配制成硫化膏，两组分混合后可固化为弹性密封材料。

双组分聚硫密封胶为具有与混凝土自黏结性能的，以液态聚硫橡胶为基料的常温硫化双组分建筑B类一等品聚硫密封胶，具有嵌缝止水能力。

该产品用于工程结构的内露面，直接与饮用水源接触，需要一定的抗老化性和无毒性，不同厂家生产的产品性能略有区别。对混凝土界面适应性和材料本身的控制条件、环境也不尽相同，选定材料后应按照材料使用说明要求进行施工，并接受其技术指导。但材料进厂后要及时按材料的合格证、材质证明对材料进行复检。聚硫密封胶物理力学性能指标要求如表4-3所示。

表4-3 聚硫密封胶物理力学性能指标要求

序号	项目		技术控制指标
1	密度		规定值±0.1 g/cm^3
2	下垂度		≤3 mm
3	表干时间		≤24 h
4	适用期		≥2 h
5	弹性恢复率		≥80%
6	拉伸连接性	拉伸强度	≥0.4 MPa
		最大伸长率	≥400%
7	低温柔性		-40 ℃无裂痕
8	定伸黏结性		无破坏
9	浸水后定伸黏结性		无破坏
10	冷拉-热压后黏结性		无破坏

二、施工工艺

(一)密封界面清洁处理

(1)清缝前检查伸缩缝的深度和宽度，伸缩缝应底部平坦、宽度均匀一致，对深度不符合设计要求的，做补切缝处理。

(2)切割缝的缝面采用手提式砂轮机修整后，再用钢丝刷清理缝面，用空气压缩机将缝内的灰尘与余渣吹净。

(3)缝壁、缝面充分洁净、干燥后，填充聚乙烯闭孔泡沫板，采用专用工具压入缝内，并能保证上层填充密封胶的深度达到2 cm。

（二）涂胶前伸缩缝处理

（1）基层处理完毕的伸缩缝用空压机将缝内的尘土与余渣吹净。

（2）对伸缩缝两侧非密封区，施工前在其两边 5 mm 处贴上 30～50 mm 宽的防护胶带，以防施工中多余的聚硫密封胶把构筑物表面弄脏。

（3）在基础面清理干净，自检通过后及时通知监理验收基础面，在验收合格后，方可进行下一步施工。

（三）密封胶配制工艺

1. 底涂的材料配制和使用说明

本产品由甲、乙两组分组合而成，使用时将甲组分（无色透明）与乙组分（红褐色）按 1:1 混合均匀，用毛刷涂刷于伸缩缝两侧注胶基面上，基面上底涂表面干后，即可注胶（注：基面上底涂必须表干后方可注胶，否则将严重影响黏结。该产品易挥发，两组分单独包装，在密封情况下储存期为一年，混合后的底涂要求一次用完）。

2. 双组分聚硫密封胶的材料配制

（1）材料配比：A 组分（以下简称 A）：A:B = 10:1 配制（生产厂家出厂前已按比例分装完毕，无需现场重复称量）。

（2）混胶：打开 A 组分分包装桶盖，将 B 组分加入 A 组分包装桶内，用电锤卡上搅拌工作，先启动低速开关，自上而下搅拌 3 min，再启动中速开关，搅拌 5～8 min 至胶料颜色均匀一致，即完成配制和混胶工艺。

（四）装枪工艺

（1）将装枪器中带有出胶孔和推力杆的压胶盘置入活塞桶中混合好的胶面上。

（2）取下注胶枪管前、后螺盖，枪管口对准压胶盘中间的出胶口，推动枪管和推力杆，用力下压，此时胶料上行装入枪管中，管中空气顺枪管尾部排出，灌满为止。

（3）将装满胶的前、后螺盖装上，装螺盖的同时装上与施胶缝宽窄相适应的枪嘴，完成装胶工艺即可注射涂胶。

（五）注胶工艺

（1）将枪嘴插入待密封的伸缩缝内，按设计深度均匀地将密封胶注入伸缩缝内，然后用带弧度的专用整形工具进行刮压整形，整形后的缝面呈月牙形，固化后的胶体表现应光滑平整、无气泡，胶体内部应保持密实无断头，并保持黏结牢固，无脱胶断裂、渗水现象。

（2）该胶在室温固化时间达到最佳强度为 7 d，7 d 内不能进行气密、水密、油密等破坏性试验和各种性能测试。

（3）伸缩缝在 2 cm 深度内，注胶时间可一次成型。

（六）涂胶过程中胶体连接工艺

如若一条伸缩缝不能一次性注胶完毕，则第二次注胶采用以下两种方法，即湿式连接和干式连接。

（1）湿式连接。两次涂胶施工时间间隔不超过 8 h，一般采用湿式连接。湿式连接时，胶体接头无特殊要求，可连续涂胶施工。

（2）干式连接。两次涂胶施工时间间隔可能超过 8 h，要采用干式连接。干式连接胶体接头处理方法如下：

①两次涂胶时先用手或刮刀在原胶体接头斜面上涂一层胶，然后进行本次涂胶施工。

②前次涂胶结束时应留下斜型毛面搭接面。

（七）伸缩缝密封胶施工质量控制

（1）密封胶使用前的检验，胶体应光亮，无异物，无结团、结皮现象，必要时，可先涂试验段进行检验。

（2）施胶完毕的伸缩缝，胶层表面应无裂缝和气泡，表面平整光滑，涂胶饱满且无脱胶和偏胶现象，胶体颜色均匀一致。

（3）密封胶与伸缩缝黏结牢固，黏结缝按要求整齐平滑，经养护完全硫化成弹性体后，胶体硬度达到设计要求。

（4）密封胶施工过程中，质量控制重点如下：

①伸缩缝密封界面必须用手提砂轮或钢刷进行表面处理，必要时用切割机处理，确保黏结界面干燥、清洁、无油污和粉尘，并暴露出坚硬的结构层。

②密封胶混合要完全充分，双组分混合至颜色均匀一致。

③涂胶前先在 1 条胶面上刷涂底涂料，然后手工涂胶一层并反复挤抹后，才可用注射枪注射涂胶。

④混合后的密封胶要确保在要求的时间内用光，超过使用期的胶料不能同新混合的密封胶一起使用。

⑤涂胶过程中胶体搭接要严格按照搭接工艺要求施工。

⑥涂胶过程中要注意从一个方向进行，并保证胶层密实，避免出现气泡和缺胶现象，出现气泡及时做返修处理。

⑦胶层未完全硫化前要注意养护，不得泡水或人为损坏。

⑧施工前进行技术交底，施工作业队要求明确分工，切实把每一环节落实到每一个人，并加强施工人员质量和责任心教育及落实。

（八）施工安全要求

（1）施工人员必须经过培训合格后方可上岗操作，并全面掌握应知应会的施工安全技术和质量标准，强化安全与质量意识。

（2）现场施工人员必须穿平底软鞋，不准穿带跟、带钉和硬底皮鞋，以免损伤和影响施工表面质量。

（3）施工人员应身穿工作服，戴好防护用具（安全帽、安全带、防护眼镜和防护手套等），方可施工操作。

（4）施工现场及作业面的周围不准存放易燃易爆物品。

（5）进行高空密封胶施工时，应有相应的安全防护措施，并设安全监护措施。

（6）现场材料摆放整齐，不准乱弃、乱堆。

（7）现场调胶时，不得使其外漏，调胶后对其进行遮盖防护，避免尘土进入。

（8）涂光胶后对不慎洒出的密封胶要及时进行清理。

（9）操作平台移动时，操作平台上不得带人移动。

第六节　土工格栅和回填料处理层施工技术

土工格栅和回填料处理层施工技术主要是沿南水北调中线一期工程总干渠的渠道堤防工程应用,其具体的技术方案和技术指标如下。

一、材料及技术指标

(1)施工材料、格栅处理层施工安全材料为开挖泥灰岩土料、土工格栅、中粗砂、编织袋、草种等。

(2)材料的技术要求:土工格栅应采用耐久性能、耐温性能、施工性能良好的单向土工格栅,具体的技术参数如下:

格栅材料:高密度聚乙烯(HDPE)幅宽大于1.0 m,抗拉强度≥80 kN/m,延伸率≤12%,2%应变,对应强度≥23 kN/m,5%应变,对应强度≥44 kN/m,炭黑含量≥2.0%,蠕变强度(20 ℃)≥20 kN/m。

开挖回填料:土工格栅+回填料采用开挖的土料(如泥灰岩料等),其最大粒径应小于等于100 mm,大于5 mm粒径的颗粒含量不超过50%,控制含水率为最优含水率+(1%~2%)。

中粗砂、找平层填料:具有良好级配的中粗砂。

编织袋及草种:选用普通编织袋装根植土,并预先拌和当地易于生长的耐旱性草种,编织袋宜疏松,并有一定的孔隙,以便草籽生长。

二、施工方法

(一)施工程序

施工程序为清基—碾压—放样—格栅的铺设—铺土—碾压—反色固定搭接。

(二)施工过程的技术要求

(1)清基:按照施工图纸的要求开挖边坡,清除坡面及渠底浮土和各种杂质,要求基层平整度不超过±5 cm,遇地表积水应提前进行抽排,并清挖被水浸泡后的软土,换填黏性土压实,直到满足设计要求,保证基坑清洁、干燥。

(2)放样:严格按照施工图放样,做好边桩、填土高度、格栅边线、边坡坡比控制工作等。

(3)格栅的铺设:土工格栅采用人工分层铺设,在坡面向上层包裹,形成反色搭接,反色长度(从土工袋尾端起)不小于100 cm,相邻两块格栅之间用连接榫搭接,格栅与土体之间用U形钢筋铺接,详细施工步骤如下:

①根据施工图纸计算格栅需用长度,一次截断,在土工格栅+回填料碾压层底层铺设格栅材料,将格栅底部用U形钢筋固定于基层面。

②凿道以上沿土工格栅+回填料碾压层外坡放线位置堆放装满根植土和草种的土工袋,用以在施工过程中挡住填土。格栅表面用黏土找平,形成平整的坡面,然后铺上草皮,为保证草质量,要求土袋内填土充实,机器锁扣,码放紧密。

③使用张拉梁将格栅一自由端拽紧，并压上规定厚度的填土，填土用机械或人工堆放在拉紧后的格栅上面，在车辆与施工机械上不得直接碾压格栅，以免格栅损坏和松懈。

④回填料压实后，用灌砂法取样，合格后，在压实面放样削成设计坡度，将预留格栅反包到土工膜袋上面，平直段长度不小于100 cm，并与上层格栅用连接榫连接，或用U形钢筋固定。

⑤用通过格栅网孔而钩住格栅的张拉梁对主加筋格栅施加压力，绷紧格栅之间的连接，并使其下结构面上的反色格栅绷紧。

⑥在保持张拉格栅的同时，用U形钢筋引导本层格栅与下层土体锚接，以保证张拉设备移去后格栅不会回缩。

⑦重复以上施工步骤至顶层。

⑧顶层格栅应有足够长度埋在填土下面，保证填土可提供足够的约束力锚固格栅。

三、铺土

(1)回填料采用开挖料，在铺土前首先使备料场的土料含水量等满足回填开挖料的基本要求后方可回填，若开挖料低于规定的含水量(12%～13%)时，应将土料用洒水车喷水湿润，用挖掘机拌和均匀，达到以上要求后方可施工，含水量调整后的土料应及时用土工膜包裹，以防止含水率再次变化。

(2)铺土以挖掘机装车、汽车运输。

(3)土工格栅+回填料铺土采用进占法铺土。

四、碾压施工

格栅铺土用推土机粗平，再用人工精平，表面平整度不超过±5 cm，铺土的宽度考虑削坡宽度，以保证边坡的压实度，采用进退错距碾压法对回填料进行碾压，要求行车速度在2.0～3.0 km/h时相邻碾迹的搭接宽度不小于碾宽的1/10。

车辆和压实机械不得直接碾压格栅，当铺土后遇天气变化或隔夜施工时，要求用防雨布对场地进行覆盖。

土工布格栅处理层碾压施工的控制参数如表4-4、表4-5所示。

表4-4　土工布格栅处理层碾压施工的控制参数

开挖料	压类工艺	铺料方式	含水率	碾压机具	碾压遍数	行车速度(km/h)	行车方式
泥龙岩或其他料	振动平碾	进占法	最优含水率+(1%～2%)	18 t 振动平碾	12	2.0～3.0	进退错距法错压1/10

表4-5　施工格栅处理层的控制指标

材料	最大粒径(mm)	填筑含水率	压实度(%)	压实层厚(cm)
回填料	<100	最优含水率+(1%～2%)	95	≤50

五、施工质量控制

土工格栅处理层的施工应重点控制原材料、碾压工艺和压实效果三个环节，其中原材料应严格按照有关材料的技术指标控制碾压工艺，在满足压实效果的前提下，可以根据实际情况进行施工优化或调整，格栅处理层坡面形成后的平整度不超过 ±2 mm，中粗砂、找平层按 0.56 的相对密度控制，压实效果按表 4-5 控制。

（1）每层（0.5 m）土工格栅压实达到要求压实度后应取样检验。

（2）土工格栅 + 回填料用粗砂找平，误差应在规范规定内，每个单元测 3 个断面，每个断面不少于 3 个点。

第七节　一级马道施工技术

大型渠系由于渠深深度较深，开口面大，渠道的口宽、底宽均比较宽，其边坡的稳定性差，故按设计要求增设马道，马道的施工是一项关键工作，应该重视，例如：南水北调中线一期工程总干渠黄河北—美河北辉县四标段的渠道为梯形断面，渠底宽为 20 m，渠道内坡为 1:2，一级马道宽 5.0 m，外坡 1:1.5，路面净宽为 4.0 m，马道路面结构总厚 356 mm，自表层向下，材料设计分别为沥青混凝土路面厚 50 mm，乳化沥青封层厚 6 mm，级配碎石厚 100 mm，三七灰土厚 200 mm，路面由外侧向内侧设计横向坡度为 1%，外侧同混凝土衬砌坡面压顶高程。

一级马道的施工方案如下。

一、一级马道的施工

一级马道的施工主要根据其结构形式可分为三七灰土的施工、级配碎石的施工、沥青混凝土的施工等几种。

（一）三七灰土的施工技术要求

灰土采用一定量的石灰与土拌和碾压而成，其强度随时间缓慢增长，具有一定的不稳定性和不渗水性。拌制用土采用渠道黏性土，回填时高出原设计高程的黏土。白灰采用熟石灰粉，石灰等级不小于Ⅲ级。

施工前测量放线，根据设计图纸要求，确定摊铺边线，做好控制桩，控制灰土高程，且高程控制桩要加密设置。

三七灰土采用厂拌法和路拌法施工，具体做法如下：

（1）厂拌法施工：首先在备土区附近选择一块平整的场地，在场地上对两种材料进行混合初拌。办法为：用自卸汽车按照配合比将土、石灰一次堆存在备土区附近的空地上，初步按照配合比采用装载机、挖掘机进行混合拌和，至少 3 遍。拌和中根据土料含水量可晒水，以防止产生扬尘，拌和后混合料充分混合均匀，达到色泽基本一致，不出现团块。拌制时，根据施工路段的长度确定拌制量。

（2）路拌法施工：石灰用装载机装、自卸汽车运至施工现场，进行摊铺施工，材料装车时，控制每车料的数量基本相等。摊铺前，在预定堆料的下承层上洒水，使其表面湿润。卸料时，由远到近将拌和料按计算的距离卸置于下承层上，卸料距离均匀，材料在下承层上的堆置时间不能过长。

摊铺施工时，将干拌好的混合料按设计宽度进行摊铺，摊铺后，先用推土机粗平，使填土厚度基本一致，避免出现波浪。

上述工作完成后，采用旋耕耙拌和，先拌和 2 遍，拌和过程中检测混合料的含水量和拌和深度，通过洒水调整含水量。拌制时设专人跟随拌和机，随时检查拌和深度，并配合拌和机操作员调整拌和深度。随时检查拌和的均匀性，不允许出现花白条带，土块要打碎，最大颗粒小于 15 mm，在拌和过程中，要及时检查拌和深度，使全深度拌和均匀，拌和时注意杜绝夹层及接头处漏拌。

现场拌制时，拌和机至少拌和 3 遍。拌和完成的标准是：混合料色泽一致，无灰条、灰团和花石，无粗细料颗粒，且水分合适均匀。

（3）整形：

①三七灰土拌和均匀后，立即用平地机初步整形，平地机由内侧向外侧进行刮平，必要时再返回刮一遍。

②在平地机整形的过程中，按设计图纸做出 1% 路面坡度（横坡）。

③用压路机快速碾压 1 遍，以暴露潜在的不平整。对于局部低洼处，用齿耙将其表层 5 cm 以上耙松，并用新的拌和料进行找平。

④若表面不平整，再用平地机整形一次，将高处料直接刮出路外，避免形成薄层贴补现象。

⑤每次整形都要达到规定的坡度和路拱，并特别注意接缝必须顺适平整。

⑥在整形过程中，严禁任何车辆通行，并保持无明显的粗细碎石离析现象。

⑦初步整形后，检查混合料的松铺厚度，必要时进行补实或减料。

（4）碾压：采用 20 t 振动碾碾压，压实作业施工顺序为由内向外进行碾压。

①碾压时，灰土表面要潮湿，碾压遵循由内侧向外侧、先静压后振动再静压的操作程序压实，压路机行驶速度控制在 2 km/h 以内，碾压分初压、复压和终压。初压（即静压）关掉振动装置，静压 2 遍，起整平和稳定混合料的作用。复压时打开振动装置，当压实密度达到设计和规范要求时复压停止，终压时压路机静压 1 ~ 2 遍。

②采用 20 t 振动压路机进行碾压，碾压时各部分碾压达到的次数尽量相同，路面的两侧多压 2 ~ 3 遍。

③整形后，当混合料的含水量为最佳含水量（ ±2% ）时，立即在结构层全宽内进行碾压，由内侧向外侧碾压时，重叠 1/2 轮宽，后轮必须超过两段的接缝处，后轮压实路面全宽时，即为 1 遍，一般碾压 6 ~ 8 遍。

④碾压时，区段交接处重叠压实，纵向搭接长度不得小于 3 m。

⑤在碾压过程中，如发现土表面过于松散，适当洒水，严禁洒大水，如土过湿，发生"弹簧"现象，采用挖开、换灰土等措施进行处理。凡不符合设计及规范要求的路段，必须根据具体情况采取措施，使之达到规范规定的标准。

⑥在碾压过程中，严禁压路机在已完成的或正在碾压的路段上调头和急刹车，以保证表面不受破坏。

⑦同日施工的两工作段的衔接处，进行搭接处理，前一段拌和整形后留 5 ~ 8 m 不进行碾压，后一段施工时，前段留下未压部分，再加部分灰土，并与后一段一起碾压。

⑧碾压完成后，立即进行养生，养生期不少于 7 d，7 d 养生期后不进行下一结构层的

施工时,继续进行养生,使灰土表面经常保持湿润。防止灰土因缺水损失强度,养生时保持表面湿润,不过多洒水,不使稳定土表面干燥。养生期间除洒水外,严禁其他机械通行,保护表层不受破坏。

(二)级配碎石的施工技术要求

级配碎石厚度100 mm全幅宽4 m,级配碎石要求碎石压碎值不超过30%,最大粒径不大于30 mm,碎石中小于5 mm的颗粒含量以下,细土有塑性指数时,小于0.075 mm的颗粒含量不超过5%,细土无塑性指数时,小于0.075 mm的颗粒含量不超过7%。含有塑性指数的土越多,其收缩性就越大,抗冲刷能力就弱,易使基层产生裂缝,故对碎石中塑性指数严格检查控制。

级配碎石层施工时,应遵守下列规定:

(1)颗粒的组成是一根顺滑的曲线。

(2)级配必须精确。

(3)塑性指数符合规定。

(4)混合料必须拌和均匀,没有粗颗粒离析现象。

(5)在最佳含水量时进行碾压,保证满足设计要求。

1.级配碎石的施工要求

级配碎石的施工工艺流程为测量放样—运输—摊铺—整平—碾压。

(1)放样:放样前,测量人员要对路段进行控制点的布设、水准点的交底。

施工前对铺筑路段,10 m一个断面进行路线标高及中边桩的测量,各结构层的纵断面高程(厚度)采取悬挂钢丝基线来控制。钢丝用钢钉固定,每间隔10~20 m设一基准线,立柱弯曲处根据现场情况增加立柱,在设计高程处悬挂钢丝,为保证钢丝绷紧,在两端紧线器上安装测力器,以免因钢丝不紧而产生挠度,保证钢丝拉力不小于800 N,钢丝基准线悬挂完成后,对基准线进行复测。为保证工程质量,平地机操作始终沿灰线行走,根据钢丝控制高程。

钢钉必须埋设牢固,在整个作业期间设专人看管,严禁碰钢丝,发现异常时立即恢复,测量人员紧盯施工现场,经常复核钢丝标高。

(2)运输:级配碎石的运输采用20 t的自卸汽车,保证车况良好,自卸汽车的数量根据运距和级配碎石所需数量来定,运输到现场后由专人指挥,保证材料运输到规定的位置。装车时要不停地移动位置,以使混合料不离析。

(3)摊铺:摊铺采用人工配合机械进行,摊铺采用平地机进行摊铺,局部地方采用人工辅助添料,摊铺过后采用20 t的振动式压路机进行压实,碾压按照先轻后重的原则,洒水碾压至规定的压实度。在施工过程中控制结构层高程、宽度、厚度、平整度及横坡等。

横向接缝按下述方式处理:两作业段的衔接拌和,第一段拌和后,留3~5 m不进行碾压,第二段施工时,前段留下未压部分,与第二段一起拌和整平后进行碾压。

摊铺后洒水调节含水率,水车洒水加湿,实验室检查含水率,保证混合料的含水率控制在最佳含水率以上。

(4)整平:用平地机进行整平,整平时紧跟拉线检查高程,横坡整平时注意消除粗细集料离析现象，高程控制要考虑压实系数的预备量。

(5)碾压：混合料经摊铺、整形后，含水量接近最佳含水量时，立即进行碾压，碾压段落层次分明，设有明显分界标志，并形成连续碾压，坚持遵循初压和终压，均采用静压的原则，以减小变形和提高表层密实度、平整度。

第一遍稳压要用20 t振动碾压路机静压，然后微振1遍，重振2遍，最后碾压2遍，达到要求的密实度，同时没有明显的轮迹，严禁压路机在作业路段上“掉头”和紧急制动。

碾压方向与中心线平行，使纵向顺延，横向符合设计要求，压路机碾压时成阶梯状碾压。两碾压段的接头处采用碾压机呈45°角斜碾。正常碾压时，轮迹重叠1/2轮宽，后轮必须超过两段的接缝处，后轮压实路面全宽时为1遍，碾压至要求的压实度，并无轮迹时为止。碾压程序：静压—小振动—大振动—静压。现场记录碾压遍数，路面的两侧要多压1~2遍，在最佳含水量时碾压至设计及规范要求的压实度。压路机的行车速度稳压控制在1.5~1.7 km/h，振动压时1.8~2.2 km/h，终压时1.5~1.7 km/h，绝不可高速施工碾压。

在碾压过程中，级配碎石表面始终保持潮湿，如表层水分蒸发得快，及时洒少量的水，若有松散、起皮等现象，及时翻开重新拌和或挖除等方法处理，使其达到质量要求。

2.质量控制的要求

碾压时平整度控制：施工过程中采用人工铲除接头处的垒包，同时用3 m直尺检查平整度，不符合要求的，立即进行处理，消除碾压之间的不平整部位，整平仔细进行，目的是将凸出部分刮平，并用人工及时清理出工作面外，局部低洼的部分不得用刮涂料作为找平层的填料，即“只准铲高，不得补洼”，个别严重的洼坑需要找平时，用人工挖成方形面或矩形面(深度为整个级配碎石厚度)，填补相同的混合料，人工补平并夯实，再统一碾压成型。

横缝的处理：靠近摊铺机当天未压实的级配碎石底基层混合料，可与第二天摊铺的混合料一起碾压，应注意此部分混合料的含水量，并在第一段预留3~5 mm，当含水量较低时，适当补充洒水，使其含水量达到规定的要求。

防护：路段成型后，要及时防护，未作上承层之前严禁开放交通并进行自检验收，符合要求后方能进行上承层施工。

(三)沥青混凝土的施工技术要求

沥青混凝土施工前喷洒6 mm厚的乳化沥青封层，待破乳后进行5 cm厚中粒式沥青混凝土施工，路面面层施工采用厂拌沥青混合料，自卸车运到工地，用带有可调幅振动熨平板的沥青混合料摊铺机进行半幅全宽摊铺。

1.技术准备

沥青加热温度及沥青混合料施工温度根据沥青品种、标号、黏度、气候条件及铺筑层的厚度选用。当沥青黏度大、气温低、铺筑层薄时，施工温度用高限，一般采用沥青混合料，沥青加热温度为140~160 ℃，矿料加热温度比沥青加热温度高5~10 ℃，沥青混合料出厂正常温度为150~160 ℃，混合料储料仓储存温度在储料过程中温度降低不超过10 ℃，运输到现场温度不低于120~150 ℃，正常施工摊铺温度不低于110~130 ℃，且不超过 165 ℃,正常施工碾压不低于 110 ~ 140 ℃,且不低于 110 ℃,振动压路机碾压终了的温度不低于 65 ℃。

对原材料的技术要求:

(1)沥青:对选定的沥青,应按照有关规定进行检测,对存在质量问题的材料,及时反馈给供应商,并采取必要措施,以保证沥青的合格率。

(2)碎石:沥青路面使用的碎石为坚硬、洁净、多棱角的立方体,无杂质,有良好的耐久性,将按照规范中的技术标准进行抽检,严禁不合格石料进场。

(3)细集料:天然砂和机制砂,均清理洁净,无风化,无杂质,符合技术规范要求。

(4)填料:矿粉干燥、洁净,无杂质,符合技术规范要求。

2. 乳化沥青封层

路面乳化沥青封层的主要作用可归纳为 2 点:

(1)封闭某一层起着保护防水作用。

(2)基层与沥青面层之间的过渡和有效联接作用。

乳化沥青封层面在摊铺粗粒式沥青混凝土之前,先对已建基层进行修整,清扫除人工清扫外,采用强力鼓风机吹尽基层灰土,而后用沥青洒布机均匀洒布乳化沥青。在洒布过程中,洒布车保持匀速行驶,确保洒布均匀,沥青用量 0.8 ~ 1.0 kg/m^2,喷洒时沥青温度为 130 ~ 170 ℃,并视情况撒少量砂或石屑。

3. 沥青混凝土的施工

1)沥青混合料的拌制

(1)准备工作:矿料按规格分别堆放,并插牌标明,填料装入储料仓,防止受潮。

(2)拌和:

①按照设计要求,首先进行配合比设计,在使用情况调查研究的基础上充分借鉴成功的经验,选用符合要求的材料进行配合比设计,一般采用马歇尔试验配合比设计方法。

②沥青储存设备同沥青拌和机的存储罐车相通,沥青升温用导热油加热,使温度控制在 160 ~ 170 ℃。

③沥青混合料的拌和时间以混合料均匀,所有矿料颗粒全部裹覆沥青为度,正常的拌和时间经试拌确定。

④拌和场拌制的沥青混合料均匀一致,无花白料,无结块、成团或严重离析现象,发现异常,找出原因,及时调整。

⑤拌和设备有时间不超过 24 h 的保温设施储料仓。

⑥拌和场在实验室的监控下工作,一般沥青混合料的出厂温度为 150 ~ 160 ℃,高出正常温度高限 30 ℃的沥青混合料废弃。沥青混合料拌和时间经试拌确定拌和均匀,所有矿料颗粒全部裹覆沥青混合料。间歇式拌和机每锅拌和时间不少于 45 s,其中干拌时间不得少于 5 s,连续式拌和机拌和时间根据上料速度及拌和温度确定。

⑦拌和设备配有记录系统,在拌和过程中,逐盘打印沥青及各种材料的用量,拌和温度为每盘总量混合料的温度。

沥青混合料用粗集料质量技术要求见表 4-6。

表 4-6　沥青混合料用粗集料质量技术要求

指标		单位	高速公路及一级公路		其他等级公路	试验方法
			表面层次	其他层次		
石料压碎值	不大于	%	26	28	30	T 0316
洛杉矶磨耗损失	不大于	%	28	30	35	T 0317
表观相对密度	不小于	—	2.60	2.50	2.45	T 0304
吸水率	不大于	%	2.0	3.0	3.0	T 0304
坚固性	不大于	%	12	12	—	T 0314
针片状颗粒含量(混合料) 其中粒径大于 9.5 mm 其中粒径小于 9.5 mm	不大于 不大于 不大于	% % %	15 12 18	18 15 20	20 — —	T 0312
水洗法 <0.075 mm 颗粒含量	不大于	%	1	1	1	T 0310
软石含量	不大于	%	3	5	5	T 0320

注:1. 坚固性试验可根据需要进行。

2. 用于高速公路、一级公路时,多孔玄武岩的视密度可放宽至 2.45 t/m^3,吸水率可放宽至 3%,但必须得到建设单位的批准,且不得用于 SMA 路面。

3. 对 S14 即 3 ~ 5 规格的粗集料,针片状颗粒含量可不作要求,<0.075 mm 含量可放宽到 3%。

粗集料的粒径规格应按表 4-7 的规定生产和使用。

表 4-7　沥青混合料用粗集料规格

规格名称	公称粒径(mm)	通过下列筛孔(mm)的质量百分率(%)												
		106	75	63	53	37.5	31.5	26.5	19.0	13.2	9.5	4.75	2.36	0.6
S1	40 ~ 75	100	90 ~ 100	—	—	0 ~ 15	—	0 ~ 5						
S2	40 ~ 60		100	90 ~ 100	—	0 ~ 15	—	0 ~ 5						
S3	30 ~ 60		100	90 ~ 100	—	—	0 ~ 15	—	0 ~ 5					
S4	25 ~ 50			100	90 ~ 100	—	—	0 ~ 15	—	0 ~ 5				
S5	20 ~ 40				100	90 ~ 100	—	—	0 ~ 15	—	0 ~ 5			

续表 4-7

规格名称	公称粒径(mm)	通过下列筛孔(mm)的质量百分率(%)												
		106	75	63	53	37.5	31.5	26.5	19.0	13.2	9.5	4.75	2.36	0.6
S6	15~30					100	90~100	—	—	0~15	—	0~5		
S7	10~30					100	90~100	—	—	—	0~15	0~5		
S8	10~25						100	90~100	—	0~15	—	0~5		
S9	10~20							100	90~100	—	0~15	0~5		
S10	10~15								100	90~100	0~15	0~5		
S11	5~15								100	90~100	40~70	0~15	0~5	
S12	5~10									100	90~100	0~15	0~5	
S13	3~10									100	90~100	40~70	0~20	0~5
S14	3~5										100	90~100	0~15	0~3

粗集料与沥青的黏附性应符合表 4-8 的要求,当使用不符合要求的粗集料时,宜掺加消石灰、水泥或用饱和石灰水处理后使用,必要时可同时在沥青中掺加耐热、耐水、长期性能好的抗剥落剂,也可采用改性沥青的措施,使沥青混合料的水稳定性检验达到要求。掺加外加剂的剂量由沥青混合料的水稳定性检验确定。

表 4-8 粗集料与沥青的黏附性、磨光值的技术要求

雨量气候区	1(潮湿区)	2(湿润区)	3(半干区)	4(干旱区)	试验方法
年降水量(mm)	>1 000	1 000~500	500~250	<250	附录 A
粗集料的磨光值,不小于 高速公路、一级公路表面层	42	40	38	36	T 0321
粗集料与沥青的黏附性,不小于 高速公路、一级公路表面层	5	4	4	3	T 0616
高速公路、一级公路的其他层次及其他等级公路的各个层次	4	4	3	3	T 0663

破碎砾石应采用粒径大于 50 mm、含泥量不大于 1% 的砾石轧制,破碎砾石的破碎面应符合表 4-9 的要求。

表 4-9　粗集料对破碎面的要求

路面部位或混合料类型	具有一定数量破碎面颗粒的含量(%)		试验方法
	1 个破碎面	2 个或 2 个以上破碎面	
沥青路面表面层			T 0361
高速公路、一级公路	100	90	
其他等级公路	80	60	
沥青路面中下面层、基层			
高速公路、一级公路	90	80	
其他等级公路	70	50	
SMA 混合料	100	90	
贯入式路面	80	60	

细集料应洁净、干燥、无风化、无杂质,并有适当的颗粒级配,其质量应符合表 4-10 的规定。细集料的洁净程度,天然砂以小于 0.075 mm 含量的百分数表示,石屑和机制砂以砂当量(适用于 0 ~ 4.75 mm)或亚甲蓝值(适用于 0 ~ 2.36 mm 或 0 ~ 0.15 mm)表示。

表 4-10　沥青混合料用细集料质量要求

项　目		单位	高速公路、一级公路	其他等级公路	试验方法
表观相对密度	不小于	—	2.50	2.45	T 0328
坚固性(>0.3 mm 部分)	不小于	%	12	—	T 0340
含泥量(小于 0.075 mm 的含量)	不大于	%	3	5	T 0333
砂当量	不小于	%	60	50	T 0334
亚甲蓝值	不大于	g/kg	25	—	T 0346
棱角性(流动时间)	不小于	s	30	—	T 0345

注:坚固性试验可根据需要进行。

天然砂可采用河砂或海砂,通常宜采用粗、中砂,其规格应符合表 4-11 的规定。砂的含泥量超过规定时,应水洗后使用,海砂中的贝壳类材料必须筛除。开采天然砂必须取得当地政府主管部门的许可,并符合水利及环境保护的要求。热拌密级配沥青混合料中,天然砂的用量通常不宜超过集料总量的 20%,SMA 和 OGFC 混合料不宜使用天然砂。

表 4-11　沥青混合料用天然砂规格

筛孔尺寸(mm)	通过各筛孔的质量百分率(%)		
	粗砂	中砂	细砂
9.5	100	100	100
4.75	90 ~ 100	90 ~ 100	90 ~ 100
2.36	65 ~ 95	75 ~ 90	85 ~ 100

续表 4-11

筛孔尺寸(mm)	通过各筛孔的质量百分率(%)		
	粗砂	中砂	细砂
1.18	35～65	50～90	75～100
0.6	15～30	30～60	60～84
0.3	5～20	8～30	15～45
0.15	0～10	0～10	0～10
0.075	0～5	0～5	0～5

石屑是采石场破碎石料时通过4.75 mm或2.36 mm的筛下部分，其规格应符合表4-12的要求。采石场在生产石屑的过程中应具备抽吸设备，高速公路和一级公路的沥青混合料，宜将S14与S16组合使用，S15可在沥青稳定碎石基层或其他等级公路中使用。

表 4-12　沥青混合料用机制砂或石屑规格

规格	公称粒径(mm)	通过各筛孔的质量百分率(%)							
		9.5	4.75	2.36	1.18	0.6	0.3	0.15	0.075
S15	0～5	100	90～100	60～90	40～75	20～55	7～40	2～20	0～10
S16	0～3	—	100	80～100	50～80	25～60	8～45	0～25	0～15

注：当生产石屑采用喷水抑制扬尘工艺时，应特别注意含粉量不得超过表中要求。

机制砂宜采用专用的制砂机制造，并选用优质石料生产，其级配应符合S16的要求。

沥青混合料的矿粉必须采用石灰岩或岩浆岩中的强基性岩石等憎水性石料经磨细得到的矿料，原石料中的泥土杂质应除净。矿粉应干燥、洁净，能自由地从矿粉仓流出，其质量应符合表4-13的要求。

表 4-13　沥青混合料用矿粉质量要求

项　目	单位	高速公路、一级公路	其他等级公路	试验方法
表观密度　不小于	t/m^3	2.50	2.45	T 0352
含水量　不大于	%	1	1	T 0103
粒度范围 <0.6 mm <0.15 mm <0.075 mm	% % %	100 90～100 75～100	100 90～100 70～100	T 0351
外观	—	无团粒结块		—
亲水系数	—	<1		T 0353
塑性指数	—	<4		T 0354
加热安定性	—	实测记录		T 0355

拌和机的粉尘可作为矿粉的一部分回收使用。但每盘用量不得超过填料总量的25%，掺有粉尘填料的塑性指数不得大于4%。

粉煤灰作为填料使用时，用量不得超过填料总量的50%，粉煤灰的浇失量应小于12%，与矿粉混合后的塑性指数应小于4%，其余质量要求与矿粉相同。高速公路、一级公路的沥青面层不宜采用粉煤灰做填料。

改性乳化沥青宜按表4-14选用，质量应符合表4-15的技术要求。

表4-14　改性乳化沥青的品种和适用范围

品种		代号	适用范围
改性乳化沥青	喷洒型改性乳化沥青	PCR	黏层、封层、桥面防水黏结层用
	拌和用乳化沥青	BCR	改性稀浆封层和微表处用

表4-15　改性乳化沥青质量的技术要求

试验项目			单位	品种及代号		试验方法
				PCR	BCR	
破乳速度			—	快裂或中裂	慢裂	T 0658
粒子电荷			—	阳离子(+)	阳离子(+)	T 0653
筛上剩余量(1.18 mm)		不大于	%	0.1	0.1	T 0652
黏度	恩格拉黏度 E_{25}		—	1~10	3~30	T 0622
	沥青标准黏度 $C_{25.3}$		s	8~25	12~60	T 0621
蒸发残留物	针入度(100 g,25 ℃,5 s)		0.1 mm	40~120	40~100	T 0604
	软化点	不小于	℃	50	53	T 0606
	延度(5 ℃)	不小于	cm	20	20	T 0605
	溶解度(三氯乙烯)	不小于	%	97.5	97.5	T 0607
与矿料的黏附性，裹覆面积		不小于	—	2/3	—	T 0654
储存稳定性	1 d	不大于	%	1	1	T 0655
	5 d	不大于	%	5	5	T 0655

注：1. 破乳速度与集料黏附性、拌和试验、所使用的石料品种有关。工程上施工质量检验时应采用实际的石料试验，仅进行产品质量评定时可不对这些指标提出要求。

2. 当用于填补车辙时，BCR蒸发残留物的软化点宜提高至不低于55 ℃。

3. 储存稳定性根据施工实际情况选择试验天数，通常采用5 d，乳液生产后能在第二天使用完时也可选用1 d。个别情况下改性乳化沥青5 d的储存稳定性难以满足要求，如果经搅拌后能够达到均匀一致并不影响正常使用，此时要求改性乳化沥青运至工地后存放在附有搅拌装置的储存罐内，并不断地进行搅拌，否则不准使用。

4. 当改性乳化沥青或特种改性乳化沥青需要在低温冰冻条件下储存或使用时，尚需按T 0656进行-5 ℃低温储存稳定性试验，要求没有粗颗粒、不结块。

2) 沥青混合料的运输

(1)沥青混合料采用自卸汽车运输，车底部及两侧清扫干净，涂油水混合液(柴油:水=1:3)，并清除车箱底部多余的混合液。

(2)在装料过程中，应检查汽车前后挪动的位置，以减少细料的离析。

(3)车辆的运输能力大于拌和能力及摊铺能力，开始摊铺时，每台摊铺机前在现场等候的卸料车不少于5辆，正常摊铺后可减为3辆，以保证摊铺作业连续不间断进行。

(4)运输料车在靠近摊铺机300 m左右时，以空挡停车，使其由摊铺机推动前进。

(5)运输车辆均配防雨、防污染设备，当运距较远或遇大风及低温时，料车要加盖棉被，以保证混合料到场温度符合要求。

(6)混合料到场后，进行质量检查，不符合温度的或已结成团块遭雨淋的混合料不得使用。

3)沥青混合料的摊铺

(1)使用一台自动调平摊铺机一次摊铺。

(2)采用基准钢丝调平，使标高、横坡均符合设计要求，用滑式基准梁调平。

①摊铺机就位后，先预热0.5～1.0 h，使熨平板的温度不低于100 ℃，调整熨平板高度，在下面垫上与松铺厚度相等的木板，使熨平板稳固地放在上面。

②将摊铺机的电子感应器置于基准钢丝上，并接通电源开始铺筑。

③检查沥青混合料的摊铺温度不低于110 ℃、不高于177 ℃。

④摊铺机接料斗涂上一层防黏液，料车对准摊铺机料斗中心，距离摊铺机10～30 cm空挡停车，摊铺机迎上并推着料斗前进，设专人指挥车辆，摊铺机速度控制在2～6 m/min。

⑤摊铺过程中，熨平板根据铺筑厚度，使振夯频度和振幅相配套，以保证足够的初始强度。

⑥拌和设备的生产能力和摊铺速度相适应，保证摊铺过程的均匀、缓慢、连续不间断，中间不得随意变更速度或停机，在摊铺过程中，螺旋布料器均衡向两侧供料并保持一定高度，以确保熨平板的平整。

⑦摊铺过程中，设专人检查摊铺厚度、平整度及路拱，发现局部离析、拖痕及其他问题及时处理。

⑧对外形不规则、空间受到限制以及构造物接头等处摊铺机无法工作的地方，可用人工摊铺。

4)沥青混合料的碾压

(1)在完成摊铺后，立即进行宽度、厚度、平整度、路拱及温度的检测，对不合格的及时处理，随后根据试验路段确定的压实机具及碾压程序进行充分均匀的压实。

(2)压实分初压、复压和终压三阶段，碾压慢速均匀进行，碾压速度如表4-16所示。

表4-16　压路机碾压速度

碾压阶段		初压(km/h)	复压(km/h)	终压(km/h)
类型	钢轮压路机	2～3	3～5	3～6
	振动压路机	2～3(静压)	3～4.5(振动)	3～6(静压)

①初压：紧跟摊铺机碾压，在混合料摊铺后较高温下进行，尽快将表面压实，减少热量损失，并不得产生推移。在压路机从外侧向中心碾压时，相邻碾压带重叠1/3～1/2，最后碾压路中心部分，压完全幅宽一遍。当边缘有挡板、路缘石、路肩等支挡时，紧靠支挡碾

压；当边缘无支挡时，可用耙子将边缘的混合料稍耙高，然后将压路机的外侧轮伸出边缘10 cm以上碾压。也可在边缘先空出宽30～40 cm，待压宽第一遍后将压路机大部分重量位于已压实过的混合料面上角压边缘，减少边缘向外推移。初压3遍，检查其平整度，路拱必要时进行修整。碾压时，将压路机的驱动轮面向摊铺机，碾压路线及方向不得突然改变，压路机启动、停止、减速缓慢进行。

②复压：紧接在初压后进行，复压采用振动压路机，振动频率35～50 Hz，振幅0.3～0.8 mm，碾压遍数经试验确定，并不少于4～6遍，相邻碾压带重叠宽度10～20 cm，振动压路机倒车时先停止振动，并在向另一方向运动后再开始振动，以避免混合料鼓包。复压后路面达到要求的压实度，并无显著轮迹。

③终压：紧接在复压后进行，终压不少于2遍。路面无轮迹，路面压实成型的终了温度不低于65 ℃。

(3)压路机碾压过程中有沥青混合料沾轮胎现象时，可向碾压机轮胎洒少量水或掺加洗衣粉的水，严禁洒柴油，采用向碾压轮洒水的方式，必须严格控制洒水量且成雾状，不得漫流，以防混合料降温过快，压路机不得在未碾压成型并冷却的路段上转向、调头或停车等候。振动压路机在已成型的路面上行驶时停止振动。对压路机无法压实的拐弯死角及某些路边缘等局部地区，采用振动碾压实，在当天碾压的尚未冷却的路面上，不得停放任何机械设备或车辆，不得散落矿料、油料等杂物。

(4)边角处用双轮压路机补充压实。

(5)沥青混凝土路面待摊铺层完全自然冷却，混合料表面温度低于50 ℃后，方可开放交通。

5)施工接缝的处理

(1)在施工缝及结构物两端的连接处操作仔细，接缝紧密、平顺，不得产生明显的接缝离析。

(2)相邻两幅横向接缝黏结紧密，压实冲缝搭接平顺。相邻两幅横向接缝错位1 m以上，斜接缝的搭接长度为0.4～0.8 m，搭接处清理干净并洒粘层油。

(3)从接缝处起继续摊铺混合料并用3 m直尺检查端部平整度，当不符合要求时予以清除。接缝处摊铺层施工结束后，再用3 m直尺检查平整度，不符合要求，趁混合料尚未冷却时立即处理。

6)沥青路面的雨季施工要求

(1)加强施工现场与沥青拌和厂的联系，缩短施工长度，各工序衔接紧密。

(2)运料车辆和工地备有防雨设施，并做好基层及路肩的排水。

(3)当遇雨或下层潮湿时，不得摊铺沥青混合料。对未经压实即遭雨淋的沥青混合料，全部清除，重换新料。

二、施工的质量控制

(一)三七灰土施工的质量控制

1.技术要求

(1)基层土质必须符合设计要求。

（2）配比正确，拌和均匀，碾压夯实，表面无松散、翘皮。

（3）分层留接茬方法正确，接茬密实、平整。

2. 质量控制与验收

填筑前对取土场填料进行取样检测，填满时对运至集中拌和场的填料进行抽样检验，检验填料的干密度、含水量等，以确保填料符合设计和规范要求，当填料土质发生变化或更换取土场时重新进行检验。

（1）检测：对于碾压结束后的施工路段采用弯沉检测，检测合格后，方可进行下一道工序施工，如不合格，应及时采取相应的措施和方法进行处理至符合要求。

（2）质量控制的方法：

①配置专门测量人员严格控制马道路基的中桩、边桩高程和回填的厚度，马道路基两侧均要超出路基设计宽度 20 cm，以确保路基边缘土方的压实，且做到碾压、成型后的表面无坑洼、无漏压、无死角，做到碾压均匀、平顺。在自检合格后，分别报有关人员复检、终检。

②有专业质检人员，跟班控制碾压质量，随机记录碾压遍数，确保碾压质量达标。

③及时检测填料的含水量，严格控制填料粒径，及时检查每层回填料的压实质量，保证表面无明显轮迹，协助抽检。

④严格执行施工程序，做到自检频率符合要求，确保路基填土高度，横坡平整度等按设计要求准确施工。

（二）级配碎石施工的质量控制

1. 基本要求

（1）用质地坚硬、无杂质的碎石、石屑或天然砂，颗粒级配符合要求。

（2）配料必须准确，塑性指数必须符合规定。

（3）混合料拌和均匀，无明显粗细颗粒离析现象。

（4）碾压遵循先轻后重的原则，洒水碾压至要求的密实度。

2. 实测项目

根据规范要求，路面底基层及基层施工符合表 4-17 的规定。

表 4-17　路面底基层及基层施工质量控制的项目、频度和质量标准

工程类别	项目		频度	质量标准	
				高速公路和一级公路	一般公路
底基层	纵断高程（m）		二级及二级以下公路每 20 延米 1 点；高速公路和一级公路每 20 延米 1 个断面，每个断面 3～5 个点	+5，-15	+5，-20
	厚度（mm）	均值	每 1 500～2 000 m^2 6 个点	-10	-12
		单个值		-25	-30
	宽度（mm）		每 40 延米 1 处	0 以上	0 以上
	横坡度（%）		每 100 延米 3 处	±0.3	±0.5
	平整度（mm）		每 200 延米 2 处，每处连续 10 尺（3 m 直尺）	12	15

续表 4-17

工程类别	项目		频度	质量标准	
				高速公路和一级公路	一般公路
基层	纵断高程(m)		二级及二级以下公路每 20 延米 1 点;高速公路和一级公路每 20 延米 1 个断面,每个断面 3 ~ 5 个点	+5,-10	+5,-15
	厚度(mm)	均值	每 1 500 ~ 2 000 m^2 6 个点	-8	-15
		单个值		-10	-20
	宽度(mm)		每 40 延米 1 处	0 以上	0 以上
	横坡度(%)		每 100 延米 3 处	±0.3	±0.5
	平整度(mm)		每 200 延米 2 处,每处连续 10 尺(3 m 直尺)	8	12
			连续式平整度仪的标准差	3.0	

3. 外观鉴定

表面平整密实,边线整齐,无松散。

4. 成品保护

(1)级配碎石碾压完成后的第二天开始防护。防护期间适当洒水。

(2)在防护期间,封闭交通,未作上承层之前严禁开放交通。

(三)沥青混凝土施工的质量控制

沥青混凝土路面表面平整密实,无泛油、松散、裂缝和明显离析等现象,搭接处紧密、平顺,烫缝无枯焦。面层与路缘石及其他构筑物密贴接顺,无积水或漏水现象。沥青混凝土路面施工符合表 4-18 要求。

表 4-18　沥青混凝土路面质量标准

项目		检查频度及单点检验评价	质量要求或允许偏差		试验方法
			高速公路、一级公路	其他等级公路	
外观		随时	表面平整密实,不得有明显轮迹、裂缝、推挤、油包等缺陷,且无明显离析		目测
接缝		随时	紧密平整、顺直、无跳车		目测
		逐条缝检测评定	3 mm	5 mm	T 0931
施工温度	摊铺温度	逐车检测评定	符合规范规定		T 0981
	碾压温度	随时	符合规范规定		插入式温度计实测

续表 4-18

项目		检查频度及单点检验评价	质量要求或允许偏差		试验方法
			高速公路、一级公路	其他等级公路	
厚度	每一层次	随时,厚度 50 mm 以下 厚度 50 mm 以上	设计值的 5% 设计值的 8%	设计值的 8% 设计值的 10%	施工时插入法量测松铺厚度及压实厚度
	每一层次	1 个台班区段的平均值 厚度 50 mm 以下 厚度 50 mm 以上	-3 mm -5 mm	—	规范附录 G
	总厚度	每 2 000 m^2 一点单点评定	设计值的 -5%	设计值的 -8%	T 0912
	上面层	每 2 000 m^2 一点单点评定	设计值的 -10%	设计值的 -10%	
压实度		每 2 000 m^2 检查 1 组,逐个试件评定并计算平均值	实验室标准密度的 97% 最大理论密度的 93% 试验段密度的 99%		T 0924、T 0922 及规范附录 E
平整度(最大间隙)	上面层	随时,接缝处单杆评定	3 mm	5 mm	T 0931
	中下面层	随时,接缝处单杆评定	5 mm	7 mm	T 0931
平整度(标准差)	上面层	连续测定	1.2 mm	2.5 mm	T 0932
	中面层	连续测定	1.5 mm	2.8 mm	
	下面层	连续测定	1.8 mm	3.0 mm	
	基层	连续测定	2.4 mm	3.5 mm	
宽度	有侧石	检测每个断面	±20 mm	±20 mm	T 0911
	无侧石	检测每个断面	不小于设计宽度	不小于设计宽度	
纵断面高程		检测每个断面	±10 mm	±15 mm	T 0911
横坡度		检测每个断面	±0.3%	±0.5%	T 0911
沥青层层面上的渗水系数		每 1 km 不少于 5 点,每点 3 处取平均值	300 mL/min(普通密级配沥青混合料)		T 0971

注:表中规范指《公路沥青路面施工技术规范》(JTGF 40—2004);表中 T 0931、T 0932 等指《公路工程沥青及沥青混合料试验规程》(JTJ 052—2000)。

第八节　复合土工膜处理层施工技术

复合土工膜处理层的施工技术主要应用于南水北调中线一期工程总干渠的各重要标段,如膨胀岩(土)试验段(新乡潞王坟段)及郑州特殊地质和不良地质段及辉县四标段等地区的渠段,其施工技术和质量要求标准较高,具体的施工流程为:清基整平—放样—复合土工膜的施工—喷护砂浆保护—回填开挖料保护层—土工网的铺设及拼接—土工网垫铺设与连接。

一、对材料的要求及技术指标

（一）材料

复合土工膜处理层的主要材料有复合土工膜、土工网土工网垫、砂、水泥、耕填土和草种等。

（二）材料的技术指标

1. 复合土工膜材料

复合土工膜中膜为厚 0.3 mm 的聚乙烯膜布，为宽幅（大于 5 m）聚氨酯长丝针刺土工布，复合土工膜技术性能指标应符合下列要求：

（1）聚乙烯膜：应符合《食品包装用聚乙烯成型品卫生标准》（GB 9687—88），密度大于 920 kg/m^3，破坏拉应力大于 17 MPa，断裂伸长率大于 45%，弹性模量在 5 ℃时不低于 20 MPa，抗冻性不低于 -70 ℃，撕裂强度大于 60 N/mm，渗透系数小于 10^{-11} cm/s，抗渗强度在 1.05 MPa，水压力时 48 h 不渗水。

（2）复合土工膜（复合体）：复合体表面材料应采用经加糙处理的材料，不应采用通常的光滑表面材料，且复合土工膜分为复合土工膜 1、复合土工膜 2 两种，其具体的技术参数如下：

①克重：复合土工膜 1 为 600 g/m^2（上层 150 g/m^2—0.3 mm—下层 150 g/m^2），复合土工膜 2 为 800 g/m^2（上层 150 g/m^2—0.3 mm—下层 400 g/m^2）。

②厚度：复合土工膜 1≥2.7 mm，复合土工膜 2≥4.7 mm。

（3）复合土工膜的其他指标：幅宽 75 m，断裂伸长率 750%，断裂强度≥27 kN/m，抗破强力≥4.9 kN，撕破强力≥0.7 kN，耐静水压力≥0.6 MPa/m，变直渗透系数不大于 10^{-1} cm/s。

（4）复合土工膜合体的指标：厚度≥5 mm，幅宽≥5 m，断裂伸长率>50%，断裂强度≥14 kN/m，抗破强力≥2.8 kN，撕破强力≥0.4 kN，剥离强度≥6 N/m，耐静水压力≥0.6 MPa/m，垂直渗透系数不大于 10^{-11} cm/s。

2. 中粗砂、找平层填料

中粗砂、找平层填料应采用级配良好、清洁好的砂。其各项指标均符合规范要求。

3. 砂浆保护层材料

砂浆保护层材料要求满足喷护施工要求，砂浆强度等级为 M7.5，每级内壁的防水砂浆为 M2.5，另加适量的防水剂。

4. 开挖料

开挖料的最大粒径应不大于 5 cm，控制含水量为最优含水量 ±2%，压实度>85%。

5. 根植土及草种

选用利于植物生长的根植土，草皮绿化选择当地易于生长的、耐旱性好的草种。

二、施工过程的技术要求

（一）清基整平

按照施工要求开挖边坡（复合土工膜+50 cm的保护层，区设计线以下削坡50 cm）。清除一切可能刺破复合土工膜的尖角岩石、土块、木桩，凸凹处必须整平，平整度不超过±5 cm，遇表层积水应提前进行抽排，保持基面清洁干净，基面所有的松土要清理干净。

（二）放样

严格按照施工图纸放样，做好边坡、填土高度、边坡坡比的控制等。

（三）复合土工膜的施工要求

（1）复合土工膜铺设须在坡面清基整平完工并验收合格后进行。

（2）在坡面验收合格后，先开挖排水沟，并装设排水暗管、软式透水管。

（3）复合土工膜采用人工铺设，将成卷的复合土工膜沿坡顶向渠底方向铺设，计算好长度一次铺好，中间尽量减少接缝。

（4）复合土工膜采用双缝接（或其他有效拼接方式），焊接宽约10 cm，焊边方向与渠道走向垂直，在坡顶处将复合土工膜埋入已经开挖的排水沟槽内，放置适量的防水砂浆液体，以形成膜下浅部隔水。

（5）铺设复合土工膜时需留约1.5%的余幅，以便拼接和适应气温变化。铺设时随铺随压，以防风吹。

（6）试验4区、试验5区过渡带也须铺设复合土工膜至试验5区土工袋处理层底部，并向试验5区延伸1.0 m，在马道外排水沟向下复合土工膜的过渡应平顺连接，采用热熔法双缝焊接，焊缝宽度10 cm。

将仪器接头或接线穿管过复合土工膜后，需用土工膜胶进行黏结密封。

（7）施工中严禁推土机、压路机等机械在铺设的复合土工膜的坡面上行走，施工中发现有损伤应立即修补。施工过程中严禁烟火，施工人员需穿无钉鞋或胶底鞋。

（四）喷护砂浆保护层

试验4区左侧一级马道以下采用复合土工膜覆盖坡面，喷护水泥砂浆保护层。厚度为8～10 mm。喷护砂浆采用42.5级普通硅酸盐水泥、优质机制砂石料。

（1）砂石料的质量必须满足《水工混凝土施工规范》（DL/T 5144—2001）有关条款的规定，即：

①细骨料应质地坚硬、清洁，级配良好，人工砂的细度模数宜为2.4～2.8，天然砂的细度模数宜为2.2～3.0，使用山砂、粗砂、特细砂应经过试验论证；

②细骨料在开采过程中应定期或按一定开采数量进行碱活性检验，当有潜在危害时，应采取相应措施，并经专门试验论证；

③细骨料的含水率应保持稳定，含水率不宜超过6%，必要时应采取加速脱水措施；

④细骨料的其他指标要求应符合表4-19的规定。

表 4-19　细骨料的指标要求

项目		指标		说明
		天然砂	人工砂	
石粉含量(%)		—	6~18	
含泥量(%)	$\geq C_{90}30$ 和有抗冻要求的	≤3	—	
	$< C_{90}30$	≤5		
泥块含量		不允许	不允许	
坚固性(%)	有抗冻要求的混凝土	≤8	≤8	
	无抗冻要求的混凝土	≤10	≤10	
表观密度(kg/m^3)		≥2 500	≥2 500	
硫化物及硫酸盐含量(%)		≤1	≤1	以质量计
有机质含量		浅于标准色	不允许	
云母含量(%)		≤2	≤2	
轻物质含量(%)		≤1	—	

(2)施工中可使用速凝、早强、减水等外加剂,使用速凝剂时,水泥砂浆试验段的初凝时间不得大于 5 min,终凝时间不得超过 10 min。

(3)喷护的水泥砂浆强度等级为 M7.5,由河南省水利第一工程局中心实验室提供,并应满足养护要求:①水砂比为 1:4.2;②水灰比为 0.7。

(4)采用干喷法混凝土料的拌制:

①采用含水量小于 4% 的干砂拌和料时,速溶剂可在拌和时掺入拌和的混合料中,在 20 min 内使用完毕。

②不掺速凝剂的混合料,停放时间不宜超过 2 h。

(5)喷射作业时,要进行电气设备的检查和机械设备的试运行,并在受喷面和各种机械设备的操作场所配备充足的照明设备。

(6)消除复合土工膜上的各种杂物,保持清洁,并设置控制厚度标志。

(7)喷射作业的要求:

①严格执行喷射操作规程,连续向喷射机供料,保持喷射机工作风量、风压稳定,完成及中断喷射任务时,应将喷射机和输料管内的积料清除干净。

②干喷法施工时,喷射手应遵守的原则为:经常保持喷头具有良好的工作性能,及时调整工作量用水,控制好水灰比,认真操作,减少回弹率,保证喷层厚度,以喷层不产生坠落和滑移为适度,后一次喷射应在第一层喷层终凝后进行。提高喷层的表面平整度。

③较大范围的作业面应分段进行喷护,区段间的结合部和结构的接缝处应做妥善处理。

(8)按下列规定做好喷层的养生工作:

①喷层终凝 2 h 后开始喷水养护,在 14 d 之内使喷层表面经常处于湿润状态。

②由于喷层面积较大,设立专职养生人员进行养护,采用黑粘棉覆盖坡面,每日最少洒水 4 次,保证喷层湿润状态。

(五)回填开挖料保护层

(1)在坡面土工膜上铺回填土后碾压至设计要求厚度 25 cm,具体的施工方法为:复合土工膜按设计要求铺设,经验收合格后进行保护层施工。具体步骤如下:

①进料:从坡顶或坡底用自卸汽车进料。

②由于复合土工膜已铺设,采用进占法铺土。铺土前,在坡顶坡脚铺设标志。由于机械不能在复合土工膜上行走,采用人工转运。人工摊铺的方法:厚度用标尺掌握,松铺系数为 1.1,虚铺土为 27.5 cm。

③回填土铺设后,采用手扶式振动碾压实,用进退法碾压,在坡顶牵引设备上下碾压,每次错压 1/3 轨道上下一次压实,行车速度由试验确定。

④回填压实后,抽样检查,合格后才可进行下一道工序的施工。

(2)在坡面回填土上和坡顶复合土工膜上铺设土工网。

(3)在坡顶回填土并压实厚度 23 cm。

(4)在坡面坡顶铺设土工网垫,喷撒拌和草种的耕植土,耕植土要求覆盖土工网垫 20 cm。

(5)坡面排水沟和其他构筑物:混凝土浇筑在保护面回填后进行。

(六)土工网的铺设及拼装

将成卷的土工网沿坡顶向坡底方向铺设。土工网间连接方式如下:在机械加工方向(纵向)上搭接长度不小于 7.5 cm,在横向上搭接长度不小于 15 cm,横缝为顶坡搭接。然后使用塑料带把材料拴在一起。在机器加工方向(纵向)连接间距为 150 cm,在横向连接间距为 30 cm,如图 4-2 所示。

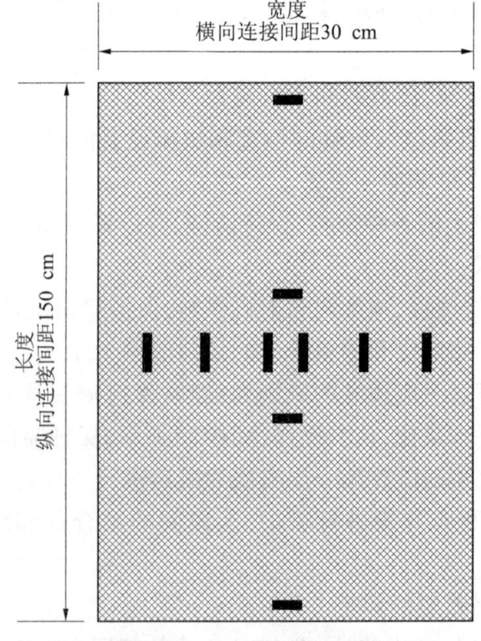

图 4-2　土工网连接示意

无论何种方法均要求在坡顶有 5 m 以上长度的土工网铺在复合土工膜上,以利用其上土重增加抗滑性能。

(七)土工网垫的铺设与连接

土工网垫铺设于整个回填土层表面(包括坡面及坡顶),其连接方法和要求同土工网。

(八)施工质量控制

复合土工膜处理层的施工应重点控制原材料、回填料压实和砂浆喷护。其中,原材料应严格按照规范和设计的技术指标进行控制。

1. 复合土工膜施工质量控制与检测标准

1)质量控制

各铺设幅之间搭接宽度不小于 10 cm,采用现场双缝焊接(或其他有效拼接方法)。采用现场双缝焊接施工时,先进行撕拉试验,检验焊接小样,当焊缝不破坏,而母材撕裂为合格时,方能以调整好状态的热熔焊机进行正式焊接。当采用其他拼接方法施工时,先进行撕拉试验检验拼接小样,当拼接处不被撕拉破坏,而母材撕裂为合格,拼接处须满足密封性检测标准:①两项检测合格后,方能以此拼接方法进行正式拼接。②试验区开始至全区段。

2)检测标准

(1)密封性检测:采用充气法对复合土工膜全部拼接处进行密封性检测,将待测段(长度 30 ~60 m)两端封死,插入气针,充气压力达到 0.15 ~0.2 MPa,在 0.5 min 内压力表维持读数不变表明不漏。

焊接合格,否则须采用胶粘法修补,检测法按《水利水电工程土工合成材料应用技术规范》(SL/T 225—98)的规定进行。

(2)强度检测:对复合土工膜的焊接抽样进行室内撕拉试验检测,焊缝抗拉强度大于母材强度为合格。

2. 土工网及土工网垫施工质量控制

土工网及土工网垫拼接时,必须满足搭接长度的要求,用塑料绳带把材料拴在一起,不能脱落,其连接强度采用抽样进行室内撕拉试验,要求拼接处抗拉强度大于母材强度。

3. 中粗砂找平层施工质量控制

中粗砂找平后要求坡面的平整度不超过 ±2 cm。

4. 回填土施工质量控制

回填土开挖料施工时控制含水量为最优含水率 +(1% ~2%),要求压实度≥85%,在回填土碾压施工过程中,使用斜坡碾压机械,严禁使用大型机械,以防止损伤复合土工膜,土工网、回填土的压实效果按表 4-20 规定的指标控制。

表 4-20　土工网、回填土的压实效果规定的指标

材料	最大粒径(mm)	填筑含水率	压实度(%)	最大干密度(g/cm^3)
开挖料	<50	最优含水率 +(1% ~2%)	≥85	1.98

第九节　土工袋处理层施工技术

一、施工材料的技术要求

土工编织袋宜采用两种规格，大土工袋为 120 cm×147 cm，小土工袋为45 cm×57 cm，其原材料主要成分是聚丙烯（PPJ 掺有 1% 的防老化剂 LVV），其各项参数指标如下：

（1）小土工编织袋：克重≥100 g/m^3，经纬纱 UV 含量1%，断裂强度保持率≥90%，断裂伸长保持率≥80%，经向拉力标准≥20 kN/m，纬向拉力标准≥15 kN/m，经纬向伸长率标准≤28%，顶破强度≥1.5 kN/m，黑色。

（2）开挖土料：最大粒径≤50 mm，含水量要求高于最优含水量1% ~2%。

（3）水泥：采用标号 P·O42.5 级。

（4）带草种的土工编织袋，采用普通编织袋装填耕植土，并预先拌和当地易于生长且耐旱的草种，编织袋宜疏松，并有一定的孔隙，以便草籽生长。

二、施工时的技术要求

（一）施工程序

施工程序为清基—放样—土工袋装袋—渠坡土袋铺设—小土工袋碾压—取样合格—验收—进行下一层铺填，其具体要求如下：

（1）清基：清除开挖断面表层浮土、黏土、草根、杂物等，保持基面干净干燥。

（2）放样：按照施工图纸放样，固定边桩，控制坡面土工袋铺设边线，控制土工袋成坡后的坡比、排水软管及排水沟的位置等。

（3）土工袋装袋：土工袋装袋在料场进行，首先对原材料进行筛选，大土工袋泥土最大粒径控制在 10 cm 以内，小土工袋及水泥土最大粒径控制在 5 cm 以内，并对料区含水量进行测试，含水量控制高于最优含水量 1% ~2%。土料拌制好后及时装袋，大土工袋（120 cm×147 cm）用特制装料器盛料，挖掘机装料，小土工袋（45 cm×47 cm）用人工装料，土工袋装好后在料区缝口，并及时运至现场铺填。如果一时不能运走，要求码好并及时洒水，用土工膜覆盖，防止水分损失。

（4）铺设：土工袋采用逐层铺设、逐层初平的方法施工，土工袋初平采用小型振动平板夯，土工袋铺设后，遇天气发生变化或隔夜施工时，要采用防雨布对场地进行覆盖。

现将小土工袋的铺设、碾压工艺叙述如下：

（1）小土工袋铺设采用人工铺设，袋子之间保留 4 ~8 cm 的间隙，使土工袋有足够的延伸空间，边坡铺设带草籽的土工袋。

（2）小土工袋的间隙回填，相邻土工袋的间隙用与装袋料相同的土料回填，回填料的粒径≤5 cm。

（3）小土工袋初平，一个袋层铺设完毕后，用小型振动平板夯来回夯压 2 ~3 遍或用轻型碾压机械≤16 t 静碾 1 ~2 遍，以确保土工袋能形成扁平形。

(4)在初平后的土工袋层面上进行(1)~(3)工序,直至铺厚40 cm左右(约4个小土工袋厚度),再用碾压机械进行相应遍数的振动碾压。碾压方法为进退错距法,行车速度2.0~3.0 km/h。相邻碾迹的搭接宽度不小于碾压宽度的1/10。为了增加土工袋组合体的稳定性,上下层土工袋间需错缝铺设,局部可以适当放宽袋子的间距,而使上下层面的土工袋相互错距。土工袋(大小两种尺寸)处理层碾压控制参数见表4-21。

表4-21　土工袋处理层碾压控制参数

开挖料	压实方法	铺料厚度	含水量	碾压机具	碾压遍数	行车速度
渠坡土	振动平碾	≤40 cm	13%~14%	20 t振动平碾	8遍	2~3 km/h

注:行车方式为进退错距法,搭接宽度不小于碾压宽度的1/10。

(二)施工质量控制

土工袋施工应重点控制原材料、碾压工艺和压实效果三个环节,土工袋处理层坡面用黏土找平,成形后的外切平整度不超过±2 cm,土工袋生产厂家提货时应提供具有法律效力并符合有关规定要求的检测报告情况,施工单位经常自检,其控制标准如下:

(1)严格控制层厚,每层碾压后按规程要求在每层中下部取样检测。

(2)控制好坡面平整度,坡面打桩,拉线控制,平整度±2 cm,处理层的压实质量控制标准如表4-22所示。

表4-22　处理层的压实质量控制标准

材料	最大粒径(mm)	填筑含水量	压实度(%)	最大干密度(g/cm^3)	压实层厚度(cm)	碾压层土工袋个数
渠坡开挖土	≤100(大土工袋)	高于最优含水量1%~2%	≥85	1.98	—	2
	≤50(小土工袋)	高于最优含水量1%~2%	≥85	1.98	—	4
	≤50(水泥土)	高于最优含水量1%~2%	≥98	2.04	40	—

土工袋处理护坡的施工细部大样如图4-3所示。

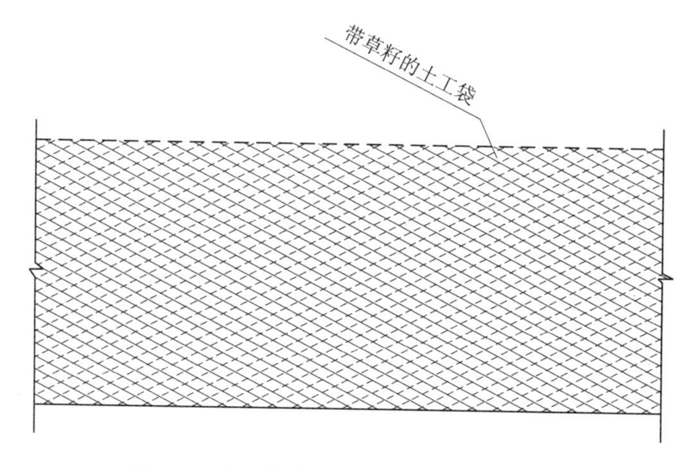

图4-3　土工袋处理护坡的施工细部大样图

第十节　干砌石施工技术

干砌石是指不用胶结材料而将石块砌筑起来，干砌石包括干砌块(片)石和干砌卵石。由于干砌石要依靠石块之间相互的摩擦力及单块石本身的质量来维持稳定，故不宜用于砌筑墩台或其他主要受力的结构部位，一般仅用于护坡护底以及河道或渠道防冲带部分的护岸工程。

一、干砌石的施工工艺流程

干砌石的一般工艺流程为：削坡(平整基面)—放样—铺设垫层—选石—试放—修凿—安砌。

(一)削坡(平整基面)

按设计要求进行铺设砂或碎石及砌石工作。

(二)放样

按施工图纸要求沿建筑物轴线方向每隔5 m钉木桩一排，并在其上划出铺砂、铺卵石和砌石线，顺排桩方向拴竖向细铅丝一根，再在两竖向铅丝之间用活结拴横向铅丝一根，便于此横向钢骨丝能随砌筑高度向上平行移动铺砂，铺碎石、砌石即以此线为准。

(三)铺设垫层

按设计要求在干砌石的下面铺设砂、砾反滤料作为垫层，以便砌石表面平整，减小对水流的摩阻力；同时防止地下水滤出时把基础的土粒带走，避免护坡砌石下陷变形。

二、干砌石的砌筑要点

(1)干砌石工程在施工前，应进行基础清理工作。

(2)凡受水流冲刷和浪击作用的干砌石工程，应采用石块的长边与水平面或斜面呈垂直方向的竖立砌法砌筑。

(3)重力式墙身，严禁采用先砌好面石、中间用乱石充填并留下空隙和蜂窝等错误的施工方法。

(4)干砌石的墙体露出面必须设丁石(拉结石)，丁石要分布均匀，同一层的丁石长度，墙厚等于或小于40 cm时，则丁石长度应等于墙厚；墙厚大于40 cm，则要求同一层内外的丁石相互交错搭接，搭接长度不小于15 cm，其中一块的长度不小于墙厚的2/3。

(5)如用料石砌墙，则两层顺砌后应有一层丁砌，同一层采用丁顺组合砌石，丁石间距不宜大于2 m。

(6)用干砌石作基础，一般下大上小呈阶梯状，底层应选择比较方正的大块石，上层阶梯至少压住下层阶梯块石宽度的1/3。

(7)大体积的干砌石挡墙或其他建筑物，在砌体每层转角和分段部位，应先采用大而平整的块石砌筑。

(8)回填在干砌石基础前后和挡墙后部的土石料应分层回填并夯实，用干砌块石砌筑的单层斜面护坡或护岸，在砌筑块石前要先按设计要求平整坡面，如块石砌筑在土质坡面上，要先夯实土层，并按设计规定铺碎石或细砾石。

(9)砌体缝口要砌紧，空隙应用小石填塞紧密，防止砌体在受到水流的冲刷或外力撞击时滑脱沉陷，以保持砌体的坚固性。一般规定干砌石砌体空隙率应为30% ~35%，干密度不小于1.8 t/m^3。

(10)干砌石护坡的每块石面一般不应低于设计位置5 cm，不高出设计位置15 cm，砌筑时应自坡脚开始自下而上进行。

(11)干砌石在砌筑时应防止出现图4-4中的各种缺陷。

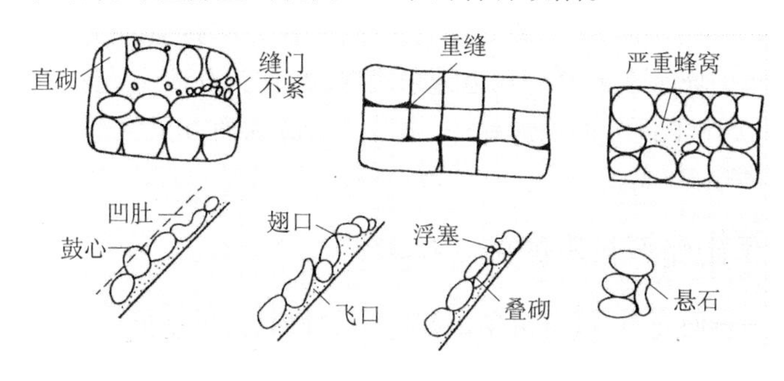

图4-4 干砌石缺陷

三、干砌石的砌筑方法

干砌石常用的砌筑方法有两种：平缝砌筑法和花缝砌筑法。

(1)平缝砌筑法：这种砌筑方法适用于干砌石的施工，石块宽面方向与坡面方向垂直，水平分层砌筑。同一层仅有横缝，但竖向纵缝必须错开，如图4-5所示。

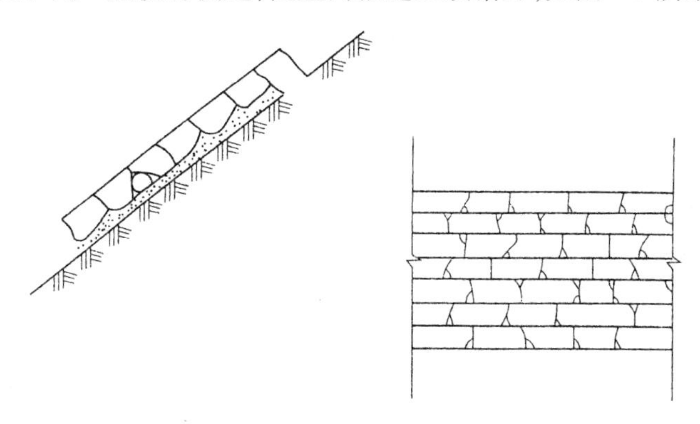

图4-5 平缝砌石

(2)花缝砌筑法：这种砌筑方法多用于干砌毛石的施工，砌石水平向不分层。大面朝上，小面朝下，相互填充挤实砌成，如图4-6所示。

四、干砌石的封边

干砌石的封边是指干砌石砌筑到坡面或坡顶结束时对砌石的处理。由于干砌块石是依靠石块之间的摩擦力来维持其整体稳定的，若局部发生变形，将会导致整体破坏。边口

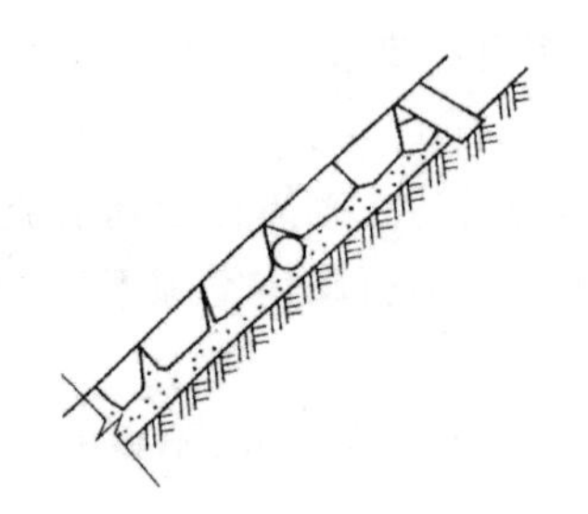

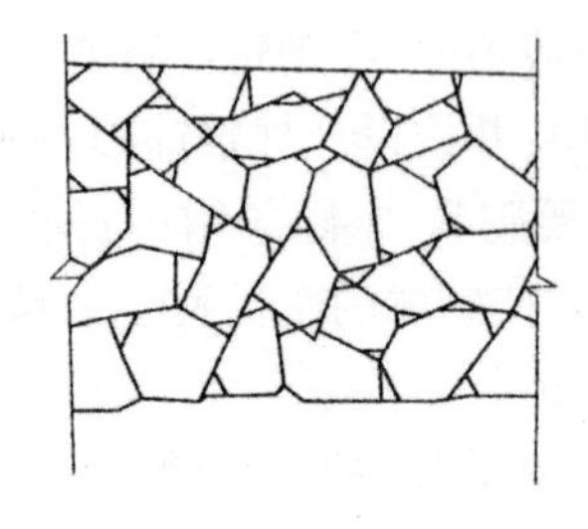

图 4-6　花缝砌石

部位是最薄弱之处,所以必须认真做好封边工作,以保证砌石整体性。

一般工程中对护坡水下部分的封边常采用深、宽均为 0.8 m 左右的大块石单层或双层干砌封边,对护坡水上部分的顶部封边,则常采用较大而方正块石砌成 0.4 m 左右宽的平台,块石后面用黏土夯实。

五、渠道的干砌卵石衬砌的施工技术

卵石的特点是表面光滑、没有棱角,与其他石料相比,单个卵石的尺寸和质量都比较小,形状不一,在外力作用下,稳定性较差。但由于卵石可就地取材、造价低廉,砌筑技术比较简单,容易养护,因此卵石砌筑施工可用于砂质土壤或砂砾地带的渠道抗冲和一般小型水利工程的防冲工程。

(一)清基与垫层

渠道修成后,应进行必要的清基,将基土内的杂质和局部软基清除干净。为了避免砌筑中有个别大的卵石抵住基土,使砌体表面不平整,开挖时需比衬砌厚度略大 3 ~ 5 cm。一般要求开挖面的凹凸不超过 ±5 cm。同时,为了防止水流对基土的冲刷,需在卵石下铺设垫层,流速越大的渠道,垫层质量要求越严格。基土若为一般土壤,则只铺设一层砾石即可,铺设方法及要求与干砌块石垫层相同。

(二)砌筑的施工技术

1. 选料与砌筑要求

选料应根据当地产石情况进行,一般外形稍带扁平而且大小均匀的卵石为最好,其次是椭圆形或块状的卵石,严禁使用圆球形的卵石,三角形或其他扁长不合规格的卵石仅用于水上部分。

卵石砌筑的关键是要求砌缝紧密、不易松动,因此在砌筑时要求:

(1)应砌成整齐的梅花形,六角靠紧只准有三角缝,不得有四角缝和鸡抱蛋(中间一块大石四周一圈小石),如图 4-7 所示。

(2)采用立砌法,即卵石长径与渠底或边坡应垂直,石块不得歪斜或砌成台阶。

(3)每行卵石力求长短、厚薄相近,相邻各行也应力求大体均匀、行列整齐,以便行与行之间均匀地错缝并对准叉口,使其结合紧密。

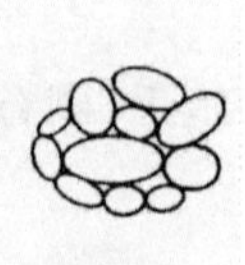

图 4-7　干砌卵石砌筑方法

(4)卵石一律应坐落在垫层上,相邻卵石接触点最好大致在一个平面上,并且尽可能小头朝外、大头朝里。

2. 砌底

砌筑渠底时,将卵石较宽面垂直水流方向立砌,见图4-8,其优点是可以避免产生大于卵石长度的顺水缝,使小个的卵石也可以很坚固地夹在大卵石的中间,有利于整个砌石断面的稳定和安全。

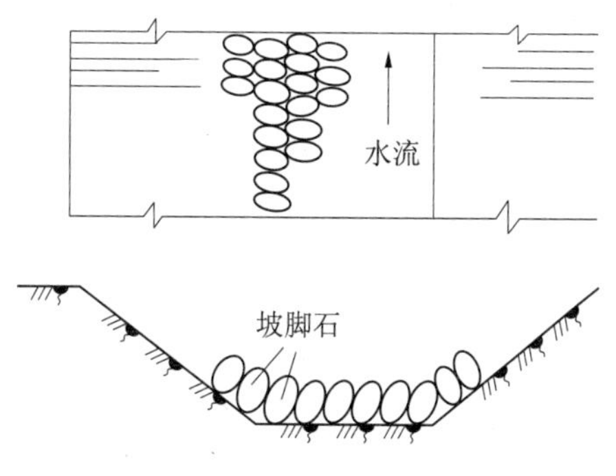

图4-8 铺底的正确砌法

铺砌卵石时应由下游向上游逐排紧接地铺砌,同排每块卵石应略向下游倾斜,禁止砌成逆水缝。严禁砌筑时将卵石平铺散放,以避免可能产生局部旋涡水流的破坏力。

此外,要求底面铺设平整,且最好每隔10~15 m浆砌一道卵石截墙。截墙宽40~50 cm,深60~80 cm,以增加铺底的整体稳定性。同时对质量不好的渠道,可以防止局部破损的扩大,以便对砌体及时进行抢修。

在渠道砌筑中一般先砌渠底,后砌渠坡,以确保渠底的衬砌质量,便于底坡的衔接,方便后料运输及减少施工干扰。

3. 砌坡

干砌卵石衬砌渠道的边坡是最容易受到损坏的部位。因此,砌坡是渠道衬砌的关键工作,必须严格遵守坡面整齐、石头紧密、互相错缝的原则。砌筑时,坡面要挂坡线,按坡线自下而上分层砌筑。卵石的长径轴线方向要垂直坡面,一律立砌,严禁平铺,从坡脚石(基脚第一层石头)开始,先砌大石,逐渐往上砌小石。

4. 养护

为增强密实性,铺砌卵石时应进行灌缝和卡缝。灌缝即用小石子将较大的砌缝塞住,缝灌一半深度即可,但要求卵石不能架在中间;卡缝即是在灌缝后将小石片用木榔头或石块轻砸入缝隙中。

最后,渠道须经过适当的养护,即先将砌体普遍扬铺一层砂砾,然后放少量的水进行放淤,一边放水一边投放砂砾和碎土,直至石缝被泥沙填实为止。

第十一节 浆砌石施工技术

浆砌石体用石料与砂浆砌筑而成。根据石料划分有毛石砌体和料石砌体。毛面有乱毛面和平毛面，乱毛面指形状不规则的石块；平毛面指形状不规则，但有两个平面大致平行的石块。其常用于墙基、堤坝、挡土墙及输水渠道等工程。料石是将毛面经加工去棱，打成六个面，顶面及底面平整且平行，其常用于砌基础、墙角、涵洞等部位。

一、浆砌石的施工工艺

浆砌石的施工工艺为：砌筑面的准备—选料—铺（坐）砂浆—安放石料—质检—勾缝—养护等工序。

（一）砌筑面的准备

对于土质基础，砌筑时应先将基础夯实，并在基础面上铺一层 3 ~ 5 cm 厚的稠砂浆。对于岩石基面，应先将表面已松散的岩石剔除，具有光滑表面的岩石需要凿毛，应清除所有岩屑、碎片、砂、泥等杂物，并洒水湿润。

对于水平施工缝，一般在新一层砌筑前凿除已凝固的浮浆，并进行清扫、冲洗，使新旧砌体紧密结合；对于竖向施工缝，在恢复砌筑时，必须进行凿毛冲洗处理。

（二）选料

选择的石料与材质及砌筑位置有关，浆砌石所选择的石料应是质地均匀、没有裂缝、无明显风化迹象、不含杂质的坚硬石料。在天气寒冷地区使用的石料，还要具有一定的抗冻性。

按石料砌筑位置，石料可分为角石、面石及腹石，如图 4-9 所示。砌筑程序为先砌筑角石，再砌筑面石，最后砌筑腹石。角石用于确定砌体位置和形状，应选择比较方正的大石块。面石可选用长短不等的石块，以便与腹石交错衔接；面石的外露面应较平整，厚度与角石相同。腹石可用较小的石块分层填筑，故填第一层腹石时须大面向下放稳，使石块间的缝隙最小。

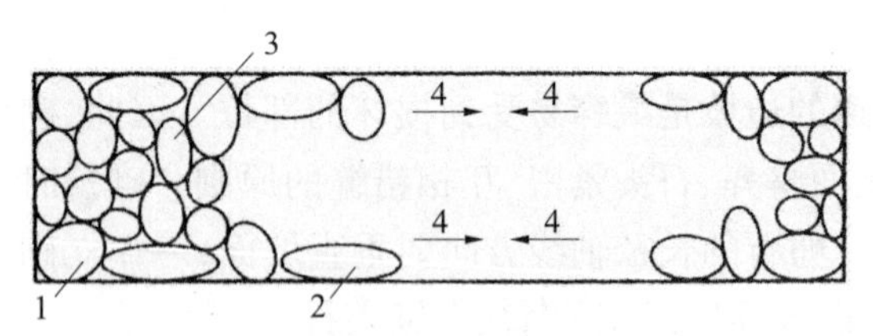

1—角石；2—面石；3—腹石；4—砌石方向

图 4-9　浆砌石程序

（三）铺（坐）砂浆

砌石用的砂浆，其品种和强度等级应符合设计要求，但由于岩石块吸水性小，所以砂浆稠度应比砌砖的砂浆小，一般为 3 ~ 5 cm。雨季或冬季稠度应小一些，在干燥气候情况下，稠度可大些。

对干砌石工程，水泥砂浆的铺浆厚度宜为设计灰缝厚度的 1.5 倍，从而使石料安砌面有一定的下沉余地，有利于灰缝坐浆。小石子砂浆或细石混凝土铺浆厚度为设计灰缝厚度的 1.3 倍，铺浆后须经人工稍加平稳和平整，并剔除超径、突出的骨料，然后摆放石料。坐浆应与砌筑相配合，一般宜比砌石超前 0.5 ~ 1.0 m。

（四）安放石料

把洗净的湿润石料安放在坐浆面上之前，应先行试放，必要时稍加修凿，然后铺灰安砌。安砌时用铁锤敲击石面，使坐浆开始溢出为度，石料之间的砌缝密度应严格控制。采用水泥砂浆砌筑时，毛石的灰缝厚度一般为 2 ~ 4 cm，料石的灰缝厚度为 0.5 ~ 2 cm。采用细石混凝土砌筑时，一般为所用骨料最大粒径的 2 ~ 2.5 倍。

二、浆砌石砌筑方法

浆砌石常用坐浆法砌筑，即先铺一层砂浆，再放块石，块石间的空缝用砂浆灌满，随即用中小石块仔细填到已灌满空隙的砂浆中，使砂浆挤出，达到密实。因此，坐浆法又叫挤浆法。

在实际施工中，禁止采用灌浆法施工。灌浆法是先将石块铺满，然后用稀砂浆灌缝，因砂浆不能灌满所有石缝，且凝结后产生干缩、裂缩，使两者不能很好的结合，不能形成整体。

三、浆砌石的石拱砌筑

（一）石料的选择

拱圈石料一般为经过加工的石料，石块厚度不应小于 15 cm，其宽度应为厚度的 1.5 倍，长度应大于厚度的 3 倍。石料应凿成上宽下窄的楔形。否则应用砌缝宽度的变化来调整拱度，但砌缝厚薄相差最大不应超过 1 cm，每一石块的砌面应与拱压力线垂直，拱圈砌体的方向应对准拱的中心。

（二）拱圈的砌缝

砌缝应力求均匀，相邻两行拱石的平缝应相互错开，其错距不得小于 10 cm。砌缝的厚度取决于所选用的石料，选用细料石时，砌缝厚度不应大于 1 cm，而选用粗料石时，砌缝厚度不应大于 2 cm。

（三）砌石的程序和方法

砌拱圈之前，必须先做好拱座，为了使拱座与拱圈能很好的结合，须用起拱石。起拱石是按设计要求做成的样石，起拱石与拱圈相接的面应与拱的压力线垂直，如图 4-10 所示。砌筑拱圈时，为防止砌筑过程中拱架扭曲变形过大而导致拱圈开裂，一般按跨度大小采用不同的砌筑方法。

1. 连续砌筑法

当跨度在 10 m 以下时，拱圈的砌筑应沿拱的全长和全厚，同时由两边的起拱石开砌，对称地向拱顶砌筑，一气呵成。

2. 分段砌筑法

当跨度大于 10 m 时，则应采取分段砌筑法，即把拱圈分成数段，每段长度可根据拱长来确定。一般每段长 3 ~ 6 m，各段依一定砌筑顺序进行，以达到使拱架承重均匀，从而变形最小的目的。

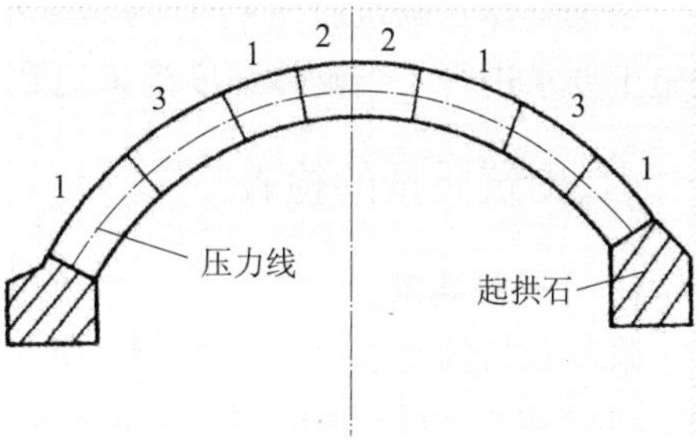

1、2、3—砌筑顺序

图 4-10 拱圈的砌筑顺序

拱圈各段的砌筑顺序是，先砌拱脚，再砌拱顶，然后砌 1/4 处，最后砌其余各段。砌筑时，一定要对称于拱跨的中央。各段质检应预留一定空隙，宽度约为 30 mm，并用预制砂浆块或铸铁块等隔垫，以保持应有的空隙，避免拱架变形过程中拱圈灰缝开裂，等全部拱圈砌筑完毕后，拱圈灰缝强度达到 70%，即可用微湿水泥砂浆分层振捣密实。

（四）拱圈支架的拆除时间

拱架是砌筑拱圈时用来支承拱圈砌体，并保证所砌拱圈能符合设计形状的临时支承结构，当拱圈中的水泥砂浆砌筑强度能够承载静荷载的应力时，方可拆除拱圈支架。

采用普通硅酸盐水泥砌筑石拱，气温在 15 ℃以上、跨度在 10 m 以下时，应自拱顶合龙时起经 15 d 后才能拆卸，对于跨度大于 10 m 的，则一般需在 20 d 后拆除，当气温低于 15 ℃时，每降低 1 ℃，则拆除支架的时间相应推迟一天。采用火山灰质硅酸盐水泥或矿渣硅酸盐水泥砂浆砌拱，其拆除拱架时间应较硅酸盐水泥砂浆延长 40%。当在特殊情况下需要提早拆除，即在衬砌拱圈时，应适当提高水泥砂浆强度等级，一般拱架应在填筑岩土后拆除，在高填方时，填土高度在超过 3 m 后方可拆除拱架。

四、浆砌石的勾缝要求

浆砌石的外露面应进行勾缝，其目的是加强砌体的整体性，同时还可以减少砌体的渗水及增加灰缝对水流的抵抗能力，勾缝是在砌体砂浆凝固之前，先沿砌缝剔成 2 ~ 3 cm 的缝隙，待砌体完成和砂浆凝固以后再进行勾缝，勾缝前应将缝槽冲洗干净，自上而下进行，勾缝用的砂浆要稠，避免凝固时收缩而与砌体脱离，并且采用的砂浆标号高于原砌体的砂浆标号，勾缝的形成有平缝、平凸缝、半圆缝、半圆凸、平凹缝、半圆凹缝等多种，水利工程中常用平凸缝。勾凸缝时先浇水润缝槽，用砂浆打底，与石面相平，然后扫出麻石，待砂浆初凝后，抹第二层，其厚度约为 1 cm，再用灰锯拉出凸缝状。勾缝的砂浆宜用水泥砂浆，采用细砂，砂浆过稠勾出缝来表面粗糙、不光滑，过稀容易坍落走样，且与砌体脱离，最好不使用火山灰质水泥，因其干缩性大，勾出缝来容易开裂。砌体的隐蔽回填部分，通常不勾缝，如果为了防止渗水，应在砌筑过程中，用原浆将砌缝压实抹平。

五、养护

浆砌石体在砌筑后 5 ~ 7 d 内加强养护，夏季加盖草袋或麻袋，洒水保持湿润，冬季应按施工要求进行。当砌体强度尚未达到设计要求时，砌体不能受力和受震动。

六、砌筑质量的检查

（一）一般要求

浆砌石料的要求可概括为“平、稳、满、错”四个方面。

（1）“平”。同一平面层面大致砌平，相邻块石的高差宜小于 2 ~ 3 cm。

（2）“稳”。单块石料的安砌要求自身稳定，不易动摇。

（3）“满”。灰缝饱满密实，严禁石块间直接接触。

（4）“错”。相邻石块应错缝砌筑，尤其不允许顺流向通缝。

(二)基本要求

浆砌石工程是砌石工程中较为重要的一部分,故强制性条文对浆砌石的质量提出了以下的规定。

(1)浆砌石墩、墙应符合下列要求:

①砌筑应分层,各砌层均应坐浆,随铺随砌筑。

②每层应依次砌角石、面石,然后砌腹石。

③砌石时应选择较平整的大块石经修凿后做面石,上下两层石块应骑缝,内外石块应交错搭接。

④料石砌筑按一顺一丁或两顺一丁排列,砌缝应横平竖直,上下层竖缝错开距离不小于 10 cm,丁石的上下方不得有竖缝,粗料石砌体的缝宽为 2 ~ 3 cm。

⑤砌体宜均衡上升,相邻段的砌筑高差和每日砌筑高度不宜超过 1.2 m。

(2)采用混凝土底板的浆砌石工程,在底板混凝土浇筑至层面时宜在距砌石边线 40 cm 的内部埋设露面块石,以增加混凝土底板与砌体间的结合强度。

(3)混凝土底板应凿毛处理后方可砌筑。砌体的结合面应刷干净,在混凝土湿润状态下砌筑,砌体层间缝如间隔时间较长,可凿毛处理。

(4)砌筑因放停下,砂浆已超过初凝时间,应待砂浆强度达到 2.5 MPa 后才可继续施工。在继续施工前,应将原砌体表面的浮渣清除,砌筑时应避免震动下层砌体。

(5)浆砌石墙宜采用块石砌筑,必要时可采用粗料石或混凝土预制块作砌体镶面,仅有卵石的地区,也可采用卵石砌筑,砌体强度均必须达到设计要求。

(6)浆砌石砌筑前,应将砌体外的石料上的泥垢冲洗干净,砌筑时保持砌石表面湿润。

(7)应采用坐浆法分层砌筑,铺浆厚度宜为 3 ~ 5 cm,随铺浆随砌,砌缝需用砂浆填充饱满,不得将砂浆直接贴靠,砌缝内砂浆应采用扁铁捣捅密实,严禁先堆砌石角,再用砂浆灌缝。

(8)上下层砌石应错缝砌筑,砌体外露面应平整美观,外露面上的砌缝应预留约 4 cm 深的空隙,以备勾缝处理。水平缝宽应不大于 2.5 cm,竖缝宽应不大于 4 cm。

(9)砂浆配合比、工作性能等应按设计要求通过试验确定。施工中应在砌筑现场随机制取试样。

(10)勾缝前必须清缝,用水冲净,并保持缝槽内湿润。砂浆应分次向缝内填塞密实。勾缝砂浆标号应高于砌体砂浆,应按实有砌缝勾平缝,严禁勾假缝、凸缝,砌筑完后应保持砌体表面湿润,做好养护工作。

第十二节　堤防坡面雨淋沟施工技术

高填方段和深挖的渠坡,由于坡面较大,在施工中遇到雨季容易产生雨淋沟,雨淋沟由于长期受雨水冲刷,会给渠坡带来危害,所以,雨淋沟的处理工作是一项细致的工作。如果处理不好,会给坡面的平整带来很大的影响,故应引起重视。

一、施工方法

(1)采用边处理、边换填的方式处理雨淋沟,即在每作业面即将换填前,先处理单幅土工布宽度 6 m 内雨淋沟,处理完成后再进行土方回填,待回填到一定高度后,再进行下一单幅宽度的雨淋沟处理,回填高度始终控制在雨淋沟处理高度不小于 0.5 m。

(2)对雨淋沟内的淤积物,必须清除干净,雨淋沟回填前必须将因雨水冲刷而淤积在换填范围内的淤泥、堆积卵石、杂物等清除完毕。

(3)对于深度小于 20 cm 的雨淋沟处理直接采用砂砾回填,用平板振捣器或人工分层夯实,分层厚度不大于 10 cm,密实度、平整度达到设计要求,验收合格后方可进行下一道工序的施工。

(4)对于深度大于 20 cm 的雨淋沟处理,在清除淤积物等杂物后,以 1:1.5 的边坡将雨淋沟边坡削刮硬基,将坡面雨淋沟沟底开挖成深度不大于 15 cm 的台阶,用土从低处分层回填夯实,人工回填虚铺土厚度不超过 15 cm,回填富余宽度不小于 15 cm,夯实机具采用 CLQH－110 汽油夯夯实,压实度不小于设计要求。

(5)渠道基柱安装有透水管的雨淋沟处理,对于雨淋沟深度不大于 20 cm,透水管没有损坏的,直接回填砂砾料,用平板振捣器或人工分层夯实,分层厚度不大于 10 cm,透水管受损,深度大的先拆除已损坏的透水管道,清除淤积物等杂物,对沟壑进行刨毛和开蹬处理,以便新老土结合紧密,回填土分层夯实,削坡验收后,对透水管、砂粒料、土工布进行二次施工。

(6)对于雨淋损坏的透水管拆除,进行二次施工,对于被水冲刷未损坏的透水管,将管内的堵塞物清理,纵横向透水管绑接时严格按设计进行施工。

(7)扰动地基处理回填夯实,控制指标同砂卵石掺土回填。

二、质量管理措施

(1)严格按照施工程序组织施工,编制出具体的雨淋沟处理施工作业计划,以指导施工人员操作,并由专人管理。

(2)加强施工中的质量控制和检查工作,配合测量员搞好测量定位、放线,确保结构尺寸、标高、位置正确。

(3)质检人员经常检查原材料、成品、半成品、试验报告及合格证、说明书等,对现场材料采取必要的保护措施。

(4)认真做好雨淋沟各项工序的施工,工序与工序之间的“三检制”,并做好记录,实行工序交接传递制度,保证各道修复工序合格通过。

第十三节　混凝土框格和植草处理

混凝土框格和植草处理的工程结构形式,主要是由混凝土框格中的植草和排水系统组成,其具体形式如下。

一、工程结构

(1)混凝土框格加植草护坡:混凝土框格为C15的预制块结构型式,如图4-11所示,混凝土构件厚度为100 mm,结构为六边形,单边长度为250 mm,框格内植草护坡,草种为当地耐寒、易生长的草籽,由工厂生产、挤压制成。

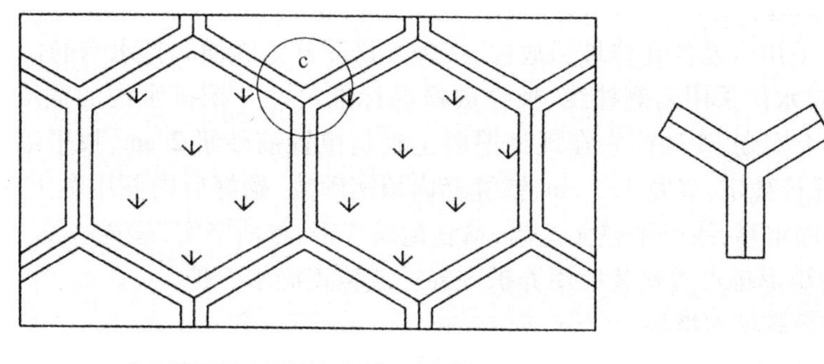

(a)平面图(混凝土框格+植草)　　(b)c细部详图

图4-11　内坡坡面防护

(2)排水系统工程分纵横排水沟,其断面型式为矩形浆砌块石结构断面尺寸,高×宽为75 cm×70 cm。

(3)砂浆强度等级为M7.5。

二、施工材料的技术要求

(一)水泥

水泥的质量均应符合国家的检测标准,有出厂合格证及化验单。

(二)中粗砂

中粗砂的质量应符合混凝土规范的标准要求。

(三)粗骨料

粗骨料的各项指标应符合规范要求,混凝土及砂浆的配合比应通过实验室试验确定。

(四)主要的技术要求

(1)护坡六角形空心框为预制构件,框格质检采用M7.5砂浆砌筑并以混凝土护肩型式锁紧。

(2)六角框内种植草皮护坡。

(3)草籽种子及耕植土、草皮应选择当地易于生长的耐旱、耐寒性的品种。

(五)施工程序

施工程序为:测量放样—修坡—铺M7.5砂浆—衬砌预制混凝土框格—护肩锁紧—种草籽—矩形排水沟施工—养护。

1.测量放样

在渠道大面积开挖回填完成,左右岸渠坡的工作面出来后,根据施工图进行护坡定位放样,确定平台、坡肩线、坡脚、坡顶位置等。

2. 修坡

根据放样控制分段在坡顶、坡面、坡脚位置钉木桩，在木桩上画出混凝土框格的砌筑高程，坡顶、坡脚成平行线，用拉线控制上下、左右、中间位置的平整度，人工用平面铁锹修坡，使其达到设计要求，基础平整度不应超过 ±5 cm，由于框格内植草，坡面需预留植耕位置 10 cm，以便于植草生长。

3. 矩形排水沟施工

(1)放样：采用全站仪在修坡后放样，按施工详图确定纵横间排水沟的位置和高程。

(2)矩形排水沟采用两侧挂线，根据放样的标准尺寸开挖排水沟的宽度、深度纵坡，从坡脚开始往上安砌，安砌前先在现浇混凝土砌筑位置铺砂浆 2 cm，找平沿双线安放矩形沟的块石，保持稳定，缝宽 1.5 cm，错缝缝内填实砂浆，砌好后内侧用黏土回填夯实，要求砌块安砌稳固牢靠，线条平整无差错，填缝饱满严密、整洁坚实，缝宽一致，平缝。

(3)养护：矩形排水沟安装后用养护剂养护或覆盖洒水养护。

4. 衬砌预制混凝土框格

衬砌预制混凝土框格的施工工艺为：放样—护砌—接头处理。

(1)放样：在渠道边坡开挖 0.3 m，回填 0.2 m，削完坡后，重新对控制桩进行校核，并重新确定衬砌面，分段拉线，控制混凝土框格平面，平整度及位置均符合设计要求。

(2)混凝土框格护衬从坡面底部开始逐渐铺砌至堤顶，框格之间砌筑预留 1 cm 缝隙，用 M7.5 砂浆填实，六角形要砌筑成型，角棱规范、平顺，结合紧密，外表美观，并以混凝土护肩型式锁紧，砌筑完成后需保证表面平整。

(3)混凝土框格护坡铺设后，接头处及时喷养护剂或喷水养护，以保证混凝土构件质量。

(4)混凝土框格护坡砌筑完后，及时回填混凝土框格，回填材料为耕植土，回填时用人工由下至上采用进占法回直，一定保持砌筑成型，使框格不移动、不变形，坡面平整，回填耕植土面低于框格表面 1 cm。

(5)草皮种植，草皮采用人工播种法，播种要求种子纯度在 90% 以上，发芽率在 80% 以上。草皮播种前要精细整地，栽后草坪保持平整、无杂草。土层厚度不应小于 30 cm。

(6)施底肥：在施工中提前将饼肥打碎，撒在平整过的土中，并翻松，与土壤充分混合或利用回填土混合底肥，使肥料与土壤充分混合。

(7)混合草籽：播种前一天用水浸泡催芽，时间在 12 ~ 24 h，肥料采用高级复合肥，再将浸泡好的草籽肥料保水剂按一定比例混合拌均匀。在混凝土框格回填土完成后，土地整平坡面干净，土壤含水量适中，天气良好时，适时播种，采用人工播种，应由专人指导，均匀地将混合材料喷撒在整个坡上，并用土覆盖。播种结束后，及时采用人工降雨的方式使土壤表面保持湿润，促进草籽发芽生长。

5. 覆盖无纺布

在撒播完草籽混合料的坡面上，由人工从上至下覆盖一层无纺布，保护未发芽的草种，以免被风吹走、被雨水冲毁，并可保持坡面水分，促进种籽均匀分布发芽。

6. 后期管理

对当年栽种的草种，除雨季外，应每周浇透 2 ~ 4 次水，使水渗入地下 10 ~ 15 cm 为宜。应在当年栽种的草籽的土地解冻后至发芽前灌一次返青水，晚秋在草叶枯黄后至土地冻结前灌一次防冻水，水量要充足，要使水渗入地下 15～20 cm。要坚持种植后的“三分栽，七分管”的原则，除做到边栽边管外，还特别强调栽后一年内的养护工作，并做到进行日常性养护，坚持天天检查，发现问题及时解决，科学管理，及时除草、防虫等。

7. 质量控制

1）回填土施工质量控制

回填耕植土施工时的含水量，应高于最优含水量 1%～2%，要求压实度≥85%，最大粒径小于 50 mm。在回填过程中，使用小型机械，如振动板、手扶式振动碾等压实，框格内充分洒水，自然密实。

2）混凝土框格质量控制

混凝土六角空心，框格预制护坡施工应符合下列要求：强度符合设计标准，尺寸准确，整齐一致，表面清洁，平整预制块铺砌平整稳定，缝隙密度规制，坡面平整度要求达到 2 m，靠尺检测不超过 ±1 cm。混凝土配合比符合设计要求，试验确定。

3）排水质量控制

砂浆配合比符合要求，砌筑块要求线缝顺直，砂浆饱满，达到 80% 以上，平整度标准 1 cm/2 m，砂浆应达到 M7.5 级。

4）植草质量控制

植草要求选种、选土、种植养护保证成活率，保证坡面稳定安全不冲刷，绿化效果好。

第十四节　砌石拱和植草施工技术

一、砌石拱的结构

砌石拱为浆砌块石，断面尺寸为 300 mm × 300 mm，石拱半径 1 500 mm，采用 M7.5 砂浆砌筑，如图 4-12 所示。

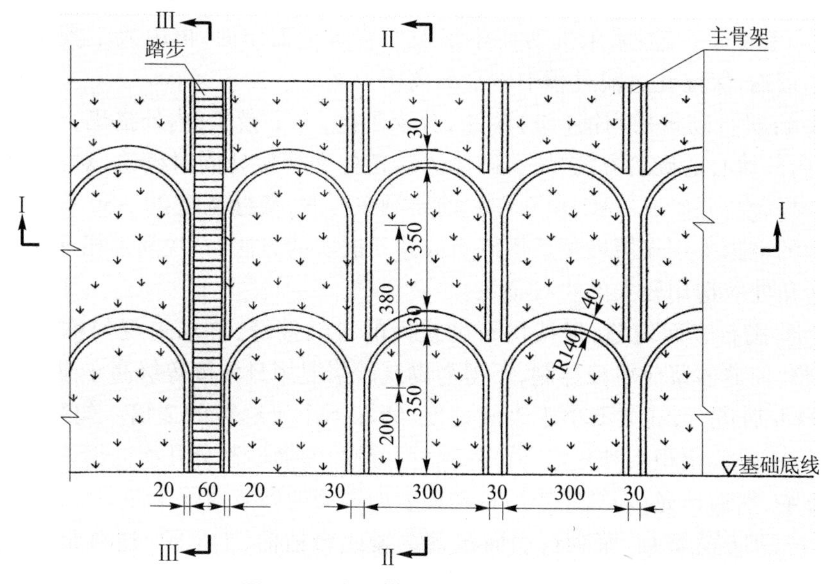

图 4-12　砌石拱和植草平面布置图

要求砂浆质地疏松，干不开裂，湿不泥泞，空气流畅，排水良好，富含养分，而且团粒结构性强，能经常保持砂浆的水分。

二、施工过程

施工程序为：放样—削坡、修坡—浆砌石拱—草皮种植—播草籽—覆盖无纺布—后期管理和养护。

（一）放样

采用全站仪根据设计图纸要求确定坡脚和坡顶平台、肩线、坡脚位置。

（二）削坡、修坡

根据放样砌石面设计线削坡 10 cm，先用挖掘机挖斗沿加削坡板粗削后，再用人工精削。人工精削前应重新放样拉线，除在坡脚、平台、高坡顶放样外，要求放样砌石拱位置及控制桩，并画砌石面高程，以便精确地控制砌石厚度。人工根据放样线削坡、修坡，尤其是砌石拱位置，一定要拉线控制，达到设计的砌石厚度，修坡合格后，方可进行下一道工序的施工。

（三）浆砌石拱

（1）校核砌石拱，放样砌石线及控制桩，采用双线控制砌石面，保证砌石拱的断面尺寸，按施工图要求开挖基槽，清理干净后，经验收合格方可砌筑。

（2）石料的选择。材质应质地坚硬、新鲜完整、无风化剥落和裂纹。表面无污垢、水锈等杂物，块石厚度大于 15 cm，至少有两个面基本平行。砌体表层的石料必须具有一个可做砌筑表面的平整面。

（3）砌筑砂浆原材料（砂、水泥、水）必须符合国家标准规定。砂浆必须符合设计强度，砂浆配合比经试验确定，并具有良好的保水性。砂浆采用拌和机拌制，配料须经平衡器称量，并控制在允许的误差范围内，拌和时间符合规范要求，砂浆稠度为 30 ~ 50 mm，当气温变化时，适当调整。

（4）块石和砂浆运输：采用机动翻斗车人工装运至工作面，再由人工搬运，砂浆采用机动翻斗车运输，保证在运输过程中砂浆不离析。

（5）砌筑：块石砌筑采用铺（坐）浆法，分层卧砌，上下错缝，内外搭砌，严禁采用外侧面立石块，内部填心的砌筑方法，块石砌体的转角处和交接处同时砌筑，对不能同时砌筑的面，留临时断面，并砌成斜槎，块石在砌前要洒水湿润，灰缝宽度 20 ~ 30 mm，砂浆饱满，石块间较大的空隙采用先填砂浆后用碎石或片石嵌实的方法，石块间不相互接触，块石砌体一层及转角处应选用较大的块石砌筑。

（6）勾缝：砌石表面勾缝，保持块石砌筑面的自然接缝，要求美观匀称，块石形状突出、表面平整，勾缝砂浆应单独拌制，不得与砌筑砂浆混用且强度等级高于砌筑砂浆，清缝宜在砌筑 24 h 后进行，缝宽不小于砌缝宽度，缝深不小于缝宽的 2 倍。勾缝前必须将缝槽冲洗干净，不得残留积水和灰渣，并保持缝面湿润，勾缝砂浆分几次向缝内填充压实，直至与外表齐平，然后抹光，勾缝完毕后将砌体表面溅染的砂浆清除干净。

（7）养护：砌筑完成后，浆砌石表面覆盖草袋或黑粘棉、土工膜、塑料布等，并洒水养护 14 ~ 28 d。

（8）回填耕植土：砌石拱强度达到20%或50%时，石拱内及时回填耕植土，由坡顶用小型自卸车进料，人工撒铺耕植土，采用进占法回填，保护好已砌好的浆砌石拱，不得损坏石拱的棱角、边框等。回填后采用人工降雨的方法使耕植土密实，并保持土壤的养分，以利于下一道工序的施工，回填面要求低于砌石面1 cm。

（四）草皮种植

（1）草皮护坡采用人工播种方法，播种要求种子纯度在90%以上，发芽率在80%以上，草皮播种前要精细整地，栽后草皮保持平整、无杂草。

（2）土层厚度：土层厚度不应小于30 cm，在小于30 cm的地方应加厚土层，框格内填土高度低于空框1 cm。

（3）施底肥：在施工中提前将饼肥打碎，撒在平整过的表土中，并翻松与土壤充分混合，或在施工时回填土混合肥料，使肥料与土壤充分混合均匀。

（4）混合草籽：播种前一天用水浸泡催芽，时间12～24 h，肥料采用高级复合肥，再将浸泡好的草籽、肥料、保水剂按比例混合搅拌均匀。

（五）播草籽

在砌石拱回填混合料后，土地整平、坡面干净、土壤含水量适中，天气良好时适时播种，采用人工播种，由专业人员指导，均匀地将拌好的种籽撒在整个坡面上，并用土覆盖。播种结束后，及时采用人工降雨方式洒水，使土壤表面保持湿润，促进草籽生长。

（六）覆盖无纺布

在撒播完草籽后，混合料的坡面上，由人工自上而下覆盖一层无纺布，保护未扎根的草籽，以免被风吹走、被水冲毁，并可保持坡面水分，促使种子均匀分布。

（七）后期管理和养护

当年栽种的草籽，除雨季外应每周浇透2～4次水，以渗入地下10～15 cm为宜，应在每年土地解冻后至发芽前灌一次返青水。为改善草籽根系通气状况，调节土壤水分，提高施肥效果，要在草籽种植地区打穴通气。一般要求50穴/m^2，穴间距15 cm×15 cm，穴径1 cm，穴深8 cm左右，可采用中空铁钎人工扎孔，亦可采用草坪打孔机施工。晚秋在草叶枯黄、土地冻结前灌一次防冻水，水量要充足，使水渗入地下15～20 cm处。种植后坚持“三分栽，七分管”的原则，除做到边栽边管外，还特别强调栽后一年内的养护工作，并设专人养护，坚持日常性的养护工作，并经常检查，发现问题及时解决，进行科学管理，及时除草，促使草籽健壮生长，加强病虫防治，达到表面平整、边界分明。

三、施工质量控制

（1）砌筑前，必须保证所有原材料配合比均符合要求，砌筑施工必须采用坐浆法，砌体石块宜分层卧砌，上下错缝，内外搭砌，不得采用外面侧立、石块中间填心的砌法，所用砂浆强度等级一定要达到设计要求。

（2）在铺砌之前，石块表面应洒水，砌体基柱的第一层石应先铺砂浆并大面朝下，基柱的扩大部分，如做成梯形，上级阶梯的石块至少压砌下级阶梯的1/2，相邻阶梯的石块应相互错缝搭砌，砌体的第一层及其转角处、交接处和接口应选用较大的平整块砌筑。

（3）砌体的结构尺寸和位置的允许偏差，轴线位移不得超过500 mm，基柱和顶面标高不得超过 20 mm,坡度不得超过 0.5%,平整度不得超过 3.0 cm。

(4)控制灰缝宽度要均匀一致,一般为 20 ~ 30 mm。

(5)勾缝比砌石面凹 3 ~ 5 mm,必须达到宽度、深度一致,表面光滑,勾缝砂浆严格按配合比控制,并高于砌石砂浆强度。

(6)加强养护。

第十五节　雷诺护垫及格宾墙施工技术

雷诺护垫及格宾墙的施工技术要求如下。

一、工艺流程

(1)防护堤雷诺护垫护坡施工工法为:测量放线—挖掘机粗削坡—人工精削坡—测量放线定控制桩—人工开挖格宾墙沟槽—土工布布设—格宾网布设—格宾墙内填石料—坡面雷诺护垫布设—内填石料。

(2)截导流沟雷诺护垫施工工法为:测量放线—截导流沟开挖—挖掘机粗削坡—人工精削坡—测量放线定控制桩—坡面雷诺护垫布设—内填石料。

二、原材料规格

(1)雷诺护垫为购买生产厂家的成形产品,产品尺寸:长 6 m,宽 2 m,高度 0.17 m,产品每隔 1 m 被隔板分隔为相对独立的单元格,且隔板为双隔板。网格规格为 6 cm × 8 cm,雷诺护垫钢丝标准见表 4-23。

钢丝镀层:重镀高尔凡(5% 铝锌合金 + 稀土元素)。

表 4-23　6 × 2 × 0.17GF 雷诺护垫钢丝标准

名称	单位	绞合钢丝	网格钢丝	边缘钢丝
钢丝直径	mm	2.2	2	2.7
钢丝公差	mm	±0.06	±0.05	±0.08
高尔凡镀量	g/m^2	230	215	245

(2)格宾墙为购买生产厂家的成形产品,产品尺寸:长 4 m,宽 0.5 m,高度 0.5 m。产品每隔 1 m 被隔板分隔为相对独立的单元格,隔板为单隔板,网格规格为 6 cm × 8 cm,格宾钢丝标准见表 4-24。

表 4-24　4 × 0.5 × 0.5GF 格宾钢丝标准

名称	单位	绞合钢丝	网格钢丝	边缘钢丝
钢丝直径	mm	2.2	2.2	2.7
钢丝公差	mm	±0.06	±0.06	±0.08
高尔凡镀量	g/m^2	230	230	245

(3)钢丝:

①钢丝的强度:钢丝的抗拉强度应在 40 ~ 50 kg/mm^2,延伸率不低于 10%,测试所用样品至少应有 25 cm 长。

②钢丝镀层:重镀高尔凡(5%铝锌合金 + 稀土元素),最小镀层量如表 4-23、表 4-24 所示。镀层的黏附力应达到下述要求,用手指碾搓,它不会剥落或开裂。

③钢丝网格,应由机器预先整体编织成六边形双胶合网格,其联接处相互缠绕 3 圈。

三、雷诺护垫(格宾墙)铺设及填石的要求

雷诺护垫(格宾墙)的施工顺序为:组装—将雷诺护垫(格宾墙)铺展到设计位置—填石—盖板。

(1)组装:从捆扎包中把折叠的单元取出并放置在坚固和平整的地面上,然后展开并压平成原形状,前后和尾板应该翻开至垂直位置,完成一个敞开的盒子形状,侧翼应适当的折叠并互相交叠,所有的间隔板和尾板都要固交和系紧在护垫的前后板上。在组装后,侧面尾部和间隔都应竖立,并确保所有的折痕都在正确的位置,每个边的顶部都水平,最后用绞合钢丝把角边相互连接组装。

(2)将雷诺护垫(格宾墙)铺展到设计位置:在完成组装以后,护垫被一个接一个地摆放在图纸安放位置。为了构成完整的结构,用钢丝或钢环把所有相邻空面沿其接触面的边联接。在陡的坡面上,应在最上面的面板用硬木栓固定在地面里。

(3)填石:填充采用人工分级后卵石,卵石的大小范围应在 75 ~ 150 mm,分层摆放整齐、密实,在不放置护垫表面的前提下,大小可以有 5% 变化。

(4)盖板:将顶盖盖上,用适当的工具把顶盖和即将被连接的边拉近。顶盖和所有的边、尾端及间隔板紧紧地绞合在一起。用交互的、双的和单的钢丝圈结或钢环加固的方法把顶盖连接至相邻端板、边板和隔板上。

四、隔离网施工

(一)材料要求

根据图纸隔离网栏为草绿(果绿)色,高度为 2.0 m,立柱采用方型冷拔钢管,外边长 50 mm,壁厚 4 mm,两端加堵头,深埋 40 cm。斜撑 45 mm × 45 mm × 4 mm 角钢。网片采用 φ4 mm 低碳钢丝,间距 7.5 cm × 15 cm(宽 × 高),顶部以下 30 cm 处向外折。网片框架为 40 mm × 40 mm 扁钢。网片沿立柱中心线设置,立柱及网片上均设焊耳,立柱与网片及斜撑采用防盗螺栓连接。立柱、网片、斜撑及焊耳均浸塑防腐,塑层厚度 0.4 ~ 0.6 mm,螺栓表面热浸镀锌。

(二)布置原则

根据设计图纸,立柱水平间距 2.0 m,局部可控制在 1.5 ~ 3.0 m,沿网栏长度方向间隔 30 m(局部地段可控制在 20 ~ 40 m),并在转角大于 30°的立柱部位设横向斜撑,斜坡处,隔离网片制成平行四边形顺坡设置。坡坎地段,采用阶梯形设置。

(三)施工技术要求

(1)施工放线:根据图纸隔离设施的横断面位置、实际地形及地物条件确定出控制立柱的位置,进行必要的场地清理,定出立柱中心线,测量立柱的准确位置,做好标记。由于实际的征地边界呈现锯齿形状,在征地边界内,隔离网栏布设成弧形折线,弧形折线与锯齿形征地边界的内侧相切,增强其美观性,以减少网片的异型定制,便于施工及安装。

(2)测量各立柱基础标高,保证安装后隔离网栏顶面的平顺和美观。阶梯状设置段,应测出台阶的高度,以确定立柱的高度。

(3)在放样和定位工作完成的基础上,根据设计图纸开挖基坑或钻孔,挖钻深度应符合设计要求。在特殊地质条件下,如坚硬的岩石等,在保证不超出永久征地边线和设施布设整体美观的前提下,允许对基坑位置做适当调整。基坑开挖到设计要求深度后,应将基底清理干净,经检验合格后,方可进行下一道工序的施工。

第十六节　防浪墙施工技术

防浪墙的结构型式为钢筋混凝土墙,混凝土的强度等级为 C25,保护层厚度为 40 mm,防浪墙间距为 12 m 设置分缝,缝宽 2 cm,分缝处设置橡胶止水带,橡胶止水带的宽度不小于 10 mm,橡胶止水带与防浪墙下部土工膜黏接在一起,填缝材料为聚乙烯闭孔泡沫板。每节防浪墙中部间隔 12 m 设一边长为 25 cm 的正方体预制 C25 钢筋混凝土块,预制标志块预留钢筋与防浪墙钢筋焊接,若在两端接头处,布置长度不足 12 m 的,按实际长度布置。

一、防浪墙混凝土施工工程的技术要求

(一)施工工艺流程

防浪墙基础开挖验收合格后,开始进行土工膜铺设、模板及钢筋制安等工序,备仓经现场监理验收合格后进行 C25 混凝土浇筑,施工工艺如图 4-13 所示。

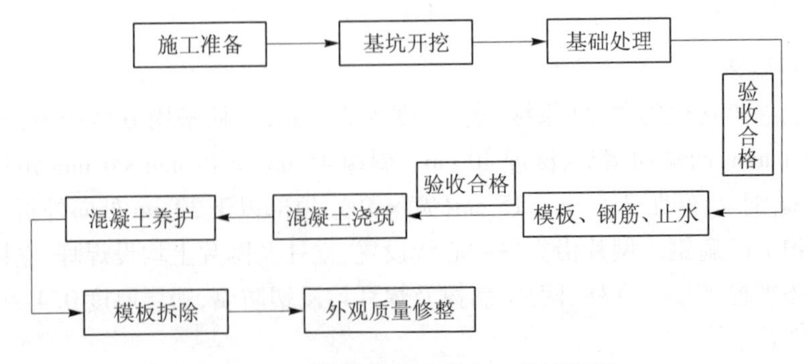

图 4-13　防浪墙混凝土施工工艺流程图

(二)施工方法

1. 施工分仓

防浪墙全长 5 115.4 m,全部为现浇混凝土,防浪墙间距 12 m,设置分缝,缝宽 2 cm,

计划采用跳仓浇筑,相邻两块混凝土浇筑间歇时间不得少于 36 h。预制 C25 混凝土块设置在每节防浪墙中部,间隔 12 m。

2. 测量放线

根据防浪墙墙顶高程,测算出防浪墙顶与一级马道高程的高差和基础开挖深度,进行基础开挖。开挖完成后,再使用水准仪在基础上放出墙身高程控制点,并以此为控制线,弹出立模板边线,便于控制模板位置及高程。每一节墙身均使用全站仪放出墙身中线及分仓线、内外侧立模边线。

测量工作要及时准确,测量放样时要严格按照设计图纸,确保防浪墙尺寸和高程。同时,测量工作人员要及时进行测量校核工作,经常检查已测点位和数据,确保测量无误。

3. 基础开挖

因防浪墙基础开挖深度较浅、尺寸小,为避免渠道混凝土衬砌时预留土工膜损坏,拟采用人工开挖,并对三七灰土填筑,将土料利用胶轮车运至指定地点堆置。开挖完成后,人工整平并用蛙式打夯机夯实,报监理工程师验收。

4. 土工膜黏接

根据设计通知(新 S－2013－42)要求,路缘石改为“L”防浪墙,造成原混凝土衬砌预留土工膜 47 cm 变更为 105 cm,故需增加 58 cm,以满足土工膜铺设要求。因该土工膜的宽度为 58 cm,处理搭接位置多、焊缝短,焊接难度大,拟采用 KS 胶黏结。

土工膜间连接黏结方法:按照要求搭接不少于 10 cm,搭接范围均匀涂抹 KS 胶热熔黏接;土工膜破洞修补范围应超出破洞周边 10～15 cm。土工膜黏结前应清理上面杂物,并保持干燥。在土工膜黏结过程中和黏结后 2 h 内,黏结面不得承受任何拉力,防止黏结面发生错动。

5. 模板制作安装

按照设计图纸进行模板设计和加工。定型组合钢模板加工共 5 套。

(1)模板制作:施工人员首先考虑荷载大小,施工人员应考虑新浇筑混凝土对模板的侧压力、施工设备自重、振捣混凝土产生的荷载和倾倒混凝土产生的荷载。

(2)模板安装以测量放样控制点为依据,进行架立、支撑和调整。

(3)对立模工作面进行清理,保证工作面平整。

(4)安装之前,检查模板构件是否齐备,模板表面的灰渣是否已清理干净,脱模剂涂刷是否均匀。

(5)根据已弹好的模板边线,人工安装侧墙面模板就位并校核准确,再安装两端堵头模板并固定,校核位置尺寸无误后,用对拉螺丝紧固,最后采用横向和竖向钢管支撑,形成整体支撑系统。

(6)立模完成后,用压力风枪将仓内清理干净,在模板连接缝中设置细薄胶条,以防止漏浆。

6. 钢筋制作安装

(1)防浪墙钢筋在加工场加工成为半成品,再用平板车运至施工现场,在仓内进行钢筋绑扎、焊接,再立模。

(2)防浪墙钢筋成型以绑扎为主,在墙体竖筋、下部斜角钢筋固定处采用点焊,避免墙身钢筋出现偏移。局部采用单面搭接焊,焊缝长度为10倍主筋直径。钢筋采用绑扎接头时,不小于300 mm;受压钢筋的搭接长度不小于200 mm。

(3)浇筑混凝土前,检查钢筋位置和保护层厚度是否准确。

(4)为保证混凝土保护层的厚度,每隔1 m左右采用4 cm厚的垫块支撑。

(5)为防止钢筋移位,浇筑混凝土时严禁振捣棒撞击钢筋。

(6)防浪墙钢筋制作安装完成后,按照图纸位置再进行预制混凝土块预留钢筋与防浪墙钢筋焊接。

(三)混凝土施工

1. 混凝土拌制、运输

混凝土开始浇筑前8 h,通知监理人对浇筑部位的准备工作进行检查,检查内容包括:地基处理,模板、钢筋及止水等设施的埋设和安装等。

防浪墙C25混凝土在1#混凝土拌和站(设计桩号IV86+000)集中拌制,6 m^3 混凝土搅拌运输车运至工作面,卸到活动平台上,由人工翻至仓面操作平台上入仓。每层浇筑高度不超过30 cm,插入式振捣器振捣密实,混凝土振捣严格控制振捣时间,做到不少振,也不过振,每一位置的振捣时间以混凝土不再显著下沉、不出现气泡,并开始泛浆为准,杜绝漏振,振捣操作严格按照操作规程规定进行,并不触动钢筋及预埋件。

2. 抹面及养护

(1)混凝土振捣密实以后,拉线检查,及时补料,在墙顶浇完45 min后,顶部30 cm高度范围内进行二次振捣,二次振捣结束后用水泥抹面2次,再用铁泥抹收光,直至初凝结束,防止顶部出现烂顶、水泡、气泡,避免或减少顶部龟裂。

(2)防浪墙混凝土的养护,拆模后立即采用毡棉包裹覆盖并洒水湿润,养护时间不得少于7 d,使混凝土在规定时间内保持足够的湿润状态。

(四)雨季施工

(1)混凝土浇筑前应及时了解天气预报,尽量利用非雨天施工。如在混凝土浇筑过程中遇雨,应及时用塑料布或雨布遮盖,并合理留设施工缝。

(2)雨后接缝时应凿掉被雨水浸泡冲刷过的松散混凝土,继续浇筑混凝土时,应按施工缝处理。

(3)混凝土浇筑未达到初凝时,应及时用塑料布遮盖,防止雨淋。

(4)钢筋及模板下设垫木,上部采取防雨措施,周围不得有积水,防止污染锈蚀;拆模后,模板要及时修理并涂刷隔离剂;锈蚀严重的钢筋使用前要进行除锈,并试验确定是否降级处理。

(5)雨天现场焊接应停止作业,如急需焊接作业,必须搭设临时防雨棚,但中雨以上天气必须停止焊接作业,以防止焊接的热影响区发生脆断。

(五)冬季施工

(1)做好现场排水工作,防止大面积积水或结冰,并做好防滑措施。

(2)冬季混凝土施工,应尽量将混凝土浇筑时间控制在每天的高温时段。

(3)冬季混凝土施工,提高和控制混凝土入仓温度,混凝土入仓温度控制在15~25 ℃。在低温季节拌制混凝土时,必要时加热水进行拌和,并注意混凝土拌和投料顺序,先加入骨料和热砂，待搅拌一定时间后，水温降至 40 ℃左右时，再投入水泥，继续搅拌至规定时间。

（4）冬季混凝土施工，采用水化热低的水泥。降低水泥用量，掺加适量粉煤灰，降低浇筑速度并减少浇筑层厚度，采取覆盖保温材料等措施控制混凝土内外温差。

（六）常见缺陷处理

混凝土表面蜂窝凹陷或其他损坏的混凝土缺陷按监理工程师的要求进行处理，直到监理工程师验收合格为止，并做好详细记录。

（1）对于已完成的混凝土结构物，加以保护，不得在其表面上堆放带有污染或腐蚀性的物品。

（2）不得在混凝土的表面或棱角上用锤敲打。严禁在施工过程中把重物直接从空中丢到混凝土面上。

（3）定期对已完成的混凝土结构物进行检查。若发现损伤或经污染的混凝土产品，应及时修复。

二、质量保证措施

（1）做好原材料、成品、半成品的质量检查工作，做到出厂证明和复试证明齐全。

（2）成立专门养护和表面保护班组，责任落实到人，保证混凝土养护质量。

（3）对混凝土浇筑工专门培训，在振捣上不过振、不漏振，实行仓前教育和仓位责任制相结合的办法，保证混凝土振捣质量密实、均匀。

（4）冬季混凝土施工，提高和控制混凝土入仓温度，混凝土入仓温度控制在 15 ~ 25 ℃。在低温季节拌制混凝土时，必要时加热水进行拌和，并注意混凝土拌和投料顺序。

第五章 围堰工程施工导流和基坑排水

围堰是一种用于围护修建水工建筑物基坑的临时性挡水建筑物，其作用是保证施工能在一定范围内的干地上顺利进行。因此，修建围堰除满足一般挡水建筑物的要求（如稳定性、相对不透水性、抗冲刷性等）外，还应满足充分利用地形条件，优选当地的建筑材料，堰体结构简单、施工方便，有利于拆除等要求。如能将围堰工程与永久性建筑物相结合，作为永久性工程的一部分，将对节省工程的总造价及缩短工期更为有利。

第一节 围堰工程

一、围堰的种类

根据所用的原材料不同，围堰可分为如下几种：草袋围堰、草土围堰、土石混合围堰、混凝土围堰及草土混合结构围堰。

（一）草袋围堰

围堰的双面或单面叠放盛装土料的草袋或者编织袋，中间夹填黏性土或在迎水面叠放装土草袋，背水面回填土石。这种围堰适用于施工期较短的小型水利工程的施工，如图5-1所示。

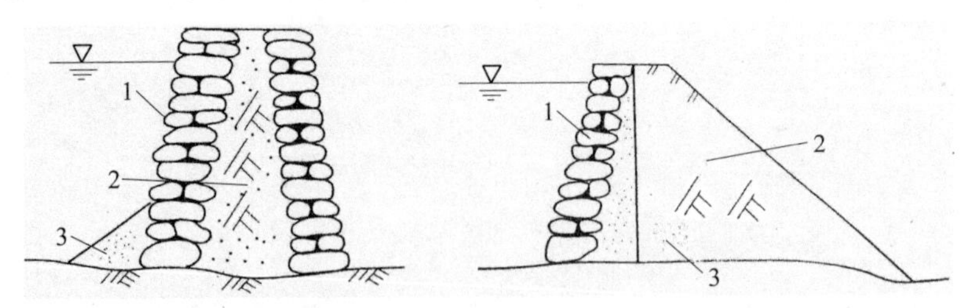

（a）双面草袋围堰　　（b）单面草袋土石混合围堰

1—草袋盛土；2—回填黏性土；3—抛填土方压脚

图5-1　草袋围堰断面示意图

（二）草土围堰

草土围堰是一种草土结构，如捆草围堰、捆厢帚围堰等，所用草料为麦秸、稻草、芦柴、柳枝等，我国劳动人民自古以来常用它来堵河堤缺口。其优点是施工简单、进度快、取材易、造价低、拆除方便，有一定的抗冲、抗渗能力。它主要适用于软土地基，且因柴草易腐烂，一般用于短期的或辅助性的工程中，如图5-2所示。

（三）土石混合围堰

土石混合围堰是用土与石渣等料混合填筑而成的一种围堰，与草土围堰比较，它具有较强的抗冲刷性能，这使底部宽度偏小，可以在流量或流速较大的河流中进行抛填堆筑，

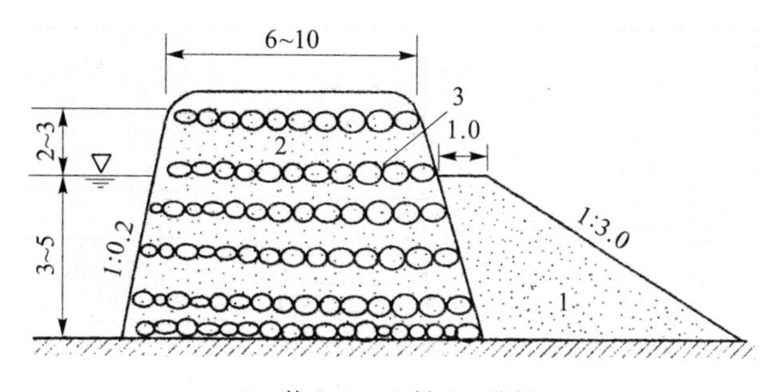

1—戗土;2—土料;3—草捆

图 5-2 草土围堰断面示意图 (单位:m)

必要时还可做成过水的围堰。这种围堰主要适用于施工期较长的大中型水利工程。但土石方围堰在拆除时需要用较大型的挖掘机械和专用的水下挖掘机械。采用这种围堰时,工地应有充裕的开挖石渣和土料可以利用,使之经济合理,如图 5-3 所示。

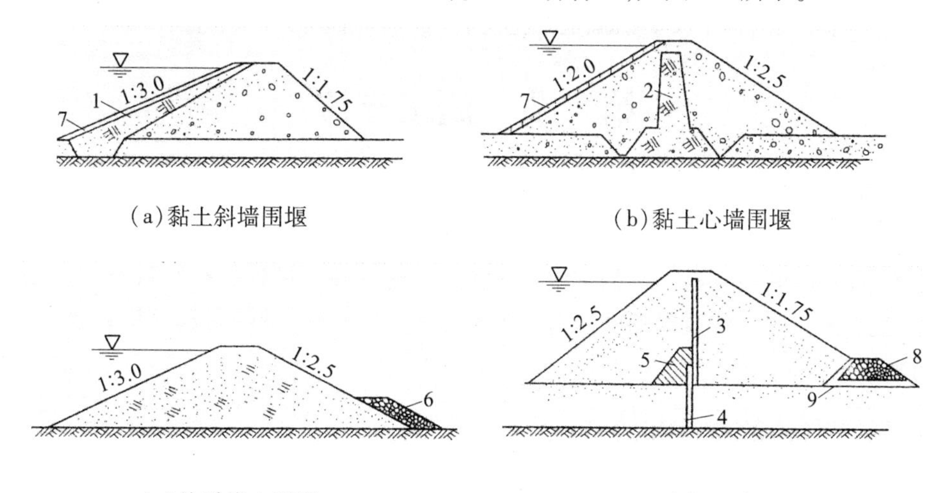

1—斜墙;2—心墙;3—木板心墙;4—钢板桩防渗墙;5—黏土;6—压重;7—护面;8—滤水棱体;9—反滤体

图 5-3 土石围堰

(四)混凝土围堰

混凝土围堰常用于在基岩土上修建的水利枢纽工程中,这种围堰的特点是挡水水头高,底宽小,抗冲刷能力大,堰顶可溢流,尤其是在分段围堰法导流施工中,用混凝土浇筑的纵向围堰可以两面挡水,而且可与永久建筑物相结合,作为坝体或闸室体的一部分,如图 5-4所示。

(五)草土混合结构围堰

草土混合结构围堰是用草土混合体及配合砂砾料、截流戗堤等共同组合而成的一种特殊的围堰,它在黄河青铜峡水电站中曾使用,并获得很好的效果。

二、围堰的拆除方法

当导流任务完成,即工程任务完成后,围堰工程应按设计要求进行拆除,以免影响永

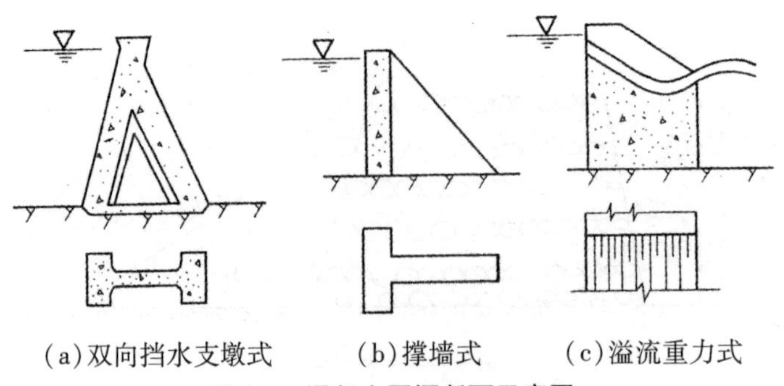
(a)双向挡水支墩式　(b)撑墙式　(c)溢流重力式

图 5-4　混凝土围堰断面示意图

久建筑物的使用和运行。围堰的拆除时间一般选在最后一次汛期过后,当上游水位下降时,即可开始进行拆除工作。拆除的方法是:从围堰的背水坡处分层,从上至下进行拆除。拆除期间必须保证残留的围堰断面能继续挡水和安全稳定,以免发生安全事故。围堰拆除一般多采用爆破法和正反铲挖掘机开挖配合机械运输进行及人工法挖除。

第二节　施工导流

在河道及渠道上修建水利工程时,施工期间往往会与社会各行业对水资源综合利用的要求相矛盾,如供水航运、灌溉、发电等。因此,必须在整个施工过程中,对河道或渠道中的水流进行控制,使河道上游的来水量按预定的施工技术措施进行控制,创造干地施工条件,避免水流对水工建筑物的施工造成不利影响,把河道上游的来水量及渠道的水量全部导向下游或拦蓄起来。

一、施工导流的作用和特点

施工导流首先要修建导流泄水建筑物,然后修筑围堰,进行河道截流,迫使河水改由导流泄水建筑物下泄,此后还要进行施工过程中的基坑排水,并保证汛期在建的建筑物和基坑安全度汛。当主体建筑物修建到一定高程后,再对导流泄水建筑物进行封堵。因此,施工导流虽属临时工程,但在整个水利水电工程的施工中又是一项至关重要的单位工程,它不仅关系到整个工程施工进度及完工时间,而且对施工方法的选择、施工场地的布置,以及工程造价有很大的影响。

为了解决好施工导流问题,在工程的施工组织设计中,必须做好施工导流设计,其设计任务是:分析研究当地的自然条件、工程特性等来选择导流方案,划分导流时段、选定导流标准和导流设计流量,确定导流建筑物型式、布置及构造断面尺寸,拟订其施工方案,并通过技术措施进行技术比较,选择一个最经济、合理的导流方案。

施工导流的基本方法可分为全程围堰法和分段围堰法两类。

(一)全程围堰法导流

全程围堰法导流是指在河床外距主体工程轴线(如倒虹吸、桥梁、水闸等)上下游一定的距离各修一道拦河坝,使河道中的水流经河床外修建的临时泄水建筑物下泄,待主体工程建成后,再将临时建筑物堵死。

全段围堰法导流一般适用于挡水期流量不大、河道狭窄的中小型河流,按其导流泄水建筑物的类型可分为明渠导流和涵管及涵洞导流。

(1)明渠导流是在河岸或河滩上开挖渠道,在所要修建的建筑物上下游修建横向围堰,使河水或渠水流经渠道下泄,这种施工导流方法一般适用于岸坡或岸滩平缓地段,如有较宽的台地垭口或直河道的地形时采用更为理想。

布置明渠导流一般要保证明渠中水流顺畅、泄水安全、施工方便、渠线短。为此,明渠进出口处的水流与原河道主流的夹角小于30°,为保证明渠中水流顺畅,明渠的弯道半径不宜小于3~5倍渠道底的宽度。渠道进出口与上下游围堰间的距离不宜小于50 m,以防止明渠进出口的水流冲刷围堰的堰脚,为了延长渗流,减少明渠中的水流渗入基坑,明渠与基坑之间要有足够的距离,导流明渠最好是单岸布置,以利于工程的施工。

导流明渠的断面型式,一般多采用梯形断面,在岩面完整的地段,渠道不深时,宜采用矩形断面。渠道的过水能力取决于渠水断面面积的大小和渠道的糙率,为了提高渠道的过水能力,导流明渠进行混凝土衬砌,以减小糙率和提高抗冲能力。

(2)涵管导流,一般在修筑土坝、土堤等工程中使用,由于涵管的泄水能力小,因此一般用于导流流量较小的河流上或渠道上,只用于枯水期的导流。导流涵管通常布置在靠河岸边的河床台地上,进水口底板高程常设在枯水期最低水位以上,这样可以不修围堰或只需修建一个小小的子堰便可修建涵管。待涵管建成后,再在河床处建筑物轴线的上下游修筑围堰,截断河水使上游来水经涵管下泄。

导流涵管一般采用门洞形断面或矩形断面型式,当河岸为岩基时,可在岩基中开挖一条矩形沟槽,必要时加以衬砌,形成矩形后加盖板变为涵管。为了防止渗流,回填土料时应注意涵管与土的结合部,防渗土层要分层压(夯)实。若岸坡段为土,可开挖填设涵管,为防止涵管外壁渗水,每节接头处设置止水环,止水环与涵管连成一体同时浇筑,以延长渗透水流的渗径,降低渗流的水力坡降,减小渗流的破坏作用。此外,涵管本身的温度缝或沉陷缝中的止水也需要认真处理。

(二)分段围堰法导流

分段围堰法导流实质上是把施工导流分成前期导流和后期导流。前期由束窄的原河道导流,后期可利用事先修建好的泄水道导流。

1.前期导流

为使各期工程量大体平衡,基本确定纵向围堰的位置。一期围堰将原河床束窄的宽度,通常用河床束窄程度系数K来表示,即一期围堰所占据原河床的过水面积A_1与原河床所占据的过水面积A_0的百分比,即

$$K = \frac{A_1}{A_0} \times 100\% \tag{5-1}$$

式中 K——河床束窄程度系数;

A_1——原河床的过水面积,m^2;

A_0——原河床所占据的过水面积,m^2。

在确定了纵向围堰的结构和位置后才能计算K值,一般采用40%~60%。确定K值

时，应考虑以下几个方面：

（1）导流过水能力的要求不但要满足一期导流，还要满足二期导流。

（2）河床地形、地质条件要充分利用滩地、河心洲作纵向围堰的基础和接头，并满足河床防冲、防淤的要求。

（3）尽可能利用现场的建筑物作为纵向围堰的一部分。

（4）围堰所围的范围力求使各期的施工能力与施工强度相适应，工作面的大小应有利于布置需要的施工机械设备。

（5）河床束窄后，过流断面流速增大值应控制在允许的范围内。

2. 后期导流

后期导流按其导流泄水建筑物的类型可分为底孔导流和坝体决口导流。

二、施工导流的标准和导流时段

（一）施工导流的标准

导流标准选择的目的是要确定施工期间上游的来水量，其计算方法是采用传统的数理统计方法，即引导上游的来水量作为随机时间，以频率的方式预估某一洪水重现期可能出现的水情，然后根据主体工程的等级，确定施工导流建筑物的级别，并结合施工期间流域的气象、水文特征，以及导流工程失事后对工程自身和下游两岸可能造成的损失，选定某一洪水重现期作为导流设计标准，根据《防洪标准》（GB 50201—94），水库导流建筑物设计洪水标准如表 5-1 所示。

表 5-1　水库导流建筑物设计洪水标准

永久建筑物等级	Ⅰ、Ⅱ	Ⅲ、Ⅳ
导流建筑物等级	3	4
山区、丘陵区	50～30	30～20
平原区	20～10	10

（二）导流时段的划分

主要的不允许过水的建筑物施工期较长，需要跨越洪水期，其导流施工就要以全年为时段，导流流量采用导流标准中设计频率所对应的全年最大的洪水流量。若主要的建筑物不在修筑度汛断面，则导流时段可取汛期洪水到来前的时段，导流的设计流量也就可以取该时段内按导流标准选择的频率所对应的最大流量。这样可缩短围堰的使用期，降低围堰的高度，达到减少工程总造价的目标，又可以使主体工程安全度汛。

三、施工导流流量的确定

在导流标准和导流时段确定后，可以根据当地水文气象资料，参照以下方法确定施工导流流量。

（一）实测流量资料分析法

如当地有 15～20 年以上的实测资料，可以进行全年或分期的流量频率分析，也可按月取样作流量频率分析，再根据选定的导流标准和导流建筑物的类型，确定与拟定的导流时段相对应的导流设计流量，并将一个已知导流标准下的最大流量作为施工度汛的洪水。

(二)流量模数计算法

从当地的水文图集中可查得不同季节、不同频率(或重现期)的流量模数，然后可以根据流量模数计算导流流量，其计算公式：

$$Q_{P导} = q_P F \tag{5-2}$$

式中 $Q_{P导}$——相应频率 P 时的导流流量，m^3/s；

q_P——相应频率 P 时的流量系数(模数)，$m^3/(s \cdot m^2)$；

F——集雨面积，km^2。

(三)雨量资料推算法

根据雨量资料推算施工期流量，但需要有当地或相邻地区15～20年以上的短期历时表24 h暴雨资料，进行按月、时段或全年的24 h暴雨或短历时暴雨频率分析，用推理公式推算流量：一般枯水期的总雨量小，短历时暴雨强度也较小。

四、围堰的拆除

围堰是临时建筑物，当导流任务完成后，应按工期和设计施工的要求进行拆除，以免影响建筑物主体的施工及建筑物的正常运行。如果采用分段分期围堰法施工，第一期工程的上下游横向围堰拆除不彻底，势必影响第二期工程的泄水能力，增加下一步工作的难度和工程量。如果采用全段围堰法施工，下游横向围堰拆除不彻底，将会使水位抬高，影响施工，所以一般应选择在最后一次汛期过后，当上游水位下降时，从围堰的背坡处分层从上往下进行拆除，拆除期间必须保证残留的围堰能继续挡水和安全稳定，以免发生事故，使基坑过早淹没而影响施工。在最后的拆除中，基坑内所有的材料和设备及一切杂物都应事先运走和清除，土石围堰及草土围堰均可用挖掘机开挖和机配汽车运输，也可用人工进行拆除。

附：南水北调中线一期工程总干渠黄河北—羑河北辉县四标段项目部的施工导流及围堰的施工方案

南水北调中线一期工程总干渠黄河北—羑河北辉县四标段项目部的施工导流及围堰的施工方案

一、导流工程的项目

导流工程的主要项目包括：

(1)施工合同内项目安全度汛及防汛工作；

(2)王村倒虹吸、小凹向倒虹吸工程作业区的导流工程；

(3)倒虹吸工程作业区上下游横向围堰；

(4)建筑物及渠道的基坑降水与排水；

(5)施工期间的安全度汛措施;

(6)各期导流时建筑物的拆除。

二、导流的标准

根据招标文件的要求,施工导流建筑物按V级建筑物标准设计,围堰采用5年一遇汛期导流标准,如王村倒虹吸建筑物5年一遇,为导流明渠,围堰设计采用梯形断面,两边坡坡度为1:1.5,底面宽度为4.0 m,明渠长度500 m,挖深1.5~2 m。

对设计的导流明渠过水断面进行泄流验算,流量计算公式:

$$Q = AC\sqrt{Ri} \tag{5-3}$$

$$A = (b + mh)h \tag{5-4}$$

$$X = b + 2h\sqrt{1 + m^2} \tag{5-5}$$

$$R = \frac{A}{XC} \tag{5-6}$$

式中 Q——断面流量,m^3/s;

A——过水断面面积,m^2;

R——水力半径;

C——谢才系数;

i——河道比降;

m——糙率,取0.024;

b——底宽,取4 m;

h——断面水深,取1.0 m。

通过设计计算,当设计流量>2.1 m^3/s时,导流明渠过水深在1.0 m,满足设计要求。

三、围堰的平面布置

围堰的平面布置主要包括围堰内基坑范围的确定和分期导流纵向围堰的布置两个方面。

(一)围堰内基坑范围的确定

围堰内基坑范围的大小主要取决于倒虹吸、水闸、桥等建筑物主体工程的轮廓和其相应的施工方法,当采用一次性拦截导流时,围堰的基坑由上下游围堰和河床两岸围成;当采用分期导流时,围堰基坑由纵向围堰与上下游横向围堰围成,在上述两种情况下,上下游横向围堰的布置都取决于倒虹吸、水闸、桥等建筑物的轮廓,通常基坑的坡脚距主体工程轮廓的距离不应小于20~30 m,以便布置排水设施及交通运输道路堆放材料和模板等。至于基坑边坡开挖的大小,与地质条件有关。实际工程的基坑形状和大小往往是不相同的,有时为照顾建筑物的需要,将轴线利用地形铺设,以减小围堰的高度和长度。为了保证基坑开挖和主体建筑物的正常施工,基坑范围要求适当留一定的富余地。

(二)分期导流纵向围堰的布置

在分期导流的方式中,纵向布置围堰的施工中的关键问题是选择纵向围堰的位置,实际上,就是要确定适宜的河床束窄宽度,所以纵向围堰布置的原则如下:

(1)地形条件:河心洲、线滩、小岛、基岩裸露等都是可以布置纵向围堰的有利条件,这些地方便施工,并有利于防冲保护。但河床的束窄程度系数要满足下式要求:

$$K = \frac{A_1}{A_2} \times 100\% \tag{5-7}$$

式中 K——河床束窄程度系数,一般为 47% ~68%;

A_1——原河床的过水面积,m^2;

A_2——围堰和基坑所占据的过水面积,m^2。

河床的允许束窄宽度主要与河床的地质条件有关。对于易冲刷河床,一般允许河床产生一定程度的变形,但是要保证河岸及围堰堰体免受淘刷,束窄流速允许达到 3 m/s 左右,对岩石河床允许束窄宽度主要视岩石的抗冲流速而定。

(2)导流过水的要求:一期基坑中能否布置下宣泄二期导流流量的泄水建筑物。由一期转入二期施工时的截流落差是否过大。

在进行一期导流布置时,不但要考虑束窄河道的过水条件,而且要考虑二期截流与导流的要求。

(3)施工布置的合理性原则:

①一期工程强度可比二期工程强度低,但不宜相差太悬殊。

②各期基坑中的施工强度应尽量均衡。

③如有可能分期分段,数量应尽量少一些。

④导流布置应满足总工期的要求。

当采用分期导流时,上下游围堰一般不与河床中心线垂直,围堰布置平面常是梯形,可使水流畅顺,同时便于运输道路的布置和衔接。当采用一次拦断法导流时,上下游围堰不存在突出的绕流问题,为减少工程量,围堰多与主河道垂直。纵向围堰的平面布置形式常采用流线型和挑流型。

(4)围堰高度的确定:围堰高度应根据不同的导流泄水建筑物,在达到设计规定的过水能力时,上下游河床的水面高程加预留安全加高来确定,安全超高,对不过水围堰一般为 0.7 ~1.0 m,对过水围堰一般为 0.5 m。

第三节 基坑排水

在河道或渠道上修建筑物(倒虹吸、水闸、涵桥等)时,围堰闭合后,应立即开始排除基坑内的积水和渗水,以保证随后在开挖基坑和进行基坑内各建筑物主体的施工过程中有着干地施工的场面和场地。因此,基坑排水是一项很重要的工作。基坑排水可分为基坑开挖前的初期排水和水工建筑物在施工中的经常排水。

基坑的排水可分为初期排水、基坑明沟排水和暗式排水三种,暗式排水又可分为管井法和井点法两种方式的排水。

一、基坑初期排水

基坑初期排水是指排除基坑内的表面积水,围堰及基坑渗水、雨水等,这些水可采用固定式抽水机站或浮动式抽水机站将水抽到下游河道中去，初期抽水阶段基坑水位的允许下降速度需根据围堰的型式、基坑地基的特性及围堰填筑材料和坑内水深而定。水位下降过快，则围堰或基坑边坡中的动水压力变化过大，容易引起边坡坍塌；水位下降太慢，则影响基坑开挖时间，一般限制在 0.5 ~ 1.0 m^3/d，对土围堰应小于 0.5 m^3/d，对板桩等围堰应小于 1.0 m^3/d。

抽水设备选择与明排初期排水量有关，先要估算抽水量 $Q_{抽}$，即

$$Q_{抽} = Q_{积} + Q_{渗} \tag{5-8}$$

式中 $Q_{抽}$——抽水量；

$Q_{积}$——基坑内的积水量，即水位下降速度乘基坑积水面积；

$Q_{渗}$——抽水过程中不断下降、渗入基坑的流量。

根据实际工程经验统计分析，初期抽水量可按下式估算：

$$Q_{初} = (2 \sim 3)\frac{V}{T} \tag{5-9}$$

式中 $Q_{初}$——初期排水量，m^3/s；

V——基坑中积水体积，m^3；

T——抽水时间，s；

2 ~ 3——系数，初期抽水量是围堰内积水量的 2 ~ 3 倍。

二、基坑明沟排水

基坑明沟排水是指排除基坑开挖和主体建筑物施工过程中经常性的渗水、雨水和施工过程中的水。

在基坑开挖过程中，坑内应布置明式排水沟系统（包括排水沟、集水井和水泵站），以不妨碍交通运输为原则，可结合运土方便，在中间或周围一侧布置排水沟。随着开挖工作的进行逐层设置，而在建筑物修建过程中，排水沟应布置在轮廓线外，如图 5-5 所示。排水沟一般以 2% ~5% 的底坡通向集水井，并且距离基坑外坡脚不小于 0.3 ~0.5 m。集水井应布置在建筑物轮廓线外较低的地方，它与建筑物外缘的距离必须大于井深，井深应低于排水沟底 1 ~2 m，井的容积至少能储存 10 ~ 15 min 的抽水量。

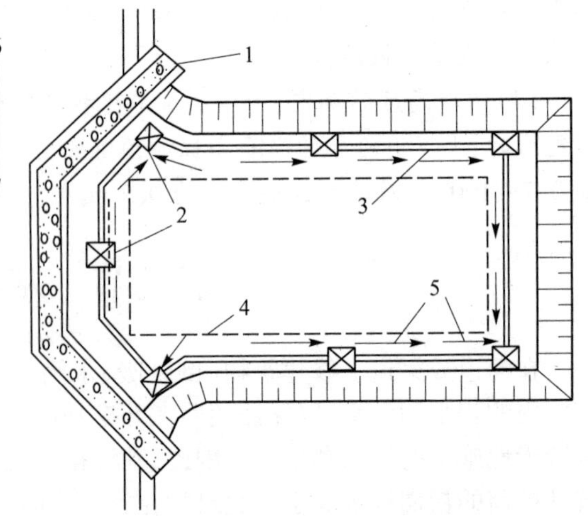

1—围堰；2—集水井；3—排水沟；4—建筑物轮廓线；5—排水方向；6—水流方向

图 5-5　修建建筑物时基坑排水系统的布置

三、暗式排水

当基坑为细砂土、砂壤土等地基时，随着基坑底面的下降，坑底与地下水位的高差越来越大，在地下水的动水压力作用下，容易产生滑坡、坑底管涌等事故，给开挖工作带来不良影响。

采用暗式排水即可避免以上缺点。暗式排水的基本做法是：在基坑周围设置一些井，地下水渗入井中即被抽排到基坑外，使基坑范围内的地下水降到坑底面以下。暗式排水可分为管井法排水和井点法排水两种。

（一）管井法排水

管井法排水是在基坑四周布置一些单独工作的管井，地下水在重力作用下流入井中，如图 5-6 所示，将水泵或水泵的吸水管放入井内抽水，抽水设备有离心泵、潜水泵和深井泵等。当要求大幅度降低地下水位时，最好采用离心式深井泵，它属于立轴多级离心泵。深井泵一般适用的深度大于 20 m，其排水效果较好，需要管井数较多。

管井由滤水管、沉淀管和不透水管组成，管井外部有时还需要设反滤层，地下水从滤水管进入管内，水中泥沙则沉淀在沉淀管中。滤水管是其中的重要组成部分，其构造对井的出水量及可靠性影响很大，要求它过水能力大、进入泥沙少，并具有足够的强度和耐久性，如图 5-7 所示。网式滤水管管井的埋设可用射水法、振动射水法、冲击钻井法等，先埋设套管，然后在套管中插入井管，井管下好后，再一边下反滤料，一边拔起套管。

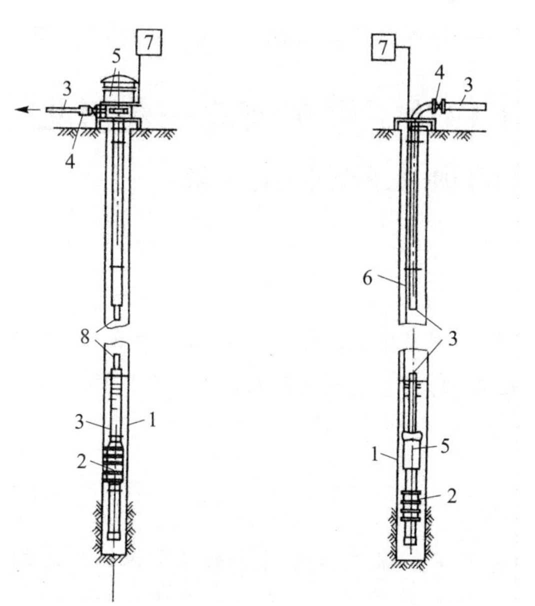

（a）电动机装在地面上　　（b）电动机装在深井中

1—管井；2—水泵；3—压力管；4—阀门；5—电动机；6—电缆；
7—配电盘；8—传动轴

图 5-6　装置深井水泵示意

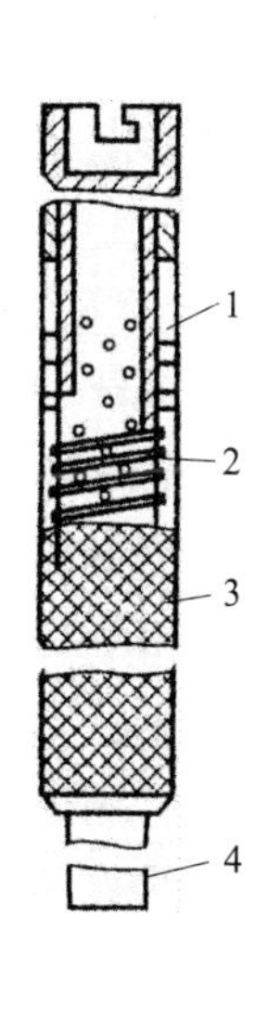

1—多孔管；2—绕成螺旋状的铁丝；
3—铜丝网；4—沉淀管

图 5-7　管式滤水管

采用离心泵抽水时，一次吸水高度不超过 5 ~ 6 m，当需降低地下水位的深度较大时，可分层布置管井,分层进行排水,见图 5-8。

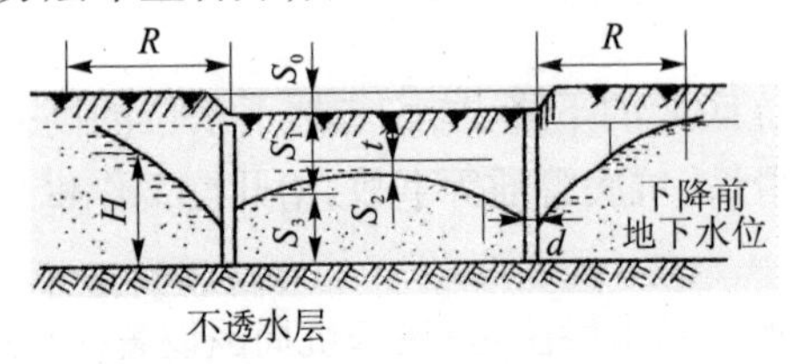

(a)第一层水井工作时所挖的基坑

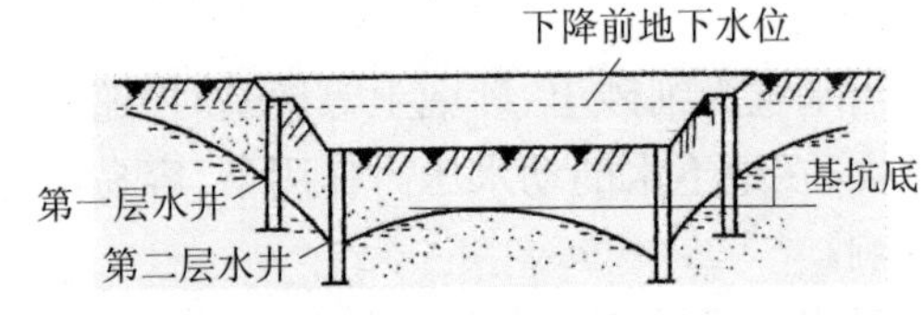

(b)第一层和第二层水井工作时所挖的基坑

图 5-8 分层降低地下水位布置图

(二)井点法排水

当土壤的渗透系数小于 1.0 m/d 时,宜采用井点法排水。井点法分为浅井点法、深井点法、喷射井点法等,最常用的为浅井点法。

浅井点法又称轻型井点法,它是由井管连接弯管、集水总管、普通离心式水泵、真空泵和集水箱等组成的排水系统,如图 5-8 所示。井点法的井管直径为 38 ~ 55 m,长 5 ~ 7 m,间距为 0.8 ~ 1.6 m,最大可达 3.0 m,集水管直径为 100 ~ 127 mm 的无缝钢管,管上装有与井点管连接的短接头。

井管的埋设常采用射水法下沉在距孔口 1.0 m 范围内,须堵塞黏土密封,井管与总管的连接也应注意密封,以防漏气。

附:南水北调中线一期工程总干渠黄河北—美河北辉县四标段的施工降排水方案

南水北调中线一期工程总干渠黄河北—美河北辉县四标段的施工降排水方案

一、降水井设计与施工

(一)施工降、排水范围

王村河渠道倒虹吸建基面(含渐变段和闸室段)主要位于第五层卵石中,通过现场开挖水位探坑,目前水位在 90.7 m 高程左右,高于建基面 88.45 m 高程 2.25 m 左右,现河道内无径流,故采用深井降水法施工。

(二)施工降、排水

1. 降、排水设计

为了保持施工时干场作业,采用深井降水。深井布设间距及深度根据当时的地下水位及汇水情况专门分析确定,保证在施工期间地下水位低于倒虹吸建基面和设计渠底开挖线高程 1.5 m。

降水施工工艺见图 5-9。

1)降水的施工要点

(1)做好准备工作:做好抽水试验,分析水文地质条件,使井位、井深、滤管长度、标高设计合理可靠。

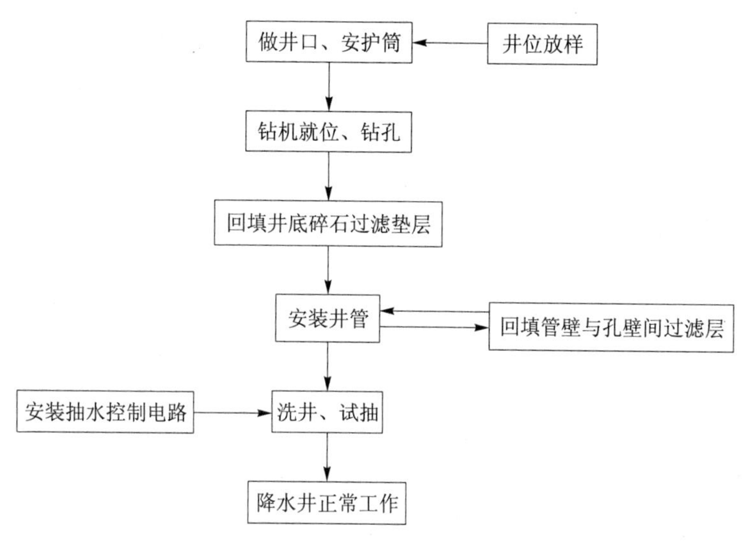

图 5-9　降水施工工艺

(2)超前降水,降水领先,开槽在后。在施工过程中始终保持干槽作业,降水速度超前于挖槽速度。地下水位降至槽底以下 0.5 m 之后才能开始挖槽,并在施工过程中始终保持这一水位。

(3)注意安全操作,查清地下障碍物和地面供电线路,保持安全距离。

(4)骨架、支撑、滤网等均仔细检查,加以保护扎紧,滤料符合滤管要求。

(5)保护好已做好的井点,防止泥水和杂物流入井点管中。

(6)分层填滤料,分层封黏土,认真操作,保证降水效果。

(7)泵体与进水干管总管连接紧密,在一整体地坪上安装,防止不同沉降。

(8)管井降水保证连续抽水,除采用系统电源供电外,另备柴油机组,以防停电。

(9)若施工期处于冬季,必须做好全系统设备防冻保温措施。

2)施工程序及技术质量要求

(1)井位测放:按照井位设计平面图,根据业主所移交的现场控制坐标测放井位。若由于地下障碍物等原因造成井位不到位,报监理批准后,方可在轴向适当移位。

(2)钻孔就位:平稳牢固磨盘,孔位三对中。

(3)钻孔:钻进过程中,垂直度控制在 1% 以内,钻至设计深度后,方可终孔。

(4)清孔:终孔后应及时进行清孔,确保井管到预定位置。

(5)下井管:采用水泥混凝土管,管底用井托封闭。井管要求下在井孔中央,管顶应露出地面 50 cm 左右。

(6)成孔后填砾料,用塑料布封住管口。填砾料时应用铁锹铲砂砾均匀抛撒在井管四周,保证填砾均匀、密实。

(7)洗井:在填砾料和黏土结束后应立即洗井。可采用大泵量的潜水泵进行洗井,洗井要求破坏孔壁泥皮,洗通四周的渗透层。

(8)置泵抽水:洗井抽出的水浑浊含沙,应沉淀排放,当井出清水后,进行抽水泵安装,以待进行抽水试验。

3）降水试验施工保证措施

（1）施工质量保证措施：现场成立降水管理组，由专业技术人员进行现场管理，对施工过程的施工质量进行严格控制。布设降水井时要精确放样，保证井间距符合设计要求。对进场的各种材料进行复检，要严格检查机械设备的完好率，并在施工期保证连续供电，避免因停电而造成井管内水位上升，影响施工。降水井在成井后和降水期间，井口应加设井盖，防止落入杂物；在井位插警示标志，防止其他施工对井管造成损坏，并由专人进行维护。现场必须备不少于2台潜水泵，现场降水人员随时检查水泵的工作情况，及时更换运转不良的水泵。加强观测工作，对地下水位、水流动态、地面沉降等进行翔实记录，并及时进行汇总分析。

（2）雨季施工措施：雨季应具有临时用电措施，并建立健全现场临时用电管理制度和电工值班巡查制度，落实临时用电管理人员，明确其职责。施工现场用电应严格按照明用电安全管理规定，配电箱要采取防雨雪措施，并安装漏电保护装置。所有电动机具、机械、电气设备必须由专职电工或持证的操作人员进行操作和维修，非电工或操作人员不得随意动用机电设备。雨天要遮盖各种机电设备，随时检查，并做好施工用电常识安全技术交底。电工要做好值班及维修日记。

（3）机械管理措施：建立健全现场雨季施工机械的管理制度，落实机械管理人员，明确其职责。所有机械必须由专职操作人员操作和维修，按操作规程操作，严禁非操作人员随意动用机械。机械管理人员必须对操作人员做安全技术交底，并做好记录。所有机械做好使用及维修保养记录，必须每天检查，确定机械设备的安全使用，操作人员应做好交接班记录。

（4）料具管理措施：建立健全现场料具管理制度，落实料具管理人员，明确其职责，现场料具必须按规定的位置堆放，严禁乱堆乱放，并根据进度要求提出材料需要计划，及时组织进场。凡雨天运输困难的材料，要考虑有一定量的储备，防止出现停工待料现象。石料集中堆放，并用苫布遮盖，同时做好周边的排水工作，以防止施工时堵塞料管。每道工序完工时必须做到"工完、料净、场清"。

（5）安全防护措施：建立健全安全领导小组和安全管理制度及措施。施工前，应进行安全技术交底，施工中应明确分工、统一指挥，设专人负责。施工现场用电严格按照用电安全管理规定，加强电源管理，预防发生电器火灾。对基坑周边进行检查，发现隐患及时上报，并加强该地段的安全防护措施。

（6）技术资料管理：降水井洗完后，应及时检查降水井实际深度并做好记录，降水期间应每天检查抽水情况。资料填写字迹清楚工整，内容符合要求，签字手续齐全。每天的观测记录按甲方和监理要求报送。施工前进行技术交底和安全交底，施工中明确分工、统一指挥，设专人负责。深井降水法降水设计如图5-10所示。

2. 深井井点降水分析计算

现在以最不利断面IV85 + 741.124断面为例进行分析计算。该断面设计水平开挖底高程为88.4 m，该段地下水位高程最大为90.7 m。施工中将地下水位降至作业面下1.5 m，即基坑中心地下水位降至86.9 m，水位降低值为3.8 m。深井布置在渠道两侧高程93 m开挖线外，两岸间距约60 m。自基坑中心起，按1:10水力坡降计算，井中最高水位应保

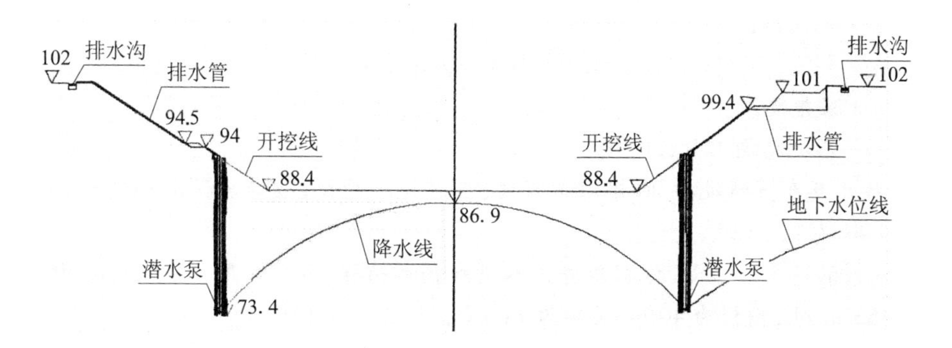

图 5-10　王村河倒虹吸降水剖面图

持在 83.9 m 高程下，井内按 6 m 水深和 4.5 m 回淤，井底高程为 73.4 m，按降水范围长度 165 m 计算，按 165 m×60 m 矩形基坑进行降排水计算：

1）确定基坑总涌水量

基坑总涌水量按裘布依原理及相关公式近似计算：

$$Q = 1.366K(2HO - S)/(\lg RO - \lg XO) \tag{5-10}$$

式中　Q——基坑总涌水量，m^3/d；

HO——有效含水层厚度，m，从表 5-2 中查出；

表 5-2

$S'/(S'+l)$	0.3	0.5	0.8	1.0	1.5
HO	$1.5(S'+l)$	$1.72(S'+l)$	$1.85(S'+l)$	$2.0(S'+l)$	$2.15(S'+l)$

注：S'为基坑中心水位降低值，取 6.8 m；l 为滤管长度，取 6 m。

由表 5-2 得：

$$1+0 = 1.72(S'+l) = 22.016 \text{ m} \tag{5-11}$$

S'——基坑中心水位降低值，取 6.8 m；

K——渗透系数，m/d，根据招标文件提供的水文地质有关数据，综合考虑各种因素，K 取值 1.5×10^{-1} m/d，即 130 m/d；

R——降水影响半径，即抽水试验时，从井群中心到潜水面开始下降的距离，取

$$R = 1.95S\sqrt{HOK} = 396 \text{ m}$$

XO——基坑假想半径，按照 165 m×60 m 矩形基坑布置计算，取

$$XO = \sqrt{F/\pi} = 99.5 \text{ m} \tag{5-12}$$

计算得：$Q = 1.366K(2HO - S)/(\lg RO - \lg XO) = 35\ 396\ m^3/d$

2）确定深井数量

（1）单井出水量计算：

$$q = 65\pi dI\sqrt[3]{K} = 3\ 101.8\ m^3/d \tag{5-13}$$

式中　q——单井出水量，m^3/d；

d——深井出水直径，取 0.5 m。

(2)深井数计算:

$$n = 1.1Q/g$$

式中　n——深井数;

　　Q——基坑总涌水量,m^3/d。

考虑备用及布置情况按26根对称布置,在建筑物西侧,按每165 m×60 m矩形基坑布置26眼井,每侧13眼。

(3)水泵的造型和数量:根据单井出水量和抽水扬程,水泵采用6340型,6340型水泵出水量为63 m^3/h,扬程为40 m,功率为11 kW。

(4)深井降水布置:根据以上计算,深井井点在建筑物的基坑中心线两侧呈直线型布置,深井布置高程为93 m,距离倒虹吸中心线左右各30 m,选用壁厚6 cm、内径为50 cm的无砂管,深井间距的选择按照在群井共同抽水时,地下水位最高点低于坑底1.5 m的原则进行,平均井深暂定为20 m,深井间距暂定为15 m,在建筑物两岸各布置一排深井井点。

(5)深井造井安装及运行:深井造井的安装程序为井位放样—安装护筒—钻孔—清孔—吊放安装井管—回填滤料—洗井—安装水位控制电路及水泵—试抽—降水深井正常工作。

管井造孔使用冲击钻,泥浆护壁以防止塌孔,成孔后再清孔。井管吊放必须垂直,为防止抽水时将土中的细颗粒拉走,滤管管壁外包裹两层漏网,内层为细滤网,使用网眼30~50孔/cm^2的铁丝网,外层为粗漏网,采用网眼3~10孔/cm^2的铁丝网,孔壁与井壁管间填砂、滤料,滤料要采用良好的级配,粒径不小于滤网网眼直径,成井后用循环水洗井,并在井底回填1.0 m的粗砂,井内安装水位自动控制电路,在抽水过程中值班人员加强责任心,随时观察地下水位的变化,并观察地下水是否有浑浊现象,若发生浑浊现象,应及时分析原因进行处理,或另行造井。降水结束后,按有关规范要求封堵降水。

在运行中,每一眼井安装水位自动调节计一个,以控制井中的排水水位。

(6)基坑内明水抽排:对于基坑内边坡渗水和雨水等明水,采取在基坑边设排水沟和集水井的方法,用潜水泵向基坑外抽排。对于危险边坡采用木桩和竹笆设置挡滤墙。

(7)基坑降水对周边环境的影响及处理方案:基坑降水排出的水质,经调查为饮用水,排放至下游河道,周边尚无其他建筑物,基坑降水对环境的影响很小。

3. 浅井点设备的工作装置

采用国产ⅡB4型浅井点设备的工作装置如图5-11所示。

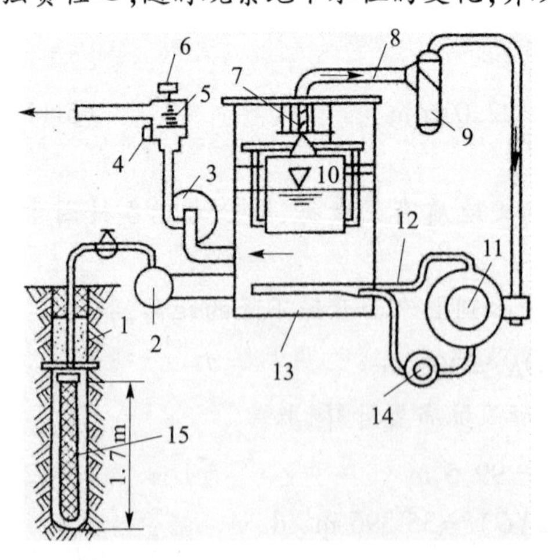

1—滤层;2—水泵总管;3—水泵;4—放水阀;5—弹簧;6—调节阀;7—阀门;8—抽气管;9—分水器;10—浮筒;11—真空泵;12—冷却水管;13—集水箱;14—冷却水泵;15—针塞器

图5-11　国产ⅡB4型浅井点设备的工作装置

工作时先开动真空泵,造成井点系统的负

压状态,从而把地下水及土中的空气一起从滤水总管吸入集水箱,空气从集水箱上部经分水器进行水汽分离后被真空泵抽出,当集水箱存很多水后再开动水泵抽水。集水箱中装有浮筒,当水量到达某一水位时,浮筒上的斜阀顶住抽气管,避免水流进入真空泵。在水泵出口装有调节阀,可根据集水箱内水位来调节水泵的流量。当水泵抽水量不足,箱内压力减小时,调节阀自动关闭,避免出水管内的水倒流。该机型可负担长约 160 m 的总管,同时接通60 ~90 根滤水管(器)工作。

浅井点的降深能力为 4 ~5 m,当要求地下水位降深较大时,也可分层布置。每层深度3 ~4 m,一般不超过 3 层。深井点与浅井点不同,它的每一根管上都装有扬水器,因此它不受吸水高度的限制,有较大的降深能力。深井点分为喷射井点和压气扬水井点两种。喷射井点由集水池、高压水泵、输水井管和喷射井管等组成。通常一台高压水泵能为30 ~35 个井点服务,其最适宜的降水范围为 5 ~18 m。喷射井点的排水效果不好,一般用于渗透系数为 3 ~50 m/d、渗水量不大的场合。压气扬水井点用压气扬水器进行排水,排水时压缩空气由输气管道送来,由喷气装置进入扬水管,于是管内容重较小的水汽混合液在管外压力作用下,沿水管上升到地面排走。为达到一定的扬水高度,就必须将扬水管沉入井口足够的潜没深度,使扬水管内外有足够的压力差,压气扬水井点降低地下水位可达 40 m。

二、经常性的排水要求

经常性排水量的确定,主要包括围堰和基坑的渗水、降雨、地基岩石冲洗及混凝土养护用水,所以设计中一般要考虑两种不同的组合,从中依据最大者来选择排水设备。一种组合是渗水加降水,另一种组合是基坑积水、渗水、降水、施工用水。

(一)降雨量的确定

在基坑排水中,大型工程可采用 20 年一遇 3 日暴雨中最大的连续 6 h 雨量,故基坑的降雨量可根据降雨强度和基坑集雨面积求得。

(二)施工过程中的用水确定

施工过程中的用水主要考虑混凝土养护用水。其用水量估算应根据气温条件和混凝土养护的要求而定。一般估算可按每立方米混凝土每次用水 5 L,每天养护 8 次计算。

(三)渗流流量的计算

通常基坑渗流的总量主要包括围堰的渗流量和基坑的渗透量两大部分。一般可参照基坑的地质条件,并和围堰所用的建筑材料的渗透系数有关,所采用的计算方法有以下几种情况:

(1)当基坑远离河岸不必设围堰时,渗入基坑的全部流量 Q 的计算。首先按基坑的宽长比(B/L)将基坑分为窄长形基坑($B/L \leq 0.1$)和宽阔形基坑($B/L > 0.1$)。前者按沟槽公式计算,后者则化为等效的圆井,按井的渗流公式计算。

(2)筑有围堰的基坑渗流量的计算,将基坑简化为等效圆井计算,一般有两种情况。

①无压基坑。如图 5-12 所示,首先分别计算出上下游面基坑的渗流量 Q_1 和 Q_2,然后相加,则得基坑的渗流量。

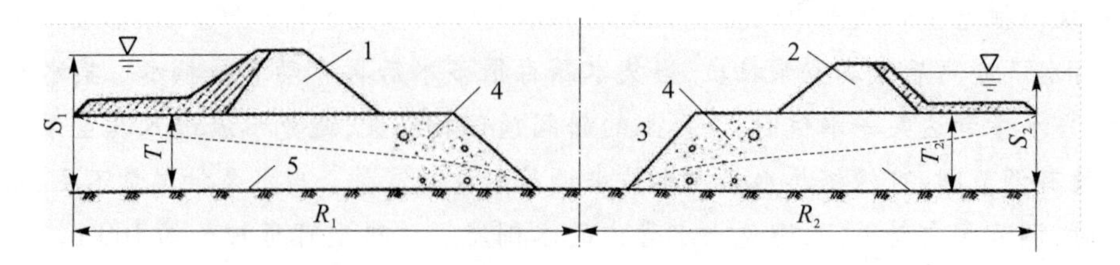

1—上游围堰;2—下游围堰;3—基坑;4—基坑覆盖层;5—隔水层

图 5-12　有围堰的无压完整性基坑

$$Q_1 = \frac{1.365}{2} \times \frac{K(2S_1 - T_1)T_1}{\lg \frac{R_1}{r_0}} \tag{5-14}$$

$$Q_2 = \frac{1.365}{2} \times \frac{K(2S_2 - T_2)T_2}{\lg \frac{R_2}{r_0}} \tag{5-15}$$

式中　K——基础的渗透系数;

R_1、R_2——降水曲线的影响半径;

r_0——将基础简化为等效圆井时的化引半径。

对于不规则形状的基坑:

$$r_0 = \sqrt{\frac{F}{n}} \tag{5-16}$$

对于矩形基坑:

$$r_0 = n\frac{L+B}{4} \tag{5-17}$$

式中　F——基坑面积,m^2;

L、B——基坑长度与宽度,m;

n——基坑形状系数,n 与 B/L 的关系见表 5-3。

表 5-3　基坑形状系数值

B/L	0	0.2	0.4	0.6	0.8	1.0
n	1.0	1.12	1.16	1.18	1.18	1.18

渗透系数 K 与土壤的种类、结构、孔隙率有关,一般通过现场试验确定。

式(5-14)及式(5-15)分别适用于 $R_1 > 2S_1\sqrt{S_1K_S}$ 和 $R_2 > 2S_2\sqrt{S_2K_S}$,R_1、R_2 的取值主要与土质有关,根据经验,细砂 $R = 100 \sim 200$ m,中砂 $R = 250 \sim 500$ m,粗砂 $R = 700 \sim 1\,000$ m,R 值也可根据各种经验公式估算,如按库萨金公式:

$$R = 575S\sqrt{HK_S} \tag{5-18}$$

式中　H——含水层厚度,m;

S——水面降深,m;

K_S——渗透系数。

②无压不完整性基坑。如图 5-13 所示,在一般情况下,除坑壁渗透量 Q_1 和 Q_2 仍可

按完整性基坑的公式计算外,还应计入基坑渗透流量 q_1、q_2。

基坑总渗透流量:

$$Q_S = Q_{1S} + Q_{2S} + q_1 + q_2 \tag{5-19}$$

其中,Q_{1S}和 Q_{2S}可分别按式(5-14)及式(5-15)计算,q_1 和 q_2 则按以下两式计算:

$$q_1 = \frac{K_S T_1 S_1}{\frac{R_1 - L}{T} - 1.47\lg(\operatorname{sh}\frac{\pi L}{2T})} \tag{5-20}$$

$$q_2 = \frac{K_S T_2 S_2}{\frac{R_2 - L}{T} - 1.47\lg(\operatorname{sh}\frac{\pi L}{2T})} \tag{5-21}$$

式(5-20)、式(5-21)分别用于 $R_1 > L + T$ 和 $R_2 > L + T$ 的情况,其中 L 为基坑脱水流向宽度的一半,T 为坑底以下覆盖层厚度。

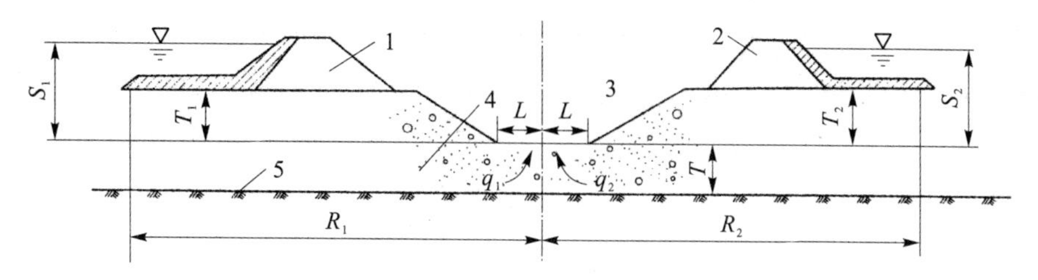

1—上游围堰;2—下游围堰;3—基坑;4—基坑覆盖层;5—隔水层

图 5-13 有围堰的无压不完整性基坑

③考虑围堰结构的特点计算渗流量。

当基坑为窄长形,且需考虑围堰结构特点时,渗流量的计算可分为围堰自身渗漏与基坑渗漏两部分,分别计算后予以叠加。

当基坑在透水地基上时,可按表 5-4 所列参数来估算渗流量。

表 5-4 1 m 水头下 1 m² 基坑面积的渗流量

土类	细砂	中砂	粗砂	砂砾石	有裂隙岩石
渗流量(m^3/h)	0.16	0.24	0.30	0.35	0.05 ~ 0.10

第六章　渠系工程建筑物施工技术

第一节　建筑物工程地基开挖及处理

建筑物工程的建筑地基一般分为岩石地基、土壤地基或砂砾石地基等，但由于受各地域与地形及工程地质和水文地质作用的影响，天然地基往往存在一些不同程度、不同形式的缺陷，须经过人工处理，使地基具有足够的强度及整体性、抗渗性和耐久性，方能作为水文建筑物工程的基础。

由于各种工程地质与水文地质的不同，对各种类型的建筑物地基的处理要求也不同，因此对不同的地质条件、不同的建筑物型式，要求用不同的处理措施和方法，故从施工角度，对各类建筑物的地基开挖、岩石地基、土壤地基、砂砾石地基、特殊地基的处理等分别进行以下介绍。

一、各类建筑物地基开挖的一般规定和基本要求

天然基础的开挖最好安排在涨水期或少雨的季节进行，开工前应做好计划和施工准备工作，开挖后应连续施工，基础的轴线、边线位置及基底标高均应符合设计要求，精确测定，检查无误后方可施工。

（一）开挖前的准备工作

（1）熟悉基本资料，认真分析资料，特别是建筑物工程区域内的工程地质及水文地质资料，了解和掌握各种地质缺陷的分布及发展情况。

（2）明确设计意图及对各建筑物基础的具体要求。

（3）熟知工程条件、施工技术水平及设备力量、人工配备、物料储备、交通运输、水文气候资料等。

（4）与业主、地质设计监理等单位共同研究确定适宜的地基开挖范围、深度和形态。

（二）各类地基开挖的原则和方法

1. 岩基开挖的要求

（1）做好基坑排水工作，在围堰闭合后，立即排除基坑范围内的渗水，布置好排水系统，配备足够的设备，边开挖井坑边降低和控制水位，确保开挖工作不受水的干扰，保证各建筑物工程干地施工。

（2）做好施工组织计划，合理安排开挖程序，由于地形、空间的限制，建筑物的基坑开挖一般比较集中，工种多，比较难，安全问题突出，因此基坑开挖的程序应本着自上而下、先岸坡后地基的原则，分层开挖，逐步下降，如图 6-1 所示。

（3）正确选择开挖方法，保证开挖质量。岩基开挖的主要方法是钻孔爆破法。采用分层梯段松动爆破，边坡轮廓面开挖应采用预裂爆破法或光面爆破法。紧邻水平建基面

应采用预留保护层，并对保护层进行分层爆破。

开挖偏差的要求：对节理裂隙不发育、较发育、发育和坚硬、中硬的岩体，水平建基面高程的开挖偏差要求不要超过±20 cm；设计边坡的轮廓线开挖偏差，在一次钻进深度条件下开挖时，不应超过其开挖高度的±2%；在分台阶开挖时，最下部一个台阶坡脚位置的偏差、一级整体边坡的平均坡度均应符合设计标准。

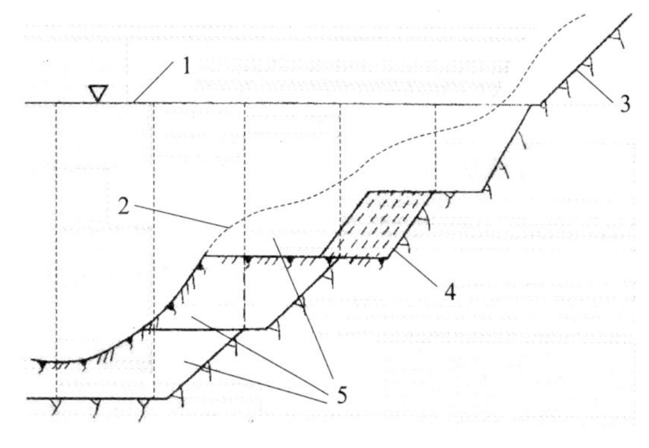

1—坝顶线；2—原地面线；3—安全削坡；4—开挖线；5—开挖层

图 6-1　基础开挖程序

预留保护层的开挖是控制岩基质量的关键，其要点是：分层开挖，控制一次起爆药量，控制爆破震动影响。

边坡预裂爆破或光面爆破的效果应符合以下要求：开挖的轮廓、残留烘孔的痕迹应均匀分布，对于裂隙发育和较发育的岩体，炮眼痕迹保存率应达到 80% 以上；对于节理裂隙发育和较发育的岩体，炮眼痕迹保存率应达到 50% ~80%；对于节理裂隙极发育的岩体，炮眼痕迹保存率应达到 10% ~50%。相邻炮孔间岩石的不平整度不应大于 15 cm。

(4)选定合理的开挖范围和形态。基坑开挖范围主要取决于水工建筑物倒虹吸的平面轮廓，还要满足机械运行、道路布置施工排水、立模与支撑的要求。放宽的范围一般从几米到十几米不等，由实际情况而定。开挖后的岩基面要求尽量平整，以利于倒虹吸底部的稳定。倒虹吸开挖形态如图 6-2 所示。

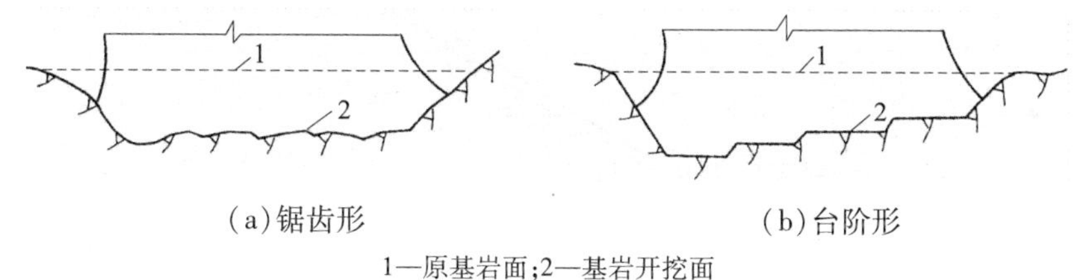

(a)锯齿形　　(b)台阶形

1—原基岩面；2—基岩开挖面

图 6-2　倒虹吸开挖形态

2. 软基开挖的要求

软基开挖的施工方法与一般土方开挖的方法相同。由于地基的施工条件比较特殊，常会遇到下述困难，为确保开挖工作顺利进行，必须注意以下原则。

1）淤泥

淤泥的特点是颗粒细、水分多、人无法立足，应视情况不同分别采取不同的措施。

(1)烂淤泥。其特点是淤泥层较厚，含水量较小，黏稠，铁锹插进去难以拔出、不易脱离。针对这种情况，可在挖前先将铁锹蘸水，也可采用三股钗或五股钗。为解决立足问题，可采用两种方法：一是采用一点突破法，即先从坑边沿起集中力量突破一点，一直挖到硬土，再向四周扩展；二是采用芦苇排铺路法，即将芦席扎成捆枕，每三枕用桩连成苇排，铺在烂泥上，人在排上挖运。

(2)稀淤泥。其特点是含水量高，流动性大，装筐易漏，必须采用帆布做袋抬运。当稀泥较薄、面积较小时,可将干砂倒入,进行堵淤,形成土埂,在土埂上进行挖运作业。如面积大,要同时填筑多条土埂,分区支立,以防乱流。若淤泥深度大、面积广,可将稀泥分区围埂,分别排入附近挖好的深坑内。

(3)夹砂淤泥。其特点是淤泥中有一层或几层夹砂层。如果淤泥厚度较大,可采用前面所述方法挖除;如果淤泥层很薄,先将砂石晾干,能站人时方可进行,开挖时连同下层淤泥一同挖除,露出新砂石,切勿将夹砂层挖混,造成开挖困难。

2)流砂

流砂现象一般发生在非黏性土中,主要与砂土的含水量、孔隙率、黏粒含量及水压力的水力梯度有关。在细砂、中砂中时常发生,也可能在粗砂中发生,流砂开挖的主要方法如下:

(1)主要解决好“排”与“封”,即将开挖区泥沙层中的水及时排除,降低含水量和水力梯度及将开挖区的流砂封闭起来。如坑底置水,可在较低的位置挖沉砂坑,将竹筐或柳条筐沉入坑底,水进入筐内而砂被阻于其外,然后将筐内水排走。

(2)对于坡面的流砂,当土质允许、流砂层又较薄(一般在4~5 m)时,可采用开挖方法,一般放坡为1:4~1:8,但这要扩大开挖面积,增加工程量。

(3)当挖深不大、面积较小时,可以采取扩面的措施,其具体做法如下:

①砂石护面:在坡面上先铺一层粗砂,再铺一层小石子,各层厚5~8 cm,形成反滤层,坡脚挖排水沟,做同样的反滤层,如图6-3所示。这样既可防止渗水流出时挟带泥沙,又可防止坡面径流冲刷。

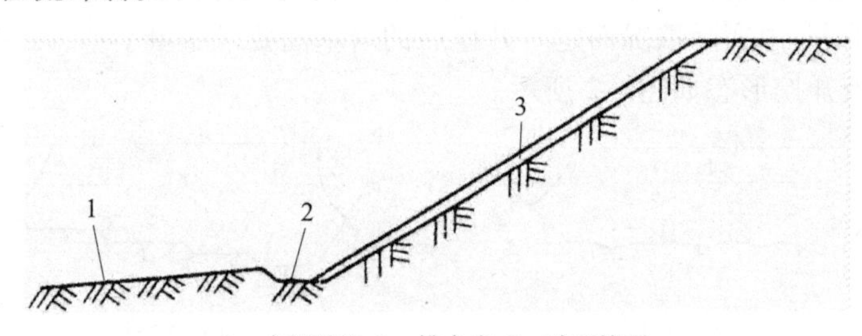

1—水闸基坑;2—排水沟;3—砂石护面

图6-3 砂石护面

②柴枕护面:在坡上铺设爬坡式的柴捆(枕),坡脚设排水沟,沟底及两侧均铺柴枕,以起到滤水拦砂的作用,如图6-4所示。隔一定距离打桩加固,防止柴枕下塌移动。当基坑坡面较长、基坑挖深较大时,可采用柴枕拦砂法处理,如图6-5所示,其做法是:在坡面渗水范围的下侧打入木桩,桩内叠铺柴枕。

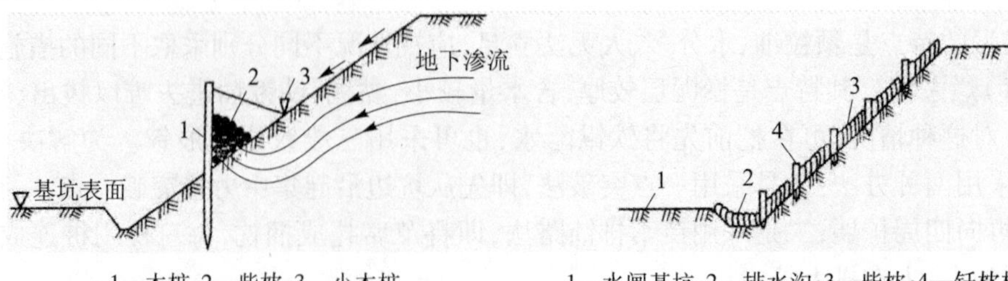

1—木桩;2—柴枕;3—小木桩

图6-4 柴枕护面

1—水闸基坑;2—排水沟;3—柴枕;4—钎枕桩

图6-5 柴枕拦砂

二、建筑物工程基坑开挖的机械化施工要求

土石方工程开挖的机械有挖掘机械和挖运组合机械两大类，挖掘机械主要用于土石方工程的开挖工作。挖掘机械按构造及工作特点又可分为循环作业的单斗式挖掘机和连续作业的多斗式挖掘机两大类。挖运组合机械是指能由一台机械同时完成开挖、运输、卸土、铺土任务的机械，常用的有推土机、铲运机和装载机等。

（一）挖掘机械

1. 单斗式挖掘机

单斗式挖掘机是水利水电工程施工中最常用的一种机械，可以用来开挖建筑物的基坑、渠道等，它主要由工作装置、行驶装置和动力装置三部分组成。单斗式挖掘机的工作装置有铲斗、支撑和操纵铲斗的各种部件，包括正向铲、反向铲、索铲、抓铲四种。

1）正向铲挖掘机

钢丝绳操纵的正向铲挖掘机的工作要有支杆、斗柄、铲斗及操纵它的索具、连接部件等。支杆一端铰接于回转台上，另一端通过钢丝绳与绞车相连，可随回转台在平面上回转360°，但工作时其垂直角度保持不变。斗柄通过鞍式轴承与支杆相连，斗柄下有齿杆，通过鼓轴上齿轮的转动，可作前后直线移动。斗柄前端装有铲斗，铲斗上装有斗齿和斗门。挖土时，栓销插入斗门扣中，斗门关闭，卸土时绞车通过钢丝绳将栓销拉出，斗门则自动下垂开放。正向铲挖掘机是一种循环式作业机械，每一工作循环包括挖掘、回转、卸料、返回四个过程。挖掘时，先将铲斗放到工作面底部的位置，然后将铲斗自下而上提升，使斗柄向前推压在工作面上挖出一条弧形挖掘面（Ⅱ、Ⅲ）。在铲斗装满土石后，再将铲后退离开工作面（Ⅳ），回转挖掘机上部机构至运土车辆处（Ⅴ），打开斗门将土石卸掉（Ⅵ），此后再转回挖掘机上部机构，同时放下铲斗，进行第二次循环，到所在位置全部挖完后，再移动到另一停机位置，继续挖掘工作。

正向铲挖掘机主要用于挖掘基面以上的Ⅰ～Ⅳ级土，也可以挖装松散石料。

2）索铲挖掘机

索铲挖掘机的工作装置主要由支杆、铲斗、升降索和牵引索组成。铲斗由升降索悬挂在支杆上，前端通过铁链与牵引索连接，挖土时先收紧牵引索，然后放松过牵引索和升降索，铲斗借自重荡至最远位置并切入土中，然后，拉紧牵引索，使铲斗沿地面切土并装满铲斗，此时，收紧升降索及牵引索，将铲斗提起，回转机身至卸土处，放松牵引索，使铲斗倾翻卸土。

索铲挖掘机支杆较长，倾角一般为30°～45°，所以挖掘半径、卸载半径和卸载高度均较大。由于铲斗是借自重切入土中，因此适用于开挖建基面以下的较松软土壤，也可用于浅水中开挖砂砾料，索铲卸土最好直接卸于弃土堆中，必要时也可直接装车运走。

2. 单斗式挖掘机生产率的计算

在施工中应尽可能提高挖掘机生产率（p），其计算公式如下：

$$p = 60nqK_{充}K_{时}K_{修}K_{延}/K_{松} \tag{6-1}$$

式中 n——设计每分钟循环次数，次/min；

q——铲斗的容量，m^3；

$K_{充}$——铲斗充盈系数；

$K_{时}$——时间利用系数，取0.8~0.9；

$K_{修}$——工作循环时间修正系数，$K_{修}=1/(0.4K_{土})+0.6B$，$K_{土}$为土壤级别修正系数，一般采用1.0~1.2，B为转角修正系数，卸料转角为90°时，$B=1.0$，卸料转角为100°~135°时，$B=1.08\sim1.37$；

$K_{延}$——卸料延续系数，卸入弃土堆为1.0，卸入车厢为0.9；

$K_{松}$——可松性系数。

提高挖掘机生产率的主要措施如下：

(1)加长中间斗齿长度，以减小铲土阻力，从而减少铲土时间。

(2)加强对机械工人的培训，操作时应尽可能合并回转、升起、降落等过程，以缩短循环时间。

(3)挖松土料时，可更换大容量的铲斗。

(4)合理布置工作面，使撑子高度接近挖掘机的最佳撑子高度，并使卸土时挖掘机转角最小。

(5)做好机械保养，保证机械正常运行并做好施工现场准备，组织好运输工具，尽量避免工作时间延误。

3. 多斗式挖掘机

多斗式挖掘机是一种连续作业式挖掘机械，按构造不同，可分为链斗式和斗轮式两类：

(1)链斗式采砂船

链斗式采砂船是由传动机械带动固定传动链条上的土斗进行挖掘的，多用于挖掘河滩及水下砂砾料。水利水电工程中，常用的采砂船有120 m^3/h和250 m^3/h两种，采砂船是无自航能力的砂砾石采掘机械。当远距离移动时，需靠拖轮拖带；近距离移动时，可借助船上的绞车和钢丝绳移动。一般采用轨距为1.435 m和0.762 m的机车牵引矿车或砂驳船配合使用。

(2)斗轮式挖掘机

斗轮式挖掘机的斗轮装在可仰俯的斗轮臂上，斗轮装有7~8个铲斗，当斗轮转动时，即可挖土；铲斗转到最高位置时，斗内土料借助自重被卸到受料皮带上，然后卸入运输工具或直接卸到料堆上。斗轮式挖掘机的主要特点是斗轮转速快，连续作业生产率高，且斗轮臂倾角可以改变，可以回转360°，故开挖面较大，可适用于不同形状的工作面。

(二)挖运组合机械

1. 推土机

推土机是一种能进行平面开采，平整场地，并可短距离运土、平土、散料等综合作业的土方机械。由于推土机构造简单、操作灵活、移动方便，故在水利水电工程中应用很广，常用来清理、覆盖、堆积土料，碾压、削坡、散料等坝面作业。

2. 装载机

装载机(见图6-6)是一种工效高、用途广泛的工程机械，它不仅可以堆积松散料物，进行装、运、卸作业，还可以对硬土进行轻度的铲掘工作，并能用于清理、刮平场地及牵引作业，如更换工作装置，还可以完成推土、挖土、松土、起重以及装载棒状物料等工作，因此被广泛应用。装载机按行走装置可分为轮胎式和履带式两种，按卸载方式可分为前卸式、侧卸式和回转式三种。

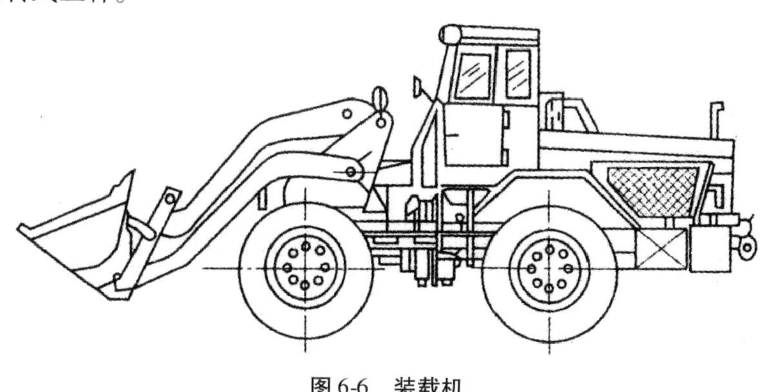

图6-6　装载机

第二节　各类建筑物工程中的混凝土工程施工技术

建筑物中的水工混凝土的施工技术要求，对提高水工混凝土施工质量，推动其技术的发展起到了很好的作用。随着科学技术的进步，施工装备水平的提高，对施工技术水平和质量控制的要求更高、更严格。

一、模板的施工技术要求

模板工序是水工混凝土工程施工中一项重要的分项工程，对工程的进度质量和经济效益均有重要的影响。目前，随着社会科学技术的进步，模板施工的技术水平也有很大的提高，无论是在模板材料方面，还是在模板类型和施工工艺方面都有明显的进步。

（一）模板的制作安装总体要求

（1）保证混凝土结构和构件各部分设计的形状、尺寸和相互位置的正确。

（2）具有足够的强度、刚度和稳定性，能可靠地承受设计和规范要求的各项施工荷载，并保证变形在允许的范围以内。

（3）应尽量做到标准化、系列化装卸，周转次数高，有利于混凝土工程的机械化施工。

（4）模板的平面光洁，拼缝密合，不漏浆，以便保证混凝土的质量。

（5）模板的选用应与混凝土结构、构件特征、施工条件和浇筑方法相适应，土面积平面支模宜选用大模板，当浇筑层不超过3 m时，宜选用悬臂式大模板。

（6）组合钢模板、大模板、滑动模板等模板的设计制作和施工应符合国家现行标准《组合钢模板技术规范》（GBJ 214）、《液压滑动模板施工技术规范》（GBJ 113—87）和《水工建筑物滑动模板施工技术规范》（SL 32—92）的规定。

（7）对模板采用的材料及制作安装等工序均应进行质量检测。

（二）模板的材料要求

（1）模板的材料宜选用钢材、胶合板，支架的材料宜选用钢材，尽量少用木材。

(2)钢模板的材质应符合现行的国家标准和行业标准的规定。

①当采用钢材时,宜采用 QZ35,其质量应符合相关规范的规定。

②当采用木材时,应符合《木结构规范》(GBJ 5)中的承重结构选材标准。

③当采用胶合板时,其质量应符合现有的有效标准的有关规定。

④当采用竹编胶合板时,其质量应符合《竹编胶合板》(GB/T 13123)的有关规定。

(3)木材的种类可根据各地区实际情况选用,材质不宜低于三等材。腐朽、机理扭曲、有蛀孔等缺陷的木材,脆性木材和容易变形的木材,均不得使用。木材应提前备料,干燥使用,含水量宜为 18% ~23% 。水下施工用的木材,含水量宜为 23% ~45% 。

(4)保温模板的保温材料应不影响混凝土外露表面的平整度。

(三)模板的设计要求

(1)模板的设计必须满足建筑物的体型、结构尺寸及混凝土浇筑分层分块的要求。

(2)模板的设计,应提出对材料制作安装、运输使用及拆除工艺的具体要求,设计图纸应标明设计荷载和变形控制要求,模板设计应满足混凝土施工措施中确定的控制条件。如混凝土的浇筑顺序、浇筑速度、浇筑方式、施工荷载等。

(3)钢模板的设计应符合《钢结构设计规范》(GBJ 17—88)的规定,其截面塑性发展系数取 1.0,其荷载的设计值可乘以系数 0.85 予以折减。采用冷弯薄壁型钢应符合《冷弯薄壁型钢结构技术规范》(GBJ 18—87)的规定,其荷载设计值不应折减。

木模板的设计应符合《木结构设计规范》(GBJ 5—88)的规定,当木材含水量小于 25% 时,其荷载设计值可乘以系数 0.90 予以折减。

其他材料的模板设计应符合相应的有关专门规定。

(4)设计模板时,应考虑下列各项荷载:①模板的自身重力;②新浇筑混凝土的重力;③钢筋和预埋件的重力;④施工人员和机具设备的重力;⑤振捣混凝土时产生的荷载;⑥新浇筑混凝土的侧压力;⑦新浇筑混凝土的浮托力;⑧倾倒混凝土时所产生的荷载;⑨风荷载;⑩其他荷载。

(5)计算模板的强度和刚度时,根据模板种类及施工具体情况,一般按表 6-1 的荷载组合进行计算。

表 6-1　常用模板的荷载组合

模板类别	荷载组合	
	计算承载力	验算刚度
薄板和薄壳的底模板	①②③④	①②③④
厚板、梁和拱的底模板	①②③④⑤	①②③④⑤
梁拱柱(边长≤300 mm)墙(厚≤400 mm)的垂直侧模板	⑤⑥	⑥
大体积结构,厚板柱(边长 >300 mm)墙(厚 >400 mm)的垂直侧模板	⑥⑧	⑥⑧
悬臂模板	①②③④⑤⑧	①②③④⑤⑧
涵洞衬砌模板台车	①②③④⑤⑥⑦	①②③④⑤⑥⑦

注:① ~ ⑧指上文(4)中① ~ ⑧荷载,当底模板承受侧倾倒混凝土时的荷载对模板的承载能力和变形有较大影响时,应考虑荷载⑧。

(6)当计算模板刚度时,其最大变形值不得超过下列允许值。

①对结构表面外露的模板为模板构件计算跨度的1/400。

②对结构表面隐蔽的模板为模板构件计算跨度的1/250。

③支架的压缩变形值或弹性挠度为相应的结构计算跨度的1/1 000。

(7)承重模板的抗倾覆稳定性应按下列要求核算:

①应计算下列两项倾覆力矩并采用其中最大值等一项为风荷载,按《建筑结构荷载规范》(GBJ 9)确定第二项为作用于承重模板边缘150 kg/m的水平力。

②计算稳定力矩时,模板自重的拆减系数为0.8。如同时安装钢筋,应包括钢筋的质量。钢筋荷载按其对抗倾覆稳定最不利的分布计算。

(8)除悬臂模板外,内侧模板都必须设置内部撑杆或外部拉杆,以保证模板的稳定性。

(9)支架的立柱应在两径相垂直的方向加以固定。

(10)多层建筑物上层结构的模板支承在下层结构上时,必须验算下层结构的实际强度和承载能力。

(11)模板附件的最小安全系数如表6-2所示。

表6-2　模板附件的最小安全系数

附件名称	结构型式	安全系数
模板锚定件	仅支承模板质量和混凝土压力的模板 混凝土质量,施工荷载和冲击荷载模板	2.0 3.0
模板拉杆及锚定件	所有使用模板	2.0
模板吊钩	所有使用模板	4.0

(四)模板的制作

模板的制作应满足以下要求:

(1)模板制作的允许偏差应符合模板设计的规定,并不得超过表6-3中的规定。

表6-3　模板制作的允许偏差

偏差项目	结构型式	允许偏差(mm)
木模	小型模板:长和宽	±3
	大型模板(长、宽大于3 m):长和宽	±3
	大型模板对角线	±3
	模板平面度	
	相邻两板面高度	0.5
	局部不平	3
	面板缝隙	1

续表 6-3

偏差项目	结构形式	允许偏差(mm)
钢模板、复合模板及胶木(竹)模板	小型模板:长和宽	±2
	大型模板(长、宽大于 2 m):长和宽	±3
	大型模板对角线	±3
	模板面局部不平(用 3 m 直尺检查)	2
	连接配件的孔位置	±1

①异型模板(尾水管、蜗壳等)、永久性滑动模板、移置模板、装饰混凝土模板等特种模板,其制作的允许偏差应按有关规定和要求执行。

②定型组合钢模的制作允许偏差应按有关规定。

③木模是指在面板上覆盖隔层的木模板,用于混凝土非外露面的木模和被用来制作复合模板的木模制作,偏差可按表中的允许偏差适当放宽。

④复合模板表面及活动部分应涂防锈油脂,但不影响混凝土表面颜色,其他部分应涂防锈漆,木面板宜贴镀铁皮或其他隔层。

(2)当混凝土的外露表面采用木模时,宜做成复合模板。

(3)重要结构的模板,承重模板,移动式、滑动式、工具式及永久性的模板均须进行模板设计,并提出对材料制作安装、使用及拆除工艺的具体要求。设计图纸应标明设计荷载及控制条件,如混凝土的浇筑顺序、速度、施工荷载等。

(五)模板的安装技术要求与维护

(1)模板安装前,必须按设计图纸测量放样,重要结构应多设置控制点,以利检查校正。

(2)在模板的安装中,必须经常保持足够的临时固定设施,以防倾覆。

(3)模板的钢拉杆不应弯曲,伸出混凝土外的拉杆宜采用端部可拆卸的结构型式,拉杆与锚环的连接必须牢固,预埋在下层混凝土中的锚定件(螺栓、钢筋环等),在承受荷载时,必须有足够的锚固强度。

(4)模板的板面应涂脱模剂,应避免脱模时污染或侵蚀钢筋和混凝土。

(5)支架必须支承在坚实的基础或混凝土上并应有足够的支承面积,斜撑应防止滑动。竖向模板和支架的支撑部分,当安装在基土上时,应加设垫层,且基土上必须坚实并没有排水措施。

(6)模板与混凝土的接触面,以及各块模板之间的接缝处必须平整密合,以保证混凝土表面的平整度和混凝土的密实性。

(7)现浇钢筋混凝土梁板,当跨度等于或大于 4 mm 时,模板应起模,起拱的调节度一般宜为全跨长度的 1/1 000~3/1 000。

(8)建筑物分层施工时,应逐层校正下层模板的偏差,模板下端不应有错缝、错台。

(9)模板安装,除悬臂模板外,竖向模板与内倾模板都必须设置内部撑杆或外部拉杆,以确保模板的稳定性。

(10)模板安装的允许偏差应根据结构物的安全、运行条件、经济和美观等要求确定：

①大体积混凝土以外的一般现浇结构模板安装的允许偏差应符合表6-4的规定。

表6-4　一般现浇结构模板安装的允许偏差

偏差项目		允许偏差(mm)
底模上表面标高		0
截面内部尺寸	基础 柱梁墙	±10 +4　-5
层高垂直	全高 全高	6 8
相邻两面板高差 表面局部不平(用2 m直尺检查)		2 5

②一般大体积混凝土模板安装的允许偏差应符合表6-5的规定。

表6-5　一般大体积混凝土模板安装的允许偏差　　(单位:mm)

偏差项目		混凝土结构的部位	
		外露表面	隐蔽内面
模板平整度	相邻两面板错台 局部不平(用2 m直尺检查)	2 5	5 10
板面缝隙		2	2
结构物边线与设计边线	外模板	0　-10	15
	内模板	-10　0	
结构物水平截面内部尺寸		±20	
承重模板标高		+5 0	
预留孔洞	中心线位置	5	
	截面内部尺寸	+10　0	

注:1.外露表面、隐蔽内面是指相应模板的混凝土结构表面最终所处的位置。

2.调整水流区、流态复杂部位、机电设备安装部位的模板，除参考本表要求外，还必须符合有关专项设计的要求。

③永久性模板、滑动模板、移置模板、装饰模板等特种模板，其模板安装的允许偏差按结构设计要求和模板设计执行。

④钢承重骨架的模板必须按设计位置可靠地固定在承重骨架上，以防止在运输及浇筑时错位，承重骨架安装前，宜先做试吊及承载试验。

⑤预制构件模板安装的允许偏差应符合表6-6的规定。

表6-6　预制构件模板安装的允许偏差

偏差项目		允许偏差(mm)
长度	板梁	±5
	薄腹梁桁架	±10
	桩	0　-10
	墙板	0　-5
宽度	板墙板	0　-5
	梁薄腹梁、桁架柱	+2　-5
高度	板	+2　-3
	墙板	0　5
	梁薄腹梁、桥架柱	-5　+2
板的对角线差		7
拼板表面高低差		1
板的表面平整度		3
墙板的对角线差		5
侧向弯曲	梁柱板	L/1 000且≤15
	墙板薄腹梁桁架	L/1 500且≤15

注:L为构件长度。

(11)模板上严禁堆放超过设计荷载的材料及设备,混凝土浇筑时,必须按模板设计荷载来控制浇筑速度及施工荷载,且应及时清除模板上的杂物。

(12)在混凝土浇筑过程中,必须安排专人负责经常检查,调整模板的变形及位置,使其与设计线偏差不超过模板安装的允许偏差绝对值的1.5倍,并每班做好记录。对承重模板,必须加强检查维护,对重要部位的承重模板,还必须由有经验的人员进行监测。模板如有变形、位移,应立即采取措施,必要时停止混凝土浇筑。

(13)混凝土浇筑过程中,必须随时监视混凝土下料情况,混凝土不得过于靠近模板,下料时不能直接冲击模板、混凝土罐等桩具,不得撞击模板。

(14)陡坡上的滑模施工要有保证安全的措施。牵引机具为卷扬机钢丝绳等,地锚要安全可靠,牵引机具为液压千斤顶时,应对千斤顶的配套拉杆作整根试验检查,并应设保证安全的钢丝绳、卡钳、倒链等保险措施。

(六)对特种模板的要求

特种模板包括永久性模板、滑动模板、移置模板及装饰混凝土模板等。

(1)滑动模板在结构上应有足够的强度、刚度和稳定性,每段模板沿滑动方向的长度必须与平均滑道速度和混凝土脱模时间相适应,一般为1~1.5 m,滑模的支承构件及提升(拖动)设备应能保证模板结构均衡滑动,导向构件应能保证模板准确地按设计方向滑动、提升。设备一般采用液压设备,以避免污染钢筋和混凝土。

(2)滑模施工时,其滑动速度必须与混凝土的早期强度增长速度相适应。要求混凝土在脱模时不坍落、不拉裂。模板沿竖直方向滑动、提升时,混凝土的脱模强度应控制在0.2~0.4 MPa。模板沿倾斜或水平方向滑动时,混凝土的脱模强度应经过计算和试验确定。混凝土的浇筑强度必须满足滑动速度的要求。

(七)模板的拆除要求

(1)现浇混凝土结构的模板拆除时间应在混凝土强度符合设计要求后。当设计无要求时,应符合下列要求:

①侧模。混凝土强度能保证其表面和棱角不因拆除模板而损坏。

②底模。混凝土强度应符合表6-7的规定。

表6-7 现浇混凝土结构拆模时所需的混凝土强度

结构类型	结构跨度(m)	按设计的混凝土强度标准值的百分率计(%)
板	≤2	50
	>2,≤8	75
	>8	100
梁拱壳	≤8	75
	>8	100
悬臂构件	≤2	75
	>2	100

注:设计的混凝土强度标准是指与设计强度等级相应的混凝土立方体抗压强度标准值。

③经计算及试验复核,混凝土结构的实际强度已能承受自重及其他实际荷载时,可提前拆模。

(2)拆模应使用专门工具,应根据锚固情况分批拆除锚固件,防止大片模板坠落,以减少混凝土及模板的损坏。

(3)底模。当构件跨度不大于4 m时,在混凝土强度符合设计的混凝土强度标准值的50%后方可拆除,当构件跨度大于4 m时,在混凝土强度符合设计的混凝土强度标准值的75%后方可拆除。

(4)拆下的模板支架及配件应及时清理维修,暂时不用的模板应分类堆存、完善保管。钢模应做好防锈工作,并设仓库存放。大型模板堆放时,应垫平放稳,并适当加固,以免翘曲变形。

二、水工混凝土的施工技术要求

水工混凝土的施工技术要求主要是控制与检查,对材料的选用、混凝土配合比的选定、施工方法的选择、施工过程中的质量控制及养护等的技术要求。

(一)原材料的质量控制要求

1.水泥的施工要求

(1)水泥的品质:选用的水泥必须符合现行国家标准的规定,并根据工程特殊的要求对水泥的化学成分、矿物组成和细度等提供专门要求。

(2)每个工程所用的水泥品种以1～2种为宜并应固定供应厂家。

(3)选用的水泥强度等级应与混凝土设计强度等级相适应,水位变化区、溢流面及经常受水流冲刷部位、抗冻要求较高的部位,宜使用较高强度等级水泥。

(4)运至工地的每一批水泥应有生产厂家的出厂合格证和品质试验报告,使用单位应进行抽检(每200～400 t同一厂家同品牌、同强度等级的水泥为一取样单位,如不足200 t,也应作为一取样单位,必要时进行复检。

(5)水泥品质的检测,应按现行的国家标准进行。

(6)水泥的运输、保管及使用应遵守以下规定:

①优先使用散装水泥。

②运到工地的水泥应按标明的品种、强度等级、生产厂家和出厂批号分别储存到有明显标志的储罐或仓库中,不得混装。

③水泥在运输和储存过程中应防水防潮,已受潮结块的水泥应经处理并经验检合格后方可使用,储罐水泥宜一个月倒罐一次。

④水泥仓库应有排水、通风措施,保持干燥,堆放袋装水泥时,设置防潮层,并距地面、离墙边至少30 cm,堆放高度不超过15袋,并留出运输通道。

⑤散装水泥运到工地时的入罐温度不宜高于65 ℃。

⑥先运到工地的水泥应先用,袋装水泥储存期不超过3个月,散装水泥超出6个月,使用前应重新检测。

⑦应避免水泥的散失浪费,注意环境保护。

2.骨料的施工要求

(1)应根据优质、经济、就地取材的原则进行选择,可选择天然骨料或人工骨料及二者互补。选用人工骨料时,有条件的地方宜选用石灰岩质的料源。

(2)冲洗筛分骨料时,应控制好筛分进料量、冲水量和用水量筛网的孔径与倾角等,以保证各级骨料的成品质量符合要求,尽量减少细砂流失。在人工砂的生产过程中,应保持进料粒径、进料量及料浆浓度的相对稳定性,以便控制人工砂的细度模数及石粉含量。

(3)成品骨料的堆存和运输应符合下列规定:

①堆存场地应有良好的设施,排水通畅、干燥等,必要时应设置防雨遮阳等设施。

②各级骨料仓之间应设置隔墙等有效措施,严禁混料,并应避免泥土和其他杂物混入骨料中。

③应尽量减少转运次数,卸料时粒径大于40 mm的骨料自由落差大于3 m时,应设置缓解设施。

④储料仓除有足够的容积外,还应维持不小于6 m的堆料厚度,细骨料仓的数量和容积应满足细骨料脱水的要求。

⑤在细骨料成品堆场取料时,同一级料堆不同部位用四分法取样。

(4)细骨料(人工砂、天然砂)的品质要求:

①细骨料应质地坚硬清洁、级配良好,人工砂的细度模量宜在2.4～2.8,天然砂的细度模数宜在2.2～3.0,使用山砂、粗砂、特细砂时,应经过试验论证。

②细骨料的含水量应保持稳定，人工砂饱和面的含水量不宜超过6%，必要时应采取加速脱水等措施。

细骨料的品质要求见表6-8。

表6-8　细骨料的品质要求

项目		指标		说明
		天然砂	人工砂	
石粉含量(%)		—	6~80	
含泥量	≥C_{90}30和有抗冻要求的	≤3	—	
	≤C_{90}30	≤5	—	
泥块含量		不允许	不允许	
坚固性(%)	有抗冻要求的混凝土	≤8	≤8	
	无抗冻要求的混凝土	≤10	≤10	
表观密度(kg/m^3)		≥2 500	≥2 500	
硫化物及硫酸盐含量(%)		≤1	≤1	按质量计
有机质含量		浅于标准色	不允许	
云母含量(%)		≤2	≤2	
轻物质含量(%)		≤1	—	

(5)粗骨料(碎石、卵石)的品质要求：

①粗骨料的最大粒径不应超过钢筋净间距的2/3、构件最小边长的1/4、素混凝土板的1/2，对少筋或无筋混凝土结构，应选用较大的粗骨料粒径。

②施工中宜将粗骨料按粒径分成下列几种组合：

a. 当最大粒径为40 mm时，分成D_{20}、D_{40}两组。

b. 当最大粒径为80 mm时，分成D_{20}、D_{40}、D_{80}三组。

c. 当最大粒径为120 mm(150 mm)时，分成D_{20}、D_{40}、D_{80}、D_{120}(D_{150})四组。

③应严格控制各级骨料的超逊径含量，以原孔筛检测，其控制标准为超径小于10%，当以超逊径筛检验时，其控制标准超径为0，逊径小于2%。

④采用连续级配或间断级配应由试验确定。

⑤各级骨料应避免分离，D_{150}、D_{80}、D_{40}和D_{20}分别用中径(115 mm、60 mm、30 mm和10 mm)方孔筛检测的筛余量应在40%~70%。

⑥如果使用含有活性骨料、黄锈的钙质结合粗料等，必须进行试验论证。

⑦粗骨料表面清洁，如裹粉、裹泥或被污染等应清除。

⑧粗骨料的压碎指标按表6-9的规定。

表 6-9　粗骨料的压碎指标值

骨料类别		不同混凝土强度等级的压碎指标值(%)	
		$C_{90}55 \sim C_{90}45$	$\leqslant C_{90}35$
碎石	水成岩	≤14	≤16
	变质岩或深层的火成岩	≤13	≤20
	火成岩	≤13	≤30
卵石		≤12	≤16

3. 掺合料的施工要求

水工混凝土中应掺入适量的掺合料,其品种有粉煤灰、凝灰岩粉、矿渣微粉、硅粉、粒化电炉磷渣、氧化镁等。掺用的品种和掺量应根据工程的技术要求,掺合料品质和资源条件通过试验论证确定。

(1)掺合料的品质应符合现行国家标准和有关行业标准。

(2)粉煤灰掺合料宜选Ⅰ级、Ⅱ级。

(3)掺合料每批产品出厂时应有出厂合格证,主要内容包括厂名、等级、出厂日期、批号数量、品质检测结果说明等。

(4)使用单位对进场使用的掺合剂应进行验收并随机取样抽检。粉煤灰等掺合料以连续供应 200 t 为一批次(不足 200 t 按一批次),硅粉以连续供应 20 t 为一批次(不足 20 t 应按一批次计),氧化镁以 60 t 为一批次(不足 60 t 仍按一批次计)。掺合料的品质检测按现行国家标准和有关行业标准进行。

(5)掺合料应储存在专用仓库或储罐内,在运输和储存过程中应注意防潮,不得渗入杂物并应有防尘措施。

4. 外加剂的技术要求

水工混凝土中必须掺加适量的外加剂,常用的外加剂有普通减水剂、高效减水剂、缓凝高效减水剂、缓凝减水剂、引气减水剂、缓凝剂、高温缓凝剂、引气剂、泵送剂等。根据特殊需要也可掺用其他性质的外加剂,外加剂的品质必须符合现行国家标准和有关行业标准。

(1)外加剂应根据混凝土性能的要求、施工的需要并结合工程选定的混凝土原材料进行选择,经可靠性论证和技术经济比较后,选择合适的外加剂种类和掺量。一个工程掺用同种类外加剂的品种选用 1 ~2 种,并由专门生产厂家供应。

(2)有抗冻要求的混凝土应掺引气剂,混凝土的含气量应根据混凝土的抗冻等级和骨料最大粒径等,通过试验确定,并按表 6-10 中的规定参考使用。

表 6-10　掺引气剂型外加剂混凝土的含气量

骨料最大粒径(mm)	20	40	80	150(130)
≥1 200 混凝土	5.5	5.0	4.5	4.0
≤F150 混凝土	4.5	4.0	3.5	3.0

注:F150 混凝土掺用引气剂与否根据试验确定。

(3)外加剂应配咸水溶液,使用配制溶液时,应称量准确,并搅拌均匀。

(4)外加剂每批产品均应有出厂合格检测报告,使用单位应进行抽检复查。

(5)外加剂的分批次以掺量划分。掺量大于或等于1%的外加剂以100 t为一批次,掺量小于1%的外加剂以50 t为一批次,掺量小于0.01%的外加剂以1~2 t为一批次。一批进场的外加剂不是一个批次数量的,应视为一批次进行检测,外加剂的检验按现行国家标准和有关行业标准进行。

(6)外加剂应存放在专用仓库或固定的场所妥善保管,不同品种外加剂应有标记,分别储存粉状外加剂。在运输和储存过程中,应注意防水防潮,当外加剂储存时间过长,对其品质有怀疑时,必须进行试验确定。

5. 水的质量要求

(1)凡适用于饮用的水,均可用于拌制和养护混凝土。

(2)天然矿泉水如果化学成分符合表6-11中的规定,可以用来拌制和养护混凝土。

表6-11　拌制和养护混凝土的天然矿泉水的物质含量限值

项目	预应力混凝土	钢筋混凝土	素混凝土
pH	>4	>4	>4
不溶物(mg/L)	<2 000	<2 000	<5 000
可溶物(mg/L)	<2 000	<5 000	<10 000
氯化物(以Cl^-计)(mg/L)	<500	<1 200	<3 500
硫酸盐(以SO_4^{2-}计)(mg/L)	<600	<2 700	<2 700
硫化物(以S^{2-}计)(mg/L)	<100	—	

注:1. 本表适用于各种大坝水泥、硅酸盐水泥、普通硅酸盐水泥、矿渣硅酸盐水泥、火山灰质硅酸盐水泥和粉煤灰硅酸盐水泥拌制的混凝土。

2. 采用硫酸盐水泥时,水中SO_4^{2-}的含量允许加大到10 000 mg/L。

(3)对拌制和养护混凝土的水质有怀疑时,应进行砂浆强度试验。如果该水制成的砂浆的抗压强度低于饮用水制成的砂浆28 d龄期强度的90%,则这种水不宜用。

(二)混凝土配合比的选定

为满足混凝土的设计强度,耐久性、抗渗性等要求及施工和易性的需要,应进行混凝土配合比的优选试验,混凝土配合比选择应经综合分析比较,合理地降低水泥用量,主体工程混凝土配合比应经审查选定。

(1)混凝土配置强度计划由下式计算:

$$f_{cvo} = f_{cok} + t\sigma \tag{6-2}$$

式中 f_{cvo}——混凝土的配制强度,MPa;

f_{cok}——混凝土设计龄期的强度标准值,MPa;

t——概率度系数,依据保证率P选定;

σ——混凝土强度标准差,MPa。

当没有近期的同品种混凝土强度资料时,σ值可参照表6-12的数值参用。

表 6-12　标准 σ 值

混凝土强度标准值	$\leqslant C_{90}15$	$C_{90}20 \sim C_{90}25$	$C_{90}30 \sim C_{90}35$	$C_{90}40 \sim C_{90}45$	$\geqslant C_{90}50$
σ(90 d)(MPa)	3.5	4.0	4.5	5.0	5.5

(2)根据前一个月(或3个月)相同强度等级配合比的混凝土强度资料,混凝土强度的标准差 σ 按下式计算:

$$\sigma = \sqrt{\frac{\sum_{i=1}^{n} f_{cui}^{2} - nm^{2}f_{cn}}{n-1}} \tag{6-3}$$

式中　f_{cui}——第 i 组试件的强度,MPa;

mf_{cn}——n 组试件的强度平均值,MPa;

n——试件组数,n 值应大于30。

σ 的下限取值,对小于和等于 $C_{90}25$ 级混凝土,计算得到的 σ 小于2.5 MPa时,σ 取2.5 MPa;对大于和等于 $C_{90}30$ 级混凝土,计算得到的 σ 小于3.0 MPa时,σ 取3.0 MPa。施工中,应根据施工的时段强度的统计结果,调整 σ 值,进行动态控制。

(3)大体积内部混凝土的胶凝材料用量不低于140 kg/m^3,水泥熟料含量不宜低于70 kg/m^3。

(4)混凝土的水胶比(或水灰比),根据设计对混凝土性能的要求,应通过试验确定,并不应超过表6-13的规定。

表 6-13　水胶比最大允许值

部位	严寒地区	寒冷地区	温和地区
上下优水位以上(坝体外部)	0.50	0.55	0.60
上下优水位变化区(坝体外部)	0.45	0.50	0.55
上下优最低水位以下(坝体外部)	0.50	0.55	0.60
基础	0.50	0.55	0.60
内部	0.60	0.65	0.65
受水流冲刷部位	0.45	0.50	0.50

注:在有环境水侵蚀情况下,水位变化区外部及水下混凝土最大允许水胶比(或水灰比)应减小0.05。

(5)粗骨料级配及砂率的选择应根据混凝土的性能要求、施工和易性及最小单位用水量并尽量充分利用所产生的骨料,减少弃料等原则,通过试验进行综合分析确定。

(6)混凝土坍落度应根据建筑物的结构断面、钢筋含量、运输距离、浇筑方法、运输方式、振捣能力和气候等条件决定,在选定配合比时应综合考虑,并宜采用较小的坍落度,混凝土在浇筑地点的坍落度可按表6-14选用。

表 6-14 混凝土在浇筑地点的坍落度

混凝土类别	坍落度(cm)
素混凝土或少筋混凝土	1~4
配筋率不超过 1% 的钢筋混凝土	3~6
配筋率超过 1% 的钢筋混凝土	5~9

注:有温度控制要求高低温季节浇筑混凝土时,其坍落度可根据实际情况酌情增减。

(三)混凝土的施工技术要求

(1)拌制混凝土时,必须严格遵守实验室签发的混凝土配料单进行配料,严禁擅自更改。

(2)水泥、砂、石掺合料均应以质量计,水及外加剂溶液可按质量折算成体积计,称量的偏差不应超过表 6-15 中的规定。

表 6-15 混凝土材料称量的允许偏差

材料名称	称量的允许偏差(%)
水泥、掺合料、水、外加剂、冰	±1
骨料	±2

(3)施工前应结合工程的混凝土配合比情况,检验拌和设备的性能,当发现不相适应时,应适当调整混凝土的配合比,但要经过试验确定。

(4)在混凝土的拌和过程中,应根据气候条件定时测定砂石骨料的含水量,在降雨的情况下,应相应地增加测定次数,以便随时调整混凝土的加水量。

(5)在混凝土的拌和过程中,应采取措施保持砂石料的含水量稳定,砂子含水量控制在 6% 以内。

(6)掺有掺合料(如粉煤灰等)的混凝土进行拌和时,掺合料可以混掺,也可以干掺,但应保持掺合均匀。

(7)如果使用外加剂,应将外加剂溶液均匀配入拌和料,与水共同掺入,外加剂中的水量应包含在拌和用水之内。

(8)必须将混凝土各组分拌和均匀,拌和程序与拌和时间应通过试验确定,表 6-16 中所列最少的拌和时间可参考使用。

表 6-16 混凝土最少拌和时间

拌和机进料容量(m^3)	最大骨料粒径(mm)	坍落度(cm)		
		2~5	5~8	>8
1.0	80	—	2.5	2.0
1.6	150(120)	2.5	2.0	2.0
2.4	150	2.5	2.0	2.0
5.0	150	3.5	2.0	2.5

注:1. 入机拌和量不应超过拌和机的容量的 10%。

2. 拌和混合料、减水剂、加水剂、加冰时宜延长拌和时间,出机的拌和物中不应有冰块。

(9)拌和设备应经常进行下列项目的检查:

①拌和物的均匀性。

②各种条件下适宜的拌和试件。

③衡器的准确度。

④拌和机及叶片的磨损情况。

(四)混凝土运输的注意事项

(1)所选择的混凝土运输设备和运输能力均应与拌和、浇筑能力及钢筋模板吊运的需要相适应,以保证混凝土的质量,充分发挥设备的效率。

(2)所用的运输设备,应使混凝土在运输过程中不致发生分离、漏浆、严重泌水及过多温度回升和降低坍落度等现象。

(3)同时运输两种以上强度等级、级配或其他特征不同的混凝土时,应在运输设备上设置标志,以免混淆。

(4)混凝土在运输过程中,应尽量缩短运输时间及减少转运次数,掺普通减水剂的混凝土运输时间不宜超过表6-17规定的范围,因故停歇过久混凝土已初凝或已失去塑性时,应作废料处理,严禁在运输中和卸料时加水。

表6-17　混凝土运输时间

运输时段的平均气温(℃)	混凝土运输时间(min)
20~30	45
10~20	60
5~10	90

(5)在高温或低温条件下混凝土的运输工具应设置遮盖或保温设施,以避免天气、气候、气温等因素影响混凝土的质量。

(6)混凝土的自由下落高度不宜大于15 m时,应采取缓降或其他措施,以防止骨料的分离。

(7)用汽车、侧翻车、侧卸车、料罐车、搅拌车及其他专用车辆输送混凝土时,应遵守下列规定:

①运输混凝土的汽车专用运输道路应保持平整。

②装载混凝土的厚度不应小于40 cm,车厢应平滑、密封、不漏浆,砂浆的损失应控制在1%以内,每次卸料时应将所装的混凝土卸净,并应适时清洗干净,以免车厢混凝土黏附。

③汽车运输混凝土直接入仓时,必须有确保混凝土施工质量的措施。

(8)用皮带输运机运输混凝土时,应遵守下列规定:

①混凝土的配合比应适当增加砂率,骨料粒径不宜大于80 mm。

②宜选用槽型皮带机,皮带接头直接胶结,并应严格控制安装质量,力求运行平稳。

③皮带机运行速度一般宜在1.2 m/s以内。皮带机的倾角应根据机型经试验确定。

④皮带机卸料处应设置挡板、卸料导管和刮板。

⑤皮带机布料均匀，堆料高度应小于 1 m。

⑥应由冲洗设备及时清洗皮带上黏附的水泥砂浆，并应防止冲洗水流入仓内。

⑦露天皮带机上宜搭设盖棚，以免混凝土受日照、风、雨等影响，低温季节施工应有适当的保温措施。

(9)用溜筒、溜管、溜槽、负压(真空)溜槽运输混凝土时，应遵守下列规定：

①溜筒(管槽)内臂应光滑，开始浇筑前应用砂浆润滑溜筒(管槽)内臂，当用水润滑时，应将水引至仓外，仓面必须有排水措施，浇筑结束后，要及时将溜筒(管槽)内混凝土残料清理干净。

②溜筒(管槽)内必须平直，每节之间应连接牢固，应有防脱落保护措施。

③溜筒运输混凝土适用于竖井(倒虹吸洞身段)斜管段(倒虹吸进出口斜坡段)，混凝土运输施工倾角 30°~90°，溜管落料口要有缓冲装置，连接串筒下料至仓面，量大骨料粒径不应大于溜筒直径的 1/3。

④溜筒垂直运输混凝土时，溜筒的高度宜在 15 m 以内，倾斜运输混凝土时，溜筒长度宜在 2 500 m 以内，混凝土的坍落度要根据试验确定，一般为 8~12 cm，施工时要根据进入仓面的混凝土的和易性情况调整坍落度，必要时要二次搅拌后再浇筑。

⑤注意及时更换磨损严重的溜筒，要有专用卷扬机吊篮处理堵管，堵料不严重时宜敲击，严重时更换管。

⑥溜槽运输混凝土适用于倾角为 30°~50°的施工范围，运输长度在 100 m 以内。

⑦溜槽上要设保护盖，防止骨料溅出伤人，槽内要设缓冲挡板，控制混凝土的下槽速度，混凝土宜用二级配，混凝土需要三级配时，可经试验确定，要根据施工试验确定混凝土坍落度，并在施工中随时调整，一般坍落度宜在 14~16 cm。

(10)用混凝土泵运输混凝土时，应遵守下列规定：

①混凝土应加外加剂，并符合泵送的要求，进泵的坍落度一般宜在 8~18 cm。

②最大骨料的粒径应不大于导管直径的 1/3。

③安装导管前，应彻底清除管内污物及水泥砂浆，并用压力水清净，安装后应注意检查，防止漏浆，在泵送混凝土之前，应先在导管内通水泥砂浆。

④应保持泵道混凝土工作的连续性，如因故中断，则应经常使混凝土泵转动，以免导管堵塞，在正常温度下，如间隔时间过久(超过 45 min)，应将存留在导管内的混凝土排出，并加以清洗。

⑤泵送混凝土工作告一段落后，应及时用压力水将进料斗和导管冲洗干净。

(五)混凝土在浇筑过程中的施工技术要求

(1)建筑物地基必须经验收合格后，方可进行混凝土浇筑前的准备工作。

(2)混凝土浇筑前应详细检查有关准备工作，地基处理清基情况，检查模板钢筋预埋件及止水设施等是否符合设计要求，并做好记录。

(3)基岩石与表混凝土上的出水面浇筑仓在浇筑第一层混凝土前，必须先铺一层 2~3 cm 的水泥砂浆，其他仓面若不铺水泥砂浆，应有专门论证。

砂浆的水灰比较混凝土的水灰比减少 0.03~0.05，一次铺设的砂浆面积应与混凝土浇筑强度相适应，铺设工艺应保证新混凝土与基岩或老混凝土结合良好。

(4)浇筑混凝土层的厚度应根据拌和能力、运输距离、浇筑速度、气温及振捣器的性能等因素确定,并分层进行,方向有序,使混凝土均匀上升。

(5)流入仓内的混凝土应随浇随平仓,不得堆积于仓内,若有粗骨料堆叠,应均匀地分布于砂浆较多处,但不得用砂浆覆盖,以免造成内部蜂窝,在倾斜面上浇混凝土时,应从低处开始,浇筑面积应保持水平。

(6)混凝土浇筑时应保持连续性,如发现混凝土和易性较差,必须采取加强振捣的措施,严禁在仓内加水,以保证混凝土的质量,浇筑混凝土的允许间歇时间可通过试验确定,或参照表6-18中的规定。

表6-18 浇筑混凝土的允许间歇时间

混凝土浇筑时的气温(℃)	允许间歇时间(min)	
	中热硅酸盐水泥、硅酸盐水泥、普通硅酸盐水泥	低热矿渣硅酸盐水泥、矿渣硅酸盐水泥、火山灰质硅酸盐水泥
20~30	10	120
10~20	135	180
5~10	195	—

注:本表数值未考虑外加剂、混合材料及其他特殊施工措施的影响。

(7)混凝土工作缝的处理应按下列规定进行:

①已浇好的混凝土在强度尚未达到2.5 MPa前不得进行上一层混凝土的浇筑准备工作。

②混凝土表面应用压力水、风砂枪或刷毛机等加工成毛面,并清洗干净,排除积水。

③混凝土浇筑时间,如表面泌水较多,应及时研究减少泌水的措施,仓内的泌水必须及时排除,严禁在模板上开孔赶水,带走灰浆。

④混凝土应使用振捣器振捣,每一位置的振捣时间以混凝土不再显著下沉、不出现气泡,并开始泛浆为准。

⑤振捣器前后两次插入混凝土中的间距应不超过振捣器有效半径的1.5倍。

⑥振捣器宜垂直插入混凝土中,按顺序依次振捣,如略微倾斜,则倾斜方向应保持一致,以免漏振。

⑦振捣上层混凝土时,应将振捣器插入下层混凝土50 m左右,以加强上下层混凝土的结合。

⑧振捣器距离模板的垂直距离不应小于振捣器的有效半径的1/2,并不得触动钢筋及预埋件。

⑨在浇筑仓内无法使用振捣器的部位,如止水片、止浆片等周围应辅以人工捣固,使其密实。

⑩结构物设计顶面的混凝土浇筑完毕后,应平整高程,符合设计要求。

(六)混凝土养护时的注意事项

(1)浇筑完混凝土后,应及时洒水养护,保持混凝土表面湿润。

(2)混凝土表面的养护要求:

①养护前宜避免太阳光暴晒。

②塑性混凝土应在浇筑完毕后 6 ~ 18 d 内开始洒水养护，低塑性混凝土宜在浇筑完后，立即喷雾养护，并及早开始洒水养护。

③混凝土养护时间不宜少于 28 d，有特殊要求的部位，宜适当延长养护时间。

④混凝土养护应有专人负责，并应做好养护记录。

（七）特殊气象条件下混凝土的施工技术要求

1. 低温季节混凝土施工的质量要求

（1）低温季节（指日平均温度连续 5 d 低于 5 ℃或低温稳定在 -3 ℃以下的季节）混凝土施工时，应密切注意天气预报，防止混凝土遭受寒潮和霜冻的侵袭，加强新老混凝土防冻裂的保护措施。

（2）低温季节施工时，必须有专门的施工组织设计和可靠的措施，以保证混凝土满足设计规定的抗压、抗冻、抗渗、抗裂等的各项要求。

（3）混凝土允许受冻的临界强度应控制在以下范围：

①大体积混凝土（$M<5$）：

$$M = \frac{A}{V} \tag{6-4}$$

式中 M——大体积与非大体积的划分标准采用表面系数；

A——结构全部表面积；

V——结构面积。

②非大体积混凝土（$M \geqslant 5$）：

a. 混凝土强度等级大于 C10 时，硅酸盐水泥或普通硅酸盐水泥配制的混凝土为设计强度等级的 30%，矿渣硅酸盐水泥配制的混凝土为设计强度的 40%。

b. 混凝土强度等级小于或等于 C10 时，素混凝土或钢筋混凝土均应不大于 5.0 MPa。

c. 施工期间采用的加热保温、防冻材料应事前准备好，并且应有防水措施。

d. 低温季节施工的混凝土外加剂（减水剂、引气剂、早强剂、抗冻剂等）的产品质量均应符合国家标准及行业标准，其掺量要通过混凝土试验确定，并不定期进行抽查。

e. 原材料的加热、输送、储存和混凝土的拌和、运输、浇筑设备，均应根据热工计算，结合实际的气象资料，采取适当的保温措施。

f. 在浇筑过程中，应注意控制并及时调节混凝土的温度，保持浇筑温度均一，控制方法以调节拌和水温为宜。

g. 混凝土在浇筑完成后，外露表面应及时保温、防冻、防风干，保温层厚度是其他面积的 2 倍，搭接保温层应密实，其长度不应少于 50 cm。

h. 在低温季节施工时，模板一般在整个低温期间不宜拆除。

2. 高温季节混凝土施工的技术要求

（1）应严格控制混凝土的温度，混凝土最高温度不得超过 28 ℃，并应符合设计规定。

（2）混凝土的浇筑分程分缝分块高度及浇筑时间等均应符合设计规定，在施工过程中，各分块应均匀上升，相邻块的高差不得超过 10 ~ 20 cm。

（3）为了防止裂缝，必须从结构设计、温度控制、原材料的选择、配合比的优化、施工安排、施工质量、混凝土的表面保护和养护等方面采取综合措施。

(4)降低混凝土浇筑温度的主要措施有以下几种:

①为降低骨料温度,对成品料场的骨料堆高不低于8 m,并应有足够的储备。

②搭盖凉篷,喷水雾降温。

③粗骨料可采用风冷法、浸水法、水冷法等措施,如用水冷法时,应有脱水措施,使骨料含水量保持稳定,在拌和楼顶部料仓使用风冷法时,应采取有效措施,防止骨料冻仓。

④通过地垄取料。

⑤为防止温度回升,骨料从预冷仓到拌和楼,应采取隔热降温措施。

⑥混凝土拌和时,可采用低温水加冰等措施,加冰时,可用冰片或冰屑,并适当延长拌和时间。

(5)高温季节施工时,应根据具体情况采取下列措施,以减少混凝土温度的回升。

①缩短混凝土的运输时间,入仓后对混凝土及时进行平仓振捣,加快混凝土的入仓覆盖速度,缩短混凝土的暴晒时间。

②混凝土的运输工具应有隔热措施,如遮阳伞、布等。

③宜采用喷水雾等方法,以降低仓面周围的气温。

④混凝土浇筑时间应尽量安排在早晚、夜间及阴天进行。

⑤当天浇筑的尺寸较大时,可采用台阶式浇筑法,浇筑块的高度应小于1.5 m。

⑥入仓后的混凝土平仓振捣完至下一层混凝土下料之间,宜采用隔热保温被,将其顶面接头部覆盖。

(6)基础部分的混凝土宜利用有利条件(有利季节)进行浇筑,如须在高温季节浇筑,必须经过充分论证,并采取有效措施,经设计监理同意后,方可进行浇筑。

(7)减少混凝土水化热温升的主要措施有以下几种:

①在满足混凝土各项设计的指标前提下应采用加大骨料粒径,改善骨料级配,掺用掺合剂、外加剂和降低混凝土坍落度等综合措施,合理地减少单位水泥的用量,并尽量选用水化热低的水泥。

②为有利于混凝土浇筑块的散热基础和老混凝土的约束部位,浇筑块厚以1~2 m为宜,但可以采用浇筑层间埋设冷水管技术。浇筑块也可采用3 m以上,上下层浇筑间歇时间宜为8~10 d,在高温季节有条件时,还可采用表面水冷却的方法散热。

③采用冷却水管进行初期冷却时,通水时间由计算确定,一般为15~20 d,混凝土温度与水温之差以不超过25 ℃为宜,对于ϕ25 mm的金属水管,管中流速以0.6 m/s为宜,对于ϕ25 mm聚乙烯水管,管中流速以0.5~1.0 m/s为宜。水流方向应每天改变1~2次,使所浇建筑物冷却较均匀,每天降温不超过1 ℃。

(八)混凝土表面保护和养护的施工技术

(1)气温骤降季节基础混凝土建筑物上游面、顶面及其他重要部位应进行早期表面保护。

(2)高温季度应对收仓仓面及时进行流水养护,对Ⅰ级建筑物上下游面,宜做到常年流水养护,养护时间不少于设计龄期,水层厚度应通过计算确定。

(3)在气温变幅较大的地区,长期暴露的基础混凝土及其他重要部位,必须妥善加以保护。寒冷地区的老混凝土在冬季停工前应尽量使各浇筑块齐平,其表面保护措施可根据各地具体情况拟定。

(4)模板拆除时间应根据混凝土已达到的强度及混凝土的外部温差而定,但应避免在夜间或气温骤降期拆模。在气温较低的季节,当预计拆模后,混凝土表面温度降到超过6 ℃时,应推迟拆模时间,如必须拆模,应立即采取保护措施。

(5)混凝土表面保护应结合模板的类型材料等综合考虑,必要时采用模板内贴保温材料或混凝土预制模板。

(6)混凝土表面保温的保护层厚度应根据不同的部位结构、不同的保温材料和气候条件计算确定。

(7)在混凝土施工过程中,应每1~3 h测一次混凝土原材料的温度、机口混凝土温度,并有专人记录。

(九)混凝土雨季施工的技术要求

(1)雨季的施工应做好下列工作:

①砂石料场的排水设施应畅通无阻。

②砂石料的运输工具应有防雨及防滑措施。

③浇筑仓面应有防雨措施,并备有不透水覆盖材料。

④增加对骨料含水量的测定次数。

(2)中雨、大雨、暴雨天气不得进行混凝土的施工,有抗冲耐磨和有抹面要求的混凝土,不得在雨天施工。

(3)在小雨天进行施工时,应采取下列措施:

①适当减少混凝土拌和用水量。

②加强仓内排水和防止周围的水流入仓内。

③做好新浇混凝土面,尤其是接头部位的保护工作。

(4)在混凝土浇筑过程中,如遇中雨、暴雨、大雨,应将已入仓的混凝土振捣密实,立即停止浇筑,并随机遮盖混凝土表面,雨后必须先排除仓内积水,对受雨水冲刷的部位,应立即处理,如停止浇筑混凝土尚未超过允许的间隔时间或还能重塑应加铺至少与混凝土同强度等级砂浆后方可复仓浇筑,否则应停仓并按施工缝处理。

第三节　闸室工程施工技术

闸在水利水电工程中应用相当广泛,可用以完成灌溉、排涝、防洪、给水等多种工作。闸混凝土工程量大部分在闸室,本节主要讲述闸室部分施工。

一、闸室基础混凝土

闸室地基处理后,软基多先铺筑素混凝土垫层8~10 cm,以保护地基、找平基面。浇筑进行扎筋、立模、搭设仓面脚手架和清仓工作。

浇筑底板时,运送混凝土入仓的方法很多,可以用载重汽车装载立罐通过履带式起重机入仓,也可以用自卸汽车通过卧罐、履带式起重机入仓。采用上述两种方法时,都在仓面搭设脚手架。

用手推车、斗车或机动翻斗车等运输工具运送混凝土入仓时,必须在仓面搭设脚手架,脚手架和模板的布置如图6-7所示。

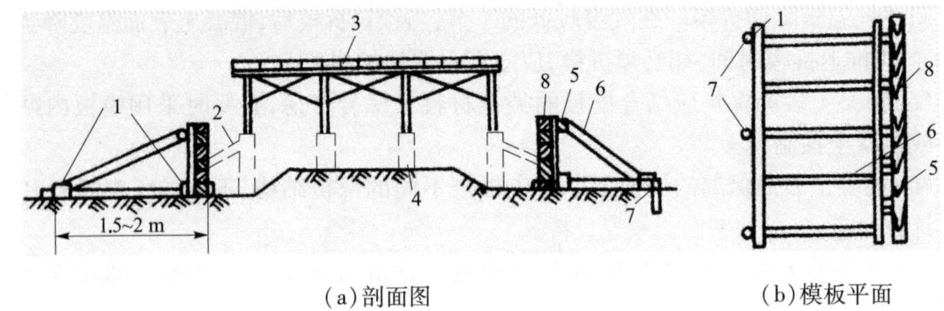

(a)剖面图　　(b)模板平面

1—地龙木;2—内撑;3—仓面脚手架;4—混凝土柱;5—横围囹木;6—斜撑;7—木桩;8—模板

图6-7　底板立模与仓面脚手架

搭设脚手架前,应先预制混凝土支柱(断面约为15 cm×15 cm,高度略小于底板厚度,施工缝应凿毛洗净)。柱的间距视横梁的跨度而定,然后在混凝土柱顶上架立短木柱、横梁等,以组成脚手架。当底板浇筑接近完成时,可将脚手架拆除,并立即对混凝土进行抹面。

板的上、下游一般都设有齿墙。浇筑混凝土时,可组成两人作业组分层浇筑。先由专业组共同浇筑下游齿墙,待齿墙浇平后,第一组由下游进行,抽出第二组去齿墙,当第一组浇到底板中部时,第二组的上游齿墙已基本浇平,然后第二组转浇筑第二坯。当第二组浇到底板中部时,第一组已到达上游底板边缘,这时第一组再转浇筑第三坯。如此连续进行,可缩短每坯间隔时间,因而可以避免冷缝的发生,提高工时,加快施工进度。

钢筋混凝土底板往往有上下两层钢筋。在进料口处,上层钢筋易被砸变形,故开始浇筑混凝土时,该处上层钢筋可暂不绑扎,待混凝土浇筑面将要到达上层钢筋位置时,再绑扎,以免因校正钢筋变形延误浇筑时间。

闸的闸室部分重量很大,沉陷量也大;而相邻的消力池则重量较轻,沉陷量也小。如两者同时浇筑,由于不均匀沉陷,往往造成沉陷缝的较大变动,可能将止水片撕裂。为了避免上述情况,最好先浇筑闸室部分,让其沉陷一段时间再浇筑消力池。但是,这样对施工安排不利,为了使底板与消力池能够穿插施工,可在消力池靠近底板处留一道施工缝,将消力池分成大、小两部分。在浇筑闸墩时,就可穿插浇筑消力池的大部分,当闸室已有足够沉陷后,便可浇筑消力池的小部分。在浇筑第二期消力池时,施工缝应进行凿毛冲洗等处理。

二、闸墩施工

由于闸墩高度大、厚度小、门槽处钢筋较密,闸墩相对位置要求严格,所以闸墩的立模与混凝土浇筑是施工中的主要难点。

(一)闸墩模板安装

为使闸墩混凝土一次浇筑达到设计高程,闸墩模板不仅要有足够的强度,而且要有足够的刚度。所以,闸墩模板安装以往采用“铁板螺栓、对拉撑木”的立模支撑方法。此法虽需耗用大量木材(对于木模板而言)和钢材,工序繁多,但对中小型水利施工仍较为方便。由于滑模施工方法在水利工程上的应用,目前有条件的施工单位,闸墩混凝土浇筑逐渐采用滑模施工。

1.“铁板螺栓、对拉撑木”的模板安装

立模前,应准备好两种固定模板的对销螺栓:一种是两端都绞丝的圆钢,直径可选用12 mm、16 mm或19 mm,长度大于闸墩厚度并视实际安装需要确定;另一种是一端绞丝,另一端焊接一块5 mm×40 mm×40 mm扁铁的螺栓,扁铁上钻两个圆孔,以便固定在对拉撑木上。还要准备好等于墩墙厚度的毛竹管或预制空心的混凝土撑头。

闸墩立模时,其两侧模板要同时相对进行。先立平直模板,再立墩头模板。在闸底板上架立第一层模板时,上口必须保持水平。在闸墩两侧模板上,每隔1 m左右钻与螺栓直径相等的圆孔,并于模板内侧对准圆孔,撑以毛竹管或混凝土撑头,再将螺栓穿入,且端头穿出横向双夹围囹木和竖直围囹木,然后用螺栓拧紧在竖直围囹木上。铁板螺栓带扁铁的一端与水平对拉撑木相接,与两端都绞丝的螺栓要相间布置。对拉撑木是为了防止每孔闸墩模板的倾斜与变形。若闸墩不高,可每隔两根对销螺栓放一根铁板螺栓。

当水闸为三孔一联整体底板时,则中孔可不予支撑。在双孔底板的闸墩上,则宜将两孔同时支撑,这样可使三个闸墩同时浇筑。

2.翻模施工

由于钢模板在水利水电工程上的广泛应用,施工人员依据滑模的施工特点,发展形成了使用于闸墩施工的翻模施工法。立模时一次至少立三层,当第二层模板内混凝土浇至腰箍下缘时,第一层模板内腰箍以下部分的混凝土须达到脱模强度(以98 kPa为宜),这样便可拆掉第一层,去架立第四层模板,并绑扎钢筋。依次类推,保持混凝土浇筑的连续性,以避免产生冷缝。如江苏省高邮船闸,仅用了两套共630 m^2组合钢模,就代替了原计划四套共2 460 m^2木模,节约木材200多m^3,具体组装如图6-8所示。

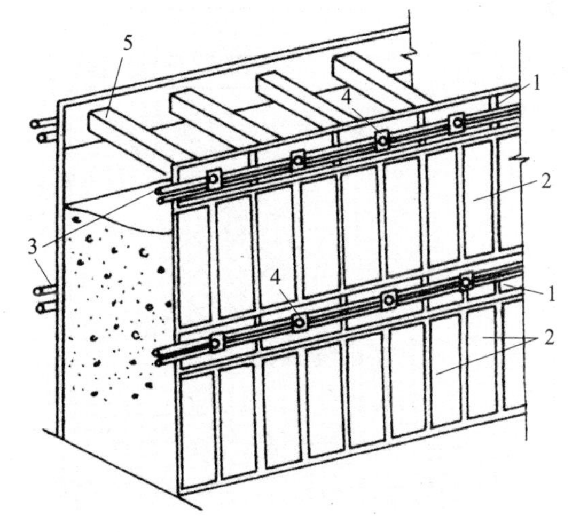

1—腰箍模板;2—定型钢模;3—双夹围囹(钢管);4—对销螺栓;5—水泥撑头

图6-8 钢模组装图

(二)混凝土浇筑

闸墩模板立好后,随即进行清仓工作。用压力水冲洗模板内侧和闸墩底面,污水由底层模板上的预留孔排出。清仓完毕堵塞小孔后,即可进行混凝土浇筑。

闸墩混凝土的浇筑主要是解决好两个问题:一是每块底板上闸墩混凝土的均衡上升,二是流态混凝土的入仓及仓内混凝土的铺筑。

为了保证混凝土的均衡上升,运送混凝土入仓时应很好地组织,使在同一时间运到同一底板各闸墩的混凝土量大致相同。

为防止流态混凝土在 8 ~ 10 m 高度下落时产生离析，应在仓内设备溜管，可每隔 2 ~ 3 m 设置一组。由于仓内工作面窄，浇捣人员走动困难，可把仓内浇筑面划分成几个区段，每个区段内固定浇捣工人，这样可提高工效。每坯混凝土厚度可控制在 30 cm 左右。

小型水闸闸墩浇筑时，工人一般可在模板外侧，浇筑组织较为简单。

(三)基础和墩墙止水

基础和墩墙止水施工时要注意止水片接头处的连接，一般金属止水片在现场电焊或氧气焊接，橡胶止水片多用胶结，塑料止水片用熔接(熔点 180 ℃左右)，使之联结成整体。浇筑混凝土时注意止水片下翼橡皮的铺垫料，并加强振捣，防止形成孔洞，垂直止水应随墙身的升高而分段进行，止水片可以分为左右两半，交接处埋在沥青井内，以适宜沉陷不均的需要，如图 6-9 所示。

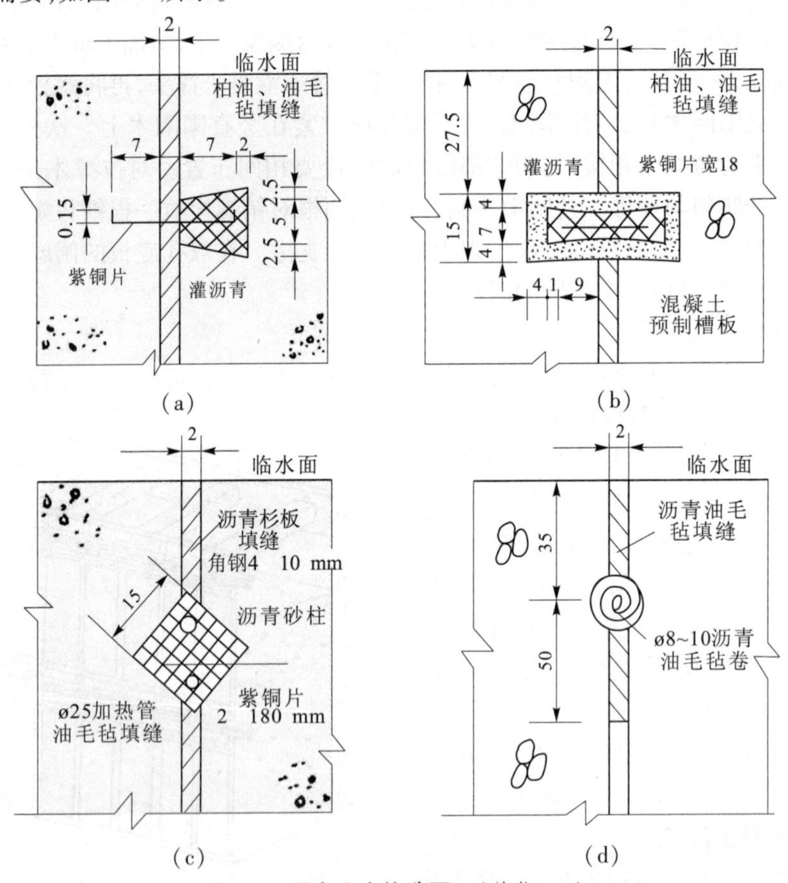

图 6-9　垂直止水构造图　(单位:cm)

(四)门槽二期混凝土施工

采用平面闸门的中小型水闸，在闸墩部位都设有门槽。为了减小闸门的启闭力及闸门封水，门槽部分的混凝土中埋有导轨等铁件，如滑动导轨、主轮、侧轮及反轮导轨等。这些铁件的埋设可采取预埋及留槽后浇两种方法。小型水闸的导轨铁件较小，可在闸墩立模时将其预先固定在模板的内侧，如图 6-10 所示。闸墩混凝土浇筑时，导轨等铁件即浇入混凝土中。由于大中型水闸导轨较大、较重，在模板上固定较为困难，宜采用预留槽后浇二期混凝土的施工方法。

1. 门槽垂直度的控制

门槽及导轨必须铅直无误，所以在立模及浇筑过程中应随时用吊锤校正。校正时，可在门槽模板顶端内侧钉一根大铁钉（钉入 2/3 长度），然后把吊锤系在铁钉端部，待吊锤静止后，用钢尺量取上部与下部吊锤线到模板内侧的距离，如相等则该模板垂直，否则按照偏斜方向予以调正，具体如图 6-11 所示。

当门槽较高时，吊锤易于晃动，可在吊锤下部放一油桶，使吊锤浸于黏度较大的机油中。吊锤可选用0.5～1 kg 的大垂球。

2. 门槽二期混凝土浇筑

在闸墩立模时，于门槽部位留出较门槽尺寸大的凹槽。闸墩浇筑时，预先将导轨基础螺栓按设计要求固定于凹槽的侧壁及正壁模板，模板拆除后基础螺栓即埋入混凝土中，如图 6-12 所示。

导轨安装前，要对基础螺栓进行校正，安装过程中必须随时用垂球进行校正，使其铅直无误。导轨就位后即可立模浇筑二期混凝土。

闸门底槛设在闸底板上，在施工初期浇筑底板时，若铁件不能完成，亦可在闸底板上留槽以后浇二期混凝土，如图 6-13 所示。

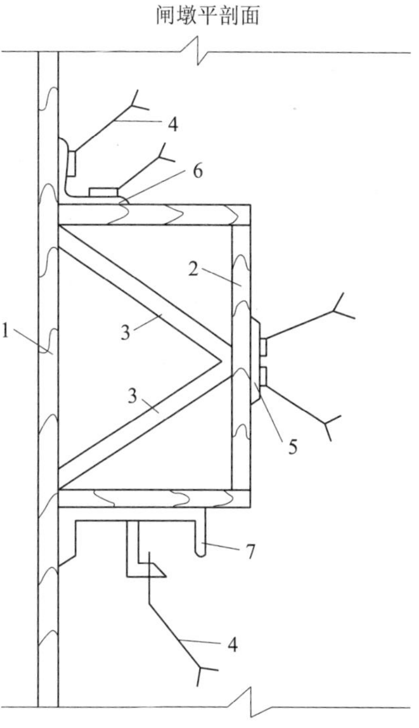

1—闸墩模板；2—门槽模板；3—撑头；
4—开脚螺栓；5—侧导轨；6—门槽角铁；
7—滚轮导轨

图 6-10　闸门导轨一次装好、一次浇筑混凝土

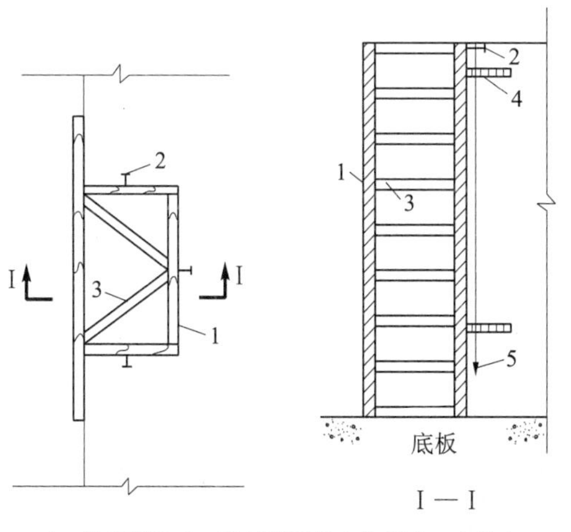

1—门槽模板；2—系吊锤用的大铁钉；3—内撑木；
4—刻度尺；5—吊锤

图 6-11　门槽模板垂直度校核示意图

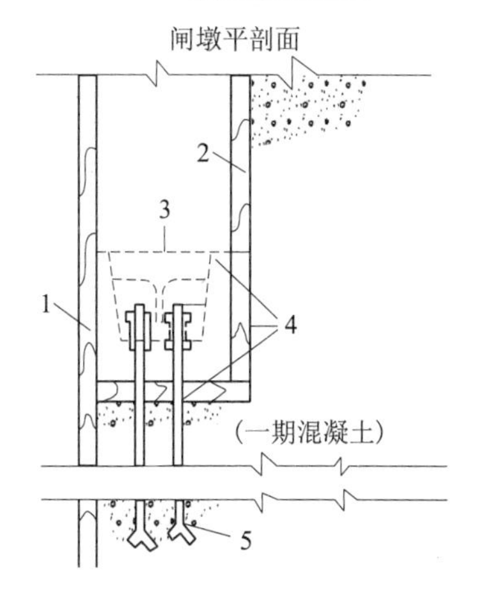

1—闸墩模板；2—门槽模板（撑头未标示）；
3—导轨横剖面；4—二期混凝土边线；
5—基础螺栓（预埋于一期混凝土中）

图 6-12　导轨后装，然后浇筑二期混凝土

浇筑二期混凝土时，应采用细骨料混凝土，并细心捣固，不要振动已装好的金属构件。门槽较高时，不要直接从高处下料，而采取分段安装和浇筑。二期混凝土拆模后，应对埋件进行复测，并做好记录，同时检查混凝土表面尺寸，清除遗留的杂物、钢筋头，以免影响闸门启闭。

3. 弧形闸门的导轨安装及二期混凝土浇筑

弧形闸门的启闭是绕水平轴转动，转动轨迹由支臂控制，所以不设门槽，但为了减小启闭压力，在闸门两侧亦设置转轮或滑块，因此也有导轨的安装及二期混凝土施工。

为了便于导轨的安装，在浇筑闸墩时，根据导轨的设计位置预留 20 cm × 8 cm 的凹槽，槽内埋设两排钢筋，以便用焊接方法固定导轨。安装前，应对预埋钢筋进行校正，在预留槽两侧设立垂直闸墩，并能控制导轨安装垂直度的若干对称控制点。安装时，先将校正好的导轨分段与预埋的钢筋临时点焊数点，待按设计坐标位置逐一校正无误，并根据垂直平面控制点用样尺检验调整导轨垂直后，再电焊牢固，最后浇筑二期混凝土，如图 6-14 所示。

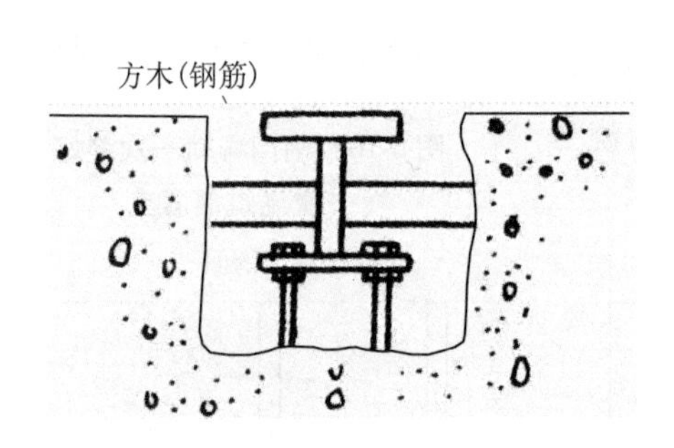

图 6-13　底槛的安装

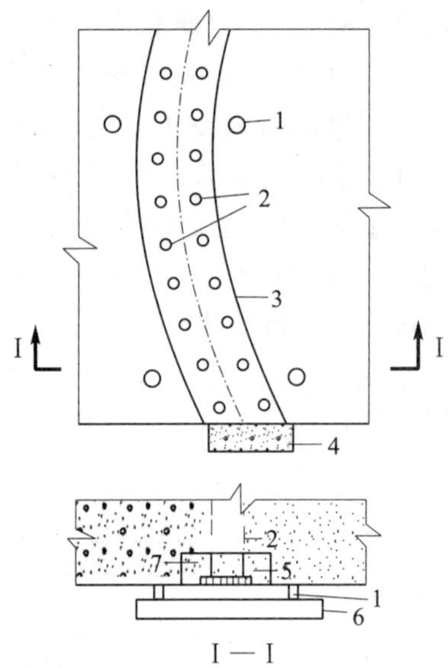

1—垂直平面控制点；2—预埋钢筋；3—预留槽；
4—底槛；5—侧轨；6—样尺；7—门槽二期混凝土

图 6-14　弧形闸门侧轨安装示意图

附：南水北调中线一期工程总干渠黄河北—美河北辉县四标段项目部的闸室工程的施工技术要求

南水北调中线一期工程总干渠黄河北—美河北辉县四标段项目部的闸室工程的施工技术要求

闸室工程主要的施工方法如下：

(1)施工工艺流程为：基坑开挖→地基处理→闸底板混凝土浇筑→墩墙混凝土浇筑→交通桥施工→排架及启闭机浇筑→土方回填→闸门及启闭机安装→启闭机房的施工。

(2)地基处理:进出口闸室地基采用水泥土搅拌复合地基处理,桩径0.5 m、间距1 m梅花型布置,搅拌机施工时,停浆面应高于设计桩顶高程0.5 m,在桩体凝固后,将高出部分人工凿除,待检测合格后再进行下一道工序。

一、底板施工

(1)模板工程:底板模板采用钢木混合,止水片以上用木模板,方便固定止水片,下部使用组合钢模板,模板支撑固定采用地龙木支撑钢管架体系。底板上部用Φ16螺栓拉接焊于钢筋网片上。

(2)钢筋工程:钢筋在加工场焊接加工成半成品,现场绑扎,为保证上层钢筋定位,设置马凳支撑系统,间距1 m;底板钢筋Φ16以上采用闪光对焊,Φ16以下采用绑扎接头,接头位置应错开,接头百分率控制在25%以内;底板钢筋主接头上层留置在墙体处,下层钢筋留置于结构中间范围处。

(3)混凝土工程施工:混凝土水平运输采用混凝土搅拌运输车,垂直运输采用混凝土泵,混凝土振捣采用插入式振捣器振捣,振捣器插入下层不少于5 cm,在浇筑过程中,若仓面泌水较多,则用人工及时清除;为了保证将表面泌水排除,用真空吸水机吸水,再用圆盘式抹光机进行抹光,在初凝吸水后用叶片式抹光机抹光,以确保混凝土表面光滑平整,不产生收缩裂缝。

二、墩墙施工

本工程墙体模板采用扣件钢管支撑体系,一次立模到顶,门槽采用二期混凝土,人工入仓振捣浇筑。

墙体施工顺序为:施工放样→搭风管架挂样架→立模、绑扎钢筋→混凝土浇筑→模板拆除。

(1)模板工程:为保证混凝土表面质量,结合现代模板技术发展情况确定采用钢模板施工,堵头采用定型钢模板和木模板,门槽采用定型配制竹胶模板。模板支撑体系采用ϕ48钢管排架,用直径Φ16的对拉螺栓承受侧压力,模板围檩采用ϕ48钢管,间距800 mm。对拉螺栓中墙采用外套无缝钢管,以便浇筑后螺栓拆除,模板的安装与拆卸将通过吊运完成。

①模板在制作时(特别是大模板)要有足够的强度保证,并能承受混凝土的浇筑振捣时的侧压力与振动力,并应牢固地维持原样,不移位、不变形,为此本工程采用竖向围檩,围檩采用ϕ48钢管,间距800 mm,对拉螺栓Φ16,以确保混凝土浇筑垂直向的平整度。

②模板应表面光滑、清洁,施工时需涂新鲜机油作脱膜剂,接缝应严密,不漏浆,为此在模板接缝处填加双面泡沫胶,同时注意每块模板应制成使每节可单独拆除,拆除时尽量避免碰撬混凝土面。

③特制的大模板立模须在具体施工前报送监理工程师备核。

④在模板及支架上施工时,不得堆放超过其设计荷载的材料及设备。

⑤排架采用扣件式钢管满堂排架,间距1.0 m×1.0 m,步距1.5 m,按规定加设剪刀撑。

(2)钢筋工程：

①钢筋种类、型号、直径等应符合图纸要求，有出厂合格证并通过复验合格。

②钢筋在加工厂加工，Φ16 以上钢筋采用闪光对焊。闸墩钢筋分别在筋右或两段搭接，若设计要求采用焊接接头，则采用电渣压力焊接头，否则采用绑扎搭接接头，搭接长度应满足设计及规定要求，接头百分率控制在25%以内。

③钢筋安装根数、间距、保护层严格按设计图纸施工。

(3)混凝土工程：混凝土水平运输采用混凝土搅拌运输车，垂直运输采用混凝土泵，混凝土振捣采用插入式振捣器振捣，振捣器插入下层不少于 5 cm，以保证混凝土振捣均匀、密实、无漏振。

三、交通桥施工

闸室上部设交通桥，桥宽 6 m，桥板采用 C40 先张预应力钢筋混凝土空心板。在预制场进行桥板的钢筋制安、模板支护、预埋件埋设、混凝土浇筑等，待安装之前运至施工现场。具体施工方法参照桥梁工程施工方法。

四、闸站进出口段施工

进出口段模板、钢筋及混凝土的施工工法基本与闸室段施工相同。

第四节　渡槽工程施工技术

渡槽按施工方法分为砌石拱渡槽和装配式渡槽两种类型。装配式渡槽具有简化施工、缩短工期、提高质量、减轻劳动强度、节约钢木材料、降低工程造价等特点，所以被广泛采用。

一、砌石拱渡槽施工

砌石拱渡槽由基础、槽墩、拱圈和槽身四个部分组成。基础、槽墩和槽身的施工与一般圬工结构相似。下面着重介绍拱圈的施工，其施工程序包括拱座砌筑、拱架安装、拱圈砌筑及拱架拆卸等。

(一)拱架砌筑

砌拱时用以支承拱圈砌体的临时结构称为拱架。拱架的形式很多，按所用材料分为木拱架、钢拱架、钢管支撑拱架及土(砂)牛拱胎等。

在小跨度拱的施工中，较多地采用工具式的钢管支撑拱架，它具有周转率高、损耗小、装拆简捷的特点，可节省大量人力、物力。土(砂)牛拱胎是在槽墩之间填土(砂)、层层夯实，做成拱胎，然后在拱胎上砌筑拱圈。这种方法由于不需钢材、木材，施工进度快，对缺乏木材面又不太高的砌石拱是可取的。但填土质量要求高，以防止在拱圈砌筑中产生较大的沉陷。如为跨越河沟有少量流水时，可预留一泄水涵洞。

由于拱自重和温度影响以及拱架受荷后的压缩(包括支柱与地基的压缩、卸架装置的压缩等)，都将使拱圈下沉。为此在制作拱架时，应将原设计的拱轴线坐标适当提高，以抵消拱圈的下沉值,使建成后的拱轴线与设计的拱轴线接近吻合。拱架的这种预加高度称为预留拱度,其数值可通过查有关表格得到。

(二)拱圈砌筑

砌筑拱圈时,应注意施工程序和方法,以免在砌筑过程中拱架变形过大而使拱圈产生裂缝。根据经验,跨度在 8 m 以下的拱圈,可按拱的全宽和全厚,自拱脚同时对称连续地向拱顶砌筑,争取一次完成。

跨度在 8 ~ 15 m 的拱圈,最好先在拱脚留出空缝,从空缝开始砌至 1/3 矢高时,在跨中 1/3 范围内预压总数 20% 的拱石,以控制拱架在拱顶部分上翘。当砌体达到设计强度的 70% 时,可将拱脚预留的空缝用砂浆填塞。

跨度大于 15 m 的拱圈,宜采用分环、分段砌筑。

(1)分环砌筑。当拱圈厚度较大,由 2 ~ 3 层拱石组成时,可将拱圈全厚分环(层)砌筑,即砌好一环合龙后,再砌上面一环,从而减轻拱架的负担。

(2)分段砌筑。若跨度较大时,需将全拱分成数段,同时对称砌筑,以保持拱架受力平衡。砌的次序是先拱脚,后拱顶,再 1/4 拱跨处,最后砌其余各段,每段长 5 ~ 8 m。

分段砌筑拱圈,须在分段处设置挡板或三角木撑,以防砌体下滑。如拱圈斜度小于 20°,也可不设支撑,仅在拱模板上钉扒钉顶住砌体。

拱圈砌筑,在同一环中应注意错缝,缝距不小于 10 cm。砌缝面应呈辐射状。当用矩形石砌筑拱圈时,可用灰缝调节宽度,使呈辐射状,但灰缝上下宽差不得超过 30% 。

(3)空缝的设置。大跨度拱圈砌筑,除在拱脚留出空缝外,还需在各段之间设置空缝,以避免在拱架变形过程中拱圈开裂。

为便于在缝内填塞砂浆,在砌缝不大于 15 mm 时,可将空缝宽度扩大至 30 ~ 40 mm。砌筑时,在空缝处可使用预制砂浆块、混凝土块或铸铁块间断隔垫,以保持空缝。每条空缝的表面应在砌好后用砂浆封涂,以观察拱圈在砌筑中的变化。拱圈强度达到设计的 70% 后,即可填塞空缝。用体积比 1:1、水灰比 0.25 的水泥砂浆分层填实,每层厚约 10 cm。拱圈的合龙和填塞空缝宜在低温下进行。

(4)拱上建筑砌筑。拱圈合龙后,待砂浆达到承压强度,即可进行拱上建筑的砌筑。空腹拱的腹拱圈宜在主拱圈落架后再砌筑,以免因主拱圈下沉不均而使腹拱产生裂缝。

(三)拱架拆除

拆架期限主要是根据合龙处的砌筑砂浆强度能否满足静荷载的应力需要,具体日期应根据跨度大小、气温高低、砂浆性能等决定。

拱架卸落前,上部圬工的重量绝大部分由拱架承受,卸架后,转由拱圈负担。为避免拱圈因突然受力而发生颤动,甚至导致开裂,卸落拱架时,应分次均匀下降,每次降落均由拱顶向拱脚对称进行,逐排完成。待全部降完第一次后,再从拱顶开始第二次下降,直至拱架与拱圈完全脱开为止。

二、装配式渡槽施工

装配式渡槽施工包括预制和吊装两个施工过程。

(一)构件的预制

1. 槽架的预制

槽架是渡槽的支承构件,为了便于吊装,一般选择靠近槽址的场地预制。制作的方式有地面立模和砖土胎模两种。

(1)地面立模。在平坦夯实的地面上用1:3:8的水泥、黏土、砂浆抹面,厚约1 cm,压抹光滑作为底模,立上侧模后就地浇制,拆模后,当强度达到70%时,即可移出存放,以便重复利用场地。

(2)砖土胎模。其底模和侧模均采用砌砖或夯实土做成,与构件的接触面用水泥黏土砂浆抹面,并涂上脱模剂即可。使用土模应做好四周的排水工作。

高度在15 m以上的排架,如受起重设备能力的限制,可以分段预制。吊装时,分段定位,用焊接固定接头,待槽身就位后,再浇二期混凝土。

2. 槽身的预制

为了便于预制后直接吊接,整体槽身预制宜在两排架之间或排架一侧进行。槽身的方向可以垂直或平行于渡槽的纵向轴线,根据吊装设备和方法而定。要避免因预制位置选择不当,而在起吊时发生摆动或冲击现象。

U形薄壳梁式槽身的预制有正置和反置两种浇筑方式。正置浇筑是槽口向上,优点是内模板拆除方便,吊装时不需翻身;缺点是底部混凝土不易捣实,适用于大型渡槽或槽身不便翻身的工地。反置浇筑是槽口向下,优点是捣实较易,质量容易保证,且拆模快、用料少等;缺点是增加了翻身的工序。

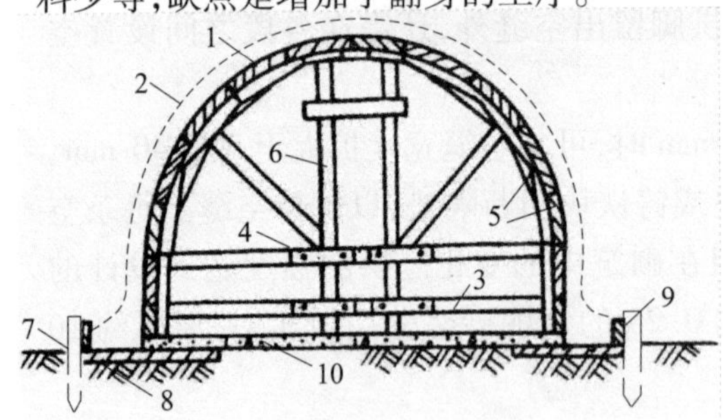

1—木内模;2—待浇槽身;3—活动横撑;4—活动销;5—内龙骨;6—内支架;7—木桩;8—底模;9—侧模;10—预制横拉梁

图6-15　反置浇制钢丝网水泥渡槽槽身木内模结构图

矩形槽身的预制可以整体预制,也可以分块预制。中小型工程,槽身预制可采用砖土材料制模。

反置浇制钢丝网水泥渡槽槽身木内模的构造如图6-15所示。

3. 预应力构件的制造

在制造装配式梁、板及柱时采取预应力钢筋混凝土结构,不仅能提高混凝土的抗裂性与耐久性,减轻构件自重,并可节约钢筋20%~40%。预应力就是在构件使用前,预先加一个力,使构件产生应力,以抵消构件使用时荷载产生相反的应力。制造预应力钢筋混凝土构件的方法很多,基本上分为先张法和后张法两大类。

(1)先张法。在浇筑混凝土之前,先将钢筋拉张固定,然后立模浇筑混凝土。等混凝土完成硬化后,去掉张拉设备或剪断钢筋,利用钢筋弹性收缩的作用通过钢筋与混凝土间的黏结力把压力传给混凝土,使混凝土产生预应力。

(2)后张法。后张法就是在混凝土浇好以后再张拉钢筋。这种方法是在设计配置预应力钢筋的部位,预先留出孔道,等到混凝土达到设计强度后,再穿入钢筋进行拉张,拉张锚固后,让混凝土获得压应力,并在孔道内灌浆,最后卸去锚固外面的张拉设备。

(二)梁式渡槽的吊装

装配式渡槽的吊装工作是渡槽施工中的主要环节。必须根据渡槽的型式、尺寸、构件重量、吊装设备能力、地形和自然条件、施工队伍的素质以及进度要求等因素,进行具体分析比较,选定快速简便、经济合理和安全可靠的吊装方案。

1. 槽架的吊装

槽架下部结构有支柱、横梁和整体排架等。支柱和排架的吊装通常有垂直起吊插装和就地转起立装两种。垂直起吊插装是用起重设备将构件垂直吊离地面后,插入杯形基础,先用木楔(或钢楔)临时固定,校正标高和平面位置后,再填充混凝土作永久固定。就地转起立装法与扒杆的竖立法相同。

两支柱间的横梁仍用起重设备吊装。吊装次序由下而上,将横梁先放置在临时固定于支柱上的三角撑铁上。位置校正无误后,即焊接梁与柱连系钢筋,并浇二期混凝土,使支柱与横梁成为整体。待混凝土达到一定强度后,再将三角撑铁拆除。

2. 槽身的吊装

装配式渡槽槽身的吊装基本上可分为两类,即起重设备架立在地面上吊装及起重设备架立在槽墩或槽身上吊装。两类吊装方法的比较见表6-19。

表6-19 梁式槽身吊装方法的比较

项目	起重设备架立在地面上	起重设备架立在槽墩或槽身上
优点	(1)起重设备在地面上进行组装、拆除,工作比较方便; (2)设备立足于地面,比较稳定安全	(1)起重设备架立在槽墩上或已安装好的槽身上进行吊装,不受地形的限制; (2)起重设备的高度不大,降低了制造设备的费用
缺点	(1)起吊高度大,因而增加了起重设备的高度; (2)易受地形的限制,特别是在跨越河床水面时,架立和移动设备更为困难	(1)起重设备的组装、拆除均为高空作业,较在地面上进行困难; (2)有些吊装方法还使已架立的槽架产生很大的偏心荷载,必须加强槽架结构的基础
适用范围	适用于起吊高度不大和地形比较平坦的渡槽吊装工作	这类吊装方法的适应性强,在吊装渡槽工作中采用最广泛
采用的吊装起重机或起重机构	可利用扒杆成对组成扒杆抬吊,龙门扒杆吊装,摇臂扒杆或缆索起重机进行吊装。此外,履带式起重机、汽车式起重机等均可应用	在槽墩上架立T形钢塔、门形钢塔进行吊装;在槽墩上利用推拖式吊装进行整体槽身架设;在槽身上设置摇头扒杆和双人字扒杆吊装槽身等已被广泛采用

槽身重量和起吊高度不大时,采用两台或四台独脚扒杆抬吊。当槽身起吊到空中后,用副滑车组将枕头梁吊装在排架顶上。这种方法起重扒杆移行费时,吊装速度较慢。

龙门扒杆的顶部设有横梁和轨道,并装有行车。操作上使四台卷扬机提升速度相同,并用带蝴蝶铰的吊具,使槽身四吊点受力均匀,槽身平稳上升。横梁轨道顶面要有一定坡度,以便行车在自重作用下能顺坡下滑,从而使槽身平移在排架楔上降落就位。采用此法吊装渡槽者较多。

钢架是沿临时安放在现浇短槽身顶部的滚轮托架向前移动的，在钢架首部用牵引绳拉紧并控制前进方向，同时收紧推拖索，钢架便向前移动。

第五节　倒虹吸工程施工技术

倒虹吸工程的种类有砌石拱倒虹吸、倒虹吸管、钢管混凝土倒虹吸等，目前工程中应用的大都为倒虹吸管工程和大型的钢筋混凝土倒虹吸工程。倒虹吸管也可分为现浇式倒虹吸管和装配式倒虹吸管，但大型的倒虹吸均为钢筋混凝土工程，其技术性高，质量要求也高，故要引起重视。

本节只介绍现浇钢筋混凝土倒虹吸管的施工。

现浇式倒虹吸管的施工程序一般为：放样、清基和地基处理→管座施工→管模板的制作与安装→管钢筋的制作与安装→管道接头止水施工→混凝土浇筑→混凝土养护与拆模。

一、管座施工

在清基和地基处理之后，即可进行管座施工。

（1）刚性弧形管座。刚性弧形管座通常是一次做好后再进行管道施工。当管径较大时，管座事先做好，在浇捣管底混凝土时，则需在内模底部开置活动口，以便进料浇捣，从某些施工实例来看，这样操作还是很方便的，还有些工程为避免在内模底部开口，采用了管座分次施工的办法，即先做好底部范围（中心角约 80°）的小弧座，以作为外模的一部分，待管底混凝土浇到一定程度时，即边砌小弧座旁的浆砌管座边浇混凝土，直到砌完整个管座为止。

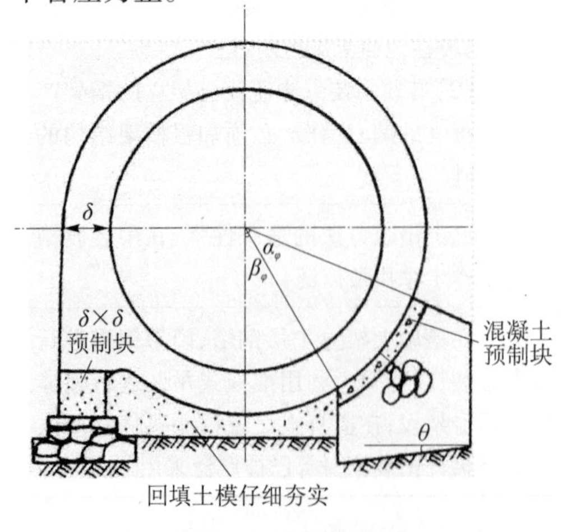

图 6-16　管座土模图

（2）两点式及中空式刚性管座。两点式及中空式刚性管座均事先砌好管座，如图 6-16所示，在基座底部挖空处可用土模代替外模，施工时，对底部回填土要仔细夯实，以防止在浇筑过程中，土壤产生压缩变形而导致混凝土开裂，当管道浇筑完毕投入运行时，由于底部土模压缩量远远小于刚性基础的弹性模量，因而基本处于卸荷状态，全部垂直荷载实际上由刚性管座承受。中空式管座为使管壁与管座接触面密合，也可采用混凝土预制块做外模。若用于敷设带有喇叭形承口的预应力管时，则不需再做底部土模。

上述刚性弧形管座的小型弧座和两点式及中空式刚性管座的土模施工方法大体相同。

现以小型弧座为例，说明其施工方法与步骤。

如图 6-17 所示，施工前，在管道中心线两侧各一半处（半中心角约 40°），沿管线安装 12 cm×12 cm 的枋木，要求枋木前后搭接稳定，高低一致，枋木与枋木之间每隔一定距离用拉条钉牢,然后在中间铺设一层 8 ~ 10 cm 厚的小碎石混凝土,与此同时,按管道外弧尺寸专作一个弧长 0.8 m(水平长,弧长对应中心角约为 80°) ×0.4 m 宽的弧形模板,弧面模板上面加钉一层薄铁皮,然后利用此弧面模板紧靠两边枋木,将铺设的混凝土刮成一个小弧面,以作为管道底部外模的一部分。

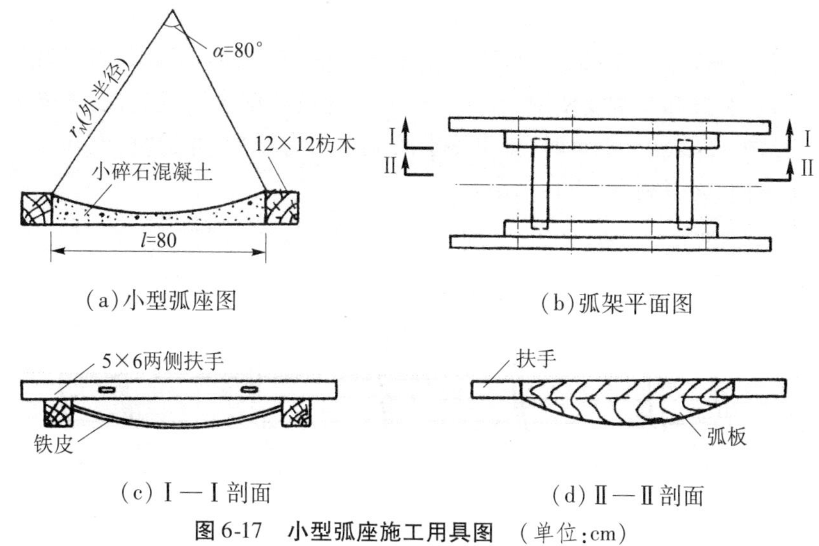

图 6-17　小型弧座施工用具图　(单位:cm)

两点式土模也可以采用类似方法施工,只是用 $\delta\times\delta$(δ 为管壁厚)的混凝土预制块(或现浇)代替上述 12 cm×12 cm 枋木,用夯实回填土代替细石混凝土,用弧面板将土模刮平即成。

当每节管道管座施工完毕后,即可在管纵向的两端涂刷一层沥青(中间的 1/3 可以不涂),以利于管道纵向伸缩。

二、模板的制作与安装

(一)内模制作

(1)龙骨架。亦即内模内的支撑骨架,由 3 ~4 块梳形木拼成,内模的成型与支撑主要依靠龙骨架起作用,在制作每 2 m 长一节的内模中需龙骨架 4 个。圆形龙骨架结构形式视管径大小而定,一般直径小的管道(D_B <1.5 m)可用 3 块梳形木拼成,直径大的管道(D_B >1.5 m)可用 4 块梳形木拼成,在其中每 2 块梳形木之间必须设置木楔,以便调整尺寸及拆模方便,整个龙骨架由 5 ~6 cm 厚的枋木制成或用 φ10 cm 圆木拼成即可。

(2)内模板。龙骨架拼好后,将 4 个龙骨圆圈置于装模架上,先用 3 ~4 块木板固定位置,然后将清好缝的散板一块一块地用 6.35 ~7.62 mm 圆钉钉于骨架上,初步拼成内模圆筒毛胚,然后再用压钉销子和钉锤将每颗圆钉头打进板内 3 ~4 mm,便于刨模。

(3)内模圆筒打齐头。每筒管内模成型后,还必须将两端打齐头,这道工序看起来很简单,但做起来较困难,特别是大管径两端打齐头更难,打得不好,误差常在 2 ~3 cm 不等。为了解决这个问题,可专做一个打齐头的木架,这个架子既可利用下部半圆骨架拼钉管模,又可打两端齐头。

整个内模成型刨光以后，必须再以油灰（桐油、石灰）填塞表面缝隙、小洞，最后用废机油或肥皂水遍涂内模表面，以利拆卸，重复使用。

（二）外模制作

外模宜定型化，其尺寸不宜过大，一般每块宽度为 40 ~ 50 cm，过大不便于安装和振捣作业。

外模定型模板（如图 6-18 所示）制作完成后，同样要以油灰并用废机油或肥皂水遍涂外模内表面，以利拆卸及重复使用，有些工程为使管道外型光滑美观，在外模内表面加钉铁皮，但这样做，在混凝土浇筑时，排出泌水的缝隙大为减少，养护时，模外养护水亦难于渗入混凝土表面，弊多利少，不宜采用。

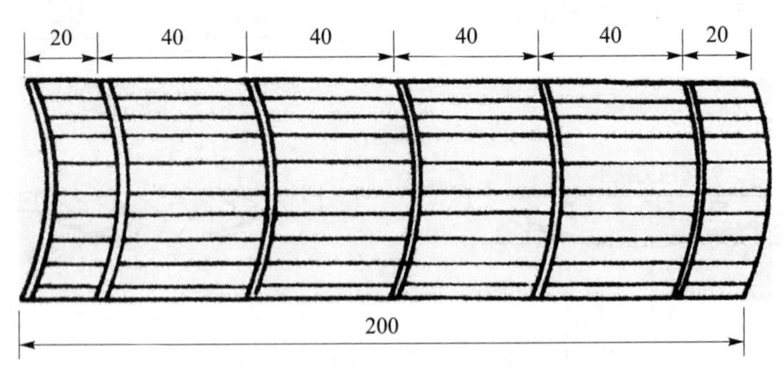

图 6-18　外模定型模板　（单位：cm）

（三）内、外模的拼装

当管座基础施工和内外模制作完毕后，即可安装内外模板，大型内模是用高强度混凝土垫块来支撑的，垫块高度同混凝土壁厚，本身也就是管壁混凝土的一部分，为了加强垫块与管壁混凝土的结合，可将垫块外层凿毛，并做成 I 字形。垫块沿管线铺设间距 1 m，尽量错开，不要布在一条直线上。内模安装完毕后，如内模之间缝隙过大，则必须在缝隙处钉一道黑铁皮或塞以废水泥袋，以防漏浆。

内模拼装时，将梳形木接缝放在 4 个象限的 45°处，而不要将接缝布放在管的正顶、正底和正侧，否则在垂直荷载作用下，内模容易产生沉陷变形。

外模是在装好两侧梯形桁架后，边浇筑混凝土边装外模的，许多管道在浇筑顶部混凝土时，为便于进料，总是在顶部（圆心角 80°左右）不装外模，致使混凝土振捣时水泥浆向两侧流淌，同时由于混凝土自重力作用，在初凝期间，即向两侧下沉，因而使管顶混凝土成为全管质量薄弱带。这一问题在施工过程中应注意解决。

外模安装时，还要注意两侧梯形桁架立筋的布置，必须通过计算，以避免拉伸值超过允许范围，否则会导致管身混凝土松动，甚至在顶部出现纵向裂缝。

近年来，由于木材短缺，一些施工单位已改用钢模代替木模。钢模优点为：

（1）施工周期短，一节管道从扎筋、装模、浇筑、拆模仅需 2 ~ 3 d（木模需 10 ~ 15 d）。

（2）管内壁平整光滑，设计时可以用较小的糙率减少过水断面。

（3）节约木材，一套内径 $D_B = 2.1$ m，长 12 m 的钢模用钢材 6.5 t（其中钢外架 2.75 t），做一套同样长的木模及施工脚手架约需杉原条 32 m^3、钢材 0.8 t，1 t 钢枋可代替 4 ~ 5

m^3 木材。

三、钢筋的安装

内模安装完成后，即可穿绕内环筋，其次是内纵筋、架立筋、外纵筋、外环筋，钢筋间距可根据设计尺寸，预先在纵筋及环筋上分别用红色油漆放好样。钢筋排好后可按照上述顺序，依次进行绑扎。绑扎时，可以采用梅花型，隔点绑扎，扎丝一般用 $20^{\#}\sim22^{\#}$，用于制管的每吨钢筋，需消耗扎丝 7 kg 左右。

环形钢筋的接头位置应错开，且应布置在圆管 4 个象限的 45°处，架立筋亦可按梅花点设置。

一般情况下，倒虹吸管的受力钢筋应尽可能采用电焊，就在管模上进行。为确保钢筋保护层厚度，应在钢筋上放置砂浆垫块。

四、管道接头止水的施工工艺

管道的止水设置，可以用塑料止水带或金属止水片，此处仅介绍常用的几种止水带施工方法。

（一）金属止水片（紫铜片或白铁皮）的工艺程序

金属止水片（紫铜片或白铁皮）的工艺程序如下：

（1）下料；

（2）利用杂木加工成弧面的鼻坎槽，将每块金属片按设计尺寸放于槽内加工成弧形鼻坎，并将止水片两侧沿环向打孔，以利于混凝土搭接牢靠；

（3）用铆打（$18^{\#}$）连接成设计止水圆圈；

（4）在每个接头上再加锡焊，并注意将搭接缝隙及铆钉孔的焊缝用熔锡焊满，以防漏水。

（二）塑料止水带的工艺过程

塑料止水带的加工工艺主要是接头熔接，分述如下：

（1）凸形电炉体的制作。如图 6-19 所示，凸形电炉体系采用一份水泥、三份短纤维石棉，再加总用量 25% 左右的水搅拌均匀、压实在木盒内，这种石棉水泥制品压得愈密实愈不易烧裂。在凸形电炉体上部的两侧各压两条安装电炉丝的沟槽，可按照电炉丝的尺寸，选 4 根细钢筋，表面涂油，压在如图 6-19（b）所示电炉丝的位置，待石棉水泥达到一定强度后，拉出钢筋，槽即成型，石棉水泥电炉体做好后，放置 10 余天，便可使用。

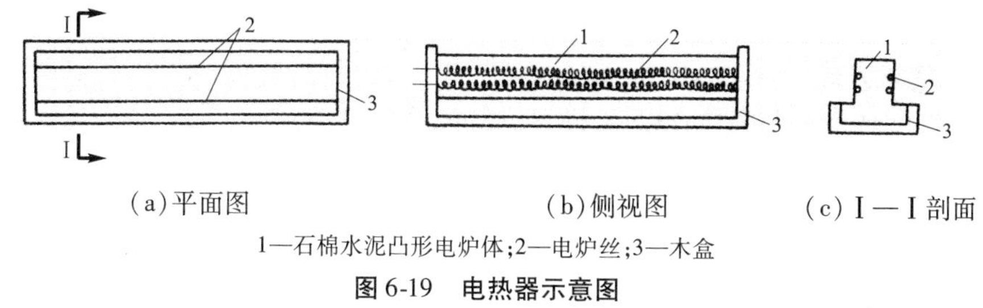

（a）平面图　（b）侧视图　（c）Ⅰ—Ⅰ剖面

1—石棉水泥凸形电炉体；2—电炉丝；3—木盒

图 6-19　电热器示意图

电炉丝一般用 220 V、2 000 W 的两根并联，分四股置于凸形电炉体两侧的沟槽中（见

图 6-19(c))。

(2)止水带的熔接。把待黏接的止水带两端切削齐整,不要粘油及污土等杂物,熔接时,由 2 ~ 3 人操作,一人负责用加热器加热,并协助熔接工作,两人各持止水带的一端进行烘烤,加热约 3 min(180 ~ 200 ℃)。当端头呈糊状黏液下垂时(避免烤焦),随即将两个端头置于刻有止水带形浅槽的木板上,使之对接吻合,再施加压力,静置冷却,即成一整体。

(三)止水片安装

金属止水片或塑料止水带加工好后,擦洗干净,套在安装好的内模上,周围以架立钢筋固定位置,使不致因浇筑混凝土而变位,浇筑混凝土时,此处应由专人负责,止水带周围混凝土必须密实均匀,混凝土浇完后,要使止水带的中线对准管道接头缝中线。

(四)沥青止水的施工方法

接头止水中有一层是沥青止水层,若采用灌注的方法不好施工,可以将沥青先做成凝固的软块,待第一节管道浇好后至第二节管模安装前,先将预制好的沥青软块沿着已浇好管道的端壁从下至上一块一块地粘贴,直至贴完一周为止,沥青软块应适当做厚一些,以便溶化后能填满缝隙。

软块制作过程是:

(1)溶化 3# 沥青,使其成液态;

(2)将溶化的沥青倒入模内并抹平;

(3)随即将盛满沥青溶液的模子浸入冷水之中,沥青即降温而凝固成软状预制块。

在使用塑料止水设施中不得使沥青玷污塑料片,因为这样会大大加速塑料的老化进程,从而缩短塑料的使用寿命。

四、混凝土的浇筑

在灌区建筑物中,倒虹吸管混凝土对抗拉、抗渗要求比一般结构的混凝土要严格得多。要求混凝土的水灰比一般控制在 0.5 ~ 0.6 以下,有条件时可达 0.4 左右。坍落度:机械振捣时为 4 ~ 6 cm,人工振捣时不应大于 6 ~ 9 cm。含砂率:常用值为 30% ~38%,以采用偏低值为宜。为满足抗拉强度高和抗渗性强的要求,可加塑化剂、加气剂、活化剂等外加剂。

(一)浇筑顺序

为便于整个管道施工,可每次间隔一节进行浇筑,例如,先浇 1#、3#、5# 管,再浇 2#、4#、6# 管。

(二)浇筑方式

管道在完成浇筑前的检查以后,即可进行浇筑。

一般常见的倒虹吸管有卧式和立式两种。在卧式中,又可分为平卧或斜卧,平卧大都是管道通过水平或缓坡地段所采用的一种方式,斜卧多用于进出口山坡陡峻地区。至于立式管道,则多采用预制管安装。

(1)平卧式浇筑。此浇筑有两种方法:一种是浇筑层与管轴线平行(如图 6-20(a)所示),一般由中间向两端发展,以避免仓中积水,从而增大混凝土的水灰比。这种浇捣方法的缺点是:混凝土浇筑缝皆与管轴线平行,刚好和水压产生的拉力方向垂直。一旦发生冷缝,管道最易沿浇筑层(冷缝)产生纵向裂缝。为了克服这一缺点,有采用斜向分层浇筑的方法,以避免浇筑缝与水压产生的拉力正交,当斜度较大时,浇筑缝的长度可缩短,浇筑缝的间隙时间也可缩短,但这样浇筑的混凝土都呈斜向增向(如图6-20(b)所示),使砂浆和粗骨料分布不太均匀,加上振捣器都是斜向振捣,不如竖向振捣能保证质量。因此,两种浇筑方法各有利弊。

如果采用第一种浇筑方法,一定要做好浇筑前的施工组织工作,确保浇筑层的间歇时间不超过规范的允许值。

(2)斜卧式浇筑。进出口山坡上常有斜卧式管道,混凝土浇筑时应由低处开始逐渐向高处浇筑,使每层混凝土浇筑层保持水平(如图6-20(c)所示)。

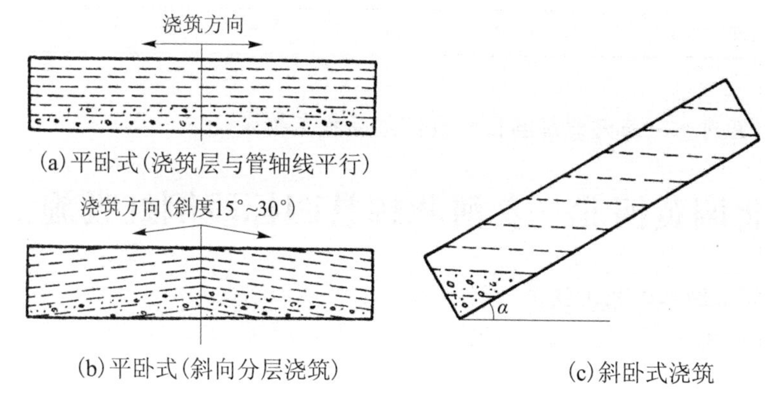

图6-20　混凝土浇筑方式

不论平卧还是斜卧,在浇筑时,都应注意两侧或周围进料均匀,快慢一致。否则,将产生模板位移,导致管壁厚薄不一,而严重影响管道质量。

混凝土入仓时,若搅拌机至浇筑面距离较远时,在仓前将混凝土先在拌和板上用人工拌和一次,再用铁铲送入仓内。

(三)混凝土的捣实

除满足一般混凝土捣实要求外,需严格控制浇捣时间和间歇时间(自出料时算起,到上一层混凝土铺好时为止),不能超过规范允许值,以防出现冷缝,总的浇筑时间不能拖得过长。例如:一节内径2 m、长15 m、总方量为50 m^3 的管道,浇筑时间不宜超过8 h。

其他如混凝土质量的控制和检查,冬季、夏季施工应注意事项,可参阅一般施工书籍。

五、混凝土的养护与拆模

(一)养护

倒虹吸管的养护比一般混凝土的要求更高一些,养护要做到“早”、“勤”、“足”。“早”就是及时洒水,混凝土初凝后,即应洒水,在夏季混凝土浇筑后2~3 h,即用草帘、麻袋等覆盖,进行洒水养护,夜间则揭开覆盖物散热;“勤”就是昼夜不间断地洒水;“足”是指养护时间,压力管道至少养护21 d,当气温低于5 ℃时,不得洒水。

(二)拆模

拆模时间根据气温不同和模板承重情况而定。管座(若为混凝土时)、模板与管道外模为非承重模板可适当早拆,以利于养护和模板周转。管道内模为承重模板不宜早拆,一般要求在管壁混凝土强度达到70%后,方可拆除内模。倒虹吸管拆模时间可见表6-20的规定。

表6-20　倒虹吸管拆模时间规定　(单位:d)

模板部位	夏季	正常温度	冬季
管座模板	1~2	2~4	3~5
管道外模	2~4	3~5	5~7
管道内模	4~6	5~7	7~10

附:南水北调黄河北—美河北辉县四标段倒虹吸施工技术

南水北调黄河北—美河北辉县四标段倒虹吸施工技术

以王村河渠倒虹吸施工技术为例。

一、施工总体程序

考虑到有计划有步骤地完成施工任务,计划将王村河渠倒虹吸安排在第一个非汛期施工。管身段混凝土、土方回填及进出闸墩以下混凝土突击在非汛期完成。王村河渠倒虹吸施工程序图如图6-21所示。

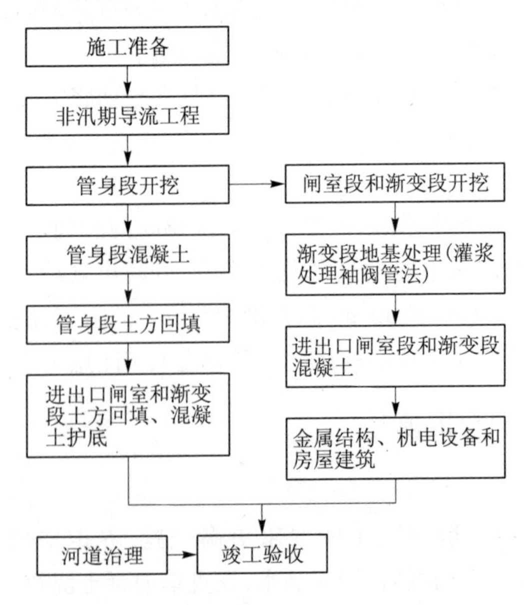

图6-21　王村河渠倒虹吸施工程序图

土方开挖采用1~2 m^3 挖掘机开挖,10~15 t自卸汽车运输。

（一）土方开挖施工程序

土方开挖施工程序为：施工准备→测量放线→施工导流、施工降排水→土方开挖→基坑验收。

（二）土方开挖施工作业

1. 施工准备

施工准备内容包括：绘制施工布置图，清除现场障碍物，平整场地，建立测量标桩，修建施工道路，准备施工机械设备和材料、临建设施等。

2. 测量放线

土方开挖前，首先应根据设计文件、施工图纸和施工控制网点测放出倒虹吸轴线与开挖开口线，测绘倒虹吸的横断面图，计算开挖工程量。建筑物轴线、土方开挖边线及原始地面测量结果经监理工程师校核无误后，方可按设计图纸施工。

开挖过程中，应及时测量控制管身段及进出口底板的底部开挖高程。

3. 土方开挖

开挖前，详细了解工程地质结构、地形地貌和水文地质情况。由于开挖长度较短，开挖按照测量放线测设的开口线自上而下分层分段施工，每层控制在 3 m 左右深，每段控制在 20 ~ 30 m 长。

严禁自下而上或采取倒悬的开挖方法。施工中随时做成一定的坡势。

坡向坡脚排水沟，以利排水。开挖过程中应避免边坡稳定范围形成积水。严格防止出现倒坡，不允许欠挖，避免大量的超挖。

采用 1 ~ 2 m^3 挖掘机开挖、10 ~ 15 t 自卸车运输、推土机辅助作业的施工方法，开挖出的土方根据规划，就近堆放，待建筑物完成后，用于基坑与渠堤回填，弃土、弃渣运至就近弃渣场。开挖至底部时，顶留 10 ~ 30 cm 厚的土方开挖保护层，人工清理开挖。坡面机械开挖时，坡面预留 10 ~ 30 cm 厚的保护层进行人工开挖。

土方开挖前，将地下水位降到开挖基面 0.5 ~ 1.5 m 以下，以保证机械干地施工。

渠道土方开挖自上而下进行分层开挖。

在开挖过程中，经常测量和校核施工区域的平面位置、水平标高和边坡坡度，要确保符合设计要求。

加强土方开挖时的标高和边坡测量，控制开挖质量，做到不欠挖、不超挖，确保基础土的质量，若发现超挖部分，应以该处同标号混凝土或该处所设计的填料回填。

基底开挖后在封底前须经工程师验证，土方开挖的允许偏差应符合水利和水运工程验收规范的有关规定。

（三）开挖土料的利用和弃渣处理

1. 临时堆土场地清理

用于堆存可利用土料的场地，事前将表层清理干净，再加以平整。开挖的土料分层堆存，以方便回填时顺利取用。

2. 弃渣场堆放

弃渣分类堆存，为避免渣料堆筑时分离，应分层堆筑，每层厚度控制在 1 m 以内。渣堆边坡坡度为 1:2。

在料场,应保持渣料堆体的边坡稳定,并有良好的自由排水措施。对于利用料,应采取可靠的质保措施,保证该部分渣料免受污染和侵蚀。

二、土方回填施工

土方回填采用 1 ~ 2 m^3 挖掘机开挖,10 ~ 15 t 自卸汽车运输,推土机平整,14 t 凸块振动碾压实,靠近建筑物部位采用 1 t 手扶式振动碾和蛙式夯夯实。

(一)土方回填开挖作业程序

土方回填开挖作业程序为:现场回填碾压试验→基础验收→回填料运输→卸料摊铺→压实→质量检查→下一段作业。

(二)现场回填碾压试验

为了确定一个既可满足设计指标又能便于快速施工的最优参数,适应高强度的回填施工需要,开工前必须对各种不同种类材料进行现场生产性碾压试验。分别进行运输、卸料、铺料、摊铺及碾压试验。根据试验成果确定回填施工参数,并将试验成果、施工方法报监理工程师批准。实际施工过程中,根据实际情况不断分析总结和调整优化。

(三)基础验收

回填施工前,对基础开挖、基础处理及混凝土工作面进行验收,经监理工程师检查验收合格签证后方可进行回填施工。对于混凝土建筑物周围的填土还要待混凝土强度达到设计强度的70%后并且龄期超过 7 d 后方可填筑,对于管身段顶部的回填土,必须待混凝土强度达到设计强度的100%后方可填筑。

(四)回填料运输和卸料摊铺

10 ~ 15 t 自卸汽车运输卸料,推土机平料,并确保以下几点:

(1)采用进占法卸料。按设计要求将合格土料运至施工作业面,严禁将砂砾料或其他透水料与黏性土料混杂,土料中的杂质予以清除。

(2)铺料厚度和土块直径的限制尺寸通过碾压试验确定。

(3)铺料时,在设计边线外侧各超填一定余量,人工铺料宜为 10 cm,机械铺料宜为 30 cm。建筑物边角回填和平铺可采用 1 m^3 挖掘机配合人工及蛙夯进行。

(五)压实

(1)压实度满足设计要求,施工前根据土质类别进行碾压试验,按照规定的压实度确定干密度指标。

(2)碾压机械行走方向平行于管身轴线。

(3)振动碾压实作业,采用进退错距法,碾迹搭压宽度符合设计和规范要求。

(4)机械碾压时控制行车速度,应控制在 2 km/h 以内。

(5)机械碾压不到的部位,辅以小型振动碾或蛙式打夯机夯实,夯实时采用连环套打法。夯迹双向套压,夯压夯 1/3,行压行 1/3;分段、分片夯实时,夯迹搭压宽度不小于 1/3 夯径。

(6)每层按规定的施工参数施工完毕后,经监理人检查合格后继续铺筑上一层。

(7)距离倒虹吸管身侧墙 1 m 及顶板 0.6 m 范围内的填土,采用薄层填筑和使用小型机具压实或夯实,管身两侧墙填土平行上升。

（六）质量检查

质量控制和检查必须贯穿整个填筑过程。配备经验丰富的质检工程师，对料场和回填面及各道工序进行控制。检查填筑料，检测含水量变化、铺土厚度、压实遍数、层间结合、压实度或相对密度等，应达到设计的要求。

（七）冬季施工措施

冬季施工时气温较低，运输对土方开挖施工进度影响较大。过低的温度将影响车辆、设备的正常使用，降低设备的工作效率，必须采取特殊措施，以保证冬季施工正常进行。施工道路也是影响运输的主要因素，冬季施工必须对施工道路加强维护，并采取相应措施，以保证施工道路的通畅。具体措施如下。

1. 机械设备的防寒保暖工作

(1) 加强质量控制，编制详细施工计划，做好保温、防冻措施以及机械设备、材料、燃油供应等准备工作。

(2) 根据情况准备防冻液、低标号油料。

(3) 在装运中，及时清理车厢冻土。搭设保温棚，对自卸汽车等施工机械进行保温。

2. 施工道路防冻防滑措施

所有施工道路坡度不超过10%，道路内侧设置具有一定深度、顺畅的排水沟，有效排除路面面层中的含水量，减少冻结程度。

路面结冰、积雪时，用推土机清理道路或在路面铺垫煤渣防滑。

三、地基处理

由于地基处理图纸至今未提供，地基处理方案待图纸下发后，我部将上报专项地基处理方案。

四、混凝土工程

（一）混凝土工程施工流程

混凝土工程施工流程见图6-22。

（二）管身段混凝土施工

王村河渠倒虹吸为二联二孔箱型结构，洞身过水断面6.5 m×6.55 m，管身段按照设计图纸共分16节，进出口斜坡段各2节，水平段12节，水平投影总长200 m(9.827+9+11.881+13.5×11+10+10.792=200.01(m))，水平段洞身混凝土总宽39.8 m，先进行右侧一联施工，再进行左侧一联施工，每联采用跳仓施工。

1. 混凝土浇筑方案

管身段混凝土均采用混凝土拌和站集中拌和、采用3~6 m^3混凝土拌和车运输、布料机挂串筒入仓、手持式电动振捣器振捣的混凝土浇筑方案。混凝土搅拌运输车道布置在高程99.55 m上，混凝土由搅拌车直接转运到布料机上入仓。

布料机由龙门架和皮带运输布料机构成。

(1) 王村河渠倒虹吸洞身混凝土龙门架总跨度为58.6 m，其中主轨道跨度39.6 m，副轨道跨度19.2 m，高度为12.55 m，主轨道布置在基坑内，副轨道布置在高程98.05 m、

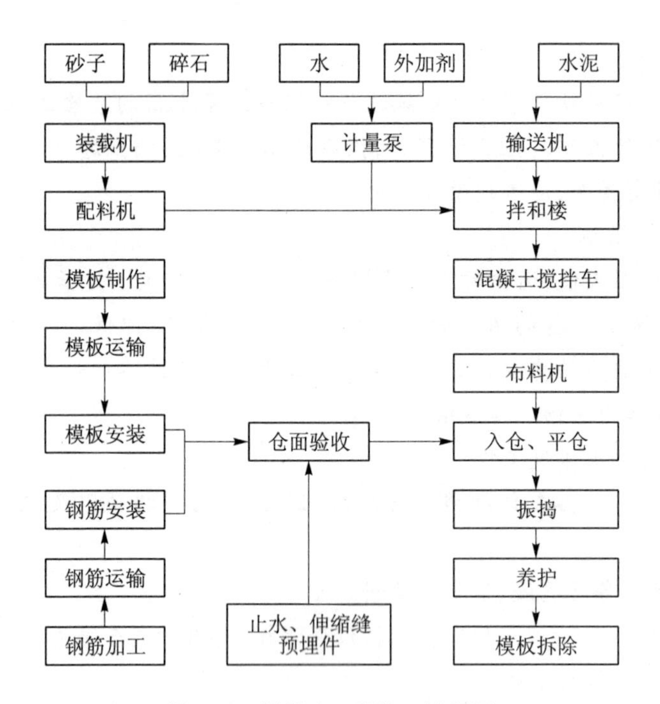

图 6-22　混凝土工程施工流程图

宽 2 m 的马道上。龙门架的驱动动力由主龙门架自身携带的电动机和卷扬机提供。

(2)在龙门架上设置皮带,皮带机下设有不同间距的木隔板,在隔板下面设有串筒。利用隔板的阻挡作用,将混凝土送入串筒而到达仓面。

管身段典型仓位浇筑设备及人员配备见表 6-21。

表 6-21　管身段典型仓位浇筑设备及人员配备表

序号	仓面类型	入仓手段	浇筑设备(电动振捣器、台)	人员			
				仓内	浇筑工	辅助浇	合计
1	管身底板	布料机	4 个 ϕ70 +4 个 ϕ50	4	10	2	16
2	管身墙体	布料机	4 个 ϕ70 +4 个 ϕ50	4	10	4	18
3	管身顶板	布料机	4 个 ϕ70 +4 个 ϕ50	4	10	2	16

2. 管身混凝土施工程序及分仓

底板采用跳仓法浇筑,墙体以及顶板流水作业法施工。浇筑方向采用顺轴线方向浇筑。

每联管身分三仓浇筑,每一层浇筑底板倒角以上 20 cm;每二层浇筑管身段顶板倒角以下 60 cm;第三次浇筑顶板。

3. 混凝土浇筑方式和分层

1)底板垫层

每节管身的底板垫层厚 10 cm,水平长 9 ~ 13.5 m,宽 33.62 m。采用 6 m^3 混凝土搅拌运输车运料到仓面,用人工推双轮车运料,沿垂直于管轴线布料,人工铲料摊平,平板振捣器振捣。

2）底板混凝土浇筑

浇筑方式的选择：采用平铺法浇筑时，计算平铺法铺料的厚度，以混凝土入仓速度、铺料允许间歇时间和仓面面积大小来决定铺料厚度，计算公式为：

$$b = qt/S$$

式中 b——铺料厚度，m；

q——混凝土实际入仓强度，采用混凝土搅拌运输车运输、布料机挂串通入仓，其生产率为 28 m^3/h；

t——铺料层的允许间隔时间，按照规范要求，采用 2 h；

S——浇筑仓的面积，$16.3 \times 13.5 = 220.05(m^2)$。

计算得出铺料厚度为 0.25 m，而铺料厚度采用范围为 30～50 cm，小于铺料厚度的下限，因此采用台阶法铺料。

管身底板厚度为 1.2 m，分三层浇筑，浇筑分层自下向上依次为：0.4 m、0.4 m、0.4 m。图 6-23 为底板台阶浇筑示意图。

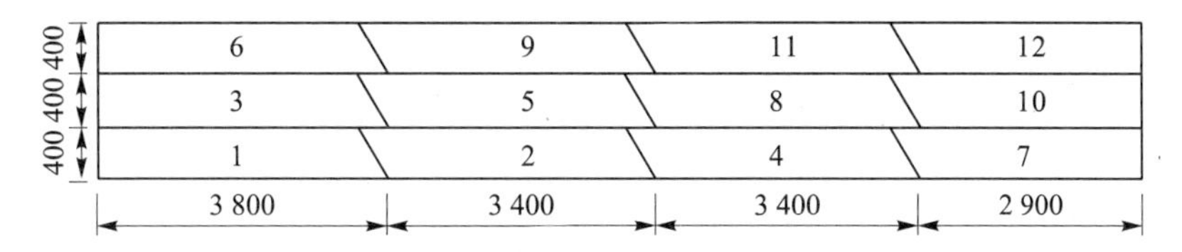

图 6-23　底板台阶浇筑示意图

浇筑方向为垂直与纵向轴线方向浇筑，从仓位的右端向左端铺料，逐层向前推进，并形成明显的台阶，直至把上仓位浇筑到收仓高程。

使用台阶法浇筑时的施工要点如下：

（1）严格控制混凝土摊铺长度，斜坡分层处振捣要密实，不得漏振。

（2）坡度不大于 1:2，以最快的速度覆盖上层混凝土，最大限度地缩短混凝土面暴露时间。

（3）浇筑中如因机械故障和停电等而中止浇筑时，要做好停仓准备，必须在混凝土初凝之前，把接头处的混凝土振捣密实，特别是钢筋附近的混凝土。

3）墙体浇筑方式

混凝土浇筑时采用两班作业。

墙体仓面由两个边墙和一个中墙组成。厚度分别为 1.2 m、1.0 m、1.1 m，最大仓面总面积为 $13.5 \times (1.2 + 1.0 + 1.1) = 44.55(m^2)$，计算出平铺法浇筑分层厚度最大值为 1.26 m，实际浇筑分层厚度采用 30～50 cm，因此可以采用平铺法分层浇筑。

浇筑方式：分层布料浇筑，先浇筑中墙，再浇筑两个边墙。各侧墙均衡上升，分层厚度为 30～50 cm。在仓内设置溜管，每隔 2～3 m 设置一组，将仓内浇筑面分成几个区段，每区段内固定浇捣工人，采用 φ70 振捣器振捣。

4）顶板混凝土浇筑

顶板厚度为 1.2 m，仓面大小与底板相同，采用与底板相同的台阶法浇筑，分三层浇筑，自下向上厚度依次为 0.4 m、0.4 m、0.4 m。开浇时先完成三个墙槽内混凝土的浇筑。

（三）进出口渐变段施工方案

1. 混凝土浇筑方案

进出口渐变段混凝土均采用混凝土拌和站集中拌制、混凝土拌和车运输、移动式上扬皮带入仓、电动振捣器振捣的施工方案。

2. 混凝土浇筑分层

进出口各4节，分为挡墙式和贴坡式，挡墙地板作为一层，墙体结合坡比变化每层不大于3 m。

贴坡式采用滑膜浇筑。

3. 混凝土浇筑方式

进出口渐变段底板厚度均为50 cm，混凝土浇筑均采用从低到高依次50 cm厚混凝土通仓浇筑至底板设计顶面高程。

进出口渐变段边墙混凝土浇筑采用平铺法浇筑，分层厚度为30～50 cm。

（四）进出口闸、退水闸施工方案

1. 混凝土浇筑方案

进出口闸室段混凝土均采用混凝土拌和站集中拌制、6 m^3 混凝土拌和车运输、25～35 t吊车吊料罐配窜桶入仓，插入式或平板振捣器振捣。

2. 混凝土浇筑分层

进口闸墩高10.583 m，出口闸上游闸墩高12 m，下游闸墩高11.293 m。

进口闸闸墩浇筑一次到顶。

出口闸闸墩浇筑分2层浇筑到顶。

3. 混凝土浇筑方式

（1）进出口闸底板厚度均为2 m，混凝土浇筑均采用台阶法。分层厚度和条带长度根据现场混凝土凝结时间计算确定。铺料厚度为30～50 cm，台阶坡度不大于1:2。

（2）进出口闸闸墩采用平铺法分层浇筑，先中墩，后边墩，各墩墙均衡上升，分层厚度为30～50 cm。

（五）模板工程

1. 管身段模板

1）底板模板

Ⅰ. 外模

模板采用9015普通钢模板单块拼装，模板外面用10号槽钢做站杆围檩，模板固定采用外侧顶拉与内拉结合的方法，在模板外侧沿管身纵轴方向距底边处设两排地锚，模板上部用ϕ50钢管（带调节丝杠）打斜撑顶紧，并用钢丝绳及花兰螺栓斜拉紧，模板下部用丝杠及钢丝绳顶拉固定。管身底板内外模板施工加固布置图见图6-24。

Ⅱ. 内模

根据结构尺寸，15 cm定型钢制模板采用钢拉杆对拉。墙身混凝土施工时此部位模板不拆除，墙体模板由此继续往上支立，防止混凝土在此处施工缝出现错台、挂帘现象。

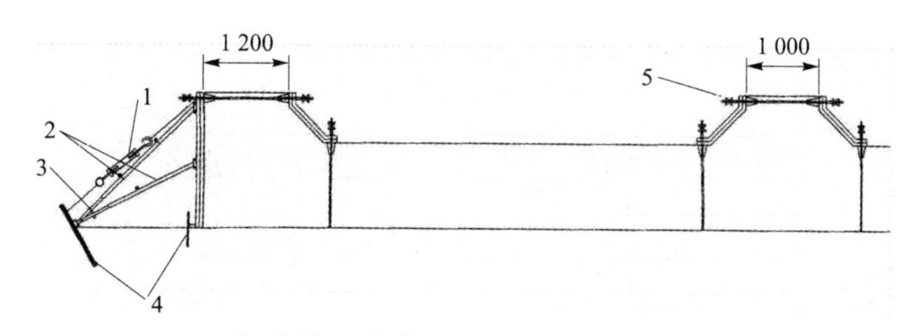

1—花兰螺栓;2—钢管;3—丝杆;4—地锚;5—钢拉杆

图 6-24　管身底板内外模板施工加固布置图

Ⅲ.堵头模板

由于管身分缝处设有双层止水,制作模板时,应计算止水厚度,并分区制作和安装异型模板。安装模板时,在模板肋条与止水接触面上设止水限位线(ϕ6 钢筋),底板堵头模板固定方法同底板外侧模板。管身分缝处的聚乙烯闭孔泡沫塑料板采用后期粘贴施工。

管身底板堵头模板施工布置图见图 6-25。

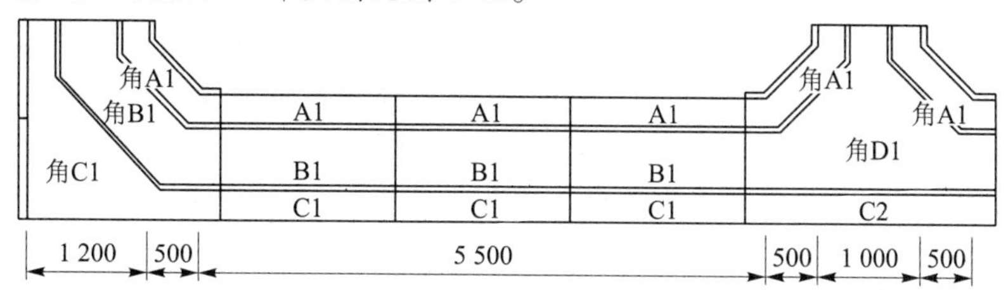

图 6-25　管身底板堵头模板施工布置图

2)管身墙体模板

Ⅰ.内外模板

内外模板采用大型组合钢模板,ϕ50 钢管站筋间距为 0.6 m,ϕ50 双钢管排距为 0.8 m。内外模板通过“顶、拉”予以固定,以保证混凝土断面尺寸。墙体的内外模板一次支立到顶板倒角以下 60 cm。

Ⅱ.堵头模板

堵头模板采用定型钢模板现场组合安装。

3)顶板模板

内外模板均采用 9015 普通钢模板单块拼装,进出口胸墙采用定型钢制模板,顶板外面用 10 号槽钢做站杆、围檩,钢拉杆对拉加固。顶板采用管扣式钢管脚手架满堂支撑,脚手架钢管上部设丝杠,用于调节顶板内模的水平度,同时也利于模板的拆除。

2.进出口闸、渐变段模板

小面积的立模采用组合钢模板,斜支撑进行加固;大面积的立模采用大尺寸钢模板,扭曲面部采用厚木复合板,用 ϕ50 钢管做站杆、围檩,模板固定采用外侧顶拉与内拉结合的方法。具体施工方法如下所述。

1)墩墙模板

墩墙模板安装工艺为:复查墙模安装位置,模板编号→在模板上安装预埋件→一侧模板吊装就位→安装支撑→绑扎钢筋→插入对拉螺栓及套管→安装另一侧模板及支撑→安装对拉螺栓，两块模板连在一起→调整模板位置垂直→紧固支撑→全面检查。如图6-26所示。

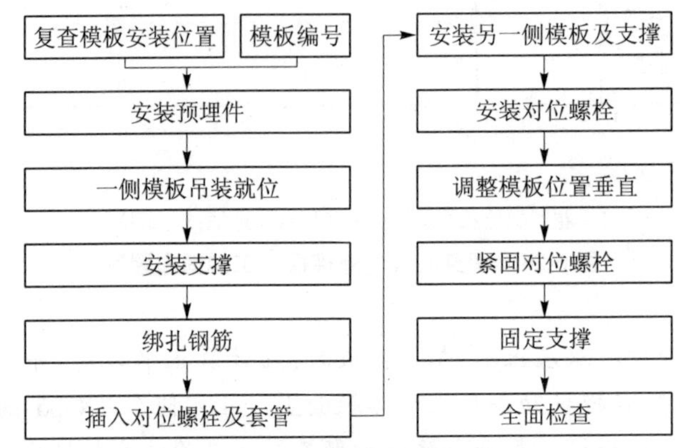

图6-26　墩墙模板施工工艺图

模板安装注意事项：

(1)组装墙模时，对拉螺栓作如下设置：采用组合式对拉螺栓，内拉杆拧入尼龙帽设置7～8个丝扣，对拉螺栓的间距符合下面的要求：混凝土侧压力小于20 kN/m²，螺栓横向间距为1 500 mm，竖向间距为750 mm；混凝土侧压力小于40 kN/m²，螺栓横向间距为900 mm，竖向间距为750 mm；混凝土侧压力小于60 kN/m²，螺栓横向间距为600 mm，竖向间距为750 mm。

(2)墩墙接槎，采用整装整拆时，下层混凝土墙表面200 mm左右处设置水平螺栓，紧固一道通长的角钢，作为上层模板的支承；采用单块就位时，可在下层模板上端设一道对拉螺栓，拆模时，该层模板暂不拆除，在支上层模板时，作为上层模板的支承面。

(3)单块组合安装时，要随时拆换支撑或增加支撑，以保证墩墙模板随时处于稳定状态，当钢楞长度不够需要接长时，接头处要增加同样数量的钢楞。

(4)对拉螺栓与模板保持垂直，松紧要适度，设在内外钢楞交接部位。

(5)U形卡反正交替安装，预拼模板接缝处上全U形卡。

(6)模板安装到端头时，不得硬打硬塞，模数不足部分可镶嵌木料。

(7)墩墙模板的支撑应牢固可靠，保证混凝土浇筑不变形。

2)排架柱模板

Ⅰ.柱模板的组装和架设

先将第一段四面模板就位拼装好，并校正调好对角线。模板要竖直，位置要准确。待第一段模板拼装并用柱箍固定后，再拼装第二段，如此直到柱全高。各段拼装时，逐块同时向左右两个方向进行。板块的水平接头和竖向接头同时用U形卡连接。U形卡正反交替安装。安装到一定高度时，进行支撑，以防倾倒。

柱模全部安装后，进行一次全面检查，合格后与相邻柱用支架固定。

Ⅱ.柱模和梁模连接处的处理原则

保证柱模的长度符合模数，不符合部分放到节点部位处理；

以梁底标高为准，由上往下配模，不符合模数部分放到柱根部处理。

Ⅲ. 柱模安装时的注意事项

柱模安装时,注意以下事项:

(1)柱模支设时,使柱模下端与事先做好的定位支撑墩台靠紧、找平,以保证柱模轴线的位置和标高的准确。

(2)柱模的浇筑口和清扫口在配模时一并考虑留出。

(3)柱根部用水泥砂浆堵严,以防造成跑浆烂根。

(4)柱梁一次浇筑完毕。

3)梁模板

Ⅰ. 梁模板的组装和架设

在复核梁底标高、校正轴线位置无误后,搭设梁模支架,固定钢楞,再在模楞上铺放梁底模板,并用勾头螺栓与钢楞固定。然后绑扎钢筋,安装并固定两侧模板,有对拉螺栓时插入对拉螺栓并套上套管。按设计要求起拱。安装钢楞拧紧对拉螺栓,调整梁口平直。

Ⅱ. 梁口与柱头模板的安装

梁口与柱头模板的安装是模板安装中特别重要的问题,采用以下几种方法:

(1)用角模和不同规格的小钢模拼接。

(2)柱头梁口用方木代替转角模板。

(3)把梁模架在柱模上,使模板端肋紧贴柱子混凝土面,柱顶的其他部分用木板拼配。

Ⅲ. 梁模安装时的注意事项

(1)模板支柱、纵横方向水平拉杆、剪刀撑等按设计要求布置。当设计无规定时,支柱间距一般小于2 m,纵横方向的水平拉杆的上下间距小于1.5 m,纵横方向的垂直剪刀撑的间距小于6 m。

(2)使用扣件钢管脚手架作支撑,扣件应拧紧,横杆的步距按设计要求进行设置。

4)板模板

组装方法:采用单块安装的方法,支架搭设稳固,板下横楞与立柱连接牢固,检查支架标高后,由四周(用阴角模与墙、梁模板连接)向中央铺设,铺拼平模时,可以单块铺设,也可用U形卡预拼几块后再翻身铺设,不够模数的,用木料嵌补。

楼板模板安装注意事项:

(1)单块安装时,模板的堆放高度不宜太高,注意不要超过支架局部承载能力。

(2)采用钢管脚手架支撑时,在支柱高度方向每隔1.2~1.3 m设一道双向水平拉杆。

3. 模板工程技术要求

1)模板型式

模板型式针对不同的工程部位进行设计,模板及支架按下列要求控制:

(1)具有足够的稳定性、强度和刚度;

(2)保证混凝土浇筑后结构物的形状、尺寸与相互位置符合设计规定;

(3)做到标准化、系列化,装拆方便,周转次数高,利于混凝土工程的机械化施工;

(4)模板表面光洁平整,接缝严密,不漏浆,保证混凝土表面质量。

(5)模板工程采用的材料及制作、安装等工序分别进行质量检查,合格后,进行下一工序的施工。

2)模板材料

(1)钢模板按照现行国家或行业标准进行订做采购。钢模面板选用4 mm厚钢板,钢板面光滑,无洼坑、折皱或其他表面缺陷。

(2)木模板选用Ⅲ等以上材质标准的木材。腐朽、严重扭曲或脆性的木材严禁使用。

3)模板制作

模板制作符合施工图纸要求的建筑物结构外形尺寸,其制作允许偏差小于DL/T 5144—2001的规定值。

4)模板安装定位

(1)模板安装前,按设计图纸测放模板边线及底部高程。模板安装的允许偏差符合DL/T 5144—2001的规定值。各部位设置足够数量的控制点,防止模板变形及利于检查校正。

(2)模板安装过程中,保持足够的临时固定设施,以防倾覆。

(3)模板的支承系统必须坐落在坚实的地基或老混凝土上,保证有足够的支承面积,斜撑采取防止滑动和变形的措施。

(4)支撑顶板模板的满堂脚手架在两个互相垂直的方向上,设斜撑拉杆,以确保其稳定。

(5)模板的钢拉杆拉接紧固,同时保证模板的断面符合设计要求。

(6)预埋在下层混凝土中的锚固件(螺栓、钢筋环等)的锚固长度和材质应进行受力计算,保证在承受荷载时有足够的锚固长度和强度。

(7)模板与混凝土接触的面板,粘贴双面胶条;各块模板接缝处粘贴海绵条。保证模板与模板、模板与混凝土接触面的接缝严密。

(8)建筑物分层施工时,采取保留顶块模板,以便与下道工序模板紧密连接并逐层校正下层偏差,保证模板下端不出现“错台”现象。

(9)模板的面板涂专用脱模剂,涂刷时避免污染钢筋及混凝土。

(10)模板及支架上,严禁堆放超过设计荷载的材料及设备。脚手架、人行道等不得支承在模板及支架上。

混凝土浇筑时,按模板设计荷载控制浇筑顺序、速度及施工荷载。

混凝土浇筑过程中,应设置专人负责经常检查、调整模板的形状及位置。对承重模板的脚手架加强检查、维护。

5)模板拆除

模板拆除时限按下列规定办理:

(1)符合施工规范及设计规定。

(2)不承重侧面模板的拆除,在混凝土强度达到其表面及棱角不因拆模而损伤时,方可拆除。

(3)经过计算,混凝土结构实际强度已能承受自重及其他实际荷载时,经监理人批准后,提前拆模。

(4)拆模时,遵循“先安后拆、后安先拆”的原则,分批拆除加固连接件,防止大片模板坠落。在拆除管身顶板时，先使丝杠对称均匀下降，待模板脱离混凝土顶面后，再拆除加固连接件。

(5)拆下的模板、支架及配件及时清理、维修，并分类堆存，妥善保管。钢模仓库存放时，垫平放稳，以免翘曲变形。

（六）钢筋工程

1. 概述

钢筋选用国有大型钢铁厂的名优产品，加工厂集中机械加工，钢筋接头采用闪光对焊，现场人工绑扎的施工方法。

2. 钢筋检验

(1)对不同厂家、不同规格的钢筋分批按规定进行检验，检验合格后用于加工。

检验时以60 t同一炉(批)号、同一规格尺寸的钢筋为一批(质量不足60 t时，仍按一批计)，随意选取两根经外部质量检查和直径测量合格的钢筋，各截取一个抗拉试件和一个冷弯试件进行检验。为使钢筋试件具有代表性，采用的试件在不同根钢筋上选取。

(2)钢筋的机械性能检验按以下规定进行：

钢筋取样时，钢筋端部先截取500 mm后，再截取试样，每组试样分别进行标记，以防止混淆。

在拉力检验项目中，检测屈服点、抗拉强度和伸长率三个指标，如有一个指标不符合规定，即认为抗拉力检验项目不合格。

冷弯试件弯曲后，不得有裂纹、剥落或断裂。不符合要求者认为冷弯检测不合格。

钢筋的检验，如果有任何一个检验项目的任何一个试件不符合要求，再另取两倍数量的试件，对不合格项目进行第二次检验，如果第二次检验中还有试件不合格，则该批钢筋不合格。

3. 钢筋的储存

(1)钢筋运入加工现场，同时附有该批钢筋的出厂质量证明书或试验报告单，每捆(盘)钢筋挂上标牌，标牌上注有厂标、钢号、产品批号、规格、尺寸等项目。运输和储存时注意保护这些标牌，防止损坏和遗失。

(2)到货的钢筋根据随附带的质量证明书或试验证明单按不同等级、牌号、规格及生产厂家分批验收检查每批钢筋的外观质量，查看锈蚀程度及有无裂缝、结疤、麻坑、气泡、砸碰伤痕等，并测量钢筋的直径。不符合质量要求的清除出厂。

(3)验收后的钢筋，按不同等级、牌号、规格及生产厂家分批、分别堆放，立牌以资识别，并设专人管理。遇雨天时，采用塑料薄膜覆盖，防止钢筋雨淋生锈。

4. 除锈、调直

(1)钢筋在使用前将表面油渍、漆污、锈皮、鳞锈等清除干净，对钢筋表面的水锈和色锈不做专门处理。钢筋清污除锈过程中或除锈后，若发现钢筋表面有严重锈蚀、麻坑、斑点等现象时，进行鉴定，根据鉴定结果确定降级使用或剔除不用。

(2)钢筋除锈以除锈机除锈为主，少量钢筋采用人工除锈。除锈后的钢筋尽快使用，避免二次锈蚀。

(3)对成盘的钢筋或弯曲的钢筋进行调直，达到钢筋平直、无局部弯折，钢筋中心线同直线的偏差不超过其全长的1%。调直后出现死弯的钢筋剔除不用。钢筋调直后如发现钢筋有劈裂现象,将该钢筋作为废品,并重新鉴定该批钢筋的质量。

(4)钢筋的调直以机械调直为主、冷拉调直为辅。使用调直机调直钢筋,控制松紧程度,避免钢筋表面出现明显的伤痕。采用冷拉法调直时,其调直冷拉率控制在1%以内,对于Ⅰ级钢筋,适当增加冷拉率,控制在2%以内。

5. 钢筋的端头及接头加工

钢筋的端头加工符合下列规定:

光圆钢筋的端头形式按照设计图纸的要求进行加工,当设计未作规定时,所有受拉钢筋的末端做180°的半圆弯钩,弯钩的内径不小于2.5d(d为钢筋直径,下同)。采用手工弯钩时,平直部分为3d。

Ⅱ级钢筋的端头,当设计要求变转90°时,其最小弯转内径:钢筋直径小于16 mm时,5d;钢筋直径大于或等于16 mm时,7d。

钢筋加工必须保证端头无弯折、杆身顺直。

钢筋接头加工符合下列规定:

钢筋接头加工按所采用的钢筋接头方式要求进行。钢筋端部在加工后有弯曲时,进行矫直或割除(绑扎接头除外),端部轴线偏移小于0.1d,并不大于2 mm。端头面整齐,与轴线垂直。

钢筋接头的切割方式按下列规定进行:

采用绑扎接头、帮条焊、单面(双面)搭接焊的接头使用钢筋切断机切割。

6. 钢筋的弯折加工

(1)光圆钢筋(Ⅰ级钢筋),弯折90°以上,最小弯转内径大于2.5d,带肋钢筋(Ⅱ级钢筋以上)弯折90°,其最小弯转内径为7d。

(2)弯起钢筋的圆弧内半径大于12.5d。

(3)箍筋的加工按设计要求的型式进行。

7. 钢筋加工的允许偏差

(1)钢筋的加工按照钢筋下料表要求的型式进行,加工后的允许偏差按表6-22的要求。

表6-22 钢筋加工的允许偏差

项次	偏差名称		允许偏差值
1	受力钢筋及锚筋全长净尺寸的偏差		±10 mm
2	箍筋各部分长度的偏差		±5 mm
3	钢筋变起点的偏差	厂房构件	±20 mm
		大体积混凝土	±30 mm
4	钢筋转角的偏差		±3°
5	圆弧钢筋径向偏差	大体积	±25 mm
		薄壁结构	±10 mm

(2)弯曲钢筋加工后无翘曲不平现象。

8. 成品钢筋的存放

(1)加强钢筋的存放、加工安装的协作工作,尽量避免长期存放成品钢筋,经检验合格的成品钢筋尽快运往工地安装使用。冷拉调直的钢筋和已除锈的钢筋应遮盖,防止二次生锈。

(2)成品钢筋的存放按工程部位、名称、编号、加工时间挂牌存放,不同号的钢筋成品分别堆放,防止混号和造成成品钢筋变形。

(3)成品钢筋的存放按当地气候情况采用有效的防锈措施,若在存放过程中,发生成品钢筋变形或锈蚀,矫正除锈后重新鉴定,鉴定合格后方可重新使用。

9. 钢筋接头的选择

(1)钢筋接头选择闪光对焊。

(2)当设计有专门要求时,钢筋接头按设计要求进行。

(3)钢筋闪光对焊接头做机械性能试验,包括拉伸试验和弯曲试验,从每批成品中切取6个试件,3个进行拉伸试验,3个进行冷弯试验。

在同一班内,由同一焊工,完成的300个同牌号、同直径钢筋焊接接头,作为一批。同一班内焊接接头数量较少,可在一周内累计计算。累计不足300个接头时,亦按一批计算。

钢筋闪光对焊接头的外观检查,每批抽查10个接头,并不得少于10个。

(4)钢筋对焊接头外观检查结果应符合下列要求:

①钢筋接头处不得有横向裂纹,与电极接触处的钢筋表面不得有明显的烧伤。

②接头处的弯折不得大于3°。

③接头处的钢筋轴线偏移不得大于0.1倍的钢筋直径,同时不得大于2 mm。

④外观不合格的接头,剔除重新焊接。

(5)钢筋对焊接头试验时,符合下列要求:

①3个试件的抗拉强度均不小于该级别钢筋的规定抗拉强度值,至少有2个试件断裂在焊缝以外,并且是延性断裂。

②试件冷弯时,受压面端头的金属毛刺和墩粗凸起部分消除,与钢筋外表面平齐。焊缝位于弯曲中心点,弯心直径和弯曲角度符合规定。试验后,有2个或3个试件外侧(含焊逢和热影响区)未发生裂缝。

(6)闪光对焊施工工艺。

切断机断出的钢筋,端部有压伤痕迹,端面不够平整,因此采用闪光—预热—闪光对焊施工工艺。

根据采用的对焊施工工艺,本工程中采用UN1－75型对焊机。

在施焊前按实际焊接条件试焊2个冷弯试件和2个拉伸试件,根据试件接头外观质量检查结果,以及冷弯和拉伸试验验证焊接参数。在试焊质量合格和焊接参数选定后,再成批焊接。

Ⅰ. 对焊参数

闪光对焊的主要工艺参数有:调伸长度、焊接电流密度、闪光留量、预热留量、闪光速度、顶锻压力、顶锻留量、顶锻速度。

a. 调伸长度

调伸长度是指钢筋焊接前两个钢筋端部从电极钳口伸出的长度。调伸长度的选择应随着钢筋级别的提高和钢筋直径的加大而增大。若长度过小,向电极散热增加,加热区变窄,不利于塑性变形,顶锻时所需压力较大;当长度过大时,加热区变宽,若钢筋较细,容易产生弯曲。钢筋的调伸长度取1.25d。

b. 闪光留量

闪光留量是指钢筋在闪光过程中,由于闪出金属所消耗的钢筋长度,也称为烧化留量。闪光留量的选择,应使闪光过程结束时,钢筋端部能够产生均匀加热,并达到足够的温度。钢筋越粗,所需的闪光留量越大。

闪光—预热—闪光焊的闪光留量为一次闪光留量与二次闪光留量之和,一次闪光留量等于钢筋端面的不平度与断料时刀口压伤部分之和,二次闪光留量为8~10 mm。

c. 闪光速度

闪光速度是指闪光过程的速度。闪光速度的控制,随着钢筋直径增大而降低,在整个闪光过程中闪光速度由慢到快。从0~1 mm/s到1.5~2.0 mm/s,这样在终止阶段,闪光较为强烈,以保护焊缝金属免受氧化。

d. 预热留量

预热留量是指预热所消耗钢筋的长度。预热留量随钢筋直径增大而增大,本工程中螺纹25、28钢筋的预热留量取3 mm,预热次数为1~4次,每次预热时间为1.5~2.0 s,间歇时间为3~4 s。

e. 顶锻留量

顶锻留量是指在闪光过程结束时,将钢筋顶锻压紧后接头处挤出的金属因而消耗的钢筋长度。顶锻留量的选择,应使顶锻过程结束时,接头的整个断面能够获得紧密的接触,并具有适当的塑性变形。本工程中螺纹25、28钢筋在闪光—预热—闪光焊中,有电顶锻留量为2.0 mm;无电顶锻留量:螺蚊25钢筋为4~5 mm,螺纹28钢筋为4.0 mm。

f. 顶锻速度

顶锻速度是指在挤压钢筋接头时的速度。顶锻速度应愈快愈好,特别是顶锻开始时的0.1 s应将钢筋压缩2~3 mm,以使焊口迅速闭合,保护焊缝金属免受氧化。在焊口顶紧封闭之后,要以适当的快速(一般每秒钟的压缩量不小于6 mm的速度)完成整个顶锻过程。

g. 顶锻压力

顶锻压力是将钢筋接头挤压时所需要的挤压力。顶锻压力随着钢筋直径的增大而增加。顶锻压力过小时,熔渣和氧化了的金属粒子就可能保留在焊口内,并且由于闪光所留下的火孔没有被挤压封闭而形成缩孔。顶锻压力过大时,焊口会产生裂纹。

h. 焊接变压器级次

焊接变压器级次用以调节焊接电流大小,焊接的钢筋直径大,选择的变压器级次要高。焊接时,如火花过大,并有强烈声响,应降低变压器级次。当电压降低5%左右时,应提高变压器级次一级。本工程中钢筋对焊机的变压器级次在5~7级调整。

Ⅱ. 对焊过程

a. 一次闪光

将钢筋夹紧在对焊机的钳口上，接通电源，使钢筋逐渐移近，端面局部接触，钢筋端面的接触点在高电流密度作用下迅速熔化、蒸发、爆破，并伴随着钢筋的烧损，完成一次闪光。一次闪光的目的是把钢筋端部压伤部分烧去，使其端面比较平整，在整个断面上加热温度比较均匀，有利于提高和保证焊接接头的质量。其操作要点为：手要轻，送料速度要先慢后快，随焊件温度的提高逐渐达到中速，争取闪光连续，如遇钢筋端头闭接必须尽快推开操作杆，重新激起闪光，保持连续烧化，避免首次加热不均。

b. 预热

预热可使焊接钢筋的温度提高得均匀、充分。操作步骤为：夹紧的两个钢筋，在电源闭合后开始以较小的压力接触，然后又离开，这样不断地离开又接触，每接触一次，由于接触电阻及钢筋内部电阻使焊接区加热，拉开时产生瞬时的闪光，经过反复多次，接头温度逐渐升高，形成预热阶段。其操作要点为：手要轻，动作敏捷，前臂与手掌保持平直，肘关节摆动要快、弧度要小，使钢筋端面不断地接触和分离。

c. 二次闪光

二次闪光的作用是排除焊口内的夹杂物，并将过热金属闪去，保持有一定长度的热影响区和足够的热量，为顶锻创造良好的条件。闪光要先慢后快，并须保持连续稳定，不可中断，故烧化速度不可过慢，也不可过快，其平均速度以每秒 2 mm 左右为宜。烧化速度的判断方法为：声音要连续、清晰，无强烈噼啪声响，火花细而均匀，其喷射速度较快而又连续。

d. 预热

预热是闪光对焊的最后一个步骤。在钢筋端部充分加热及强烈的二次闪光保护下，预热时半熔化和部分过热金属被挤压出去，使钢筋的两个端部在组织上真正连接成整体。在顶锻时，切忌焊缝内的氧化物和空气介入，所以顶锻过程应愈快愈好，以确保焊口的迅速闭合；同时，预热过程必须在足够的压力下完成，以避免接头处残存过热金属，并保证近缝区金属能产生必要的塑性变形。

对焊机使用操作注意事项：

（1）使用操作前，检查对焊机的手柄、压力机构、夹具是否灵活可靠。

（2）通电前必须通水，使电极及次级绕组冷却，同时检查有无漏水现象。

（3）焊接前，根据所焊钢筋截面，调整两次电压。禁止对焊超过规定直径的钢筋。

（4）对焊机所有活动部分定期加油，以保持良好的润滑。

（5）接触器及继电器保持清洁，电极接头定期用细砂纸磨光。

（6）焊接后随时清除钳口及周围的焊渣溅沫，保持焊机的清洁。

（7）在 0 ℃以下工作时，对焊机在使用后应用压缩空气吹去冷却管路中的存水，以防水管冻裂或堵塞。

10. 接头的分布要求

（1）钢筋配料时，协调钢筋接头的位置，使钢筋的接头分散布置。

（2）配置在同一截面内的受力钢筋，其接头的截面面积占受力钢筋总截面面积的百分率符合下述要求:在受弯构件的受拉区,不大于50%;在受压区不受限制。

(3)当施工中分辨不清受拉区和受压区时,其接头的分布按受拉区处理。

11. 钢筋安装的偏差要求

(1)钢筋安装的位置、间距、保护层及各部分钢筋的大小尺寸,按设计文件的规定进行。

(2)钢筋安装的偏差按表6-23控制。

表6-23 钢筋安装的允许偏差

项次	偏差名称		允许偏差
1	钢筋长度方向的偏差		±1/2 净保护层厚
2	同一排受力钢筋间距的局部偏差	柱及梁中	±0.5d
		板及墙中	±0.1 倍间距
3	同一排中分布箍筋间距的偏差		±0.1 倍间距
4	双排钢筋,其排与排间距的局部偏差		±0.1 倍排距
5	梁与柱中间筋间距的偏差		0.1 倍箍筋间距
6	保护层厚度的局部偏差		±1/4 净保护层厚

12. 钢筋的绑扎

(1)板内双向受力钢筋网,将钢筋全部交叉点绑扎。

(2)钢筋安装中交叉点的绑扎,对于Ⅰ、Ⅱ级直径大于等于16 mm的钢筋,采用手工电弧焊代替绑扎,焊接采用细焊条、小电流进行,避免损伤钢筋截面。焊后钢筋不得出现明显的咬边现象。

(3)钢筋绑扎用的铁丝按表6-24选用。

表6-24 钢筋绑扎用铁丝规格选择

钢筋直径(mm)	12 以下	14~25	28~40
铁丝规格号	22	20	18

13. 保护层

(1)钢筋安装时保证混凝土净保护层满足设计文件的规定。

(2)在钢筋与模板之间设置强度不低于该部位混凝土强度的混凝土垫块,用以控制混凝土保证层的厚度。垫块相互错开、分散布置。在多排钢筋之间,用短钢筋支撑,以保证位置准确。

14. 架立筋

架立筋选用直径螺纹20 mm的钢筋,安装后,保持足够的刚度和稳定性,以保证设计钢筋的位置准确。

15. 安装后的监护

(1)钢筋架设完毕后,按设计文件和规范的规定进行检查验收,并做记录。验收后的钢筋,如长期暴露,在混凝土浇筑前,重新进行检查验收,验收合格后浇筑混凝土。

(2)安装好的钢筋,由于长期暴露而生锈时,进行现场除锈。对于锈蚀严重的钢筋进行更换。

(3)在混凝土浇筑施工中,经常检查钢筋架立位置,如发现变动,及时校正,严禁擅自移动或割除钢筋。

(七)混凝土施工质量保证措施

1. 冬季混凝土施工温度控制

根据当地气候环境特点,本工程施工过程中存在冬季时间长、气温很低、昼夜温差大的因素,因此须特别重视冬季混凝土的施工。

(1)冬季混凝土施工,应尽量将混凝土浇筑时间控制在每天的高温时段。

(2)冬季混凝土施工,提高和控制混凝土入仓温度,混凝土入仓温度控制在15~25℃。在低温季节拌制混凝土时,必要时加热水进行拌和,并注意混凝土拌和投料顺序,先加入骨料和加热的水,待搅拌一定时间后,水温降至40 ℃左右时,再投入水泥,继续搅拌至规定时间。

(3)砂石料成品骨料堆料高度保持在3 m以上,必要时砂堆采用帆布覆盖,保持内部砂石骨料恒温。

(4)冬季拌制混凝土时,可根据现场监理工程师的指示,调整混凝土配合比,掺加混凝土防冻剂。

(5)对基础块等其他重要部位,当日平均气温在2~4 d内连续下降6 ℃以上时,对上述部位未满28 d龄期的混凝土表面进行早期保护。

(6)冬季混凝土施工,采用水化热低的水泥。降低水泥用量、掺加适量粉煤灰、降低浇筑速度并减小浇筑层厚度,采取覆盖保温材料等措施控制混凝土内外温差。

(7)控制时间温差,已浇筑的混凝土温度,在被上一层混凝土覆盖前,不得低于2 ℃。对混凝土浇筑块外表面、横缝面、顶面混凝土表面采用双层草袋或EPE粒状塑料保温被覆盖。

(8)低温季节浇筑混凝土时,采用混凝土运输车辆上覆盖保温被等措施,减少混凝土运输过程中的温度损失。

(9)模板拆除应避免在夜间或寒潮来临、气温骤降期间进行。特殊部位可采用晚拆模等措施,加强混凝土表面保护。

(10)当气温低于-5 ℃时,采取停工等措施。

2. 混凝土防裂措施

对于管身等混凝土部位,施工中的温控尤为重要。为确保混凝土施工质量,防止温度裂缝出现,混凝土浇筑时必须采用一定的温控防裂措施。温控采用多种方法并用,本工程将从原材料、混凝土配合比、工艺组合和仓面控温等各个环节进行综合控制。

1)浇筑温度

根据施工月份的变化,设计对不同季节混凝土允许的最高浇筑温度给以规定。每个仓号的开仓时间应根据浇筑时间,减少白天高温时段浇筑机会,尽量利用夜间低温浇筑。

2)混凝土配合比

建筑物各结构部位的混凝土配合比设计针对降低混凝土尤其是涵身段混凝土的内部

的温升问题,主要采取以下措施:

(1)选用中低热普通硅酸盐水泥;

(2)在满足混凝土设计指标的前提下,最小的水泥用量;

(3)在满足规范和设计指标的前提下最大限度地选择粉煤灰用量;

(4)针对大体积混凝土,在规范允许的情况下,尽可能提高骨料级配粒径;

(5)选用缓凝型高效减水剂等。

3)原材料温度控制

(1)骨料存放。骨料的堆放高度要求大于6 m,在顶部采用覆盖或洒水的办法,降低粗骨料的温度,同时要求粗骨料在运输时,应给以遮盖,避免途中暴晒。取料时,尽量避免使用浅表部位的骨料,使用装载机从下方立体取料。

(2)水泥和粉煤灰。严格控制水泥和粉煤灰胶凝材料的温度在60 ℃以下,要求水泥厂有指定水泥罐,并且预存降温之后,再运往工地,工地的水泥进行温度监测,尽可能控制在60 ℃以下。

(3)水。拌和用水全部使用井水,为确保5~8月浇筑混凝土时更好地控制水温上升,需地蓄水箱采用石棉包裹等的保温措施,尽可能减少水温变化。必要的情况下,如果出机口温度超出了规范的规定,在水箱中采用加冰的办法来降低拌和用水的温度。

(4)外加剂。拌和外加剂本身为化学制剂,起加速或减缓水泥凝结硬化的进程,其掺量的大小直接影响混凝土的温升进程,故必须严加控制。

4)拌和和运输的温控措施

(1)拌和站周围勤洒水,以降低拌和站周围的环境温度;

(2)拌和站和浇筑现场配备对讲机,随时保持联系,保证混凝土随拌随用,缩短混凝土运输和等待时间,降低坍落度损失及途中的温度升高;

(3)运料汽车要避免阳光直射,而且顶盖应为浅色,以利于太阳光反射而不吸热;

(4)在浇筑现场搭设凉棚,以供等待卸料汽车停放,避免阳光直射引起混凝土温升;

(5)混凝土的运输时间不超过设计要求;

(6)对于等待入仓时间超过10 min的混凝土,必须经过坍落度试验和温度检测合格后方可入仓。

3.混凝土缺陷处理

1)有模混凝土表面缺陷处理

(1)混凝土表面蜂窝、凹陷或其他损坏的混凝土缺陷按监理工程师的要求进行处理,直到监理工程师验收合格为止,并做好详细记录。

(2)修补前凿除表面薄弱混凝土,用钢丝刷或加压水冲刷缺陷部分,用水冲洗干净,并充分湿润24 h,采用预缩砂浆填补缺陷处,并派抹平人对修整部位加强养护,确保修补材料牢固,色泽一致,无明显痕迹。

(3)对于不平整混凝土面,采用砂轮机磨平至规定坡度。

2)无模混凝土结构面缺陷处理

无模混凝土表面修整根据混凝土表面结构特性和不平整度要求,采用整平板修整、木模刀修整等施工方法进行处理。

3)预留孔混凝土缺陷处理

(1)混凝土中各种预留孔均采用预缩砂浆予以回填密实。

(2)预留孔在回填混凝土或砂浆之前,先将预留孔凿毛,并清洗干净和保持湿润,以保证新老混凝土结合良好。

(3)回填混凝土或砂浆过程中应仔细捣实,以保证埋件黏结牢固,以及新老混凝土或砂浆充分黏结,外露的回填混凝土或砂浆表面必须抹平,并进行养护和保护。

4.质量控制措施

1)原材料控制

所有原材料必须符合设计与规范要求,水泥、粉煤灰、外加剂等都必须有出厂合格证和有关技术指标或试验参数。实验室根据规范要求对所有的原材料进行抽样检查。不合格的原材料严禁使用。

2)施工过程质量控制

按质检程序规定及要求对本工程施工全过程实施过程受控。

严格执行由试验确定并经监理工程师审批的配料单,在混凝土拌制前,各种材料的称量由实验室值班人员核定后才进行混凝土生产。混凝土拌和时,严格按现场试验确定的并由监理工程师批准的投料顺序、拌和时间进行。

第六节　涵洞工程施工技术

涵洞按其结构型式可分为管涵(钢筋混凝土)和污拱涵、拱涵等,污拱涵有砌石、砌砖等结构。各种涵洞由于其施工技术和设计要求不同,其具体施工方法也不同。

一、钢筋混凝土管涵的施工技术要求

(一)钢筋混凝土管的预制

现浇钢筋混凝土管的施工方法同前一节倒虹吸管现浇施工方法相似。此处专门介绍钢筋混凝土管的预制。

钢筋混凝土管应在工厂预制。新线施工时,可在适当地点设置圆管预制厂。

预制钢筋混凝土圆管宜采用震动制管器法、悬辊法、离心法或立式挤压法。本书只介绍前两种施工方法,后两种施工方法可参考其他施工书籍。

1.震动制管器法

震动制管器由可拆装的钢外模与附有震动器的钢内模组成。外模由两片厚为 5 mm 左右的钢板半圆筒(直径 2.0 m 时为三片)拼制,半圆筒用带楔的销栓连接。内模为一整圆筒,下口直径较上口直径稍小,以便取出内模。

用震动制管器制管,可在铺放水泥纸袋的地坪上施工。模板与混凝土接触的表面上应涂润滑剂(如废机油等)。钢筋笼放在内外模间固定后,先震动 10 s 左右,使模型密贴地坪,以防漏浆。每节涵管分 5 层灌注,每层灌好铲平后开动震动器,震至混凝土冒浆为止,再灌次 1 层,最后 1 层震动冒浆后,抹平顶面,冒浆后 2 ~ 3 min 即关闭震动器。固定

销在灌注中逐渐抽出,先抽下边,后抽上边。停震抹平后,用链滑车吊起内模。起吊时应垂直,且辅以震动(震动2~3次,每次1 s左右),使内膜与混凝土脱离。内模吊起20 cm,即不得再震动。为使吊起内膜后能移至另一制管位置,宜用龙门桁车起吊。外模在灌注5~10 min后拆开,如不及时拆开,需至初凝后才能再拆。拆开后,混凝土表面缺陷应及时修整。

用制管器制管的混凝土和易性要好,坍落度要小,一般小于1 cm。含砂率45%~48%,尽量减少5 mm以上大粒径,平均粒径0.37~0.4 mm,每立方米混凝土用水150~160 kg,水泥以硅酸盐水泥或普通硅酸盐水泥为好。

震动制管器适用于制造直径200 cm、管长100 cm以下的钢筋混凝土管节,此法制管时需分层灌注,多次震动,操作麻烦,制管时间长,但因设备简单,建厂投产快,适宜在小批量生产的预制厂中使用。

2. 悬辊法

悬辊法是利用悬辊制管机的悬辊,带动套在悬辊上的钢模一起转动,再利用钢模旋转时产生的离心力,使投入钢模内的混凝土拌和物均匀地附着在钢模的内壁上,随着投料量的增加,混凝土管壁逐渐增厚,当超过模口时,模口便离开悬辊,此时管内壁混凝土便与旋转的悬辊直接接触,钢模依靠悬辊与混凝土之间的摩擦力继续旋转,同时悬辊又对管壁混凝土进行反复辊压,因此促使管壁混凝土能在较短时间内达到要求的密实度和获得光洁的内表面。

悬辊法制管的主要设备为悬辊制管机、钢模和吊装设备。

悬辊制管机由机架、传动变速机构、悬辊、门架、料斗、喂料机等组成。离心法所用钢模可用于悬辊法,离心法钢模的挡圈需用铸钢制造,成本高,悬辊法钢模的挡圈除可用铸钢制造外,还可采用厚钢板焊接加工制造。

悬辊法制管的操作程序如下:

(1)操纵液压阀门,拉开门架,锁紧油缸,再开动门架旋转油缸,徐徐开启门架回转90°(对于小型制管机门架的开、关,可用人力操作)。

(2)将钢模吊起并浮套于悬辊制管机的悬辊上,此时钢模不能落在悬辊上。

(3)操纵旋转油缸,用它开动关闭门架,并用锁紧油缸将门架锁紧。应注意门架开启和关闭时速度必须掌握适当,开启时间一般为20~30 s。

(4)将浮套着的管模落到悬辊上,摘除吊钩。

(5)开动电机,使悬辊转速由慢到快,稳步达到额定转速。

(6)当管模达到设计转速时,即可开动喂料机,从管模后部(靠机架的一端)向前部和从前部向后部分两次均匀地喂入混凝土(如系小孔径混凝土管,料可1次喂完)。喂料必须均匀、适量。过量易造成管模在悬辊上跳动,严重时可能损坏机器;欠量则不能形成超高,致使辊压不实而影响混凝土质量。

(7)喂料完后继续辊压4~5 min,以形成密实光洁的管壁。

(8)停车、吊起管模、开启门架。

(9)吊出管模、养护、脱模。

悬辊法制管需用干硬性混凝土,水灰比一般为0.30~0.36。在制管时无游离水析出，场地较清洁，生产效率比离心法高，每生产 1 根管节只需 10 ~ 15 min，其缺点是需带模养护，用钢模量较多。

（二）管节的运输与装卸

管节混凝土的强度应大于设计标号的 70%，并经检查符合圆管成品质量标准的规定时，管节方允许装运。

管节运输可根据工地车辆和道路情况，选用汽车、拖拉机或马车等。

管节的装卸可根据工地条件使用各种起重机械或小型机械化工具，如滑车、链滑车等，亦可用人力装卸。

管节在装卸和运输过程中，应小心谨慎，勿使管节碰撞破坏。严禁由汽车内直接将管节抛下，以免造成管节破裂。

（三）管节安装

管节安装可根据地形及设备条件采用下列方法：

（1）滚动安装法。如图 6-27 所示，管节在垫板上滚动至安装位置前，转动 90°，使其与涵管方向一致，略偏一侧。在管节后端用木橇棍拽动至设计位置，然后将管节向侧面推开，取出垫板，再滚回原位。

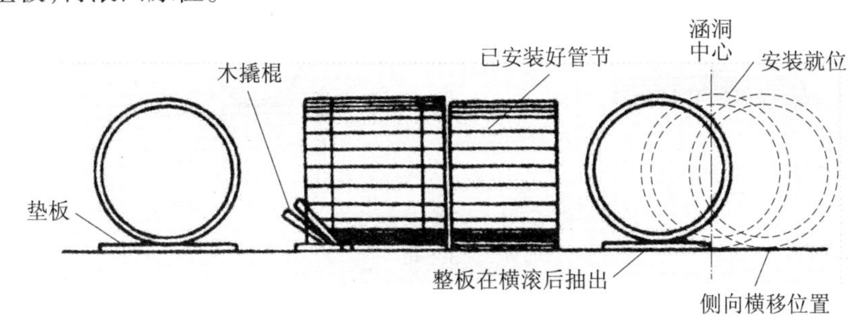

图 6-27　涵洞管节滚动安装法

（2）滚木安装法。如图 6-28 所示，先将管节沿基础滚至安装位置前 1 m 处，旋转 90°，使与涵管方向一致（见图 6-28（a）、（b））。把薄铁板放在管节前的基础上，摆上圆滚木 6 根，在管节两端放入半圆形承托木架，以杉木杆插入管内，用力将前端撬起，垫入圆滚木（见图 6-28（c）、（d）），再滚动管节至安装位置，将管节侧向推开，取出滚木及铁板，再滚回来并以木撬棍仔细调整。

（3）压绳下管法。当涵洞基坑较深，需沿基坑边坡侧向将管滚入基坑时，可采用压绳下管法，如图 6-29 所示。

压绳下管法是侧向下管的方法之一，下管前，应在涵管基坑外 3 ~ 5 m 处埋设木桩，木桩桩径不小于 25 cm，长 2.5 m，埋深最少 1 m。桩为缠绳用。在管两端各套一根长绳，绳一端紧固于桩上，另一端在桩上缠两圈后，绳端分别用两组人或两盘绞车拉紧。下管时由专人指挥，两端徐徐松管子渐渐滚入基坑内，再用滚动安装法或滚木安装法将管节安放于设计位置。

（4）吊车安装法。使用汽车或履带吊车安装管节甚为方便，但一般零星工点，机械台班利用率不高，宜在工作量集中的工点使用。

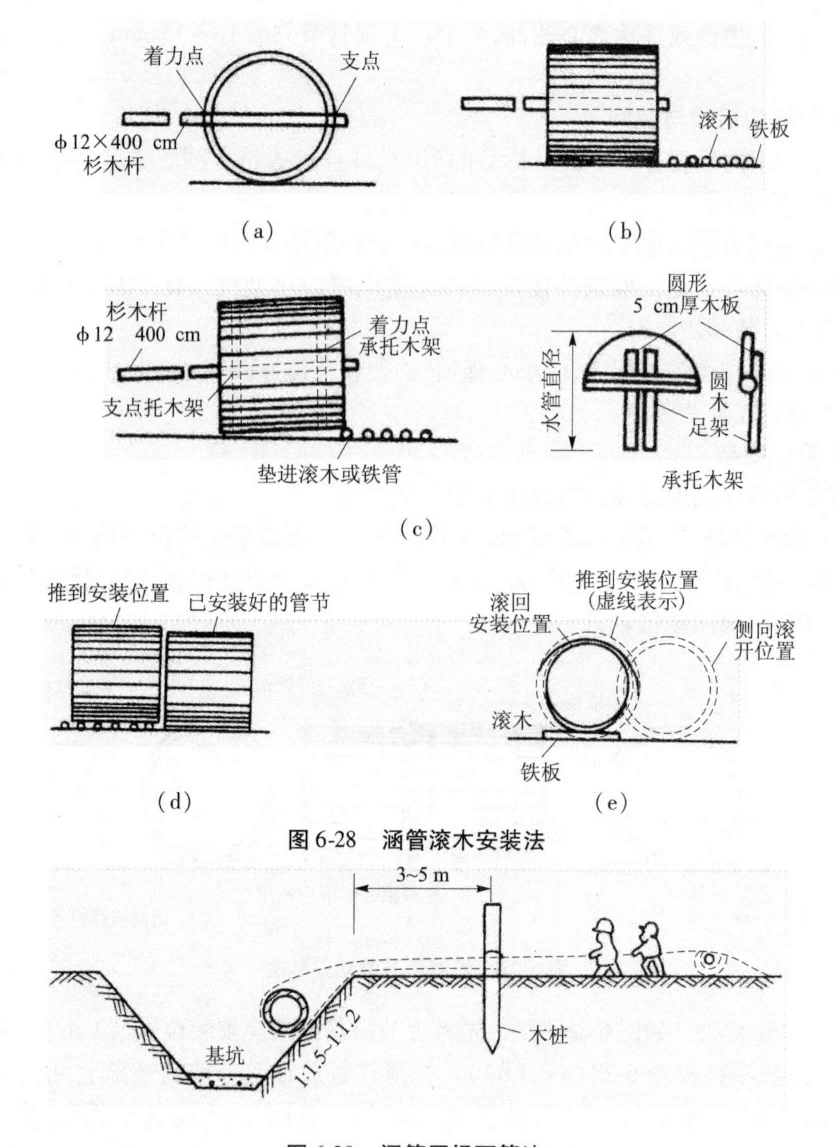

图6-28 涵管滚木安装法

图6-29 涵管压绳下管法

(四)钢筋混凝土管涵施工注意事项

(1)管座混凝土应与管身紧密相贴,使圆管受力均匀。圆管的基底应夯填密实。

(2)管节接头采用对头拼接,接缝应不大于1 cm,并用沥青、麻絮或其他具有弹性的不透水材料填塞。

(3)管节沉降缝必须与基础沉降缝一致。

(4)所有管节接缝和沉降缝均应密实不透水。

(5)各管壁厚度不一致时,应在内壁取平。

二、拱圈、盖板的预制和安装

就地灌注拱涵及盖板涵的施工方法与本章第三节的砌石拱渡槽施工方法相似。这里主要介绍拱圈、盖板的预制和安装方法。

(一)对预制构件结构的要求

(1)拱圈和盖板预制宽度应根据起重设备、运输能力决定,但应保证结构的稳定性和刚性。

(2)拱圈构件上应设吊装孔,以便起吊,吊孔应考虑设置平吊及立吊两种,安装后可用砂浆将吊孔填塞。盖板构件可设吊环,若采用钢丝绳绑捆起吊,可设吊环。

(3)拱圈和盖板砌缝宽为 1 cm。

(4)拼装宽度应与设计沉降缝吻合。

(二)预制构件常用模板

(1)木模。预制构件木模与混凝土接触的表面应平直,在拼装前,应仔细选择木模,并将模板表面刨光。木模接缝可做成平缝、搭接缝或企口缝,当采用平缝时,应在拼缝内镶嵌塑料管(线)或在拼缝处钉以板条,以板条内压水泥袋纸,以防漏浆。

预制拱圈木模竖向施工、支立方法与圆管模板相同。

(2)土模。为了节约木材、钢材,在构件预制时,可采用土模、砖模。土模分为地下式、半地下式和地上式三类。

土模宜用亚黏土,土中不含杂质,粒径应小于 15 mm,土的湿度要适当,夯筑土模时含水量一般控制在 20% 左右。

预制土模的场地必须坚实、平整。按照构件的放样位置进行拍底找平。为了减少土方挖填量,一般根据自然地坪拉线顺平即可。如场地不好,含砂多,湿度大,可以夯打厚 10 cm 灰土(2:8)后,再行找平、拍实。

(3)钢丝网水泥模板。用角钢作边框,直径 6 mm 钢筋或直径 4 mm 冷拔钢丝作横向筋,焊成骨架,铺一层钢丝网,上面抹水泥砂浆制成。

钢丝网水泥模板坚固耐用,可以周转使用,宜做成工具式模板。模板规格不宜过多,重量不能太大,便于安装和拆除,一般采用以下尺寸:模板长度 1 500 mm、2 000 mm、2 500 mm。

(4)翻转模板。适用于中小型混凝土预制构件,如涵洞盖板、人行道板、缘石栏杆等。构件尺寸不宜过长,对矩形板、梁,长度不宜超过 4 m,宽度不宜超过 0.8 m,高度不宜超过 0.2 m。构件中钢筋直径一般不宜超过 14 mm。

翻转模板应轻便坚固,制造简单,装拆灵活,一般可做成钢木混合模板。

(三)构件运输

构件达到设计强度后才能搬运,常用的运输方法有:

(1)近距离搬运。可在成品下面垫放托木及滚轴沿着地面滚移,用 A 形架运输或用摇头扒杆起吊,如图 6-30 所示。

立吊时,由于靠起拱线的 4 个吊孔(兼作平吊之用)在拱圈重心以下,故须另设一根副千斤从拱顶吊孔拉紧,以免卷圈翻身。

(2)远距离运输。可用扒杆或吊机装上汽车、拖车和平板车等。

(四)构件安装

(1)检查构件及边墙尺寸,调整沉降缝。

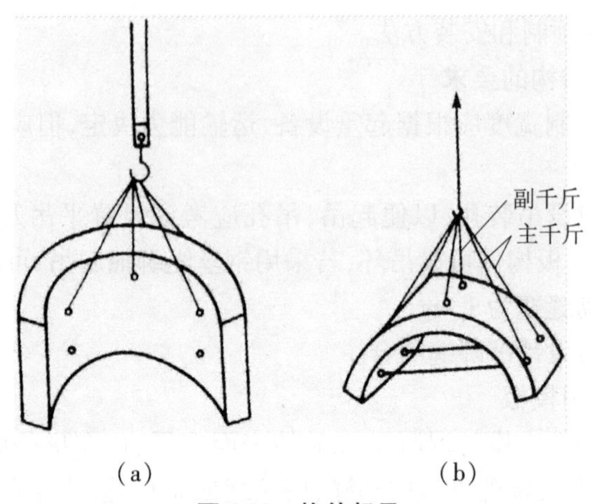

图 6-30　构件起吊

(2)拱座接触面及拱圈两边均应凿毛(沉降缝除外)并浇水湿润,用灰浆砌筑。灰浆坍落度宜小一些,以免流失。

(3)拱圈和盖板装吊可用扒杆、链滑车或吊车进行。

三、混凝土灌筑和砌石圬工

关于拱涵及盖板涵的边墙及石砌拱圈彻筑可参见水闸、渡槽及倒虹吸管的施工方法。

第七节　桥梁工程施工技术

桥梁的种类很多,根据不同的地理位置作用不同,一般分为钢筋混凝土桥和预应力混凝土梁式桥、拱桥、悬索桥、斜拉桥等种类,一般渠系工程大部分采用拱桥、钢筋混凝土桥和预应力混凝土梁式桥。本章主要介绍预应力混凝土梁式桥。

一、一般的规定

(一)模板支架和拱架的技术要求

浇筑混凝土模板之前,可涂刷脱模剂,同时应采用同一品种,不得使用机油等油料,且不得污染钢筋及混凝土的施工缝。

模板支架和拱架的材料,可采用钢材、胶合板塑料和其他符合设计要求的材料制作,钢材可采用现行国家标准《碳素结构钢》(GB/T 700—2006)。

重复使用的模板支架和拱架应经常检查、维修。

1. 模板支架和拱架的设计原则

(1)宜优先使用胶合板和钢模板。

(2)在计算荷载的作用下,对模板支架及拱架结构按受力程度分别验算其强度、刚度及稳定性。

(3)模板板面之间应平整,接缝严密,不漏浆,保障结构物外露面美观,线条流畅。

(4)结构简单,制作装拆方便。

2. 模板支架和拱架的设计

1）设计的一般要求

（1）模板支架和拱架的设计，应根据结构型式，设计跨径施工组织荷载的大小、地基土类别以及有关的设计施工规范进行。

（2）绘制模板支架和拱架的总装图、细部构造图。

（3）制定模板支架和拱架结构的安装使用、拆卸保养等有关技术安全措施和注意事项。

（4）编制模板、支架及拱架材料的数量。

（5）编制模板、支架及拱架的设计总说明等。

2）设计的荷载要求

（1）计算模板支架和拱架时，应考虑以下荷载并按表6-25中的要求进行组合。

表6-25　模板支架和拱架设计计算的荷载组合表

模板结构名称	荷载组合	
	计算强度用	验算强度用
梁板和拱的底模板以及支承支架及拱等	(1)+(2)+(3)+(4)+(7)	(1)+(2)+(7)
缘石人行道栏杆、柱梁板拱等的侧模板	(4)+(5)	(5)
基础墩台等厚大建筑物的侧模板	(5)+(6)	(5)

注：(1)表示模板支架和拱架的自重。

(2)表示新浇筑混凝土、钢筋混凝土或其他圬工结构的重力。

(3)表示施工人员和施工材料、机具等行走运输或堆放的荷载。

(4)表示振捣混凝土时所产生的荷载。

(5)表示新浇混凝土对侧面模板的压力。

(6)表示倾倒混凝土时所产生的水平荷载(见表6-26)。

(7)表示其他可能产生的荷载，如雪荷载、冬季保温设计荷载等。

表6-26　倾倒混凝土时所产生的水平荷载

向模板中心供料方法	水平荷载(kPa)
用温槽、串筒或导管输出	2.0
用容量0.2～0.2 m^3 的运输器具倾倒	2.0
用容量大于0.2～0.8 m^3 的运输器具倾倒	4.0
用容量大于0.8 m^3 的运输器具倾倒	6.0

（2）钢木模板支架及拱架的设计可按《公路桥涵结构及木结构设计规范》（JGJ 025—86）的有关规定执行。

（3）计算模板、支架和拱架的强度和稳定性时，应考虑作用在模板支架和拱架上的风力。设于水中的支架，还应考虑水流压力、流冰压力和船只漂流物等冲击力荷载。

（4）组合箱形拱如系就地浇筑，其支架和拱架的设计荷载可只考虑承受拱肋重力及施工操作时的附加荷载。

3）设计的稳定性要求

（1）支架的立柱应保持稳定，并且撑拉杆固定，当验算模板及其支架在自重和风荷载等作用的抗倾倒稳定时,验算倾覆的稳定系数不得小于1.3。

(2)支架受压构件纵向弯曲系数可按《公路桥涵结构及木结构设计规范》(JTJ 025)进行计算。

4)设计的强度及刚度要求

(1)验算模板支架及拱架的刚度时,其变形值不得超过下列数值:

①结构表面外露的模板,浇度为模板构件跨度的1/400。

②结构表面隐蔽的模板,浇度为模板构件跨度的1/250。

③支架拱架受载后挠曲的杆件(盖梁、纵梁)的弹性挠度为相应结构跨度的1/400。

④钢模板的面板变形为1.5 mm。

(2)拱架各截面的应力验算,根据拱架结构型式及所承受的荷载,验算拱顶、拱脚及1/4跨各截面的应力、铁件及节点的应力,同时应验算分阶段浇筑或砌浇时的强度及稳定性。验算时,不论板拱架或桁拱架均作为整体截面考虑,验算倾覆稳定系数不得小于1.3。

(二)模板的制作及安装的技术要求

1.模板的制作

1)钢模板的制作要求

(1)钢模板宜采用标准化的组合模板。组合钢模板的拼装应符合现行国家标准《组合钢模板技术规范》(GB 214)。各种螺栓连接件应符合国家现行有关标准。

(2)钢板板及其配件应按批准的加工图加工,成品经检验合格后方可使用。

2)木模板的制作要求

木模板可在加工厂或施工现场制作,木模板与混凝土接触的表面应平整光滑,多次重复使用的木模板应在内侧加钉薄铁皮,木模板的接缝可做成平缝、搭接缝和企口缝。当采用平缝时,应采取措施防止漏浆,以有足够的强度和刚度。

重复使用的木模板应始终保持其表面平整,形状准确,不漏浆。木模板的转角处应加嵌条或做成斜角。

3)其他材料模板的制作要求

(1)钢框覆盖面胶合板模板的板面组配宜采用错缝布置,支撑系统的强度和刚度应满足要求,吊环应采用Ⅰ级钢筋制作,严禁使用冷加工钢筋,吊环计算拉应力不应大于50 MPa。

(2)高分子的合成材料面板硬塑料或玻璃钢模板制作接缝必须严密,边肋及加强肋安装牢固,与模板成一整体。施工时,安放在支架的横梁上,以保证承载能力及稳定。

2.模板的安装

(1)模板与钢筋安装工作应配合进行,妨碍绑扎钢筋的模板应待钢筋安装完后安装,模板不应与脚手架连接,避免引起模板变形。

(2)安装侧模板时应防止模板移位和凸出。基础侧模可在模板外设立支撑固定,墩台梁的侧模可设立拉杆固定。浇筑在混凝土中的拉杆,应按拉杆拔出或不拔出的要求,采取相应的措施。对小型结构物可使用金属代替拉杆。

(3)模板安装完毕后,应对其平面位置顶部高程及纵横向稳定性进行检查,签认后方可浇筑混凝土。浇筑时,发现模板有超过允许偏差变形值的可能时,应及时纠正。

(4)模板在安装的过程中,必须设置防倾覆设施。

(三)滑升、提升、爬升及翻转模板的技术要求

滑升模板适用于较高的墩台和吊桥、斜拉桥的索塔施工。采用滑升模板时,除应遵守现行的《液压滑动模板施工技术规范》(GBJ 113—87)外,还应遵守下列规定:

(1)滑升模板的结构应有足够的强度、刚度和稳定性,模板高度宜根据结构物的实际情况确定,滑升模板的支承杆及提升设备应能保持模板垂直均衡上升。滑升模板应检查并控制模板位置,滑升速度宜为100~300 mm/h。

(2)滑升模板组装时,应使各部分尺寸的精度符合设计要求,组装完毕经全面检查试验后,才能进行浇筑。

(3)滑升模板连续进行如因故中断,在中断前应将混凝土浇平,中断期间模板仍应连续缓慢地提升,直到混凝土与模板不至粘住时为止。

(4)提升模板的提升模架的结构应满足使用要求。大块模板应用整体钢模板,加劲肋在满足刚度需要的基础上应进行加强,以满足使用要求。

(5)爬升及翻转模板的模架爬升或翻转时,结构的混凝土强度必须满足拆模时的强度要求。

(四)支架、拱架的制作及安装的技术要求

1. 分类

1)支架

支架整体杆配件节点地基基础和其他支撑物应进行强度和稳定验算。

就地浇筑梁式桥的支架应按规范规定执行。

2)木拱架

拱架所用的材料规格及质量应符合要求,桁架拱架在制作时,各杆件应当采用材质较强无损伤及湿度不大的木材。夹木拱架制作时,木板长短应搭配好,纵向接头要求错开,其间距及每个断面接头应满足使用要求。面板夹木按间隔用螺栓固定,其余用铁钉与拱肋固定。

木拱架的强度和刚度应满足变形要求,杆件在竖直与水平面内要用交叉杆件联结牢固,以保证稳定。木拱架制作和安装时应基础牢固,立轴节点连接应采用可靠措施,以保证支架的稳定,高拱架横向稳定应有保证措施。

3)钢拱架

(1)常备式钢拱架纵横向距离应根据实际情况进行合理组合,以保证结构的整体性。

(2)钢管拱架、排架的纵横距离应根据承受拱圈自重计算,各排架顶部的标高要符合拱圈底的轴线。为保证排架的稳定,应设置足够的斜撑、剪力撑扣件和缆风绳。

2. 要求

(1)支架和拱架宜采用标准化、系列化、通用化的构件拼装,无论使用何种材料的支架和拱架,均应进行施工图设计,并验算其强度和稳定性。

(2)制作木拱架、木支架对长杆件的接头应尽量减少,两相邻立柱的连接接头应尽量分设在不同的水平面上，主要压力杆的纵向连接应使用对接法，并用木夹板或铁夹板夹紧，次要构件的连接可用搭接法。

(3)安装拱架前对拱架立柱和拱架支承面应详细检查，准确调整拱架支承面和顶部标高，并复测跨度，确认无误后，方可进行安装，各片拱架在同一节点处的标高应尽量一致，以便于拼装平联杆件，在风力较大的地区，应设置缆风绳。

(4)支架和拱架应稳定坚固，能抵抗在施工过程中有可能发生的偶然冲撞和振动，安装时应注意以下几点：

①支架立柱必须安装在有足够承载力的地基上，立柱底端应设垫木来分布和传递压力，并保证浇筑混凝土后不发生超过允许的沉降量。

②支架和拱架安装完后，应及时对其平面位置、顶部标高节点连接及纵横向稳定性进行全面检查，符合要求后方可进行下一工序。

(五)施工预留拱度和沉落的要求

(1)支架和拱架应预留施工拱度，在确定施工拱度时应考虑下列因素：

①支架和拱架承受施工荷载引起的弹性变形。

②超静定结构由于混凝土收缩、徐变及温度变化而引起的挠度。

③承受推力的墩台，由于墩台水平位移所引起的拱圈挠度。

④由结构重力引起的梁或拱圈的弹性挠度，以及1/2汽车荷载引起的梁或拱圈的弹性挠度。

⑤受载后由于杆件接头的挤压和卸落设备压缩而产生的非弹性变形。

⑥支架基础在受载后的沉陷。

(2)为了便于支架和拱架的拆卸，应根据结构型式、承受的荷载大小及需要的卸落量在支架和拱架适当部位设置相应的木架、木马砂筒或千斤顶等落模设备。

(3)当结构自重和汽车荷载产生的向下挠度超过跨径的1/1 600时，钢筋混凝土梁板的底模应设预拱度，预拱度值应等于结构自重和1/2汽车荷载所产生的挠度，纵向预拱度可做成抛物线或曲线。

(4)后张拉预应力梁板应注意预应力、自重和汽车荷载等综合作用下所产生的上拱或下挠，应设置适当的预挠或预拱。

(六)模板支架和拱架的拆除

1.拆除期限的原则规定

模板、支架和拱架的拆除期限应根据结构物的特点、模板部位和混凝土达到的强度来决定。

(1)非承重侧模板应在混凝土强度能保证其表面及其棱角不至于因拆模而受损坏时方可拆除，一般应在混凝土抗压强度达到2.5 MPa时方可拆除侧模板。

(2)芯模和预留孔内模应在混凝土强度能保证其表面不发生坍陷和裂缝现象时，方可拔除，拔除时间按要求确定。

(3)钢筋混凝土结构的承重模板支架和拱架，应在混凝土强度能承受自重力及其他可能的叠加荷载时方可拆除，当构件跨度大于4 m时，在混凝土强度符合设计强度标准值的50%时方可拆除，当构件跨度大于4 m时，在混凝土强度符合设计强度标准值的75%的要求后方可拆除。

如设计上对拆除承重模板支架和拱架另有规定时，应按照设计规定执行。

2. 拆除时的技术要求

（1）模板拆除应按设计的顺序进行，设计无规定时，应遵循“先支后拆、后支先拆”的顺序，拆时严禁抛扔。

（2）卸落支架和拱梁应按拟定的卸落程序进行，分几个循环卸完，卸落量开始宜小，以后逐渐增大。在纵向应对称均衡卸落，在横向应同时一起卸落。在拟定卸落程序时，应注意以下几点：

①在卸落前应在卸架、设备上画好每次卸落量的标记。

②满布式拱架卸落时，可以拱脚依次循环卸落，拱式拱架可在两支座处同时均匀卸落。

③简支梁、连续梁宜从跨中间支座依次循环卸落，悬臂梁应先卸挂梁及悬臂的支架，再卸无跨内的支架。

④多孔拱桥卸架时，若桥墩允许承受单孔施工荷载，可单孔卸落；否则，应多孔同时卸落或各连续孔分阶段卸落。

⑤卸落拱架时应设专人用仪器观测拱圈的挠度和墩台的变化情况，并详细记录，另设专人观察是否有裂缝现象。

（3）墩台模板宜在其上部结构施工前拆除。拆除模板卸落支架和拱架时，不允许用猛烈的敲打和强扭等方法进行。

（4）模板支架和拱架拆除后应维修、整理、分类及妥善堆放。

二、模板的质量检验

模板支架和拱架的制作应根据设计要求确定模板的型式及精度要求，在设计无规定时，可按表6-27的规定执行。

表6-27　模板支架及拱架制作时的允许偏差

项目			允许偏差（cm）
木模板制作	模板的长度和宽度		±5
	不刨光模板相邻两板表面高低差		3
	刨光模板相邻两板表面高低差		1
	平板模板表面最大的局部不平	刨光模板	3
		不刨光模板	5
	拼合板中木板间的缝隙宽度		2
	支架拱梁尺寸		±5
	锥槽嵌接紧密度		2

续表 6-27

项目			允许偏差(cm)
钢模板制作	外形尺寸	长和高	0，-1
		肋高	±5
	面板端偏斜		≤0.5
	连接配件(螺栓卡子等)的孔眼	孔中心与板面的间距	±0.3
		板端中心与板端的间距	0，-0.5
		沿板长宽方向的孔	±0.6
	板面局部不平		1.0
	板面和板侧挠度		±1.0

注:①木模板中第 5 项已考虑木板干燥后在拼合板中发生缝隙的可能 2 mm 以下的缝隙,可再浇筑所浇湿模板,使其密合。

②板面局部不平,用 2 m 靠尺检测。

模板、支架和拱架安装的允许偏差,在设计无要求时应符合表 6-28 的规定。

表 6-28　模板、支架及拱架安装的允许偏差

项目		允许偏差(cm)
模板标高	基础	±15
	柱、墙和梁	±10
	墩台	±10
模板内部尺寸	上部构造的所有构件	±5.0
	基础	±30
	墩台	±20
轴线偏位	基础	15
	柱或墙	8
	梁	10
	墩台	10
装配式构件支承面的标高		+2，-5
模板相邻两板表面高低差		2
模板表面平整		5
预埋件中心线位置		3
预留孔洞中心线位置		10
预留孔洞截面内部尺寸		±10.0
支架和拱架	纵轴的平面位置	跨度的 1/1 000 或 30
	曲线形拱架的标高	+20，-10

三、预应力混凝土工程技术要求

预应力钢筋混凝土结构的施工,内容包括采用预应力筋制作的预制构件和现浇混凝

土结构。

(一)预应力筋的技术要求

1. 钢丝、钢绞线和热处理钢筋

预应力钢筋混凝土结构所采用的钢丝、钢绞线和热处理钢筋等的质量,应符合现行国家标准的规定。预应力混凝土用钢丝应符合《预应力混凝土用钢丝》(GB/T 5223—2002)的要求,预应力混凝土用热处理钢筋应符合《预应力混凝土用热处理钢筋》(GB 4463—1984)的要求,其力学性能及表面质量的允许偏差按规范规定。

新产品及进口材料的质量应符合现行国家标准的规定。

2. 冷拉钢筋和冷拔低碳钢丝

(1)冷拉Ⅳ级钢筋可用作预应力混凝土结构的预应力筋,其力学性能应符合规定。

(2)冷拔低碳钢丝的力学性能符合规范规定。

(3)预应力混凝土用钢丝力学性能及表面质量要求如表6-29～表6-33所示。

表6-29 刻痕钢丝的力学性能

<table>
<tr><th rowspan="3">公称直径(mm)</th><th rowspan="3">抗拉强度(MPa)不小于</th><th rowspan="3">规定非比例伸长应力(MPa)不小于</th><th rowspan="3">伸长率不小于</th><th colspan="2">弯曲次数</th><th colspan="3">松弛</th></tr>
<tr><th rowspan="2">不小于(次数/180°)</th><th rowspan="2">弯曲半径(mm)</th><th rowspan="2">初始应力相当于公称抗拉强度的百分数</th><th colspan="2">1 000 h应力损失不大于</th></tr>
<tr><th>Ⅰ级松弛</th><th>Ⅱ级松弛</th></tr>
<tr><td>≤5.0</td><td>1.470
1.570</td><td>1 250
1 340</td><td>4</td><td>3</td><td>15</td><td rowspan="2">70</td><td rowspan="2">8</td><td rowspan="2">2.5</td></tr>
<tr><td>>5.0</td><td>1.470
1.570</td><td>1 250
1 340</td><td>4</td><td>3</td><td>20</td></tr>
</table>

注:规定非比例伸长应力值不小于公称抗拉强度的85%。

表6-30 消除应力钢丝力学性能

<table>
<tr><th rowspan="3">公称直径(mm)</th><th rowspan="3">抗拉强度(MPa)不小于</th><th rowspan="3">规定非比例伸长应力(MPa)不小于</th><th rowspan="3">伸长率(L=100 mm)不小于</th><th colspan="2">弯曲次数</th><th colspan="3">松弛</th></tr>
<tr><th rowspan="2">不小于(次数/180°)</th><th rowspan="2">弯曲半径(mm)</th><th rowspan="2">初始应力相当于公称抗拉强度的百分数</th><th colspan="2">1 000 h应力损失不大于</th></tr>
<tr><th>Ⅰ级松弛</th><th>Ⅱ级松弛</th></tr>
<tr><td>4.0</td><td rowspan="2">1 470
1 570
1 670
1 770</td><td rowspan="2">1 250
1 330
1 410
1 500</td><td rowspan="6">4</td><td>3</td><td>10</td><td rowspan="6">60
70
80</td><td rowspan="6">4.5
8
12</td><td rowspan="6">1.0
2.5
4.5</td></tr>
<tr><td>5.0</td><td rowspan="5">4</td><td rowspan="2">15</td></tr>
<tr><td>6.0</td><td>1 570
1 670</td><td>1 330
1 420</td></tr>
<tr><td>7.0</td><td rowspan="3">1 470
1 570</td><td rowspan="3">1 250
1 330</td><td rowspan="2">20</td></tr>
<tr><td>8.0</td></tr>
<tr><td>9.0</td><td>25</td></tr>
</table>

注:①Ⅰ级松弛即普通松弛,Ⅱ级松弛即低松弛,它们分别适用于所有钢丝。

②屈服强度值不小于公称抗拉强度的85%。

表 6-31　冷拉钢筋和冷拔低碳钢丝的力学性能

钢筋级别	直径(mm)	屈服强度(MPa)	抗拉强度(MPa)	伸长率(%)	冷弯	
		不小于			变曲直径	弯曲角度
冷拉Ⅳ级钢筋	10～28	700	835	6	5d	90°

注：表中直径大于 25 mm 的钢筋冷弯弯曲直径应增加 1d。

表 6-32　热处理钢筋的力学性能

公称直径(mm)	牌号	屈服强度(MPa)	抗拉强度(MPa)	伸长率(%)
		不小于		
6	40Si2Mn	1.325	1.470	6
8.2	48Si2Mn			
10	45Si2Mn			

表 6-33　冷拔低碳钢丝的力学性能

直径(mm)	抗拉强度(MPa)		伸长率(%)	180°反复弯曲次数
	不小于		不小于	
	Ⅰ级	Ⅱ级		
4	200	650	2.5	4
5	650	600	3.0	

(4)精轧螺纹钢筋的要求。用于预应力混凝土结构中的高强精轧螺纹钢筋，其力学性能如表 6-34 所示。

表 6-34　精轧螺纹钢筋的力学性能

级别	屈服点(MPa)	抗拉强度(MPa)	伸长率(%)	10 h 松弛率(%)不大于
	不小于			
JL540	540	836	10	1.5
JL785	785	980	7	
JL930	930	1 080	6	

(5)预应力钢筋进场应分批次验收，并应对其质量证明、包装标志和规格等进行检查，尚须按下述规定进行检验。

①钢丝的检验。应分批检验，每批次的质量不大于 60 t，先从每批中抽查 5%但不少于 5 盘，进行形状、尺寸和表面检查。如检查不合格，则将该批钢丝逐盘检查，在上述检查合格的钢丝中抽 5%但不少于 3 盘，在每盘钢丝的两端取样进行抗拉强度、弯曲伸长率等试验，其力学性能应符合规定要求。试验结果如有一样不合格时，不能使用，再从同一批

次未试验的钢丝中取双倍数量的试样进行试验。如仍有一项不合格，则该批次产品为不合格。

②钢绞线的检验。从每批钢绞线中任取3盘，并从每盘所选的钢绞线端部正常部位截取一根试样，进行表面质量、直径偏差和力学性能试验，如每批次不少于3盘，则应逐盘取出试样，进行上述试验。试验结果如有一项不合格时，则不合格盘报废，并再从该批未试验过的钢绞线中取双倍数量的试样进行该不合格项的复验，如仍有一项不合格，则该批次不合格。每批次检测的钢绞线质量应不大于60 t。

3. 热处理的钢筋

（1）从每批次钢筋中抽取10%的盘数且不小于25盘，进行表面质量和尺寸偏差的检查，如不合格，则应对该批次钢筋进行逐盘检查。

（2）从每批次钢筋中抽取10%的盘数（不小于25盘）进行力学性能试验，试验结果如有一项不合格时，该不合格盘应报废，并再从未试验过的钢筋中取双倍数量的试样进行复验，如仍有一项不合格，则该批次钢筋为不合格。

（3）每批钢筋的质量应不大于60 t。

4. 冷拉钢筋的要求

冷拉钢筋应分批次进行检测，每批次质量不得大于20 t，每批钢筋的级别和直径均应相同，每批钢筋外观经逐根检查合格后，再从任选的两根钢筋上各取一套试件，按照现行国家标准的规定进行拉力试验。屈服强度、试验抗拉强度、伸长率和冷弯试验，如有一项试验不合格，则另取双倍数量的试件重做全部各项试验，如仍有一项试验不合格，则该批次钢筋不合格，计算冷拉钢筋的屈服强度和抗拉强度，采用冷拉前的公称截面积。钢筋冷拉后，其表面不得有裂纹和局部缩颈。

冷弯试验后冷拉钢筋的外观不得有裂纹和断裂现象。

5. 冷拔低碳钢丝的要求

应逐盘进行抗拉强度、伸长率和弯曲试验。从每盘钢丝上任一端截取不少于50 mm后再取两个试样，分别做拉力和180°反复弯曲试验，试验结果应符合上面各表中的要求，弯曲试验后，不得有裂纹和断裂鳞落现象。

6. 精轧螺纹钢筋的要求

应分批进行检测，每批次质量不大于100 t，对表面质量应逐根目测检查。外观检查合格后，在每批中任选2根钢筋，截取试件进行拉伸试验。试验结果如有一项不合格，则另取双倍数量的试件重做全部各项试验，如仍有一根试件不合格，则该批钢筋为不合格。

拉伸试验的试件不允许进行任何形式的加工。

预应力筋的实际强度不得低于现行国家标准的规定，预应力筋的试验方法应按现行国家标准的规定执行。

（二）锚具、夹具和连接器的要求

（1）预应力钢筋的锚具、夹具和连接器应具有可靠的锚固性、足够的承载能力和良好的适应性，能保证充分发挥预应力筋的强度，安全地实现预应力强拉作业，并符合现行的国家标准《预应力筋用锚具、夹具和连接器》（GB/T 14370—2000）的规定。

（2）预应力钢筋的锚具、夹具应按设计要求，采用锚具应满足分级张拉、补张拉以及放松预应力的要求,用于后张结构时,锚具及其附件上宜设置压浆孔或排气孔,压浆孔应满足截面面积,以保证浆液的畅通。

(3)夹具应具有良好的自锚性能、松锚性能和重复使用性能,需敲击才能松开夹具,必须保证其对预应力筋的锚固没有影响,且对操作人员的安全不造成危险。

(4)用于后张法的连接器必须符合锚具的性能要求,用于先张法的连接器必须符合夹具的性能要求。

(5)进场验收的规定。锚具、夹具和连接器进场时,除按出厂合格证和质量检验说明书核查其锚固性能类别、型号、规格及数量外,还应按下列规定进行验收。

①外观检查。应从每批次中取10%的锚具且不少于10套,检查其外观和尺寸,如有一套表面有裂纹或超过产品标准及设计图纸规定尺寸的允许偏差,则应另取双倍数量的锚具重做检查,如仍有一套不符合要求,则应逐套检查合格后方可使用。

②硬度检查。应从每批次中抽取5%的锚具且不少于5套,对其中有硬度要求的零件,做硬度试验,对多孔夹片式锚具的夹片每套中有硬度要求的零件做硬度试验,对多孔夹片式锚具的夹片每套至少取5片,每个零件测验3点,其硬度应在设计要求的范围内,如有一个零件不合格,则另取双倍数量的零件重做试验,如有一个零件不合格,则应逐个检查,合格者方可使用。

③静载锚固性能试验。对大桥等重要工程,当质量证明书不齐全、不正确和对质量有疑问时,经上述两项试验合格后,应从同批中抽取6套锚具(夹具或连接器)组成3个预应力筋锚具组装件,进行静载锚固性试验。如有一个试件不合格,则应另取双倍数量的锚具重做试验,如仍有一个试件不合格,则该批锚具为不合格。

对用于其他桥梁的锚具,进场验收其静载锚固性能可由锚具生产厂提供试验报告。

预应力筋锚具、夹具和连接器验收批的划分,在同种材料和同一生产工艺条件下,锚具、夹具应以不超过1 000套组为一个验收批次,连接器以不超过500套组为一个验收批次。

四、管道的技术要求

(一)一般规定

(1)在后张有粘线预应力混凝土结构件中,力筋的孔道宜由浇筑在混凝土中的刚性或半刚性管道构成,对一般工程,也可采用钢管抽芯、胶管抽芯及金属伸缩套管抽芯等方法进行预留。

(2)浇筑在混凝土中的管道,应不允许有漏浆现象,管道应具有足够的强度,以使其在混凝土的重量作用下能保持原有的形状,且能按要求传递黏结应力。

(二)管道材料的要求

刚性或半刚性管道应是金属的,刚性管道应具有适当的形状而不出现卷曲或被压扁,半刚性管道应是波纹状的金属螺旋管。金属管道宜尽量采用镀锌材料制作。

制作半刚性波纹状金属螺旋管的钢带,应符合现行《铠装电缆冷轧钢带》(GB 4175.1)和现行《铠装电缆镀锌钢带》(GB 4175.2)的有关规定,并附有合格证,钢带厚度应根据管道直径、设置时间及是否有特殊用途而定,一般不宜小于0.3 mm。

（三）金属螺旋管的检验

（1）金属螺旋管进场时，除应按出厂合格证和质量保证书核对其类别、型号、规格及数量外，还应对其外观尺寸、集中荷载下的径向刚度、荷载作用后的抗渗漏及抗弯曲渗漏等进行检验，工地自行制作的管道亦应进行上述检测。

（2）金属螺旋管应按批次进行检查，每批次应由同一钢带生产厂生产的同一批钢带所制造的金属螺旋管组成，累计半年或50 000 m生产量为一批，不足半年产量或50 000 m生产量也作为一批的，则取产量最多的规格。

（3）管道的其他要求：

①在桥梁的某些特殊部位，当设计规定时，可采用符合要求的平滑钢管和高密度聚乙烯管。

②用作平滑的管道钢管和聚乙烯管，其壁厚不得小于2 mm。

③一般情况下，管道的内横截面面积至少应是预应力筋净截面面积的2.0～2.5倍，如果因有某种原因，管道与预应力筋的面积比低于给定的极限值，则应通过试验来确定其面积比。

④制孔采用塑胶抽芯法时，钢管表面应光滑，焊接接头应平顺，抽芯时间应通过试验确定，以混凝土的抗压强度达到0.4～0.8 MPa时为宜。抽拔时，不应损伤结构混凝土，抽芯后，应用通孔器或压水等方法对孔道进行检查，如发现孔道堵塞或有残留物或与邻孔道相串通，应及时处理。

（四）预应力材料的保护

（1）预应力材料必须保持清洁，在存放和搬运过程中，应避免机械损伤和有害的锈蚀，进场后如需长时间存放时，必须安排定期的外观检查。

（2）预应力筋和金属管道在仓库内保管时，应干燥、防潮、通风、无腐蚀性气体介质，在室外存放时，时间不宜超过6个月，不得直接堆放在地面上，必须采取以枕木支垫并用苫布覆盖等有效措施防止雨露和各种腐蚀性气体介质的影响。

（3）锚具、夹具和连接器均设专人保管，存放搬运时，均应妥善保护，避免锈蚀玷污，遭受机械损伤或散失，临时性的防护措施应不影响安装操作的效果和永久性防锈措施的实施。

（五）预应力筋的制作要求

1．预应力筋的下料

下料长度应通过计算确定，计算时应考虑结构的孔道长度或台座长度、锚夹具厚度、千斤顶长度、焊接接头或墩头预留量、冷拉伸长值、弹性回缩值、张拉伸长值和外露长度等因素。

钢丝束两端采用镦头锚具时，同一束中各根钢丝下料长度的相对差值：当钢丝束长度小于或等于20 m时不宜大于1/3 000，当钢丝束长度大于20 m时不宜大于1/5 000且不大于5 mm，长度不大于6 m的先张构件，当钢丝成组张拉时，同组钢丝下料长度时的相对差值不得大于2 mm。

钢丝钢绞线、热处理钢筋、冷拉Ⅳ级钢筋、冷拔低碳钢丝及精轧螺纹钢筋的切断，宜采用切断机或砂轮锯，不得采用电弧切割。

2. 冷拉钢筋接头

(1)冷拉钢筋的接头应在钢筋冷拉前采用一次闪光顶锻法进行对跨对焊后进行热处理,以提高焊接质量。钢筋焊接后,其轴线偏差不得大于钢筋直径的1/10,且不得大于2 mm,轴线曲折的角度不得超过4°。采用后张法张拉的钢筋焊接后尚应敲除毛刺,但不得减损钢筋的截面面积。

对焊接头的质量检验方法应符合相关规定。

(2)预应力筋有对焊接头时,除非设计有规定,宜将接头设置在变力较小处,在结构受拉区及在相当于预应力筋的直径30倍长度的区域(不小于500 mm)范围内,对焊接头的预应力筋截面面积不得超过该区段预应力筋的总截面面积的25%。

(3)冷拉钢筋采用螺丝端杆锚具时,应在冷拉前焊接螺丝端杆,并应在冷拉时将螺母置于端杆端部。

3. 预应力筋墩粗头

预应力筋墩头锚固时,由于高强钢丝宜采用液压冷墩,对于冷拔低碳钢丝,可采用冷冲墩粗,对于钢筋宜采用电热墩粗,但Ⅳ级钢筋墩粗后应进行电热处理,冷拉钢筋端头的墩粗及热处理工作应在钢筋冷拉之前进行;否则,应对墩头逐个进行张拉检查,检查时的控制应力不小于钢筋冷拉的控制应力。

4. 预应力筋的冷拉

预应力筋的冷拉可采用控制应力或控制冷拉率的方法,但对不能分清炉号、批次的热轧钢筋,不应采取控制冷拉力下的最大冷拉率,应符合表6-35的规定。冷拉时,应检查钢筋的冷拉率,当超过表中的规定时,应进行力学性能检测。当采用控制冷拉率的方法冷拉钢筋时,冷拉率必须由试验确定。测定同炉号、同批次钢筋冷拉率时,其试样不少于4个,并取其平均值作为该批钢筋实际采用的冷拉率。测定冷拉率时,钢筋的冷拉应力应符合表6-36的规定。

表6-35 冷拉控制应力及最大冷拉率

钢筋级别	钢筋直径(mm)	冷拉控制应力(MPa)	最大冷拉率(%)
Ⅳ级	10~28	700	4.0

表6-36 测定冷拉率时钢筋的冷拉应力

钢筋级别	钢筋直径(mm)	冷拉应力(MPa)
Ⅳ级	10~28	730

注:当钢筋平均冷拉率低于1%时,仍应按1%进行冷拉。

冷拉多根连接的钢筋,冷拉率可按总长计,但冷拉后每根钢筋的冷拉率应符合表6-35中的规定。

钢筋的冷拉速度不宜过快,宜控制在5 MPa/s左右,冷拉至规定的控制应力或冷拉率后,应停置1~2 min再放松冷拉后,有条件时,宜进行时效处理,应按冷拉率大小分组堆放,以备编束时选择,冷拉钢筋时应作记录。

当采用控制应力方法冷拉钢筋时,对使用的测力计应经常进行校验。

5. 预应力筋的冷拔

预应力筋采用冷拔低碳钢丝时，应采用6～8 mm的Ⅰ级热轧钢筋盘条拔制，拔丝模孔为盘条原直径的0.85～0.9，拔拉次数一般不超过3次，超过3次时，应进行拔丝退火处理，拔拉总压缩率应控制在60%～80%，平均拔丝速度为50～70 m/min，冷拔达到要求直径后，应进行检测，以决定其组别和力学性能（包括伸长率）。

6. 预应力筋编束的要求

预应力筋由多根钢丝或钢绞线组成时，同束内应采用强度相等的预应力钢材，编束时应逐根理顺，绑扎牢固，防止互相缠绕。

（六）混凝土的浇筑

混凝土用料（水泥、细骨料、粗骨料、水）及配合比应符合混凝土施工规范的规定。可掺入适量的外加剂，但不得掺入氯化钙、氯化钠等，氯盐从组成材料引进混凝土中的氯离子总含量，不宜超过水泥用量的0.06%，当超过0.06时，宜采取掺加阻锈剂、增加保护层厚度、提高混凝土密度等防锈措施，对于干燥环境中的小型构件，氯离子含量可提高1倍。

混凝土的水泥用量不宜超过500 kg/m^3，特殊情况下，不应超过500 kg/m^3。浇筑混凝土时，宜根据结构的不同型式选用插入式、附着式或平板式等振动器进行振捣，对箱梁腹板与底板及顶板连接处的承托、预应力筋锚固区及其他钢筋密集部位，宜特别注意振捣。

浇筑混凝土时，对先张构件应避免振动器碰撞预应力筋，对后张结构应避免振动器碰撞预应力管道、预埋件等，并经常检查模板、管道锚固、端垫板及支座预埋件等，以保证其位置及尺寸符合设计要求。纵向拼接的后张梁梁段接缝应符合设计规定，施工注意事项应符合施工规范要求。

浇筑箱形梁段混凝土时，应尽可能一次浇筑完成，梁身较高时，也可分两次浇筑。分次浇筑时，宜先底板及腹板根部，其次腹板，最后浇顶板及翼板，同时应符合有关规范规定。

混凝土浇筑完并初凝后，应立即开始养护。

1. 施加预应力的技术要求

机具及设备：施工预应力所用的机具设备以及仪表应由专人使用和管理，并定期维护和校验，千斤顶和压力表应配套校验，以确定张拉力与压力表之间的关系曲线，校验应由经主管部门授权的法定计量技术机构定期进行。

张拉机具设备应与锚具配套使用并应在进场时进行检查和校检，对常期不使用的张拉机具设备，应在使用前进行全面校检，使用期间的校检期限应视机具设备的情况确定，当千斤顶使用超过6个月或200次，在使用过程中出现不正常现象或检修以后，应重新校验，弹簧测力计的校检基限不宜超过2个月。

2. 施加预应力的准备工作

对预应力筋施工之前，必须完成或检验以下工作：

（1）施工现场应具备经批准的张拉程序和现场施工说明书。

（2）现场已具备预应力施工知识和正确操作的施工人员。

（3）锚具安装正确，后张构件混凝土已达到要求的强度。

（4）施工现场已具备确保全体操作人员和设备安全的必要的预防措施。

实施张拉时，应使千斤顶的张拉力作用线与预应力筋的轴线重合一致。

1）张拉应力的控制

（1）预应力筋的张拉控制应力应符合设计要求，当施工中预应力筋需要超张拉或计入锚固口预应力损失时，可比设计要求提高5%，但在任何情况下不得超过设计规定的最大张拉控制应力。

（2）预应力筋采用应力控制方法张拉时，应以伸长值进行校核实际伸长值与理论伸长值的差值，应符合设计要求，设计无规定时，实际伸长值与理论伸长值的差值应控制在6%以内，否则应暂停张拉，待查明原因并采用措施予以调整后，方可连续张拉。

（3）预应力筋的理论伸长值 ΔL（mm）可按下式计算。

$$\Delta L = \frac{P_p L}{A_p E_p} \tag{6-5}$$

式中 P_p——预应力筋的平均张拉力，N；

L——预应力筋的长度，mm；

A_p——预应力筋的截面面积，mm^2；

E_p——预应力筋的弹性模量，N/mm^2。

直线筋取张拉端的张拉力，预应力筋平均张拉力按下式计算：

$$P_p = \frac{P - e^{-(kx+NQ)}}{kx + \mu Q} \tag{6-6}$$

式中 P_p——预应力筋的平均张拉力，N；

P——预应力筋张拉端的张拉力，N；

x——从张拉端至计算截面的孔道长度，m；

Q——从张拉端到计算截面曲线孔道部分切线的夹角之和；

k——孔道每米局部偏差对摩擦角的影响系数（见表6-37）；

μ——预应力筋与孔道壁的摩擦系数（见表6-37）。

表6-37 系数 k 及 μ 值表

孔道成型方式	k	μ		
		钢丝束钢铰线光面钢筋	带肋钢筋	精轧螺纹钢筋
预埋铁皮管道	0.003 0	0.35	0.40	—
抽芯成型孔道	0.001 0	0.55	0.60	—
预埋金属螺栓管道	0.001 5	0.20～0.25	—	0.50

（4）预应力筋张拉时应先调整到初应力，该初应力宜为张拉控制应力的10%～15%，伸长值应从初应力开始量测，力筋的实际伸长值除量测的伸长值外，必须加上初应力以下的推算伸长值，对后张法构件在张拉过程中产生的弹性压缩值一般可省略。

预应力筋张拉的实际伸长值 ΔL 可按式（6-7）计算

$$\Delta L = \Delta L_1 + \Delta L_2 \tag{6-7}$$

式中 ΔL_1——从初应力至最大张拉应力间的实际伸长值，mm；

ΔL_2——初应力以下的推算伸长值，可采用相邻级的伸长值，mm。

(5)必要时,应对锚固吸孔道摩阻损失进行测定,张拉时予以调整。锥形锚具摩阻损失值的测定方法按规范要求进行。

(6)预应力筋的锚固应在张拉控制应力处于稳定状态下进行。锚固阶段张拉端预应力筋的内缩量应不大于设计规定。

(7)预应力筋张拉及放松时,均应填写施工记录。

锚具变形预应力筋回缩和接缝压缩容许值见表6-38。

表6-38　锚具变形预应力筋回缩和接缝压缩容许值

锚具接缝类型		变形型式	容许值(mm)
钢制锥形锚具		力筋回缩锚具变形	6
夹片式锚具		力筋回缩锚具变形	6
镦头锚具		缝隙压密	1
JM15锚具	用于预应力钢丝时	力筋回缩锚具变形	3
	用于预应力钢绞线时		6
粗钢筋锚具		力筋回缩锚具变形	1
每块后加垫板的缝隙		缝隙压密	1
水泥砂浆接缝		缝隙压密	1
环氧树脂砂浆接缝		缝隙压密	1

2)先张法施工的技术要求

先张法墩式台座结构应符合下列规定:

(1)承力台座须具有足够的强度和刚度,其抗倾覆安全系数应不小于1.5,抗滑移系数应不小于1.3。

(2)横梁须有足够的刚度,受力后挠度应不大于2 mm。

(3)在台座上铺放预应力筋时,应采取措施,防止玷污预应力筋。

(4)张拉前,应对台座、横梁及各项张拉设备进行详细检查,符合要求后,方可进行操作。

Ⅰ.张拉的技术要求

(1)同时张拉多根预应力筋时,应预先调整其初应力,使相互之间的应力一致,张拉过程中,应使活动横梁与固定横梁始终保持平行,并应抽查力筋的预应力值,其偏差的绝对值不得超过按一个构件全部力筋预应力总值的5%。

(2)预应力筋张拉完毕后,与设计位置的偏差不得大于5 mm,同时不得大于构件最短边长的4%。

(3)预应力筋的张拉应符合设计要求,设计无规定时,其张拉程序可按表6-39的规定进行。

表 6-39　先张法预应力筋张拉程序

预应力筋种类	张拉程序
钢筋	0→初应力→1.05δ_{con}(持荷 2 min)→0.9δ_{con}→δ_{con}(锚固)
钢丝、钢绞线	0→初应力→1.05δ_{con}(持荷 2 min)→0→δ_{con}(锚固)
	对于夹片式等具有自锚性能的锚具 普通松弛力筋 0→初应力→1.03σ_{con}(锚固) 低松弛力筋 0→初应力→δ_{con}(持荷 2 min 锚固)

注:①表中 δ_{con} 为张拉时的控制应力值,包括预应力损失值。

②超张拉数值超过最大超张拉应力限值时,应按规定的限制张拉应力进行张拉。

③张拉钢筋时,为保证施工安全,应在超张拉放张至 0.9δ_{con} 时,安装拱板普通钢筋及预埋件等。

(4)张拉时预应力筋的断丝数量不得超过表 6-40 的规定。

表 6-40　先张法预应力筋断丝限制

类别	检查项目	控制数
钢丝、钢绞丝	同一构件内断丝数不得超过钢丝总数的	1%
钢筋	断筋	不容许

Ⅱ.放张的技术要求

(1)预应力筋的放张时的混凝土强度必须符合设计要求,设计未规定时,不得低于设计的混凝土强度等级值的 75%。

(2)预应力筋的放张顺序应符合设计要求,设计未规定时,应分阶段对称、相互交错地放张,在力筋放张之前,应将限制位移的侧模翼缘模板或内模拆除。

(3)多根整批预应力筋的放张可采用砂箱法或千斤顶法,用砂箱法放张时,放张砂速度应均匀一致;用千斤顶放张时,放张宜分数次完成;单根钢筋采用拧松螺母的方法放张时,宜先两侧、后中间,并不得一次将一根力筋松完。

(4)钢筋放张后,可用乙炔 - 氧气切割,但应采取措施,防止烧坏钢筋端部,钢筋(钢丝)放张后,可用切割锯断或剪断的方法切断钢绞线,放张后可用砂轮锯切断。

长线台座上预应力筋的切断顺序应由放张端开始,逐次切向另一端。

3)后张法施工的技术要求

Ⅰ.预留孔道安装的要求

(1)预应力筋预留孔道的尺寸与位置应正确,孔道应平顺。端部的预埋件、钢垫板应垂直于孔道中心线。

(2)管道应采用定位钢筋固定安装,使其能牢固地置于模板内的设计位置,并在混凝土浇筑期间不产生位移,固定各种成孔管道用的定位钢筋的间距,对于钢管不宜大于 1 m,对于波纹管不宜大于 0.8 m,对于胶管不宜大于 0.5 m,对于曲线管道宜适当加密。

(3)金属管道接头处的连接管宜采用大一个直径级别的同类管道,其长度宜为被连接管内径的 5 ~7 倍,连接时不使接头处产生角度变化及在混凝土浇筑期间发生管道的转动或移位,并应缠裹紧密,防止水泥浆的渗入。

(4)所有管均应设压浆孔，还应在最高点设排气孔及需要时在最低点设排水孔，压浆管、排气管和排水管应是最小内径为 20 mm 的标准管或适宜的塑料管，与管道之间的连接应采用金属或塑料结构扣件，长度应以从管引出结构物为准。

(5)管道在模板内安装完毕后，应将其端部盖好，防止水或其他杂物进入。

Ⅱ.预应力筋安装的要求

(1)预应力筋可在浇筑混凝土之前或之后穿入管道，对钢绞线可将一根钢束中的全部钢绞线编束后整体装入管道中，也可逐根将钢绞线穿入管道。穿束前应检查锚垫板和孔道，锚垫板应位置准确，孔道内应畅通无水和其他杂物。

(2)预应力筋安装后的保护。

①对在混凝土浇筑及养生之前安装在管道中但在下列规定时限内没有压浆的预应力筋，应采取防止锈蚀或其他防腐蚀的措施，直至压浆。

不同暴露条件下未采取防腐蚀措施的力筋在安装后至压浆时的容许间隔时间如下：空气湿度大于 70% 或盐分过大时，7 d；空气湿度 40% ~70% 时，15 d；空气湿度小于 40% 时，20 d。

②在力筋安装在管道中后，管道端部开口应密封，以防止湿气进入。采用蒸汽养生时，在养生完成之前，不应安装力筋。

③在任何情况下，当在安装有预应力筋的构件附近进行电焊时，对全部预应力筋和金属件均应进行保护，防止溅上焊渣或造成其他损坏。

(3)对在混凝土浇筑之前穿束的管道力筋安装完成后，应进行全面检查，以查出可能被损坏的管道，在混凝土浇筑之前，必须将管道上非有意留的孔开口或损坏之处修复，并应检查力筋能否在管道内自由滑动。

Ⅲ.张拉的技术要求

(1)对力筋施加预应力之前，应对构件进行检验，外观和尺寸均应符合质量标准要求。张拉时，构件的混凝土强度应符合设计要求，设计未规定时，不应低于设计强度等级值的 75%。

(2)预应力筋的张拉顺序应符合设计要求，当设计未规定时，可采取分批、分阶段对称张拉。

(3)应使用能张拉多根钢绞线或钢丝的千斤顶同时对每一钢束中的全部力筋施加应力，但对扁平管道中不多于 4 根的钢绞线除外。

(4)预应力筋张拉端的设置应符合设计要求，当设计无具体要求时，应符合下列规定：

①对曲线预应力筋或长度大于或等于 25 m 的直线预应力筋，宜在两端张拉；对长度小于 25 m 的直线预应力筋，可在一端张拉。

②曲线配筋的精轧螺纹钢筋应在两端张拉，直线配筋的可在一端张拉。

③当同一侧面中有多束一端张拉的预应力筋时，张拉端宜分别设置在构件的两端，预应力筋采用两端张拉时，可先在一端张拉锚固后，再在另一端补足预应力值进行锚固。

(5)后张预应力筋的张拉应符合设计要求，设计无规定时，其张拉程序可按表 6-41 进行。

表 6-41　后张法预应力筋张拉程序

预应力筋		张拉程序
钢筋、钢筋束		0→初应力→1.05δ_{con}（持荷 2 min）→δ_{con}（锚固）
钢绞线束	对于夹片式等具有自锚性能的锚具	普通松弛力筋 0→初应力→1.03δ_{con}（锚固） 低松弛力筋 0→初应力→δ_{con}（持荷 2 min 锚固）
	其他锚具	0→初应力→1.05δ_{con}（持荷 2 min）→0→δ_{con}（锚固）
精轧螺纹钢筋	直线配筋	0→初应力→δ_{con}（持荷 2 min 锚固）
	曲线配筋	0→（持荷 2min）→0（上述程序可反复几次）→初应力→δ_{con}（持荷 2 min 锚固）

注：①表中 δ_{con} 为张拉时的控制应力，包括预应力损失值。

②两端同时张拉时，两端千斤顶升降压画线侧伸长插垫等应基本一致。

③梁的竖向预应力筋可一次张拉到控制应力，然后于持荷 5 min 后测伸长和锚固。

④超张拉数值超过规定的最大超张拉应力限值时，应按规定的限值进行张拉。

（6）后张拉预应力筋断丝及滑移不得超过表 6-42 中的规定。

表 6-42　后张拉预应力筋断丝、滑移限制

类别	检查项目	控制数
钢丝束和钢绞线束	每束钢丝断丝或滑丝	1 根
	每束钢绞线断丝或滑丝	1 丝
	每个断面断丝之和不超过该断面钢丝总数的百分数（%）	1
单根钢筋	断筋或滑丝	不容许

注：①钢绞线断丝是指单根钢绞线内钢丝的断丝。

②超过表列控制数时，原则上应更换，当不能更换时，在许可的条件下可采取补救措施。如提高其他束预应力值，但须满足设计上各阶段极限状态的要求。

（7）预应力筋在张拉控制应力达到稳定后方可锚固，预应力筋锚固后的外露长度不宜小于 30 mm，锚具应用封端混凝土保护，当需长期外露时，应采取防止锈蚀的措施，一般情况下锚固完毕并经检验合格后，即可切割端头多余的预应力筋，严禁用电弧焊切割，强调用砂轮机切割。

Ⅳ. 后张孔道压浆的技术要求

（1）预应力筋强拉后孔道应尽早压浆。

（2）孔道压浆宜采用水泥浆，所用材料应符合下列要求：

①水泥：宜采用硅酸盐水泥或普通水泥，采用矿渣水泥时，应加强检验，防止材性不稳定，水泥的强度等级不宜低于 42.5 级，水泥不得含有任何团块。

②水：应不含有对预应力筋或水泥有害的成分，每升水不得含 500 mg 以上的氯化物

或任何一种其他有机物,可采用清洁的饮用水。

③外加剂:宜采用只有低含水量、流动性好、最小渗出及膨胀性等特性的外加剂,它们应不得含有对预应力筋或水泥有害的化学物质,外加剂的用量应通过试验确定。

(3)水泥浆的强度应符合设计规定,设计无具体规定时,应不低于 30 MPa,对截面较大的孔道,水泥浆中可掺入适量的细砂。水泥浆的技术条件应符合下列规定:

①水灰比宜为 0.40 ~ 0.45,掺入适量减水剂时,水灰比可减小到 0.35。

②水泥浆的泌水率最大不得超过 3%,拌和后 3 h 泌水率宜控制在 2%,泌水应在 24 h 内重新全部被浆吸回。

③通过试验,水泥浆中可掺入适量膨胀剂,但其自由膨胀率小于 10%,泌水率和膨胀率的试验按规范进行。

④水泥浆的稠度宜控制在 14 ~ 18 Pa·s。

3. 孔道的准备工作

(1)压浆之前应对孔道进行清洁处理,对抽芯成型的混凝土,空芯孔道应洗干净,并使孔壁完全湿润,金属管道必要时亦应冲洗,以清除有害材料,对孔道内可能发生的油污等,可采用已知对预应力筋和管道无腐蚀作用的中性洗涤剂,用水稀释后进行冲洗,冲洗后应使用不含油的压缩空气将孔道内的所有积水吹出。

(2)水泥浆自拌制至压入孔道的延续时间视气温情况而定,一般在 30 ~ 45 min 的流动度降低的水泥浆,不得通过加水来增加其流动度。

(3)压浆时对曲线孔道和竖向孔道应从最低点的压浆孔压入,由最高点的排气孔排气和泌水,压浆顺序宜先压注下层孔道。

(4)压浆应缓慢均匀地进行,不得中断,并应将所有最高点的排气孔依次开放和关闭,使孔道内排气通畅较集中和邻近间孔道宜尽量先连续压浆完成,不能连续压浆时,后压浆的孔道应在压浆前用压力水冲洗通畅。

(5)对掺加外加剂、泌水率较小的水泥浆,通过试验证明能达到孔道内饱满时可采用一次压浆的间隔时间宜为 30 ~ 45 min。

(6)压浆应使用活塞式压浆泵,不得使用压缩空气,压浆的最大压力宜为 0.5 ~ 0.7 MPa,当孔道较长或采用一次压浆时,最大压力宜为 1.0 MPa,梁体竖向预应力筋孔道的压浆最大压力可控制在 0.3 ~ 0.4 MPa,压浆应达到孔道另一端饱满和出浆,并应达到排气孔排出与规定稠度相同的水泥浆为止,为保证管道中充满灰浆,关闭出浆口后应保持不小于 0.5 MPa 的一个稳压期,该稳压期不宜少于 2 min。

(7)压浆过程中及压浆后 48 h 内结构混凝土的温度不得低于 5 ℃,否则应采取保温措施,当气温高于 35 ℃时,压浆宜在夜间进行。

(8)压浆后应从检查孔抽查压浆的密实情况,如有不实,应及时处理和纠正,压浆时每一工作班应留取不少于 3 组的 70.7 mm × 70.7 mm × 70.7 mm 立方体试件,标准养护 28 d 检查其抗压强度,作为评定水泥浆质量的依据。

(9)对需封锚的锚具压浆后,应先将其周围冲洗干净,并对梁端混凝土凿毛,然后设置钢筋网,浇筑封锚混凝土,封锚混凝土的强度应符合设计要求,一般不宜低于构件混凝土强度等级值的 80%,必须严格控制封锚后的梁体长度,长期外露的锚具应采取防锈措施。

(10)对后张预制构件,在管道压浆前不得安装就位,在压浆强度达到设计要求后,方可移运和吊装,孔道压浆应填写施工记录。

(七)质量检验及质量标准

(1)对工程质量的检验,除一般混凝土、钢筋混凝土的应有检验项目外,尚应进行钢筋冷拉预应力钢材编束、孔道预留、施工预应力孔道压浆等项目的施工检验以及预应力筋张拉机具锚夹具的质量检验。

(2)预应力筋制作和安装的允许偏差如表6-43、表6-44所示。

表6-43　先张预应力筋制作和安装的允许偏差

项目		允许偏差(mm)
镦头钢丝同束长度相对差	束长>20 m	L/5 000及5
	束长6~20 m	L/3 000
	束长<6 m	2
冷拉钢筋接头在同一磁面的轴线偏位		2及1/10直径
力筋张拉后的位置与设计位置之间偏位		4%构件最短边长及5

表6-44　后张预应力筋制作和安装的允许偏差

项目		允许偏差(mm)
管道坐标	梁长方向	30
	梁高方向	10
管道间距	同排	10
	上下层	10

(3)梁体质量应符合下列规定:混凝土表面应平整、密实,预应力部位不得有蜂窝露筋现象,混凝土的各项指标均应达到设计要求。

附:南水北调辉县四标段项目部修桥的施工技术要求

南水北调辉县四标段项目部修桥的施工技术要求

主要施工工艺及施工方法如下。

一、总体施工方案

桥梁施工时,计划以整座桥为单位,调配数量足够、性能精良、型号配套的施工机具和施工管理技术人员、各工种技工,组织流水施工。

在施工2号营地设钢筋加工厂、木工加工厂,利用总承包方1号营地混凝土拌和站,保证施工用料充足。大刘庄东南公路桥钢筋在2号营地加工厂中集中加工成型,运到现场安装。

浇筑混凝土在营地拌和站集中拌制,用10 m^3 混凝土搅拌运输车运到施工现场浇筑,25 t吊车配吊罐垂直运输入仓。

预应力箱梁、预制路缘石等混凝土预制构件在预制场集中预制、养护,安装前运到现场,进行安装施工。

灌注桩钻孔采用冲击钻机,成孔后下钢筋笼,灌注水下混凝土。钢筋笼在钢筋加工厂集中加工成节,分节运到现场安装;混凝土采用混凝土拌和站集中拌制,用10 m^3 混凝土搅拌运输车运至现场进行灌注。

立柱采用定型钢模板,盖梁、桥台采用组合钢模板。

公路桥预应力箱梁采用重型吊车安装。

沥青混凝土在沥青拌和站集中拌制,用15 t自卸车运至现场摊铺。

桥梁总体施工流程图见图6-31。

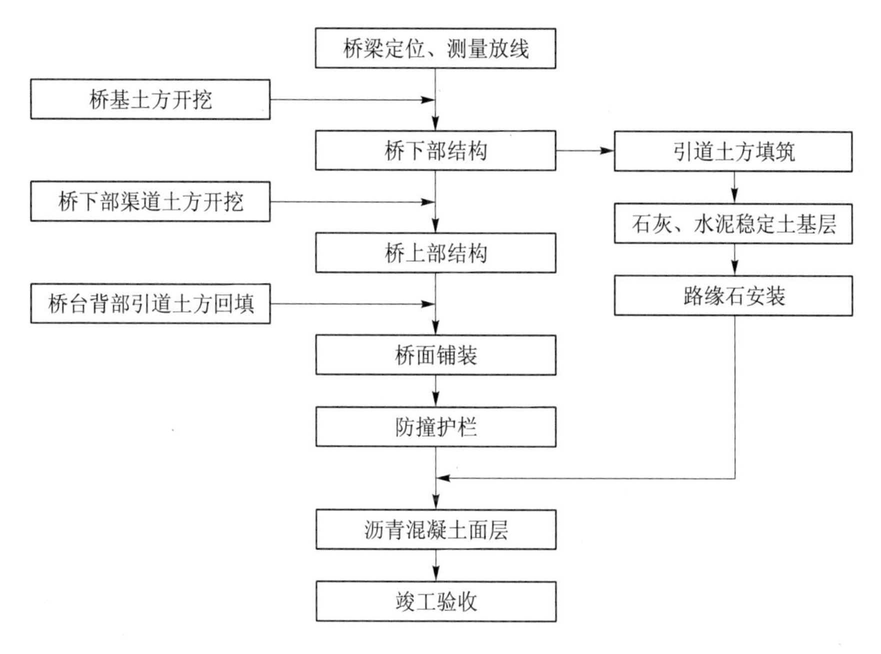

图6-31　桥梁总体施工流程图

二、主要施工方法

大刘庄东南公路桥下部结构采用钻孔灌注桩基础,桥墩采用柱式桥墩钻孔灌注桩基础。桥梁施工工艺流程图见图6-32。

(一)土方工程

基坑采用反铲挖掘机开挖,人工配合修整,必要时开挖排水沟,由于本地区为砂砾层,不利于钢护筒下埋,为使立柱施工有足够的立模工作面并保证基坑边坡稳定,开挖基坑时要求施工场地开阔,并按1:1放坡。

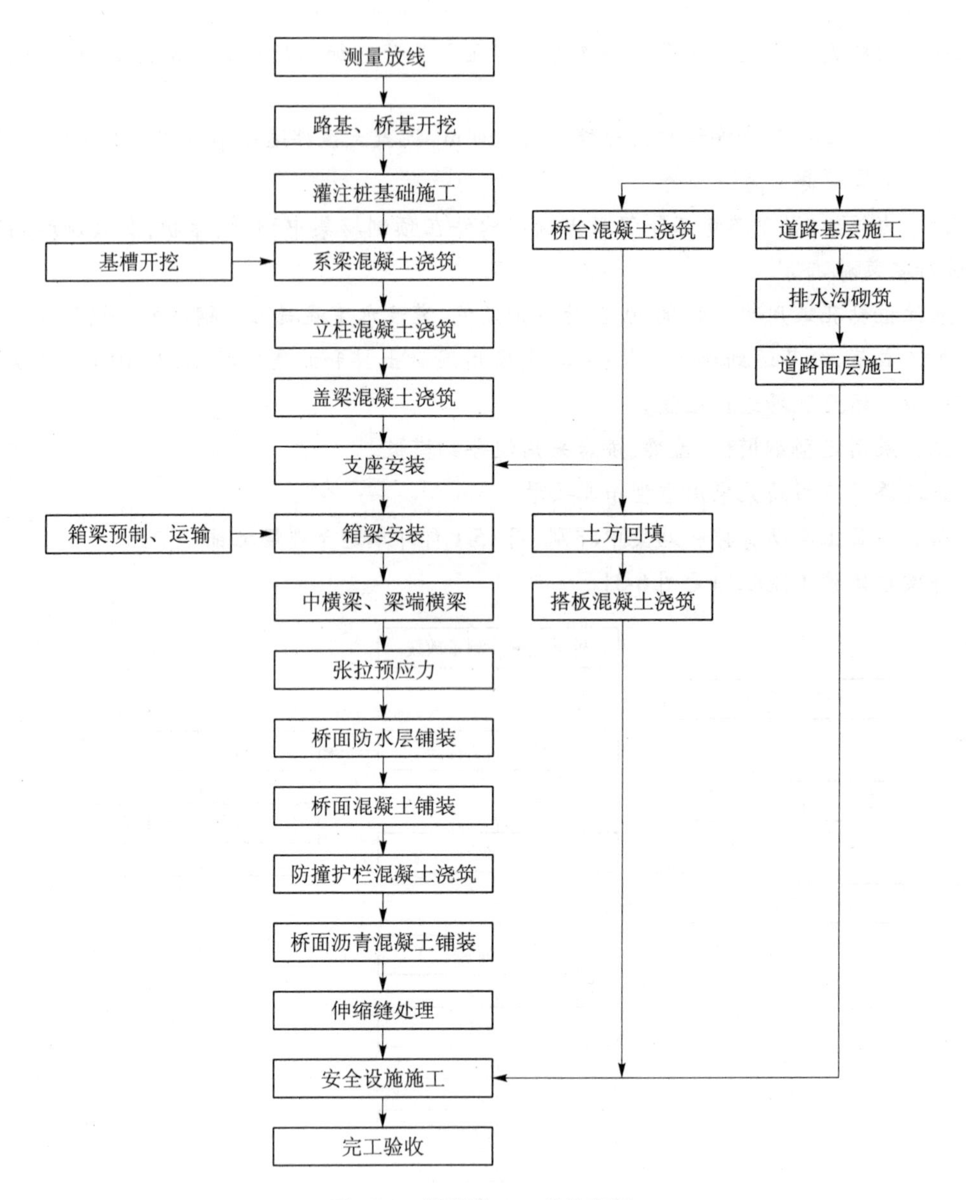

图 6-32　桥梁施工工艺流程图

(二)灌注桩工程

1. 施工方法

钻孔灌注桩的施工工艺流程图见图 6-33。

2. 施工准备

灌注桩施前,先要做好准备工作,包括确定灌注方案,进行场地准备、施工机械准备和材料准备,如平整场地、挖泥浆池、沉淀池和排浆沟,接通水、电,构筑钻机施工平台,准备充足的黏土,制备护壁泥浆等。

3. 施工设备

根据公路桥施工区地层岩性,选用 CZ102-6A 冲击钻机 1 台。

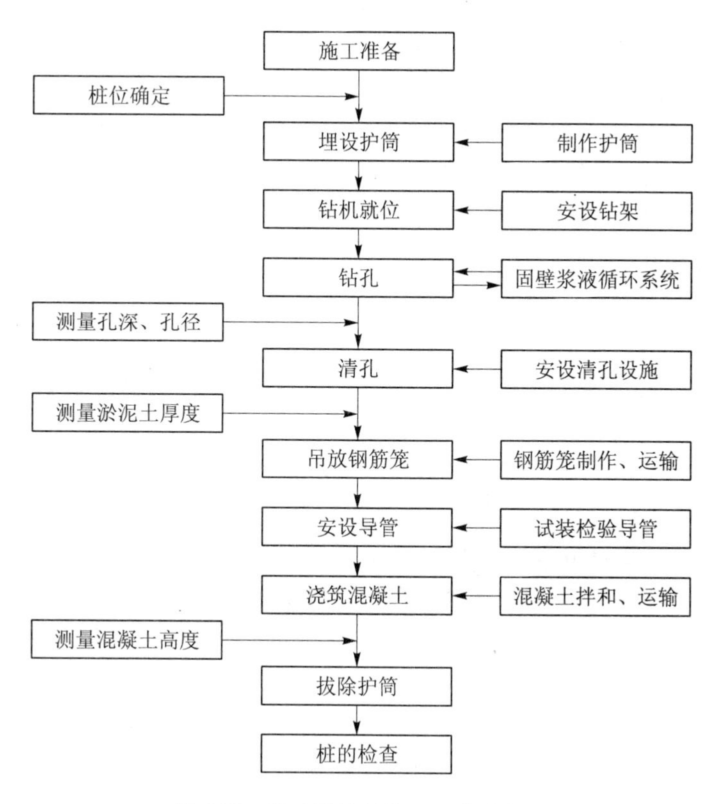

图 6-33　钻孔灌注桩施工工艺流程图

4. 施工材料

混凝土强度等级为 C25,配合比以实验室核定的配合比为准。

5. 桩位确定

按照设计图纸,进行桩位定位,在开钻造孔前对桩位进行复检,并经监理工程师校核认可后,方可开钻施工。

6. 埋设护筒

桩定位后,进行十字拴桩,清除表土后埋设护筒。护筒采用比设计桩径大 20 ~ 40 cm 的钢护筒,壁厚 7 mm,长 2 m。

护筒定位时,先以桩位中心点为圆心,根据护筒半径在挖好的基槽内地面上定出护筒位置,埋设十字控制桩,然后将安放护筒埋入地下,使护筒高出地面 30 cm,并在顶部焊加强筋和吊耳,同时在施工槽一侧形成一条排水沟,作为泥浆排放和收集的通道。护筒要高出地下水位 2.0 m 以上。护筒在埋入过程中应检查护筒是否垂直,若发现偏斜,应及时纠正。护筒中心竖直线应与桩中心线重合,护筒中心与桩位中心偏差不大于 5 cm,竖直线倾斜不大于 1%。

护筒外侧用黏土回填、夯填密实,以防止护筒四周出现漏水现象,回填厚度 40 ~ 45 cm,护筒埋设深度根据桩位的水文地质情况确定,一般情况埋置深度宜为 2 ~ 4 m,其高度宜高出地面 0.3 m 或水面 1.0 ~ 2.0 m。当钻孔内有承压水时,应高于稳定后的承压水位 2.0 m 以上。

冲击钻机就位:根据测量放样埋设桩位定位木桩和搭设的平台进行就位。

7. 钻孔

钻孔开始后,分两班连续作业,一次成孔。钻孔作业的人员组织:每台钻机每班配操作人员 3 名,开钻机 1 人,泥浆记录员 2 人。

钻机就位前,应对钻孔前的各项准备工作进行检查,包括主要机具设备的检查和维修。

钻机安装就位后,底座和顶端应平稳,不得产生位移或沉陷。垂球中心与护筒中心位置偏差不得大于 2 cm。

钻机安装就位后,开钻前要仔细检查钻机各部位情况,在具备开钻条件下,经现场监理工程师许可后方可开钻。刚开始进冲程要用小冲程。垂球要对准中心。钻孔要一次性完成,不得中途停顿,如有停顿,要保持孔内具有规定的水位和要求的泥浆比重和黏度,以防塌孔。钻进速度的控制要视土质进行适当的调整,在钻进过程中,应定时检查垂直度,整个钻进过程要有完整的钻孔施工记录,在土层变动处捞取土样,判定土层,以便与地质剖面图相核对,当与地质剖面图严重不符时,及时向监理人员汇报。

操作人员必须认真贯彻执行岗位责任制,随时填写钻孔施工记录,交接班时应详细交待本班冲击钻进情况及下班需注意的事项。

冲击钻孔过程中,要保持孔内有 1.5 ~ 2.0 m 的水头高度,并要防止扳手、管钳等金属工具或其他异物掉落孔内,损坏锤头。钻进作业必须保持连续性,升降锥头时要平稳,不得碰撞护筒或孔壁。

钻进泥浆采用优质黏土在泥浆池内制备,泥浆池容积为 10 m^3。造浆用黏土和护壁浆液应符合表 6-45 的要求。

表 6-45

钻孔方法	地质情况	相对密度	黏度(Pa·s)	砂率度(%)	胶体率(%)	失水率(mL/30 min)	泥皮厚(mm/30 min)	静切力(Pa)	酸碱度(pH)
冲击	砂砾地层	1.20 ~ 1.40	20 ~ 23	≤4	≥95	≤20	≤3	3 ~ 5	8 ~ 11

1) 泥浆比重测定方法

先在泥浆杯中装满清水,盖好杯盖,使多余清水从盖上小孔溢出,擦干泥浆杯周围的水珠,把游码移到刻度 1,如水平泡位于中间,则仪器是准确的;如水平泡不在中间,则可在调重管内取出或加入重物来调整。

倒出清水,擦干,将待测泥浆注入杯中,盖好杯盖,让多余泥浆溢出,擦净泥浆杯周围的泥浆,移动游码,使横梁成水平状态(水平泡位于中间)。游码左侧所示刻度即为泥浆比重。

2) 泥浆黏度测定方法

将漏斗垂直,用手握紧并用食指堵住管口。然后用量筒两端分别装 200 mL 和 500 mL 泥浆倒入漏斗。将量筒 500 mL 一端朝上放在漏斗下面,放开食指,同时启动秒表计时,记录流满 500 mL 泥浆所需的时间,即为所测泥浆的黏度。

仪器使用前,应用清水进行校正。该仪器测量清水的黏度为(15 ±0.5)s。

3)泥浆含沙量测定方法

在玻璃量筒内加入泥浆(20 mL 或 40 mL),再加入适量水,不超过 160 mL,用手指盖住筒口,摇匀,倒入过滤筒内,边倒边用水冲洗,直到泥浆冲洗干净,网上仅有砂子为止。

将漏斗放在玻璃量筒上,过滤筒倒置在漏斗上,用水把砂子冲入玻璃量筒内,等砂子沉淀到底部细管后,读出含砂量体积,计算出砂子体积的百分含量。

钻进过程中,要随时测量桩位中心、孔斜、孔径深度及地质情况,认真做好冲击钻孔记录,并注意检测孔中水位高度、护壁泥浆比重,防止塌孔。

8. 清孔

清孔是钻孔灌注桩施工中重要的一道工序,清孔质量的好坏直接影响水下混凝土灌注桩质量与承载力的大小。钻进到设计深度后,立即进行清孔作业。

清孔拟采用换浆法。清孔过程中必须始终保持孔内原有水头高度,以防塌孔。

为了保证清孔质量,采用二次清孔,即在保证泥浆性能的同时,必须做到终孔后清孔一次和灌注桩前清孔一次。

清孔时,应随时注意保持孔内泥浆的浆面高程,以保证孔壁的稳定。清孔后孔底沉淀物厚度应等于或小于 300 mm。

成孔的质量标准见表 6-46。

表 6-46　成孔的质量标准

项次	检查项目		规定值或允许偏差	检查方法
1	混凝土强度(MPa)		在合格标准内	按 JTG F80/1—2004 附录 D 检查
2	孔的中心位置(mm)	群桩	100	用经纬仪检查纵、横方向
		排架桩	50	
3	孔径		不小于设计桩径	查灌注前记录
4	倾斜度		1%	查灌注前记录
5	孔深	摩擦桩	符合图纸要求	查灌注前记录
		支承桩	比设计深度超深不小于 50 mm	
6	沉淀厚度	摩擦桩	桩底沉渣厚度不大于 300 mm	查灌注前记录
		支承桩	不大于图纸规定	
7	清孔后泥浆指标	相对密度	1.03 ~ 1.10	查清孔记录
		黏度	17 ~ 20 Pa · s	
		含砂率(%)	<2	
		胶体率(%)	>98	

9. 吊放钢筋笼

清孔后,立即将钢筋整体或分节吊入孔内焊接、固定,钢筋笼底面高程允许偏差

50 mm。

钢筋笼在钻孔前在钢筋加工厂内按设计要求制作成型,钢筋笼较长时,为避免钢筋笼在运输过程中变形,分节制作,并在孔口进行焊接接长。

钢筋笼制作焊接采用单面焊,焊缝长度须满足施工技术规范要求,并将接头错开100 cm以上。主筋接头主要采用双面焊。为使钢筋骨架有足够的刚度,以保证在运输和吊放过程中不产生变形,每隔2.0 m用圆25 mm钢筋设置一道加强箍。

钢筋笼采用25 t汽车吊起安放,第一节吊入孔后要用钢管或型钢临时搁置在护筒口,再起吊另一节,对正主筋位置焊接再逐段吊入孔内,直至达到设计标高,最后将最上面一段桩挂在孔口并临时与护筒口焊牢。

钢筋骨架在吊放过程中,要注意防止碰撞孔壁;如有吊入困难,应查明原因,不得强行插入。钢筋骨架安放后的顶面和底面标高应符合规范要求,其顶端高程误差为±5 cm。

10. 灌注混凝土

灌注桩混凝土为水下混凝土,混凝土强度等级为C25,掺加缓凝剂和减水剂,以增强混凝土的和易性和流动性,以确保灌注桩混凝土的灌注质量。混凝土的拌和、输送、灌注和养护等,均按设计和规范的要求进行。

为确保桩顶质量,桩顶加灌0.5~1.0 m高度。同时,指定专人负责填写水下混凝土的灌注记录。全部混凝土灌注完成后,拔除钢护筒,清理场地。

混凝土的灌注采用导管法。导管为钢管,导管接头为丝扣式,直径300 mm,壁厚7 mm,分节长度2.6 m,最下端一节长约4 mm。导管在使用前须进行水密度、承压试验。

先安放4 m长导管,然后再安放短节,依次接管下放,直至导管下口距孔底20~40 cm时,停止接管,然后安装混凝土漏斗,准备灌注混凝土。

导管在吊入孔内后,应保证其位置居中、轴线顺直,为防止卡挂钢筋骨架和碰撞孔壁。应指挥吊车缓缓提升导管1~2 m,检测导管是否碰壁。灌注混凝土前,应将灌注使用的机具如储料斗、漏斗等准备好,并检查导管定位架是否固定牢靠。

灌注混凝土之前,还要进行二次清孔,使桩孔内沉淀层厚度符合规定,并认真做好灌注前的各项检查记录,并经监理工程师批准后方可进行灌注。

开始灌注后,要连续进行,不能中断,并尽可能缩短拆除导管的时间间隔。灌注过程中,应经常用测锤探测孔内混凝土面位置,及时调整导管埋深。导管的埋深以控制在2~6 m为宜。当混凝土面接近钢筋架底部时,为防止钢筋骨架上浮,采取以下措施:

(1)使导管保持稍大的埋深,放慢灌注速度,以减小混凝土的冲击力;

(2)当孔内混凝土面进入钢筋骨架1~2 m后,适当提升导管,减小导管埋至深度,增大钢筋骨架下部的埋至深度。

要保持导管缓缓提升,并保持位置居中、轴线垂直,当混凝土灌至护筒顶端时,要排出含有淤泥和杂质的混凝土,待溢出新鲜混凝土时停止灌注,拔出导管,将拆下的导管立即冲洗干净、堆放整齐。

混凝土在混凝土拌和站中集中拌制,用10 m^3混凝土搅拌运输车直接运至灌注现场,直接分次卸至吊罐斗中,由25 t汽车吊将1 m^3吊罐吊装混凝土通过漏斗入导管灌注。

11. 混凝土灌注过程中注意事项

(1)灌注水下混凝土前,应检测孔底泥浆沉淀厚度,如大于设计规范清孔要求,要再次清孔。

(2)混凝土拌和物运至灌注地点时,应检查其均匀性和坍落度,如不符合要求,应进行第二次拌和,二次拌和仍达不到要求,作为弃料处理。

(3)搅拌机的拌和能力,要能满足灌注桩孔在规定时间内灌注完毕。时间不得长于首批混凝土初凝时间。若估计灌注时间长于首批混凝土初凝时间,则应掺入缓凝剂。

(4)吊放钢筋笼后,应立即开始灌注混凝土,并应连续进行,不得中断。

(5)在整个灌注期间内,导管出料口应伸入先前灌注的混凝土内至少2 m,以防止泥浆及水冲入管内,但埋深不得大于6 m,以免造成混凝土堵塞导管。应经常量测孔内混凝土面层的高程,及时调整导管出料口与混凝土表面的相应位置。灌注完成后,在混凝土初凝前,将受污染的混凝土从桩顶清除。

(6)灌注混凝土时,溢出的泥浆应引流至适当地点处理,以防止污染环境或堵塞河道和交通。

(7)混凝土应连续灌注,直至灌注的混凝土顶面高出图纸规定或监理工程师确定的高程才可停止灌注。

(8)灌注的桩顶标高应比设计高出一定高度,一般为0.5~1.0 m,以保证混凝土强度,多余部分应在接桩前凿除,桩头应无松散层,桩头采用人工凿除。

(9)灌注过程中,如发生故障,应及时查明原因,并提出补救措施,报请监理工程师经研究后进行处理。

(10)拔出导管。灌注完毕后,应及时拔出导管及钢护筒,并用水冲洗干净放好,以备下次使用。

(11)桩的检测。待灌注桩混凝土强度达到设计强度后,按设计要求,进行检测。

(三)立柱及桥台施工

1. 施工方法

桥立柱施工工艺流程图见图6-34。

桥立柱每2根为一组浇筑,分两次浇筑,第一次浇筑至系梁上平。系梁模板采用特制钢模板和整块钢模板相拼接,立柱模板采用定型钢模板,每节长2.0 m,脚手架采用钢管井字架。第二次浇筑至墩柱桩顶设计高程。

灌注桩浇筑完成,强度达到能够测桩强度后,进行灌注桩的测桩工作,测桩合格后进行钢筋焊接,钢筋骨架采用现场绑扎焊接成型、整体吊装,以确保各部分尺寸正确无误;各类钢筋的焊接应采用符合规范要求的焊接设备和焊条,以保证强度。检测合格后,立即进行桥立柱施工的脚手架的搭设工作。脚手架搭设成两个井字架,井字架之间用钢管连接,为了脚手架的稳定,在脚手架四周要搭设剪刀撑(见图6-35)。脚手架顶层横杆上铺设竹笆,为桥立柱混凝土浇筑提供施工平台。为了支撑脚手架的强度考虑,支撑架顶部一层小横杆要放在大横杆之下。系梁和下部桥立柱一次浇筑,在桥立柱脚手架基础上铺横杆和方木,然后铺设系梁底模,绑扎钢筋后,立测模板,模板采用组合钢模板,安装前用球磨机抛光,安装后,涂刷脱模剂,检查验收合格后浇筑混凝土。

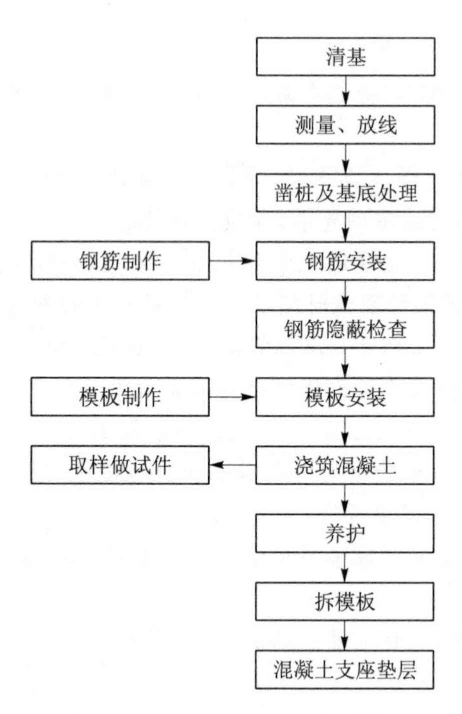

图 6-34　桥立柱施工工艺流程图

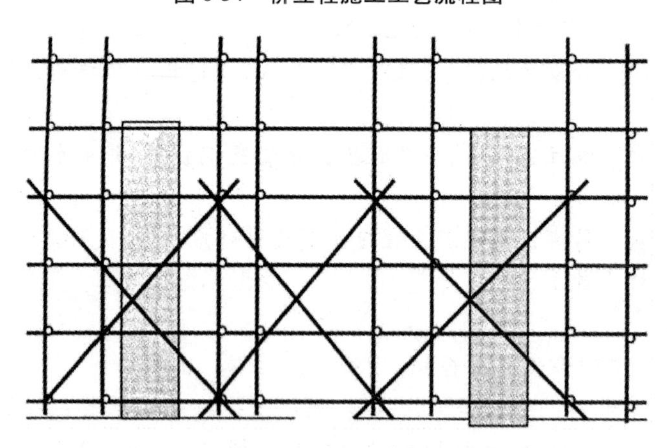

图 6-35　桥立柱脚手架示意图

桥立柱施工时，要严格控制立柱垂直度，防止桥立柱顶面偏心。

混凝土水平运输采用 10 m^3 混凝土运输搅拌车，垂直运输采用 25 t 汽车吊罐，插入式振捣器振捣，水平分层进行浇筑，每层厚度 30～50 cm。

混凝土应连续浇筑，若浇筑过程中因故中断，则中断时间不得超过前层混凝土的初凝时间，否则要按施工缝处理；浇筑完成后，加强柱身混凝土的养护，拆模前挂草袋，拆模后立即用薄膜套着养护。

2. 盖梁施工

桥立柱混凝土浇筑完成后，浇筑盖梁。盖梁底模板采用组合钢模板，钢管、方木支撑。模板缝用双面防水胶密封，用水准仪找平，然后绑扎盖梁钢筋，安装支座预埋件，最后封立边模，经验收后浇筑混凝土。

盖梁施工工艺流程图见图6-36。

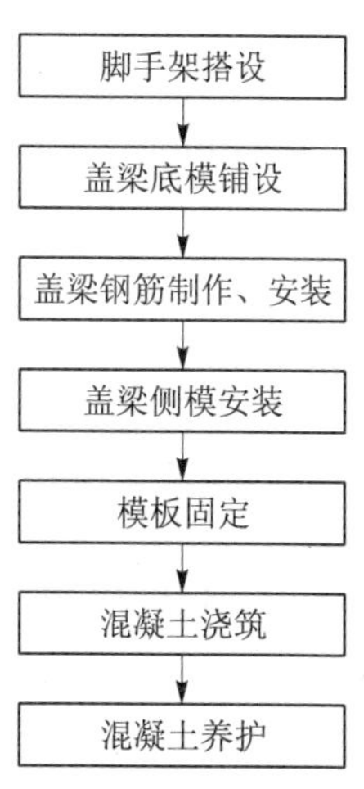

图6-36 盖梁施工工艺流程图

1）盖梁脚手架和模板安装

盖梁承重脚手架为管扣式，在系梁脚手架的基础上搭设。

盖梁底部脚手架搭设完成后，在其上安装支撑桁架；然后在支撑桁架上铺设10 cm方木，方木上铺设组合钢模板，钢模板经抛光，钢模板块与块之间用模板卡子扣紧，模板缝粘贴0.2 cm厚双面胶，钢模板两边用5 cm×10 cm木条铺设，在木条边粘贴0.2 cm厚双面胶，以防止漏浆。盖梁侧模采用底包侧的模板安装方法。

2）盖梁钢筋安装

盖梁钢筋在钢筋加工厂中集中下料加工，运至现场绑扎、焊接。钢筋的加工、焊接严格按设计图纸进行，钢筋加工精确，绑扎、焊接牢固。

混凝土拌和、运输、浇筑方法同桥立柱。

混凝土模板支架、施工工作平台均要有足够的强度和刚度，同时应设置必要的安全防护设施，以确保施工安全。

盖梁底板支撑架见图6-37。

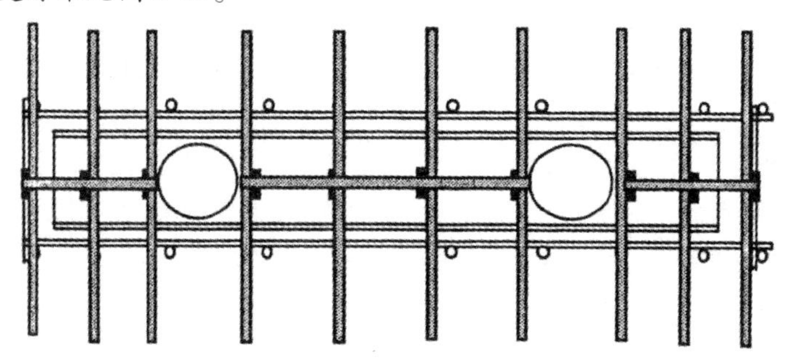

图6-37 盖梁底板支撑架示意图

3. 模板安装质量保证措施

（1）在模板边角容易漏浆的位置粘贴0.2 cm厚双面胶；

（2）为保证盖梁结构尺寸的准确，侧面采用对拉螺栓和打斜撑的方法进行加固。

（四）桥台施工

1. 桥台施工工艺流程

桥台施工工艺流程图见图6-38。

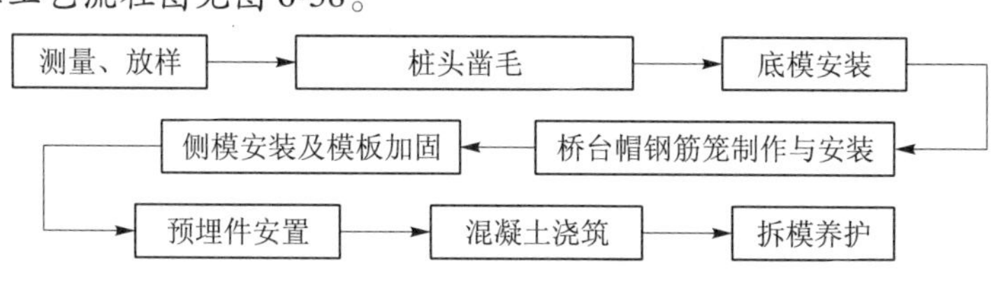

图6-38 桥台施工工艺流程图

2. 施工方法

为保证混凝土外观质量和桥台台帽线型尺寸，根据工程设计情况采用自制定型模板，在制作过程中应考虑与工程耳背墙模板相配套；模板接缝设计为错台搭接，以免接缝处漏浆；桥台施工使用大面积组合模板。模板采用 5 mm 钢板及Ⅰ10 工字钢、6 mm 钢肋板组焊而成。考虑四座桥互用，按一定模数设计，通过特制部分模板，满足各桥使用。因桥台表面积相对较大，新浇混凝土侧压力较大，拉杆按施工设计设置布于台身范围。

桥台台身施工注意其混凝土结构物体积较大，外露面积也较大，因此必须对模型支撑加固进行可靠的设计和安装，保证其拆模后，几何尺寸准确，不跑模、不漏浆，不出现蜂窝麻面。

台帽混凝土浇筑应分层错台进行，混凝土的配合比控制按实验室核定的配合比为准。桥台混凝土的浇筑分两次浇筑成型，第一次浇筑到桥台上面，然后分别浇筑垫石、挡块和耳背墙混凝土。

各类预埋件应在浇筑前安装完成，并认真检查；主要有垫石预埋筋、支座预埋件、防震挡块的预埋筋等。

(五)箱梁预制

公路桥的预制箱梁在现场预制场提前集中预制，保证安装前达到设计强度的100%。

预应力箱梁预制设计采用后张法。模板采用定型钢模板，混凝土成型后，待预制箱梁强度增长至设计强度的90%时，方可进行预应力钢束张拉，强度达到设计强度的100%后起吊运输；负弯矩束的张拉，须箱梁安装后，盖梁顶混凝土梁达到设计强度的90%时进行。

采用后张法制作的预应力混凝土箱型简支梁，在预制过程中有时会产生明显的侧向弯曲，严重时会影响梁体的使用。影响侧向弯曲的主要原因在于结构的设计轴线与预应力作用面的偏差，以及预应力张拉吨位的大小及张拉顺序等，本次施工时要特别注意及时总结经验并借鉴以往经验，加强制梁施工质量控制，严格控制箱梁的侧向弯曲。

箱梁制作的材料及主要机具应满足以下要求：

(1)钢筋、钢绞线的品种、规格、直径等均必须符合设计及规范要求，应有出厂质量证明书及复试报告。

(2)预应力筋的锚具、夹具和连接器的形式应符合设计及应用技术规程的要求，应有出厂合格证，进入施工现场应按《混凝土结构工程施工及验收规范》规定进行验收和组装件的静载试验。箱梁混凝土强度等级为 C50，混凝土配合比以实验室核定的配合比为准。

主要机具有液压千斤顶、电动高压油泵、灌浆机具、试模等。

1. 顶应力箱梁制作工艺

预应力箱梁制作工艺流程图见图 6-39。

2. 施工方法

1)模板安装

根据箱梁的结构尺寸，考虑施工进度等综合因素后，决定箱梁内、外模板均采用定型模板，计划定做一套钢模板，钢模板面板厚度不小于 3 mm。为提高混凝土外观质量，全部钢模板使用前用球磨机抛光，立模后模板缝隙用双面防水胶带粘贴，以防漏浆。模板拼接

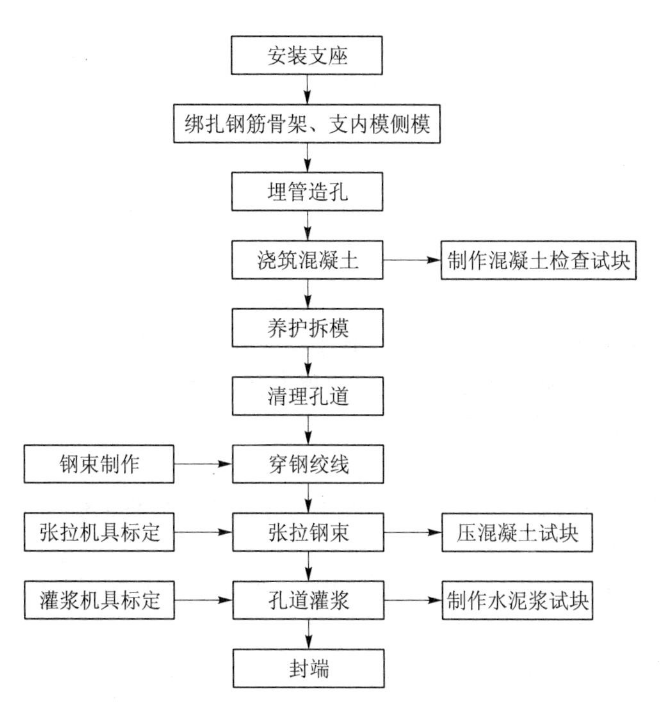

图 6-39　预应力箱梁制作工艺流程图

要纵横成线，避免出现错缝现象。底模铺设完毕后进行平面放样，全面测量底板的纵横标高，纵横标高每隔 5 m 检测一点，根据测量结果将底模板调整到设计标高，调整完毕后再测标高，若不符合要求，进行二次调整。

侧模采用钢管脚手架加方木固定。间距控制在 60 cm 左右，根据测量放样定出箱梁底板边缘线，在底模上弹上墨线，然后安装侧模，在侧模板外侧背设纵横方木背肋，用铜管及扣件与支架连接，用以支撑固定侧模板。混凝土浇筑完毕模板拆除后，对拆下的模板立即进行清理、校正、抛光，整齐码放。

由于箱梁混凝土分两次浇筑，箱室模板分两次安装。第一次用钢模板做内模板，用方木做横撑，同时用定位筋进行定位固定，并拉通线校正钢模板的位置和整体线型。当第一次混凝土达到一定强度后拆除内模，再用方木搭设小排架，在排架上铺设 2 cm 厚的木板，然后在木板上铺一层油毛毡，油毛毡接头相互搭接 5 cm，用一排铁钉钉牢，防止漏浆。在浇筑混凝土过程中，派专人检查内模的位置变化情况。为了方便内模的拆除，在每孔的设计位置不设大孔。

2）钢筋制作、安装

钢筋在加工厂集中按设计要求加工。安装时用特制钢筋平板车运到预制厂绑扎。钢筋加工工序为布料、划线、绑扎、焊接等工序。在钢筋与模板之间设置强度不低于设计强度的混凝土垫块控制保护层厚度。垫块与钢筋牢固绑扎，以梅花型布置。

3）预应力孔道埋管造孔

按设计要求的预应力束的位置埋设管道，预应力管道冷轧薄钢带卷管的波纹管、压浆管、排水管、排气管采用设计要求的塑料管。

预应力孔道计划采用预埋纵向波纹管成孔。根据设计确定的钢绞线孔道直径选择内径相对应的波纹管。波纹管安装时,首先按设计图中预应力筋的曲线坐标在梁侧模或箍筋上定出曲线位置严格控制。波纹管的连接采用大一规格同型波纹管,接头长度为200~300 mm,接头两端用密封胶带或用塑料热缩管封裹。

波纹管预埋过程中,尽量避免反复弯曲,以防管壁开裂,同时严格防范电焊火花烧伤管壁。

波纹管安装后,检查其位置、曲线形状是否符合设计要求,波纹管的固定是否牢靠,用压水方法检查接头是否完好、管壁有无破损等。如有破损,应及时用胶粘带修补。

纵向预应力钢绞线锚固槽的预留采用预埋木盒,波纹管端部的垫板通过钢筋骨架与木盒顶紧,安装时保证位置准确。

4)箱梁混凝土浇筑

预应力箱梁在模板、钢筋、孔管、锚具和夹具等安装完毕并冲仓后,经监理工程师验收合格,方可浇筑混凝土。

混凝土经拌和站集中拌制后用10 m^3 混凝土搅拌车运至浇筑现场,25 t汽车吊1 m^3 吊罐入仓。

箱梁开始连续浇筑,沿梁高方向水平分层摊铺、振捣,分两次浇筑。分次浇筑时,先浇底板及腹板根部,最后浇腹板上部和顶板及翼板,参照《公路桥涵施工技术规范》有关规定执行。

必须仔细振捣,每次振捣时待混凝土不再显著下沉、不出现气泡并开始泛浆时为止。为避免孔道变形,不允许振捣器触及套管;为了保证梁端部振捣密实,在模板处安装附着式振捣器加强振捣。

混凝土浇筑完毕12~18 h后,开始遮盖草袋进行人工养护,养护不少于14 d。冬季寒冷天气时,对箱梁用棉被覆盖保温,必要时可搭设棚架,内部生火加温养护。当梁的混凝土强度达到15~25 MPa时,可以拆除侧模板。

5)钢绞线编束与穿孔

预应力钢束张拉时梁两端按同步张拉,当梁的混凝土强度达到设计强度的90%后开始施加预应力,张拉顺序按设计要求确定;预应力钢绞线的张拉按张拉力控制,张拉顺序按照图纸标注的张拉顺序依次张拉,钢束张拉采用双控。

a.钢绞线下料与编束

工程采用穿心式千斤顶在箱梁上张拉,钢绞线束的下料长度按设计图纸进行。

钢绞线的下料场地要求平整经硬化无尘,必要时下垫方木或彩条布,不得将钢绞线直接接触尘土,也不得在混凝土地面上生拉硬拽,磨伤钢绞线,所有预应力钢绞线不许焊接,凡有接头的预应力钢绞线部位予以剔除。

钢绞线的盘重大、盘卷小、弹力大,为了防止在下料过程中钢绞线紊乱并弹出伤人,先制作一个简易的铁笼,下料时,将钢绞线盘卷装在铁笼内,从盘卷中央逐步抽出。

钢绞线的下料采用砂轮切割机切割,切割完毕后,将钢绞线理顺,并尽量使各根钢绞线松紧一致,用20#铁丝绑扎成束,间距1.0~1.5 m,铁丝扣向里插入钢筋束中,当钢丝束长度小于或等于20 m时,不宜大于1/3 000;当钢丝束长度大于20 m时,不宜大于

1/5 000，且不大于5 mm；长度不大于6 m的先张构件，当钢丝成组张拉时，同组钢丝下料长度的相对差值不得大于2 mm。

编好束的钢绞线要挂牌堆放，并覆以塑料布，防止雨淋生锈。

b. 钢绞线穿孔

预应力钢绞线穿孔采用后穿法，在混凝土的养护期内将预应力钢绞线穿入波纹管内。采用人工穿束，钢绞线穿好后，将露出孔道的钢绞线包好固定。

6）预应力钢丝束张拉准备工作

a. 张拉前的准备

预应力钢丝束张拉施工是预应力混凝土结构施工时的关键工序，张拉施工的质量直接关系到结构安全、人身安全，所以张拉前要做好如下准备工作：

（1）施加预应力的千斤顶已经过校验，试车检查张拉机具与设备是否正常、可靠，如发现有异常情况，应修理好后才能使用。灌浆机具准备就绪。

（2）箱梁的强度必须达到设计强度的90%以上，构件的几何尺寸、外观质量、预留孔道及埋件应经检查验收合格。

（3）锚具、夹具、连接器应准备齐全，并经过检查验收。

（4）预应力筋或预应力钢丝束已制作完毕。

（5）灌浆用的水泥浆（或砂浆）的配合比以及封端混凝土的配合比已经试验确定。

（6）张拉场地应平整、通畅，张拉的两端有安全防护措施。

（7）已进行技术交底，并应将预应力筋的张拉吨位与相应的压力表指针读数、钢筋计算伸长值写在牌上，并挂在明显位置处，以便操作时观察掌握。

预应力筋用锚具进场时应按《预应力筋用锚具、夹具和连接器应用技术规程》（JGJ 85—92）组批验收，合格后方可使用；施工时根据所用预应力筋的种类及张拉锚具工艺情况，选用张拉设备。预应力筋的张拉力一般为设备额定拉张力的50% ~80%，预应力筋的一次张拉伸长值不应超过设备的最大张拉行程。当一次张拉不足时，可采用分级重复张拉的方法，但所用的锚具和夹具应适应重复张拉的要求。工程预应力钢绞线采用短小精悍的穿心内卡式千斤顶；施加预应力用的机具设备及仪表，由专人使用和管理，定期维护和标定。

b. 孔道摩阻试验

为了准确掌握实际的张拉预应力建立的情况，在正式张拉前进行孔道摩阻试验，测定实际摩阻系数μ、k值，以确定实际张拉力。施工中，预应力孔道摩阻采用主拉端用千斤顶进行测试，被动端采用测力传感器测定有效应力。

预应力钢束张拉前，应提供结构构件混凝土的强度试压报告。当混凝土达到设计强度的90%后，方可施加预应力。

7）预应力筋的张拉

a. 预应力钢束的张拉步骤

预应力钢束张拉时应力增加的速率控制在100 MPa/min，分五步张拉：

第一步，应力由$0 \to 15\% \delta_{con}$，称预紧阶段，要求单根张拉；

第二步，应力由$15\% \delta_{con} \to 30\% \delta_{con}$；

第三步，应力由 $30\% \delta_{con} \to 60\% \delta_{con}$；

第四步，应力由 $60\% \delta_{con} \to 100\% \delta_{con}$；

第五步，应力由 $100\% \delta_{con} \to 103\% \delta_{con}$，持荷 5 min 后，应力恢复到 $100\% \delta_{con}$。

b. 安装锚具和张拉设备

钢绞线束夹片锚固体系：安装锚具时，注意工作锚环或锚板对中，夹片均匀打紧并外露一致；千斤顶上的工具锚孔位应与构件端部工作锚位排列一致，以防钢绞线在千斤顶穿心孔内交叉。

安装张拉设备时，对直线预应力筋，使张拉力的作用线与孔道中心线重合；对曲线预应力筋，使张拉力的作用线与孔道中心线末端的切线重合。

机具安装顺序为：工作锚板和夹片安装→限位板安装→千斤顶安装→工具锚组件安装。

c. 油泵供油给千斤顶张拉油缸、张拉预应力筋

预应力钢绞线均较长，采用分级张拉、分级锚固，根据张拉应力计算的张拉力将张拉过程分成四次，每次均实施一轮张拉锚固工艺，每一轮的初始油压即为上一轮的最终油压，一直到最终油压值锚固。钢绞线采用夹片式群锚体系，千斤顶卸载即可锚固。张拉过程中随时检查伸长值与计算值的偏差。

张拉完毕后拆除千斤顶，切除多余钢绞线。

d. 张拉、测量和记录

(1) 向张拉缸供油至初始张拉油压，持荷并测量油缸初始伸长值；

(2) 继续向张拉油缸供油至设计张拉油压，持荷并测量油缸最终伸长值；

(3) 记录伸长值。

e. 锚固

(1) 将张拉油缸油压缓缓放出至油压回到零值。

(2) 向回程缸供油至活塞完全回程。

f. 卸下工具锚组件、千斤顶、限位板（略）

g. 切除多余钢绞线（略）

h. 封住工作锚（略）

i. 孔道灌浆（略）

j. 浇捣封端混凝土

预应力筋张拉后，进行预应力筋孔道灌浆。

(1) 灌浆前的准备。包括：切除多余钢丝束、封锚和冲洗孔道、准备灌浆机具。

切除多余钢丝束：割切掉锚具外多余钢丝束，预应力筋割切后余留长度不得超过 2 mm。

封锚：锚具外面的预应力筋间隙采用环氧树脂胶浆或水泥浆，以免冒浆而损失灌浆压力。封锚时预留排气孔。

冲洗孔道：孔道在灌浆前用压力水冲洗，以排除孔内粉渣等杂物，保证孔道通畅。冲洗后用风吹去孔内积水，并保持孔道湿润，从而使水泥浆与孔壁的结合良好。

准备灌浆机具：将灌浆机具安装调试，并进行试运，确保运行良好。

（2）灌浆。

水泥浆的搅拌采用灰浆搅拌机，首先把定量水加入搅拌机，开动机器后再加入外加剂，水泥浆的搅拌不能间断。

灌浆采用普通灌浆和真空灌浆。真空灌浆是在普通灌浆的基础上，在出浆管上加装抽真空球阀和排气阀，然后在抽真空球阀依次装上真空压力表、真空泵。采用真空灌浆时管道中间不留排气孔，一端灌浆，一端排气出浆即可。

灌浆前，用快凝水泥砂浆封堵灌浆端，留出灌浆管，待水泥砂浆强度达到 5 MPa 以上后，将压力灌浆泵的灌浆管套到预埋灌浆管密封，同时出浆端关闭排气阀、开启真空阀。

灌浆时，进浆保持 0.5 ~ 0.6 MPa 的压力，出浆保持真空压力 -0.05 ~ -0.09 MPa。浆液到达出浆端后，关闭真空阀，停止真空泵工作，打开排气阀，让浆液溢出出浆管，然后关闭排气阀，维持压力 2 min 后再关闭灌浆阀。

k. 封端

孔道灌浆后立即将端部的水泥浆冲洗干净，同时清除支承垫板、锚具及端面混凝土的污垢，并将端面混凝土凿毛，浇筑端部混凝土。浇筑完成后，按要求养护。

8）预应力施工中的安全事项

（1）预应力筋下料时着重注意用电设备的安全，注意防止预应力筋放盘及切割时的弹出伤人。另外，钢绞线在切割易迸开卷夹砂轮锯片，引起碎片飞出伤人，一定要注意安全。

（2）在预应力作业中，必须特别注意安全。因为预力筋持有很大的能量，万一预应力筋被拉断或锚具与千斤顶失效，巨大能量急剧释放，有可能造成很大危害。因此，在任何情况下，作业人员不得站在预应力筋的两端，同时在张拉千斤顶的后面应设立防护装置。

（3）操作千斤顶和测量伸长值的人员，应站在千斤顶侧面，严格遵守操作规程。油泵开动过程中，不得擅自离开岗位。如需离开，必须把油阀门全部松开或切断电路。

（4）张拉时，认真做到孔道、锚环与千斤顶三对中，以便张拉工作顺利进行，并不致增加孔道摩擦损失。

（5）工具锚的夹片，注意保持清洁和良好的润滑状态。新的锚具夹片第一次使用前，应在夹片背面涂上润滑脂，以后每使用 5 ~ 10 次，将工具锚上的挡板连同夹片一同卸下，向锚板的锥形孔中重新涂上一层润滑剂，以防夹片在退楔时卡住。

（6）多根钢绞线束夹片锚固体系如遇到个别钢绞线滑移，可更换恶化片，用小型千斤顶单根张拉。每根构件张拉完毕后，检查端部和其他部位是否有裂缝，并填写张拉记录表。

（六）公路桥箱梁吊装

1. 支座安装

公路桥支座设计为板式橡胶支座。板式橡胶支座的安装温度要符合设计和规范规定，一般在 5 ~ 20 ℃的范围内安装。

支座垫石为 C50 混凝土。浇筑支座垫石混凝土时，要保证垫石四角的高差不得大于 1 mm，并按设计在垫石上预埋支座埋件；支座安装前，将墩支座垫层表面及梁底面清理干净，安装支座下钢板。在支座安装就位后，将锚固螺栓穿过支座上、下座板锚栓孔与埋件连接。

支座就位对中安装，支座安装就位后，保持支座洁净。安装支座时，注意支座滑动方向为顺桥方向。

在上部预制构件安装前后，都要对支座逐个进行检查，保证板式支座与垫石接触平整、无缝隙。

2. 箱梁安装

箱梁在预制厂按设计和规范要求预制、检测，安装前用履带吊配合拖板车运到现场，并保证在安装时达到设计强度的100%，对运输道路吊装场地进行认真碾压，配置C50装卸机一部，砾石若干方，保证道路安全。

箱梁安装采用重型吊车进行吊装。

吊装前，先安装好板式支座，并保证安装误差在允许范围内。安装时，测量仪器跟踪测量安装中心线位置、安装高程、安装平整度、竖直度等。

箱梁安装注意事项：

(1) 预制构件的起吊、安装时的混凝土强度应符合图纸规定，一般不低于设计强度的100%。对于预应力混凝土梁，应通过与梁相同的混凝土制成，且与梁同一条件养护的混凝土立方体试件达到设计强度的100%，才能装运。

(2) 装卸、运输及储存预制构件时，应按标定的上下记号正立安放，不准上下倒置，支承点应接受于构件最后放置的位置。用于制作预制构件的吊环钢筋，只允许采用未经冷拉的Ⅰ级热扎钢筋。

(3) 预制构件在起吊、运输、装卸和安装过程中的应力应始终小于设计应力。

(4) 在桥墩、支柱或桥台未达到图纸规定强度或90%设计等级(当图纸未规定时)时和其他方面未经监理工程师许可时，不得架设预制构件。

(5) 安装前应对立柱、台支座垫层表面及梁底面清理干净，在箱梁安装前，必须进行养护，并保持清洁。

(6) 板式橡胶支座上的构件安装温度应符合图纸规定。对于桥面连续简支梁，当图纸未规定安装温度时，一般在5~20 ℃的温度范围内安装。

(7) 预制箱梁的安装直至形成结构整体各个阶段，都不允许板式支座超过误差范围，并应逐个进行检查。

(8) 负弯矩束的张拉，须在墩顶现浇混凝土梁设计强度的90%时进行，预应力混凝土预制构件孔道内的水泥浆强度符合图纸规定，不低于30 MPa。

(七) 桥面铺装

1. 混凝土桥面铺装

桥面铺装层为C50防水混凝土。C50防水混凝土的配合比按实验室核定的配合比进行配比。铺装前先绑扎桥面钢筋网，测量桥面控制标高、支模板，用空压机清理梁面板上的砂浆、混凝土等杂物，并洒水湿润。

铺桥面钢筋网，然后开始浇筑桥面下层10 cm厚C50防水混凝土。桥面下层铺装为连续钢筋混凝土，混凝土由拌和站集中拌制，10 m^3 混凝土搅拌运输车直接运输入仓，人工摊铺，平板振捣梁振捣、找平。

桥面铺装要控制好桥面混凝土标高、平整度以及横向坡向，保证浇筑误差不大于

10 mm。

施工中在桥面钢筋上安放槽钢轨道，每隔 3 m 设一个测量控制点，确保桥面标高、平整度和横坡度，桥面混凝土一定要进行二次收浆、拉毛，及时喷洒养护剂或采用其他方式养护，以防开裂。

2. 桥面防水

采用在 C50 混凝土桥面铺装层与 7 cm 沥青混凝土铺装层之间涂 FYT－1 改进型防水剂方式进行桥面防水。

1）桥面清理

桥面混凝土铺装层表面即防水层基层应平整、坚实、洁净、无污染、无杂质、无油渍、无灰土等，局部突出的结硬杂物应将其打磨清理干净。清理步骤如下：

（1）先用钢刷仔细刷掉混凝土浮浆、局部打磨结硬杂物。

（2）用空压机或风力灭火器吹干净钢刷刷掉的灰尘及浮浆。

2）防水层施工

桥面防水层涂刷采用人工涂刷以保证涂料均匀，特别是凿毛和拉毛低洼处，人工涂刷更能保证涂料涂刷均匀，使防水层与基层黏结牢固，减少空隙。

3）沥青混凝土铺筑

桥面铺装层面层为 7 cm 厚中粒式沥青混凝土，与渠两侧沥青混凝土道路同时铺设。

3. 附属工程

1）防撞护栏

混凝土防撞护栏在桥面混凝土浇筑完成后施工。

钢筋按设计要求绑扎，分布均匀，水平顺直，高程及预埋螺栓位置准确；模板采用定型钢模板，外侧模板应有支架，内侧在桥面铺装层上，接缝紧密，固定稳固，位置准确；混凝土浇筑采用人工上料、分层浇筑，振捣均匀，避免漏振或过振。拆模养护采用塑料薄膜覆盖并定时洒水。

防护网按设计图安装、涂刷防腐层。要求护栏位置准确、安装牢固，轴线与护轮带内侧边线平顺一致，线条和顺，安装横平竖直、整齐美观。

2）公路标志牌

公路标志牌按设计要求形式制作、安装。

第八节　堤防道路施工技术

堤防道路的施工主要进行两方面的质量控制，一是路基工程的施工质量控制，二是路面工程的施工质量控制。

一、路基工程的施工质量控制

路基施工前，需要对堤顶进行必要的清理工作，需对所属的范围内的植物、垃圾、碎石、有机杂质等进行清理、掘除、压实，各工序均要达到《公路路基设计规范》和《堤防工程设计规范》的标准并符合表 6-47 的要求。

表 6-47　路基压实度的控制指标

填挖类别	路槽底面以下深度(cm)	压实度(%)(轻击)
新修土方	0～80	≥95
	80 以下	≥94

旧大堤按不小于 94% 的压实度(轻击)修筑。为确保路面的施工质量,在路面基础铺设之前,应对现状堤顶进行平整并用 12 t 钢筒液压振动压路机微振平碾 6 遍。路基宽度应根据《公路工程技术标准》和设计要求的标准路基边坡的技术指标,帮宽后,大堤临河边坡度为 1:3 左右,背河边坡度为 1:3 左右。

二、路面工程的施工质量控制

路面工程的施工质量控制主要从面层、基层封层及黏层等几个工序来控制。

(1)面层:路面的面层可改善路面的行车条件,坚实耐磨、平整且能防雨水渗入基层,具有抗高温变形、抗低温开裂的温度稳定性。设计要求:沥青碎石石层的厚度应为 5 cm(含下封层),其中上层为 AM－10 沥青碎石细粒层,厚 2 cm,下层为 AM－16 沥青碎石中粒层,厚 3 cm,碎石路面压实度应以马歇尔试验密度为标准,应达到 94%。

基层要有足够的强度和稳定性,设计采用石灰稳定细粒土作为基层,基层厚度为 30 cm;分上、下两层,各 15 cm,基层土料应选用细黏性土,掺入料应选用符合要求的熟石灰粉,设计允许在上基层石灰土混合料中掺入适量水泥,具体比例为土:石灰:水泥(干重)=90:10:3,下基层土:石灰(干重)=88:12,具体用量在现场进行配比试验,确定其最佳掺入量,并报监理审阅。

基层灰土的压实度(重击)应达到上基层的 95%、下基层的 93%。控制要点:石灰稳定土应按试验配比进行施工,要拌和均匀,充分混合摊铺,碾压平整,养护好成型路面基层结构,其养护的防龄期(25 ℃条件下湿养 6 d,浸水 1 d)的无侧限抗压强度达到上基层0.8 MPa、下基层 0.5～0.7 MPa,施工时模坡应为 2%,以利于分层排除路面积水。

(2)基底封层及黏层:由于沥青碎石面层与基层之间有一定的空隙,须在沥青面层的下表面铺筑沥青稀料下封层,以利层面间排水。为便于沥青路面与路缘石紧密联结,防止表面雨水顺混凝土路缘石表面下渗,应在混凝土路缘石内侧表面涂刷沥青黏层。

封层与黏层沥青稀料的稠度均应通过试验确定,并将试验情况报监理认证。

路面结构的标准:按设计要求沥青碎石面层加下封层,其厚度 5 cm,宽 600 cm,预制 C20 素混凝土路缘石断面 10 cm×30 cm,石灰土基层厚 30 cm,宽 650 cm,堤顶路高为 25 cm,底宽为石灰石,其余为红土,路肩坡面应植草皮进行保护,路肩边坡临水面为 1:1.5,背水面为 1:1.5,各堤段路面结构按设计图纸标准进行控制。

三、主要材料的控制要求

(1)基层土料:应选用细粒黏性土,其塑性指数为 12～18;下基层细黏性土,塑性指数为 7～12。

(2)石灰:石灰稳定土的效果视石灰和土混合后能产生多少硅酸钙化合物而定,因此石灰土的强度随石灰中 CaO 含量的增多而提高,一般石灰中含有效钙 + MgO 就分为Ⅲ级,如表 6-48 中石灰土所用石灰的质量应符合规定中的Ⅲ级标准。

表 6-48　石灰的技术指标

项目	钙质生石灰			镁质生石灰			钙质消石灰			镁质消石灰		
	Ⅰ	Ⅱ	Ⅲ	Ⅰ	Ⅱ	Ⅲ	Ⅰ	Ⅱ	Ⅲ	Ⅰ	Ⅱ	Ⅲ
有效钙 + MgO 含量不小于(%)	85	80	70	80	75	65	65	60	55	60	50	50
未消化残渣含量(5 mm 圆筛筛余量)不大于(%)	7	11	17	10	14	20	—	—	—	—	—	—
消石灰粉含水量不大于(%)	—	—	—	—	—	—	4	4	4	4	4	4
0.71 mm 方孔筛的筛余量不大于(%)	—	—	—	—	—	—	0	1	1	0	1	1
0.125 mm 方孔筛的筛余量不大于(%)	—	—	—	—	—	—	13	20	—	13	20	—
钙镁石灰的分类界限(MgO 含量%)	≤5	≤5	≤5	75	75	75	≤4	≤4	≤4	>4	>4	>4

注:硅、铝、铁氧化物含量之和应大于 5% 的生石灰,有效钙 + MgO 的含量指标,Ⅰ等≥75%,Ⅱ等≥70%,Ⅲ等≥60%。

(3)粗料碎石:碎石由坚硬耐久的岩石轧制而成,应有足够的强度和耐磨性能,主要指标应达到表 6-49 的规定,含砂量的要求按标准规定。

表 6-49　碎石的主要技术指标

序号	项目	质量标准
1	石料压碎值(%)	不大于 30
2	细长扁平颗粒含量(%)	不大于 20
3	软弱颗粒含量(%)	不大于 5
4	水洗法小于 0.075 mm 颗粒含量(%)	不大于 1
5	洛杉矶磨耗损失(%)	不大于 40
6	表观密度(t/m^3)	不小于 2.45
7	吸水率(%)	不大于 3.0
8	对沥青的黏附性(%)	不小于 3 级

(4)砂:采用洁净坚硬、满足规定级配、细度模数在 2.5 以上的中(粗)砂,砂的质量控制指标如表 6-50 所示。

表 6-50　砂的质量控制指标

序号	项目	质量标准
1	泥土杂物含量(%)	不大于 5
2	有机物含量	颜色不应深于标准的颜色
3	其他杂物	不得混有石、煤渣、草根等杂物

续表 6-50

序号	项目	质量标准
4	表观密度(L/m^3)	不小于 2.45
5	坚固性(%)	由试验确定
6	砂当量(%)	不小于 50
7	砂率(%)	32% ~37%

(5)水泥:按技术要求,每批次进场水泥都要取样试验并附有厂家出厂化验单,结果应报监理批审。

(6)沥青:要按设计标准选用,且沥青质量好、无水分,加热到 180 ℃时不起泡沫,每批次沥青材料进场都应附有厂家的技术标准试验报告及合格证,且要符合 JTJ 032—94 规范的要求。

(7)水:应采用清洁、不含有害物质的水,对可疑水源,应进行试验,鉴定合格后方可使用。

(8)透层材料,选用慢裂的洒布型乳化沥青或中、慢凝液体石油沥青 AL(M) -2、AL(S) -2。

(9)黏层材料:选用慢裂的洒布型乳化沥青或快、中凝液体石油沥青 AL(R) -2、AL(M) -2。

(10)封层材料:选用道路石油沥青 AH -110、AH -130。

以上沥青均应符合 JTJ 032—94 规范规定的技术要求和设计要求,并要有出厂合格证及试验报告(单)、使用说明书。

(11)填料:应采用不含有杂质和团粒的石灰石、大理石等碱性岩石磨制的石粉,其表观密度应不小于 2.45 t/m^3。

混合料组成的各种集填料应符合 JTJ 032—94 的规定,沥青用量应通过试验确定,沥青混合料的配比应符合马歇尔稳定度试验方法的要求,试验用沥青混合料试件的组数应不少于 5 组,每组不少于 6 个。制备石灰稳定土试件要根据试验项目拟定试件个数,平行试验的试件数石灰土 3 ~6 个,掺水泥料石灰土 6 ~10 个,通过试验确定混合料的组成,包括混合料的级配、拌和温度、马歇尔稳定度、流值密实度、空隙率以及集料类型来源、种类最佳含水量、饱和度等,报请监理工程师批准后方可使用。

堤防道路的施工质量控制标准按表 6-51 规定。

表 6-51　堤防道路施工质量控制标准

编号	项目		质量标准与允许误差	检验方法及频率
1	路槽	平整度	不大于 2 cm	用 3 m 直尺和路拱板检测
		压实度	符合设计要求	每检查 200 m 路段至少检测 1 处
2	拌和均匀程度		上下颜色应均匀一致,无灰团、灰条、灰层	进行目测,每检查 400 m 段不少于 3 处

续表 6-51

编号	项目		质量标准与允许误差	检验方法及频率
3	混合料	剂量	+1.5%	每检查 400 m 段不少于 3 处
			-1.0%	
4	15～25 mm 团含量		不大于 10%	每检查 400 m 段不少于 3 处
5	各项强度		符合规范及设计规定	每种相同剂量混合料检测应不少于 3 个试件
6	压实度	基层	95%	每检查 200 m 至少检测左、中、右各 3 点
		底基层	93%	
		面层	95%	
7	厚度		±10%	每检查 200 m 以内不少于 3～5 处
8	宽度		±5 cm	边线整齐，每 200 m 检 3 处
9	横坡宽		±0.5%	与路肩衔接稳定，每 200 m 检 3 处
10	纵向平整度	基层	不大于 1 cm	应平顺无波浪，每检查 200 m 段应至少检测 1 处
		底基层	不大于 1.5 cm	
		面层	不大于 1 cm	

四、对主要控制项目的控制标准

(1)材料:应主要检测材料的品种、质量、规格，如不符合要求时，应提前采取有效措施，以免影响工程质量。

(2)配料:应控制石灰稳定土的配合比和混合料中集料的级配及沥青混合料的配合比等。

(3)拌和:应主要控制石灰稳定土、石灰土粉碎拌匀程度、含水量情况及热拌沥青碎石的拌匀程度和沥青混合料的拌匀程度。

(4)摊铺:主要检查各种材料拌和是否均匀，宽度、分层厚度、拱度、平整度、摊铺接头情况等是否符合设计要求。

(5)碾压:主要检查方法、遍数、轮迹情况。

对路缘石及路槽的质量要求，路缘石应按设计图纸要求进行预制混凝土配合比试验并求出坍落度、水灰比，采用 28 d 抗压强度作为控制指标，路缘石埋置深度应达到设计要求，要牢稳，平整顺直，缝宽均匀，勾缝实密，线条平顺美观，路槽平整度不大于 2 cm，压实度 94%。

稳定土基层实测项目如表 6-52 所示。

表 6-52　稳定土基层实测项目

项次	检查项目	规定值或允许偏差	检测方式和频率
1	压实度(%)	上基层 97,下基层 95	每 200 m 检测 4 处
2	平整度(%)	上基层 15,下基层 20	每 200 m 检测 4 处
3	纵断高程(mm)	上基层 +5,-15;下基层 +5,-20	每 200 m 检测 4 个断面
4	宽度(mm)	不小于设计值	每 200 m 每车道检查 4 点
5	厚度(mm)	上基层 -10,底基层 -12	每车道检测 4 个断面
6	横坡比(%)	±0.5	每 2 000 m^2 检测 4 处
7	上基层强度 R_7(MPa)	不小于 0.8	每 2 000 $m^2$1 处,试件 6 个
8	下基层强度 R_7(MPa)	不小于 0.6	每 2 000 $m^2$1 处,试件 6 个

附:南水北调中线一期工程辉县四标段项目部堤防道路施工技术

南水北调中线一期工程辉县四标段项目部堤防道路施工技术

主要项目的施工工艺、施工方法有很多种,现主要介绍灰土基层、级配碎石基层及沥青混凝土面层施工。

一、灰土基层施工

(一)原材料

(1)无机结合料采用质量符合 GB 1594 规定的Ⅲ级以上标准的消石灰或生石灰,并应附有生产厂家的质量检验单。

(2)石灰保存有效时间不得超过 3 个月。

(3)石灰稳定土采用塑性指数 12~18 的黏性土以及含有一定数量黏性土的中黏土和粗粒土。

(4)土中的杂草、树根以及各种有害物质必须清除。

(二)施工准备

(1)根据设计高程进行测量放线,埋设指示桩。

(2)备好土料和石灰土料,翻打碎其中 15~25 mm 的土块不超过 5%,石灰在使用前 5~7 d 消解完毕,消解后的石灰保持一定的含水量。

(3)石灰土基层施工前,进行生产试验,以确定石灰土的施工工艺和碾压参数。原材料和石灰土的各项试验结果报送监理工程师。

(4)灰土基层填筑前,对道路基础进行整修。路基整修主要包括现状基础的局部开挖和回填,采用机械开挖,回填土压实度达到设计和规范要求。整修后的路基满足设计要求。

(三)施工工艺流程

灰土基层路拌法施工工艺流程见图6-40。

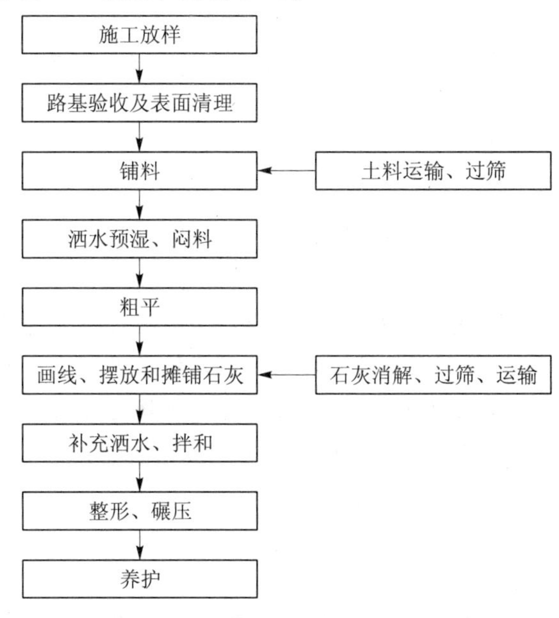

图6-40　灰土基层路拌法施工工艺流程

(四)施工方法

1. 施工放样

施工前,依据设计图纸进行测量放样,放出施工控制中桩、边桩的具体位置,标出施工边线。

2. 路基面层整理

将下层表面杂物清理干净,保持湿润。灰土基层填筑前,对道路基础进行整修。路基整修主要包括现状基础的局部开挖和回填,采用机械开挖。基础压实度大于98%(全型击实标准)。整修后的路基满足设计要求。

3. 土料过筛、运输

土料从取土场将超尺寸颗粒筛除,用1 m^3 挖掘机就近取土,装10 t自卸汽车运输至施工路段,按摊铺厚度均匀卸料。石灰需提前进行消解、过筛,装袋,用5 t载重汽车运输至施工路段。

4. 摊铺

根据摊铺厚度和自卸汽车每车运输量提前进行计算,按虚铺厚度,打出边桩、标注高程,放出网格线等,用推土机粗平。

5. 洒水预湿、整平

用洒水车洒水,经预定时间闷料,用平地机精平。

6. 碾压

用振动碾无振碾压1~2遍。

7. 画线、摆放和摊铺石灰

施工放出网格线，根据石灰掺量和摊铺厚度计算每个网格的摆放量，按袋摆放，人工均匀摊铺石灰。

8. 补充洒水、拌和

拌和前，视检测土料含水量的情况，用洒水车补充洒水，经预定时间闷料后，用路拌机拌和均匀。一般拌和两次。拌和完成后，混合料色泽一致，没有灰条、灰团和花面，没有粗细颗粒“窝”，且水分合适均匀。

9. 整形

对用路拌机拌制均匀的灰土用平地机进行精平整形。

10. 碾压

对整型后的石灰土抓紧有利时机，在石灰保持最优含水量时进行碾压。经测定灰土达到或接近最优含水率后，按试验路段确定的参数用振动碾沿路线方向进退错距碾压，碾压遍数根据试验确定。碾压至无明显轮迹，压实度达到规定要求为止。碾压时，如发现水分不足时，适当洒水。发现“弹簧”、松散、起皮等现象时，及时翻开重新拌和，或用其他方法处理，使其达到质量要求。

11. 养护

碾压完毕后，保持一定的湿度进行养护，养护期一般不少于5～7 d。养护期间封闭交通。不能封闭交通时，采用覆盖措施，限制重型车辆通行，并且其他车辆的车速不超过30 km/h。

（五）质量检查与验收

(1)按招标文件及有关技术规范检测原材料的各项指标。

(2)施工过程中随时检查石灰土的各种材料的比例是否符合设计标准、拌和是否均匀、含水量是否满足要求。

(3)基础高程、纵横断面符合设计标准，路基回填部位的压实度大于98%。

(4)石灰土的压实度（按重型击实标准）及7 d（在非冰冻区25 ℃、冰冻区20 ℃条件下湿养6 d、浸水1 d）龄期的无侧限抗压强度应满足：石灰稳定细粒土压实度≥95%，抗压强度>0.8 MPa。

(5)检查中线高程、灰土厚度、横向坡度和平整度等，具体要求：中心高程每100 m误差不超过15 mm；厚度误差小于10 mm；横向坡度误差不超过0.5%；平整度误差不超过15 mm（3 m直尺连续丈量10杆）。

二、级配碎石基层施工

级配碎石摊铺采用自卸汽车卸料，人工配合推土机初步整平，摊铺碎石时采用松铺系数1.20～1.40（碎石最大粒径与厚度之比为0.5左右时用1.3，比值较大时，系数接近1.2）。摊铺力求表面平整，并具有规定的路拱。洒水碾压，洒水量为填筑方量的20%，用8 t双轮压路机碾压3～4遍，使级配碎石稳定就位。在直线路段，由两段路肩向路中线碾压，错轮进行碾压。每次重叠1/3轮宽。碾压完第一遍就应再次找平。碾压终了时，表面应平整，并具有规定的路拱和纵坡，至碎石初步嵌挤稳定为止。

三、沥青混凝土面层施工

沥青混凝土面层采用中粒式沥青混凝土混合料 AC－16I，集料的最大公称粒径不超过 20 mm。

（一）原材料

1. 沥青

（1）沥青材料应附有炼油厂的沥青质量检验单。进入施工场地时，登记其来源、品种、规格、数量、使用目的、购置日期、存放地点及其他应予注明的事项。

（2）沥青路面应采用符合“重交通道路石油沥青技术要求”的沥青，沥青标号为 AH－90。质量要求符合《沥青路面混凝土及验收规范》（GB 50092—96）附录 C 表 C.0.1 的规定。

（3）进场沥青每批都应重新进行质检和试验。质检和试验符合《公路工程沥青及沥青混合料试验规程》（JTJ 052—2000）的规定。

（4）不同标号和厂家生产的沥青分别储存，不得混杂。沥青溶化和脱水后严格控制存放时间，争取一次性使用完沥青罐内溶化的沥青。存放较长的沥青，在使用前抽样检验，不符合施工图纸规定质量标准的沥青不使用。

2. 粗骨料

（1）粗骨料由具有生产许可证的采石场生产。

（2）粗骨料的粒径规格符合《沥青路面施工及验收规范》（GB 50092—96）附录 C 表 C.0.6或表 C.0.7 的规定。

（3）粗骨料洁净、干燥、无分化、无杂质，并具有足够的强度和耐磨耗性。

（4）粗骨料具有良好的颗粒形状，用于道路沥青面层的碎石都采用鄂式破碎机加工。

3. 细骨料

（1）细骨料为洁净、干燥、无分化、无杂质的天然砂、机制砂或石屑，与沥青有良好的黏结能力。

（2）细骨料的粒径规格符合《沥青路面施工及验收规范》（GB 50092—96）附录 C 表 C.0.9或表 C.0.11 的规定。

4. 填料

按监理工程师指示选用填料。一般填料采用石灰岩粉或白云岩粉，也可用水泥、滑石粉、粉煤灰等粉状矿质碱性材料。填料质量符合《沥青路面施工及验收规范》（GB 50092—96）附录 C 表 C.0.12 的规定。

（二）施工准备

1. 配合比设计

（1）选用符合要求的材料，充分利用同类道路与同类材料的实践经验，经配合比设计确定矿料级配和沥青用量。

（2）筛分矿料的标准筛筛孔以方孔筛为准。

（3）经配合比设计确定的各类沥青混合料的技术指标符合《沥青路面施工及验收规范》（GB 50092—96）表 7.3.3 的规定，并具有良好的施工性能。

2. 配合比设计步骤

配合比设计按以下步骤进行：

(1)目标配合比设计。

采用工程实际使用的材料计算各种材料的用量比例，供拌和机确定各冷料仓的供料比例、进料速度及试拌使用。

(2)生产配合比设计。

确定各热料仓的材料比例，供拌和机控制室使用。同时，应反复调整冷料仓进料比例，使供料均衡，并取目标配合比设计的最佳沥青用量及其加减0.3%沥青用量进行马歇尔试验，确定生产配合比的最佳沥青用量。

(3)生产配合比验证。

拌和机采用生产配合比进行试拌，铺筑试验段，并用拌和的沥青混合料进行马歇尔试验及路上钻取的芯样试验，由此确定生产用的标准配合比，作为生产上控制的依据和质量检验的标准。

(4)标准配合比在施工中不得随意变更。当进料场发生变化时，应及时调整配合比，使沥青混合料质量符合要求并保持相对稳定，必要时重新进行配合比设计。

(5)在沥青混凝土施工前，进行室内和现场生产性试验，以确定沥青混凝土的配合比、施工工艺和碾压参数、机械设备运行程序。原材料和沥青混凝土的各项试验成果报送监理工程师。

(三)施工工艺流程

沥青混凝土施工工艺流程图见图6-41。

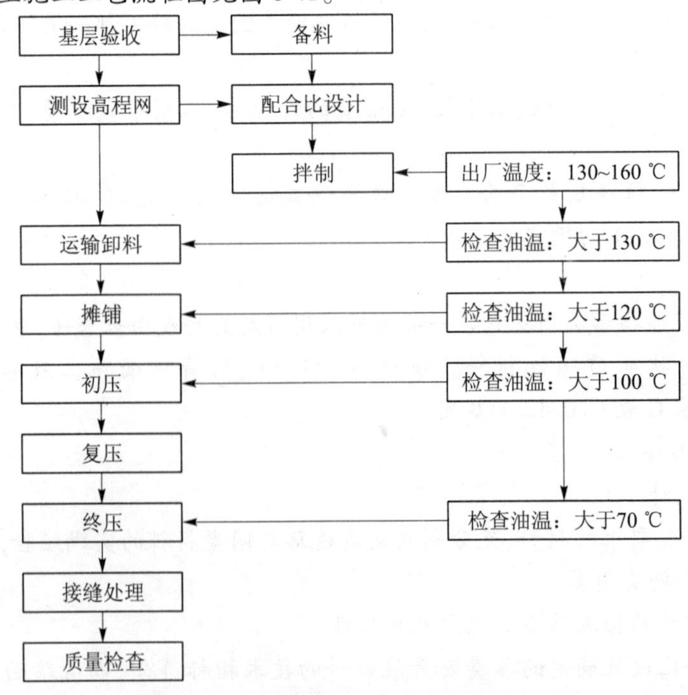

图6-41　沥青混凝土施工工艺流程图

(四)施工方法

(1)下承层交验清扫:防水层报监理工程师验收,按规定洒布透层沥青。

(2)测量放线:用测量仪器放出沥青路面中桩,每 10 m 间距设高程控制桩,作为摊铺厚度控制。

(3)拌和:在辉县市政公司直接购买沥青混凝土熟料。

(4)运输:采用 8 t 自卸汽车,车箱底板及周壁应涂一薄层油水混合液(柴油:水 =1:3),运料车采用覆盖篷布的方法进行保温、防雨、防污染。运至摊铺地点的温度不低于 130 ℃。

从拌和机到运料车上装沥青混合料时,应防止离析。运料车均衡、快速、及时从拌和站将沥青混合料运到铺筑地点,不得中途转运,并防止漏料。

运料车到达铺筑现场后,在摊铺车前 10 ~ 30 cm 处停住,不得撞击摊铺机。专人指挥卸料,按现场规定的行车路线行驶;卸料过程中运料车挂空挡,靠摊铺机推动车前进。当温度不能达到碾压要求时,应作为废料处理。

(5)摊铺:摊铺采用 TITAN500 型摊铺机摊铺。沥青混合料摊铺厚度 = 设计厚度 × 虚铺系数,虚铺系数通过试铺碾压确定;在纵坡段摊铺时,摊铺自下而上进行。摊铺机械与路缘石、排水沟保持 10 cm 间隙,由人工找补、刮板往返刮平。摊铺前,先检查下层质量,质量不合格,严禁摊铺。

凡接触沥青混合料的机械、工具的表面均涂一薄层油水混合液;摊铺机运行时,储料斗及搅刀分布宽度内备有充足的混合料,尽量减少运行中停机待料。

沥青混合料的摊铺温度符合《沥青路面施工及验收规范》(GB 50092—96)表 7.2.4 的要求,并根据沥青标号、黏度、气温、摊铺层厚度选用。

当气温低于 5 ℃时,不宜摊铺热拌沥青混合料。当需要摊铺时,按有关规范规定进行。当路面滞水或潮湿时,应暂停施工。

(6)碾压。

①碾压采用 CC422 双轮钢筒式压路机,按初压、复压、终压三个阶段进行。压路机从外侧向中心以慢而均匀的速度碾压,相邻碾压带应重叠 1/3 ~ 1/2 轮宽,最后碾压路中心部分,压完全幅为一遍;碾压开始温度为 100 ~ 120 ℃,碾压终了的温度不应低于 70 ℃。

②初压。初压用 CC422 双轮钢筒式压路机碾压 2 遍,速度控制在 1.5 ~ 2 km/h。初压后检查平整度、路拱,必要时修整。碾压路线及方向不得突然改变,压路机启动、停止应缓慢进行。

③复压。复压紧接初压后进行。采用 CC422 双轮钢筒式压路机碾压,碾压遍数根据试验确定,并不小于 4 ~ 6 遍,速度为 2.5 ~ 3.5 km/h。复压后路面达到设计压实度,并无显著轮迹。靠近路缘石、排水沟等局部边缘地带的路面,采用振动夯板至设计压实度。

④终压。终压紧接在复压后进行。采用 CC422 双轮钢筒式压路机碾压不小于 2 遍,速度控制在 2.5 ~ 3.5 km/h。终压后达到路面无轮迹,路面压实成型的终了温度不低于 70 ℃。

⑤压路机不在未碾压成型并冷却的路段上转向、调头或停车等候。

⑥在当天碾压的尚未冷却的路面上,不停放任何机械设备或车辆,不散落矿料、油料

等杂物。

(7)施工接缝。

①在施工缝及构造物两端的连接处操作应仔细,接缝应紧密、平顺。

②纵向接缝一般采用热接缝,即将已铺混合料部分留下10~20 cm宽暂不碾压,作为后摊铺部分的高程基准面,最后作跨缝碾压。不能采用热接缝时,采用冷缝处理方案,即摊铺完成后采用切刀切齐,在铺另一半将路缘边缘清扫干净,并涂洒少量黏沥青。

③相邻两幅及上下层横向接缝均错位1 m以上。斜接缝的搭接长度宜为0.4 m,搭接处清扫干净并洒粘层油,干接缝黏结紧密,连接平顺。

④从接缝处起继续摊铺混合料前,用3 m直尺检查端部平整度,不符合要求时可以清除。接缝处摊铺层施工结束后,再用3 m直尺检查平整度,不符合要求者,趁混合料尚未冷却时立即处理。

(五)质量检查和验收

1.材料与拌和设备检查

会同监理工程师进行以下各项检查,并将检查成果报送总监理工程师。

(1)对沥青的针入度、软化点、延度三项指标进行室内检验。监理工程师认为必要时,可抽查溶解度、蒸发损失、闪点、含蜡量和密度等。每批沥青都在试验后留样保存,并记录使用的路段,留存的数量不应少于4 kg。

(2)在拌和站正常运行情况下,每天应从沥青加热锅中取样一次,对针入度、软点、延度等指标进行检验,当沥青标号或配合比改变时,重新抽样检验;每天抽查细骨料一次,测定级配和含水率,以200~300 m^3为一个取样单位;填料10 t取样抽查一次,达到规定的技术指标方可使用。

(3)拌和后的沥青混合料均匀一致,无花白。无粗细骨料分离和结团成块现象。

(4)施工前对拌和站及施工机械和设备的配套情况、性能、计量精度等进行检查。

2.施工质量检查

(1)专项监测沥青、矿料和沥青混合料的温度,严格控制各工序的加热温度。沥青混合料出机温度和摊铺温度的检查频度不少于1次/车。

(2)从搅拌机出机口取样检验沥青混合料的配合比和技术性能。在正常情况下,每天至少取样一次,从5盘混合料中各抽取1 kg试样,均匀混合成一组3个样品,对配合比中的沥青用量、矿料级配、马歇尔稳定度和流值等进行检验。

(3)在铺筑现场对沥青混合料质量及施工温度进行观测,随时检查厚度、压实度和平整度,并逐个断面测定成型尺寸。

(4)施工厚度除在摊铺及压实时量取并测量钻孔试件厚度外,还应校验由每一天的沥青混合料总量与实际铺筑的面积计算出的平均厚度。

(5)压实度的检查应以钻孔法为准。用核子密度仪检查时,应通过与钻孔密度的标定关系进行换算,并应增加检测次数。

(6)全部沥青路面铺设完成后,将全线以1~3 km作为一个评定路段,按《沥青路面施工及验收规范》(GB 50092—96)附录E表E.0.4的规定频率,随机选取测点,对沥青混凝土面层进行全线自检。

(7)交工验收阶段检查与验收的各项质量指标均应符合《沥青路面施工及验收规范》(GB 50092—96)附录E表E.0.4的规定。

(六)特殊条件下施工

1. 低温施工

(1)当气温在5 ℃以下或冬季气温虽在5 ℃以上,但有4级大风时按冬季施工处理,气温低于-15 ℃及下雪天气不进行施工。

(2)提高沥青混合料的出厂温度,在160 ℃以上。

(3)运输沥青混合料的车辆采用严密覆盖保温措施,使沥青混凝土达到工地温度不低于140 ℃。

(4)摊铺机的刮平板及其接触热混合料的机械工具经常加热,并用喷雾器在其上喷一薄层柴油,在施工现场准备好挡风、加热、保温工具和设备。

(5)摊铺选择在上午9时至下午4时进行,做到快卸料、快摊铺、快搂平,及时找细,及时碾压。一般摊铺速度掌握1 min/t料。石油沥青混合料摊铺温度为120~140 ℃。

(6)碾压时,配备足够数量的压土机,掌握碾压油温在120~140 ℃。

2. 雨天施工

(1)及时收听天气预报,工地现场专人与沥青混合料拌和站联系。

(2)现场尽量缩短施工路段,各工序紧密衔接。

(3)汽车和工地配备防雨设施,并做好基层及路肩的排水措施。

(4)下雨基层潮湿时,不得摊铺沥青混合料,对未经压实即遭雨淋的沥青混合料要全部清除,更换新料。

第七章　金属结构及机电设备安装技术

渠系工程的金属结构和机电设备的安装主要有各类闸门、附件及启闭机机电电气设备的安装和堤防机械的类型以及安装使用等内容。

第一节　堤防机械的类型及安装使用

一、HHLJG－1、HHLJG－2 型分浆器组的安装和使用

分浆器组主要由分浆器、多支路的排砂管、泄砂缓冲管三部分组合而成。

（一）分浆器组的工作原理

分浆器组的工作原理是集而分之，连淤固之，均衡平之，即将汇流泵加压后，管道输送而来的泥浆砂流由分浆器组多支路排砂管排至导砂固堤的不同区域，集而分之，先淤外后淤内，存水落淤在中间，加固挡水围堰，连淤固之；其次实现分流分砂，均匀升高的目的（均衡平之）。在大面积弃砂固堤区内坑洼起伏不平的复杂地形处使用，更显示出这种仪器的优越性。

（二）分浆器的构成、作用与特点

1. 分浆器的构成

分浆器主要由连接法兰盘、橡胶垫、分浆器和卡扣等构成。

2. 分浆器的作用

分浆器是将高压高速输砂主管线的泥浆流分解为多支路排砂管，并均匀合理地把泥浆输送到远、中、近的不同地域，最后由缓冲管排泄。对固堤区进行均衡吹填，分浆器还起到倒虹吸的作用，防止因停机或其他原因引起主管线吸空毁坏等情况的发生。

3. 分浆器的特点

HHLJG－1、HHLJG－2 型分浆器设计构造简单，安装、连接、移动方便，泥浆分流均匀，适用性强，造价低。其最大的特点如下：

（1）能在主机正常运转时连接使用。

（2）连淤固堰附近低洼地带并加固围堰，起到防渗、防决口的重大作用。

（3）可以随时调整输砂管出浆口，并可将出浆口任意布设在相邻同一工作平面上。

（4）可任意延长或缩短排砂管道的长度，由其控制高速射流对围堰的冲刷和产生跌坑。

（5）分浆器使用不受天气的影响。

（6）分浆器安放随意性强，可安放于不同地形，且无需任何垫托支架或底座。

（7）使用寿命长，维修简单。

（8）土质混合均匀，能防止渗水层的产生，解决了砂、黏土区域段明显分离问题。

（9）缩短工期，加快了工程施工进度，降低消耗。

(10)制造成本低,但其创造的经济效益巨大。

(三)分浆器的主要技术性能指标

分浆器出水能力为610~1 168 m^3/h,主要取决于汇流泵的扬程、吸程配套功率及效率,排沙量为650~750 kg/m^3,输砂主管线为钢管(φ300 mm),糙率为 $n=0.012$,排砂输送管(φ150 mm)糙率为 $n=0.011\ 5$,可连续工作几十个小时甚至上百个小时(主机不会发生故障和无其他原因的影响),可作为5~8组10FPN-30型挖塘机工作汇流泥浆泵组的末端配套设施。

(四)制造工艺

选用本溪钢铁厂产300 000 mm×1 060 mm×6 mm型卷板钢材,经加工焊接而成,出口连接处有倒角45°固定槽6圈,有利结合紧固,防漏气、漏水、漏砂。

(五)改进措施

分浆器初设支管焊接为平面型,使用过程中因其阻水、阻砂系数大,现改为锥型,以减小其水沙阻力,提高其排水、排砂能力。

(六)安装运用的注意事项

首先把法兰盘(φ300 mm)橡胶垫、分浆器连接安装,用螺栓固定为一体后把分浆器连接法兰盘插入输砂主管线橡胶管内,用专用卡固定,其次把分浆器与输砂带、缓冲器连接安装牢固。组合安装完毕后,应严格检查连接卡扣、螺栓的紧固程序,防漏气漏砂,然后试机运行,试机应逐步加压至正常运转。试机运行时,工作人员要远离分浆器,避免因高压冲击而造成的意外开脱所发生的伤亡事故。

(七)养护

工程竣工后,将分浆器内外及时用清水冲洗干净,并运回喷漆防锈,妥善保管,以延长其使用寿命。

二、LK-150型路缘开沟机的使用要点

LK-150型路缘开沟机广泛应用于公路及渠堤和城市建设的施工中,其主要适用于未封冻的路面上,土壤塑性指数在12~15的路缘开沟人行便道边缘开沟、街心花坛边缘开沟等,亦可用于黑色柏油路路面的表面铣刨等。

(一)结构和工作原理

LK-150型路缘开沟机工作装置部分由动力传动部分(传动系统总成、离合器总成、刀盘系统)及液压部分组成。

该机动力由具有超低速挡的拖拉机变速箱第一轴左侧输出经链条传到工作装置第一轴,经手动离合器传到悬式减速箱第一轴,最后由悬臂式减速箱第五轴将动力输出,带动刀盘转动,同时液压系统的油缸将刀盘压下,采用逆铣原理,实现一次成沟。

该机液压系统由油泵(拖拉机自带)、油箱、高压油管双作用油缸分配阀组成,柴油机启动后,接合柱塞泵离合器,油泵即开始工作,通过控制分配阀手柄实现刀盘的升降,该液压系统有“自锁”功能,操作方便,性能可靠。

(二)主要技术参数

LK-150型路缘开沟机的主要技术参数如表7-1所示。

表 7-1　LK－150 型路缘开沟机的主要技术参数

项目	技术参数
型号	LK－150
开沟深度(mm)	0～150
油消耗率(g/kWh)	燃料油(柴油)≥250.2，机油≥2.04
工作速度(km/h)	0.470
最高行走速度(km/h)	10.047
配套功率(kW)	11
轮胎型号	6.50～16
整机质量(kg)	1 476
外形尺寸(长×宽×高)(mm×mm×mm)	3 350×1 200×1 937

(三)使用与调整

(1)拖拉机的使用与调整按照拖拉机使用说明书(柴油机的使用与维修)进行。

(2)拖拉机使用前,将拖拉机变速箱主要变速杆、油泵离合手柄、工作装置离合手柄均扳至空挡位置,启动过程按拖拉机使用说明书进行。

(3)待拖拉机运转正常后,将油泵离合手柄扳至工作位置,手动换向阀手柄扳至“升”的位置,待刀盘升到最大位置后,将手动换向阀手柄松开,其自动回到停(中立)位置,此时刀盘处于提升位置且不下滑。

(4)工区距工作地点较远需较长时间在途中行进时,将油泵离合器手柄扳至空挡位置,此时刀盘并不下滑,利于减小油泵的磨损。

(5)开始工作前,将刀盘对准开沟线,接合油泵离合手柄,检查各部无误后,方可进行开沟作业。

(6)分离主离合器结合工作装置的离合器,再慢慢接合离合器,使刀盘转动,手动换向阀扳至“降”的位置,主变速杆处于空挡位置,踩住刹车,让刀盘开始工作,切到所需深度后,将手动换向阀手柄松开,其自动回到“停”的位置,重新分离主离合器,将副变速杆扳至低挡位置,挂低挡,慢慢接合主离合器,进行开沟。

(7)为避免机器损坏,开沟时禁止拐急弯等。

(8)作业时,可根据路面情况,选择二挡作业。

(9)工作结束后,用手动换向阀提升工作装置,开沟间歇时间较长时,分离工作装置离合器和油泵离合器。

(四)开沟机的磨合

开沟机的磨合应按拖拉机使用说明书进行,在磨合过程中,注意不能超负荷,开沟机工作装置部分的磨合按以下步骤进行。

1. 空载磨合

开沟机在空挡位置,接合传动装置和液压油泵,空载低速磨合 10 min,然后转入中速

磨合 10 min,最后高速磨合 30 min。在磨合过程中,多次扳动换向阀手柄,使悬臂升降数次,同时注意下列问题:

(1)链条转动平稳,不得有跳动和异常声音。

(2)传动系统各轴承温升不超过 65 ℃,悬臂系统齿轮传动不得有异常声音,不得有渗漏现象。

(3)离合器分离彻底,不得有自行脱挡现象。

(4)液压系统升降平衡、迅速,不得有渗漏现象。

总之,在磨合的过程中,发现不正常现象应立即排除,排除后按上述要求重新磨合。

2. 负荷磨合

负荷磨合应按表 7-2 中所示情况进行。

表 7-2　负荷磨合操作规定

负荷级别	开沟深度(mm)	超低速挡磨合时间(h)
Ⅰ	50	8
Ⅱ	100	8
Ⅲ	150	8

在负荷磨合过程中的注意事项与前述相同,磨合完成后,在开沟机能转入正常作业的情况下,需进行以下几项工作:

(1)刀盘开沟不得有明显偏摆现象。

(2)趁热立即放出变速箱(悬臂系统)中的齿轮油及液压系统中的柴油机润滑油,然后注入柴油,用 1 挡和倒挡开动拖车 2 ~3 min,同时使悬臂系统升降数次,停车放出悬臂系统及液压系统中的柴油,分别按规定注入新油。

(3)检查张紧轮张紧的程度,必要时进行调整。

(4)检查外部所有螺栓和螺母,如有松动,必须拧紧。

(五)维护保养及故障排除

为了使开沟机能正常工作和延长使用的寿命,必须严格执行维护保养规程,开沟机的维护保养分以下几项:

(1)每班的技术保养,在每班后进行,主要工作有:

①检查链条张紧度,必要时调整,同时向链条滴加润滑油。

②检查液压系统及悬臂式减速有无渗漏现象。

③每两班用黄油枪对润滑点加注润滑脂。

④检查轮胎气压,必要时充气。

⑤检查外部螺栓和螺母是否松动,必要时拧紧。

⑥消除刀盘上的泥土,检查刀头磨损情况,如伤损严重,及时更换刀头。

(2)一级技术保养:

①完成每班维护保养的各项工作。

②将悬臂箱升到水平位置,检查油面高度,不得少于1/3,不足时添加SY 1103－77齿轮油。

③检查液压油箱内油量,不得少于2/3,不足时添加HC－11号柴油机润滑油。

④用柴油清洗链条及链轮,如有损坏,及时更换。

(3)二级技术保养:

①完成一级保养的任务。

②检查清洗各轴承,如有磨损,及时更换。

③检查各油封,如有损坏,及时更换。

④检查油缸及手动换向阀。

⑤用柴油清洗悬臂式减速箱,然后添加新的SY 1103－77齿轮油。

⑥用柴油清洗油箱及油路,然后添加新的HC－11号柴油机润滑油。

⑦检查工作装置离合器的磨损情况,必要时更换。

⑧检查刀盘齿座及其焊接处,如有损坏,及时修复或更换。

(4)三级技术保养:

①完成二级维护保养的各项工作。

②对各部件拆卸、清洗,检查各零件的技术状态及磨损情况,进行修理或更换,并加入规定的润滑脂。

③安装完后,拧紧所有螺栓、螺母。

④需长时间停放时,用木块将刀盘悬臂箱垫起,液压系统卸荷,以减小驱动轮的压力和减少液压系统的磨损,延长使用寿命。

三、强制式混凝土搅拌机组在水利工程中的应用

(一)机组的结构与组成

强制式混凝土搅拌机组适用于各类中小型水利工程的施工,拌制干硬性、塑性、流动性的轻集料的混凝土和各种砂浆,除作单机使用外,还可与配料机、混凝土泵组成简易搅拌站,成型上料,搅拌上水、卸料、输送一条龙,亦可作为搅拌站的配套主机,其结构由搅拌机、配料控制箱、混凝土泵三大件组成,系统由上料搅拌、卸料、供水、电气等几部分组成。

1. 搅拌系统

搅拌系统由电动机皮带轮、减速箱、开式齿轮、搅拌筒搅拌装置、供油装置等组成。

2. 配料控制箱系统

(1)以高精度标重传感器为信号源。

(2)控制操作仪表将传感器信号放大,微机处理与拼码开关设定值相比较,输送数字显示及按程序输出上料系统工作的控制信号。

(3)电气控制箱接收控制操作仪表控制信号,分别驱动每一路电动机(或电磁阀),实现自动工作。

(4)连接线路:传感器控制操作仪表、电气控制箱之间是一种集计算、控制、显示于一体的仪表控制设备,具有自动控制加料、出料系统工作的功能,操作维修简便,抗干扰性强等优点。

3. 上料系统

由卷扬机上料架、上料斗、进料斗、漏斗等组成的制动电动机,通过减速器带动卷筒转动,钢丝绳经过滑轮牵引料斗,沿上料架轨向上爬升到一定高度时,料底部斗门上的上滚轮进入上料架水平齿道,斗门自动打开,料物经过进料斗投入搅拌筒内。为保证漏斗准确就位,在上料架上装有两个限拉开关,分别对料斗上升超限位和安全位起保护作用。

4. 卸料系统

卸料系统由卸料门、卸料杆等机构组成,卸料斗门装在搅拌机底部,通过手动推杆实现卸料,通过调整密封条的位置可保证卸料门密封。

5. 供水系统

供水系统由水泵、节流阀、清洗装置、喷水装置等组成,节流阀可调节水的流量、供水总量、时间继电器调节。

6. 电器系统

电器控制线路设有空气开关、熔断器热继电器,具有短路过载断相保护的功能,所有控制按钮及空气开关手柄和指示灯均布置在配电箱门上,按钮外面有防护小门,设有门锁,配电箱内的电器元件装在一块绝缘板上,操作维修方便,安全可靠,故强制式搅拌机组整套设备构成自动化系统,控制拌和混凝土料物均匀,时间短,质量好。

(二)强制式搅拌机组使用前的设备检验与性能测试的要点

强制式搅拌机组使用前必须对设备及各种部件进行检验和性能测试,对设备的检测主要有以下两个方面。

1. 对设备的主要技术参数的检测

(1)出料容器、生产率、骨料最大粒径,搅拌机叶片的数量及磨损的情况,搅拌电动机型号、功率、水泵型号功率和料斗提升速度等。

(2)配料控制器的结构型式,要对传感器、控制操作仪表、电器控制箱、连接线路等进行检查,对主要技术性能、出料设定进行率定。

(3)对自动控制温度、速率、满量程时间、质量显示单位等进行测试和率定。

2. 性能测试

(1)搅合混凝土料的均匀性,经过多次拌和观察,直到和易性、坍落度符合设计要求为止。

(2)出料控制延时要满足设计要求,要经多次出料控制延时试验来确定最佳时间。

(3)检测配料控制的准确性,做多次对比率定试验,再次以一小车过秤 100 kg 石子为准,计量次数不少于 5 次,每次均不得超过混凝土各组分称量的允许偏差规定范围值,直到两者相符为止。

(4)拌和机及叶片的磨损情况,检查强制式搅拌机叶片转速是否符合机械出厂技术指标,在使用前叶片的磨损量要符合出厂的技术指标。

总的目的是拌和前应对混凝土搅拌设备的称量装置进行鉴定，确认达到要求的精度后，方能投入使用，混凝土应搅拌均匀，其投料顺序及拌和时间通过现场测试确定，只有这样，才能确保工程质量。

（三）注意事项和泵送剂的选择

1. 泵送混凝土时的注意事项

（1）混凝土应加外加剂，并符合泵送的要求，进泵的分量要按规范的要求、标准掺入，严格控制坍落度，符合试验配料的规定标准，一般控制在 8～14 cm。

（2）集料最大粒径应不大于导管直径的1/3，不应有逊径骨料进入混凝土泵。

（3）安装导管前，应彻底清除管内污物及水泥砂浆，并用压力水冲洗，安装后要注意检查，防止漏浆、漏气，在泵送混凝土之前，先在导管内通过水泥浆。

（4）应保持泵送混凝土工作的连续性，如因故中断时，则应经常使混凝土泵转动，以免导管堵塞。在正常温度下，如果间歇时间较长（超过 45 min），应将存留在导管内的混凝土排出，并用清水冲洗干净。

（5）当混凝土泵送工作需暂停时，应及时用压力水将导管冲洗干净。

2. 泵送剂的选用和性能测定要求

（1）泵送剂的选用：主要选用多元复合剂制成的材料，泵送剂使混凝土具有减水塑化、引气、缓凝、早强、增强、坍落度损失小、滑动性好等多种功能，延缓水化热的释放，显著提高混凝土的和易性、可泵性，其成分中无氮气、不锈蚀钢筋，且技术性能指标符合国家泵送剂标准。一般泵送剂分为液剂和粉剂两个品种，用户可根据不同的施工要求选择使用。

（2）性能测试：泵送剂性能测试主要项目有固体含量、密度、细度、凝固时间、减少率、常压自然泌水率、加压泌水率坍落度、早期强度等。

（3）使用剂量：粉剂产品对混凝土各种标号常用掺量为水泥质量的1.5%～2.0%。液剂产品对混凝土各种标号常用掺量为水泥质量的1.5%～2.5%，使用时必须搅拌均匀。

（4）包装储存的注意事项：液剂产品采用塑料桶包装，粉剂产品采用编织袋内衬塑料袋包装。不论液剂、粉剂，在运输储存过程中严禁破损和受潮，并按品种进场日期分别存放在通风干燥的地方。

（四）使用强制式搅拌机组对各种集料的控制要求

（1）应严格控制细集料的含水量和级配，砂子的细度模数变化值超过 ±0.2时，应调整混凝土的配合比，细集料应有一定的脱水时间，含水率宜小于 6%，变化超过 ±0.5%时，应调整混凝土的用水量。

（2）严格控制各种精集料，超逊含量以超逊径筛检验时，控制标准为：超逊径为零，逊径小于 2%，石子表面含水率的波动控制在 ±0.2%之内。

（3）砂料应质地坚硬、清洁、级配良好，砂的细度模数通过试验决定，要符合泵送混凝土的要求。

(4)粗细骨料的级配及砂率的选择,应考虑骨料生产平衡、混凝土和易性及最小单位用水量等要求,综合分析、确定。

(五)强制式搅拌机组的配合比选定的要求

(1)混凝土配合比应根据设计对混凝土性能的要求,由实验室通过试验来确定。

(2)混凝土的坍落度应根据建筑物的性质、钢筋的含量、泵送浇筑方法等来确定。

(六)强制式搅拌机组拌和时的注意事项

(1)施工前,应结合工程混凝土配合比情况,检验拌和设备的性能情况,应适当调整混凝土配合比,有条件时,也可调整拌和设备的速度、叶片结构等。

(2)在混凝土拌和过程中,应注意保护砂石骨料的含水量的稳定。

(3)必须将混凝土各组分拌和均匀,拌和程序和时间按测试规定执行。

四、堤防碾压机械的类型及工作性能

堤防碾压机械的类型有牵引式振动碾、用轮胎驱动的自行式振动碾和手扶式双轮振动碾及前后轮全驱动的重型自行式振动碾等,总体归类为牵引式振动碾与自行式振动碾两类,如图 7-1 所示。

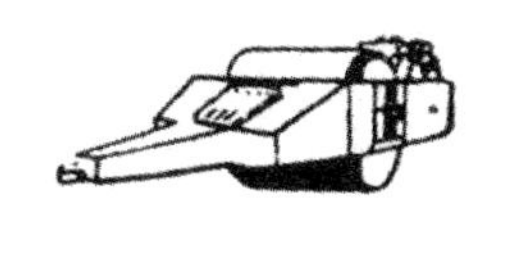

(a)牵引式振动碾

(b)用轮胎驱动的自行式振动碾

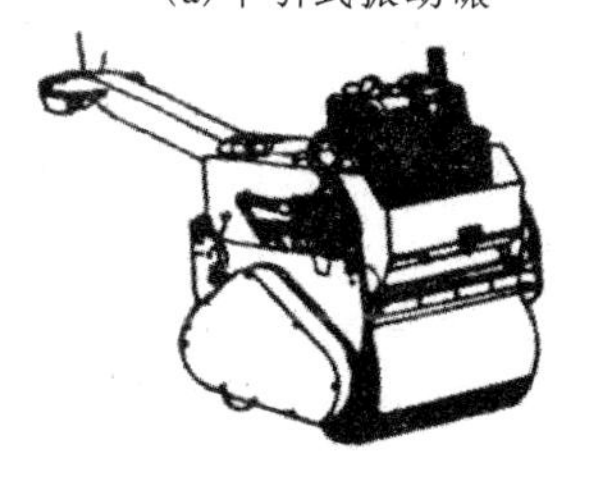

(c)手扶式双轮振动碾

(d)前后轮全驱动的重型自行式振动碾

图 7-1　常用的振动碾

(一)牵引式振动碾的工作性能与技术参数

牵引式振动碾,其自重即为压实有效重量,自身动力仅供给振动能量,而由其他牵引机械(如拖拉机、推土机等)拖动行走,这种推动碾生产效率高、用途广,其有效重量大,在大面积上使用较好。由于振动碾不是连续工作的,有时停置很长时间,牵引机械可以卸下振动碾去干别的工作,从而提高机械设备的利用率,这也是牵引式振动碾的一个优点。常用牵引式振动碾的技术参数如表 7-3 所示。

表 7-3　牵引式振动碾的技术参数

型号	产地	质量(t)	激振力(kN)	振动频率(Hz)	振幅(mm)	滚筒直径(mm)	滚筒宽度(mm)	静线压力(N/cm)	牵引功率(kW)	工作速度(km/h)
CK15	瑞典得那派克	15	380	25		1 620	2 130		55	8
CK04[①]	瑞典得那派克	7.75	100	26.6		1 200	1 905		41	
BW10	德国宝马	10.5	183	25	1.5		1 950	538		
BW15	德国宝马	16	300	25	1.65		2 100	762		
YZT－10L[②]	中国陕西	10	240	31	1.5	1 500	1 850	530	59	1～1.2(斜面) 1.5～2(水平)
YZT－12	中国陕西	12	300	30	1.5	1 800	2 000	588	74	2～5
TZT－15	中国陕西	14	325	30	1.6	1 800	2 000	685	74	2～5
TZT－18	中国陕西	18	400	27.5	1.8	1 800	2 000	882	88	2～5

注：①斜坡专用。②水平、斜坡两用。

(二)自行式振动碾的性能与技术参数

自行式振动碾集行走、振动、工作、动力和操作系统于一机，常见的自行式振动碾使用两个充气轮胎驱动行走，钢制滚筒振动压实，也有前后轮全驱动的重型自行式振动碾，常见的自行式振动碾的技术参数如表 7-4 所示。

表 7-4　自行式振动碾的技术参数

型号	产地	质量(t)	滚筒轮压(t)	滚筒直径(mm)	滚筒宽度(mm)	激振力(kN)	振动频率(Hz)	振幅(mm)	静线压力(N/cm)	额定功率(kW)	爬坡能力(%)
CA30	瑞典得那派克	10.60	6.40	1 550	2 130	242	30	1.7	380	80	30
CA15D	瑞典得那派克	14.80	10.20	1 520	2 130	260	25	1.0、1.8	420	118	45
BW213D	德国宝马	10.54	6.31	1 500	2 100	236	30	1.72	300	82.4	37
BW217D	德国宝马	17.64	10.62	1 600	2 120	310	29	1.66	400	123	45
SD－150D	美国英格索兰	15.48	9.33	1 600	2 135		26.5	1.70	380	120	37
SD－600D	美国英格索兰	18.14	10.92	1 524	2 540		25.4	1.47	510	164	45
CA25	中国徐州	9.10		1 525	2 130	202	30	1.70	230	80	

自行式振动碾的特点是运输灵活、操作方便,但其标称质量为整机全部质量,而对压实有效的只是滚筒质量,不包括牵引设备的质量在内,一般只有总质量的50% ~60%。如德国宝马 BW217D 自行式振动碾总质量为17.64 t,而滚筒质量为10.62 t。因此,一般用牵引式振动碾作主要压实机具,而用自行式振动碾压实垫层、过渡层及边角部位。

在堤防工程施工中,除使用牵引式和自行式振动碾外,还使用手扶式振动碾,这是一种小型振动碾,如陕西水利机械厂生产的 YZ-07 型手扶式振动碾质量为0.85 t,激振力为2.35 t,振动频率为48.3 Hz。手扶式振动碾用于大型振动碾不能达到的边角部位的压实。

(三)振动碾的工作性能

振动碾的压实效果在不同程度上取决于振动碾的静重、振动轮的个数、振动频率和振幅、碾子行走速度、振动轮直径、振动轮与机架重量比等参数。

1. 静重和静线压力

振动碾静重包括机架和振动轮的重量。静线压力系指静重与振动轮宽之比。

假如振动碾静重增加,而其他参数(频率、振幅等)不变,则施加于堆石中的静态和动态压力大致与静重成比例地增加。压实试验证明,振动碾的影响深度大致与振动轮的重量成正比,参见图7-2,所以静线压力即使对振动碾来说,也是很重要的参数。

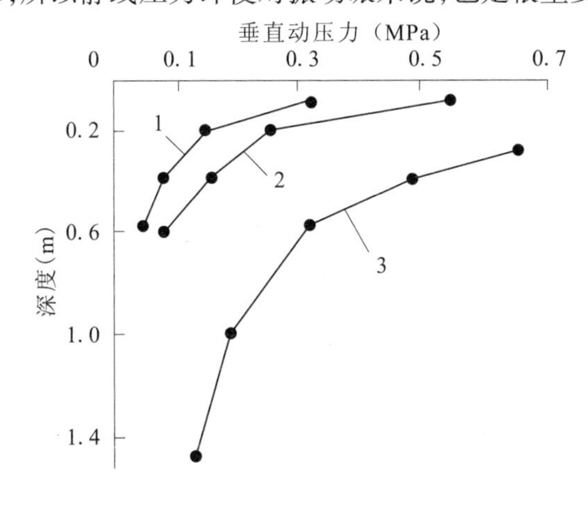

1—1.4 t;2—3.3 t;3—13.0 t

图7-2 振动碾动压力沿深度分布

2. 振动轮的个数

两个轮子全振动的振动碾与只有一个轮子振动的振动碾在产量方面比较,碾压堆石时,后者的平均产量约比两个轮子全振动的产量少80%,故采用双轮全振式振动碾生产效率较高。

3. 频率和振幅

试验表明,振动频率在25 ~50 Hz有一个最优值,其压实效果最好,一般压实堆石和无黏性土采用30 ~42 Hz,相当于1 500 ~2 500 r/min。超过这个频率范围后,频率的变化对压实效果的影响并不显著。如果在这个频率范围内使振幅增大,将会显著改善压实效果和加大影响深度,特别是对粗骨料影响更大。振动碾用于压实较厚铺层的堆石时,振幅应为1.5～2.0 mm，相应的适宜频率为25～30 Hz。采用过高的频率和过大的振幅时，将会给振动碾自身的设计、制造带来一系列困难。

在压实状态下，堆石体变得密实而具有弹性。堆石体的作用像一根弹簧，振动碾—堆石体系统有一个共振频率，通常在13～27 Hz，其值取决于堆石和振动碾的特性。在共振频率附近，振动轮的振幅将被扩大。

但是，工作频率过高时会降低压实效果，这是由于在振动运动时，振动轮在太强的振动作用下脱离了地面的缘故。堆石受到了不规则的沉重冲击（跳跃），引起碾压过度而降低了密度。这时还会引起振动碾机架的振动，振动轮与底架之间的橡胶元件也会发生严重磨损。

4. 碾压速度

振动碾进行碾压时的行走速度对于堆石的压实效果有显著的影响。一般碾压速度愈慢，压实效果愈好。若铺层厚度不变，传递至堆石的能量与碾压遍数和碾压速度之比有关。当碾压速度加倍时，碾压遍数也要加倍。然而，振动碾有一个最佳的碾压速度。在碾压堆石时，一般为3～6 km/h。在此速度下可以得到最佳的生产率。瑞典得那派克研究院通过具体工程进行试验，其试验结果如图7-3所示。法国对轧制碎石进行压实试验，也同样得到最佳碾压速度为3～6 km/h。

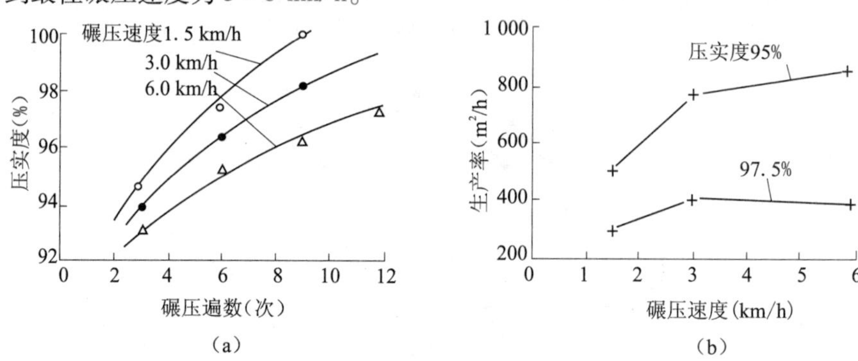

图7-3 碾压遍数、速度与压实度、生产率的关系

在大型工程中，最佳碾压速度应根据机械工作性能并通过压实试验确定，建议采用较低车速，即3～4 kW/h。

5. 振动轮的直径

振动轮的直径与静线压力有关，净线压力高，振动轮的直径也必然大。

6. 机架和振动轮的重量比

机架和振动轮的重量比对压实效果有一定的影响，机架重一些是有利的，振动轮可借助机架的重量压向碾压体，从而可以取得更有规则的振动，但是机架重量在一个上限，超过这个限度，机架重量对振动会产生过大的阻滞作用。

7. 振动碾的行进方向

振动碾初期后退碾压反而比前进碾压效果好，当遍数较多后（如超过6遍），碾子走向的表面沉降很小，继续增加遍数，前进碾压尚有效果，后退碾压已无效果。目前，工程在施工中都以前进后退振动碾压均有效计算碾压遍数。

第二节　变压器和三相交流异步电动机

一、变压器基本概念

(一)变压器的分类

(1)按用途分:电力变压器、专用电源变压器、调压变压器、测量变压器、隔离变压器。

(2)按结构分:双绕组变压器、三绕组变压器、多绕组变压器、自耦变压器。

(3)按相数分:单相变压器、三相变压器和多相变压器。

(二)变压器的构造

基本构造:由铁芯和绕组构成。

铁芯是变压器的磁路通道,是用磁导率较高且相互绝缘的硅钢片制成的,以便减少涡流和磁滞损耗。按其构造形式可分为芯式和壳式两种,如图7-4(a)、(b)所示。

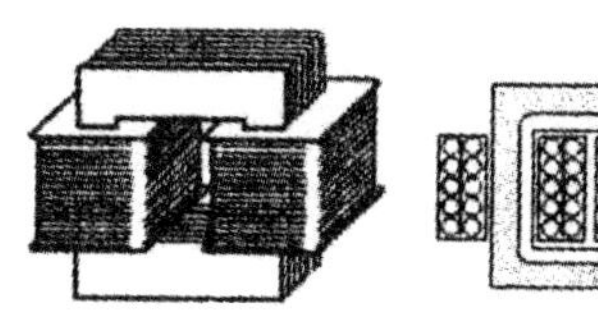

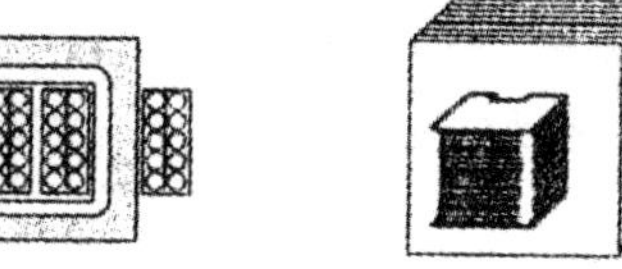

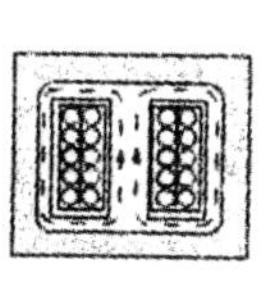

(a) 芯式变压器　　(b) 壳式变压器

图7-4　芯式和壳式变压器

线圈是变压器的电路部分,是用漆包线、沙包线或丝包线绕成。其中,与电源相连的线圈叫原线圈(初级绕组),与负载相连的线圈叫副线圈(次级绕组)。

(三)额定值及使用注意事项

1. 额定值

(1)额定容量。变压器二次绕组输出的最大视在功率是额定容量,其大小为副边额定电流的乘积,一般以千伏安表示。

(2)原边额定电压。接到变压器一次绕组上的最大正常工作电压。

(3)二次绕组额定电压。当变压器的一次绕组接上额定电压时,二次绕组接上额定负载时的输出电压。

2. 使用注意事项

(1)分清一次绕组、二次绕组,按额定电压正确安装,防止损坏绝缘或过载。

(2)防止变压器绕组短路,烧毁变压器。

(3)工作温度不能过高,电力变压器要有良好的绝缘。

二、三相异步电动机

实现电能与机械能相互转换的电工设备总称为电机。在生产上主要用的是交流电动机,特别是三相异步电动机,因为它具有结构简单、坚固耐用、运行可靠、价格低廉、维护方便等优点。它被广泛地用来驱动各种金属切削机床、起重机、锻压机、传送带、铸造机械、功率不大的通风机及水泵等。

(一)三相异步电动机的构造

三相异步电动机的两个基本组成部分为定子(固定部分)和转子(旋转部分)。此外,还有端盖、风扇等附属部分,如图 7-5 所示。

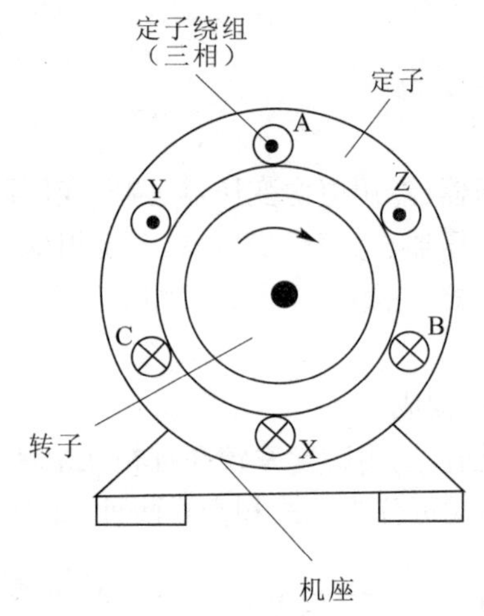

图 7-5　三相异步电动机的结构示意图

1. 定子

三相异步电动机的定子由三部分组成,如表 7-5 所示。

表 7-5　三相异步电动机的定子组成部分

定子	定子铁芯	由厚度为0.5 mm、相互绝缘的硅钢片叠成,硅钢片内圆上有均匀分布的槽,其作用是嵌放定子三相绕组 AX、BY、CZ
	定子绕组	三组用漆包线绕制好,对称地嵌入定子铁芯槽内的相同的线圈中,这三相绕组可接成星形或三角形
	机座	机座用铸铁或铸钢制成,其作用是固定铁芯和绕组

2. 转子

三相异步电动机的转子由三部分组成,如表 7-6 所示。

表 7-6　三相异步电动机的转子组成部分

转子	转子铁芯	由厚度为0.5 mm、相互绝缘的硅钢片叠成,硅钢片外圆上有均匀分布的槽,其作用是嵌放转子三相绕组
	转子绕组	转子绕组有两种形式: 鼠笼式——鼠笼式异步电动机; 绕线式——绕线式异步电动机
	转轴	转轴上加机械负载

鼠笼式异步电动机由于构造简单、价格低廉、工作可靠、使用方便,成为了生产上应用得最广泛的一种电动机。

为了保证转子能够自由旋转,在定子与转子之间必须留有一定的空气隙,中小型电动机的空气隙为0.2～1.0 mm。

(二)三相异步电动机的安装及调整控制细则

(1)电动机允许采用联轴器或正齿轮传动,当采用正齿轮传动时,齿轮的节围直径不小于轴直径的2倍。

(2)长期放置不用的电动机在使用前必须以500 V兆欧表测其定子绕组与机壳和轴间的绝缘电阻,如低于0.5 MΩ,电动机必须进行处理。烘焙时,绕组温度不超过如下规定:绝缘等级为F,温度计法为125 ℃。

(3)新的或长期放置未用的电动机在安装前首先应进行机械检查,检查各部件是否装配完整,紧固件是否松动,内部如果有灰尘,应清理干净,必要时可用干燥的压缩空气吹净。

(4)为防止锈蚀,电动机在拆检后重新装配时,所有的配件面和带螺纹的紧固件(除接地螺栓外)可涂一层干净的防锈油后再进行装配,并且所用的紧固件应有弹簧垫圈,以免自行松脱。装配后,用手转动转子应能灵活转动。

(5)在转轴上安装联轴器或齿轮时,必须先将轴身上的防锈层清洗干净,再进行安装。在安装时,应防止过重敲击,以免损坏轴承。

轴伸缝链采用"B"型普通平缝,其尺寸如表7-7所示。

表7-7 "B"型普通平缝尺寸

机座号	平链尺寸 $b \times h \times L$(mm×mm×mm)	机座号	平键尺寸($b \times h \times L$)(mm×mm×mm)
112	B10×8×56	250	B18×11×80
132	B10×3×56	280	B20×12×100
160	B14×9×80	315	B22×14×100
180	B14×9×56	355	B25×14×125
200	B16×10×80	400	B28×16×140
225	B16×10×80		

(6)电动机安装时,应对正电动机与被拖动设备转轴中心的相对位置,调整后,旋紧底脚螺旋,使其可靠地固定于基础上。

(7)电动机在明显位置备有接地螺栓,并在附近有接地的符号,安装后应可靠地接地。

(8)锥形轴中电动机上的联轴器后应紧接着旋紧螺母,以产生足够的夹紧力,双轴中电动机对未使用的轴中端需卸下轴中链的轴头螺母及垫圈后再开车。

(9)电动机接线后应试接电源,使其转动,检查旋转方向是否符合要求,不符合时将任意两根电源线调换一下位置即可。

(10)在电机安装完后,空转30～40 min,若情况良好,再加入负载,并应检查电源的稳定性。当电源电压(频率为额定)与其定额值的偏差不超过±5%或电源频度(电压为额定,电机为允许额定状态)与其定额值的偏差不超过±1%时运行。此时电动机的温升允许超过的数值应不大于10 ℃,当电缆电压与其定额值的偏差不超过-5%,电动机仍能启动,此时电动机的性能与温升不能保证。

南水北调中线一期工程总干渠黄河北—美河北辉县四标段项目部变电器安装和试验参数

一、变压器安装

（一）安装流程

变压器均安装在变压器室内。电力变压器的安装按图7-6程序进行施工。

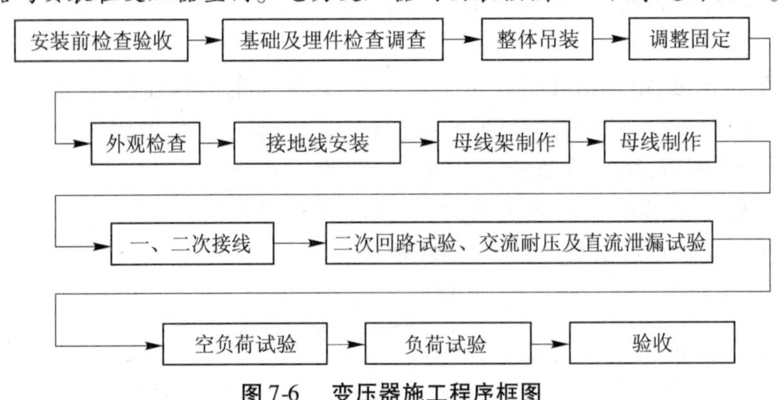

图7-6　变压器施工程序框图

（二）变压器的验收检查

变压器到达现场后，及时作下列验收检查：

（1）包装及密封是否良好，瓷瓶完整无损。

（2）开箱检查清点，规格要符合设计要求，附件、备件应齐全。

（3）产品的技术文件应齐全。GBJ 148—90要求作外观检查。

二、变压器的试验参数

变压器的试验参数应按照供应商的产品使用说明书及国家有关规范执行。

在变压器负荷试验过程中，要及时观察变压器的温升和噪声，并时刻注意散热风扇的工作情况，发现问题及时处理。

（一）变压器总装配的控制

（1）不拆卸运输的变压器即可做投入运行前的试验项目。

（2）装水银温度计、温度指示控制器的同时，要将温度计座内注满变压器油。

（3）装吸湿器的同时，将吸湿器的下部加注变压器油（吊式吸湿器），详见吸湿器使用说明书。

（4）装配其他零部件。

（5）将储油柜阀门打开，注入合格的变压器油至储柜正常油面高度（视其环境决定油面高度），注油时所有放气塞必须打开，注好后再密封好。

（6）加注变压器油后将气体继电器、套管等的放气塞密封好，并检查所有的密封面，停放24 h后，检查其是否有渗漏油现象，在补注变压器油时，须注意加注的变压器油的型号、产地或油基，不同型号的变压器油一般不能混合使用，否则须试验合格后方可使用。

(7)取变压器油样,并做试验及化验分析。

(8)注油完毕后,应开始做密封试验,试验方法如下:气体静压试验,利用储油柜上的通气孔,用 25 kPa 干净、干燥的压缩气体做静压试验,保持 3 h 应无渗油现象。

(9)试验注意事项:

①将压力释放阀压板打开。

②使套管内充满变压器油。

③气体继电器放气。

(10)变压器如装有气体继电器,安装到基石后,储油柜一端应垫高,使变压器略有些倾斜,以增加气体继电器的动作灵敏度。

(二)变压器的投放运行

(1)变压器总装后,在投入运行前应经过如下试验:

①测量绝缘电阻。

②测量直流电阻。

③进行外施工频耐压试验,耐受电压按出厂试验标准的 90%(见产品说明书),历时 1 min。

④用不大于 130% 额定电压进行空载机试验,历时 30 s,注意此试验中变压器的声音变化及仪表的变化。

⑤测量变压器的空载电流与空载损耗,测量结果与出厂试验结果应无显著差别,参见产品证明书上相应的试验数值。

(2)上述试验均应在变压器注油至少 10 h 以后进行,进行试验时应保证上述项目的先后顺序。

(三)变压器试验后的检查

(1)鉴定与试验保护装置,如气体继电器、差动继电器等。

(2)试验油断路器的传动机构与联轴装置的动作。

(3)检查储油柜油面,储油柜与变压器的连管活门一定要开通。

(4)校验温度计的读数。

第三节　树脂缠绕杆式变压器的安装技术

一、安装场所的要求

选择安装场所要注意以下两点:

(1)变压器要安装在距负荷中心较近的地点。

(2)变压器要安装在防漏和防日照的室内,变压器的建造必须符合国家供用电的规程及建筑规范的规定,变压器室的保护等级应符合国家防护等级的要求,应防止腐蚀性气体和尘粒侵蚀变压器。

二、安装基础的要求

为安装变压器而浇筑的基础应满足以下两点:

(1)变压器的基础必须能承受变压器的全部重量。

(2)变压器基础应符合国家及当地建筑规范的要求。

三、触电防护及安全距离

(1)变压器安装设计必须符合人身安全的要求,应确保变电器运行时不被人所触及。带电体之间以及带电体对地之间的最小安全距离应符合国家供用电规程的要求。此外,还应保证电缆和高压线圈之间的温控线、风抗线和高压线圈之间的最小安全距离。高压线圈之间最小安全距离如表 7-8 所示。

表 7-8　高压线圈之间最小安全距离

电压等级(kV)	设备最高电压(kV)	绝缘	水平	安全距离(mm)
		工频试验电压(kV)	冲击试验电压(kV)	
≤1	≤1.1	3		25
3～3.5	3.5～40.5	10～70	20～200	60～365

(2)为了安装和维护保养及值班巡视,变压器和墙壁之间必须留有通道。

(3)相邻变压器之间必须留有大于 1 m 的空隙(外限距离)。

(4)变压器的安装位置必须便于值班人员在安全位置观察测量仪表。

四、通风的要求

(1)变压器室内应有足够的通风设施,确保变压器因损耗产生的热量及时扩散出去。

(2)冷却空气的要求,散发每千瓦损耗约需空气流量 3 m^3/min,按其变压器耗总值确定通风量的大小。

(3)变压器应安装在离墙壁 600 mm 以外的地方,以保证变压器周围空气的流动及人身的安全要求。

(4)进风口和出风口的栅栏或百叶窗不得减小对流的有效截面面积,进出风口必须有防止异物进入的措施。

五、电力线路的连接

(1)所有端子连接前,应熟悉试验报告及铭牌上的线圈,连接要正确。

(2)电缆或母线排组成的连接线必须符合《变压器运行规程》及《电气安装规程》的规定,选择具有适当截面面积的电缆和母线排。

(3)连接线不在接线端子产生过高的机械拉力和力矩,当电流大于 1 000 A 时,母线和变压器端子之间必须有一段连线,以补偿导体在热胀冷缩时产生的应力。

(4)必须保证带电体之间、带电体对地之间的最小绝缘距离,特别是电缆至高压线圈之间的距离。

(5)螺栓连接必须保证足够的接触压力,可使用碟型垫圈或弹簧垫圈。在接线之前,所有连接螺栓和接线板必须清洁,所有连接需紧固可靠。在紧固电气连接螺栓时,需采用扭矩扳手,使螺栓张力较为均匀,并可避免产生过大的张力。

(6)在连接高压线圈分接线端子时,用力应均匀,严禁冲击力和弯折力作用在端子上。

(7)有载调压变压器按有载调压开关安装使用说明书和图纸要求进行分接开关连线控制器和其他附件安装。

六、接地的要求

(1)变压器下部有一接地螺栓,必须接入保护接地系统。
(2)保护接地系统的接地电阻和接地线的截面必须符合《电气安装规程》的规定。

七、温控系统的安装使用要求

(1)产品由于带了信号温度计,可实现故障超温的声光报警及设置自动跳闸和自动通断风机等功能。

(2)产品出厂前已将信号温度计及铂电阻装好,并已完成了风机与信号温度计的接线,即温度计报警和超温跳闸、风机自动启停的温度值的设定。用户在安装时,必须按信号温度计使用说明书或变压器本身特性进行操作。

(3)值班人员应重点巡视温度指示值,观察其是否在设定的相应温度状态下进行风机启停超温跳闸,发现异常,及时处理。

八、投入运行前的检查和试验要求

(1)检查外观和变压器线圈高低压引线及连接有无损坏或松动。
(2)检查铭牌数据是否符合合同定货要求。
(3)检查温控装置和风冷装置是否齐全。
(4)检查出厂试验报告是否齐全。
(5)检查铁芯线圈上面是否有异物,气道是否有灰尘及异物。
(6)运行前用压缩空气将变压器线圈、铁芯及气道吹刷干净。
(7)检查温控线至各部分距离,确认无误后,方可投入运行。

九、试验的项目

(1)绝缘电阻试验:绝缘电阻值如低于 1 000 Ω/V(运行电压),需进行表面热风干燥处理。
(2)直流电阻试验。
(3)变压比试验。
(4)空载试验。
(5)室外施工耐压试验,耐受电压按出厂试验标准的 85% 计算。
(6)有载调压变压器开关试验按有载调压开关使用说明书要求进行。

十、试运行的要求事项

(1)试运行结束后,投入运行前,使变压器在额定电压下空载合闸 3 次。
(2)空载 3 次合格后,便可带负荷投入运行。
(3)空载合闸时,由于励磁涌流较大,要与过流连断保护定值配合好。
(4)变压器在运行时,外线圈表面应被视为带电。
(5)变压器空载或负载运行时,应符合电力部门运行规程的要求。

十一、避雷器安装的注意事项

以交流电力系统用有机复合外套无间隙金属氧化物避雷器的安装为例介绍:

(1)可悬挂安装或用接地端螺钉将避雷器固定于安装架上,并引出接地引线,将避雷器可靠接地。

(2)不能将避雷器作支承绝缘子使用。

(3)应尽量靠近被保护设备安装,以减小距离对保护效果的影响。

(4)避雷器在安装运行前及运行 1 年后,应对其电流参数电压值进行一次预防性检测,其值应符合本产品的规定。

第四节 电气设备的安装要求

电气设备的安装要求应按照《电气安装装置工程施工验收规范》(GBJ 322)的有关规定执行,这也是电气设备安装的总要求。

线路架连:架空配电线路与建筑物等地物交叉接近时最小距离应按设计规定执行,设计无规定时,按规范执行,但最低不小于 7 m。配电线路的埋设及管道的敷设应配合土建工程及时进行,接地装置的材料应选用钢材,在腐蚀性土壤中应用镀铜材或镀钢材,不得使用裸线。

接地线的连接应符合下列要求:

(1)宜采用焊接,圆钢的搭接长度为直径的 6 倍,扁钢的搭接长度为宽度的 2 倍。

(2)有振动的接地线应采用螺栓连接并加设弹簧垫圈,以防止松动。

(3)钢筋接地与电气设备间应有金属连接,如接地线与钢管不能焊接时,应用卡箍连接。

附:南水北调中线一期工程总干渠辉县四标段项目部的电气设备安装技术

南水北调中线一期工程总干渠辉县四标段项目部的电气设备安装技术

一、电缆安装

(一)安装要求与方法

机电设备部分要根据设计图纸具体要求布置在相应位置,各类管线和设备预埋件必须配合土建施工,及时穿插作业。对于设备各地脚螺栓等较大埋件,应在浇筑混凝土底板时预留孔洞,然后准确安装埋件并浇筑二期混凝土。

(二)安装流程

电缆敷设的安装流程如图 7-7 所示。

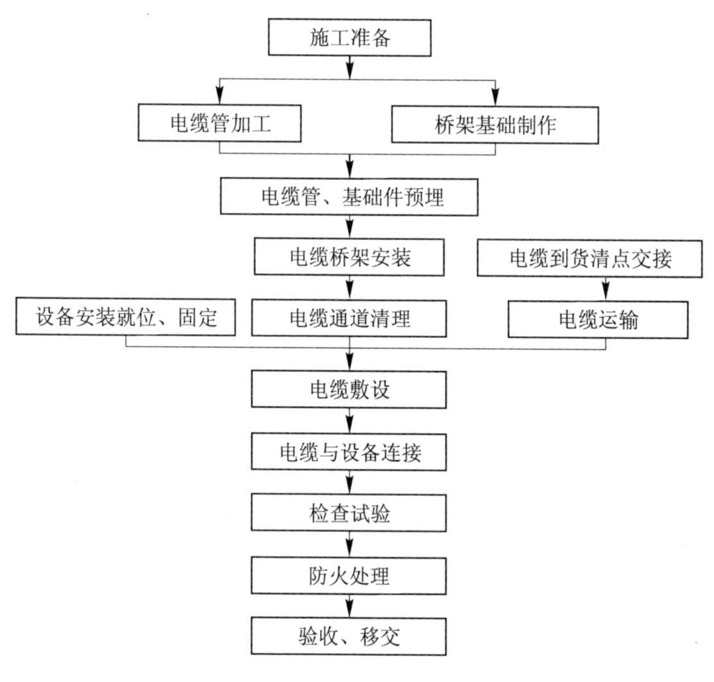

图 7-7 电缆安装程序

（三）安装条件

电缆敷设前应具备以下条件：

（1）预埋件符合设计要求，安装牢固。

（2）电缆沟、孔等处的土建工作全部完成。

（3）电缆沟中的土建施工临时设备建筑废物全部清除，道路畅通。

（4）电缆沟中的排水畅通。

（5）清理全部预埋的电缆管道。

（6）电缆敷设之前将有关路径的电缆桥架安装完毕。

（四）电缆安装和敷设

（1）电缆水平敷设时，在其首末两端、转弯处两侧及接头处用电缆卡子或卡带固定；垂直敷设时，每隔1.5 m用电缆卡子固定。

（2）电缆桥架的层间距离及层数按有关的设计图纸确定。

（3）电缆管管口露出地面高度一般为300～800 mm（按具体设计图纸要求）。电缆管自层内引向屋外时应有向屋外朝下倾斜的显著坡度，以防止进水。

（五）防干扰措施

动力电缆和控制电缆自上而下分层敷设于多层布置的电缆桥架上，其中强、弱电控制电缆和消防电缆分层布置，消防电缆采用阻燃电缆敷设于封闭式线槽内，部分应按消防规定穿管敷设，保护系统屏蔽层双侧接地，动力电缆在控制电缆的上面。

（六）安装技术措施

（1）电缆管的选择：电缆管无穿孔、裂缝和明显的凸凹不平，内壁光滑，电缆管弯曲半径不小于所穿入电缆的最小弯曲半径。

（2）电缆管埋设：电缆管对接时，管孔应对准，接缝应严密，不得有地下水和泥浆渗入。

(3)电缆到货后会同业主和监理单位,对照到货清单开箱检查其规格型号、数量、质量完好情况,做好记录。

(4)吊运:电缆、电线等运到相应部位卸车,吊运过程中不使缆线受到损伤。

(5)电缆敷设。

①准备好统一规格、颜色的电缆牌,上面标明电缆编号、规格型号,起止地点,字迹要清楚、耐久。

②电缆敷设时,将电缆盘安稳,电缆从盘上部拉出,不得有扭曲、打折现象;电缆不允许有中间接头,电缆的弯曲半径应符合要求。

③电力电缆和控制电缆等按设计要求分层布置;电缆穿管敷设时,不得损伤绝缘。

④电缆内部每根芯线附加永久标签,说明连接到那个接线端子,并保证每根芯线两端是一致的。

⑤电缆敷设完并整理好后,挂标志牌。

(6)电缆敷设完并整理后,根据设计要求进行防火涂料和防火堵料的施工。

①桥架上采用的防火隔板要与桥架配套安装。

②所有电缆管口要封堵。

③盘柜恢复底板、侧板、电缆出入的孔洞要封堵严实。

④易受外部影响的电缆竖井、廊道、电缆沟、电缆隧道等的两端、中间,按设计要求用防火材料设置阻墙。

二、高低柜、屏安装

(一)安装流程

高低柜、屏安装程序图见图7-8。

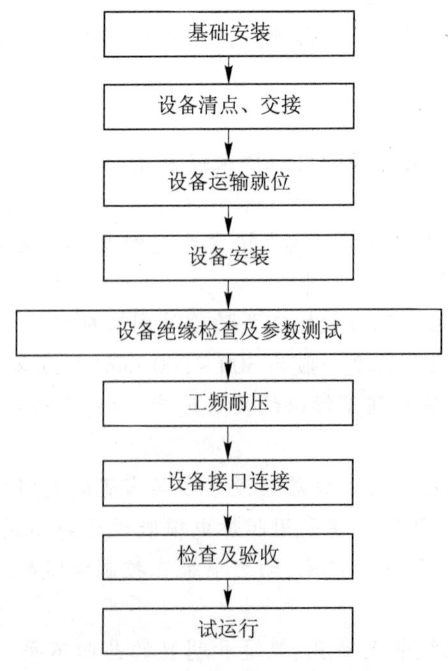

图7-8　高低柜、屏安装程序图

（二）设备运输

设备及附件用汽车运到现场卸车后，用预置的卷扬机配合手拉葫芦将设备运到安装地点就位。

（三）设备安装

（1）按设计图纸对开关柜基础安装、接地并使基础的高程、中心均符合设备厂家要求。

（2）开关柜的开箱检查、清点验收及清扫等项工作完成后，吊至设开关柜的平台上，并按设计要求就位固定及接地。

（3）开关的操作系统安装、调整时，先手操作后电动操作，使开关符合以下要求：

①操作机构工作平稳，无卡阻和冲击等异常现象。

②分、合闸指示正确，分、合闸时间符合设计要求。

③开关的绝缘件清洁、完好。

④传动部分的销钉、开口销、备帽齐全，润滑良好，转动灵活。

三、配电箱安装

（一）安装流程

配电箱安装程序图见图7-9。

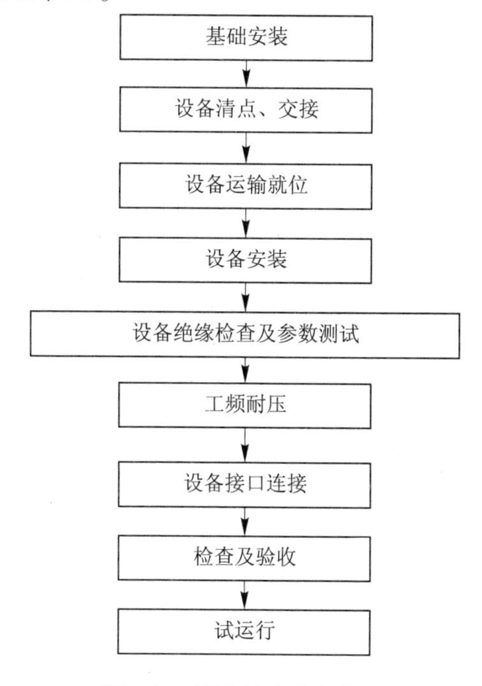

图7-9　配电箱安装程序图

（二）安装技术措施

（1）动力箱在安装前，对箱的基础进行检查。

（2）动力箱用手拉葫芦吊到后按设计要求的位置进行固定和接地。

（三）动力箱就位固定

接地完好后，对动力箱内的元器件及配线进行检查和查对，动力箱内的元器件完好配线、正确美观。

动力箱应符合以下要求：

(1)门锁或电气联锁装置动作应正确可靠。

(2)电气转接应接触紧密、可靠。

(3)外壳应接地正确、可靠。

(4)电气标识明确。

(5)盘与接口设备进行电气连接,无论是母线连接还是电缆连接,均应符合产品要求。

四、照明系统安装

(1)灯具安装以及照明线敷设时,搭设活动脚手架和升降梯,并和装修同步进行。

(2)室外道路、桥头及庭院等在地面组装好后试亮,再利用8 t起重设备吊装。

(3)照明管路预埋前,查看黑铁管管口是否有毛刺,若有,对其进行处理。

(4)黑铁管、接线盒、灯盒、开关盒、插座盒等在预埋时用破布将管口、接线盒等进行封堵。

(5)吊顶内的电气配管宜按照配管的要求施工,各种导线都严禁在吊顶内裸露。

(6)按设计位置安装盘柜、分电箱,固定牢固,接地可靠。

(7)导线穿管时,用力适当,电线不打折,导线截面及材质符合设计要求。

(8)灯具安装牢固,暗设的灯具、开关、插座等均有接线盒,吊顶上的灯具安装有加强龙骨架或专用吊架。

(9)电气照明的接线牢固,电气接触良好,需接地的灯具、开关、插座的金属外壳“PE”接地线,“N”零线不得混淆。

五、防雷接地系统安装

接地系统的工作范围包括接地扁铁及垂直接地体的埋设、自然接地体的连接、电气设备接地线引接、避雷带的安装及接地网的接地电阻的测试等。

接地装置的施工安装标准和工艺执行《电气装置安装工程接地装置施工及验收规范》(GB 50169—92)的规定。

(一)安装流程

接地安装程序图见图7-10。

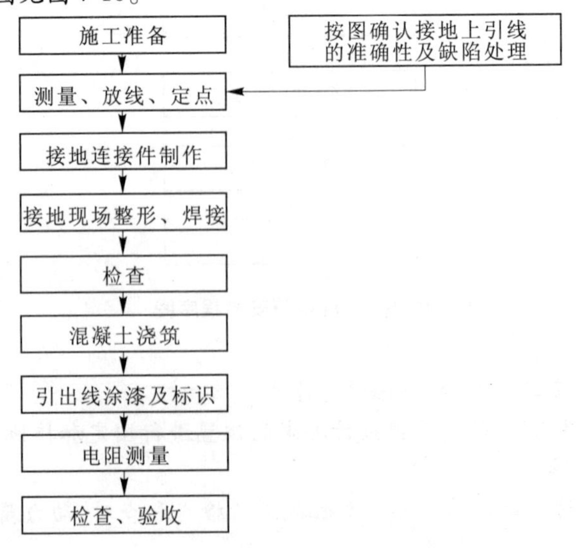

图7-10　接地工程安装程序图

（二）安装技术措施

（1）隐蔽工程的埋件的制作及安装应设专人负责随土建进度，按设计图纸要求同步进行。

设备及设备构架接地安装，应由安装该设备的班组随各部位的设备或设备构架的安装同步进行。

（2）接地材料（包括避雷针、避雷带及接地填料）将严格按设计要求选取并严格按设计图施工。

（3）当接地体（线）的焊接采用搭接焊时，其搭接长度应符合有关规定。

（4）接地体顶面埋深符合设计规定。当无规定时，不应小于0.6 m。

（5）对不易于采用焊接或熔接工艺的接地安装，采用螺栓连接工艺。

（6）对需浇筑降阻剂的部位，或特殊部位及有特殊要求的接地严格按照设计图纸施工。

（7）充分利用电站的自然接地体，将接地网与自然接地体焊接相连。

六、柴油发电机组安装

柴油发电机组安装应根据图纸要求埋设预埋件，强度达到要求后，将发电机就位并用螺栓固定。根据有关技术要求，安装发电机要固定牢固。发电机外壳要有可靠的接地，并经检验合格。

安装前应将柴油机及其附件再认真检查一遍。

（一）安装前其室内具备条件

（1）屋顶楼板工作结束，无渗漏现象。

（2）混凝土基础达到允许的安装强度。

（3）预埋件及预留孔符合设计要求，预埋件牢固可靠。

（二）柴油机组安装方法

安装前，先将柴油机组运至施工场地，铺设方木和滚杠，在机座处挂导链与机组连接，缓慢地拖机组入室至机座处，用三脚架吊装就位，经检查调整无误后固定。安装用的紧固件，除地脚螺栓外，应采用镀锌制品。

柴油机组安装完毕后，应将室内剩余土建工程完成，并安装照明、通风、排烟和冷却水系统及消防装置。

柴油发电机组的施工、安装及验收应符合《电气装置安装工程旋转电机施工及验收规范》（GB 50170—92）、《电气装置安装工程爆炸和火灾危险场所施工及验收规范》（GB 50257—96）及其他有关标准规范的规定。

第五节　启闭机的制造与安装技术要求

渠系工程所使用的闸门启闭机一般有固定卷扬式启闭机、螺标启闭机、移动式启闭机、液压启闭机四种，对其制造、安装的技术要求很严格，一定要按设计与规范的要求执行。

一、一般规定

(一)设计原则

(1)启闭机的设计应技术先进,经济合理,安全可靠,安装维修方便。

(2)启闭机的结构及拼装型式应合理和简化,并应符合国家有关运输的规定。

(3)启闭机的零部件应力求系列化、通用化和标准化,其温度工作环境为 -25 ~ +40 ℃。

(4)启闭机的制造和安装必须按设计图纸和有关文件进行,如需修改,应取得设计单位的书面同意。

(二)对材料的需求

(1)启闭机所使用的钢材必须符合设计图样的要求,采用优质碳素结构钢,碳素结构钢应符合 GB 699 和 GB 700 的有关规定,低合金结构钢和合金结构钢应符合 GB 1591和 GB 3073的有关规定。一般工程用铸造碳钢件、高锰铸钢件和合金铸钢应符合 GB 11352、GB 5650和 JB/ZQ 4297的有关规定,灰铸铁件应符合 GB 9439的有关规定,钢材应具有出厂合格证后方可使用。

(2)钢材如需要超声波探伤,则应按 ZBJ 74003执行。

(3)焊接材料(焊条、焊丝、焊剂)必须具有出厂质量证书,焊条的化学成分、机械性能和扩散氢含量等各项指标应符合 GB 5117、GB 5118和 GB 983 的规定,焊丝应符合 GB 8110或 GB 1300的规定,焊剂应符合 GB 5293或 GB 12470的规定。

(三)基准点和测量工具的要求

(1)启闭机制造与安装所用的量具和仪表应定期由法定计量管理部门予以检定。

(2)用于测量高程和安装轴线的基准点及安装用的控制点,均应明显牢固和便于使用。

(3)压力表安装前应经校检,表面的满刻度应为试验压力的1.5 ~2 倍,精度等级应不低于1.5级。

(四)金属结构的防腐蚀要求

(1)金属结构表面在实施防腐处理前,应彻底清除铁锈、氧化皮、焊渣、油污、灰尘、水分等。

(2)门架、机架等主要结构件的除锈等级应符合 GB 8923中规定的 S_a 2.5级,使用照片目视对照评定,除锈后表面粗糙度应达到 20 ~50 mm,用表面粗糙度专用检测量具检测。

(3)涂漆颜色应符合 GB 3781中规定的颜色,其底漆全部涂铁红色面漆,一般涂橘黄色,也可涂其他颜色,旋转部位涂大红色,警觉部位涂符合 JB 2299中规定的颜色和黑色相间,与水平面成45°的斜道。

(4)涂漆时,先涂底漆两层,每层漆膜厚度为 25 ~35 mm,后涂面漆两层,每层漆膜的厚度为 60 ~70 mm,漆膜的总厚度不小于 200 mm。

(5)漆膜附着力应不低于 GB 9268中的一级质量。

(6)涂料涂装宜在气温 5 ℃以上时进行,涂装场地应通风良好,当构件表面潮湿或遇尘土飞扬、烈日直接暴晒等情况时,不得进行涂装。

（五）连接的技术要求

金属结构的连接方式主要有两种：焊接和螺栓连接。

1. 焊接的技术要求

焊接的焊缝主要分为三类，均应符合 GB 985 和 GB 986 的规定，如有特殊要求，应在图样上注明。

一类焊缝的分类：①主梁端梁、滑轮支座梁、卷筒支座梁的腹板和翼板的对接焊缝。②支腿的腹板和翼板的对接焊缝，支腿与主梁连接的对接焊缝。③液压缸分段连接的对接焊缝、缸体与法兰的连接焊缝。④活塞杆分段连接的对接焊缝、吊耳板的对接焊缝。

二类焊缝：主梁与端梁连接的角焊缝，支腿与主梁连接的角焊缝及吊耳板连接的角焊缝。

三类焊缝：不属于一、二类的其他焊缝。

所有焊缝均应进行外观检查，必要时，进行焊缝射线探伤或超声波探伤。

2. 螺栓连接的技术要求

（1）螺栓、螺钉和螺母、螺柱等的原材料和等级均应符合 GB 3098.1、GB 3092.3的规定，高强度螺栓的材料应依次选用 20Mn、TiB、35VB 或 40B 或选用 45 钢、35 钢。

（2）非剪切型的高强度螺栓连接副应符合 GB 3632、GB 3633的规定。

（3）在高强度螺栓连接范围内，构件接触面的处理方法应符合设计要求，其接触面的摩擦系数应达到规定值，在表面除锈后，应涂刷无机富锌漆。

（4）高强度螺栓、螺孔的配合尺寸及其极限偏差见表 7-9 的规定。

表 7-9　极限偏差表

螺栓	公称直径	12	16	20	（22）	24	（27）	30
	极限偏差	±0.43		±0.52			±0.84	
螺栓孔	公称直径	13.5	17.5	22	（24）	26	（30）	33
	极限偏差	+0.430		+0.520			+0.840	

（5）高强度螺栓拧紧分为初拧和终拧。初拧力矩为规定力矩的 30%，终拧到规定力矩，拧紧螺栓从中部开始对称向两端进行。测力扳手在使用前，应校检其力矩值，并在使用过程中定期复验。

二、固定卷扬式启闭机的制造与安装技术要求

（一）制造技术要求

1. 机架

（1）机架上面各部件的垫板（如轴承座、电动机座、减速器座、制动器座等）应进行加工，加工后的平面误差不大于0.5 mm。各加工面之间相对高度误差不大于0.5～1 mm。

（2）机架翼板和腹板焊接后的允许偏差应符合表 7-10 的规定。

2. 钢丝绳

（1）钢丝绳应符合 GB 1102的有关规定。

（2）钢丝绳出厂、运输、存放时应卷成盘形，表面涂油，两端扎紧并带有标签，注明订

货号及规格,无标注的钢丝绳不得使用。

(3)钢丝绳长度不够时,禁止接长。

(4)钢丝绳的报废应按 GB 5972执行。

(5)钢丝绳端部固定连接的安全要求应符合 GB 6067的规定。

表 7-10　机架翼板和腹板焊接后的允许偏差

序号	项目	简图	偏差允许值
1	板梁结构件翼板的水平倾斜度 (1)箱形梁 (2)工字梁	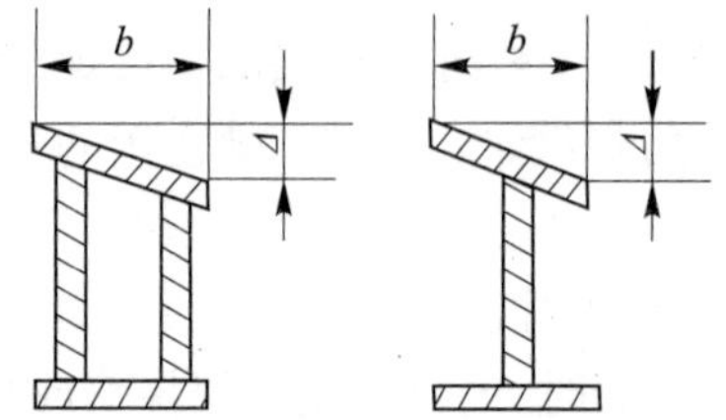	(1)$\Delta\leqslant\frac{b}{200}\leqslant2.0$; (2)$\Delta\leqslant\frac{b}{150}\leqslant2.0$ (此值在长筋处测量)
2	箱形梁或工字梁翼缘板的平面度	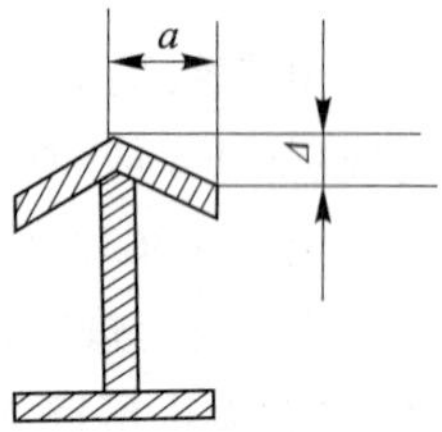	$\Delta\leqslant\frac{a}{150}\leqslant2.0$
3	箱形梁或工字梁腹板的垂直度	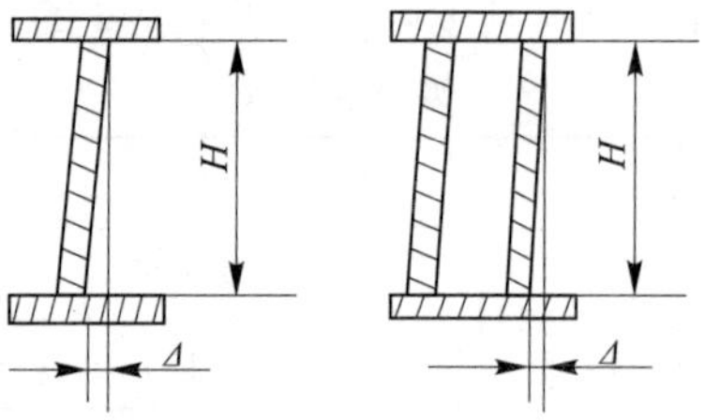	$\Delta\leqslant\frac{H}{500}\leqslant2.0$ (此值在长筋板或节点处测量)
4	箱形梁或工字梁翼缘板相对于梁中心线的对称度	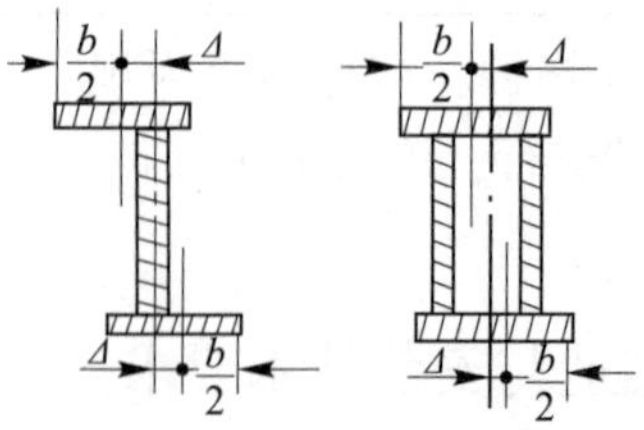	$\Delta\leqslant2.0$
5	箱形梁或工字梁腹板的平面度	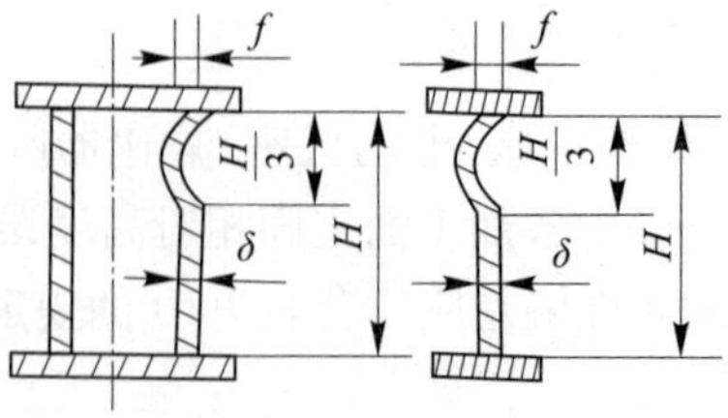	用1 m长平尺检查 (1)在受压区的$\frac{H}{3}$的区域内,$f\leqslant0.7\delta$,且在相邻筋板间凹凸不超过1处; (2)其余区域内,$f\leqslant1.0\delta$

3. 滑轮

1)铸滑轮槽两侧的壁厚

铸滑轮槽两侧的壁厚不得小于名义尺寸,壁厚误差最大允许值为:外径小于或等于200 mm 时,不大于 3 mm;外径大于 700 mm 时,不大于 4 mm。

2)铸造滑轮加工后的缺陷处理

(1)轴孔内不允许焊补,但允许有不超过总面积 10% 的轻度缩伤以及下列范围内单个面积小于 25 mm^2、深度小于 4 mm 的缺陷,其数量符合下列要求:

①当孔径小于或等于 150 mm 时,不超过 2 个。

②当孔径大于 150 mm 时,不超过 3 个。

③任何相邻两缺陷的距离不小于 50 mm,可作为合格,但应将缺陷边缘磨钝。

(2)绳槽面上或端面上的单个缺陷面积在清除到露出良好金属后不大于 200 mm^2,深度不超过该处名义壁厚的 20%,同一个加工面上不多于 2 处,焊后不需进行热处理,但需磨光。

(3)若缺陷超过以上规定,应报废。

(4)滑轮上有裂纹时,不允许补焊,应报废。

(5)装配好的滑轮应能用手灵活转动,侧向摆动不大于滑动直径的 1/1 000。

4. 卷筒

1)卷筒的技术要求

(1)卷筒切出绳槽后,各处壁厚不得小于名义厚度,且壁厚差不应超过下列值:

①绳槽底径小于或等于 700 mm 时,不大于 3 mm。

②绳槽底径为 700 ~ 1 000 mm 时,不大于 5 mm。

③底径大于 1 000 mm 时,不大于 5 mm。

(2)卷筒绳槽底径公差应不大于 GB 1801中的 h_{10},对于双吊点中高扬程启闭机,其卷筒绳槽底径不大于 h_9,底径圆柱度公差不大于直径公差的一半。

(3)铸铁卷筒和焊接卷筒应经过时效处理,铸钢卷筒应退火处理。

2)卷筒加工后的缺陷处理

(1)如加工面上的缺陷为局部砂眼气孔,其直径不大于 8 mm,深度不超过该处名义壁厚的 20%(不大于 4 mm),在 100 mm 长度内不多于 1 处,在卷筒全部加工面上的总数不多于 5 处,允许不焊补,可为合格。

(2)缺陷消除后,允许焊补的范围见表 7-11。

表 7-11　允许焊补的范围

材料	卷筒直径(mm)	单个缺陷面积(mm^2)	缺陷深度(mm)	数量
铸钢(铁)	≤700	≤200	≤25% 壁厚	≤5
铸钢(铁)	>700	≤200	≤25% 壁厚	≤5

同一断面上和长度 100 mm 的范围内缺陷不得多于 2 处,焊补后不作热处理,但需磨光。

(3)卷筒上有裂纹,不允许焊补,应报废。

①齿轮联轴器加工后的缺陷处理。

a. 齿面及齿沟不允许有焊补,如在一个齿的加工面上的缺陷(局部砂眼气孔)数量不多于1个,其大小沿长、宽、深方向都不超过模数的20%,绝对值不大于2 mm或径向细长缺陷的宽不大于1 mm,长度不大于模数的80%,绝对值不大于5 mm,距离齿的端面不超过齿宽的10%,且在一个联轴器面上有这种缺陷的齿数不超过3个时,可作为合格,但应将缺陷边缘磨钝。

b. 轴孔内不允许焊补,但若轴孔内单个缺陷的面积不超过25 mm^2,深度不超过该处名义壁厚的20%,其数量:当孔径小于或等于150 mm时,不超过2个;当孔径大于150 mm时,不超过3个。

任何相邻两缺陷的问题不小于50 mm时,可作为合格,但应将缺陷的边缘磨钝。

c. 其他部位的缺陷在清除到露出良好的金属后,单个面积不大于200 mm^2,深度不超过该处名义壁厚的20%,且同一加工面上不多于2个,允许焊补。

d. 如缺陷超过上述规定或出现裂纹时,联轴器应予以报废。

②铸钢件加工前应进行退火处理。

③弹性联轴器的组装应符合GB 5014的规定。

5. 制动轮与制动器

(1)制动轮外圈与轴孔的同轴孔的同轴度公差不大于GB 1184中的8级制动轮,工作表面的粗糙度R_a值不大于1.6 μm。

(2)制动轮制动面的热处理硬度不低于HRC 35－45,淬火深度不小于2 mm。

(3)制动轮加工后的缺陷处理。

①制动轮面上不允许有砂眼、气孔和裂纹等缺陷,也不允许焊补。

②轴孔内不允许焊补,若轴孔内单个缺陷的面积不超过25 mm^2,深度不超过4 mm,缺陷数量不超过2个,间距大于50 mm时,可作为合格,但应将缺陷边缘磨钝。

③其他部位的缺陷在清除到露出良好金属后,单个面积不超过200 mm^2,深度不超过该处名义壁厚的20%,整个加工面上的总数不多于3个,允许焊补。

④如缺陷超过以上规定或出现裂纹时,应予以报废。

(4)组装后制动轮的径向跳动应符合表7-12的要求。

表7-12　组装后制动轮的径向跳动

制动轮直径(mm)	100	200	300	400	500	600
径向跳动(mm)	80	100	120	120	120	150

(5)组装制动器时,制动轮中心对制动闸瓦中心线的位移不得超过下列数值:

①当制动轮直径小于或等于200 mm时,不大于2 mm。

②当制动轮直径大于200 mm时,不大于3 mm。

③制动带与制动轮的实际接触面积不得小于总面积的75%。

(6)制动轮、带与制动闸瓦应紧密贴合,制动带的边缘应按闸瓦修齐,并使固定用铆钉的头部埋入制动带厚度的1/30以上。

(7)制动轮和闸瓦之间的间隙应符合表7-13的规定。

表7-13 制动轮和闸瓦之间的间隙 (单位:mm)

型号 允许值	制动轮直径				
	Φ100	Φ200	Φ300	Φ400	Φ500
短行程 TJ	0.4	0.5	0.7		
长行程 JCZ		0.7	0.7	0.8	0.8
液压电磁		0.7	0.7	0.8	0.8
液压推杆		0.7	0.7	0.8	0.8

6. 齿轮与减速器

(1)开式齿轮的精度应不低于GB 10095中的9－8－8级表面的粗糙率,R_a值不大于6.3 μm;减速器的齿轮精度应不低于GB 10095中的8－8－7级表面粗糙度,R_a值不大于3.2 μm。

(2)齿轮加工后的缺陷处理。

①齿面及齿槽不允许焊补,在一个齿的加工面上,缺陷(砂眼、气孔等)数量不多于1个,其深度不超过模数的20%,绝对值不大于2 mm,径向细长缺陷的宽度不大于1 mm,长度不大于模数的80%,绝对值不大于5 mm,且距离齿轮的端面不超过宽的10%,在一个齿轮上有这样的缺陷的齿数不超过3个时,可作为合格,但应将缺陷的边缘磨钝。

②轴孔内不允许焊补,但允许不超过总面积10%的轻度缩伤及单个缺陷数量不超过表7-14的规定,缺陷的边缘面磨钝。

表7-14 单个缺陷数量的规定数

齿轮直径(mm)	缺陷面积(mm^2)	缺陷深度	相邻间距(mm)	数量
≤500	≤25	≤20%壁厚	>50	≤3
>500	≤50	≤20%壁厚	>60	≤3

③端面处缺陷(不包括齿形端面)允许焊补的范围见表7-15的规定。

表7-15 端面处缺陷允许焊补的范围

齿轮直径(mm)	缺陷面积(mm^2)	缺陷深度	数量(一个加工面上)
≤500	≤200	≤15%壁厚	≤2
>500	≤300	≤15%壁厚	≤2

④齿面、齿槽不准有裂纹,也不允许焊补。

(3)齿面热处理硬度应符合下列要求:

①对于软齿面齿轮,小齿轮应不低于HB240,大齿轮不低于HB190,两者硬度差不小于HB30。

②对于中硬齿面和硬齿面齿轮,其齿面硬度应大致相同。

(4)减速器体的铸造应符合铸造的技术要求,并经过时效处理,以消除内应力。

(5)渐开线齿轮齿合的接触面斑点百分值见表 7-16 的规定,不准采用锉齿的方法来达到规定的接触面积。

表 7-16　接触面斑点百分值　(单位:mm)

齿轮类别	测量部位	精度等级		
		7	8	9
		接触面斑点百分数不应小于		
圆柱齿轮	齿高	45	40	30
	齿长	60	50	40

(6)渐开线齿轮的最小侧间隙见表 7-17 的规定。

表 7-17　渐开线齿轮的最小侧间隙　(单位:mm)

结合形式			Ⅰ	Ⅱ
中心距	50 以下	最小侧间隙	0.085	0.170
	50~80		0.105	0.210
	80~120		0.130	0.260
	120~200		0.170	0.340
	200~300		0.210	0.420
	300~500		0.260	0.530
	500~800		0.340	0.670
	800~1 250		0.420	0.850
	1 250~2 000		0.530	1.060
	2 000~3 120		0.710	1.400
	3 120~5 000		0.850	1.700

注:Ⅰ为标准保证侧隙,Ⅱ为较大的保证侧隙。

(7)渐开线齿轮的顶间隙见表 7-18 的规定。

表 7-18　渐开线齿轮的顶间隙

齿轮压力角	标准间隙	最大间隙
20#标准点	0.25 mm	1.1 mm

(8)封闭减速器前,两减速器体的接合面(包括互盖处)均需涂一层液体密封胶,但禁止放置任何衬垫,外流的密封胶必须除净。

(9)装配好的减速器:接合面间的间隙,在任何位置都不应超过0.03 mm,并保证在运转时不漏油。

(10)轴承孔镗出后不准有倒锥现象,两减速器体结合面不得再行加工或研磨。

(11)减速器体结合面处外边缘的不重合不得超过下列数值:

①减速器总中心距小于或等于500 mm时，不大于2 mm。

②减速器总中心距为500～1 000 mm时，不大于3 mm。

③减速器中心距大于1 000 mm时，不大于4 mm。

（12）减速器以不低于工作转速无负荷转动时，在无其他外音干扰的情况下，在壳体部分面等高线上，距减速器前后、左右1 m处测量的噪声不得大于85 dB。

（13）减速器应在厂内进行空载、饱和试运行，在完成以上项目的检验后，用70目网过滤减速器，清洗出杂质，在温度为120～135 ℃下烘干1 h，冷却20～30 min，以后的称量不得超过表7-19所列的清洁度指标。

表7-19　清洁度指标

减速器中心距(mm)	250	350	400	500	600	650	750	850	1 000
杂质含量不大于(mg)	70	100	150	200	350	380	500	800	1 000

7. LT型调速器

（1）活动锥套和固定锥座、圆锥面与轴孔的同轴度公差不大于GB 1184中的8级，工作表面的粗糙度 R_a 值不大于1.6 μm。

（2）活动锥套材料用铸件时在半径相等不加工的外表面部分的壁厚不均匀差应不大于2 mm，并应进行动平衡试验，合格后才能用。若用焊接件，其焊缝质量必须满足图纸上的要求。

（3）角形缸杆的轴销，其材料不低于Q275。带螺纹部分，其螺纹应无裂痕、断扣、毛刺等缺陷。

（4）摩擦制动带与活动锥面必须紧密贴合，螺钉头部埋入深度必须符合设计要求，锥面经加工后，其锥度误差不得超过±0.25 。

（5）制动带与固定支座锥面装配后的实际接触面积不得小于75%。

（6）调速器配装后，左右锥套的轴向移动应相等，摆动飞球角形杠杆的动作应灵活，不得有卡阻现象。

8. 滑动轴承

（1）在轴承摩擦表面上，不许有碰伤、气孔、砂眼、裂缝及其他缺陷。

（2）油沟和油孔必须光滑，铲击锐边和毛刺，以防刮轴。

（3）轴颈与衬套的接触角应在60°～120°，接触面积每1 cm^2 范围内不得少于1个点。

（4）轴颈与衬套间顶间隙应符合表7-20的规定，侧向间隙一般为顶间隙的50%～75%。

表7-20　轴颈与衬套间顶的间隙　　（单位：mm）

轴颈直径 D	顶间隙	轴颈直径 D	顶间隙
50～80	0.07～0.14	180～260	0.12～0.23
80～120	0.08～0.16	260～360	0.14～0.25
120～180	0.10～0.20		

9. 流动轴承

(1)轴承在装配前必须用清洁的煤油洗涤,然后用压缩空气吹净,不得用破布、棉纱擦抹,如包装纸未破坏,润滑油未硬化,防锈油在有效防锈期内,同时轴承又是用于干油润滑时,则轴承可以不洗涤即可进行装配,装配后注入占空腔65% ~80%的清洁的润滑油。

(2)包装好的轴承,如不能随即装配,应用干净的油纸遮盖好,以防铁屑、砂子等浸入轴承中。

(3)轴及轴承的配合面,必须先涂一层清洁的油脂,再进行装配。

(4)轴承必须紧贴在肩线或隔套上,不许有间隙。

(5)轴承座圈端面与压盖的两端必须平等,拧紧螺栓后,必须均匀贴合,滚动轴承的轴间间隙按图样上规定的间隙进行调整,并使用四周均等、装配好的轴承,应转动灵活。

(二)组装与安装

1. 厂内组装

(1)产品应在工厂进行整体组装,出厂前应作空载模拟试验,有条件的,应做额定荷载试验,经检查合格后,方能出厂。

(2)所有零部件,必须经检验合格,外购件、外协件有合格证明文件后,方可进行组装。

(3)各零部件准确就位后,拧紧所有的紧固螺栓,弹簧垫圈必须整圈,与螺母及零件支承面相接触。

(4)仪表或高指示器和负荷控制器在出厂前应进行检验,并提供产品调整说明。

2. 现场安装的要求

(1)产品到现场后,应按《水利水电工程启闭机制造安装及验收规范》(DL/T 5019—94)的规定进行全面检查,经检查合格后,方可进行安装。

(2)减速器应进行清洗检查,减速器内润滑油的油位应与油标尺的刻度相符,其油位不得低于高速级大齿轮最低点的齿高,但亦不应高于两倍齿高。减速器应转动灵活,其油封和结合面不得漏油。

(3)检查基础螺栓埋设位置、螺栓埋入度及露出部分的长度是否正确。

(4)检查启闭机平台高程,其偏差不应超过 ±5 mm,水平偏差不应大于0.5/1 000。

(5)启闭机的安装应根据起吊中心线找正,其丝横中心线偏差不应超过 ±3 mm。

(6)缠绕在卷筒上的钢丝绳长度,当吊点在下极限位置时,留在卷筒上的圈数一般不小于4 圈,其中2 圈作为固定用,另外2 圈在卷筒的安全圈上。当吊点在上极限位置时,钢丝绳不得缠绕到卷筒的光筒部分。

(7)双吊点启闭机,吊距误差一般不超过 ±3 mm,钢丝绳拉紧后,两吊轴中心线应在同一水平上,其高差在孔口内不超过 5 mm,对于中高扬程启闭机,全行程范围不超过 30 mm。

(8)卷筒上缠绕双层钢丝绳时,钢丝绳应有顺序地逐层缠绕在卷筒上,不得挤叠或乱槽,同时还应进行仔细调整,使两卷筒的钢丝绳同时进入第二层,对于采用自由双层卷绕的中高扬程启闭机,钢丝绳绕第二层时的返回角应不大于2″,也不能小于0.5″。对于采用排绳机构的高扬程启闭机应保证其运动协调,往复平滑过渡。

(9)仪表式高度指示器的功能应达到下列要求：

①指示精度不低于1%。

②应具有可调节定值极限位置，自动切断主回路及报警功能。

③高度检测元件应具有防潮、抗干扰功能。

④具有纠正指示及调零功能。

(10)复合式负荷控制器的功能应满足下列要求：

①系统精度不低于2%，传感器精度不低于0.5%。

②当负荷达到110%，额定启闭力时，应自动切断主回路和报警。

③接收仪表的刻度或数码显示应与启闭力相符。

④当监视两个以上吊点时，仪表应能分别显示各吊点启闭力。

⑤传感器及其线路应具有防潮、抗干扰性能。

(11)减速器、开式齿轮、轴承、液压制动器等转动部件的润滑应根据使用工次和气温条件，选用合适的润滑剂油。

(12)启闭机上电气设备的安装应符合SD 315中的有关规定。

(三)试运转

1.电气设备的试验要求

接电试验前，应认真检查全部接线并符合图样规定，整个线路的绝缘电阻必须大于0.5 MΩ，才可开始接电试验，试验中各电动机和电气元件温升不能超过各自的允许值，试验应采用该机自身的电气设备，试验中若有触头等元件烧灼，应予以更换。

2.无负荷试验要求

启闭机无负荷试验为上、下全行程，往返3次，检查并调整下列电气和机械部分：

(1)电动机运行应平稳，三相电流不平衡度不超过±10%，并测出电流值。

(2)电气设备应无异常发热现象。

(3)检查和调试限位开关(包括充水平压开度接点)，使其动作准确可靠。

(4)高度指示和荷重指示准确反映行程与重量，到达上、下极限位置后，主管开关能发出信号并自动切断电源，使启闭机停止运转。

(5)所有机械部件运转时，均不应有冲击声和其他异常声音，钢丝绳在任何部位均不得与其他部件相摩擦。

(6)制动闸在松闸时应全部打开，间隙应符合要求并测出松闸电流值。

(7)对快速闸门启闭机，利用直流松闸时，应分别检查和记录闸直流电流值和松闸持续2 min时电缆线圈的温度。

3.负荷试验的要求

启闭机的负荷试验，一般应在设计水头工况下进行，先将闸门在门槽内无水或静水中全行程上下升降两次，对于动水启闭的工作闸门或动水闭、静水启的事故闸门，还应在设计水头动水工况下升降两次，对于快速闸门，应在设计水头动水工况下机组导叶开度100%已负荷工况下进行全行程的快速关闭试验。

负荷试运转时，应检查下列电气和机械部分：

(1)电动机运行应平衡，三相电流不平衡度不超过±10%，并测出电流值。

（2）电气设备应无异常发热现象。

（3）所有机械部件在运转中不应有冲击声，并放式齿轮齿合工况应符合要求。

（4）所有保护装置和信号应准确、可靠。

（5）制动器应无打滑、无焦味和冒烟现象。

（6）荷重指示器的高度指示器的读数能准确反应闸门在不同开度下的启闭力值，误差不得超过 ±5% 。

（7）对于快速闸门启闭机，快速闭门时间不得超过设计允许值，一般为 2 min，快速关闭的最大速度不得超过 5 m/min，电动机械调速器的最大转速一般不得超过电动机额定转速的两倍。

离心式调速器的摩擦面，其最高温度不得超过 200 ℃。

采用直流电源松闸时，电缆铣圈的最高温度不得超过 100 ℃。

（8）在上述试验结束后，机械各部分不得有裂纹、永久变形、连接松动或损坏，电气部分应无异常发热等影响启闭机安全和正常使用的现象存在。

4. 固定卷扬式启闭机试运转质量检验

无负荷运行时，电气和机械部分应符合下列要求：

（1）电动机运转平稳，三相电流平衡。

（2）电气设备无异常发热现象。

（3）控制器接头无烧损现象。

（4）检查和调试限位开关，使其动作准确、可靠。

（5）高度指示器指示正确，主令装置动作准确、可靠。

（6）所有机械部件运转时，无冲击声和异常声音。

（7）各构件连接处无裂纹、松动或损坏现象，机箱无渗油现象。

（8）运行时，制动闸瓦应全部离开制动轮，无任何摩擦。

（9）钢丝绳在任何情况下，不与其他部件碰刮，定、动滑轮转动灵活，无卡阻现象。

静负荷试运转应符合下列要求：

（1）如果有条件按1.25倍（或设计要求值）的额定负荷进行静负荷试验，则电气和机械部分应符合静负荷试运转规定，制动器能制止1.25倍（或设计要求值）额定负荷的升降，其动作平稳、可靠，负荷控制器动作应准确、可靠。

（2）如果无条件进行1.25倍（或设计要求值）的额定负荷试验，则连接闸门做无水压和有水压全行程启闭试验，其电气和机械部分应符合无负荷试运转规定，制动器能制止住闸门的升降，动作平稳、可靠，负荷控制器动作应准确、可靠。

如果为快速闸门，则快速关闭时间应符合设计要求。

三、螺杆式启闭机的制造与安装要求

（一）螺杆式启闭机的制造要求

螺杆式启闭机主要由螺杆、螺母、蜗杆、蜗轮等组成。

1. 螺杆的制造要求

（1）螺杆直线度误差按 GB 1184中的 D 级公差选用，但每 1 000 mm 不得超过0.6

mm，长度不超过 5 m 时，全长直线度误差不超过1.5 mm，长度不超过 8 m 时，全长直线度误差不超过 2 mm，螺纹公差一般按 GB 5796.4中的 9 c 级精度制造。

（2）一个螺距误差，包括周期误差不大于0.025 mm，螺距最大累积误差在 25 mm 内不大于0.035 mm，在 100 mm 内不大于0.05 mm，在 300 mm 内不大于0.07 mm。长度每增加 300 mm，可增加0.02 mm，但丝杆全长最大的累积误差不超过0.15 mm。

（3）螺纹工作表面必须光洁、无毛刺，其粗糙度 R 值不大于6.3 μm。

2. 螺母的制造要求

（1）螺纹公差应按 GB 5796中的 9H 级精度制造。

（2）螺纹工作表面必须光洁，无毛刺，其粗糙度 R 值不大于6.3 μm。

（3）螺母的螺纹轴线与支承外圆的同轴度及与推力轴承接合平面的垂直度均不得低于 GB 1184中的 8 级精度。

（4）铸造螺母的螺纹工作面上不允许有气孔、砂眼及裂纹等缺陷。

3. 蜗杆的制造要求

（1）蜗杆的制造精度不低于 GB 10089中的 8b 级。

（2）蜗杆齿面上不准有任何缺陷，也不允许焊补。

4. 蜗轮的制造要求

（1）蜗轮的制造精度按 GB 10089中的规定选用，应不低于 8b 级。

（2）铸造蜗轮在机械加工到名义尺寸后，如发现有砂眼、气孔等缺陷时，应按规定处理。

5. 机箱和机身的制造要求

（1）机箱和机身的尺寸偏差应符合 GB 6414中的规定。

（2）机箱和机身不应有降低强度和损害外观的缺陷存在，但此种缺陷允许焊补，焊补后应进行热处理。

（3）机箱和机身不允许有裂缝，也不允许焊补。

（4）机箱接合面间的间隙在任何部位都不超过0.03 mm，并保证运转时不漏油。

（二）现场安装的要求

（1）螺杆启闭机机座的纵横间中心线与闸门吊耳实际位置测得的超吊中心线的距离偏差不应超过 ±2 mm，高程偏差不应超过 ±5 mm。

（2）机座应与基础板紧密接触，其间隙在任何部位都不超过0.5 mm。

（3）螺杆安装后，其外径母线直线度公差应不大于0.6/1 000，且全长不超过杆长的 1/4 000。

（三）试运转的要求

（1）空载试验一般在工厂进行，若螺杆太长，厂内试运转有困难，经双方协议，也可到使用现场进行，但出厂前，应将螺母绕螺杆全行程旋转，保证良好接触，无卡阻现象。

空载试验应检查以下各项：

①零部件组装是否符合图样及通用技术标准的要求。

②手插部分应转动灵活、平稳，无卡阻现象，手电两用机构的电气闭锁装置应安全可靠。

③检查行程开关动作是否灵敏可靠和准确。

④检查机箱接触面有否漏油现象。

⑤电动机正反转运行时,有否振动或其他不正常现象。

⑥对双电机驱电的启闭机,应分别通电,使其旋转方向与螺杆升降方向一致。

(2)负荷试验是将闸门在全行程内启闭二次。

制造厂一般不进行负荷试验,只有在新产品试制或用户有要求时,根据双方协议,可以在工厂内或在使用现场进行负荷试验,试验时应检查以下各项:

①手摇部分应转动灵活,无卡阻现象。

②传动零件运转平稳,上下行程开关动作应灵敏可靠,无异常声音、发热和漏油现象,高度指示刻度是否准确。

③对于装有起载保护装置、高度显示装置的螺杆启闭机,应对信号发送、接收等进行专门测试,保证动作灵敏、指示正确、安全可靠。

④双吊点启闭机,应进行两螺杆同步运行测试,应确保两螺杆降行一致,对于双电机驱动启闭机,应检查运行是否平稳,电流是否平衡。

(3)螺杆式启闭机中心、高程、水平和螺杆铅垂度质量检验。

螺杆式启闭机中心、高程、水平和螺杆铅垂度质量检验允许偏差及检查方法如表7-21所示。

表7-21 螺杆式启闭机中心、高程、水平和螺杆铅垂度质量检验允许偏差及检查方法

项次	项目	允许偏差(mm)	检查方法
1	△纵、横向中心线	2	用钢尺、垂球、经纬仪检查
2	高程	±5	用水平仪检查
3	△水平	每米0.5	用水平仪及水平尺检查
4	螺杆与闸门连接前铅垂度	每米0.2 $L=4\ 000$	用钢丝线、垂球、经纬仪检查
5	机座与基础板接触情况	紧密接触间隙<0.5	用钢尺及塞尺检查

检验方法:用经纬仪、水准仪、垂球、钢尺检验。

螺杆式启闭机机座的纵、横向中心线应根据闸门吊耳实际位置的起吊中心线测定,双吊点启闭机应进行两螺杆同点进行测试,应确保两螺杆升降行程一致,符合《水利水电工程启闭机制造安装及验收规范》(DL/T 5019—94)的6.3试运转要求。

(四)螺杆式启闭机试运转质量检验

无负荷试运转时,电气和机械部分应符合下列要求:

(1)手摇部分应转动灵活、平稳,无卡阻现象,手、电两用机构的电气闭锁装置应可靠。

(2)行程开关动作灵敏、准确,高度指示器指示准确。

(3)转动机构运转平稳,无冲击声和其他异常声音。

(4)电气设备无异常发热现象。

(5)机箱无渗油现象。

(6)对双电机驱动的启闭机,应分别通电,使其旋转方向与螺杆升降方向一致。

静负荷试运转,启闭机连接闸门,做无水压和水压全部启闭试验后符合下列要求:

(1)电气和机械部分符合无负荷试运转的各项要求。

(2)对于装有超载保护装置的螺杆式启闭机,该位置的动作应灵敏、准确、可靠。

四、移动式启闭机的制造与安装技术要求

(一)移动式启闭机的制造要求

(1)门架和桥架各构件焊接后的允许偏差应符合表7-10中的规定。

(2)钢丝绳、滑轮卷筒、联轴器、制动轮和制动器、齿轮和减速器的制造和装配要求应符合规范的规定。

(3)仪表式高度指示器负荷控制器的技术要求应符合上述类似的标准。

(4)车轮的制造、装配应符合下列要求:

①对于踏面与轮缘内侧表面需要进行热处理的车轮,其性能应符合GB 4628的规定,热处理的硬度应符合表7-22的规定。

表7-22 热处理硬度

车轮踏面直径(mm)	踏面和轮缘内侧面硬度HB	硬度HB260层深度(mm)
≤400	300～380	≥15
>400		≥20

②铸造车轮在机械加工到名义尺寸后,发现加工面上有砂眼、气孔等缺陷时,按下述规定处理:

a.轴孔内允许有不超过总面积10%的轻度缩伤(眼看不大明显)及表7-23内的单个缺陷,但应将缺陷磨钝。

表7-23

轮径(mm)	面积(mm^2)	深度(mm)	间距(mm)	数量
≤500	≤25	≤4	>50	≤3
>500	≤50	≤6	>60	≤3

b.除踏面和轮缘内侧面部位外,缺陷清除后的面积不超过3 m^2,深度不超过壁厚的30%,且在同一加工面上不多于3处,允许焊补,焊补后可以不进行热处理,但应将缺陷磨光。

c.车轮踏面和轮缘内侧面上,除允许有直径$d \leq 1$ mm(当$D \leq 500$ mm)或$d \leq 1.5$ mm(当$D > 500$ mm),深度≤3 mm,个数不多于5处的麻点外,不允许有其他缺陷,也不允许焊补。

d.车轮不允许有裂纹、龟裂和起皮。

③装配后的车轮,其径向跳动和端面跳动公差应不低于GB 1184中的9级和10级。

④装配后的车轮应能灵活转动。

自动挂梁的制造、组装应满足下列条件:

(1)自动挂梁吊点中心距与定位中心距的偏差不超过±2 mm。

(2)自动挂梁的转动轴和销轴表面应作防腐处理,转动应灵活。

(3)机械式自动挂梁的卡体与挂体脱钩段之间必须保证一定的间隙。

(4)液压式自动挂梁的液压装置和信号装置应密封防水,供电插座严禁漏水。

(5)自动挂梁出厂前应作静平衡试验。

(二)组装与安装

1. 桥架和门架的组装

桥架和门架的组装完成后,必须达到以下要求:

(1)主梁跨中上拱度 $F=(0.9\sim1.4)L/1\,000$,且最大上拱度应控制在跨度中部的 $L/10$ 范围内(见图 7-11 和图 7-12)。悬臂端上翘度 $F_o=(0.9\sim1.4)L_1/350$[或$(0.9\sim1.4)L_2/350$]。上拱度与上翘度应在无日照温度影响的情况下测量。

(2)主梁的水平弯曲 $f\leqslant L/2\,000$,但最大不得超过 20 mm(见图7-11),此值在离上盖板约 100 mm 的腹板处测量。

(3)主梁上盖板的水平偏斜 $b\leqslant B/200$,此值允许未装轨道前于筋板处测量。

(4)主梁腹板的垂直偏斜 $h\leqslant H/500$(见图 7-13),此值在长筋板处测量。

(5)桥架对角线差 $|D_1-D_2|\leqslant5$ mm(见图 7-14)。

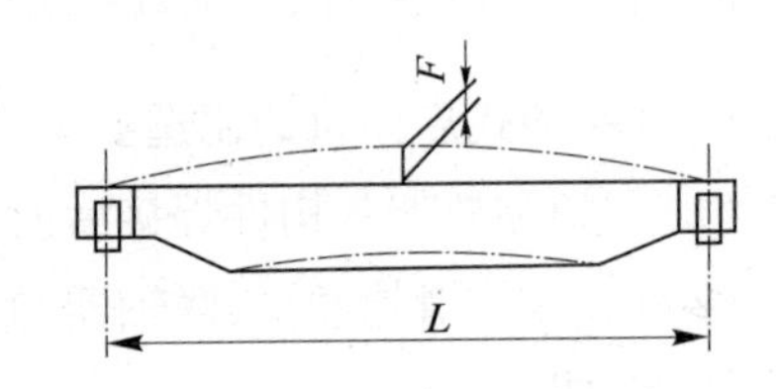

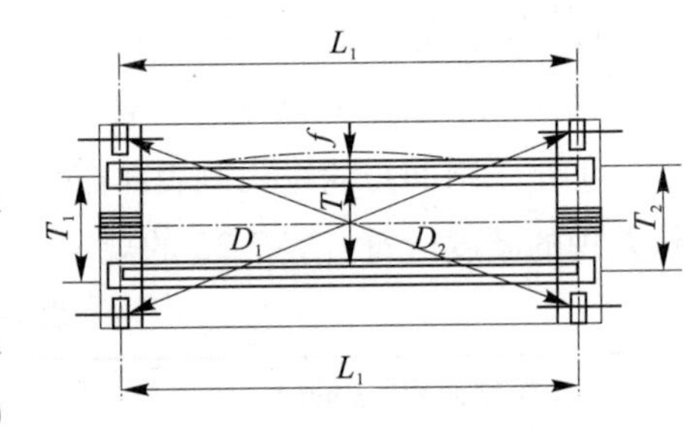

图 7-11

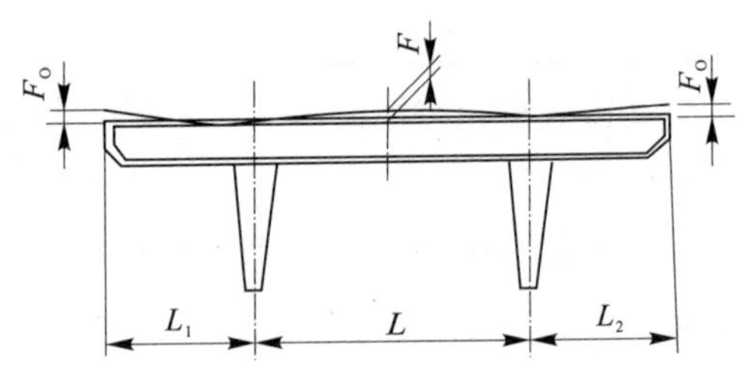

图 7-12

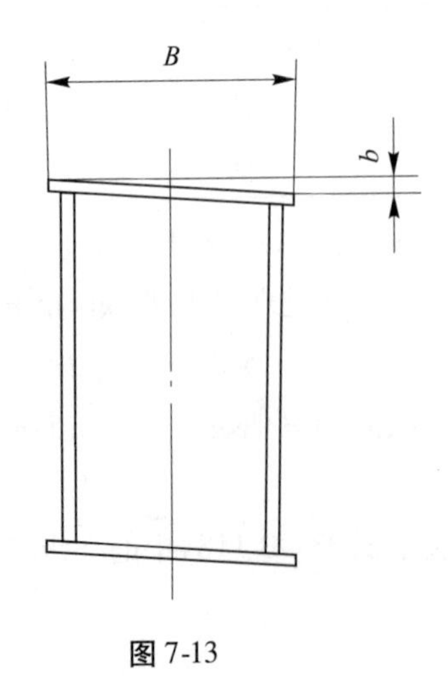

图 7-13

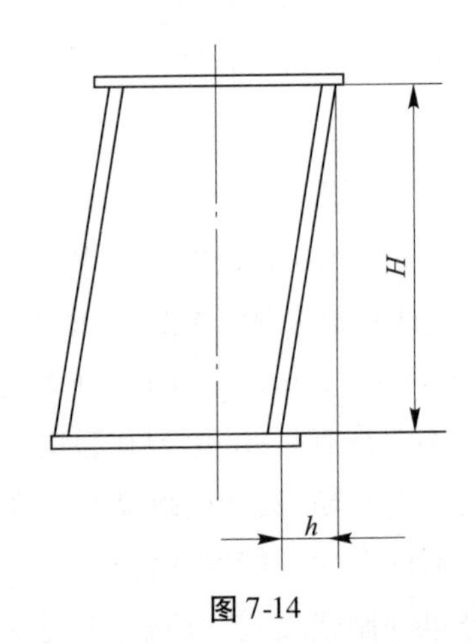

图 7-14

(6)主梁腹板的波浪度,以 1 m 平尺检查,在离上盖板 $H/3$ 以内的区域不大于0.7δ,其余区域不大于1.0δ(见图 7-15)。

(7)支腿在跨度方向的垂直度 $h_1 \leqslant H_1/2\,000$(见图 7-16),其倾斜方向互相对称。如用其他方法能保证启闭机跨度,此项可不作为考查项目。

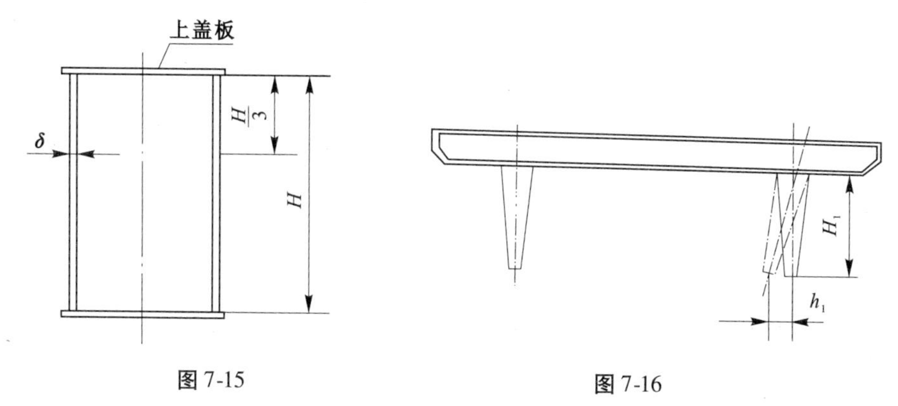

图 7-15　　图 7-16

(8)两个支腿,从车轮工作面算起到支腿上法兰平面的高度相对差不大于 8 mm。

2. 小车轨道的安装

小车轨道的安装应满足下列要求:

(1)小车轨距公差值(见图 7-11),当轨距小于或等于2.5 m 时,不超过 ±2 mm;当轨距大于2.5 m 时,不超过 ±3 mm。

(2)小车跨度 T_1、T_2 的相对差(见图 7-11),当轨距小于或等于2.5 m 时,不超过 2 mm;当轨距大于2.5 m 时,不超过 3 mm。

(3)同一横截面上小车轨道的高低差,当轨距 $T \leqslant 2.5$ m 时,$C \leqslant 3$ mm,当 $T > 2.5$ m 时,$C \leqslant 5$ mm(见图 7-17)。

(4)小车轨道中心线与轨道梁腹板中心线的位置偏差:对偏轨箱形梁,$\delta < 12$ mm 时,$d \leqslant 6$ mm;$\delta \geqslant 12$ mm 时,$d \leqslant \frac{1}{2}\delta$。对单腹板梁及桁架梁,$d \leqslant \frac{1}{2}\delta$(见图 7-18)。

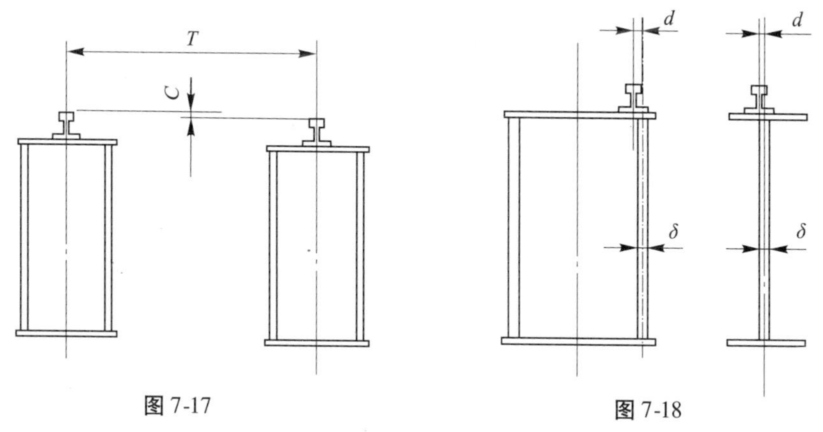

图 7-17　　图 7-18

(5)轨道居中的对称箱形梁,小车轨道中心线直线度不大于 3 mm(带走台时,只许向走台侧凸曲)。

(6)小车轨道应与大车主梁上翼缘板紧密贴合,当局部间隙大于0.5 mm,长度超过

200 mm 时,应加垫板垫实。

(7)小车轨道接头应满足下列要求:

①小车轨道接头处的高低差 $C \leqslant 1$ mm(见图 7-19)。

②小车轨道接头处侧向错位 $g \leqslant 1$ mm(见图 7-20)。

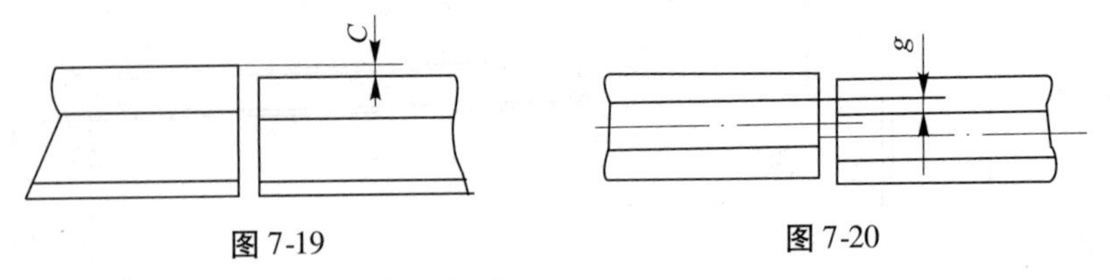

图 7-19　　图 7-20

③小车轨道接头处头部的间隙不得大于 2 mm。

(8)小车轨道侧向的局部弯曲,在任意 2 m 范围内不大于 1 mm。

3. 大车轨道的安装

大车轨道的安装应满足下列要求:

(1)大车车轮应与轨道面接触,不应有悬空现象。

(2)钢轨铺设前,应进行检查,合格后方可铺设。

(3)吊装轨道前,应确定轨道的安装基准线、轨道实际中心线与基准线偏差:当跨度小于或等于 10 m 时,不应超过 2 mm;当跨度大于 10 m 时,不应超过 3 mm。

(4)轨距偏差应符合下列要求:当跨度小于或等于 10 m,不应超过 ±3 mm;当跨度大于 10 m,不应超过 ±5 mm。

(5)轨道的纵向直线度误差不应超过 1/1 500,在全行程上最高点与最低点之差不应大于 2 mm。

(6)同跨两平行轨道的标高相对差:当跨度小于或等于 10 m 时,其柱子处不应大于 5 mm;当跨度大于 10 m 时,其柱子处不应大于 8 mm。

(7)两平行轨道的接头位置应错开,其错开距离不应等于前后车轮的轮距。接头用连接板连接时,接头左、右、上三面的偏移均不应大于 1 mm,接头间隙不应大于 2 mm。

(8)轨道安装符合要求,应全面复查各螺栓的紧固情况。

(9)轨道上的车挡应在吊装桥机(门机)前装妥;同一跨度的两车挡与缓冲器均应接触,如有偏差,应进行调整。

4. 运行机构的安装

运行机构的安装应满足下列要求:

(1)当桥机跨度小于或等于 10 m 时,其跨度偏差不超过 ±3 mm,且两侧跨度的相对差不大于 3 mm;当跨度大于 10 m 时,其跨度偏差不超过 ±5 mm,且两侧跨度的相对差不大于 5 mm(见图 7-21)。

(2)当门机跨度小于或等于 10 m 时,其跨度偏差不超过 ±5 mm,且两侧跨度的相对差不大于 5 mm;当跨度大于 10 m 时,其跨度偏差不超过 ±8 mm,且两侧跨度的相对差不大于 8 mm(见图 7-21)。

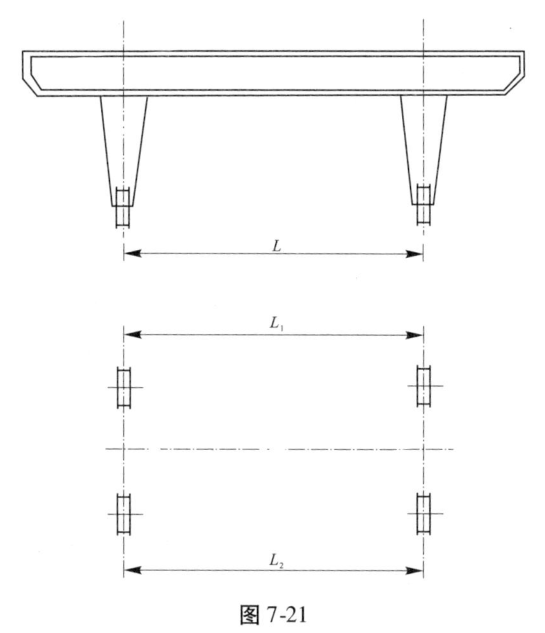

图 7-21

(3)跨度的测量点见图 7-22。

(4)车轮的垂直偏斜 $a \leq l/400$,l 为测量长度(见图 7-23),在车轮架空的情况下测量。

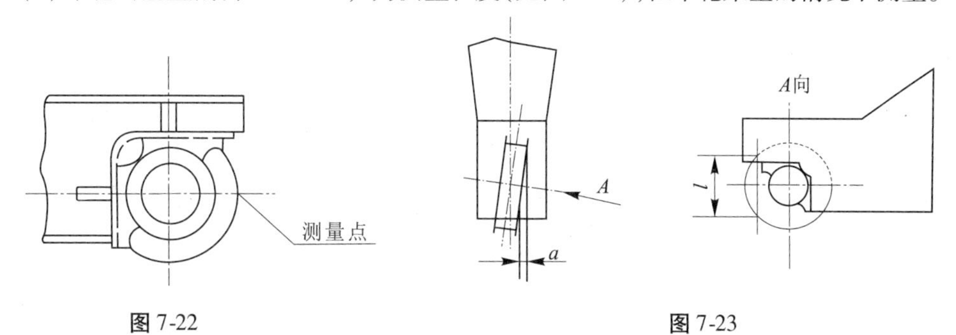

图 7-22　　　　图 7-23

(5)车轮的水平偏斜 $P \leq l/1\ 000$,l 为测量长度,且同一轴线上一对车轮的偏斜方向应相反(见图 7-24)。

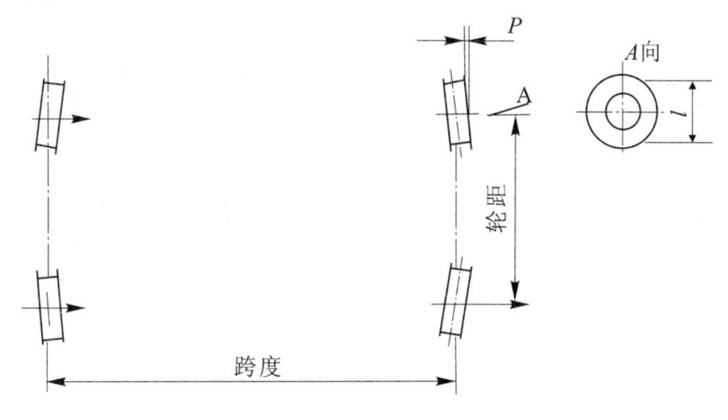

图 7-24

(6)同一端梁下,车轮的同位差:两个车轮不得大于 2 mm,3 个或 3 个以上车轮不得大于 3 mm;在同一平衡梁下不得大于 1 mm(见图 7-25)。

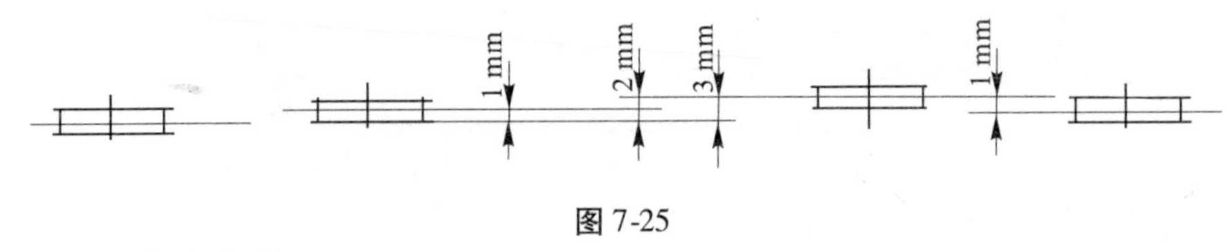

图 7-25

5. 电气设备的安装

电气设备的安装应符合下列要求：

(1)操纵室内的电气设备应无裸露的带电部分。在小车和走台上的电气设备，室内用启闭机应有护罩或围栏，室外用启闭机应备防雨罩。电气设备的安装底架必须牢固，其垂直度不大于12/1 000，设备前尽量留有500 mm以上的通道。

(2)电阻箱叠置时不得超过4层，否则应另用支架固定，并采取相应的散热措施。电阻器引出线应予以固定。

(3)穿线用钢管应清除内壁锈渍、毛刺，并涂以防锈涂料，管子的弯曲半径应大于其直径的5倍(管子两端不受此限制)。出厂时，应封住管口并按图编写管号。穿线管只允许锯割并用管箍接头，管内导线不准有接头，管口要有护线嘴保护。线管、线槽的固定可点焊在金属构件上，但不得焊穿。室外启闭机钢管管口的位置及线槽应能防止雨水直接进入。

(4)单个滑线固定器、导电器等应能承受交流电压2 kV、1 min耐压试验。

(5)全部电气设备不带电的外壳或支架应可靠地接地。若用安装螺栓接地，应保证螺栓接触面接触良好。小车与桥梁、启闭机与轨道之间应有可靠的电气连接(可利用小车供电电缆的线芯作为连接大、小车的接地线)。

(三)试运转

1. 试运转前的检查

(1)检查所有机械部件、连接部件，各种保护装置及润滑系统等的安装、注油情况，其结果应符合要求，并清除轨道两侧所有杂物。

(2)检查钢丝绳绳端的固定，固定应牢固，在卷筒、滑轮中缠绕方向应正确。

(3)检查电缆卷筒、中心导电装置、滑线、变压器以及各电机的接线是否正确，是否有松动现象存在，并检查接地是否良好。

(4)对于双电机驱动的起升机构，应检查电动机的转向是否正确和转速是否同步；双吊点的起升机构应使两侧钢丝绳尽量调至等长。

(5)检查运行机构的电动机转向是否正确和转速是否同步。

(6)用手转动各机构的制动轮，使最后一根轴(如车辆轴、卷筒轴)旋转一周，不应有卡阻现象。

2. 空载试运转

空载试运转起升机构和运行机构应分别在行程内上下往返3次。空载试运时，检查下列电气和机械部分：

(1)电动机运行平稳，三相电应平衡。

(2)电气设备应无异常发热现象，控制器的触头应无烧伤现象。

(3)限位开关、保护装置及联锁装置等动作应正确可靠。

(4)当大小车运行时,车轮不允许有啃轨现象。

(5)当大小车运行时,导电装置应平稳,不应有卡阻、跳动及严重冒火花现象。

(6)所有机械部件运转时,均不应有冲击声和其他声音。

(7)运转过程中,制动闸瓦应全部离开制动轮,不应有任何摩擦。

(8)所有轴承和齿轮应有良好的润滑,轴承温度不得超过 65 ℃。

(9)在无其他噪声干扰的情况下,各项机构产生的噪声,在匀机(不开窗)测得的噪声不得大于 85 dB。

3. 静荷载试验

静荷载试验的目的是检验启闭机各部件的金属结构的承载力。

起升额定荷载(可逐渐增至额定荷载),小车在门架或桥架全长上往返运行,门机和桥机性能应达到设计要求,卸去荷载,使小车分别停在主梁、跨中和悬臂端,定出测量基准点,再分别逐渐起升1.25倍额定荷载,离地面 100~200 mm,停悬不少于 10 min,然后卸除荷载,检查门架或桥架是否有永久变形,如此重复 3 次,门架或桥架不应产生永久变形,将小车开至门桩支腿处或桥机跨端,检查实际上拱值和上翘值,其值应不小于跨中$\frac{0.7}{1\ 000}L$,悬臂端$\frac{0.7}{350}L_1$($\frac{0.7}{350}L_2$),最后使小车仍停在跨中和悬臂端,起升额定荷载检查主梁挠度值(由实际上拱值和上翘值算起)应不大于跨中$\frac{1}{700}L$,悬臂端$\frac{1}{350}L_1$($\frac{1}{350}L_2$)。

在上述静荷载试验结束后,启闭机各部分不能有破裂、连接松动或损坏等影响启闭机的安全和使用性能的现象存在。

4. 动荷载试验

动荷载试验的目的是检查启闭机机构及其制动器的工作性能。进行升起1.1倍额定荷载试验。试验时,按设计要求的机构组成方式,同时开动两个机构,作重点的启动、运转、停车、正转、反转等动作。延续时间应达 1 h,各机构应动作灵敏,工作平稳可靠,各零部件应无裂纹等损坏现象,各连接处不得松动。

荷载试验用的试块,一般采用专用试块,当起升额定荷载超过2 000 kN,采用专用试块有困难时,可用液压测力器只作静荷载试验。

凡未在制造厂进行试验的启闭机,出厂前应符合下列要求:

(1)总体预装,小车(除钢丝绳吊钩外)支腿与下横梁、支腿与主梁,运行机构等应分别进行预装,检查零部件的完整性和几何尺寸的正确性,并标示预装标记,支腿与主梁如不进行预装,则应采取可靠的工艺方法,保证其几何尺寸的正确性。

(2)空运载试验:运行机构是在平轮梁空的情况下进行试验,起升机构是在不带钢丝绳及吊钩的情况下进行试验。

进行空运载试验,分别开动各机构,作正返间运转,试验累计时间各 30 min 以上,各机构应运转正常。

5. 质量检验

1) 启闭机械轨道安装单元工程质量检验

启闭机械轨道安装单元工程质量检验允许偏差及检验方法见表7-24。

表7-24　启闭机械轨道安装单元工程质量检验允许偏差及检验方法

项次	项目	允许偏差(mm)	检查方法
1	轨道实际中心线对轨道设计中心线位置的偏移$L\leqslant10$ m $L>10$ m	2 3	用钢尺、钢丝线、钢板尺检验
2	轨距$L\leqslant10$ m $L>10$ m	±3 ±5	用钢尺、钢丝线、钢板尺检验
3	轨道纵向直线度	1/1 500且全行程不超过2	用水准仪检验
4	同一断面上,两轨道高程相对差	8	用水准仪检验
5	轨道接头左、右、上三面错位	1	用钢板尺检验
6	轨道接头间隙	1～3	用钢板尺检验
7	伸缩节接头间隙	+2～-1	用钢板尺检验

2) 桥式启闭机制动器安装质量检验

桥式启闭机制动器安装质量检验允许偏差及检查方法如表7-25所示。

表7-25　桥式启闭机制动器安装质量检验允许偏差及检查方法

项次	项目	允许偏差(mm)			检查方法
		制动轮直径D(mm)			
		$D\leqslant200$	$200<D\leqslant300$	$D>300$	
1	制动轮径向跳动	0.10	0.12	0.18	用百分表检验,在端面跳动,在联轴器的结合面上测量
2	制动轮端面圆跳动	0.15	0.20	0.25	用百分表检验,在端面跳动,在联轴器的结合面上测量
3	制动轮与制动带的接触面积不小于总面积的百分比(%)	75			用卷尺、钢板尺检验

3）桥式启闭机联轴器安装质量检验

桥式启闭机联轴器安装质量检验允许偏差及检验方法如表7-26所示。

表7-26　桥式启闭机联轴器安装质量检验允许偏差及检验方法

<table>
<tr><th rowspan="3">项次</th><th rowspan="3">项目</th><th colspan="5">允许偏差（mm）</th><th rowspan="3">检验方法</th></tr>
<tr><th colspan="5">联轴器外型最大半径 D（mm）</th></tr>
<tr><th>170、185、220、250</th><th colspan="2">290、320、350、380、430、490、545、590、680、730、780</th><th>900、1 000、1 100</th><th>1 250</th></tr>
<tr><td>1</td><td>CL型：径向位移不应大于</td><td>0.4、0.65、0.8、1.0</td><td colspan="2">1.25、1.35、1.6、1.8、1.9、2.1、2.4、3.0、3.2、3.5、4.5</td><td>4.6、5.4、6.1</td><td>6.3</td><td>用钢板尺及经纬仪、百分表检测</td></tr>
<tr><td>2</td><td>CL型：倾斜度不应大于</td><td colspan="5">30′</td><td>用钢丝线、钢板尺、垂球检测</td></tr>
<tr><td rowspan="2">3</td><td rowspan="2">CL型：端面间隙不应小于</td><td rowspan="2">2.5</td><td>290～590</td><td>680～780</td><td rowspan="2">10</td><td rowspan="2">15</td><td rowspan="2">用钢板尺、塞尺、钢板尺检测</td></tr>
<tr><td>5</td><td>7.5</td></tr>
<tr><td>4</td><td>CLZ型：径向位移不应大于</td><td colspan="5">0.008　73A</td><td>用钢板尺及经纬仪、百分表检测</td></tr>
<tr><td>5</td><td>CLZ型：倾斜度不应大于</td><td colspan="5">30′</td><td>用钢丝线检测</td></tr>
<tr><td rowspan="2">6</td><td rowspan="2">CLZ型：端面间隙不应小于</td><td rowspan="2">2.5</td><td>290～590</td><td>680～780</td><td rowspan="2">10</td><td rowspan="2">15</td><td rowspan="2">用百分表检测</td></tr>
<tr><td>5</td><td>7.5</td></tr>
</table>

4）弹性圆柱销联轴器的同轴度、联轴器间的端面间隙质量检验

弹性圆柱销联轴器的同轴度、联轴器间的端面间隙质量检验允许偏差及检查方法如表7-27所示。

表 7-27　弹性圆柱销联轴器的同轴度、联轴器间的端面间隙质量检验允许偏差及检查方法

项次	项目	允许偏差(mm)				检验方法
		联轴器外型最大半径 D(mm)				
		105～170	190～260	290～350	410～500	
1	径向位移不应大于	0.14	0.16	0.18	0.20	
2	倾斜度不应大于	40′				

项次	检测项目	轴孔直径 d(mm)	标准型			轻型			检查方法
			型号	外型最大直径 D (mm)	允许值 (mm)	型号	外型最大直径 D (mm)	允许值 (mm)	
1	端面间隙	25～28	B_1	120	1～5	Q_1	105	1～4	用钢尺与塞尺检查
		30～38	B_2	140	1～5	Q_2	120	1～4	
		35～45	B_3	170	2～6	Q_3	145	1～4	
		40～55	B_4	190	2～6	Q_4	170	1～5	
		45～65	B_5	220	2～6	Q_5	200	1～5	
		50～75	B_6	260	2～8	Q_6	240	2～6	
		70～95	B_7	330	2～10	Q_7	290	2～6	
		80～120	B_8	410	2～12	Q_8	350	2～8	
		100～150	B_9	500	2～15	Q_9	440	2～10	

5)桥架和大车行走机构安装质量检验

检验方法:用钢卷尺测量跨度的修正值,见表 7-28。

表 7-28　用钢卷尺测量跨度的修正值

跨度(m)	拉力值(N)	钢卷尺截面尺寸(mm×mm)			
		10×0.25	13×0.2	15×0.2	15×0.25
		修正值(mm)			
10～12	100	1	1	0.5	0.5
13～14		1	1	0.5	0
15～16		1	1	0.5	-0.5
17～18		1	0.5	0	-0.5

注:表中修正值已经扣除了根据《钢卷尺检定规程》(JJG 4—89)规定检查时须加 50 N 力所产生的弹性伸长。

桥架和大车行走机构安装质量检验位置见表 7-29。

表 7-29　桥架和大车行走机构安装质量检验位置

项次	项目	检验工具	检验位置
1	大车跨度 L	钢丝线、钢板尺、钢尺、垂球、水准仪、经纬仪 测量跨度时，尚需按修正值予以修正	
2	大车跨度 L_1、L_2 的相对差		
3	桥架对角线 L_3、L_4 的相对差， 箱形梁、单腹板和桁架梁		
4	大车车轮垂直倾斜 Δh （只许下轮缘向内偏斜）		
5	对两根平行基准线每个车轮水平偏斜（同一轴线一对车轮的偏斜方向应相反） x_1-x_2；x_3-x_4 y_1-y_2；y_3-y_4		
6	同一端梁上车轮同位差 $m_1=x_5-x_6$ $m_2=y_5-y_6$		
7	箱形梁小车轨距 T 跨端 跨中 $L<19.5$ m $L\geqslant19.5$ m 单腹板梁、偏轨箱形梁和桁架梁的小车轨距 T		
8	同一断面上小车轨道高低差 C		

质量标准：

（1）大车跨度，允许偏差 ±5 mm。

（2）大车跨度 L_1、L_2的相对差，允许偏差 5 mm。

(3)桥架对角线 L_3、L_4 的相对差,箱形梁允许偏差 5 mm,单腹板和桁架梁允许偏差 10 mm。

(4)大车车轮垂直倾斜 Δh,允许偏差 $h/400$。

(5)对两根平行基准线每个车轮水平偏斜 $x_1 - x_2$、$x_3 - x_4$、$y_1 - y_2$、$y_3 - y_4$,允许偏差 $L/1\ 000$。

(6)同一端梁上车轮同位差,$m_1 = x_5 - x_6$,$m_2 = y_5 - y_6$,允许偏差 3 mm。

(7)箱形梁小车轨距 T,距端允许偏差 ±1 mm;跨中 $L < 19.5$ m 允许偏差 +1 ~ +5 mm,$L > 19.5$ m,允许偏差 +1 ~ +7 mm;单腹板梁、偏轨箱形梁和桁架梁的小车轨距的允许偏差 ±3 mm。

(8)同一断面上小车轨道高低差,$T \leqslant 2.5$ m 时,允许偏差 ≤3 mm;2.5 m < $T \leqslant 4$ m 时,允许偏差 ≤5 mm。

(9)箱形梁小车轨道直线度,$L < 19.5$ m 时,允许偏差为 3 mm。

6)小车行走机构安装质量检验

小车行走机构安装质量检验允许偏差及检验方法见表 7-30。

表 7-30　小车行走机械安装质量检验允许偏差及检验方法

项次	项目	允许偏差(mm)	检验方法
1	小车跨度 T $T \leqslant 2.5$ m $T > 2.5$ m	 ±2 ±3	钢丝线、钢板尺检验
2	小车跨度 T_1、T_2 的相对差 $T \leqslant 2.5$ m $T > 2.5$ m	 2 3	钢丝线、钢板尺、经纬仪检验
3	小车轮对角线 L_3、L_4 的相对差	3	钢丝线、钢板尺检验, 检验的部位如图所示 T_2 L_2 L_1 T_1
4	小车轮垂直偏斜 Δh(允许下轮缘向内偏斜)	$h/400$	计算出 $h/400$
5	对两根平行基准线每个小车轮水平偏斜	$L/1\ 000$	计算出 $L/1\ 000$
6	小车主动轮和被动轮同位差	2	

7)桥(门)式启闭机(起重机)试运转质量要求

无负荷试运转时,电气和机械部分应符合下列要求:

(1)电动机运行平稳、三相电流平衡。

(2)限位、保护、联锁装置应动作正确、可靠。

(3)电气设备无异常发热现象。

(4)控制器接头无烧损现象。

(5)当大、小车行走时,滑块滑动平稳,无卡阻、跳动及严重冒火花现象。

(6)所有机械部件运转时,无冲击声及异常声音,所有构件连接处无松动、裂纹和损坏现象。

(7)所有轴承和齿轮应有良好的润滑,机箱无渗油现象,轴承温度不得大于65 ℃。

(8)运行时,制动瓦应全部离开制动轮,无任何摩擦。

(9)钢丝绳在任何条件下不与其他部件碰刮,定、动滑轮转动灵活,无卡阻现象。

静负荷试运转应符合下列要求:

(1)升降机构制动器能制止住1.25倍额定负荷的升降且动作平稳可靠。

(2)小车停在桥架中间,起吊1.25倍额定负荷,停留10 min,卸去负荷,小车开到跨端,检查桥架的变形,反复3次后,测量主梁实际上拱度应大于0.8L/1 000(L为跨度)。

(3)小车停在桥架中间,起吊额定负荷,测量主梁下挠度不应大于L/700。

动负荷试运转应符合下列要求:

(1)升降机构制动器能制止住1.1倍额定负荷的升降且动作平稳可靠。

(2)行走机构制动器能刹住大车及小车,同时不使车轮打滑或引起振动和冲击。

五、液压启闭机的制造与安装

(一)油缸的制造要求

油缸的制造应分缸体、缸盖、活塞及活塞杆、导向套等。

1.缸体的制造

缸体的制造应符合下列要求:

(1)缸体毛坯应优先选择整段无缝管钢,也可采用分段焊接无缝钢管、锻件或铸件。

(2)缸体内径尺寸公差应不低于GB 1801中的H9,圆度公差应不低于GB 1184中的9级,内表面母线的直线度公差应不大于0.2/1 000。

(3)缸体法兰端面圆跳动公差应不低于GB 1184中的9级,法兰端面与缸体轴线垂直度公差应不低于GB 1184中的7级。

(4)缸体内表面粗糙度,当活塞采用橡胶密封圈时,R_a值不大于0.8 μm;采用其他密封件时,R_a值不大于0.4 μm。

2.缸盖的制造

缸盖的制造应符合下列要求:

(1)缸盖与相关件配合处的圆柱度公差不低于GB 1184中的9级,同轴度公差应不低于7级。

(2)缸差与缸体配合的端与缸盖轴线垂直度公差不低于GB 1184中的7级。

3.活塞的制造

活塞的制造应符合下列要求:

(1)活塞外径公差应不低于GB 1801中的e8。

(2)活塞外径对内孔的同轴度公差应不低于 GB 1184中的 8 级。

(3)活塞外径圆柱度公差应不低于 GB 1184中的 9 级。

(4)活塞端面对轴线的垂直度公差应不低于 GB 1184中的 7 级。

(5)活塞外圆柱面粗糙度 R_a 值应不大于0.8 μm。

4. 活塞杆的制造

活塞杆的制造应符合下列要求:

(1)活塞杆导向段外径公差应不低于 GB 1801中的 e8。

(2)活塞杆导向段圆度公差应不低于 GB 1184中的 9 级,外径母线直线度公差应不大于0.1/1 000。

(3)与活塞接触无活塞杆端面对轴心线垂直度公差应不低于 GB 1184中的 7 级。

(4)活塞杆螺纹采用 GB 197 中的 6 级精度。

(5)活塞杆导向段外径的表面粗糙度 R_a 值不大于0.4 μm。

(6)活塞杆表面采取堆焊不锈钢防锈,加工后不锈钢层厚度应不小于 1 mm。

(7)活塞杆表面采取镀铬防锈,先镀0.04 ~0.05 mm 乳面铬,再镀0.04 ~0.05 mm 硬铬,单边镀层厚度为0.08 ~0.10 mm。

5. 导向套的制造

导向套的制造应符合下列要求:

(1)导向面配合尺寸公差应不低于 GB 1801中的 H9 与 e8。

(2)导向面的圆柱度公差不低于 GB 1184中的 9 级。

(3)导向面与配合面的同轴度公差不低于 GB 1184中的 8 级。

(4)导向面粗糙度 R_a 值不大于0.4 μm。

6. 密封材料

密封材料应满足以下要求:

(1)O 形密封圈的胶料性能应符合 GB 7038或 GB 7039中的规定。

(2)动密封件应有足够的抗撕裂强度,耐高压,并具有耐油防水、永久变形小、摩阻力小、无黏着、抗老化等良好性能。

7. 坚固件

上下法兰的坚固件及密封装置的紧固件应进行防腐处理,根据需要可采用不锈钢,也可采用表面镀锌或发黑处理,螺纹不允许凹陷和断扣,局部微小的崩扣不超过 2 处。

(二)组装的技术

(1)液压元件均应有产品合格证并具有质量证明书和厂内试压记录,外形整洁美观,无损坏现象。

(2)液压缸在组装前应用煤油将零件清洗干净,液压元件应根据情况进行分解,阀内弹簧不得有断裂,阀体应能自由升降而无卡阻现象。

(3)装配时不应碰伤、擦毛零件表面,禁止用铁棍直接敲击零件,各项目件必须按顺序拧紧。

(4)油封应压缩到设计尺寸,相邻两圈油封的接头应错开90°以上。

(三)厂内试验的要求

1.试验用油的要求

(1)被试液压缸的额定工作压力大于或等于16 MPa时,油液运动黏度为25~32 mm^2/s;小于16 MPa时,为17~23 mm^2/s。

(2)试验油温在型式试验时,为(50±5)℃;在出厂试验时,为(20±5)℃。

(3)试验油的过滤精度,柱塞泵不低于20 μm,叶片泵及齿轮泵不低于30 μm。

(4)试验油应具有防锈能力。

2.试验用压力表的要求

(1)压力表的精度、型式试验时,误差不超过±0.5%,出厂试验时应不超过±1.0%。

(2)压力表的量程为试验最大压力值的140%~200%。

3.液压缸的出厂试验要求

(1)空载试验在无负荷情况下,液压缸往复运动2次,不得出现外部漏油及爬行等不正常现象。

(2)最低动作压力试验,不加负荷,液压从零增到活塞杆平稳移动时的最低启动压力,其值应不大于0.5 MPa。

(3)耐压试验,当液压缸的额定压力小于或等于16 MPa时,试验压力为额定压力的1.5倍;大于16 MPa时,试验压力为额定压力的1.25倍。在试验压力下保持10 min以上,不能有外部漏油、永久变形和破坏现象。

(4)外泄漏试验:在额定压力下将活塞停于油缸一端,保压30 min,不得有泄漏现象。

(5)内泄漏试验:在额定压力下,将活塞停于油缸一端,保压10 min,内泄漏量不应超过表7-31的规定。

表7-31 液压机内泄漏量

油缸内径(mm)	漏油量(mL/min)	油缸内径(mm)	漏油量(mL/min)
900	31.80	280	3.10
820	26.40	250	2.50
710	19.80	220	1.90
630	15.60	200	1.55
560	12.30	180	1.25
500	9.80	160	1.00
450	8.00	140	0.75
400	6.50	125	0.55
360	5.10	110	0.45
320	4.00	100	0.40

4.油泵站的噪声要求

油泵站运行中的噪声应低于85 dB。

5. 油箱的渗漏试验以及清洗的质量要求

油箱的渗漏试验以及清洗的质量要求,应符合 GB 8564 中的有关规定,管路一般应在厂内清洗,质量应符合 GB 8564 中的有关规定。

6. 液压缸、油箱及管路的油口要求

经过试验合格的液压缸、油箱及管路的所有外露油口应用耐油塞子封口。

7. 电气设备的检验要求

(1)各电气元件均有产品合格证,外形整洁美观,无损坏现象。

(2)操作机构及其附件应操作灵活,各种辅助开关触点分合正确。

(3)电气回路的绝缘电阻应不小于0.5 MΩ。

(四)安装的技术

(1)液压启闭桩机架的横向中心线与实际测得的起吊中心线的距离不应超过 ±2 mm,高程偏差不应超过 ±5 mm,双吊点液压启闭机支承面的高差不应超过 ±0.5 mm。

(2)机架钢梁与推力支座的组合面不应有大于0.05 mm 的间隙,其局部间隙应大于 0.10 mm,深度不应超过组合面宽度的 1/3,累计长度不应超过周长的 20%,推力支座顶面水平偏差不应大于0.2/1 000。

(3)安装前,应检查活塞杆有无变形,在活塞杆竖直状态下,其垂直度不应大于 0.5/1 000,且全长不超过杆长的 1/1 000,并检查油缸内壁有无碰伤和拉毛现象。

(4)吊装液压缸时,应根据液压缸直径、长度和重量决定支点或吊点个数,以防止变形。

(5)活塞杆与闸门(或拉杆)吊车连接时,当闸门下放到底坎位置,在活塞与油缸下端盖之间应留有 50 mm 左右的间隙,以保证闸门能严密关闭。

(6)管道弯制、清洗和安装均应符合 GB 8564 中的有关规定,管道设置应尽量减少阻力,管道布局应清晰合理。

(7)初调高度指示器和主令开关的上下断开接点及充水接点。

(8)试验油过滤精度,柱塞泵不得低于 20 μm,叶片泵不低于 30 μm。

(五)试运转的要求

试运转前的检查:

(1)门槽内的一切杂物应清除干净,保证闸门和拉杆不会卡阻。

(2)机架固定应牢固,对采用焊接固定的,应检查焊缝是否达到要求,对采用地脚螺栓固定的,应检查螺帽是否松动。

(3)电气回路中的单个元件和设备均应进行调试,并应符合 GB 1497 中的有关规定。

油泵第一次启动时,应将油泵溢流阀全部打开,连续空转 30 ~ 40 min 油泵不应有异常现象。

油泵空转正常后,在监视压力表的同时,将溢流阀逐渐旋紧,使管路系统充油,充油时应排除空气,管路充满油后,调整油泵溢流油阀,使油泵在其正常压水的 25%、50%、75% 和 100% 的情况下分别连续运转 15 min,应无推动杂音和温升过高等现象。

上述试验完毕后调整油泵溢流阀,使其压力达到工作正常压力的1.1倍时动作排油,此时也应无剧烈振动和杂音。

油泵阀组的启动阀一般应在油泵开始转动后 3 ~5 s 内动作,使油泵带上负荷;否则,应调整弹簧压力或节油孔的孔径。

无水时,应先手动操作升降闸门一次,以检查缓冲装置减速情况和闸门有无卡阻现象,并记录闸门全开时间和油压值。

调整主令控制器凸轮片,使主令控制器的电气接点接通,断开时,闸门所处的位置应符合图纸要求,但门上充水阀的实际开度应调至小于设计开度 30 mm 以上。

调整高度指示器,使其指针能正确指示闸门所处的位置。

第一次快速关闭闸门时,应在操作电磁阀的同时,做好手动关闭阀门的准备,以防闸门过速下降。

将闸门提起,在 48 h 内,闸门因活塞油封和管道系统的漏油而产生的沉降量不应大于 200 mm。

手动操作试验合格后,方可进行自动操作试验。提升和快速关闭闸门试验时,记录闸门提升、快速关闭、缓冲的时间和当时水库水位及油压值,其快速关闭时间应符合设计的规定。

1. 油压启闭机机架安装及活塞杆铅垂度质量检验

油压启闭机机架安装及活塞杆铅垂度质量检验允许偏差及检查方法如表 7-32 所示。

表 7-32　油压启闭机机架安装及活塞杆铅垂度质量检验允许偏差及检查方法

项次	项目	允许偏差(mm)	检查方法
1	机架纵、横向中心线	2	用钢尺、经纬仪、垂球、钢丝线检测
2	机架高程	±5	用水准仪检测
3	活塞杆每米铅垂度	0.5	用钢丝线、垂球及经纬仪检测
4	活塞杆全长铅垂度	$L/4\ 000$	用钢丝线、垂球及经纬仪检测
5	双吊点液压启闭机支承面的高差	不应超过 ±0.5	用水准仪检测

2. 油压启闭机机架钢梁与推力支座安装质量检验

油压启闭机机架钢梁与推力支座安装质量检验允许偏差及检查方法如表 7-33 所示。

表 7-33　油压启闭机机架钢梁与推力支座安装质量检验允许偏差及检查方法

项次	项目	允许偏差(mm)	检查方法
1	机架钢梁与推力支座组合面通隙	0.05	用塞尺检测
2	机架钢梁与推力支座组合面局部间隙	0.1	用塞尺检测
	局部间隙深度	1/3 组合面宽度	用塞尺、钢尺检测
	局部间隙累计长度	20% 周长	用塞尺、钢尺检测
3	推力支座顶面水平	每米0.2	用水准仪或 2 m 直尺及水平仪检测

第六节　闸门的制造与安装技术要求

一、钢筋混凝土闸门的制造与安装要求

(一)钢筋混凝土的制造要求

(1)按设计要求制造与安装,要符合相应的规范要求,闸门制作的误差符合有关规定。

(2)闸门预制的场地应平整坚实,排水条件好。

(3)浇筑闸门前应检查埋件的数量与位置。

(4)每个闸门应一次浇完,不得间断,并宜采用机械振捣。

(5)闸门浇制完毕后,应标志型号、混凝土标号、制作日期和上下面,并加强养护。

(6)闸门不得有扭曲及开裂等情况。

(二)闸门的尺寸偏差要求

钢筋混凝土闸门外形尺寸允许偏差和安装的允许偏差参照《水工建筑物金属结构制造、安装及验收规范》(SLJ 201—80)的有关规定执行,见表 7-34。

表 7-34　钢筋混凝土闸门允许偏差

序号	项目	允许偏差
1	预埋螺栓及预埋件位置	2 mm
2	面板厚度	1/12 板厚
3	保护层厚度	3 ~ 5 mm

(三)闸门移运规定

(1)闸门移运时的混凝土强度应满足 R_{28} 强度,如设计要求时不应低于设计标号的 70%。

(2)闸门移运方法和支承位置应符合构件受力情况,防止损伤。

(四)闸门吊装的注意事项

(1)根据安装部位及构件的尺寸、重量、数量和运输道路等来制订吊装计划。

(2)吊装前,应对吊装设备、工具的承载能力等做系统的检查,对闸门应进行外形检查。

(3)闸门在吊装前应校准中心线,其支承结构也应校测和画中心线及高程,宜小于 45°,如大于 45 °,应对构件进行检算。

(五)闸门试件的质量控制

1. 控制要件

构件的制作厂方应根据设计提供的资料:如主要材料的质量证书或材质证明、厂方检测记录、焊缝探伤报告、设计修改通知书、重大缺陷的处理记录、构件发运清单等来控制闸门试件的质量。

2. 控制要求

构件进场在预制过程中应清点抽查,妥善堆放,若有变形,应予矫正,固定埋件的锚栓

或锚筋应按设计要求设置,留出部分长度使埋件有足够的调整余地,闸门槽埋件及启闭机闸门件到场后要妥善保管。

二、铸铁或钢闸门的制造与安装要求

(一)平面闸门底槛门楣安装质量检验

平面闸门底槛门楣安装质量检验部位如图7-26所示。

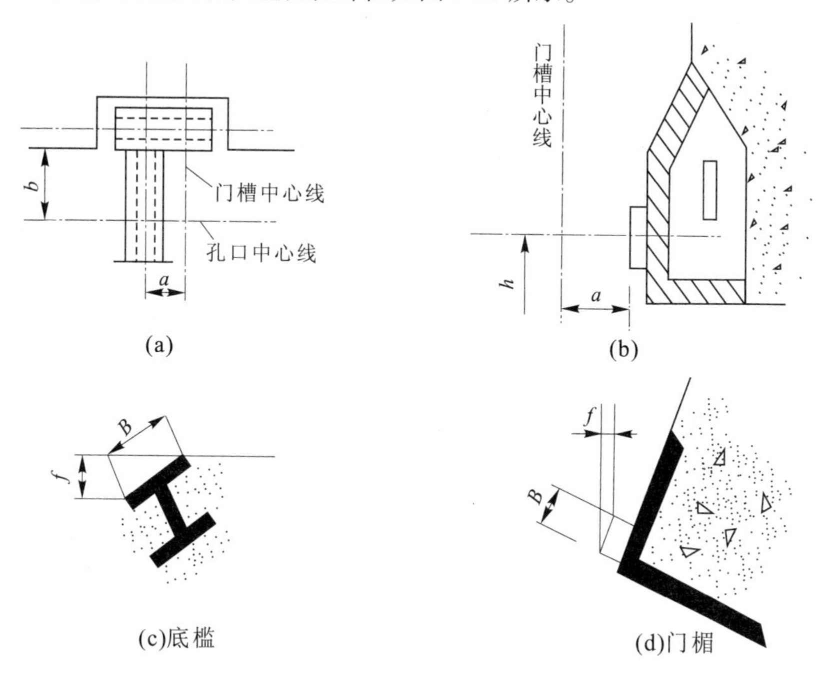

图7-26　平面闸门底槛门楣安装质量检验部位

检验方法:用垂球、钢尺、水平仪测量。

质量标准(允许偏差)如下:

(1)底槛。

①对门槽中心线,±5 mm。

②对孔口中心线,±5 mm。

③高程,±5 mm。

④工作表面平面度,2 mm。

⑤工作表面一端对另一端的高差,当 $L\geqslant 10\ 000$ mm时,为3 mm;当 $L<10\ 000$ mm时,为2 mm。

⑥工作表面组合处的错位,1 mm。

⑦工作表面扭曲 f,工作范围内表面宽度 $B<100$ mm时,为1 mm;$B=100\sim200$ mm时,为1.5 mm;$B>200$ mm时,为2 mm。

(2)门槛。

①对门槽中心线,+2~-1 mm。

②门槽中心对底槛面的距离，±3 mm。

③工作表面平整度，2 mm。

④工作表面扭曲 f，工作范围内表面宽度 $B < 100$ mm 时，为 1 mm；$B = 100 \sim 200$ mm 时，为1.5 mm。

（二）平面闸门主轨、侧轨安装质量检验

平面闸门主轨、侧轨安装质量检验部位如图 7-27 所示。

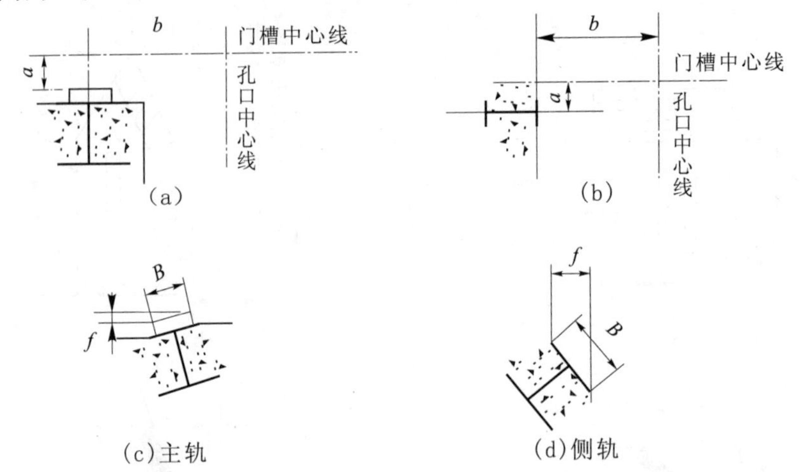

图 7-27　平面闸门主轨、侧轨安装质量检验部位

检验方法：用水平仪、垂线、钢尺测量。

质量标准（允许偏差）如下：

(1)主轨。

①对门槽中心线，工作范围内，加工 +2 ~ −1 mm，不加工 +3 ~ −1 mm；工作范围外，加工 +3 ~ −1 mm，不加工 +5 ~ −2 mm。

②对孔口中心线，工作范围内，加工 +3 mm，不加工 +3 mm；工作范围外，加工 +4 mm，不加工 +4 mm。

③工作表面组合处的错位，工作范围内，加工0.5 mm，不加工 1 mm；工作范围外，加工 1 mm，不加工 2 mm。

④工作表面扭曲 f，工作范围内表面宽度 $B < 100$ mm 时，加工0.5 mm，不加工 1 mm；$B = 100 \sim 200$ mm 时，加工 1 mm，不加工 2 mm。工作范围外允许增加值，加工 2 mm，不加工 2 mm。

(2)侧轨。

①对门槽中心线，工作范围内 +5 mm，工作范围外 +5 mm。

②工作表面组合处的错位，工作范围内 1 mm，工作范围外 2 mm。

③工作表面扭曲 f，工作范围内表面宽度 $B < 100$ mm 时，为 2 mm；$B = 100 \sim 200$ mm 时，为2.5 mm；$B > 200$ mm 时，为 3 mm。工作范围外允许增加值为 2 mm。

（三）闸门侧止水座板、反轨安装质量检验

闸门侧止水座板、反轨安装允许偏差及检验方法见表 7-35。

表 7-35 闸门侧止水座板、反轨安装允许偏差及检验方法

项次	项目				允许偏差(mm)	检测方法
1	侧止水座板	对门槽中心线(工作范围内)			+2 ~ -1	用钢尺和经纬仪测量
2		对孔口中心线(工作范围内)			±3	吊垂线和用钢尺检查测量
3		工作表面平面度(工作范围内)			2	用水平尺测量
4		工作表面组合处的错位(工作范围内)			0.5	用水平尺及游标尺测量
5		工作表面扭曲 f	工作范围内表面宽度 B	$B<100$ mm	1	用钢尺测量
				$B=100\sim200$ mm	1.5	
				$B>200$ mm	2	
1	反轨	对门槽中心线	工作范围内		+3 ~ -1	用钢尺测量
			工作范围外		+5 ~ -2	
2		对孔口中心线	工作范围内		±3	用钢丝线吊垂线、钢尺测量
			工作范围外		±5	用钢尺测量
3		工作表面组合处的错位	工作范围内		1	用水平尺、钢尺测量
			工作范围外		2	
4		工作表面扭曲 f	工作范围内表面宽度 B	$B<100$ mm	2	用钢尺测量
				$B=100\sim200$ mm	2.5	
				$B>200$ mm	3	
			工作范围外允许增加值		2	

检验项目为 9 项,侧止水座板 5 项,反轨 4 项。

(四)平面闸门胸墙、护角安装质量检验

平面闸门胸墙、护角安装质量检验部位如图 7-28 所示。

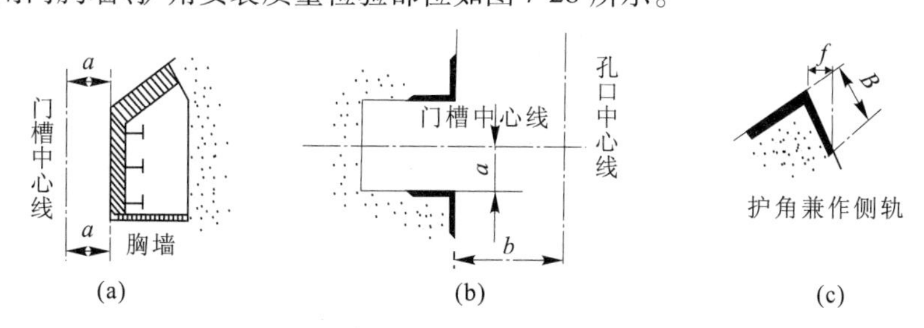

图 7-28 平面闸门胸墙、护角安装质量检验部位

质量标准(允许偏差)如下:

(1)胸墙。

①对门槽中心线(工作范围内)兼作止水上部为 +5 ~0 mm,下部为 +2 ~ -1 mm;不兼作止水上部为 +8 ~0 mm,下部为 +2 ~ -1 mm。

②工作表面平面度(工作范围内)兼作止水上部为 2 mm,下部为 2 mm;不兼作止水上

部为 4 mm，下部为 4 mm。

③工作表面组合处的错位(工作范围内)，兼作止水与不兼作止水均为 1 mm。

(2)护角兼作侧轨。

①对门槽中心线，工作范围内为 ±5 mm，工作范围外为 ±5 mm。

②对孔中心线，工作范围内为 ±5 mm，工作范围外为 ±5 mm。

③工作表面组合处的错位，工作范围内为 1 mm，工作范围外为 2 mm。

④工作表面扭面，工作范围内表面宽度 $B<100$ mm 时，为 2 mm；$B=100\sim200$ mm 时，为2.5 mm；$B>200$ mm 时，为 3 mm。工作范围外允许增加值为 2 mm。

(五)平面闸门工作范围内各埋件距离质量检验

平面闸门工作范围内各埋件距离质量检验允许偏差及检验方法见表 7-36。

表 7-36　平面闸门工作范围内各埋件距离质量检验允许偏差及检验方法

项次	项目	允许偏差(mm)	检查方法
1	主轨(加工)与反轨工作面间的距离	+4 ~ -1	用自制定尺直接测量或通过计算求得，每米至少测 1 点
2	主轨中心距	±4	用钢尺直接测量，每米至少测 1 点
3	反轨中心距	±5	用钢尺直接测量，每米至少测 1 点
4	侧止水座板中心距	±4	用钢尺直接测量，每米至少测 1 点
5	主轨(加工)与侧止水座板面间的距离(指上游封水的闸门)	+3 ~ -1	用钢尺直接测量，每米至少测 1 点或通过计算求得
6	门楣中心和底槛面垂直距离	±2	用钢尺直接测量，两端各侧 1 点，中间测 3 点

(六)平面闸门门体止水橡皮、反向滑块安装质量检验

平面闸门门体止水橡皮、反向滑块安装质量检验允许偏差及检验方法见表 7-37。

表 7-37　平面闸门门体止水橡皮、反向滑块安装质量检验允许偏差及检验方法

项次	项目	允许偏差(mm)	检查方法
1	止水橡皮顶面平度	2	用钢丝线、钢板尺检测
2	止水橡皮与滚轮或滑道面距离	+2 ~ -1	用钢丝线、钢板尺检测
3	反向滑块至滑道或滚轮的距离(反向滑块自由状态)	±2	用钢丝线、钢板尺检测
4	两侧止水中心距离和顶止水至底止水边缘距离	±3	用钢尺测量
5	闸门处于工作状态时，止水橡皮预压缩量应符合图纸要求	+2 ~ -1	现场作预压
6	单吊点闸门应做静平衡试验，倾斜度不超过门高的 1/1 000且≤8 mm		按静平衡试验要求检测

检验方法和数量：

(1)止水橡皮顶面平度：用钢尺检验，通过止水橡皮顶面拉线测量，每0.5 m 测1点。

(2)止水橡皮与滚轮或滑道面距离：用钢丝线、钢板尺检验，通过滚轮顶面或滑道面拉线测量，每段滑道至少在两端各测1点。

(3)反向滑块至滑道或滚轮的距离：用钢丝线、钢板尺检验，通过反向滑块面、滚轮面或滑道面钢丝线测量。

(4)两侧止水中心距离和顶止水至底止水边缘距离：用钢尺测量，每米测1点。

(七)弧形闸门侧止水座板、侧轮导板安装质量检验

弧形闸门侧止水座板、侧轮导板安装质量检验允许偏差及检验方法如表7-38所示。

表7-38 弧形闸门侧止水座板、侧轮导板安装质量检验允许偏差及检验方法

<table>
<tr><th rowspan="2">项次</th><th rowspan="2" colspan="4">项目</th><th colspan="2">允许偏差(mm)</th><th rowspan="2">检查方法</th></tr>
<tr><th>潜孔式</th><th>露顶式</th></tr>
<tr><td rowspan="2">1</td><td rowspan="9">侧止水座板</td><td rowspan="2" colspan="2">对孔口中心线 b</td><td>工作范围内</td><td>±2</td><td>+3 ~ −2</td><td rowspan="2">用钢尺检测</td></tr>
<tr><td>工作范围外</td><td>+4 ~ −2</td><td>+6 ~ −2</td></tr>
<tr><td>2</td><td colspan="3">工作表面平面度</td><td>2</td><td>2</td><td>用2 m 直尺或水平尺检测</td></tr>
<tr><td>3</td><td colspan="3">工作表面组合处的错位</td><td>1</td><td>1</td><td>用钢板尺检测</td></tr>
<tr><td>4</td><td colspan="3">侧止水座板和侧轮导板中心线的曲率半径</td><td>±5</td><td>±5</td><td>用钢尺检测</td></tr>
<tr><td rowspan="4">5</td><td rowspan="4">工作表面扭曲 f</td><td rowspan="3">工作范围内表面宽度 B</td><td>$B<100$ mm</td><td>1</td><td>1</td><td rowspan="4">用钢尺检测</td></tr>
<tr><td>$B=100\sim200$ mm</td><td>1.5</td><td>1.5</td></tr>
<tr><td>$B>200$ mm</td><td>2</td><td>2</td></tr>
<tr><td colspan="2">工作范围外允许增加数值</td><td>2</td><td>2</td></tr>
<tr><td rowspan="2">1</td><td rowspan="10">侧轮导板</td><td rowspan="2" colspan="2">对孔口中心线 b</td><td>工作范围内</td><td colspan="2">+3 ~ −2</td><td rowspan="2">用钢尺或经纬仪检测</td></tr>
<tr><td>工作范围外</td><td colspan="2">+6 ~ −2</td></tr>
<tr><td>2</td><td rowspan="2" colspan="3">工作表面平面度</td><td rowspan="2" colspan="2">2</td><td rowspan="2">用3 m 直尺或水平尺检测</td></tr>
<tr><td>3</td></tr>
<tr><td>4</td><td colspan="3">工作表面组合处的错位</td><td colspan="2">1</td><td>用钢板尺检测</td></tr>
<tr><td rowspan="5">5</td><td colspan="3">侧止水座板和侧轮导板中心线的曲率半径</td><td colspan="2">±5</td><td>用钢尺检测</td></tr>
<tr><td rowspan="4">工作表面扭曲 f</td><td rowspan="3">工作范围内表面宽度 B</td><td>$B<100$ mm</td><td colspan="2">2</td><td rowspan="4">用钢尺检测</td></tr>
<tr><td>$B=100\sim200$ mm</td><td colspan="2">2.5</td></tr>
<tr><td>$B>200$ mm</td><td colspan="2">3</td></tr>
<tr><td colspan="2">工作范围外允许增加数值</td><td colspan="2">2</td></tr>
</table>

(八)弧形闸门工作范围内各埋件距离质量检验

弧形闸门工作范围内各埋件距离质量检验允许偏差及检验方法如表7-39所示。

表7-39　弧形闸门工作范围内各埋件质量检验允许偏差及检验方法

项次	项目	允许偏差(mm)		检验方法
		潜孔式	露顶式	
1	底槛中心与铰座中心水平距离	±4	±5	用钢尺、垂球、水准仪、经纬仪检测
2	侧止水底板中心与铰座中心水平距离	±4	±6	用钢尺、垂球、水准仪、经纬仪检测
3	铰座中心与底槛垂直距离	±4	±5	用钢尺、垂球、水准仪、经纬仪检测
4	两侧止水底板间的距离	±4 ~ −3	+5 ~ −3	用钢尺、垂球、水准仪、经纬仪检测
5	两侧轮导板距离	+5 ~ −3	+5 ~ −3	用钢尺、垂球、水准仪、经纬仪检测

检验数量与部位:

(1)底槛中心与铰座中心水平距离,两端各测1点。

(2)侧止水底板中心与铰座中心水平距离,两端各测1点,中间每米测1点。

(3)铰座中心与底槛垂直距离,两端各测1点。

(4)两侧止水底板间的距离,每米测1点。

(九)弧形闸门铰座钢梁、铰座基础螺栓中心及锥形铰座基础环安装质量检验

弧形闸门铰座钢梁、铰座基础螺栓中心及锥形铰座基础环安装质量检验位置见表7-40。

表7-40　弧形闸门工作范围内各埋件质量检验允许偏差及检验方法

项次	项目	检验工具	检验位置
1	铰座钢梁里程	钢丝线、钢尺、钢板尺或水准仪、经纬仪	L
2	铰座钢梁高程		
3	铰座钢梁中心和孔口中心		
4	铰座钢梁倾斜度		
5	铰座基础螺栓中心	钢尺、垂球或水准仪、经纬仪	如各螺栓的相对位置已用样板或框架准确固定在一起,则可测样板或框架的中心
6	锥形铰座基础环中心	钢丝线、垂球、钢板尺或水准仪、经纬仪	
7	锥形铰座基础环(加工)表面铅垂度		

注:填写本表时,应根据闸门设计要求及安装方法填写,本表例子只是安装方法中的一种。

(十)弧形闸门门体支臂两端连接板和抗剪板及止水安装质量检验

弧形闸门门体支臂两端连接板和抗剪板及止水安装质量标准与检验方法见表 7-41。

表 7-41　弧形闸门门体支臂两端连接板和抗剪板及止水安装质量标准与检验方法

项次	项目	质量标准	检验方法
1	支臂两端的连接板和铰链、主梁接触	良好	用塞尺检验接触情况
2	抗剪板和连接板接触	顶紧	用塞尺检验接触情况
项次	检验项目	允许偏差(mm)	检验方法
1	止水橡皮实际压缩量和设计压缩量之差	+2 ~ -1	用钢板尺沿止水橡皮长度检查橡皮压缩量

(十一)人字闸门埋件底枢装置安装质量检验

检验方法:用经纬仪、水平仪、钢板尺检验。

检验部位如图 7-29 所示。

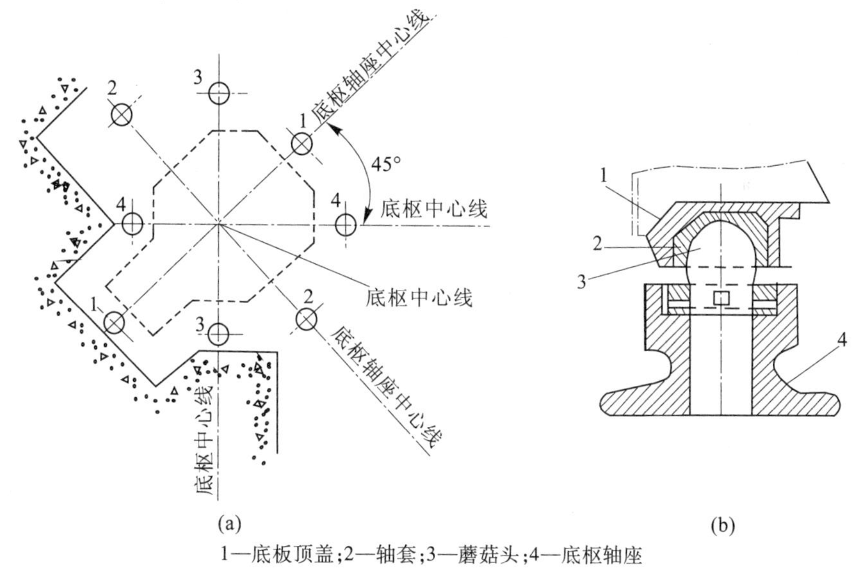

1—底板顶盖;2—轴套;3—蘑菇头;4—底枢轴座

图 7-29　检验剖位

检验质量标准(允许偏差)如下:

(1)蘑菇头中心,允许偏差 2 mm。

(2)两蘑菇头相对高程,允许偏差 2 mm。

(3)底枢轴座水平,允许偏差每米 1 mm。

(4)蘑菇头高程,允许偏差 ±3 mm。

(十二)人字闸门埋件顶枢装置及枕座安装质量检验

1. 检验方法

(1)两拉杆中主线交点与顶枢中心,用钢丝线、钢板尺、垂球、水准仪、经纬仪检验。

(2)拉杆两端高差,用水准仪、经纬仪检验。

(3)顶枢轴两座板铅垂度,用钢丝线、钢板尺、垂球检验。

(4)枕座中心线(倾斜值),用钢丝线、钢板尺、垂球、经纬仪检验,检验位置如图7-30所示。

(5)支枕垫块间隙,用塞尺、钢板尺检验。检验数量,每对支枕块的两端检测1次。

(6)每对相接触的支枕垫块中心线偏移,用塞尺、钢板尺检验每块支枕垫块的全长。

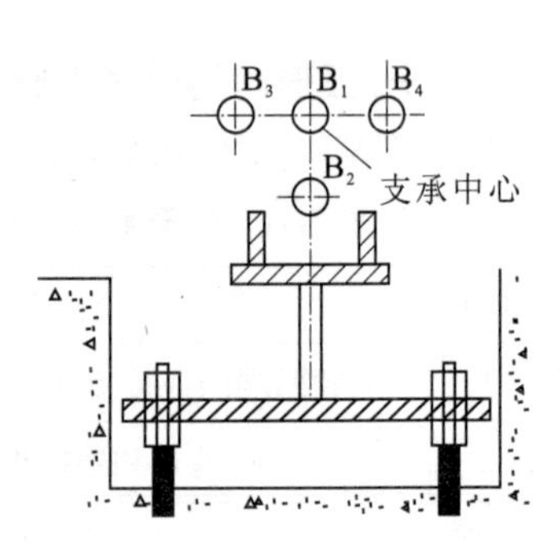

图7-30

2. 质量检验标准

(1)两拉杆中心线交点与顶枢中心,允许偏差为2 mm。

(2)拉杆两端高差,允许偏差为1 mm。

(3)顶枢轴两座板铅垂度,允许偏差为每米1 mm。

(4)枕座中心线(倾斜值),允许偏差为2 mm。

(5)每对相接触的支枕垫块中心线偏移,允许偏差为5 mm。

(6)支枕垫块间隙,局部的允许偏差为0.4 mm,连续长度不超过10%,连续的偏差为0.2 mm。

(十三)人字闸门门体顶、底枢轴线安装质量检验

人字闸门门体顶、底枢轴线安装质量检验允许偏差及检查方法如表7-42所示。

表7-42　人字闸门门体顶、底枢轴线安装质量检验允许偏差及检查方法

项次	项目	允许偏差(mm)	检查方法
1	顶、底枢轴线偏离值	2	用钢丝线、垂球、钢板尺、钢尺及经纬仪检查
2	旋转门叶,从全开到全关过程中,斜接柱上任一点的跳动量 门宽小于12 m 门宽大于12 m	 1 2	用胶布将钢板尺贴于门体斜接柱端上,然后用水准仪观测
3	底横梁在斜接柱一端的下垂度	5	用钢丝线、垂球、经纬仪检测

(十四)人字闸门门体止水橡皮安装质量检验

人字闸门门体止水橡皮安装质量检验允许偏差及检验方法如表7-43所示。

表7-43　人字闸门门体止水橡皮安装质量检验允许偏差及检验方法

项次	项目	允许偏差(mm)	检查方法
1	止水橡皮顶面平度	2	用钢丝线、钢板尺通过止水橡皮顶面拉线测量
2	止水橡皮实际压缩量和设计压缩量之差	+2 ~ -1	用钢板尺沿止水橡皮长度检查

(十五)活动式拦污栅埋件安装质量检验

活动式拦污栅埋件安装质量检验允许偏差及检验方法如表7-44所示。

表7-44　活动式拦污栅埋件安装质量检验允许偏差及检验方法

项次	项目	允许偏差	检查方法
1	主轨对栅槽中心线	+3～-2 mm	用钢丝线、垂球、钢板尺、水平仪、经纬仪检测
2	反轨对栅槽中心线	+5～-2 mm	用钢丝线、垂球、钢板尺、水平仪、经纬仪检测
3	底槛里程	±5 mm	用水准仪检测
4	底槛高程	±5 mm	用水准仪检测
5	底槛对孔口中心线	±5 mm	用钢丝线、垂球、钢板尺、经纬仪检测
6	主、反轨对孔口中心线	±5 mm	用钢丝线、垂球、钢板尺、经纬仪检测
7	倾斜设置的拦污栅的倾斜角度	10′	用钢丝线、垂球、钢板尺、经纬仪检测
8	底槛工作面一端对另一端的高差	3 mm	用水准仪或水平仪、钢尺检测

说明：

(1)主轨对栅槽中心线检验数量，两端各测1点，中间测1～3点。

(2)反轨对栅槽中心线检验数量，两端各测1点，中间测1～3点。

(3)底槛高程检验数量，每米至少测1点。

(4)底槛对孔口中心线检验数量，至少检测1点。

(5)主、反轨对孔口中心线检验数量，每米至少检测1点。

(十六)活动式拦污栅孔口部位各埋件间距离质量检验

活动式拦污栅孔口部位各埋件间距离质量检验允许偏差及检验方法如表7-45所示。

表7-45　活动式拦污栅孔口部位各埋件间距离质量检验允许偏差及检验方法

项次	项目	允许偏差(mm)	检查方法
1	主、反轨工作面间距离	+7～-3	用钢尺测量
2	主轨对孔口中心线	±5	用钢丝线及垂球、经纬仪检测
3	反轨对孔口中心线	±5	用钢丝线及垂球、经纬仪检测

检验数量：每米测1点。

(十七)固定卷扬式启闭机试运转质量检验

无负荷运行时，电气和机械部分应符合下列要求：

(1)电动机运转平稳，三相电流平衡。

(2)电气设备无异常发热现象。

(3)控制器接头无烧损现象。

(4)检查和调试限位开关，使其动作准确、可靠。

(5)高度指示器指示正确,主令装置动作准确、可靠。

(6)所有机械部件运转时,无冲击声和异常声音。

(7)各构件连接处无裂纹、松动或损坏现象,机箱无渗油现象。

(8)运行时,制动闸瓦应全部离开制动轮,无任何摩擦。

(9)钢丝绳在任何情况下,不与其他部件碰刮,定、动滑轮转动灵活,无卡阻现象。

静负荷试运转应符合下列要求:

(1)如果有条件按1.25倍(或设计要求值)的额定负荷进行静负荷试验,则电气和机械部分应符合静负荷试运转规定,制动器能制止1.25倍(或设计要求值)额定负荷的升降,其动作平稳、可靠,负荷控制器动作应准确、可靠。

(2)如果无条件进行1.25倍(或设计要求值)的额定负荷试验,则连接闸门做无水压和有水压全行程启闭试验,其电气和机械部分应符合无负荷试运转规定,制动器能制止住闸门的升降,动作平稳、可靠,负荷控制器动作应准确、可靠。

如果为快速闸门,则快速关闭时间应符合设计要求。

(十八)螺杆式启闭机中心、高程、水平和螺杆铅垂度质量检验

螺杆式启闭机中心、高程、水平和螺杆铅垂度质量检验允许偏差及检查方法如表7-46所示。

表7-46　螺杆式启闭机中心、高程、水平和螺杆铅垂度质量检验允许偏差及检查方法

项次	项目	允许偏差(mm)	检查方法
1	纵、横中心线	2	用钢尺、垂球、经纬仪检查
2	高程	±5	用水平仪检查
3	水平	每米0.5	用水平仪及水平尺检查
4	螺杆与闸门连接前铅垂度	每米0.2,L=4 000	用钢丝线、垂球、经纬仪检查
5	机座与基础板接触情况	紧密接触间隙<0.5	用钢尺及塞尺检查

检验方法:用经纬仪、水准仪、垂球、钢板尺检验。

螺杆启闭机机座的纵、横向中心线应根据闸门吊耳实际位置的起吊中心线测定,双吊点启闭机应进行两螺杆同点进行测试,应确保两螺杆升降行程一致,符合《水利水电工程启闭机制造、安装及验收规范》(DL/T 5019—94)中6.3试运转要求。

(十九)螺杆式启闭机试运转质量检验

无负荷试运转时,电气和机械部分应符合下列要求:

(1)手摇部分应转动灵活、平稳,无卡阻现象,手、电两用机构的电气闭锁装置应可靠。

(2)行程开关动作灵敏、准确,高度指示器指示准确。

(3)转动机构运转平稳,无冲击声和其他异常声音。

(4)电气设备无异常发热现象。

(5)机箱无渗油现象。

(6)对双电机驱动的启闭机,应分别通电,使其旋转方向与螺杆升降方向一致。

静负荷试运转，启闭机连接闸门，做无水压和水压全部启闭试验后符合下列要求：

(1)电气和机械部分符合无负荷试运转的各项要求。

(2)对于装有超载保护装置的螺杆式启闭机，该位置的动作应灵敏、准确、可靠。

(二十)油压启闭机机架安装及活塞杆铅垂度质量检验

油压启闭机机架安装及活塞杆铅垂度质量检验允许偏差及检查方法如表7-47所示。

表7-47　油压启闭机机架安装及活塞杆铅垂度质量检验允许偏差及检查方法

项次	项目	允许偏差(mm)	检查方法
1	机架纵、横向中心线	2	用钢尺、经纬仪、垂球、钢丝线检测
2	机架高程	±5	用水准仪检测
3	活塞杆每米铅垂度	0.5	用钢丝线、垂球及经纬仪检测
4	活塞杆全长铅垂度	L/4 000	用钢丝线、垂球及经纬仪检测
5	双吊点液压启闭机支承面的高差	不应超过±0.5	用水准仪检测

(二十一)油压启闭机机架钢梁与推力支座安装质量检验

油压启闭机机架钢梁与推力支座安装质量检验允许偏差及检查方法如表7-48所示。

表7-48　油压启闭机机架钢梁与推力支座安装质量检验允许偏差及检查方法

项次	项目	允许偏差(mm)	检查方法
1	机架钢梁与推力支座组合面通隙	0.05	用塞尺检测
2	机架钢梁与推力支座组合面局部间隙	0.1	用塞尺检测
	局部间隙深度	1/3组合面宽度	用塞尺、钢尺检测
	局部间隙累计长度	20%周长	用塞尺、钢尺检测
3	推力支座顶面水平	每米0.2	用水准仪或2 m直尺及水平仪检测

(二十二)门式启闭机安装单元工程质量检验

门式启闭机门腿安装质量检验方法、数量、标准如下：

(1)门腿高度H用钢尺测量，数量不少于4点，标准±(4～5) mm。

(2)上下端向平面和侧向立面对角线相对差，$H \leq 10$ m，标准5～10 mm；$H>10$ m，标准12～15 mm。方法：用钢尺量，数量不多于4点。

(3)门腿倾斜度：方法为吊垂线，标准每米0.4～0.5 mm，数量不少于4点。

制动器安装方法、标准、数量如下：

(1)制动轮径向跳动，$D<200$ mm时，为0.10 mm；$D=200\sim300$ mm时，为0.12 mm；$D>300$ mm时，为0.18 mm。

(2)制动轮端面圆跳动，$D<200$ mm时，为0.15 mm；$D=200\sim300$ mm时，为0.20 mm；$D>300$ mm时，为0.25 mm。

(3)制动轮制动带的接触面积不小于总面积的75%。

以上三项均至少检验9点，用百分表检验。

第七节　SIM－2 型智能闸门开度测量装置的主要功能

智能闸门开度测量装置适用于各种平板闸门、弧形闸门、人字闸门的闸门位置及门机、桥机、吊车等的起吊高度数字化自动测量与控制。由 DG－2 系列或 DG－3 系列或 DG－4 系列的闸门开度传感器和开度仪两部分组成，传感器采用接触式轴角编码器，以精度变速传动机构作为测量传感器开度仪，采用了单片微机处理和大规模集成电器，其具有集成度高、功能强、性能稳定可靠等特点。

一、主要功能

智能闸门开放测量装置的主要功能有以下几点：

(1)输入闸门开度编码信号，并用 LED 数码显示其实际开度值。

(2)设定闸门开度上下限及中间预置设定值时，上限或中间预置继电器常开触点断开，当开度指示值小于或等于下限设定值时，下限继电器常开触点闭合，常闭触点断开。

(3)提供一个并行 BCD 码输入接口(可选)。

(4)提供一个半双 RS－485 通信接口2 400 bps(可选)。

(5)具有开机自动复检功能。

(6)具有任意设定超限声报警功能，声音报警可以消除。

(7)提供一个 4～20 mA 或 0～10 mA 输出(可选)。

主要传感器测量原理是：利用编码器的电刷在圆形硬盘上不同角度的接触，而读出不同的编码数字，来反映被测闸门的直线位移值，并通过多芯传播电缆将编码信号送给开度仪，进行数字化处理，用 LED 数码显示其闸门开度值，经过驱动后输出即是闸门开度 BCD 码值(TTL 电平)。

当被测闸门到达预先设定的位置时，开度仪发出声光报警，同时继电器触点动作，通过外线路控制启闭机传输，从而达到自动测量和控制的目的。

二、主要的技术性能指标

(1)测量的范围：0～99.99 m。

(2)精度：±1 cm。

(3)读数精度：±1 cm。

(4)显示位数：4 位(LED 数码管显示)。

(5)传输距离：2 km(传感器主开度仪并行)。

(6)继电器触点输出对数：3 对(上限、下限、中间预置)。

(7)闸门开度编码输出方式：BCD 码(TTL 电平)。

(8)继电器触点容量：220 V AC/SA 或 27 V DC/SA。

(9)电源显示器为：220 V AC/50 Hz，传感器为 12 V DC(由开度仪通过传感器传输电缆供电）。

（10）功率＜20 W。

（11）使用条件：

①开度仪工作温度为 –5 ~50 ℃，相对湿度为90% *RH*（40 ℃）。

②传感器工作温度为 –20 ~60 ℃，相对湿度为95% *RH*（40 ℃）。

三、传感器的安装

荷载传感器的安装正确与否直接影响到仪表的测量与控制精度，基本要求是：

（1）传感器必须水平安装。

（2）被测力必须与传感器荷重触点的中心轴线重合，避免侧向力带来的测量误差。

（3）在被测力从零到满量程的变化范围内，力必须和传感器荷重触点紧密配合。

四、使用传感器的注意事项

（1）为了防止电流（由雷电、电焊等组成）损坏传感器，应在传感器两端用粗钢导线短连，以便进行电断旁路保护。

（2）在传感器安装中，将连接螺杆（或螺帽）与传感器连接时，应用工具固定传感器的正端。

（3）施工传感器的力（或重力）的方向与传感器轴间的夹角大于1°时，将影响其精度和灵敏度。

（4）为了防止传感器被折断的危险，必须在传感器两端设保护装置。仪表本体安装按照表7-49 的要求连接好传感器与仪表本体间的回芯屏蔽电缆，各脚标号如表7-49所示。

表7-49　AB 传感器输入接线

特性	E＋	V＋	V–	E–	屏蔽
传感器脚标号	1	2	3	4	5
仪表脚标号	1	2	3	4	5

根据需要把荷重上限预报警两组转换触点（常闭或常开）接入用户控制回路。

第八节　VHQ/VCQ 系列闸门开度传感器安装监控

一、概述

VHQ/VCQ 系列闸门开度传感器是闸门开度测量的传感件，它广泛应用于各种平板闸门、弧形闸门、人字闸门、门机、吊机和船阀等闸门的开度监测与自动化控制中，其中VHQ 系列闸门开度传感器采用接触式轴角编码器，具有断电记忆功能。VCQ 系列闸门开度传感器采用光电式轴角编码器,具有使用寿命长的特点,如定货无特殊说明,所有为各类闸门开度测量控制设备配备使用的传感器均采用 VHQ 系列闸门开度传感器。

二、主要技术参数

几种闸门的主要技术参数如表 7-50 所示。

表 7-50　几种闸门的主要技术参数

类别	参数						
	测量范围	分辨率	测量精度	传输距离(km)	环境温度(℃)	环境湿度(%)	外形尺寸(mm)
平板闸门 弧形闸门	0 ~ 10 m/40 ~ 80 m	1 cm	±1 cm	≤2.5	-40 ~ 60	≤95 (25 ℃)	VHQ - 10M 190 × 110 × 200
人字闸门	0° ~ 100°	0.1°	±0.1°	≤2.5	-40 ~ 60	≤95 (25 ℃)	VHQ - 40M 100 × 90 × 182 VHQ - 80M 190 × 90 × 182

三、安装监控的细则

传感器的安装所要解决的主要问题是传感器与被测闸门的传动连接,它随着启闭机的类型(卷扬式启闭机、液压式启闭机等)、闸门的种类(平板闸门、弧形闸门、人字闸门)、测量参数(开启高度)、开启角度的不同而异,但一般来说,有下面几种连接方法。

(一)连轴器连接法

连轴器连接法是一种传感器与启闭机或闸门的转动轴直接相连的安装方法,它适用于与传感器相连、转动角度较大的场合,广泛应用于卷扬式启闭机,其中联轴器是为闸门开度传感器配套供货的一个连接器,它的一端用顶丝固定在传感器的转轴上,另一端可与卷扬式启闭机的卷筒轴或其他转动轴相连接,也可直接装在液压式启闭机人字闸门的门轴上。

(二)链条连接法

链条连接法是一种通过链条传动来把传感器与启闭机的转动轴连接起来的方法,特别适合于传感器距离启闭机转运轴较远的地方,或传感器安装空间有限的地方,有通过增加传动比来增大传感器转角的特点,能提高闸门开度的测量精度。

(三)齿轮啮合法

齿轮啮合法是一种通过齿轮啮合来把传感器与启闭机的转动轴连接起来的安装方法,由于它可以通过增加传动比来大幅度地增大传感器的转动角度,所以能大大提高闸门开度的测量精度,读法特别适合于被测点转动角度较小的场合,即在液压弧形闸门的开度测量时,可在铰链座上装一传动杆(即大齿数扇齿轮),然后通过齿轮啮合来带动传感器的转动。

(四)吊接法

吊接法是一种适用于各种平板闸门和弧形闸门开度测量的通用安装方法,它的原理是:在传感器的转动轴上装一挂轮,然后再用系有重锤的钢丝线穿过挂轮,固定在被测闸门上,当闸门升降时,重锤通过钢丝绳带动挂轮,从而使传感器转动。

采用弹拉式传感器、TL系列闸位传感器是为闸门开度测量而新开发的一种实用传感器,它采用吊接法测量原理,但省去了挂轮和重量,有吊装式和座装式两种安装方法,使用灵活,特别适合于各种液压平板闸门的测量。

四、调整

根据传感器的安装方法,将传感器与被测部件连接后启动闸门,使其归复零位(如平板闸门、弧形闸门刚好放到底,人字闸门关闭等),转动传感器,使测量设备的显示数值由大到小变化,直至为零,拧紧传感器的固定顶丝即可。

附:南水北调中线一期工程总干渠辉县四标段项目部的金属结构制作与安装的技术要求

南水北调中线一期工程总干渠辉县四标段项目部的金属结构制作与安装的技术要求

一、施工准备

根据施工图纸,编写施工方案,并要求施工人员熟练掌握工程图纸和施工规范,工程管理人员要向施工人员进行工程图纸、施工验收规范的技术、安全、质量交底。

金属结构及电气设备安装前,应将安装场地平整好,吊装机械和安装人员就位,金属结构及电气设备的各部件运到安装场地,按照各部件的安装顺序施工。

安装所用水准仪、经纬仪、水平尺、50 m钢卷尺等量测工具均应经确认的国家计量单位的检测。

二、主要施工方法

(一)平板闸门及埋件安装

1.平板闸门安装

安装方法为汽车起重机配合启闭机吊装就位。

1)平板闸门安装

Ⅰ.复测

分节组装的叠梁式闸门放于平台上,支垫水平,使其达到出厂要求,对闸门进行拼装和零部件组装,同时进行全面检查和复测,具体项目如下:

(1)全面检查闸门的平直度。

(2)检查门叶对角线及门叶扭曲。

(3)检查门叶的水封座板处的平面度。

(4)门叶主滑块对水封垫的高度及反向滑块对面板的高度符合设计要求。

Ⅱ.分节组装

分节闸门按出厂编号组装。

对分节闸门组装后,除检查以上项目外,还要检查组合处错位,其应不大于2 mm。所有检查项目均符合DL/T 5018—94的有关规定。

Ⅲ.水封安装

(1)按水封座板的位置将水封铺展开,按实际尺寸下料。

(2)水封下料后,接头处的黏接采用冷黏接,接前将切口用木锉锉平整,切口保持清洁干净。冷黏接时,在切口处涂黏接材料,上模具压接至规定时间,黏接后检查黏接质量是否完整,不得有裂口和黏接不牢情况,否则重新黏接。

(3)黏接后的水封敷到水封座板处,按编号压上水封压板,水封螺栓孔用专用的空心钻头打孔,且孔径小于螺栓直径1 mm,打一个孔穿入一个螺栓,待所有螺栓全部穿入后,均匀把紧,在把紧的同时测量水封的平度,其不平度不得大于规范要求,封水尺寸符合设计要求。整个闸门的水封不得有断口、损伤。

Ⅳ.吊装

平面叠梁闸门直接利用汽车起重机和移动式启闭机相互配合进行。

(1)安装前,首先将闸门槽内所有杂物、门槽埋件表面水泥浆清除,底槛打扫干净,埋件的封水面用砂纸打磨光滑,不得有硬点。

(2)用汽车起重机将闸门放于门槽内,再用移动式启闭机逐节进行与自动抓梁的脱挂试验,自动脱挂动作灵活、安全可靠,试验后逐节进行就位安装。

(3)闸门安装后,按平面闸门安装要求对水封进行透光检查,符合规范要求。

2)平面闸门试验

Ⅰ.静平衡试验

将闸门自由地吊离地面100~200 mm,测量上下游方向和左右方向(左右方向可测闸门中心线)的倾斜,其倾斜不超过门高的1/1 000,且不大于8 mm,超过规定时,调整启闭机两吊点绳长。

Ⅱ.在无水情况下全行程启闭试验

在无水情况下对闸门进行全行程启闭试验,试验过程中,滚轮或滑道的运行应无卡阻现象。

全关闭状态下对水封进行透光检查,止水应严格符合规范要求;全程启闭过程中闸门水封处应进行喷水润滑,防止损坏水封橡皮。

Ⅲ.静水启闭试验

在条件允许情况下,对工作闸门进行设计水位全程启闭试验,检查项目同前,透光检查改为漏水量检查。

Ⅳ.通用性试验

对利用一套自动抓梁操作多扇闸门的情况,逐孔、逐扇门进行操作配合试验,并确保脱挂梁动作100%可靠。

2.埋件安装

平面闸门埋件与土建施工交叉进行,用汽车起重机吊装,人工配合就位安装。其施工流程如图7-31所示。

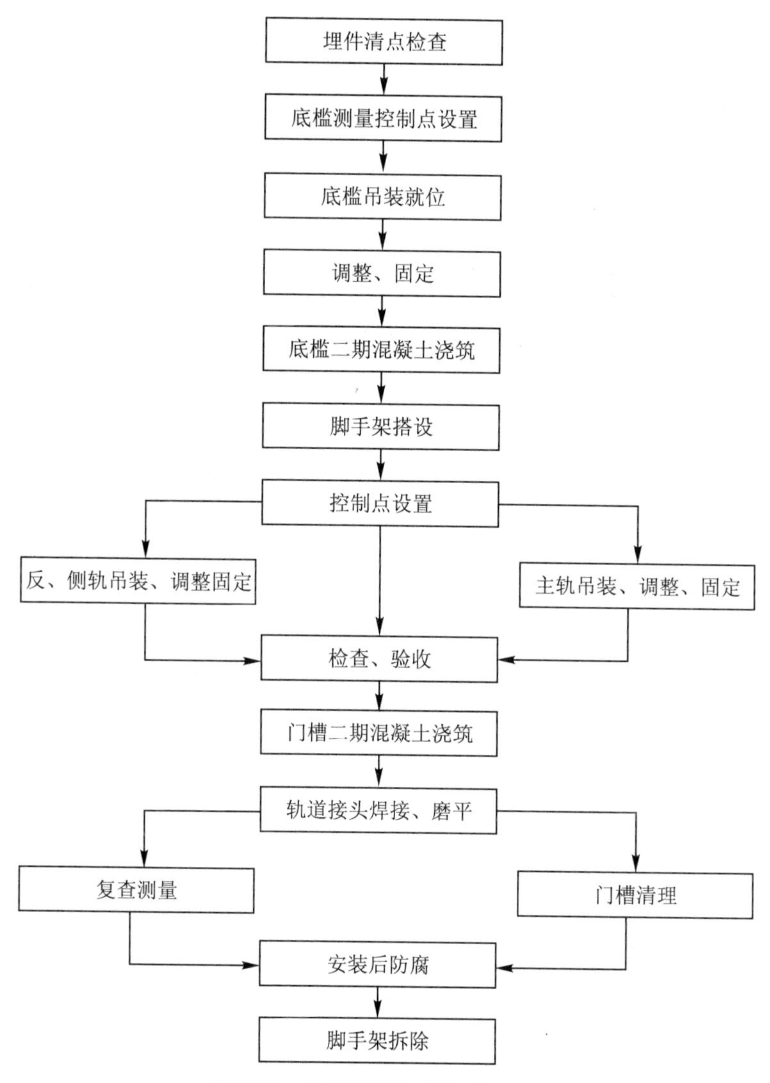

图7-31　平面闸门埋件安装流程图

1)基准线测放

控制点线的测放,统一使用水工建筑使用的控制线,平面闸门安装基准线有桩号控制线、高程控制点和孔口中心线控制点。

Ⅰ.桩号控制线的测放

利用水工建筑给定的桩号控制线,用经纬仪和经校验过的钢卷尺分别测放出闸门底槛中心控制线，并做永久点于闸墩侧面。控制线各孔应一致。

Ⅱ. 高程控制点的测放

利用水工建筑使用的高程控制点经过闭合测量，校对准确后作为控制点使用。

测放的底槛中心控制线和高程控制点，做永久点于每孔的底板上，每孔至少3个点。

Ⅲ. 孔口中心控制点的测放

利用水工建筑使用的进口横向控制点，分别测放出每孔的孔口中心线，孔口中心线与图纸要求的孔口中心线相比较，其偏差不超过±3 mm。并在底板上做永久点。

2）实地放样

以实际测放的高程、桩号、孔口中心线，按施工图实地测放出平面闸门埋件的位置大样。放样时分成两步：第一步，放出底槛的安装位置控制线，放样后马上进行底槛安装，底槛安装调整合格后进行加固；第二步，在底槛安装的基础上再测放主轨、反轨、护角以及侧轨等部件的实样。

3）底槛安装

（1）底槛安装前经检查核对，用标准钢尺在底槛埋件的纵向、横向各1/2处，分别画出其纵、横中心线，这两条线在安装时，即为底槛的里程和孔口中心线。

（2）底槛的纵向中心线与测放的中心桩号重合，横向中心与孔口中心重合。

（3）底槛的高程以纵向中心线处高程为准，每1 m一个测点，横向水平误差控制在±5 mm范围内。

（4）底槛调整合格后，将埋件锚筋与混凝土内插筋焊接固定。

（5）全部加固后，复测底槛的高程、里程，孔口中心及埋件的横向水平均符合规范要求；否则，要重新进行调整。

4）主、反轨安装

（1）按实地所放的大样将主、反轨等第一节按其各自的位置进行就位、找正，在第一节的下部和上部各焊2～3个调整螺栓。

（2）反复校核其对孔口中心、门槽中心以及两侧门槽的相对位置，调整可调螺栓，使第一节埋件底部达到设计尺寸和规范要求。

（3）在门槽的混凝土浇筑顶面或适当位置吊挂钢琴线，每根主、反轨工作面和侧面各一根，底部用重垂球将钢琴线拉直，重垂球一般在5～10 kg，并在底槛部位用油桶将重垂球稳住，将钢琴线到主、反轨表面调整成一个固定的整数数值，用该线控制主、反轨的垂直度和平度。

（4）主、反轨在安装过程中，每1 m左右焊一对可调螺栓，每0.5 m左右测一组数据，使各数值都控制在规范要求之内。

（5）除第一节外，以后各节在吊装和安装过程中，避免碰撞下面一节，吊装到位的任何一节，其顶部和底部分别焊两个可调螺栓，粗调后中间每1 m左右再焊一对螺栓进行细调，当局部变形较大时，另增焊螺栓进行调整。

（6）每孔的两侧门槽同时进行安装，安装时除单侧控制其垂直度外，两侧主、反轨还要随时控制其平行度。平行度2 m左右测一组。

(7)每孔的主、反轨安装到顶后,重新进行全面复测和进行全面的调整。

(8)全面复测调整后进行加固。加固时,用埋件本身的锚筋和一期混凝土内的插筋进行焊接,加固筋数量每0.5 m左右一组,一组约4根。

(9)全面加固后对整体进行一次全面复测,其允许偏差符合DL/T 5018—94的有关规定,超过规范的位置,重新进行调整,整个埋件必须都在规范要求范围之内。

(二)弧形闸门及埋件安装

弧形闸门及埋件安装与平面闸门及埋件安装类似,与混凝土浇筑交叉进行,其施工流程如图7-32所示。

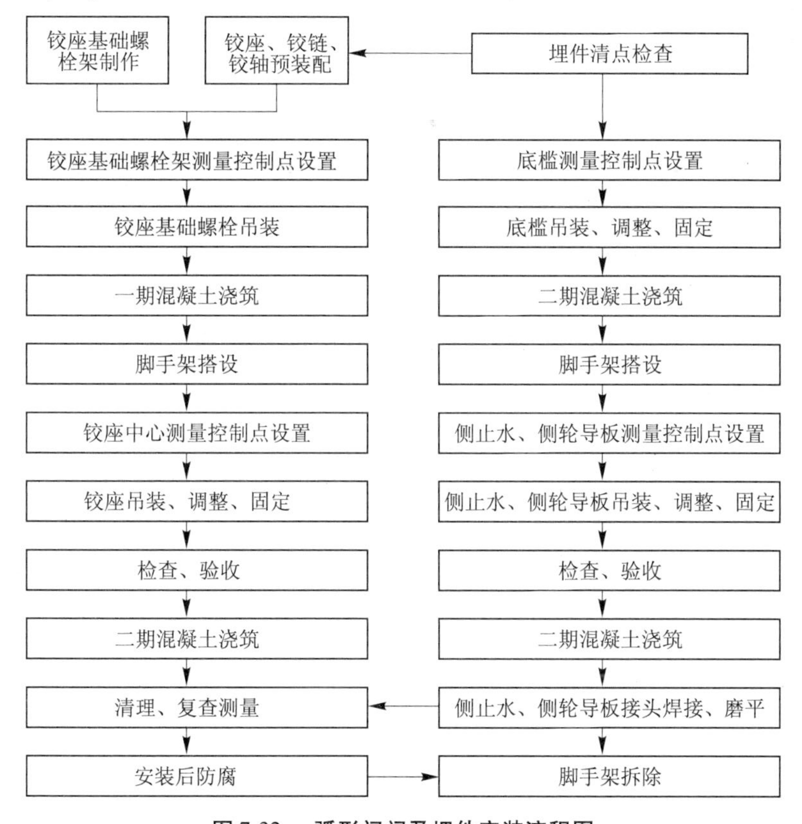

图7-32　弧形闸门及埋件安装流程图

1. 圆柱铰安装

(1)将圆柱铰的固定铰和活动铰用手拉葫芦拉紧,防止相对转动。

(2)用塔吊提升圆柱铰穿入基础板的固定螺栓调整中心并固定。

(3)调整高度,使活动铰与支臂的连接面处于垂直位置。

(4)调整后将活动铰吊挂于闸墩上。

(5)支铰安装工作结束,并经监理人检查认可后,浇筑二期混凝土。

(6)在二期混凝土的强度达到施工图纸要求,并检查左右铰座中心孔同心度符合规定后,将弧形闸门的支臂与支铰座连接。

2. 支臂组装

由于支臂尺寸较大，需分件制作，运到工地后现场拼装成整体，工地支臂组装方案如下。

1）组装场地

选择在闸门出口两侧。

2）组支墩

在组装平台上测放出上下支臂中心线，在中心线上设7个钢支墩，一个设在中心线交会处，其他6个设在两支臂中心线上，钢支墩用锚筋定位于平台上。用钢琴线按支臂的几何尺寸在钢支墩上放出中心线及边线，第一个支臂组装后，在支臂内外边缘焊接定位块。

3）支臂组装

Ⅰ. 上、下支臂拼接

先用起重机将下支臂按其中心线和边缘线平放于钢支墩上，按边缘线找正，再将上支臂吊于另一侧支墩上，按边缘线找正，与下支臂对接处按厂标记或定位块找正，无标记时用1 m钢板尺靠齐，错位不得超过要求范围。

Ⅱ. 复测

对位后校核支臂开口处的弦长、开口端平面扭曲、支臂长度、支臂对接部位的错位，均不得超过允许范围。复测合格后，即可进行连接杆件的拼装，拼装按厂内出厂标记一一对位安装，并点焊固定。

4）焊接

支臂组装点焊后，可进行全面焊接。选好焊接部位，采取分层退步法、对称焊等方法，适当控制焊接量，以防止焊接变形。

Ⅰ. 支臂对接焊缝

该焊缝为Ⅰ类焊缝，焊接后要求进行探伤检查，为保证焊接质量，要求：

（1）选择与母材材质相同的焊条；

（2）每焊完一层后用磨光机打磨，清除焊渣和凸点，方可进行第二层焊接；

（3）气温在 -5 ℃以下，停止焊接；

（4）遇有雨雪天和风力超过5级以上无防护措施者，不得施焊；

（5）焊条烘干和保温。

Ⅱ. 其他焊缝

其他连接杆与节点板的焊缝为Ⅲ类焊缝，视节点板材质选择焊条，允许焊接的最低温度为 -5 ℃。

5）支臂安装

支臂组装后用枋木垫平稳，编号存放，以免产生变形，安装时对号入座，安装方法是：

（1）用塔吊将支臂送入闸孔内吊起。

（2）将支臂与活动柱铰对位找正并穿入螺栓打紧。

（3）松去圆柱铰的手拉葫芦。

(4)下落支臂,使支臂的下支臂与闸门的下部支臂前端板对位找正,找正后用手拉葫芦拉紧。

(5)调整闸顶部,使支臂的上支臂与闸门的上部支臂前端板对位找正,找正后用手拉葫芦拉紧。

(6)另一侧支臂用相同的方法进行就位,两侧全部就位找正后进行一次全面检查,检查的项目有对孔口中心、两侧间隙、曲率半径、支臂与门叶对位情况、门叶节间错位情况。

调整合格后,将支臂与支臂前端板焊接牢固,该焊缝为Ⅰ级焊缝,焊接后进行探伤检查。

6)门叶安装

弧形闸门高8.3 m,按运输条件分成上下两节制造,门叶的底水封可以事先安装到下节门叶上。

(1)在左右两侧的滑道上,距底槛4.8 m和8.3 m高处各设置一个定位块,定位块下游边即弧形闸门面板的曲率半径。

(2)将下节门叶吊入闸孔,底水封放到底槛中心线上,上部靠住定位块,调正后在底槛下游两侧再设置两个定位块,防止闸门滑动。

(3)将上节门叶吊入闸孔,与下节门叶对位安装,调整面板错位、两侧间隙,与下节门叶相吻合后,将两节门叶点焊牢固,并将上节门叶靠到8.3 m的定位块上。

(4)弧形闸门面板拼装就位完毕,用样板检查其弧面的准确性,样板弦长大于1.5 m。检查结果符合施工图纸要求后进行安装焊缝的焊接。

(5)弧形闸门的水封装置安装允许偏差和水封橡皮的质量要求符合DL/T 5018—94第9.2.3条至第9.2.7条的规定。安装时,先将橡皮按需要的长度黏结好,再与水封压板一起配钻螺栓孔。橡胶水封的螺栓孔采用专用钻头,使用旋转法加工,其孔径比螺栓直径小1 mm。

7)清理

(1)弧形闸门安装完毕后,拆除所有安装用的临时焊件,修整好焊缝,清除埋件表面和门叶上的所有杂物,在各转动部位按施工图纸要求灌注润滑脂。

(2)弧形闸门及埋件经监理人员检查合格后,按设计要求进行安装后防腐。

3.弧形闸门试验

闸门安装完毕后,会同监理人员对弧形闸门进行以下项目的试验和检查:

(1)无水情况下全行程启闭试验。检查支铰转动情况,做到启闭过程平衡,无卡阻,水封橡皮无损伤。在本项试验过程中,对水封橡皮与不锈钢水封座板的接触面采用清水冲淋润滑,以防损坏水封橡皮。

(2)动水启闭试验。试验水头尽量接近设计水头。根据施工图纸要求及现场条件,编制试验大纲,报送监理人批准后实施。动水启闭试验包括全程启闭试验和施工图纸规定的局部开启试验,检查支铰转动、闸门振动、水封密封等,应无异常情况。

（三）叠梁闸门安装

检修闸门及埋件安装施工方法同平板工作闸门。检修闸门及埋件安装完成，二期混凝土强度达到规范要求后，用45 t汽车吊配合电动葫芦分节安装检修闸门，闸门安装完成后，应对止水的密封性、附件的牢固性和吊点连接情况等进行一次全面检查，然后再进行静平衡试验和有压试验，试验合格，用电动葫芦提出闸门槽，放在设计的指定位置。

（四）电动葫芦安装

1. 轨道安装

（1）对钢轨的形状、尺寸进行检查，发现有超值弯曲、扭曲等变形时，进行矫正。

（2）吊装轨道前，测量和标定轨道的安装基准线。轨道的实际中心线与安装基准线的水平位置偏差不超过2 mm。

（3）轨道顶面的纵向坡度不大于3/1 000，在全行程上最高点与最低点之差不大于10 mm。

（4）轨道安装符合要求后，全面复查各螺栓的紧固情况。

（5）轨道两端的车挡在吊装移动式启闭机前装妥，同跨同端的两车挡与缓冲器接触良好，有偏差时，及时进行调整。

2. 电动葫芦安装

（1）一般较大一点的电动葫芦除行走机构需要现场组装外，其他部件在制造厂已经全部组装并调试合格，现场不必拆解检查。

（2）电动葫芦的安装在轨道的一端进行，首先在地面上将行走机构与电动葫芦装到一起，用起重机将电动葫芦吊到轨道处，并将行走机构套装到轨道上，调整两电动葫芦的吊钩，达到相同高度后，安装中间支撑和传动轴。按设计要求布置、连接电源，接线方法符合设备说明书规定。

3. 电动葫芦的试运转

（1）试运转前按DL/T 5019—94 第7.3.1条的要求进行检查，并合格。

（2）空载试运转。起升机构和行走机构按DL/T 5019—94 第7.3.2条的规定检查机械和电气设备的运行情况，做到动作正确可靠、运行平稳、无冲击声和其他异常现象。

（3）静荷载试验。按图纸要求，对启闭机进行静荷载试验，以检验启闭机的机械和金属结构的承载能力。试验荷载依次采用额定荷载的70%、100%和125%。试验按照DL/T 5019—94 第7.3.3条的有关规定进行。

（4）动荷载试验。按施工图纸要求，对各机构进行动荷载试验，以检查各机构的工作性能。试验荷载依次采用额定荷载的100%和110%。试验时，各机构分别进行。联合动作试运转时，按施工图纸和监理人员的指示进行。试验时，作重复的启动、运转、停车、正转、反转等动作，延续时间大于1 h。做到各结构动作灵活，工作平稳可靠，各限位开关、安全保护联锁装置、防爬装置等的动作正确可靠，各零部件无裂纹等损坏现象，各连接处无松动。

(五)液压启闭机安装

1. 液压启闭机安装流程

液压启闭机安装流程图见图7-33。

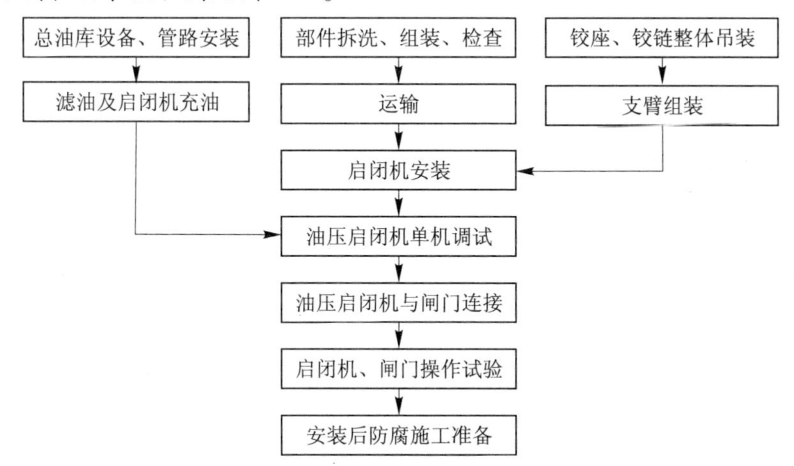

图7-33 液压启闭机安装流程图

2. 液压启闭机安装

(1)液压启闭机的油缸总成、液压站及液控系统、电气系统、管道和基础埋件等,按施工图纸和制造厂技术说明书进行安装、调试和试运转。

(2)液压启闭机油缸支承机架的安装偏差符合施工图纸的规定。若施工图纸无规定,油缸支承中心点坐标偏差不超过 ±2 mm;高程偏差不超过 ±5 mm。双吊点液压启闭机的两支承面或支承中心点相对高差不超过 ±0.5 mm。

(3)安装前对油缸总成进行外观检查,并对照制造厂技术说明书的规定时限,确定是否进行解体清洗。如因超期存放,经检查需解体清洗时,将解体清洗方案报送监理人员批准后实施。现场解体清洗邀请制造厂技术服务人员进行全面指导。

(4)管路的配置和安装:

①配管前,完成油缸总成、液压站及液控系统设备的安装,所有的管夹基础埋件完好。

②按施工图纸要求进行配管和弯管,管路凑合段长度根据现场实际情况确定。管路布置尽量减少阻力,布局力求清晰合理、排列整齐。

③预安装合适后,拆下管路,正式焊接好管接头或法兰,清除管路的氧化皮和焊渣,并对管路进行酸洗、中和、干燥及钝化处理。

④液压管路系统安装完毕后,使用冲洗泵进行油液循环冲洗。循环冲洗时,将管路系统与液压缸、阀组、泵组隔离(或短接),循环冲洗流速大于5 m/s。循环冲洗后,管路系统的清洁度符合有关规定。

⑤管材下料采用锯割方法,不锈钢管的焊接采用氩弧焊,弯管使用专用弯管机,采用冷弯加工。

⑥高压弯管的安装符合施工图纸的要求,其长度、弯曲半径、接头方向和位置按施工图纸正确安装。

(5)液压系统用油牌号符合施工图纸的要求。油液在注入系统以前必须经过过滤后，使其清洁度达到有关标准要求。其成分经化验符合相关标准。

(6)液压站油箱在安装前检查其清洁度，使之符合制造厂家技术说明书的要求，所有的压力表、压力控制器、压力变送器等均进行校验准确。

(7)液压启闭机电气控制及检测设备的安装符合施工图纸和制造厂技术说明书的规定。电缆安装排列整齐。全部电气设备可靠接地。

3.液压启闭机的试运转

液压启闭机安装完毕后，会同监理人员进行以下项目的试验。

(1)对液压系统进行耐压试验。液压管路试验压力：$P_{额} \leqslant 16$ MPa，$P_{试} = 1.5P_{额}$，$P_{额} > 16$ MPa，$P_{试} = 1.25P_{额}$。其余试验压力分别按各种设计工况选定。在各试验压力下保压 10 min，检查压力变化和管路系统漏油、渗油情况，整定好各溢流阀的溢流压力。

(2)在活塞杆吊头不与闸门连接的情况下，作全行程空载往复动作试验三次，用以排除油缸和管路中的空气，检查泵组、阀组及电气操作系统的正确性，检测油缸启动压力和系统阻力、活塞杆运动无爬行现象。

(3)在活塞杆吊头与闸门连接而闸门不承受水压力的情况下，进行启门和闭门工况的全行程往复动作试验三次，整定和调整好闸门开度传感器、行程极限开并及电、液元件的设定值，检测电动机的电流、电压和油压的数据及全行程启、闭的运行时间。

(4)在闸门承受水压力的情况下，进行液压启闭机额定负荷下的启闭运行试验。检查闸门上两个吊点的钢丝绳长度是否一致、闸门开度指示器的显示是否正确、各限位开关是否正确等。

第八章　渠系工程的安全监测与通信工程及监控管道

渠系工程的安全监测主要是监测主要建筑物（如倒虹吸及闸室）在施工期和运行期的工作实态，对建筑物的运行状况进行评估和预测参报。为保证工程安全、改进和提高设计、施工和管理的技术水平提供科学依据。

建筑物的安全监测范围主要是建筑物的管身水平段和上下游段对建筑物安全有直接关系的因素。安全监测的内容包括巡视和安装埋设仪器设备，并进行观测。

建筑物的安全监测，必须根据设计要求、工程等级结构型式及其地形、地质条件和地理环境等因素，设置必要的监测项目及其相应的设施，定期进行系统的观测，各类监测项目及埋设均应遵守设计及《土石坝安全监测技术规范》（SL 60—94）的各项规定。

第一节　建筑物安全监测工作的原则

建筑物工程安全监测的主要内容有：外部变形、内部变形和应力渗流等，其主要设备和项目有水平固定倾斜仪、土压力计、应变计、钢筋计、电缆及水位尺安装等。为实现预定的监测目的和任务，监测的重点应依建筑物的等级和工作阶段而不同，因此建筑物的安全监测必须遵循以下原则和满足设计要求。

（1）各监测仪器设备的布置应密切结合工程的具体条件，既能较全面地反映工程的进行状态，又突出重点，并做到少而精，相关项目应统筹安排、配合布置。

（2）各监测仪器设备的选择要在可靠、耐久、经济、实用的前提下，力求先进和便于实现自动化。

（3）各监测仪器设备的安装埋设必须按设计要求精心施工，确保质量，安装和埋设完毕，应绘制竣工图，填写考证表，存档备查。

（4）应保证在恶劣气候条件下仍能进行必要的项目观测，必要时可设专门的观测站（房）和观测廊道。

（5）设计应能全面反映建筑物的工作状态，仪器布置要目的明确、重点突出，观测的重点应该放在建筑物结构或地质条件复杂的地段，观测设备应及时安装埋设，以保证第一次运行时能获得必要的观测成果。

（6）安全监测仪器设备应精确、可靠、稳定、耐久，监测仪器使用时应有良好的照明、防潮措施。采用自动化观测时，还应安排人工进行必要的观测工作，以保证在自动化仪器发生故障时,观测数据不至于中断。

(7)应切实做好观测工作,严格遵守规程、规范和设计的要求,做到记录真实、注记齐全,填写好考证表,观测数据应立即整理好并存档。

第二节　建筑物工程安全监测工作的要求

建筑物的安全监测工作应符合以下要求。

(1)施工阶段应根据安全监测的设计和技术要求提出施工详图,施工单位应做好仪器设备的选购、率定、埋设、安装、调试和保护工作,并固定专人进行现场观测,保证观测设施、仪器安装技术的完善和良好及观测数据的连续、准确。工程竣工验收时,应将观测施工埋设记录和施工观测记录及竣工图等全部资料整编成正式文件,移交给管理单位。

(2)安全监测设备的埋设应随土建工程进行,为避免或减少仪器埋设过程的干扰,应严格按《土石坝安全监测技术规范》(SL 60—94)的有关规定,保证监测设施埋设时的施工质量,并特别注意对已埋设仪器设备和电缆线路等的保护,以避免造成观测数据的缺失。

(3)仪器的安装埋设必须按设计所选的仪器型号、类别的说明书规定进行,同时遵守有关技术规范操作程序进行施工。

(4)监测仪器使用的电缆要求使用监测专用的水工电缆,以保证质量,不允许用其他类型的电缆替代。

(5)施工单位施工应由专职技术人员组织实施,严格按施工详图和《土石坝安全监测技术规范》(SL 60—94)的要求和设计规定及仪器使用说明书中的安装工艺来进行全部监测仪器的安装埋设,并对设备仪器的仪表、插电缆口及监测断面等进行统一编号,应与施工详图编号一致,建立档案卡。

(6)施工单位应负责整个施工过程中对已埋设的监测仪器观测工作,监视险情,及时提供施工期观测报告,一般为月报,并根据工程实际情况需要进行调整,如发现观测值异常,应立即通报监理工程师及业主设计等人员,以便共同分析原因,及时采取处理措施,并相应增加测次,必要时进行连续观测。

(7)监测仪器安装调试埋设在电缆敷设的线路上时,应设置明显的警告标志,监测仪器至测站(或临时测站)及堤顶电缆应尽可能减少电缆接头,电缆的连接和测试应满足《土石坝安全监测技术规范》(SL 60—94)及《大坝安全监测技术规范》(SD 1336—89)中的有关要求。

(8)施工单位在工程竣工后应向承包(监理)单位移交全部埋设仪器的档案资料,主要包括测点埋设布置图、仪器检验率定资料以及包括初始读数施工现场时间在内的全部原始和整编监测资料。

(9)初始运行资料应制订监测工作计划和主要的监控技术指标,在建筑物开始运行时就做好安全监测工作,取得连续的初始值,并对建筑物的工作状态作出初步的评估。

(10)运行阶段应进行经常的及特殊情况下的巡视检查和观测工作,并负责监测资料的整编、监测报告的编写以及监测技术档案的建立,要求管理单位根据巡视检查和观测资料,定期对建筑物工程的工作状态(工作状态可分为正常、异情和险情三类)提出分析和评估报告,为建筑物的安全鉴定提供依据。

(11)各项观测值应使用标准记录表格,认真记录填写,严格制度,不准涂改和遗失。观测的数据应随时整理和计算,如有异常,应立即复测。当影响安全时,应立即分析原因和采取对策,并上报主管部门。

(12)当发生有感地震,建筑物工作状态出现异常等特殊情况时,应加强巡视检查,并对重点部位的有关项目加强观测。

(13)在采用自动化观测系统时,必须进行技术经济论证,仪器设备要稳定、可靠,监测数据要连续。正确、完善的系统功能应包括数据采集、数据传输、数据处理和分析等,数据采集自动化可按各监测项目的仪器条件分别实现,自动化设备应有自检自校功能,并应长期稳定,以保证数据的准确性和连续性。数据采集实现自动化后,仍应进行适当的人工监测,并继续做好巡视检查。数据储存、分析预报技术及报警等的自动化已有条件优先实现,基本观测的数据和主要成果仍应具备硬拷贝存档的功能。

第三节　安全监测系统的布置原则和方法

渠系建筑物安全监测的内容是指监测项目的确定、监测断面高程部位的选择,以及监测仪器的选型等,所有的这一切都应体现工程的具体特点与要求。因此,监测布置应从整体上规定一个工程的监测规模投资与效益目录,故对于重要的工程,应当进行多方案的对比取舍。

一、监测布置设计应考虑的因素

(1)工程的等级规模与施工条件,主要的施工工期、施工进度、技术工艺水平等。

(2)建筑物工程本身的特点,建筑物的变形问题,在正常运行时期的渗流和沉降等问题。

(3)地形地质条件,例如建筑物的位置、河谷宽窄、陡缓、有无断层破碎带、软泥不良地质及复盖层等的情况。

(4)监测仪器的类型与性能,在这方面有仪器性能的选择、确认和研究,有仪器监测方面的确认与校测,前者可考虑监测仪器的重复布置,对比布置后可考虑校测布置。

(5)专门问题的考虑,指工程设计未能充分论证而遗留的问题,也可以是工程中的特殊问题或拟研究的问题。

(6)监测变量之间的校核验证、监测布置,有条件时,应尽可能使相关监测变量之间能相互校核与验证,同时也要尽可能使其形成分布线、等值线。

二、安全监测系统布置的原则

(1)各监测仪器设施的布置,应密切结合工程的具体条件,既能较全面地反映工程的运行状态,又宜突出重点和少而精,相关项目应统筹安排、配合布置。

(2)各监测仪器设备的选择要在可靠耐久、经济、实用的前提下,力求先进和便于实现自动化观测。

(3)各监测仪器设施的埋设要按工程或试验研究的需要、地质条件结构特征和观测项目来确定,选择有代表性的部位布置仪器,仪器布置要合理,并注意时空关系,控制关键部位。

(4)埋设仪器位置应选能反映出预测的施工和运行情况,特别是关键部位和关键施工阶段情况的地方,有条件的应在开工初期进行仪器埋设观测,以便得到连续、完整的记录,在施工中尽早获取资料,并逐步修正数学解析模型中用到的参数。

(5)埋设选择应有灵活性,以便根据施工中的具体资料修改仪器的具体位置。为了掌握岩土介质的固有特性或建筑物的性能,要准备随时布置。

(6)为了校核设计的计算方法,观测断面应在典型区段选择岩体或在结构形态变化最大的部位。监测施工和运行的观测断面应选在条件最不利的位置,断面数量和仪器数量取决于被测工程尺寸并与控制的目标相吻合。

(7)在观测断面上应考虑岩体和结构的形态变化规律,结构物的尺寸与形状预计的变形,应力和其他参数的分布特征,测点的数量,在考虑到结构特征和地质代表性后,依据上述特性变化情况和预测参数的变化梯度来确定梯度大的部位测点间距小,梯度小的部位测点间距大。

(8)监测布置要考虑到便于计算和参照模型比较和验证。

(9)有相关因素的监测仪器要注意仪器的相关性,布置要相互配合,以便综合分析。

(10)仪器的布置力求以合理的最少量达到观测的目的,在满足精度的要求下,达到观测方便,测值能相互对比校核,要尽量排除影响精度的因素。

(11)仪器设备布置的原则是突出重点、兼顾全局,并应满足建立安全监测数学模型的需要,同时兼顾指导施工校核,达到提高设计水平的目的。

三、安全监测布置的方法

(1)当监测断面确定之后,监测高程一般按三分点、四分点等均匀布设,亦可在建筑物的进、出口段及结构物的中段布设。

(2)一般情况下,测点的布设多遵循均布的原则,但对于建筑物的沉降土压力及接缝的位移等,着重强调的是重点布设。

(3)仪器组的布设有些项目在同一测点布设成组仪器,如土压力计、变形计等。

(4)土压力观测可按 1 ~ 2 个观测横断面,特别重要的工程,可增设 1 个观测断面。

第四节　监测仪器现场检验与率定

安全监测所用的仪器，应根据设计要求的标准选用，根据其所选用的类型、种类，在现场进行检验与率定。

一、安全监测仪器检验与率定的目的

（1）校核该仪器的出厂参数的可靠性。

（2）检验仪器的稳定性，以保证仪器性能长期稳定。

（3）检验仪器在搬运中是否损坏。

二、安全监测仪器现场检验与率定的内容

（1）检查出厂仪器资料、数据卡片是否齐全，仪器数据与发货单是否一致。

（2）外观检查：仔细检查仪器外部有无损伤痕迹、锈斑等。

（3）用专用仪表测量仪器线路有无断线。

（4）用兆欧表测量仪器本身的绝缘是否达到出厂值。

（5）用工作仪表测试仪器测值是否正常。

三、监测仪器各项率定值的要求

目前，我国使用的安全监测仪器主要有差动电阻式仪器和钢弦式仪器，通常使用的有大小应变计、应力计、土压力计、钢筋计，测缝计等，其率定的内容有最小读数f、温度系数α、绝缘电阻（防水能力）等。

（一）最小读数f的率定

（1）率定设备及工具：大小校正设备各1台，水工比例电桥1台，活动扳手2把，尖嘴钳1把，起子1把。

（2）率定准备：在记录表中填好日期，仪器率定人员按仪器芯线颜色接入水工比例电桥的接线柱，测量自由状态下电阻比及电阻值，将大应变计放入校正仪两夹具中，用扳手拧紧螺丝，将两端凸缘夹紧，拧螺丝时，四颗要同时缓慢地进行，边拧紧螺丝边监测电阻比的变化。仪器夹紧时，电阻比读数与自由状态下电阻比之差值应小于20，否则放松后重新按上述方法进行。然后用千分表支座，以便千分表活动杆顶住仪器端面并顶压0.25 mm之后，固定千分表支座转动表盘，使长针指零，摇动校正仪手柄，对仪器预拉0.15 mm，回零再压0.25 mm，这样经过三次之后可正式进行率定。

（3）正式率定开始时，千分表盘上的小指针指向0.05 mm，长指针指零，摇动校正仪手柄，每拉0.05 mm读一次电阻比并记入表中，拉三次后反摇手柄分级压，每级仍为0.05

mm 读一次,再继续反摇手柄,使仪器压0.05 mm 读一次电阻比,照此继续,使仪器压0.25 mm 后又分级退压,直到回零,完成一个循环的率定,即可结束该支应变计的率定工作。取下仪器,测量率定后自由状态下电阻比及电阻值。小应变计率定步骤同上,拉伸范围为0.05 mm,压缩范围为0.12 mm。

(4)率定后最小读数的计算:

$$f = \frac{\Delta L}{L(Z_{max} - Z_{min})} \tag{8-1}$$

式中 ΔL——拉压全量程的变量, mm;

L——应变计计算距离长度, mm;

Z_{max}——拉伸至最大长度时的电阻比(×0.01%);

Z_{min}——压缩至最小长度时的电阻比(×0.01%)。

率定结果值相差小于3%认为合格。

(5)直线性的计算:

$$a = \Delta Z_{max} - \Delta Z_{min} \tag{8-2}$$

式中 ΔZ_{max}——实测电阻比最大极差(×0.01%);

ΔZ_{min}——压缩至最小长度时的电阻比极差(×0.01%)。

率定结果,$a \leqslant 6 \times 0.01\%$为合格。

(二)温度系数 α 的率定

差动电阻式应变计对温度很敏感,它可作温度计使用,计算应变时须用温度修正值,因此应率定温度系数。

1. 率定设备及工具

恒温水浴1台,水银温度计1支(读数范围为-20~50 ℃,精度为0.1 ℃),水工比例电桥1台,千分表1块,扳手2把,记录表若干张等。

2. 率定步骤

(1)将若干冰块敲碎,冰块直径小于30 mm,备用。

(2)在恒温水浴底均匀铺满碎冰,厚100 mm,把仪器横卧在冰上,仪器与浴壁不能接触,再覆盖100 mm厚的碎冰,仪器电缆按色接在电机的接线柱上,把温度计插入冰中间,放好仪器,碎冰槽内注入自来水,自来水与冰的比例为3:7左右,恒温2 h以上。

(3)0 ℃电阻测定,每隔10 min读一次温度和电阻值,并记下测值,连续3次读数不变后,结束0 ℃试验,得到0 ℃时的电阻值(R_0)。

(4)再加入水或温水搅动,使温度升到10 ℃左右,恒温30 min。保持10 min读1次温度和电阻,连续测读3次,结束该级温度测试,再加入温水搅匀,使温度保持恒温后读数。按上述方法测4次。

(5)温度系数 α 的计算:

$$\alpha = \frac{\sum_{i=1}^{n} T_i}{\sum_{i=1}^{n} (R - R_0)} \tag{8-3}$$

式中　T_i——各级实测温度,℃;

R——各级实测电阻值,Ω;

R_0——0 ℃时电阻值,Ω。

(6)温度 T 的计算:

$$T = \alpha \times (R_i - R_0) \tag{8-4}$$

式中　R_i——计算温度时用的电阻值,Ω;

其他符号意义同前。

如果率定值温度之差小于0.3 ℃,则认为合格。

(三)防水试验

1. 试验设备及工具

试验设备及工具有压力容器、压力表、进水管、排水管、排水阀或电动压水试验泵、水工比例电桥、兆欧表、扳手等。

2. 试验步骤

(1)用兆欧表测仪器绝缘度,将绝缘值大于 50 mΩ 的仪器放入水中浸泡 24 h 之后,测浸泡后的绝缘值,若浸泡后绝缘值下降,视为不能防水。

(2)将初验合格的仪器放入压力容器,把电缆线从出线孔中引出,将封盖关好,用高压皮管将泵与压力器连接,启动压力泵,使高压容器充水,待水从压力表安装孔溢出,排出压力容器内所有的空气后,再装上0.2级的标准压力表,拧紧电缆出线孔螺丝。

(3)试压水可加压到最高压力,看密封处是否已经堵好,打开水阀,降至零。如果没有封堵好,处理好后再试压,直到完全密封、不漏水。

(4)把仪器的电缆按芯线颜色接到水工比例电桥上。

(5)按最高水压力分为 4~5 级(等分),从零开始分级加压至高压力后,又分级退压,直到回零,各级测读一次电阻比,并记录入正式的记录表中,完成上述试验,循环结束。

(6)用 500 V 兆欧表测仪器的绝缘电阻,绝缘电阻大于 50 mΩ 为防水性能合格。

四、应变计(钢弦式)的率定

(一)灵敏度 K 值的测定

1. 率定设备及工具

率定架 1 台,千分表 1 块,8 号扳手 2 只,起子 1 把,钢弦式频率计 1 台。

2. 率定步骤

(1)在规定的表上填写好率定日期、试验者姓名、仪器编号、自由状态下的频率。

(2)将应变计放入率定夹头内，用扳手将仪器的两端夹紧，前后的频率变化不得大于20 Hz。

(3)在率定架上安装千分表，使千分表测杆压0.5 mm后，固定转动表盘，使长针指零。

(4)对仪器拉压三次，拉0.15 mm后压0.25 mm，记录零位，频率分级拉压0.05 mm一级，完成一次拉压之后回零，为一个循环，每级测读一次频率，做三个循环后结束，取下仪器，测其自由状态下的频率。

3. 计算灵敏系数 K

灵敏系数 K 的计算公式为：

$$K = \frac{\sum_{i=1}^{n} \frac{L_i}{L}}{\sum_{i=1}^{n} (f^2 - f_0^2)} \tag{8-5}$$

式中 L_i——各级拉压长度，mm；

L——仪器长度，mm；

n——拉压次数；

f_0——未拉时的频率，Hz；

f——各级测读的频率，Hz。

4. 判断率定资料合格的方法

具体计算公式：

$$\varepsilon_i' = \frac{K(f_i^2 - f_0^2)}{L} \tag{8-6}$$

$$\Delta = \frac{\varepsilon_i - \varepsilon_i'}{\varepsilon_i} \tag{8-7}$$

式中 Δ——相对误差，当$|\Delta| \leqslant 0.01$时为合格；

ε_i——实测的各级应变值；

ε_i'——计算的各级应变值。

(二)污水试验

钢弦式应变计的防水试验与差动电阻式应变计率定的方法相同，只是测量仪表改用频率计。

五、压力计的率定

压力计的率定应根据使用条件采用相应的试验方法，不同的使力介质所率定出的参数有一定的差别，因此标定工作需在压力计使用前标定方向，常用如下方法标定。

(一)油压标定

(1)方法：油压标定是把压力计放入高压容器中，用变压器油作使力介质，试验方法同差动式应变计防水试验，校定时应等分五级以上的压力级，每级稳压 10 ~ 30 min 之后才能加压或减压。

（2）灵敏系数 K 的计算：

$$K = \frac{\sum_{i=1}^{n} P_i}{\sum_{i=1}^{n} (f_i^2 - f_0^2)} \tag{8-8}$$

式中　P_i—— 各级压力时标准压力表读数，MPa；

f_i——各级压力下的频率，Hz；

f_0——压力为零时的频率，Hz。

（3）仪器误差 Δ 的计算：

$$p' = k(f_i^2 - f_0^2)$$

$$\Delta = \frac{p_i - p'_i}{p_i} \tag{8-9}$$

式中　p'_i— 计算得到的压力值，MPa；

其他符号意义同前。

$|\Delta| \leqslant 1\%$ 为合格，若此规定与国家有关规范有出入，以规范为准。

（二）水压或气压标定

（1）主要设备：砂石标定罐的内径应大于压力计外径的 6 倍，罐的底板和盖要有足够的刚度，在高压下应无大的变形，0.35级标准压力表 1 只，小型空压机 1 台，频率计 1 台。

（2）标定方法：将压力计放在标定罐的底板上，让压力计受力膜向上，盒底与放置底板紧密接触，导线从出线孔引出罐外。

标定用砂要与工程实际用砂相似，如为土，则需要夯实，厚度应大于 10 mm，正式标定前，先试加压至最大量程，观察标定罐有无漏气，仪器是否正常，再按压力计允许量程等分五级，逐级加荷卸荷，照此做一个循环，在各级荷截止下测读仪器的频率值。

（3）灵敏度系数 K 的计算及合格判断均同油压试验。

压力计使用前，还应通过率定确定压力盒或液压枕边缘效应的修正系数、转换器膜片的惯性大小和温度修正系数。

第五节　常用安全监测仪器安装和埋设的技术要求

常用安全监测仪器的安装埋设，施工前应进行充分的准备，准备工作的主要内容有材料准备、技术准备、仪器检验与率定、仪器与电缆的连接、仪器编号、土建施工等。

一、材料准备

材料准备的内容如表 8-1 所示。

表 8-1　仪器安装埋设施工的主要材料设备

项目	内容	说明
1. 土建设备	(1)钻孔和清基开挖机具； (2)灌浆机具与混凝土施工机具； (3)材料设备运输机具	在岩土体内部安装埋设仪器时，需要钻孔、凿石、切槽和灌浆回填，机具的型号根据工程需要填写
2. 仪器安装设备、工具	(1)仪器组装工具； (2)工作人员登高设备及安全装置； (3)仪器起吊机具和运输机具； (4)零配件加工，如传感器安装架及保护装置等	根据现场条件和仪器设备情况加以选用； 安装仪器要借助一些附件，这些附件有厂家带的，大多数情况是根据设计要求和现场实际情况自行设计加工的； 登高和起吊设备应根据地面或地下工程现场条件选择灵活多用的设备
3. 材料	(1)电缆和电缆连接与保护材料； (2)灌浆回填材料； (3)零配件加工材料、电缆走线材料和脚手架材料； (4)零星材料、电缆接线材料及零配件加工材料等	电缆应按设计长度和仪器类型选购； 零星材料需配备齐全，避免仪器安装因缺一件小材料而影响施工进度和质量
4. 办公系统	(1)计算机、打印机及有关软件； (2)各种仪器专用记录表； (3)文具、纸张等	计算机软件包括办公系统、数据库和分析系统； 记录表应使用标准表格
5. 测试系统	(1)有关的二次仪表； (2)仪器检验率定设备、仪表； (3)仪器维修工具； (4)测量仪表工具； (5)有关参数测定设备、工具	二次仪表是与使用的传感器配套的读数仪； 岩土、回填材料和其他材料检验时的材料参数测定设备、工具

二、技术准备

技术准备是为了解决设计意图、布置和技术规程，以便施工满足设计要求，达到设计的目的，技术准备的主要内容具体有以下几项：

(1)阅读监测工程设计报告及各项技术规程，熟知设计图纸和实施技术方法与标准。

(2)施工人员技术培训是设计交底的主要过程，通过培训使工作人员了解技术方法和技术标准，确保施工质量。

(3)研究现场条件。监测工程的施工是与其他工程交叉进行的，仪器安装埋设施工既要达到设计的实际要求，又要克服恶劣环境的影响，避免干扰，因此仪器埋设前对现场条件要进行全面的分析，研究提出具体措施，在施工中还要随时进行研究和调整。

三、仪器检验与率定

仪器安装埋设前，应按规程规范进行检验和率定，合格后才能进行安装埋设工作。

四、仪器与电缆的连接

仪器与电缆的连接是保证监测仪器能长期运行的重要环节之一，尽管仪器经过各种测试而保证无任何质量问题，如果因电缆或连接头有问题，仪器也不能正常的工作，因此电缆与仪器的连接在安装前必须引起足够的重视。

（一）电缆的质量要求

以差动电阻式仪器对电缆的要求为例，要求选购观测专用电缆，其橡胶外套具有耐酸、耐碱、防水、质地柔软等特点，芯线直径不小于0.2 mm，钢丝镀锡100 m，单芯电阻小于1.5 Ω，电缆有两芯、三芯、四芯、五芯，用前应做浸水试验检查，检查时把电缆浸泡在水中，线端露出水面，不得受潮，浸泡12 h后，线与水之间的绝缘值大于200 MΩ为合格。若电缆埋在水压下，应在压力水中进行检查，用万用表测芯线有无折断、外皮有无破损，如与要求一致，电缆质量为合格。

（二）电缆线的连接要求

仪器与电缆的连接必须按要求进行。

（1）电缆的长度：按仪器到现场双侧网实际需要的长度加上松弛长度进行裁料，松弛长度根据电缆所经过的路线要求确定，一般建筑物的松弛长度为实际长度的15%（倒虹吸工程），但不得少于5%，如有特殊要求，另行考虑。

（2）剪线头。将选好的线端彩色橡胶皮剪除100 mm，如表8-2和图8-1所示。

表8-2　电缆连接时对接芯线应留长度　（单位：mm）

芯线颜色	仪器电缆接头芯线长度	接长电缆接头芯线长度
黑	25	65(85)
红	45	45(65)
白	65	25(45)
绿	85	(25)

注：当电缆为四芯时，应用括号内数值，五芯时可依次加线。

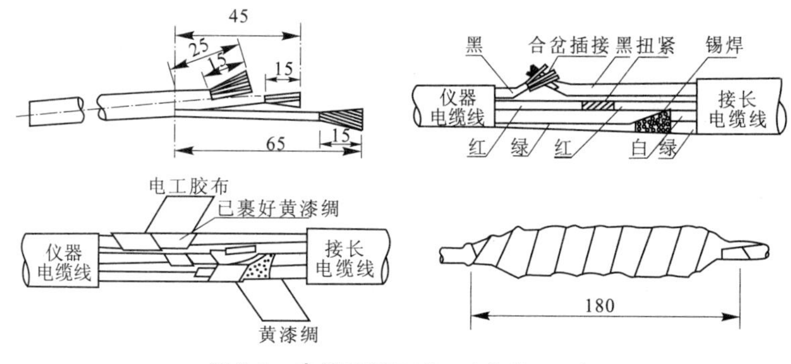

图8-1　电缆连接工艺　（单位：mm）

把芯线剪成长度不等的线端，另一线的一端按相同颜色的长度相应剪短，各芯线连接之后，长度一致，结点错开，切忌搭接在一起。

(3)接线：把铜丝的氧化层用砂布擦除，按同颜色互相搭接，铜丝相互交叉拧紧，涂上松香粉，放入已熔化好的锡锅内摆动几下取出，使上锡处表面光滑，无毛刺，如有，应挫平。

(4)包扎：用黄漆绸小条裹好焊接部位，再用高压绝缘胶带缠线一层，用木挫打毛电缆端，橡皮长约 30 mm。用脱脂棉蘸酒精洗净后，涂以适当的胶水，将芯线并在一起，裹上高压绝缘胶带或硅橡胶带或宽度 20 mm 的生橡胶，裹时一圈一圈地依次进行，并用力拉长胶带，边拉边缠，但粗细一致。包扎体内不能留空气，总长度约 180 mm，直径 30 mm，比硫化器模子长 2 mm，外径也比硫化器长大约 2 mm 为宜，为使胶带之间易胶合，缠前宜在胶带表面涂以汽油。

(5)硫化：电缆接头硫化时，在硫化器模上均匀地撒上滑石粉，将裹扎好的电缆接头放入模槽中，合上模，拧紧旋钮，合上电源加热，一边加热一边拧紧压紧旋钮，升温到 155 ~ 180 ℃，恒温 15 min，关闭电源，自然降温，冷却至 80 ℃后方可脱模。

电缆的连接也可以采用热缩材料代替硫化。目前，热缩管广泛应用于观测电缆的连接，它操作简单，有密封、绝缘、防潮、防蚀的效力。接线时，芯线采用 $\phi5 \sim \phi7$ mm 的热缩套管，加温热缩，用火从中部向两端均匀地加热，使热缩管均匀地收缩，管内不留空气，热缩管紧密地与芯线结合。缠好高压绝缘胶带后，将预先套在电缆上的 $\phi18 \sim \phi20$ mm 的热缩套管移至缠胶带处，加温热缩。热缩前，在热缩管与电缆外皮搭接段涂上热熔胶。

(6)检查：当接头扎好后测试一次，硫化过程中和结束后各测一次，如发现异常，立即检查原因，如果断线，应重新连接。

五、仪器编号

(一)仪器编号的原则

仪器编号是整个埋设过程中一项十分重要的工作。工作中常常由于编号不当，难以分辨每支仪器的种类和埋设位置，造成观测不便，资料整理麻烦，甚至发生错乱。仪器编号应能区分仪器种类、埋设位置，力求简单明了，并与设计布置图一致。如某仪器编号为 M1 -2 -3，它的含义是："M"为多点位移计，"1"是第一个断面，"2"是第二个孔，"3"是第三个测点。只要知道编号的含义，一见编号就知道是什么仪器，在第几个断面以及孔号和测点号。

(二)编号标注的位置

编号应注在电缆端头与二次仪表连接处附近。为了防止损坏和丢失，宜同时标上两套编号标签备用，传感器上无编号时，也应标注编号。

(三)仪器编号标签

仪器编号比较简单的方法是：在不干胶的标签纸上写好编号，贴在应贴部位，再用优质透明胶纸包扎。也可用电工铝质孔头，用钢码打上编号，绑在电线上，用电缆打号机把编号打在电缆上更好，编号必须准确可靠，长期保留。

钢弦式仪器常使用多芯电缆，除在电缆上注明仪器编号外，各芯线也要编号，也可用芯线的颜色来区分，最好按规律连接，如黑、红、白、绿分别按 1、2、3、4 连接。

六、土建施工

安全监测工程的土建施工包括临时设施工程施工，仪器安装埋设土建施工、电缆走线工程土建施工、观测站及保护设施土建施工等。这些土建施工在各类工程监测中也有具体的方法和标准，这类土建施工工艺和技术标准比一般工程高而且细，这是仪器性能和观测精度的需要，所以仪器安装埋设前，应做好土建施工，并经验收合格后，才能安装埋设仪器。

七、仪器安装埋设的要点

安全监测仪器的安装埋设工作是最重要的环节，这一工作若没有做好，监测系统就不能正常使用，大多数已埋设的仪器是无法返工或重新安装的，这样会导致测量质量不高，甚至整个工作失败。因此，仪器的安装埋设必须事前做好各种施工准备，埋设仪器时应尽量减少对其他施工的干扰，确保埋设质量，下面按仪器种类分别介绍安装埋设的要求。

（一）建筑物填筑过程中土压力计的安装埋设

在建筑物的填筑过程中，土压力计的埋设方法有两种：一是坑埋，二是非坑埋，并根据工程和施工现场的情况决定采用哪种方式。

（1）坑埋时，根据所埋区域材料的不同，在填方高程超过埋设高程1.2～1.5 m时，在埋设位置挖坑至埋设高程，坑底面积约1 m^2。在坑底制备基石仪器就位后，将土分层回填压实。对于水平方向和倾斜方向埋设的压力计，按要求方向在坑底挖槽埋设，槽宽为2～3倍仪器厚度，槽深为仪器半径，回填方向同上。

（2）非坑埋时，在埋土压力的设计高程快达到时，在填筑面上测点位置制备仪器基石，基石必须平整均匀、密实并符合规定埋设方向。在建筑物回填体内的仪器面应分层填筑，先以回填土填筑表面和四周并压实（夯实），确保仪器安全，在填筑过程中，应尽量使仪器周围的材料级配、含水量密实度等与邻近填方接近，确保不损坏受压板。

（3）压力计埋设后的安全覆盖厚度一般在土中填筑应不小于1.2 m，压力计可分散埋设，但间距应不大于1.0 m。

（4）接触面压力计的安装埋设：根据已有基石和填筑材料的类型，可采用同样的方法进行埋设，但首先在埋设的位置按要求制备基石，然后用水泥砂浆或中细砂将基石垫平，放置压力计，密贴定位后，回填密实。

（5）土压力计组的埋设：依成组土压计的数量，可采用就地分散埋设法，分散时各土压力计之间的距离不应超过1 m，其水平方向以外的土压力计的定位定向借助模板或成型体进行。

（6）土压力计连接电缆的敷设及电缆之上的填土，要求在黏性土填方中应不小于0.5 m。

（二）界面位移计的埋设方法

测定建筑物的位移或应变宜采用坑埋法。对于测定建筑物与岸坡交界面切向位移，宜采用表面埋设法，根据需要可单只埋设，也可串联埋设。

(三)测斜仪的测斜管埋设

测斜仪的测斜管埋设主要的技术要求如下:测斜管下端一般应埋入岩基约 2 m 或覆盖层足够伸出接长管道时,应使导向槽严格对正,不得偏扭,每节管道的沉降长度不大于 10 ~ 15 cm,当不能满足预估的沉降量时,应缩小自节管长,测斜管道的最大倾斜度不得大于 1°,测斜仪应尽量随建筑物体填筑时埋设。

(四)渗压计的安装埋设

渗压计用于观测土体内的渗透水压力,安装前埋设时应做好以下准备工作:

(1)仪器室外处理,仪器检验合格后,取下透水石,在钢膜片上涂一层防锈油,按需要长度接好电缆。

(2)将渗压计放入水中浸泡 2 h 以上,使其充分饱和,排除透水面中的气泡。

(3)用饱和细砂袋将测头包好,确保渗压计进口通畅,并继续浸入水中。

(4)土料填筑过程中埋设渗压计的要点:土料填筑过程中超过仪器埋设高程0.5 m 后暂停填筑,测量并放出仪器的位置,以仪器点为中心,人工挖出长×宽×深为1 m×0.8 m×0.5 m 的坑,在坑底用与渗压计直径相同的前端呈锥形的铁棒插入土层中,深度与仪器长度一样。拔出铁棒后,将仪器取出,读一个初始读数,做好记录,然后将仪器迅速插入孔内,再把仪器末端电缆盘成一圈,其余电缆从挖好的电缆沟向观测站引去,分层填土夯实。

(5)在土方填筑体的基岩石上埋设渗压计,也可采用坑埋方法。当土石料填筑高于仪器埋设处0.5 ~1.0 m 时,暂停填筑,测量人员按设计要求测出仪器埋设位置,挖出周围 50 cm 内的填土,露出基岩。在底部铺上 20 ~ 30 cm 厚的砂,浇水使砂饱和,在上面填土并分层夯实。电缆线从已挖好的电缆沟引到观测站,电缆间距宽0.5 m、深0.5 m,电缆线之间相互平行,排列呈 S 形,向前引而后分层填土夯实。

(6)测压管的安装:安装测压管一般均使用钻孔埋设法,也可使用随填筑升高不断拉长测压管的埋设方法。采用该方法埋设在每次加长测压管时,必须保证接头处不渗水,在进水管测头段,处理方法与单管测量相同。测压管安装,封孔完毕后,需进行灵敏度试验,检验的方法采用注水试验法。一般试验前先测定管中水位,然后向管内注入清水,若进水段周围为壤土料,注水量相当于每米测压管容积的 3 ~5 倍;若为砂砾料,则为 5 ~10 倍。注入水后不断观测水位的变化,直至恢复到接连注水前的水位。对于黏壤土,注水位于昼夜内降压至原水位,为灵敏度合格;对于砂壤土,昼夜内降压至原水位,为灵敏度合格;对于砂砾土,1 ~2 h 降压至原水位或注入后水位升高不到 3 ~5 m,为灵敏度合格。

八、安全监测的电缆走线的一般要求

(1)施工期电缆临时走线应根据现场条件,采取相应的敷设方法并加注标志,还应注意保护,选好临时观测站的位置,尤其在条件十分恶劣的地下工程施工中,监测电缆的保护需要有切实可靠的措施。

(2)电缆走线敷设时,应严格按照电缆走线设计图和技术规范施工;尽可能减少电缆接头,遇有特殊情况需要更改时,应以设计修改通知为依据。

(3)在电缆走线的线路上,应设置警告标志。尤其是暗埋线,应对准确的暗线位置和范围埋设明显标志,设专人监测电缆,进行日常维护,并健全维护制度,树立破坏观测电缆是违法行为的意识。

(4)电缆在通过施工缝时,应有5~10 cm的弯曲长度,穿越阻水设施时,应单根平行排列,间距2 cm,均应加水环或阻水材料回填在建筑物上。回填土内走线时,应严防电缆线路成为渗水通道,在填筑过程中,电缆随着填筑增加使升高垂直向上,可采用立管引伸。管外填料压实后,将立管提升,管内电缆周围用相应的填料填实。

(5)电缆敷设明线的技术要求。

①裸线敷设:当电缆线路上的环境较好,没有损坏,走线距离较短,根数较少时,引导裸线成束,悬挂或托架走线。悬挂的撑点间距视电缆质量和强度而定,一般不大于2 m,每个撑点处不得使用细线直拉绑扎来固定电缆。电缆较多时,可采用托盘。

②缠裹敷设:当电缆线路上环境较好,电缆的数量较大时,一般均可采用将电缆缠裹成束敷设,条件许可时,均应悬挂或托架走线。

缠线的材料以防水、绝缘的塑料袋为宜,电缆应理顺,不得相互交绕,一般在电缆束内复加加强缆,加强缆应耐腐。

悬挂走线的撑点间距视电缆的质量而定,质量较大时,应设连续托架。

③套护管敷设:户外走线或户内条件不佳时,需要将电缆束套上护管敷设,护管一般为钢管、PVC管或硬塑料管。

④监测电缆暗线敷设:暗线敷设是常用的方法,在建筑物填筑体内走线穿越、避免干扰等均要采用暗线,其具体要求如下:

堤线敷设:在土方填筑段的施工过程中埋设的仪器,观测电缆均要直接埋入填筑体内。敷设时,电缆有裸体的,也有缠裹的。走线时,在设计路线上,在已经压实的土体上挖槽埋线,土体埋深不得小于5%~15%,在变形较大的填筑体内,电缆应是呈S形敷设。

埋管穿线敷设:埋管穿线一般在观测电缆走线与工程交叉时进行,需要在先期工程中沿线路预埋走线管,待观测电缆形成之后,再穿线敷设。预埋穿线管时,管径应大于电缆束直径4~8 cm,管壁光滑平顺,管内无积水。转变角度大于10°时,应设接线坑断开,坑的尺寸不得小于50 cm×50 cm×50 cm。穿线敷设时,电缆应理顺,不得相互交绕,绑成裸体束或缠裹塑料膜。穿线根数多时,束中应加加强缆,线束涂以滑石粉。

钻孔穿线敷设:线路穿越岩体或已有建筑物时,需要钻孔穿线敷设。具体要求与埋管穿线相同。注意:钻孔应冲洗干净,电缆应缠裹,避免电缆护套损坏。

电缆沟槽走线敷设:电缆数量较大或有特殊要求时,可修建电缆沟或电缆槽进行走线敷设,也可利用对监测电缆使用无影响的已有电缆沟走线。在沟内敷设时,需要有电缆托架;在槽内敷设时,槽内不得有积水。应考虑排水设施,沟槽上盖要有足够的强度,严防损坏,砸断电缆,室外电缆沟槽的上盖应锁定。

第六节　通信工程与监控管道

通信工程的主要工作内容包括各类材料的采购、运输、保管、土建施工的技术要求,明渠段的土方开挖,由渠道至通信监测站硅芯管的埋设、硅芯管和保护用钢的敷设、混凝土包封保护、平孔砌筑、浇筑混凝土养护及硅芯管道的充气试验、检验和验收等。

通信工程与监控管道的施工方法如下。

一、通信与监测工程的施工流程

通信与监测工程的施工流程为管沟的开挖—硅芯管的铺设—管沟回填。

二、施工的技术要求

(一)管沟开挖

(1)开挖管道沟应平直,沟底平整,无硬坝,无突出的坚石和石块。

(2)沟坝及转角处应将管道沟清平截直。

(3)遇沟坎或转角处沟槽应保持平缓过渡,转角处的弯曲半径应大于550 mm。

(二)管沟开挖后硅芯管铺设

(1)硅芯管采用固定拖车法或移动拖车法等进行铺设,硅芯管要从轴盘上方出盘入沟。

(2)硅芯管在铺设前,先检查硅芯管两头端帽是否有脱落,并补齐,封堵应严密,严禁铺设过程中有水、泥土及其他杂物进入管沟内。

(3)铺设硅芯管时,保证硅芯管顺直,无扭绞、无缠绕、无环扣和死扣。

(4)硅芯管铺设后尽快连接密封,对于入渠中的硅芯管,要及时对端口加以封堵。

(5)管道沟内有地下水时,铺管前要先将水抽干并采用砂袋法将硅芯管压平,在沟底排列硅芯管困难时,可采用固定支架或竹片分割,确保硅芯管的顺直和埋深。

(6)硅芯管从保护钢管内或障碍物下方穿过时,要将硅芯管抬起,避免管皮与钢管壁摩擦和拖地。

(7)硅芯管铺设完后,要在土建部位回填前采用过筛细土先回填掩埋300 mm,尽量减少硅芯管裸露时间,以防硅芯管受到人为的或来自外界的其他各种损伤。

(8)同沟铺设2根以上的硅芯管时,要采用不同色条的塑料管作为分辨标记,并按施工图设计要求进行管道的布放排序。

(9)同沟铺设2根以上硅芯管,采用专用绑带每隔10 m距离对管道捆绑一次,以增加塑料管的挺直性,并保持一定的管群断面。

(10)硅芯管进入手孔后需要将其断开时,其管道在手孔内预留长度不小于400 mm。

(11)硅芯管进入手孔窗口前,管壁与管壁之前要留有20 mm的间隔,管缝间充填水泥砂浆,确保密实,不漏水。

(12)钢管套管在施工前先将两端管口倒成喇叭口,管口处不得留有飞刺,钢管采用加套管满焊连接,焊口处要作防腐处理,钢管安装时有缝,则要面向上方。

(13)两平孔间硅芯管作为一个井段一个井段内的硅芯管,铺设中不准出现接头。

(三)硅芯管接头的处理

(1)平孔内的硅芯管,根据使用要求需要持续时,采用专用的标准接头件。

(2)硅芯管的接口断面应平直、无毛刺。

(3)硅芯管接头件的规格程式应与硅芯管规格配套,接头件的橡胶垫圈及两端硅芯管应安放到位。

(4)接续过程中应防止泥沙、水等杂物进入硅芯管内。

(5)硅芯管接续后应不漏气、不进水。

(四)管沟回填的技术要求

(1)管沟回填时,不得将石头、砖头和大块混凝土等直接填入硅芯管道沟槽内。

(2)硅芯管道沟槽回填土密实度应满足道路工程标准的要求。

(3)建在回填土范围内的硅芯管道,回填土密实度达到压实系数0.98以上。

(五)平孔建设的要求

(1)平孔的荷载与强度要符合设计标准及规定。

(2)平孔采用砖砌材料,其平孔规格选用1.2 m(宽)×1.7 m(长)×1.4 m(高)车行道平孔。

(3)平孔埋设深度以施工详图设计要求为标准。

(4)建在回填土范围内的平孔基础需要做加筋处理。

(5)平孔内部的专用电缆铁架拉力环积水罐安装位置应符合设计图纸的要求。

(6)平孔口圈应以所在位置处路面或地面高程为准。

(六)监控系统和视频监视系统室外线缆管埋设

(1)水位计、流量计线缆管引至闸室电缆沟。

(2)闸后既有水位计又有流量计时,闸水位计和流量计线缆合用一根线缆管道,线缆管采用 ϕ80 镀锌钢管。

(3)仅有水位计的闸线缆管采用 ϕ50 镀锌钢管。

(4)线缆管每隔 20 m 预留平井。

(5)闸室至监控不采用电缆沟。

(6)立竿基础是指室外摄像机安装的配套设施。

(7)室外视频线缆管引至室外电缆沟。

(8)室外视频线缆管采用 2 × ϕ50 镀锌钢管。

(9)埋管深度及铺设要求应遵循通信管道相关规范要求。